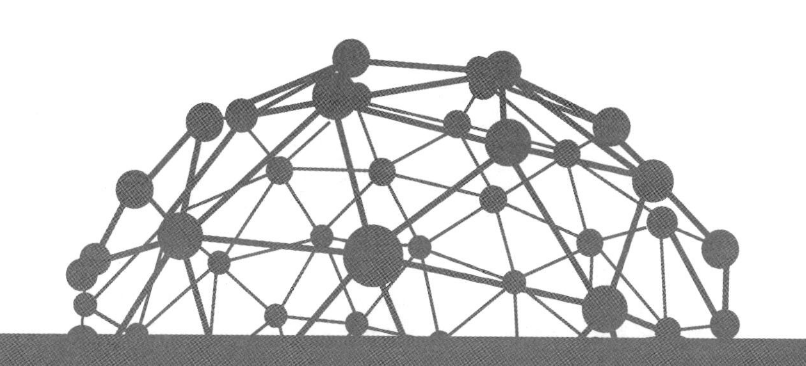

计算机应用基础教程

（Windows 10，Office 2016）

高万萍　王德俊　编著

清華大学出版社
北　京

内容简介

本书是根据教育部高等学校计算机应用基础的教学要求组织编写的计算机基础教材，主要内容包括计算机基础知识、Windows 操作系统及其应用、Word 文字编辑、电子表格软件 Excel、PowerPoint 电子演示文稿、计算机网络基础、Internet 应用、计算机安全、计算机多媒体技术等。教材内容体现计算机发展的新技术、新概念，运用现代教育技术思想设计、组织教材内容，建设教材资源。

教材内容按知识点组织，教学、案例、练习、课件均围绕知识点展开，方便学生自主选择知识点进行学习。教材内容重点突出，文字通俗易懂，范例翔实，每章备有大量练习题，并配有与之对应的实验指导用书及练习素材。

本书既可作为高等院校、职业院校及各类社会培训学校计算机基础课程的教材，也可作为高等学历继续教育学生参加网络统考或其他计算机能力考试的参考书，还可作为培养计算机综合应用素质、提升办公自动化水平的自学参考用书。

本书对应的电子课件、案例素材、习题和短视频等学习资源可到清华大学出版社官网 http://www.tup.com.cn 下载。

图书在版编目(CIP)数据

计算机应用基础教程：Windows 10，Office 2016/高万萍，王德俊编著. —北京：清华大学出版社，2019(2023.8 重印)
ISBN 978-7-302-52780-0

Ⅰ.①计… Ⅱ.①高… ②王… Ⅲ.①Windows 操作系统－教材 ②办公自动化－应用软件－教材 Ⅳ.①TP316.7 ②TP317.1

中国版本图书馆 CIP 数据核字(2019)第 077002 号

责任编辑：袁勤勇　杨　枫
封面设计：常雪影
责任校对：梁　毅
责任印制：曹婉颖

出版发行：清华大学出版社
网　　址：http://www.tup.com.cn，http://www.wqbook.com
地　　址：北京清华大学学研大厦 A 座　　**邮　　编**：100084
社 总 机：010-83470000　　**邮　　购**：010-62786544
投稿与读者服务：010-62776969，c-service@tup.tsinghua.edu.cn
质量反馈：010-62772015，zhiliang@tup.tsinghua.edu.cn
课件下载：http://www.tup.com.cn，010-83470236
印 装 者：小森印刷霸州有限公司
经　　销：全国新华书店
开　　本：185mm×260mm　　**印　　张**：28　　**字　　数**：660 千字
版　　次：2019 年 9 月第 1 版　　**印　　次**：2023 年 8 月第13次印刷
定　　价：69.90 元

产品编号：082541-03

前言

为了适应新工科背景下高等教育人才培养的目标，顺应计算机技术发展趋势，以培养计算机思维能力为导向的计算机基础教育的教学内容、教学形式、教学手段的教学改革在高等教育领域中不断深入。特别是2012年大规模在线开放课程MOOC作为一种新型在线教育模式以超越国界爆炸式的速度迅猛发展，为互联网产业、在线学习及高等教育带来了巨大影响。

基于MOOC的网络教学资源的建设推动了线上线下混合学习模式的开展，混合式教学提供了一种全新的不同于单纯网络数字化教学或传统讲授式教学的知识传播模式和学习方法，把传统面对面学习方式的优势和E-Learning（数字化学习或网络化学习）的优势结合起来，既能发挥教师引导、启发、监控教学过程的主导作用，又充分体现学生作为学习过程主体的主动性、积极性与创造性。混合学习模式成为高等教育教学改革一个重要的发展趋势。

教材改革是教学改革中的一个重要环节，研究基于MOOC的混合学习方式下的立体化教材改革方案，探索建设适合大规模开放学习的计算机基础课程立体化教材，开发数字资源，成为计算机基础教学改革的重要方面。

上海交通大学继续教育学院自2000年成立以来，利用自身的科研优势，一直坚持面授和网络相结合的混合教学模式，本套教材参编人员均在上海交通大学长期从事在线教育教学及研究工作，一直负责计算机基础课程教学及课程资源建设，在开发计算机基础教材和数字资源建设中积累了丰富的经验。在长期的混合式教学实践中，针对MOOC在线学习特点，顺应计算机技术的发展，建设了丰富的计算机基础课程系列教材和立体化数字资源，编写了计算机应用基础系列教材《计算机应用基础教程（Windows XP，Office 2003）》和《计算机应用基础教程（Windows 7，Office 2010）》。为了更好地配合任课教师在实验环节上的教学，加强学生计算机应用能力和计算机综合能力的训练，还编写了配套教材《计算机应用基础实训指导（Windows XP，Office 2003）》和《计算机应用基础实训指导（Windows 7，Office 2010）》，并建设了与教材配套的题库、教学短视频、应用案例等丰富数字化教学资源。经过多届学生的使用，学生反映良好，教学效果非常显著，在全国网络教育“计算机应用基础”课程统一考试中，上海交通大学历次考试成绩均居全国榜首。

目前人工智能、智能制造、互联网＋、云计算、大数据等新技术发展迅猛，操作系统和Office办公软件主流版本Windows 10和Office 2016已普遍使用，为保证教材内容的先进性，计算机基础教材内容的更新也势在必行。按照“加强基础、提高能力、重在应用”的原则，结合近年来教材使用的实际情况，调整教材结构和内容，对本书进行了再次改版及修订，编写了这本《计算机应用基础教程（Windows 10，Office 2016）》和配套的《计算机应用基础实训指导（Windows 10，Office 2016）》，并建设了与之配套的大量数字资源。

本套教材介绍了计算机基础理论知识和应用技能，以 Windows 10 操作系统、Office 2016 办公软件、Internet 应用以及多媒体工具的使用为重点，力求将计算机基础理论知识的学习和应用能力的培养相结合。教材内容即体现知识体系的系统性、全面性，更注重培养学生的学科知识整合能力和计算机综合应用能力。按照面向应用、突出实践的原则建设课程资源，结合学生学习、生活及职场的实际应用场景，精心设计教学案例和练习内容，注重培养学生运用所学内容解决实际问题的能力

教材内容按知识点组织，教学、案例、练习均围绕知识点展开。按知识点设计的实验内容，每个操作练习都配有操作提示。学生可以根据学习中的难点自主选择题目进行有针对性的上机练习。

本教材建议学时数为 60～72 学时，其中包含 16 学时上机实践，可根据实际需要对授课内容进行取舍。

本书由高万萍主编，高万萍负责全书的总体规划和内容组织，书中各章节分别由高万萍、王德俊编写及审核。

由于计算机技术的飞速发展，加上编者水平有限且时间仓促，疏漏和不当之处在所难免，恳请广大读者不吝赐教。

编　者

2019 年 5 月

目录

第 1 章　计算机基础知识…… 1

1.1　计算机的基本概念 …… 1

1.1.1　计算机的诞生和发展历史…… 1

1.1.2　计算机的分类…… 3

1.1.3　计算机的主要特点…… 4

1.1.4　计算机的主要用途…… 5

1.1.5　信息的基本概念…… 6

1.1.6　计算机的发展方向…… 6

1.2　计算机系统的组成 …… 7

1.2.1　计算机系统的基本组成…… 7

1.2.2　硬件系统的组成及各个部件的主要功能…… 8

1.2.3　软件的概念以及软件的分类 …… 10

1.3　信息编码…… 11

1.3.1　数值在计算机中的表现形式 …… 11

1.3.2　字符编码 …… 15

1.4　微型计算机的硬件组成…… 18

1.4.1　CPU、内存、接口和总线的概念 …… 18

1.4.2　常用外部设备 …… 22

1.4.3　微处理器、微型计算机和微型计算机系统…… 24

1.4.4　微型计算机的主要性能指标 …… 25

习题 …… 26

第 2 章　Windows 操作系统及其应用 …… 30

2.1　Windows 的基本知识 …… 30

2.1.1　Windows 历史和基本概念 …… 30

2.1.2　Windows 运行环境 …… 32

2.1.3　Windows 桌面的组成 …… 32

2.1.4　Windows 的文件组织 …… 37

2.1.5 Windows 窗口的组成 …… 38
2.1.6 Windows 的菜单 …… 40
2.1.7 Windows 剪贴板 …… 41
2.1.8 任务视图和虚拟桌面 …… 41
2.2 Windows 的基本操作 …… 43
2.2.1 Windows 的启动和退出 …… 43
2.2.2 Windows 中的汉字输入方法 …… 43
2.2.3 Windows 中鼠标的使用 …… 44
2.2.4 Windows 窗口的操作方法 …… 44
2.2.5 Windows 菜单的基本操作方法 …… 46
2.2.6 Windows 对话框的操作 …… 47
2.2.7 Windows 工具栏的操作和任务栏的使用 …… 48
2.2.8 Windows 开始菜单的定制 …… 52
2.2.9 Windows 中对象的剪切、复制与粘贴操作 …… 55
2.2.10 快捷方式的建立、使用与删除 …… 55
2.2.11 Windows 中的命令行方式 …… 56
2.3 Windows 文件资源管理器 …… 57
2.3.1 Windows 文件资源管理器的启动和窗口组成 …… 57
2.3.2 Windows 文件和文件夹的使用和管理 …… 59
2.4 Windows 系统环境的设置 …… 66
2.4.1 Windows 控制面板的打开 …… 67
2.4.2 Windows 中程序的卸载或更改 …… 68
2.4.3 Windows 中时间和日期的调整 …… 68
2.4.4 Windows 中显示器环境的设置 …… 70
2.4.5 Windows 中的打印机和输入法设置 …… 74
2.5 Windows 自带的系统工具和常用工具 …… 76
2.5.1 Windows 的常用系统工具 …… 76
2.5.2 Windows 自带的常用工具 …… 76
习题 …… 78

第 3 章 Word 文字编辑 …… 83

3.1 Word 概述 …… 83
3.1.1 Word 的主要功能 …… 84
3.1.2 Word 的启动与退出 …… 85
3.1.3 Word 工作窗口的基本构成 …… 85
3.2 Word 文档操作和文本编辑 …… 87
3.2.1 Word 文档的基本操作 …… 88
3.2.2 Word 文本编辑 …… 92

3.3 Word 文档的排版 …… 103
3.3.1 视图 …… 103
3.3.2 字符排版 …… 104
3.3.3 段落排版 …… 106
3.3.4 Word 的模板与样式 …… 112
3.3.5 页面排版 …… 114
3.4 表格的建立及编辑 …… 121
3.5 自选图形、文本框和图片等对象的插入 …… 130
3.5.1 插入图片文件 …… 130
3.5.2 插入艺术字 …… 131
3.5.3 编辑自选图形 …… 131
3.5.4 文本框 …… 133
3.5.5 插入 Smartart 图形 …… 134
3.5.6 插入屏幕截图 …… 134
3.5.7 图文混排技术 …… 135
3.6 Word 文档的打印 …… 137
习题 …… 138

第 4 章 电子表格软件 Excel …… 145

4.1 概述 …… 145
4.1.1 Excel 的基本特点 …… 145
4.1.2 Excel 2016 的工作环境 …… 146
4.1.3 Excel 电子表格的结构 …… 149
4.1.4 Excel 中的数据类型和数据表示 …… 151
4.2 工作簿文件的建立及编辑 …… 153
4.2.1 建立工作簿文件 …… 153
4.2.2 工作表数据的输入 …… 153
4.2.3 输入公式与函数 …… 156
4.2.4 数据编辑 …… 164
4.3 工作表的编辑和格式化 …… 169
4.3.1 工作表的编辑 …… 169
4.3.2 工作表的格式化 …… 172
4.3.3 Excel 中的数据保护 …… 179
4.4 数据图表化 …… 182
4.4.1 图表的基本概念 …… 182
4.4.2 创建和编辑图表 …… 184
4.4.3 更改图表效果 …… 188
4.4.4 图表格式化 …… 190

4.5 Excel的数据管理 …… 192
4.5.1 数据清单的概念 …… 192
4.5.2 数据筛选 …… 193
4.5.3 数据排序 …… 196
4.5.4 分类汇总 …… 197
4.6 页面设置和打印 …… 201
4.6.1 设置打印区域和分页 …… 201
4.6.2 页面设置 …… 203
4.6.3 打印预览和打印 …… 206
习题 …… 207

第5章 PowerPoint电子演示文稿 …… 214

5.1 PowerPoint概述 …… 214
5.1.1 PowerPoint的术语 …… 215
5.1.2 PowerPoint 2016的启动 …… 215
5.1.3 PowerPoint 2016的退出 …… 216
5.1.4 PowerPoint的应用程序窗口 …… 216
5.2 演示文稿的创建 …… 218
5.2.1 创建演示文稿 …… 218
5.2.2 打开演示文稿 …… 219
5.2.3 保存演示文稿 …… 219
5.2.4 关闭演示文稿 …… 222
5.3 演示文稿的编辑 …… 222
5.3.1 幻灯片的视图 …… 222
5.3.2 幻灯片文本的编辑 …… 225
5.3.3 幻灯片的剪辑 …… 231
5.4 演示文稿的修饰 …… 234
5.4.1 幻灯片背景设置 …… 234
5.4.2 幻灯片母版设置 …… 237
5.4.3 幻灯片页眉页脚设置 …… 244
5.4.4 幻灯片主题设置 …… 245
5.5 演示文稿的多媒体制作 …… 246
5.5.1 插入图片和图形 …… 246
5.5.2 插入声音和影片 …… 249
5.5.3 插入艺术字 …… 251
5.5.4 插入表格 …… 252
5.5.5 插入图表 …… 253
5.6 演示文稿的动画设置 …… 254

5.6.1 幻灯片动画效果的设置…… 254
5.6.2 幻灯片切换效果的设置…… 259
5.6.3 幻灯片的超级链接设置…… 261
5.6.4 幻灯片的动作设置…… 263
5.7 演示文稿的放映 …… 265
5.7.1 演示文稿放映方式的设置…… 265
5.7.2 演示文稿的放映…… 266
5.7.3 隐藏幻灯片…… 267
5.7.4 自定义放映…… 268
5.8 演示文稿的打包与打印 …… 270
5.8.1 演示文稿的打包…… 270
5.8.2 演示文稿的发布…… 272
5.8.3 演示文稿的打印…… 272
习题…… 274

第6章 计算机网络基础…… 283

6.1 计算机网络概述 …… 283
6.1.1 计算机网络的概念…… 283
6.1.2 计算机网络的形成与发展…… 284
6.1.3 计算机网络的功能…… 285
6.1.4 计算机网络的分类…… 286
6.1.5 计算机局域网…… 288
6.1.6 网络协议的基本概念…… 294
6.1.7 广域网的概念…… 296
6.2 Internet 基本知识 …… 296
6.2.1 Internet 概述 …… 297
6.2.2 Internet 的发展 …… 297
6.2.3 中国的 Internet 现状…… 298
6.2.4 Internet 的特点 …… 299
6.2.5 TCP/IP 网络协议的基本概念 …… 300
6.2.6 域名系统的基本概念…… 307
6.2.7 Internet 常见服务 …… 308
6.2.8 Internet 创新服务 …… 310
6.2.9 网络连接…… 312
习题…… 321

第7章 Internet 应用 …… 325

7.1 浏览器的相关概念 …… 325

7.2 IE浏览器 …… 327
7.2.1 IE浏览器简介 …… 327
7.2.2 打开和关闭IE浏览器 …… 327
7.2.3 IE浏览器窗口结构 …… 328
7.2.4 IE浏览器的基本操作 …… 329
7.2.5 收藏夹的使用 …… 333
7.2.6 IE浏览器的基本设置 …… 335
7.2.7 搜索引擎的使用 …… 340
7.2.8 使用IE浏览器访问FTP站点 …… 342
7.2.9 Web格式邮件的使用 …… 344
7.2.10 使用IE浏览器访问BBS站点 …… 344
7.2.11 博客 …… 346
7.2.12 SNS …… 347
7.2.13 微信 …… 348
7.3 电子邮件 …… 349
7.3.1 电子邮件的基本原理 …… 350
7.3.2 电子邮件的基本知识 …… 350
7.3.3 Microsoft Outlook 2016的使用 …… 351
7.3.4 邮件管理 …… 358
7.3.5 通信簿 …… 359
习题 …… 361

第8章 计算机安全 …… 366

8.1 计算机安全的基本知识和概念 …… 366
8.1.1 计算机安全的概念和属性 …… 366
8.1.2 影响计算机安全的主要因素和安全标准 …… 367
8.2 计算机安全服务的主要技术 …… 368
8.2.1 网络攻击 …… 368
8.2.2 计算机安全服务的主要技术 …… 369
8.3 计算机病毒的基本知识和预防 …… 377
8.3.1 计算机病毒的基本知识 …… 377
8.3.2 典型病毒及木马介绍 …… 381
8.3.3 计算机病毒和木马的预防 …… 383
8.3.4 计算机病毒和木马的清除 …… 383
8.3.5 360安全卫士软件介绍 …… 384
8.4 系统还原和系统更新 …… 386
8.5 网络道德 …… 389
习题 …… 389

第 9 章　计算机多媒体技术……………………………………………………… 394

9.1　计算机多媒体技术的基本知识 ……………………………………………… 394

9.1.1　多媒体技术的概念……………………………………………………… 394

9.1.2　多媒体系统中的基本元素……………………………………………… 397

9.1.3　多媒体的研究领域 …………………………………………………… 397

9.1.4　多媒体技术的应用领域 ……………………………………………… 401

9.2　多媒体信息的数字化与媒体形式 …………………………………………… 405

9.2.1　模拟信号的数字化……………………………………………………… 405

9.2.2　文本………………………………………………………………………… 406

9.2.3　声音 ……………………………………………………………………… 406

9.2.4　图形………………………………………………………………………… 407

9.2.5　图像………………………………………………………………………… 409

9.2.6　视频………………………………………………………………………… 411

9.2.7　动画………………………………………………………………………… 412

9.3　多媒体计算机系统组成 ……………………………………………………… 412

9.3.1　多媒体计算机系统的层次结构………………………………………… 412

9.3.2　多媒体计算机标准……………………………………………………… 413

9.3.3　多媒体计算机硬件设备………………………………………………… 414

9.3.4　多媒体计算机软件系统………………………………………………… 416

9.4　多媒体基本应用工具的使用 ………………………………………………… 418

9.4.1　Windows 图像编辑器 ………………………………………………… 418

9.4.2　Windows 音频、视频工具的使用 ……………………………………… 423

9.4.3　压缩工具 WinRAR 的基本操作 ……………………………………… 426

习题……………………………………………………………………………………… 429

第1章

计算机基础知识

1.1 计算机的基本概念

1.1.1 计算机的诞生和发展历史

计算机已经成为我们工作、生活的一部分。打开计算机，就可以在里面打字、画画、听音乐、玩游戏、看 VCD 电影……目前还有一个最热门也是非常有现实意义的应用——上 Internet 网。在足不出户就可以畅游世界的时候，计算机带给您的那份欣喜一定是无法用言语来表达的，只有置身其中，置身于奇妙的计算机世界，才能感觉到这个网络时代的节奏和脉搏。

世界上第一台电子数字式计算机于 1946 年 2 月 15 日在美国宾夕法尼亚大学研制成功，它名为 ENIAC（埃尼阿克），是电子数值积分式计算机（The Electronic Numerical Integrator and Computer）的缩写。它使用了近 18000 个真空电子管，耗电 170kW，占地 $150m^2$，重达 30t，每秒钟可进行 5000 次加法运算。图 1-1 是放置这台计算机的房间全景。

图 1-1　ENIAC 计算机

虽然它还比不上今天最普通的一台微型计算机，但在当时已是运算速度的绝对冠军，而且其运算的精确度也是史无前例的。以圆周率(π)的计算为例，中国的古代科学家祖冲之利用算筹，耗费15年心血，才把圆周率计算到小数点后7位。一千多年后，英国人香克斯以毕生精力计算圆周率，才计算到小数点后700多位。而使用ENIAC进行计算，仅用了40s就达到了这个纪录，还发现香克斯的计算中，第528位是错误的。

ENIAC奠定了电子计算机的发展基础，在计算机发展史上具有划时代的意义，它的问世标志着电子计算机时代的到来。

ENIAC诞生后，数学家冯·诺依曼提出了重大的改进理论，主要有两点：

其一是电子计算机应该以二进制为运算基础。

其二是电子计算机应采用"存储程序"方式工作，并且进一步明确指出了整个计算机的结构应由5个部分组成：运算器、控制器、存储器、输入设备和输出设备。

冯·诺依曼这些理论的提出，解决了计算机运算自动化和速度配合问题，对后来计算机的发展起到了决定性的作用。直至今天，绝大部分的计算机还是采用冯·诺依曼方式工作。

ENIAC诞生后短短的几十年间，计算机的发展突飞猛进。主要电子器件相继使用了真空电子管，晶体管，中、小规模集成电路和大规模、超大规模集成电路，引起计算机的几次更新换代。每一次更新换代都使计算机的体积和耗电量大大减小，功能大大增强，应用领域进一步拓宽。特别是体积小、价格低、功能强的微型计算机的出现，使得计算机迅速普及，进入了办公室和家庭，在办公室自动化和多媒体应用方面发挥了很大的作用。目前，计算机的应用已扩展到社会的各个领域。

根据采用的基本元器件的不同，将计算机的发展过程分成以下几个阶段。

(1) 第一代计算机(1946—1957年)主要元器件是电子管。

主要贡献是：

- 确立了模拟量可变化为数字量进行计算，开创了数字化技术的时代。
- 形成了电子数字计算机的基本结构——冯·诺依曼结构。
- 确定了程序设计的基本方法。
- 开创了使用CRT(Cathode-Ray Tube)作为计算机的字符显示器。

(2) 第二代计算机(1958—1964年)用晶体管代替了电子管。

主要贡献是：

- 开创了计算机处理文字和图形的新阶段。
- 出现高级语言。
- 展现通用计算机和专用计算机的区别。
- 鼠标开始作为输入设备出现(主要在一些图形工作站上)。

(3) 第三代计算机(1965—1970年)以中、小规模集成电路取代了晶体管。

主要贡献是：

- 操作系统更加完善。
- 运算速度达到100万次/秒以上。
- 机器的种类开始根据性能被分为巨型机、大型机、中型机和小型机。

• 序列机的推出，较好地解决了“硬件不断更新，而软件相对稳定”的矛盾。

(4) 第四代计算机(1971 年至今)采用大规模集成电路和超大规模集成电路。

1971 年 Intel 公司使用 LSIC 率先推出微处理器 4004，成为计算机发展史上一个新的里程碑，宣布第四代计算机问世。

主要贡献是：

• 操作系统不断完善，应用软件的开发成为现代工业的一部分。
• 计算机的发展进入了以计算机网络为特征的时代，计算机开始走入家庭。

从 1971 年 Intel 公司率先推出 4004 微处理器之后，微处理器的结构和性能一直在快速发展中。微型计算机的字长从 4 位、8 位、16 位、32 位到 64 位，速度越来越快，存储容量越来越大，其性能指标已经赶上甚至超过 20 世纪 70 年代的中、小型机的水平。

随着计算机技术的飞速发展，计算机的运算速度和存储器容量以难以想象的速度飞快提高。计算机集文字、图形、声音、视频于一体向着多元化方向发展，出现了智能计算机、生物计算机、光计算机、量子计算机等应用于不同领域的新型计算机。

1.1.2 计算机的分类

计算机的种类很多，差别各异，要确切地分类很困难。一般会根据不同的标准进行不同的分类。常见的分类标准如下。

1. 按计算机处理数据的方式分类

• 数字电子计算机

数字(digital)电子计算机以数字量(也叫不连续量)作为运算对象并进行运算，和模拟量电子计算机相比，其特点是精确度高，具有存储和逻辑判断能力。计算机的内部操作和运算是在程序的控制下自动进行的。

一般若不做说明，计算机指的就是数字电子计算机。

• 模拟电子计算机

模拟电子计算机是以模拟量(连续变化的量)作为运算量的计算机，在计算机发展的初期，具有速度快的特点，但精确度不高。现在随着数字电子计算机的发展，其速度越来越快，模拟量电子计算机的优点已不复存在，而缺点却依然故我，所以现在已经很少使用。

• 数模混合计算机

数模混合计算机兼具数字计算机和模拟计算机的特点，既可以输入、输出并处理数字量，也可以处理模拟量。

2. 按计算机使用范围分类

• 通用计算机

用于解决各类问题而设计的计算机。对于通用计算机要考虑各种用途的情况，既可以进行科学计算，又可以进行数据处理等，是一种用途广泛、结构复杂的计算机。

• 专用计算机

为某种特定用途而设计的计算机，如用于数字机床控制、用于专用游戏机控制等。专用计算机针对性强，结构相对简单，效率高，成本低。

3. 按计算机的规模和处理能力大小分类

计算机的规模和处理能力主要是指其体积、字长、运算速度、存储容量、输入输出能力等主要技术指标，按此分类方法，一般可分为巨型机、大型机、中型机、小型机、微型机、单片机等，它们的体积、功耗、性能、数据存储量、指令系统的复杂程度依次降低。

1.1.3 计算机的主要特点

计算机的基本工作特点是快速、准确和通用。由于计算机具有强大的算术运算和逻辑运算的能力，因此计算机能够解决各种复杂的问题。

1. 计算机具有自动控制的能力

计算机中可以存储大量的数据和程序。存储程序是计算机工作的一个重要的原则，这是计算机能自动处理的基础。

计算机由存储的程序控制其操作过程，只要根据应用的需要，事先编写好程序并输入计算机，计算机就可以自动连续地工作，完成预定的处理任务。

2. 计算机具有高速运算的能力

现代计算机的运算速度最高可以达到每秒几万亿次，即便是个人计算机，运算速度也可以达到每秒几亿次。

3. 计算机具有记忆（存储）的能力

计算机拥有容量很大的存储装置，它不仅可以存储处理中所需要的原始数据、中间结果与最后运算结果，还可以存储程序员所编写的指令——程序。

计算机不仅可以存储算术运算的数值数据，还可以存储不能算术运算的文本数据和多媒体数据，并对这些数据进行加工、处理。

4. 计算机具有很高的计算精度

因为计算机采用数字量进行运算，且采用各种自动纠错方式，所以准确性相当高。并且随着字长的增加，浮点数的精确度越来越高（有效数位越来越长）。

5. 计算机具有逻辑判断的能力

计算机除了可以进行算术运算，还可以进行逻辑运算。

6. 通用性强，用途广泛

计算机可以在各行各业得到广泛的应用。同一台通用计算机，只要安装不同的软件，就可以运用在不同的场合，完成不同的任务。

1.1.4 计算机的主要用途

计算机的应用领域十分广泛，从军事到民用，从科学计算到文字处理，从信息管理到人工智能，大致可以分为以下几个方面。

1. 科学计算

数值计算是计算机最早应用的领域。第一台计算机是用于弹道计算的，此后，在天气预报、人造卫星、原子反应堆、导弹、建筑、桥梁、地质、机械等方面都离不开大型高速计算机。计算机根据公式模型进行计算，工作量大、精确度高、速度快、结果可靠。利用计算机进行数值计算，可以节省大量人力物力和时间。

2. 数据处理

数据处理是现在计算机应用最广泛的领域，是一切信息管理和辅助决策的基础。计算机可以对各种各样的数据进行处理，包括文本型数据和多媒体数据的输入（采集）、传输、加工、存储和输出等。信息管理系统（MIS）、决策支持系统（DSS）、专家系统（ES）和办公自动化系统（OA）都需要数据处理的支持。例如企业信息系统中生产统计，计划制订，库存管理，市场销售管理等；再如人口信息系统中数据的采集、转换、分类、统计、处理和输出报表等。

3. 实时控制

实时控制有时也叫自动控制。实时控制主要用在工业控制和测量方面。对控制对象进行实时的自动控制和自动调节。如大型化工企业中自动采集工艺参数，进行校验、比较以控制工艺流程；大型冶金行业的高炉炼钢控制、数控机床控制和电炉温度闭环控制等。使用计算机控制可以降低能耗，提高生产效率，提高产品质量。

4. 计算机辅助系统

计算机辅助系统可以帮助人们更好地完成学习和工作等任务。如计算机辅助设计（CAD），利用计算机的特点，绘图质量高，速度快，修改方便，大大提高了设计的效率，不仅仅被用在产品设计上，还可以用于一切需要图形的领域，如计算机模拟，制作地图、广告和动画片等。

除了计算机辅助设计（CAD）外，还有计算机辅助制造（CAM）、计算机辅助工程（CAE）、计算机辅助教学（CAI）和计算机集成制造系统（CIMS）等。

5. 人工智能

人工智能是利用计算机来模仿人的高级思维活动,如智能机器人和专家系统等。这是计算机应用领域中难度较大的领域之一。

6. 网络应用

随着计算机技术和网络通信技术的进一步发展,Internet 网络的应用全面推广,电子邮件、电子商务、网络聊天、远程教育等网络应用已经无处不在,我们已经处于计算机网络时代。大数据分析计算、云计算、云存储、人工智能、物联网、非接触式人机界面、情感计算等都成为目前计算机应用的主流技术。

1.1.5 信息的基本概念

信息是各种事物的变化和特征的反映,是人们由客观事物得到的,使人们能够认知客观事物的各种消息、情报、数字、信号、图像和声音等所包含的内容。

从人的角度来看,数据则是信息的载体,是客观事物的属性的表示,可以是数值或非数值数据。对计算机而言,数据是指能够为其处理的经过数字化的信息。例如,病历卡上记载病人的体温 39℃是数据。数据 39℃本身是没有意义的。当数据以某种形式经过处理、描述或与其他数据比较时,才能成为信息。某个病人的体温是 39℃,这才是信息,信息是有意义的。

在计算机领域,信息经过转化成为计算机能够处理的数据,计算机经过对这些数据的处理后作为问题的解答输出这些数据。

1.1.6 计算机的发展方向

计算机的应用能力有力地推动了经济的发展和科学技术的进步,这反过来也对计算机技术提出了更高的要求。以超大规模集成电路为基础,未来的计算机将向巨型化、微型化、网络化与智能化 4 个方向发展。

巨型化是指计算机技术向超高速的方向发展。尽管受到物理极限的约束,但计算机的性能还会持续提高。而平行处理技术的使用使计算机系统能同时执行多条指令或同时对多个数据进行处理,这是改进计算机结构、提高计算机运行速度的关键技术。至于量子计算机和光子计算机的研究则意味着计算机从体系结构的变革到器件与技术革命都将产生一次量的乃至质的飞跃。

微型化是指计算机技术向超小型的方向发展。纳米技术芯片的研制将为其他微型计算机元件的研制和生产铺平道路。而纳米计算机一旦研制成功,其使用不仅几乎不需要耗费任何能源,而且其性能将比今天的计算机强许多。

网络化是指计算机与网络的联系愈加密切。一方面与网络无关的孤立的计算机越来越难以见到,另一方面计算机的概念也被网络所扩展。几乎所有的计算机都直接或间接地与 Internet 网相连接。而移动计算技术与系统的研究则给网络和通信的发展带来了新的广阔未来。

智能化是指计算机将具有越来越多的人工智能成分。它将具有多种感知能力、一定的思考与判断能力及一定的自然语言能力。

1.2 计算机系统的组成

1.2.1 计算机系统的基本组成

计算机系统包括硬件系统和软件系统两大部分，如图 1-2 所示。

硬件是指组成计算机的各种物理设备，也就是那些看得见、摸得着的实际物理设备。具体由五大功能部件组成，即运算器、控制器、存储器、输入设备和输出设备。这五大部分相互配合，协同工作。其简单工作原理为，首先由输入设备接收外界信息（程序和数据），控制器发出指令将数据送入（内）存储器，然后向内存储器发出取指令命令。在取指令命令下，程序指令逐条送入控制器。控制器对指令进行译码，并根据指令的操作要求，向存储器和运算器发出存数、取数命令和运算命令，经过运算器计算并把计算结果存在存储器内。最后在控制器发出的取数和输出命令的作用下，通过输出设备输出计算结果。

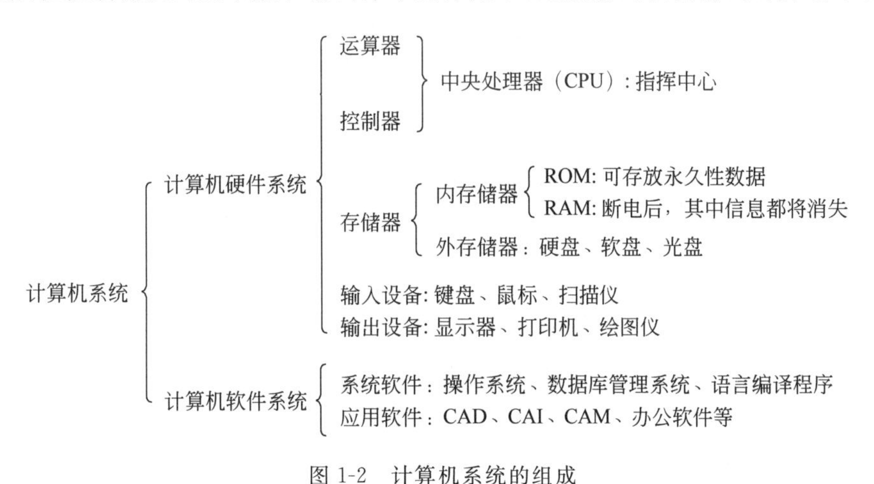

图 1-2 计算机系统的组成

我们经常把 CPU 和内存储器合起来称为主机；将输入设备、输出设备和外存储器合起来称为外部设备。所以一台计算机的硬件包括计算机的主机和计算机的外设。

计算机软件系统包括系统软件和应用软件两大类。系统软件是指由计算机生产厂家（部分由“第三方”）为使用该计算机而提供的基本软件。最常用的有操作系统、文字处理程序、计算机语言处理程序、数据库管理程序、联网及通信软件、各类服务程序和工具软件等。

应用软件是指用户为了自己的业务应用而使用系统软件开发出来的用户软件。系统软件依赖于机器，而应用软件则更接近用户业务。

1.2.2 硬件系统的组成及各个部件的主要功能

现在一般认为ENIAC是世界第一台电子计算机，不过，ENIAC本身存在两大缺点：一是没有存储器；二是它用布线接板进行控制。直到1946年，被称为"计算机之父"的美籍匈牙利科学家冯·诺依曼提出了后来被称为冯·诺依曼式体系结构的理论，主要包括：

(1) 明确奠定了新机器由5个部分组成，包括运算器、逻辑控制装置、存储器、输入和输出设备，并描述了这5部分的职能和相互关系。

(2) 采用了二进制，不但数据采用二进制，指令也采用二进制。

(3) 建立了存储程序控制，指令和数据一起放在存储器里，并作同样处理，简化了计算机的结构，大大提高了计算机的速度。

它们的综合设计思想便是著名的"冯·诺依曼机"，其核心就是存储程序控制。存储程序的主要思想就是：将事先编好的程序和数据存放在计算机内部的存储器中，计算机在程序的控制下一步一步进行处理，指令和数据一起存储。这个概念被誉为"计算机发展史上的一个里程碑"。它标志着电子计算机时代的真正开始，指导着以后的计算机设计。

冯·诺依曼结构计算机的硬件由五大部件构成，如图1-3所示。

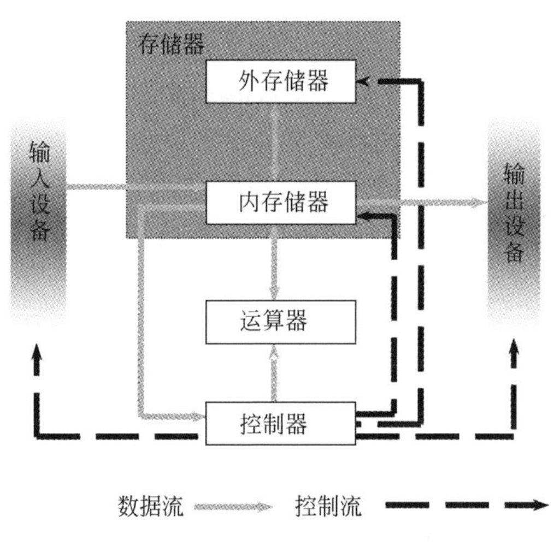

图1-3 冯·诺依曼计算机的五大部件

1. 运算器

运算器又称算术逻辑单元(Arithmetic Logic Unit，ALU)。它是计算机对数据进行加工处理的部件，包括算术运算(加、减、乘、除等)和逻辑运算(与、或、非、异或、比较等)。运算器接收待运算的数据，完成程序指令所指定的运算后再把运算结果送往内存。

2. 控制器

控制器负责从存储器中取出指令，并对指令进行译码；根据指令的要求，按时间的先后顺序，负责向其他各部件发出控制信号，保证各部件协调一致地工作，一步一步地完成各种操作。控制器主要由指令寄存器、译码器、程序计数器和操作控制器等组成。

随着半导体集成电路技术的出现和广泛的应用，Intel 公司最先将控制器和运算器制作在同一芯片上（Intel 4004），就是我们常说的中央处理器（Central Processing Unit，CPU），如图 1-4 所示。中央处理器也叫微处理器，是硬件系统的核心。

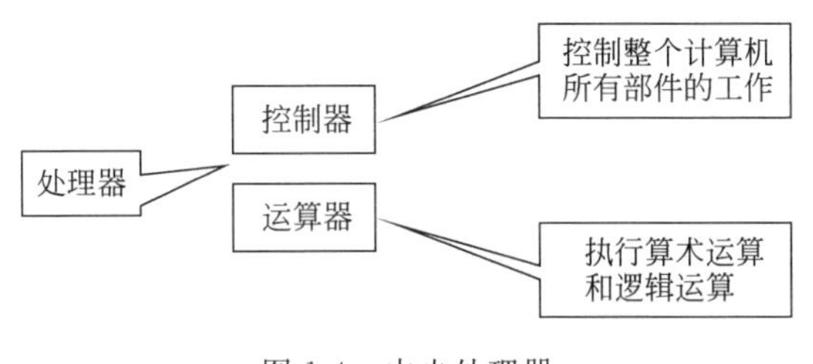

图 1-4　中央处理器

3. 存储器

存储器是计算机记忆或暂存数据的部件。计算机中的全部信息，包括原始的输入数据。经过初步加工的中间数据以及最后处理完成的有用信息都存放在存储器中。而且，指挥计算机运行的各种程序，即规定对输入数据如何进行加工处理的一系列指令也都存放在存储器中。存储器分为内存储器（内存）和外存储器（外存）两种。如图 1-5 所示。

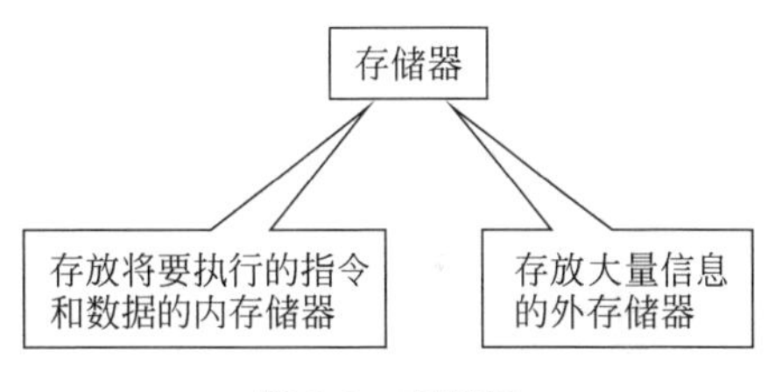

图 1-5　存储器

内存也叫主存，主要存放将要执行的指令和运算数据，相对外存来说容量小，但速度快、成本较高。

外存也叫辅存，主要用于长期存放程序和数据，相对内存来说容量大、速度慢、成本低。

CPU 只能对内存进行读写操作，所以外存中的程序和数据要处理时，必须先调入内存。

4. 输入设备

输入设备是给计算机输入信息的设备。它是重要的人机接口，负责将输入的信息（包括数据和指令）转换成计算机能识别的二进制代码，送入存储器保存。常见的输入设备有鼠标、键盘、扫描仪、光笔和触摸屏等。

5. 输出设备

输出设备是输出计算机处理结果的设备。在大多数情况下，它将这些结果转换成便于人们识别的形式。常见的输出设备有显示器、打印机、绘图仪和音箱等。

1.2.3 软件的概念以及软件的分类

软件是计算机系统的重要组成部分。相对于计算机硬件而言，软件是计算机的无形部分，但它的作用是很大的。可以这样说，没有装备任何软件的计算机（这样的计算机称为裸机）是没有用的。

所谓软件，一般指能够指挥计算机工作的程序和程序运行所需要的数据，以及与这些程序和数据有关的文字说明和图表资料（文档）。

所谓程序，是指为解决某个问题而设计的一系列有序的指令或语句（一条语句可以分解成若干条指令）的集合。

所谓指令，也叫机器语言指令，是包含有操作码和地址码的一串二进制代码。其中操作码规定了操作的性质，地址码则表示了操作数和运算结果的地址。

硬件与软件是相辅相成的，硬件是计算机的物质基础，没有硬件就无所谓计算机。软件是计算机的灵魂，没有软件，计算机的存在就毫无价值。硬件系统的发展给软件系统提供了良好的开发环境，而软件系统发展又给硬件系统提出了新的要求。

软件是组成计算机系统的重要部分。软件分为两大类，即系统软件和应用软件。

1. 系统软件

系统软件是指控制和协调计算机及其外部设备，支持应用软件的开发和运行的软件。其主要的功能是进行调度、监控和维护系统等。系统软件是用户和裸机的接口，主要包括以下几类：

（1）操作系统软件，如 DOS、Windows 98、Windows NT、Linux 和 NetWare 等。

（2）各种语言的处理程序，如低级语言、高级语言、编译程序和解释程序。

（3）各种系统支持和服务性程序，如机器的调试、故障检查和诊断程序、杀毒程序等。

（4）各种数据库管理系统，如 SQL Sever、Oracle、Informix、Foxpro 等。

2. 应用软件

应用软件是为解决计算机各类应用问题而编制的程序及其相关数据资料，具有很强的实用性。应用软件主要有以下几种：

（1）用户程序：用户为解决自己特定的具体问题开发的软件。

（2）应用软件包：用于科学计算方面的数学计算、统计软件包、办公自动化软件包（如 Microsoft Office）、图像处理软件包（如 Photoshop 和动画处理软件 3DS MAX）、各种财务管理、税务管理软件、工业控制软件和辅助教育等。

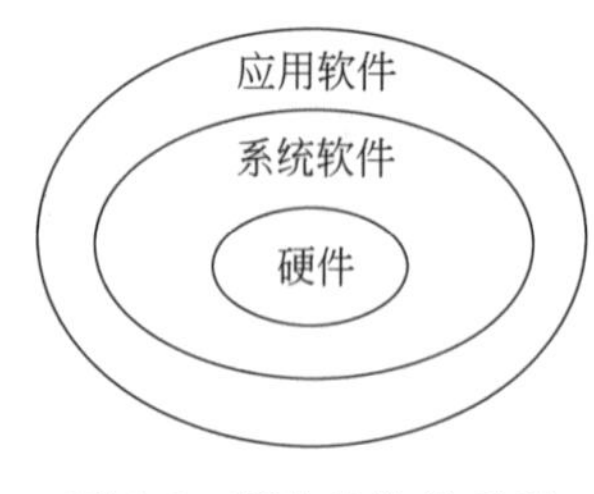

图 1-6　硬件软件关系图

系统软件、应用软件和硬件之间的关系如图 1-6 所示。

以下简单介绍计算机中几种常用的系统软件。

1. 操作系统

操作系统(Operating System)是最基本、最重要的系统软件。它负责管理计算机系统的各种硬件资源(如CPU、内存空间、磁盘空间、外部设备等),并且负责解释用户对计算机的管理命令,使它转换为计算机实际的操作。如DOS、Windows和UNIX等。

2. 计算机语言处理程序

计算机语言分机器语言、汇编语言和高级语言。

(1) 机器语言(machine language)。是指机器能直接认识的语言,它是由"1"和"0"组成的一组代码指令。

(2) 汇编语言(assemble language)。是用一些助记符表示指令功能的计算机语言。

(3) 高级语言(high level language)。比较接近自然语言,对计算机依赖性低,是适用于各种计算机的计算机语言。如BASIC语言、Visual Basic语言、FORTRAN语言、C语言和Java语言等。相对于高级语言,机器语言和汇编语言被称为"低级语言"。

计算机只认识机器语言,汇编语言所写的程序要经过汇编的过程翻译成机器语言才能被计算机所理解。同样,高级语言程序叫做源程序,也必须翻译成机器语言才可以被计算机所理解并执行。

将高级语言所写的程序翻译为机器语言程序,有两种翻译程序,一种叫编译程序,一种叫解释程序。

编译程序把高级语言所写的程序作为一个整体进行处理,编译后与子程序库链接,形成一个完整的可执行程序。这种方法的缺点是编译、链接较费时,但可执行程序运行速度很快。FORTRAN和C语言等都采用这种编译的方法。

解释程序则对高级语言程序逐句解释执行。这种方法的特点是程序设计的灵活性大,但程序的运行效率较低。BASIC语言属于解释型。

3. 数据库管理系统

随着数据处理业务的不断增加,日常许多业务处理都属于对数据进行管理,数据库管理系统程序(DBMS)就是负责组织和管理数据,并对数据进行处理的系统软件。较著名的适用于微机系统的数据库管理程序的有Visual FoxPro、SQL Server、DB2和Oracle等。

1.3 信息编码

1.3.1 数值在计算机中的表现形式

在计算机中的数值是用二进制数表示的,因为二进制的数据运算法则简单,与逻辑运算吻合,成本较低,容易实现,特别是技术上很容易找到具有两种状态的器件来表示二进制的数据。那么什么是二进制呢？这要从进位计数制说起。

1. 进位计数制、基数和位权

所谓进位计数制，其实就是逢 N 进一的数据表示法。逢十进一就是我们所熟悉的十进制，而二进制则是逢二进一。

关于进位计数制，有两个很重要的概念——基数和位权。

在一种数制中，只能使用一组固定的数字符号来表示数目的大小，具体使用多少个数字符号来表示数目的大小，就称为该数制的基数。例如：

十进制(Decimal)。基数是10，它有10个数字符号，即0，1，2，3，4，5，6，7，8，9。其中最大数码是基数减1，即9，最小数码是0。

二进制(Binary)。基数是2，它只有两个数字符号，即0和1。这就是说，如果在给定的数中，除0和1外还有其他数，如1012，它就绝对不会是一个二进制数。

八进制(Octal)。基数是8，它有8个数字符号，即0，1，2，3，4，5，6，7。最大的也是基数减1，即7，最小的是0。

十六进制(Hexadecimal)。基数是16，它有16个数字符号，除了十进制中的10个数可用外，还使用了6个英文字母。它的16个数字依次是0，1，2，3，4，5，6，7，8，9，A，B，C，D，E，F。其中A～F分别代表十进制数的10～15，最大的数字也是基数减1。

我们可以得出这样一个规律：对于 N 进制数，实际上基数就是 N。

既然有不同的进制，那么在给出一个数时，需指明是什么数制里的数。例如，$(1010)_2$，$(1010)_8$，$(1010)_{10}$和$(1010)_{16}$所代表的数值就不同。除了用下标表示外，还可用后缀字母来表示数制。例如，2A4EH，FEEDH，BADH(最后的字母H表示是十六进制数)，与$(2A4E)_{16}$，$(FEED)_{16}$，$(BAD)_{16}$的意义相同。与十六进制可以使用H后缀表示一样，八进制、十进制和二进制分别用O、D和B后缀表示；由于英文字母O和数字0很难区别，所以八进制又常常用Q作为后缀。

再来看看什么叫做位权。对于多位数，处在某一位上的"1"所表示的数值的大小称为该位的位权。例如，十进制第2位的位权为10，第3位的位权为100；而二进制第2位的位权为2，第3位的位权为4。

如果我们规定小数点左边第一位的序号为0，向左序号递增、向右序号递减的话，则位权等于基数的序号次方。见表1-1。

表1-1　进位计数制的基数和位权

数制	数码	基	位权									
			a_n	a_{n-1}	…	a_1	a_0	.	a_{-1}	a_{-2}	…	a_{-m}
十进制	0，1，2，3，4，5，6，7，8，9	10	10^n	10^{n-1}	…	10^1	10^0		10^{-1}	10^{-2}	…	10^{-m}
二进制	0，1	2	2^n	2^{n-1}	…	2^1	2^0		2^{-1}	2^{-2}	…	2^{-m}
八进制	0，1，2，3，4，5，6，7	8	8^n	8^{n-1}	…	8^1	8^0		8^{-1}	8^{-2}	…	8^{-m}
十六进制	0，1，2，3，4，5，6，7，8，9，A，B，C，D，E，F	16	16^n	16^{n-1}	…	16^1	16^0		16^{-1}	16^{-2}	…	16^{-m}

2. 二进制数相加的规则

二进制数的加减法本身比较简单，加法遵循逢 2 进 1 准则，减法则是不够减向上借位，借来的位相当于 2，但实际上在计算机中减法是被当作加上一个负数来理解的，所以这里只说明加法的规则。

二进制加法法则如下：

$0+0=0$

$0+1=1$

$1+0=1$

$1+1=10$ 进位为 1

实例 1-1：将两个二进制数 1011 和 1010 相加。

解：相加过程如下：

```
    1011   被加数
+   1010   加数
---------
   10101
```

3. 二进制数和十进制数的相互转换

我们所熟悉的是十进制，而计算机又采用二进制，所以经常会遇到二进制与十进制之间的相互转换。

对于 N 进制数，每个位置上的数据所代表的真实大小等于数据本身乘以位权。那么该数大小就等于各个数据所代表的真实大小相加，即每一个进制数都可以对应一个按权展开多项式。即

$(a_n a_{n-1} \cdots a_0)=a_n \times 基数^n + a_{n-1} \times 基数^{n-1} + \cdots + a_0 \times 基数^0$

例如：

$(1010)_{10}=1\times 10^3+0\times 10^2+1\times 10^1+0\times 10^0$

$(1010)_2=1\times 2^3+0\times 2^2+1\times 2^1+0\times 2^0=(10)_{10}$

由此可以看到，利用二进制数的展开多项式，可以把一个二进制数转化为十进制数，相同的方法也可以作用在八进制、十六进制数向十进制数转换的过程中。

例如：

$1010(Q)=1\times 8^3+0\times 8^2+1\times 8^1+0\times 8^0=520(D)$

$BAD(H)=11\times 16^2+10\times 16^1+13\times 16^0=2989(D)$

二进制数或其他进制数向十进制数转换采用按权展开多项式方法，那么一个十进制数转换成二进制数又该如何呢？

对于十进制的整数部分要转换成二进制数，可以采用“除基取余法”，即把这个十进制数不断除以基数，取每一次的余数，直到商为 0，然后将余数倒过来写，就是转换以后的二进制数。

实例 1-2：将十进制数 25 转换为二进制数。

解：

除数	被除数/商	余数
2	25	
2	12	1
2	6	0
2	3	0
2	1	1
	0	1

结果为 25(D) = 11001(B)。

如果十进制数要转换成八进制或十六进制数，方法完全一样，只不过将基数改为 8 或 16 即可。

实例 1-3：将十进制数 125 转换为十六进制数。

解：

	整数部分转换	余数
16	125	D
16	7	7
	0	

结果为 125(D)=7D(H)。

4. 二进制数与八进制或十六进制数之间的转换

二进制数虽然实现方便、运算简单，但它有一个很大的缺点，就是一个数据的位数往往很长。再加上二进制数又全是 0 或 1，变化少，所以在阅读或书写时很容易犯错。而十进制数阅读、书写很方便，但和二进制的转换还是相对复杂了一点。所以，我们经常使用书写简单，又和二进制数容易转换的八进制和十六进制数了。

八进制数转换为二进制数，只要将每位上的数用 3 位二进制表示出来。如果有小数部分也一样。

实例 1-4：将八进制数 64327.12 转换为二进制数。

解：八进制数　　64327.12

　　二进制数　　110 100 011 010 111.001 010

结果为 64327.12(Q) = 110100011010111.00101(B)。

而将二进制数转换成八进制数，则反向操作，即以小数点为标准，分别向左右方向按 3 位一组进行分组，每组独立转换成八进制即可。注意，向左(整数部分)不够数分组时前面加 0，而向右(小数部分)不够数分组时后面加 0。

实例 1-5：将二进制数 1101011.01011 转换成八进制数。

解：二进制数　　001 101 011.010 110

　　八进制数　　153.26

结果为 1101011.01011(B)=153.26(Q)。

由于计算机的特点，十六进制数用得更多。而二进制数与十六进制数的转换方式与二进制数和八进制数的转换方式雷同，只不过一位十六进制数要对应 4 位二进制数。

实例 1-6：将十六进制数 AB63F.1C 转化成二进制数。

解：十六进制数　　AB63F.1C

　　二进制数　　1010 1011 0110 0011 1111.0001 1100

结果为 AB63F.1C(H)＝10101011011000111111.000111(B)。

实例 1-7：将二进制数 1100101.10101 转化成十六进制数。

解：二进制数　　0110 0101.1010 1000

　　十六进制数　　65.A8

结果为 1100101.10101(B)＝65.A8(H)。

表 1-2 显示了 0 到 16 的几种进制之间的对应关系。

表 1-2　二进制、八进制、十进制、十六进制数关系对照表

二进制	八进制	十进制	十六进制	二进制	八进制	十进制	十六进制
0	0	0	0	1001	11	9	9
1	1	1	1	1010	12	10	A
10	2	2	2	1011	13	11	B
11	3	3	3	1100	14	12	C
100	4	4	4	1101	15	13	D
101	5	5	5	1110	16	14	E
110	6	6	6	1111	17	15	F
111	7	7	7	10000	20	16	10
1000	10	8	8				

1.3.2　字符编码

在计算机中，除了有整型、实型等数值数据外，还有很多非数值数据，例如图像、声音等，而其中最重要的是字符数据（文本数据）。

1. 西文字符

在计算机中是不能直接存储西文字符或专用字符的。如果想把一个字符存放到计算机内，就必须用一个二进制数来取代它；也就是说，要制定一套字符到二进制数之间的映射关系标准，这就是西文字符编码。

西文字符编码有很多，最常见的叫做 ASCII 码。ASCII 码（American Standard Code for Information Interchange）是美国信息交换标准代码的简称。ASCII 码占一个字节，标准 ASCII 码为 7 位（最高位为 0），扩充 ASCII 码为 8 位（用来作为自己本国语言字符的代码）。7 位二进制数给出了 128 个编码，表示了 128 个不同的字符。其中 95 个字符可以显示。包括大小写英文字母、数字、运算符号和标点符号等。另外的 33 个字符是不可显示的，它们是控制码，编码值为 0～31 和 127。

例如，A 的 ASCII 码为 1000001B，十六进制表示为 41H，十进制是 65。字符 0 的 ASCII 码对应的十进制是 48，等等。最常用的还是英文字母和数字字符：

字符 0～9 对应 48～57；

字符 A～Z 对应 65～90；

字符 a～z 对应 97～122。

这里尤其要注意的是数字字符 0～9 和整型数据 0～9 的区别。整型数据在计算机内就是以其二进制形式存储的，而字符数据必须编码再存储，也就是说字符 0～9 在计算机内就是十进制数 48～57 的二进制表示。

2. 汉字字符

西文是拼音文字，基本符号比较少，编码比较容易，因此，在一个计算机系统中，输入、内部处理、存储和输出都可以使用同一代码。汉字种类繁多，编码比拼音文字困难，因此在不同的场合要使用不同的编码。通常有 4 种类型的编码，即输入码、交换码(国标码)、内码和字形码。

1) 输入码

输入码所解决的问题是如何使用西文标准键盘把汉字输入到计算机内。有各种不同的输入码，主要可以分为 3 类：数字编码、拼音编码和字形编码。

(1) 数字编码。就是用数字串代表一个汉字，常用的是国标区位码。它将国家标准局公布的 6763 个两级汉字分成 94 个区，每个区分 94 位。实际上是把汉字表示成二维数组，区码、位码各用两位十进制数表示，输入一个汉字需要按 4 次键。此外，国标区位码还收录了许多符号和其他语言的字母，分 9 个区安排，第 1 区～第 9 区安排了 682 个图形符号，包括常用标点符号，运算符号，制表符号，顺序号，英、俄、日、希腊文的字母等。数字编码是唯一的，但很难记住。例如"中"字，它的区位码以十进制表示为 5448(54 是区码，48 是位码)，以十六进制表示为 3630(36 是区码，30 是位码)。以十六进制表示的区位码是不能用来输入汉字的。

(2) 拼音编码。是以汉字读音为基础的输入方法。由于汉字同音字太多，输入后一般要进行选择，影响了输入速度。

(3) 字形编码。是以汉字的形状确定的编码，即按汉字的笔画部件用字母或数字进行编码。如五笔字型和表形码便属此类编码，其难点在于如何拆分一个汉字。

2) 交换码(国标码)

交换码在计算机之间交换信息用，实际上是一种汉字标准。用两个字节来表示，每个字节的最高位均为 0，因此可以表示的汉字数为 $2^{14}=16\ 384$ 个。将汉字区位码的高位字节、低位字节各加十进制数 32(即十六进制数的 20)，便得到国标码。例如"中"字的国标码为 8680(十进制)或 5650(十六进制)。这就是国家标准局规定的 GB2312-80 信息交换用汉字编码集。

3）内码

汉字内码是在设备和信息处理系统内部存储、处理、传输汉字用的代码。无论使用何种输入码，进入计算机后就立即被转换为机内码。规则是将国标码的高位字节、低位字节各自加上128（十进制）或80（十六进制）。例如，“中”字的内码以十六进制表示时应为D6D0。这样做的目的是使汉字内码区别于西文的ASCII编码，因为每个西文字母的ASCII编码的高位均为0，而汉字内码的每个字节的高位均为1。这样就不会造成中西文混排时的编码误读现象。这也是为什么我们使用标准ASCII码而不是扩展ASCII码的原因。

为了统一表示世界各国的文字，1993年国际标准化组织公布了“通用多八位编码字符集”的国际标准ISO/IEC 10646，简称UCS（Universal Code Set），它为包括汉字在内的各种正在使用的文字规定了统一的编码方法。该标准使用4个字节来表示一个字符。其中，一个字节用来编码组，因为最高位不用，故总共表示128个组。一个字节编码平面，总共有256个平面，这样，每一组都包含256个平面。在一个平面内，用一个字节来编码行，因而总共有256行。再用一个字节来编码字位，故总共有256个字位。一个字符就被安排在这个编码空间的一个字位上。例如，字符“A”的ASCII码为41H，而在UCS中的编码则为00000041H，即位于00组、00面、00行的第41H字位上。又如汉字“大”，它在GB2312中的编码为3473H，而在UCS中的编码则为00005927H，即在00组、00面、59H行的第27H字位上。4个字节的编码足以容纳世界上所有的字符，同时也符合现代处理系统的体系结构。

4）字形码

表示汉字字形的字模数据，因此也称为字模码，是汉字的输出形式。通常用点阵、矢量或轮廓等表示。这里我们只介绍点阵字形码。

用点阵表示时，字形码指的就是这个汉字字形点阵的代码。根据输出汉字的要求不同，点阵的多少也不同。简易型汉字为16×16点阵，提高型汉字为24×24点阵或48×48点阵，还有一些高分辨率点阵。

现在以16×16点阵为例来说明一个汉字字形码所要占用的内存空间。所谓点阵字形，实际上是把每个点看作一个0或者1的数据位，因为每行16个点就是16个二进制位，存储一行代码需要2个字节（字节的概念见1.4.1节）。那么，16行共占用2×16=32个字节。

由此可见，点阵字形码所占存储空间取决于点阵的分辨率而不是具体的汉字。点阵的分辨率越高，汉字越漂亮，但所占存储空间也越大。在同样的点阵下，不同汉字的点阵字形码存储空间是一样的。

计算公式：每行点数/8×行数。例如，对于48×48的点阵，一个汉字字形需要占用的存储空间为48/8×48=6×48=288个字节。

1.4 微型计算机的硬件组成

1.4.1 CPU、内存、接口和总线的概念

微型计算机的特点是体积小、重量轻、价格低廉、可靠性高、结构灵活、适应性强和应用广泛等。体积小,因此微型计算机才能顺利地进入家庭。因为微型计算机每个时刻只能一个人使用,所以又被称为个人计算机。

1. 微处理器(CPU)

运算器和控制器合在一起,做在一块半导体集成电路中,称为中央处理器(CPU),即微处理器。它是计算机的核心,用于数据的加工处理并使计算机各部件自动协调地工作。CPU 品质的高低直接决定了一个计算机系统的档次。

(1) 第一代微处理器。1971 年 Intel 公司制成的 4 位微处理器 4004、4040。

(2) 第二代微处理器。以 Intel 公司 1973 年 12 月研制成功的 8 位微处理器 8080 为标志。

(3) 第三代微处理器。1978 年 Intel 公司制造的 8086 和 1979 年研制的 8088,1983 年又制造了全 16 位的 80286。

(4) 第四代微处理器。

- 1985 年 Intel 公司制造出 32 位字长的微处理器 80386;
- 1989 年 4 月又研制成功 80486;
- 1993 年 3 月 Intel 公司制造出 Pentium(奔腾)系列微处理器;
- 2006 年 7 月 Intel 公司推出新一代基于 Core 微架构的产品体系统,称为酷睿。

2. 主板

微型计算机中最大的一块电路板是主板。微处理器、内存、显示接口卡以及各种外设接口卡都插在这块主板上。

主机板上有 CPU 插座、内存插座、BIOS、CMOS 及电池、输入输出接口和输入输出扩展槽(系统总线)等 PC 的主要部件。不同档次的 CPU 需用不同档次的主机板。主板的质量直接影响 PC 的性能和价格。图 1-7 是一块典型的主板示意图。

主板上有一块 Flash Memory(快速电擦除可编程只读存储器,也称为闪存)集成电路芯片,其中存放着一段启动计算机的程序,微机开机后自动引导系统。

主板上有一片 CMOS 集成芯片,它有两大功能:一是实时时钟控制,二是由 SRAM 构成的系统配置信息存放单元。CMOS 采用电池和主板电源供电,当开机时,由主板电源供电;断电后由电池供电。系统引导时,一般可通过 Del 键,进入 BIOS 系统配置分析程序修改 CMOS 中的参数。

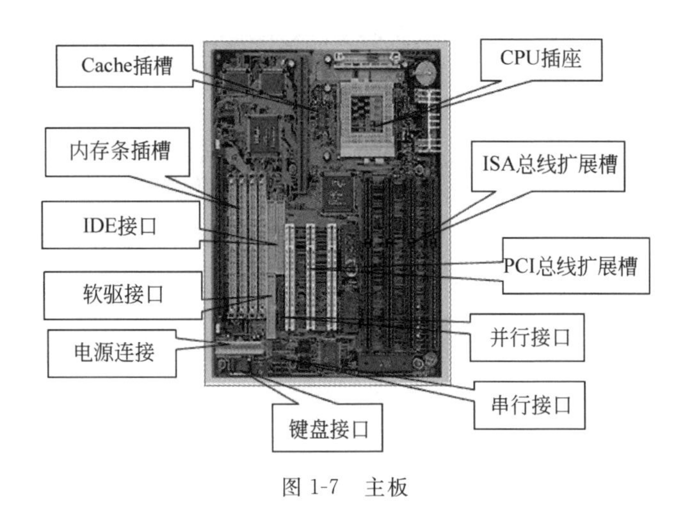

图 1-7　主板

3. 存储器

存储器可以分为内存(主存)和外存(辅存)。虽然都属于五大部件中的存储器部件,但是它们的差别还是很大的。

首先来看内存。它由随机存取存储器(RAM)和只读存储器(ROM)构成。

RAM:负责计算机运算过程中的原始数据、中间数据、运算结果以及一些应用程序,特点是关机即清除。

ROM:负责存储一些系统软件,如开机检测和系统初始化等,特点是信息永久保存,只能读出,不能重写。

内存是计算机用于存储程序和数据的部件,由若干大规模集成电路存储芯片或其他存储介质组成。内存储器直接与中央处理器交换资料,如图 1-8 所示,存取速度快,管理较复杂。内存虽然分为随机存储器和只读存储器两大类,但是平时所说的内存往往是指随机存储器(Random Access Memory,RAM),RAM 用于存储当前计算机正在使用的程序和数据,信息可以随时存取,一旦断电,RAM 中的资料全部丢失,且无法挽救;只读存储器(Read only Memory,ROM)一般情况下只能读出,不能写入。通常,厂商把计算机最重要的系统信息和程序数据存储在 ROM 中,即使机器断电,ROM 的资料也不会丢失。

内存存储资料的容量以字节(Byte)为单位表示,简记为 B,例如 640KB、1MB、32MB、1GB 等。其中相互关系为:

1KB=1024B,1MB=1024KB,1GB=1024MB,1TB=1024GB

那么,到底什么叫字节呢?

我们知道,内存是用来存储程序和数据的,而程序和数据都是用二进制来表示的。不同的程序和数据的大小(二进制位数)是不一样的,因此,需要一个关于存储容量大小的单位。下面介绍各种单位:

(1) 位(bit)是二进制数的最小单位,通常用 b 表示。

(2) 字节(byte):8 个 bit 叫做一个字节,通常用 B 表示。内存存储容量一般都是以字节为单位的。

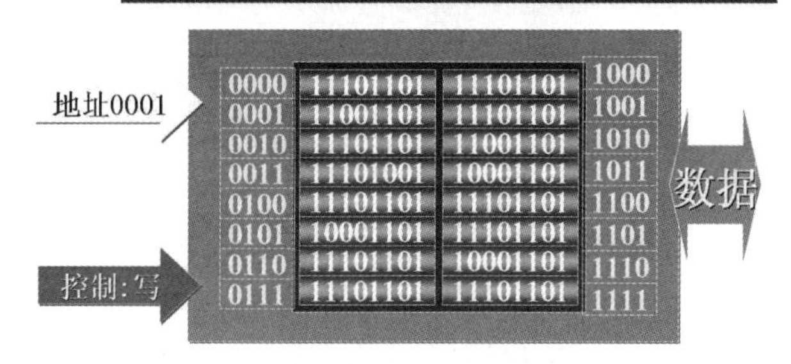

图 1-8　内存读写

(3) 字(word)由若干字节组成。至于一个字到底等于多少字节,取决于具体的计算机,更确切地说,取决于计算机的字长,即计算机一次所能处理的数据的最大位数。

内存储器的主要性能指标就是存储容量和读取速度。

外存又称为辅助存储器,用来存储大量的暂时不处理的数据和程序。外存的特点是存储容量大,速度慢,价格低,在停电时能永久地保存信息。它和内存最本质的区别是:CPU 不能直接访问外存。也就是说,外存的数据必须被调入内存后,才能被执行和处理。

最常用的外存储器是软磁盘、硬磁盘、磁带、光盘和 U 盘。

(1) 软盘。

软盘是在聚酯塑料圆盘上涂上一层磁性薄膜制成的。软盘容量小,速度低,但价格便宜,可脱机保存,携带方便,主要用于数据后备及软件转存。PC 常用的软盘是 3.5 英寸软盘,容量为 1.44MB。在 3.5 英寸磁盘中写保护口打开时为写保护。

软盘中的信息是记录在盘面上称为磁道的同心圆上,如图 1-9 所示,磁道按顺序编号,最外面一个磁道编号为 0 道,0 道在磁盘中具有特殊用途,这个磁道的损坏将导致磁盘报废。每个磁道又被划分成若干邻接的段,称为扇区,扇区是存放信息的最小物理单位。每个扇区的长度一般为 512B。因此软盘的存储容量公式如下:

存储量＝面数×每面磁道数×每道扇区数×每扇区字节数

例如,3.5 英寸软盘存储容量＝2 面×80 磁道×18 扇区×512B ＝1.44MB。

软盘存储容量小,读写速度慢,现在基本上已被淘汰。

(2) 硬盘。

其特点是固定、密封,容量大,运行速度快,可靠性高。磁盘片和驱动器(磁头和传动装置等)做在一起,因此又叫固定盘。硬盘是 PC 主要信息(系统软件、应用软件和用户数据等)存放的地方。

硬盘的信息记录方式、概念以及存储容量的计算公式都和软盘类似,如图 1-10 所示。

(3) 光盘。

光盘的存储原理和磁介质的软盘及硬盘完全不同。光盘是一种利用激光写入和读出的存储器,特点是速度快,容量大,容量一般在 500MB 以上,而且能够永久保存盘上的信息。光盘分为 CD-ROM(只读型)、CD-R(一次写入型)和 CD-RW(可擦写型)等不同种类。

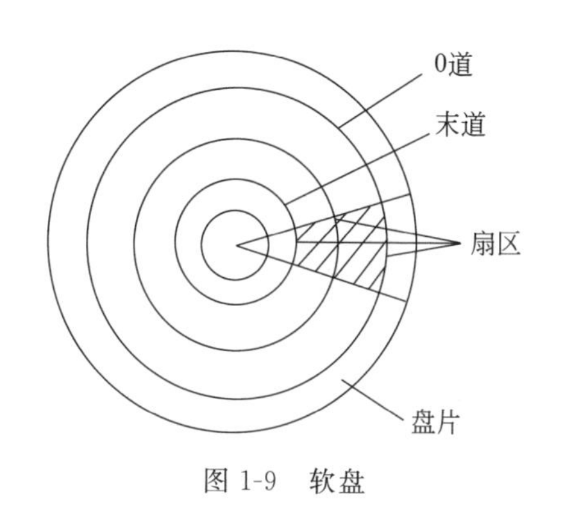

图 1-9　软盘

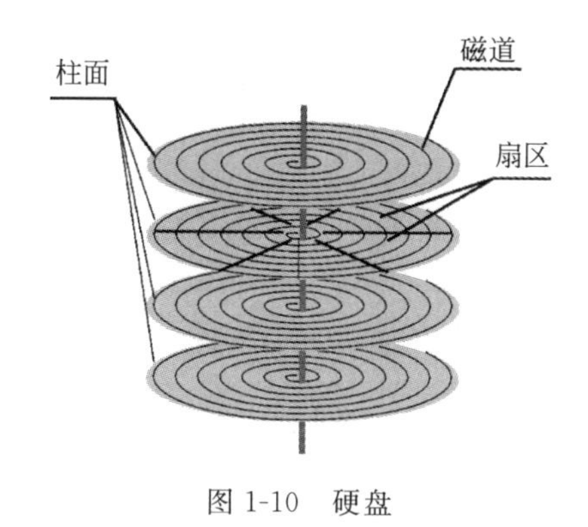

图 1-10　硬盘

(4) U 盘。

U 盘是采用 flash memory(闪存)存储技术的 USB 设备,因为支持即插即用,使用方便,所以现在非常流行。

4. 接口

由于输入设备、输出设备和外存储器等外设在结构和工作原理上和主机(CPU＋内存)有着很大的区别,因此在交换数据时需要一种逻辑部件协调两者的工作。这种逻辑部件叫做输入输出接口,简称接口。

总线接口提供多种总线类型的扩展槽,供用户插入相应的适配器(功能卡,如显卡、声卡和网卡)。

根据接口数据传输方式,可以把接口分为串行和并行两大类。

(1) 串行口:只能依次传送 1 路信号,提供 COM1 和 COM2。多用于连接低速外设(如 modem 等),采用最广泛的是 EIA RS-232C 连接标准。

(2) 并行口 LPT:一次同时传送 8 路信号。主要用于连接高速外设(如打印机等)。

5. 微型计算机总线

总线就是一组公共信息传输线路,通常是由发送信息的部件分时地将信息发往总线,再由总线将这些信息同时发往各个接收信息的部件。

对于总线,有不同的分类标准。

根据其传送的信息种类,可以把它分为控制总线、数据总线和地址总线(见图 1-11)。

(1) 控制总线(Control Bus,CB):双向总线。用于传送控制信号,控制总线上的操作和数据传送的方向,实现微处理器与外部逻辑部件之间的同步操作。

(2) 数据总线(Data Bus,DB):双向总线。用于实现在 CPU、存储器和 I/O 接口之间的数据传送。数据总线的宽度等于计算机的字长。

(3) 地址总线(Address Bus,AB):单向总线。用于传送 CPU 所要访问的存储单元或 I/O 端口的地址信息。地址总线的位数决定了系统所能直接访问的存储器空间的容量。

微型计算机中,总线按照位置分为芯片总线(局部总线)、系统总线(又称板总线或内

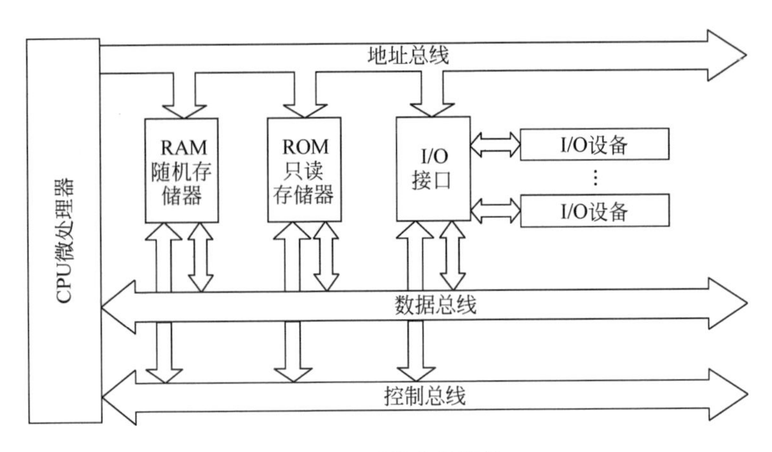

图 1-11　系统总线结构

总线)和外总线(通信总线)。微处理器内部的总线,即局部总线。系统总线是用来连接各种插件板,以扩展系统功能的总线。在大多数微机中,显示适配器、声卡、网卡等都是以插件板的形式插入系统总线扩展槽的。外总线是用来连接外部设备的总线,如 SCSI、IDE 和 USB 等。USB 接口即通用串行总线接口,是新型接口标准,支持即插即用。

在微型计算机中常用的系统总线有 IBM PC 总线、ISA 总线、EISA 总线及 PCI 总线等。

PCI 总线是一种高性能的系统总线,构成了 CPU 与外部设备之间的高速通道。它支持多个外部设备,与 CPU 时钟无关,并用严格的规定来保证高度的可靠性和兼容性。其主要特点有:高性能,兼容性好,高效益,与处理器 CPU 无关,预留发展空间和自动配置等。

目前在个人计算机中,基本上都使用 PCI 总线,并保持一定数量的 ISA 总线插槽。

1.4.2　常用外部设备

1. 键盘

键盘是标准输入设备,一般可划分为主键盘区、功能键区、光标控制键区和数字小键盘键区。

1) 主键盘区

(1) 字母锁定键(Caps Lock):按下此键,字母锁定为大写;再按此键,锁定为小写。

(2) 换档键(Shift):左右各有一个,按下此键,再按打字键,输入上档符号,或改变字母大小写。

(3) 制表键(Tab):光标向右移动至下一个 8 格的头一位;同时按换档键,光标向左移动至上一个 8 格的头一位。

(4) 退格键(←或 BackSpace):光标回退一格,用于删除光标前字符。

(5) 回车键(Enter)：结束命令行或结束逻辑行。

(6) 空格键：光标右移一格，使光标所在处出现空格。

(7) 换码键(Esc)：删除当前行。如果输入的命令有错，可按此键删除，以重新输入命令。

(8) 控制键(Ctrl)和组合键(Alt)：左右各有一个，与其他键配合使用，完成特殊的控制功能。如 Ctrl+Alt+Del 键的功能是使系统热启动，Ctrl+Print Screen 键的功能是屏幕复制，Ctrl+Break 键的功能是中止当前执行中的命令。

(9) Windows 徽标键：位于 Ctrl 和 Alt 两键之间的键，左右各有一个，上有 Windows 徽标，按此键可快速启动 Windows 的"开始"菜单。与其他键配合使用，可完成多种 Windows 的窗口操作。

另外还有一些字母和数字键。

2) 功能键区

功能键 F1～F12 也称可编程序键(Programmable Keys)，可以编制一段程序来设定每个功能键的功能。不同的软件可赋予功能键不同的功能。

3) 光标控制键区与小键盘数字键区

(1) 删除键(Del 或 Delete)：用于删除光标所在处的字符。

(2) 插入键(Ins 或 Insert)：常用来改变输入状态，即插入或改写方式的转换。

(3) 暂停键(Pause)：暂停程序或命令的执行，再按其他键继续执行。

(4) 屏幕复制键(Print Screen)：将 Windows 桌面复制到剪贴板上，Alt+ Print Screen 将 Windows 桌面的活动窗口复制到剪贴板上。

(5) NumLock 键：转换小键盘区为数字状态(NumLock 灯亮)或光标控制状态(NumLock 灯灭)。

另外还有一些键，如光标的上下左右键等。

2. 鼠标

鼠标是现在常用的快速输入设备，对于现代图形界面的用户来说更是必不可少。鼠标一般可分为光电式和机械式两种，光电式灵敏度较高，但价格也较贵。鼠标有左、中、右 3 键，也有的鼠标只有左右两键。

3. 显示器

目前常用显示器有液晶显示器(LCD)和普通 CRT 显示器。显示器是最常见的输出设备。下面介绍显示器的一些概念。

(1) 像素：即光点。整个屏幕可以看作是由光电(像素)组成的。

(2) 点距：指屏幕上相邻两个荧光点之间的最小距离。点距越小，显示质量就越好。

(3) 分辨率：水平分辨率×垂直分辨率。如 1024×768，表示水平方向最多可以包含 1024 个像素，垂直方向有 768 条扫描线。

(4) 垂直刷新频率：也叫场频，是指每秒钟显示器重复刷新显示画面的次数，以 Hz 表示。这个刷新的频率就是通常所说的刷新率。根据 VESA 标准，75Hz 以上为推荐刷新频率。

(5) 水平刷新频率：也叫行频，是指显示器 1 秒钟内扫描水平线的次数，以 Hz 为单位。在分辨率确定的情况下，它决定了垂直刷新频率的最大值。

(6) 带宽：是显示器处理信号能力的指标，单位为 MHz。是指每秒钟扫描像素的个数，可以用"水平分辨率×垂直分辨率×垂直刷新率"这个公式来计算带宽的数值。

4. 显示适配器

对应于不同的显示器，必须要有相应的控制电路，称为适配器或显示卡。下面介绍显示适配器的一些标准。

(1) 显示存储器：也叫显示内存或显存。显存容量大，则显示质量高，特别是对于图像而言。

显示存储空间＝水平分辨率×垂直分辨率×每个像素所占存储空间

而每个像素所占存储空间取决于它的灰度级(即颜色数目)。如果设每个像素占 n 个 bit，那么 2 的 n 次方就是颜色的数目。一般我们所说的"真彩"每个像素将占据 24 位甚至更多的存储空间。

(2) 显示标准：分为 CGA(Color Graphics Adapter，彩色图形显示控制卡)、EGA(Enhanced Graphics Adapter，增强型图形显示控制卡)和 VGA(Video Graphics Array，视频图形显示控制卡)几种。目前流行的是 SVGA(Super VGA)和 TVGA，它的分辨率可达到 1024×768 甚至可达 1024×1024、1280×1024。

5. 打印机

打印机是计算机系统常用的另一个基本输出设备。打印机按印字方式可分为击打式打印机和非击打式印字机两种。

(1) 击打式打印机：利用机械原理由打印头通过色带把文字或图形打印在打印纸上。典型的就是点阵针式打印机，这种打印机按打印针的数目可以分为 9 针和 24 针等。

(2) 非击打式印字机：利用光、电、磁、喷墨等物理和化学的方法把字印出来。主要有激光打印机和喷墨打印机。

① 喷墨打印机：利用特制技术把墨水微粒喷在打印纸上绘出各种文字符号和图。

② 激光打印机：是激光扫描技术和电子照相技术相结合的产物。是页式打印机，它具有很好的打印质量和打印速度。

除了上述外部设备，还有扫描仪、绘图仪和光笔等。

1.4.3 微处理器、微型计算机和微型计算机系统

1. 微处理器

使用大规模集成电路或超大规模集成电路技术，将传统计算机的运算器和控制器集

成在一块(或多块)半导体芯片上作为中央处理器(CPU),微型计算机的 CPU 就是微处理器(MPU)。

2. 微型计算机

以微处理器为核心,配上由大规模集成电路所制成的存储器、输入设备、输出设备及系统总线所组成的计算机,简称微型计算机。

3. 微型计算机系统

以微型计算机为中心,配以相应外围设备、辅助电路和系统软件,就构成了微型计算机系统。它和微型计算机最主要的区别是包括了指挥计算机工作的系统软件。

1.4.4 微型计算机的主要性能指标

1. 运算速度

运算速度是衡量 CPU 工作快慢的指标。该指标虽然和主频有关,但由于还牵涉内外存的速度、字长以及指令系统的设计,所以不能简单地认为就是主频。一般以每秒可以完成多少条指令作为衡量标准,单位是 MIPS(每秒百万指令数)。

2. 字长

字长是 CPU 一次可以处理的二进制位数,字长主要影响计算机的速度和精度。字长越长,同时处理的数据量就越大,速度相应就越快;字长越长,数据的有效位数就越长,精度也越高。我们常说的 16 位机、32 位机和 64 位机就是指的字长。

3. 内存容量

内存容量是表示计算机的存储能力的指标。容量越大,能存储的数据就越多,能直接处理的程序和数据就越多,计算机的解题能力和规模就越大。

内存容量、字长和运算速度是计算机的三大性能指标。

4. 主频

虽然主频不等于运算速度,但它可以在很大程度上决定运算速度。主频的单位是 MHz。

5. 可靠性

可靠性指计算机连续无故障运行的时间长短,可靠性的指标是 MTBF(平均无故障时间)。

6. 可维护性

可维护性指故障发生后能否尽快恢复,可维护性的指标是 MTTR(平均修复时间)。

7. 兼容性

兼容是含义广泛的概念,包括程序数据的兼容和设备的兼容。兼容使计算机易于推广。

8. 性价比

性能指计算机系统的综合性能,而价格也要包括软件的价格。

习　　题

选择题

1. 1946 年美国诞生了世界上第一台电子计算机,它的名字叫(　　)。

   A. ADVAC　　B. EDSAC　　C. ENIAC　　D. UNIVAC-Ⅰ

2. 第三代计算机称为(　　)计算机。

   A. 电子管　　B. 晶体管

   C. 中小规模集成电路　　D. 大规模超大规模集成电路

3. 通常一台计算机系统的存储介质包含有 Cache、内存、磁带和硬盘,其中访问速度最慢的是(　　)。

   A. Cache　　B. 内存　　C. 磁带　　D. 硬盘

4. 把二进制数 10101.10101(B)转化成八进制数是(　　)。

   A. 25.25　　B. 25.52　　C. 25.42　　D. 52.52

5. 计算机的硬件系统是由(　　)组成的。

   A. CPU、控制器、存储器、输入设备和输出设备

   B. 运算器、控制器、存储器、输入设备和输出设备

   C. 运算器、存储器、输入设备和输出设备

   D. CPU、运算器、存储器、输入设备和输出设备

6. CPU 是构成计算机的核心部件,在微型机中,它一般被称为(　　)。

   A. 中央处理器　　B. 单片机　　C. 单板机　　D. 微处理器

7. 存储器包括内存储器和外存储器,现代计算机的内存储器有(　　)。

   A. ROM　　B. RAM　　C. ROM 和 RAM　　D. 硬盘和软盘

8. 计算机的存储量通常以能存储多少个二进制位或多少个字节来表示,1 个字节是指(　　)个二进制位,1MB 的含义是(　　)个字节。

   A. 1024、1024　　B. 8、1024K　　C. 8、1000K　　D. 16、1000

9. 扫描仪是一种(　　)。

   A. 输出设备　　B. 存储设备　　C. 输入设备　　D. 玩具

10. 计算机软件主要分为(　　)和(　　)。

A. 用户软件,系统软件　　B. 用户软件,应用软件
C. 系统软件,应用软件　　D. 系统软件,教学软件

11. 操作系统、编译程序和数据库管理系统属于(　　)。
A. 应用软件　B. 系统软件　C. 管理软件　D. 以上都是

12. 电子数字计算机工作原理最重要的特征是(　　)。
A. 高速度　　B. 高精度
C. 存储程序和自动控制　　D. 记忆力强

13. 计算机能直接识别的语言是(　　)。
A. 汇编语言　B. 自然语言　C. 机器语言　D. 高级语言

14. 把十六进制数 A301(H)转换成二进制数是(　　)
A. 10100011 00000001　　B. 10010010 00000010
C. 10100111 10001000　　D. 10101100 00001000

15. 1MB 等于(　　)。
A. 1000B　B. 1024B　C. 1000×1000B　D. 1024×1024B

16. 如果按字长来划分,微型机可分为 8 位机、16 位机、32 位机、64 位机和 128 位机等。所谓 32 位机是指该计算机所用的 CPU(　　)。
A. 一次最多能处理 32 位二进制数　　B. 具有 32 位的寄存器
C. 只能处理 32 位二进制定点数　　D. 有 32 个寄存器

17. 下列关于操作系统的叙述中,正确的是(　　)。
A. 操作系统是软件和硬件之间的接口
B. 操作系统是源程序和目标程序之间的接口
C. 操作系统是用户和计算机之间的接口
D. 操作系统是外设和主机之间的接口

18. 硬盘和软盘驱动器是属于(　　)。
A. 内存储器系统　　B. 外存储器系统
C. 只读存储器系统　　D. 半导体存储器系统

19. 能将源程序转换成目标程序的是(　　)。
A. 调试程序　B. 解释程序　C. 编译程序　D. 编辑程序

20. 系统软件中最重要的是(　　)。
A. 操作系统　　B. 语言处理程序
C. 工具软件　　D. 数据库管理系统

21. 一个完整的计算机系统包括(　　)。
A. 计算机及其外部设备　　B. 主机、键盘和显示器
C. 系统软件与应用软件　　D. 硬件系统与软件系统

22. 把十进制数 1024 转化成二进制数是(　　)。
A. 1000100000　　B. 10000000000
C. 1000000000　　D. 100000000000

23. 断电时计算机(　　)中的信息会丢失。

A. 软盘　　B. 硬盘　　C. RAM　　D. ROM

24. 微型计算机的性能主要取决于(　　)的性能。

A. RAM　　B. CPU　　C. 显示器　　D. 硬盘

25. 所谓"裸机"是指(　　)。

A. 单片机　　B. 单板机

C. 不装备任何软件的计算机　　D. 只装备操作系统的计算机

26. 在计算机行业中,MIS 是指(　　)。

A. 管理信息系统　　B. 数学教学系统

C. 多指令系统　　D. 查询信息系统

27. CAI 是指(　　)。

A. 系统软件　　B. 计算机辅助教学软件

C. 计算机辅助管理软件　　D. 计算机辅助设计软件

28. 既是输入设备又是输出设备的是(　　)。

A. 磁盘驱动器　　B. 显示器　　C. 键盘　　D. 鼠标器

29. 当运行某个程序时,发现存储容量不够,解决的办法是(　　)。

A. 把磁盘换成光盘　　B. 把软盘换成硬盘

C. 使用高容量磁盘　　D. 扩充内存

30. 计算机的存储系统一般指主存储器和(　　)。

A. 显示器　　B. 寄存器　　C. 辅助存储器　　D. 鼠标

31. (　　)是为了解决实际问题而编写的计算机程序。

A. 系统软件　　B. 数据库管理系统

C. 操作系统　　D. 应用软件

32. 对 PC,人们常提到的 Pentium 和 PentiumⅡ指的是(　　)。

A. 存储容量　　B. 运算速度　　C. 主板型号　　D. CPU 类型

33. 为了避免混淆,二进制数在书写时通常在右面加上字母(　　)。

A. E　　B. B　　C. H　　D. D

34. 通常所说的区位、全拼双音、双拼双音、智能全拼、五笔字型和自然码是不同的(　　)。

A. 汉字字库　　B. 汉字输入法　　C. 汉字代码　　D. 汉字程序

35. I/O 设备直接(　　)。

A. 与主机相连接　　B. 与 CPU 相连接

C. 与主存储器相连接　　D. 与 I/O 接口相连接

36. 下列外部设备中,属于输入设备的是(　　)。

A. 鼠标　　B. 投影仪　　C. 显示器　　D. 打印机

37. 主要逻辑元件采用晶体管的计算机属于(　　)。

A. 第一代　　B. 第二代　　C. 第三代　　D. 第四代

38. 液晶显示器简称为(　　)。

A. CRT　　B. VGA　　C. LCD　　D. TFT

39. 计算机系统中的软件系统包括系统软件和应用软件。下面关于二者关系的说法正确的是(　　)。

A. 系统软件和应用软件构成了计算机的软件系统

B. 系统软件不一定要有,而应用软件是必不可少的

C. 系统软件不一定要有,应用软件则可多可少

D. 系统软件必不可少,应用软件完全没有必要

40. 在微型计算机中,进行(　　)是微处理器的主要功能。

A. 算术逻辑运算　　B. 算术逻辑运算及全机的控制

C. 算术运算　　D. 逻辑运算

第2章

Windows 操作系统及其应用

2.1 Windows 的基本知识

2.1.1 Windows 历史和基本概念

Windows 系统是微软(Microsoft)公司开发的，是一个具有图形用户界面(Graphical User Interface，GUI)的多任务操作系统。所谓多任务是指在操作系统环境下可以同时运行多个应用程序，如一边可以在 Word 软件中编辑稿件，一边让计算机播放音乐，这时两个程序都已被调入内存储器中处于工作状态。

Windows 是在 MS-DOS 操作系统上发展起来的，Windows 的发展历史见表 2-1。

表 2-1 Windows 的发展历史

时间	产品	特点
1981 年	MS-DOS	基于字符界面的单用户、单任务的操作系统
1983 年	Windows 1.0	支持 Intel X386 处理器，具备图形化界面，实现了通过剪贴板在应用程序间传播数据的思想
1987 年、1990 年	分别推出 Windows 2.0 和 Windows 3.0	成为微软公司的主流产品，增加了对象链接和嵌入技术及对多媒体技术的支持等
1993 年	Windows for Workgroup 3.1	微软公司的第一个网络桌面操作系统
1995 年、1998 年	Windows 95、Windows 98	可独立运行而无须 DOS 支持。采用 32 位处理技术，兼容以前 16 位的应用程序，Windows 98 内置 IE 4.0 浏览器
2000 年	Windows 2000 系列	比 Windows 98 更稳定、更安全，更容易扩充
2001 年	Windows XP	比以往版本有更友好和清新的流线型窗口设计，菜单设计更加简化，在提高计算机的安全性、数字照片和视频处理、设置家庭及办公网络方面都有很大改进
2007 年	Windows Vista	采用了全新的图形用户界面。但系统兼容等问题比较突出。成为 Windows 家族的匆匆过客

续表

时　　间	产　　品	特　　点
2009 年	Windows 7.0	由于产品的稳定性和强大的系统兼容性，越来越多的用户开始使用 Windows 7
2015 年	Windows 10	一款跨平台的操作系统，能够同时运行在台式机、平板电脑和智能手机等平台，为用户带来统一的操作体验

事实上，最初的 Windows 3.x 并不是一个真正的图形界面操作系统，它只是一个在 DOS 环境下运行的、对 DOS 有较多依赖的 DOS 子系统。1995 年推出的 Windows 95 和 1998 年推出的 Windows 98 是一个真正的全 32 位的个人计算机图形界面操作系统。Windows NT 4.0 是 Windows 家族中第一个完备的 32 位网络操作系统，它主要面向高性能微型计算机、工作站和多处理器服务器，是一个多用户操作系统。

Windows 2000 原名是 Windows NT 5.0，它具有全新的界面、高度集成的功能、稳固的安全性和便捷的操作方法。Windows 2000 在界面、风格与功能上都具有统一性，是一种真正面向对象的操作系统。另外，用户在操作本机的资源和远程资源时不会感到有什么不同。

2001 年 9 月推出的 Windows XP 把 NT 版本的设计带入了家庭用户，Windows XP 除了拥有图形用户界面操作系统所具有的多任务、"即插即用"等特点外，比以往版本有更友好和清新的流线型窗口设计，菜单设计更加简化，在提高计算机的安全性、数字照片和视频处理、设置家庭及办公网络方面都有很大改进，这些技术可使计算机的运行效率更高，而且更加可靠。

2003 年春，微软公司发布了 Windows Server 2003。Windows Server 2003 有 4 个版本，分别是 Standard Edition、Enterprise Edition、Data Center Edition 和 Web Edition。

Windows Vista 在 2007 年 1 月高调发布，采用了全新的图形用户界面。但系统兼容和运行速度不够快等问题比较突出。所以许多 Windows 用户仍然坚持使用 Windows XP。Windows Vista 成为 Windows 家族的匆匆过客。

2009 年年底发布的 Windows 7 给用户带来新的体验，它的运行比 Vista 更流畅，特别是多达上千种的新功能、充分满足个性化的贴心设计、出众的产品稳定性和强大的系统兼容性。

Windows 10 除了具有图形用户界面操作系统的多任务、"即插即用"、多用户账户等特点外，与以往版本的操作系统不同，它是一款跨平台的操作系统，它能够同时运行在台式机、平板电脑和智能手机等平台，为用户带来统一的操作体验。Windows 10 系统功能和性能不断提高，在用户的个性化设置、与用户的互动、用户的操作界面、计算机的安全性、视听娱乐的优化等方面都有很大改进，并通过 Microsoft 账号将各种云服务以及跨平台概念带到用户身边。

本章以 Windows 10 为例，介绍 Windows 操作系统的基本概念和操作功能。

2.1.2　Windows 运行环境

Windows 10 操作系统虽然性能进行了大幅度改进和提升，但与之前的版本相比，它对硬件性能的要求并没有更高要求，最低配置如下。

中央处理器：1GHz 及以上，推荐 2.0GHz 及以上。

内存容量：1GB 及以上，推荐 2GB 以上。

硬盘容量：16GB 以上可用空间。

显示设备：支持 DirectX 9 的显卡、显示器 1024 * 600 像素。

上述硬件配置只是可运行 Windows 操作系统的最低指标，更高的指标可以明显提高其运行性能。

2.1.3　Windows 桌面的组成

启动 Windows 之后，首先看到的整个屏幕就是 Windows 的桌面。桌面是打开计算机并登录到 Windows 之后看到的主屏幕区域，用户对计算机的控制都是通过它来实现的。桌面包括桌面图标、桌面背景、"开始"按钮和任务栏。

1. 桌面图标

桌面图标是带有文字说明的小图片，它代表程序、文件、文件夹和网页等，如图 2-1 所示。桌面图标主要包括系统图标、快捷图标和文件/文件夹图标。

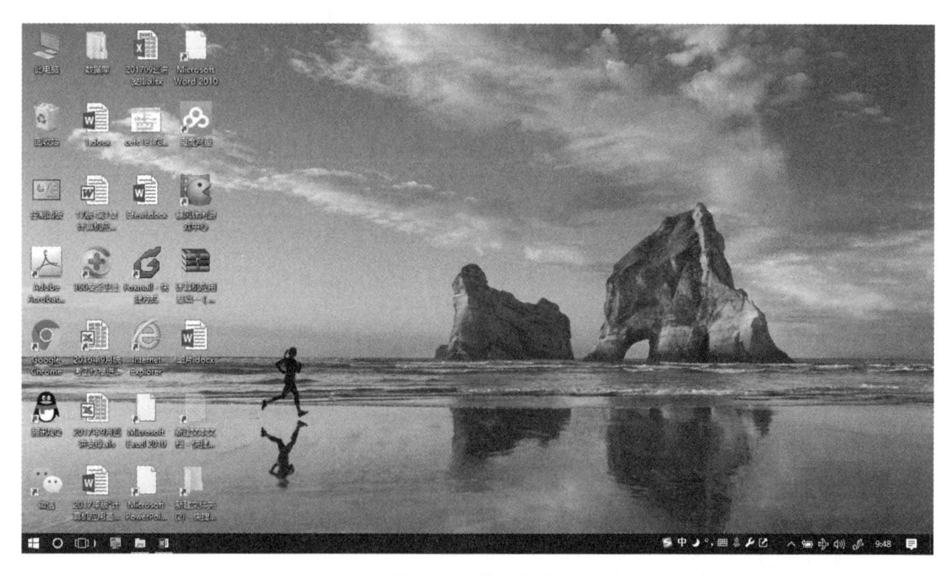

图 2-1　桌面图标

(1) 系统图标：对应系统程序、系统文件或文件夹的图标，如此电脑图标、回收站图标和控制面板图标等。

(2) 快捷图标：应用程序、文件或文件夹的快捷方式图标，图标左下角有箭头标志。

(3) 文件/文件夹图标：桌面上还有一类普通图标，即保存在桌面上的文件或文件夹。

初始安装 Windows 10 时，桌面上只有一个"回收站"图标，用户为了工作的需要，通常将"此电脑""回收站""用户文件夹"和"控制面板"等系统图标显示在桌面上，方法是：右击桌面空白处，在弹出的快捷菜单中选择"个性化"命令，在打开的"设置"窗口中选择"主题"，选择"桌面图标设置"，在打开的"桌面图标设置"对话框中选择将哪些项目显示到桌面上。

桌面上的图标通常代表 Windows 环境下的一个可以执行的应用程序，也可能是一个文件或文件夹。用户可以通过双击其中任意一个图标打开相应的应用程序窗口进行具体的操作。桌面上的常见图标有以下几种。

1）"此电脑"图标

桌面上的"此电脑"图标实际上是一个系统文件夹，用户通常通过它来访问硬盘、光盘、可移动硬盘及连接到计算机的其他设备，并可选择设备上的某个资源进行访问或查看这些存储介质上的剩余空间。"此电脑"是用户访问计算机资源的一个入口，双击它，可以打开资源管理器程序，如图 2-2 所示。

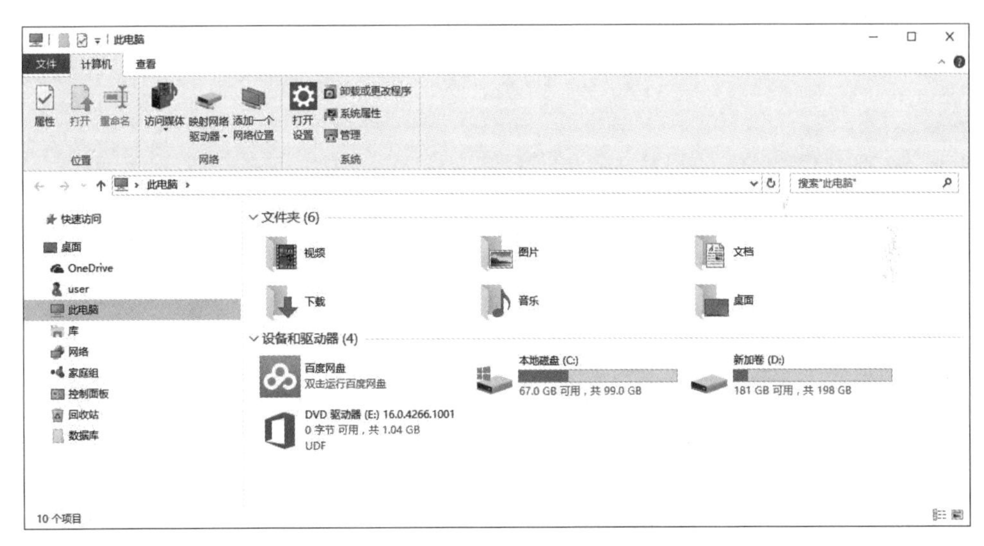

图 2-2　此电脑窗口

选择"此电脑"图标，右击鼠标，在弹出的快捷菜单中选择"属性"命令，会打开系统属性窗口，如图 2-3 所示。在此可以查看到这台计算机安装的操作系统版本信息、处理器和内存等基本性能指标以及计算机名称等重要信息。

2）用户文件夹图标

Windows 操作系统会自动给每个用户账户建立一个个人文件夹，它是根据当前登录

图 2-3　系统属性窗口

到 Windows 的用户账户命名的。例如，如果当前用户是 user，则该文件夹的名称为 user。双击此用户文件夹图标后，屏幕上就显示如图 2-4 所示的窗口。此文件夹包括“文档”“音乐”“图片”和“视频”等子文件夹。用户新建文件在保存时，系统默认保存在用户文件夹下相应的子文件夹中。用户通常设置将自己的个人文件夹图标显示在桌面上。

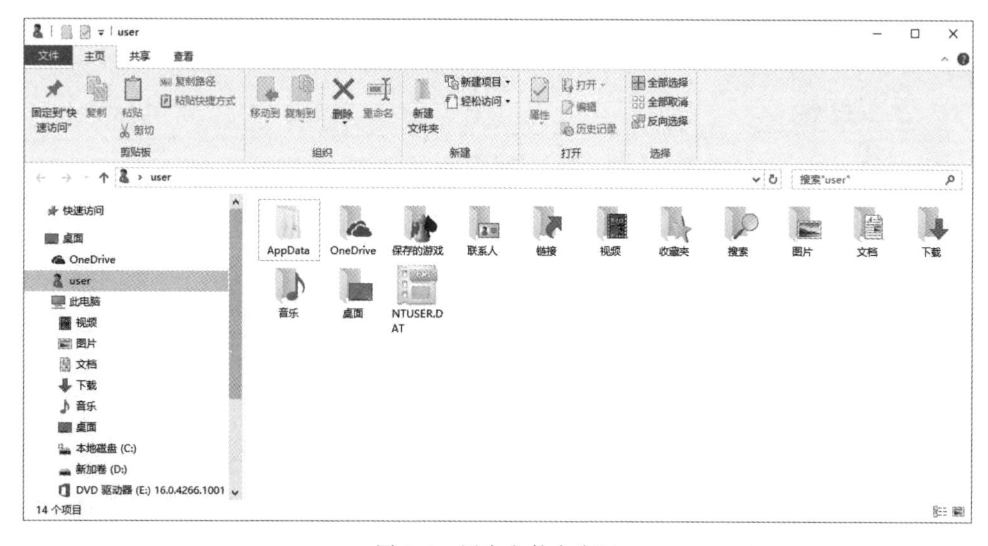

图 2-4　用户文件夹窗口

3）“控制面板”图标

双击“控制面板”图标后，屏幕上就显示如图 2-5 所示的窗口。在该窗口中可以进行系统设置和设备管理，用户可以根据自己的喜好，设置 Windows 外观、语言、时间和网络属性等，还可以进行添加或删除程序、查看硬件设备等操作。

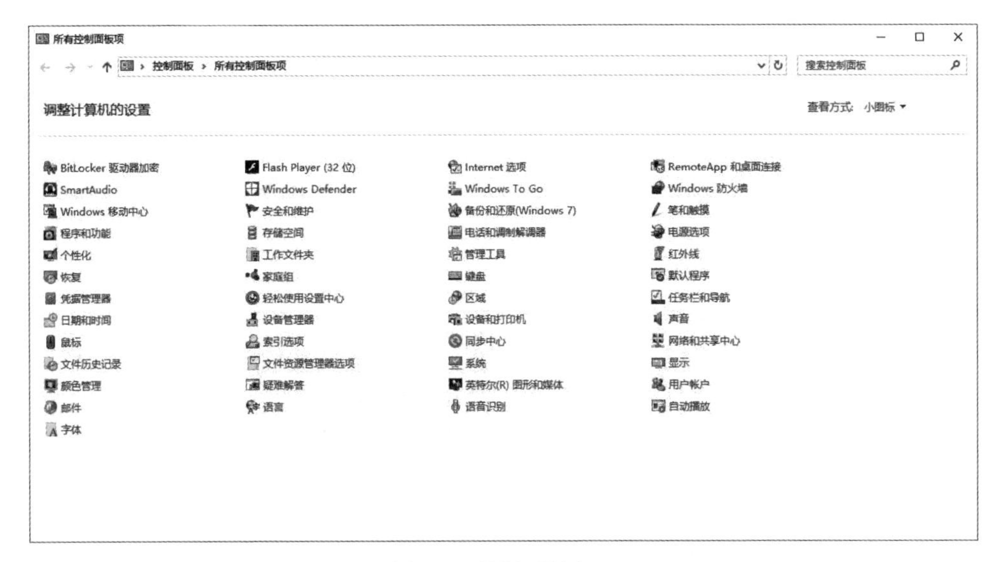

图 2-5　控制面板窗口

4）回收站图标

“回收站”是系统自动生成的硬盘中的特殊文件夹，用来保存被逻辑删除的文件和文件夹，双击“回收站”图标打开回收站窗口，如图 2-6 所示。

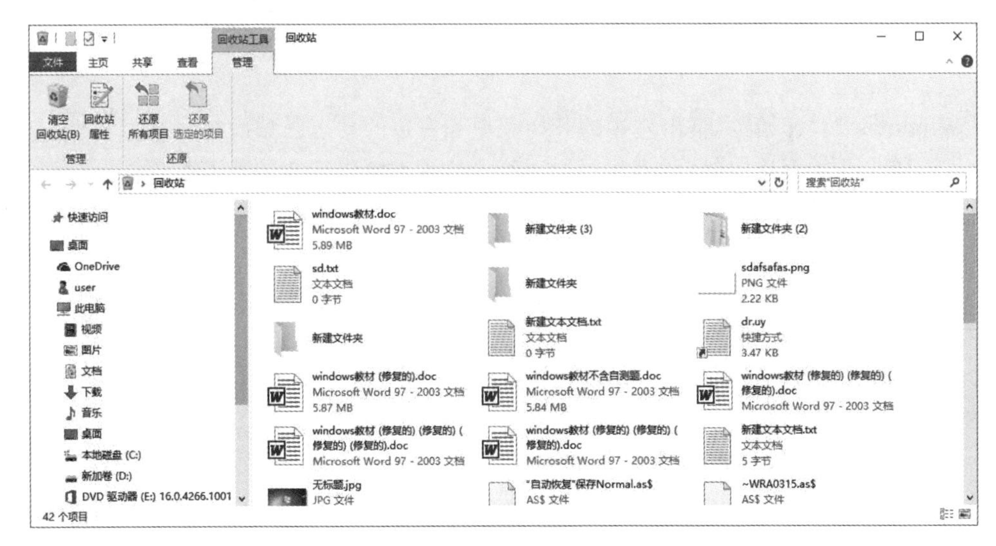

图 2-6　回收站窗口

在回收站窗口中显示出以前删除的文件和文件夹的名字。用户可以从中恢复一些误删的、有用的文件或文件夹，也可把这些内容从回收站彻底删除，文件从回收站删除后，就无法再恢复了。与其他桌面图标不同，“回收站”图标不能从桌面上删除。

对桌面上的图标可通过鼠标拖动改变其在桌面的位置，也可通过右击桌面空白处，在弹出的快捷菜单中选中“排序方式”命令，在其下级菜单中选择按名称、大小、项目类型及修改日期 4 种方式中的一种，重新排列图标。还可通过右击桌面上某个图标，在弹出的快捷菜单中选择“删除”命令，删除桌面上不用的图标。

2. “开始”按钮

“开始”按钮位于桌面的左下角。单击“开始”按钮或按下键盘上的 Windows 键就可以打开 Windows 的开始菜单，开始菜单对应的屏幕称为“开始”屏幕，如图 2-7 所示。Windows 10 的“开始”屏幕很人性化地照顾到了平板电脑的用户，用户可以在“开始”屏幕中选择相应的项目，轻松快捷地访问计算机上的所有应用。

图 2-7 “开始”屏幕

Windows 10“开始”屏幕由左边的开始菜单和右边的动态磁贴面板组成：

(1) 单击开始菜单中的“所有程序”按钮，可显示系统中安装的所有程序，并以程序名首字母进行分类排序，用户还可以设置将“最近添加”和“最常用”的程序自动显示在此列表中。

(2) 开始菜单的左下角是固定程序区域，这部分会有“用户名”“文档”“设置”和“电源”按钮，用户也可以设置将其他常用项目显示在此。

“用户名”：显示当前登录系统的用户名，如果用户名是 Administrator，该用户为系统的管理员用户。

“文档”：打开用户文件夹下的文档，用户在“文档”窗口中可以访问管理用户文件夹下的文件资源。

“设置”：打开系统的设置窗口，可以对系统、设备、账户、时间和语言等内容进行设置。

“电源”：用来切换用户、重启或关闭计算机。

(3) “开始”屏幕的右边窗格是动态磁贴面板，里面是各种应用程序对应的磁贴，每个磁贴既有图片又有文字，还是动态的，当应用程序有更新的时候，可以通过这些磁贴直接反映出来，而无须运行它们。

Windows 10 中几乎所有的操作都可以通过开始菜单来实现，为了使开始菜单符合自己的使用习惯,用户可以自己设置开始菜单的样式。设置方法详见 2.2.8 节。

3. 任务栏

任务栏位于桌面的底部。从左到右依次为“开始”按钮、程序按钮区、通知区域和显示桌面按钮,如图 2-8 所示。

(1)“开始”按钮:打开“开始”菜单。

(2)程序按钮区:显示正在运行的应用程序和文件的按钮图标。

(3)系统通知区:显示时钟、音量及一些告知的特定程序和计算机设置状态的图标。

(4)“显示桌面”按钮:用来显示桌面的按钮。

图 2-8 任务栏

2.1.4 Windows 的文件组织

1. 文件

在 Windows 中,所有信息(程序、数据和文本)都是以文件的形式存储在磁盘上的,文件是一组信息的有序集合。

文件有 3 个要素:文件名、扩展名和存放位置。

每个文件都有一个文件名,文件名可以用英文或汉字命名,Windows 支持长文件名格式,最多可用长达 255 个字符。文件名不区分大小写,可以使用多个分隔符、可以使用诸如＋、,、;、[、]、＝和空格等特殊字符,但是文件名中不能包含/、\、*、:、?、"、＜、＞及|这些符号。

多数文件还有一个扩展名,扩展名与文件名之间用“."隔开,扩展名表示该文件的类型:如.DOC 是 Word 文档;.EXE 或.COM 是程序文件。

2. 文件夹

文件夹也叫目录,是文件的集合体,或者说是用来放置文件和子文件夹的容器。文件夹中可以包含多个文件或子文件夹,当然也可以是空文件夹。

为了有效地组织文件,文件夹(目录)采用层次结构。每个逻辑磁盘的根部可以直接存放文件,叫作根目录。根目录下面还可放子目录(文件夹),子目录下面还可再放子目录(文件夹),整个结构像一棵倒置的树,如图 2-9 所示。

3. 逻辑盘

计算机的外存储器一般以硬盘为主。为了便于数据管理,一般会把硬盘进行分区,划

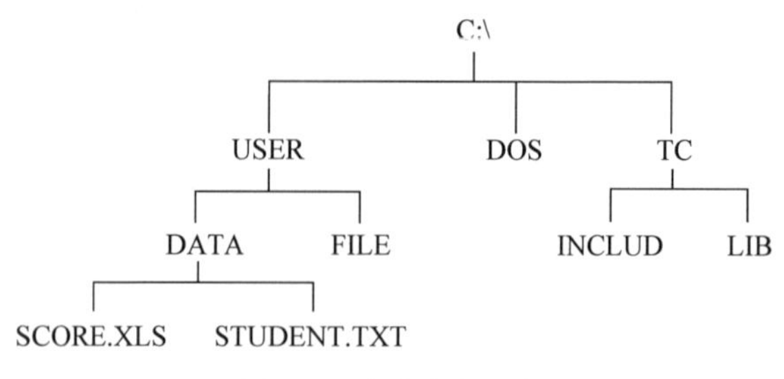

图 2-9　文件夹与文件

分成多个逻辑盘，用盘符来表示。

硬盘的逻辑盘盘符从 C 开始。因此如果一台计算机上有逻辑硬盘 C 和 D，它们可能属于同一个物理硬盘，也可能属于两个物理硬盘。

4. 路径

文件三要素中，除了文件名和扩展名以外，另一要素“存放位置”实际上就是指文件所在的路径。不光文件有所在路径，文件夹也有所在路径（存放位置）。

路径的作用在于标明文件所在的位置。根据路径表述方式的不同，可以把路径分为绝对路径和相对路径两种表述方式。

（1）绝对路径，即从根目录开始到文件所在目录的路线上的各级子目录名与分隔符“\”所组成的字符串。根目录的表示为“盘符：\”，如“C：\”。例如，图 2-9 中文件 STUDENT. TXT 的绝对路径为“C：\USER\DATA”

（2）相对路径，即从当前位置开始到文件所在目录的路线上的各级子目录名与分隔符“\”所组成的字符串。当前位置是指系统当前正在使用的目录。以图 2-9 为例，如果当前位置是“C：\USER\FILE”，则文件 SCORE. XLS 的相对路径是“..\DATA”，这里“..”表示上一级文件夹（父目录）。

在 Windows 中，两个不同文件的三要素不可能完全相同，即知道了某个文件的文件名、扩展名和路径，就可以唯一确定该文件。因此，常用“路径＋文件名＋扩展名”清楚地表示某个文件，文件名和扩展名之间用“.”分隔，路径与文件名之间的分隔符为“\”。

如图 2-9 中，STUDENT. TXT 文件的完整表示为“C：\USER\DATA\STUDENT. TXT”。

2.1.5　Windows 窗口的组成

Windows 采用了多窗口技术，所以在使用 Windows 操作系统时，我们可以看到各种窗口，对这些窗口的理解和操作也是 Windows 中最基本的要求。

简单来说，Windows 操作系统中的窗口可以分为以下 3 类。

1. 应用程序窗口

应用程序窗口是典型的 Windows 窗口，该窗口是应用程序运行时的工作界面。由标题栏、菜单栏、工具栏、最大化按钮、最小化按钮、关闭按钮、控制按钮、状态栏和窗体本身等组成，如图 2-10 所示。有些应用程序窗口（例如 Office 2016）将菜单栏、工具栏替换成了选项卡和功能区，这类窗口的组成详见第 3 章对应内容。

图 2-10 应用程序窗口

2. 文件夹窗口

用于显示该文件夹中的文件及文件夹。双击某个文件夹就可以打开文件夹窗口，如图 2-11 所示。

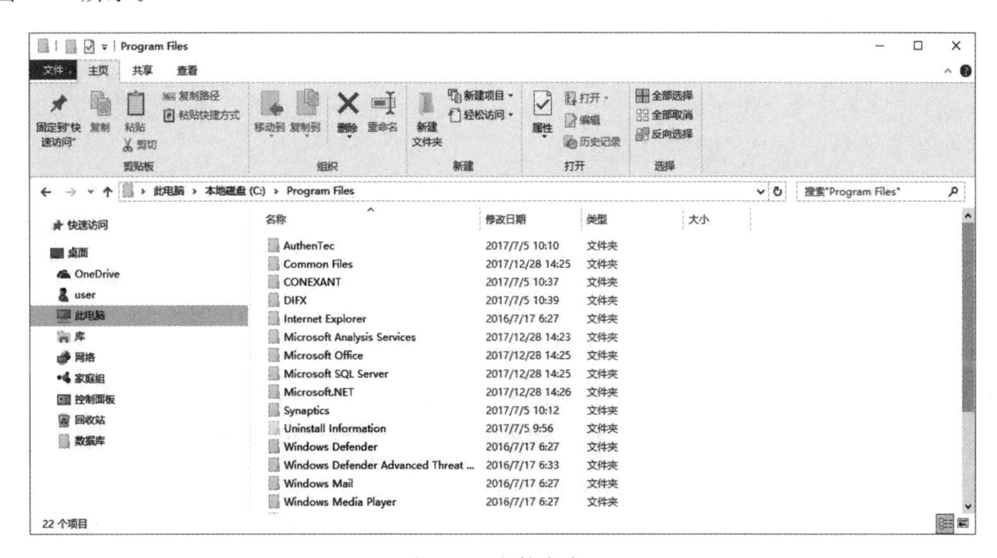

图 2-11 文件夹窗口

3. 对话框窗口

当操作系统需要与用户进一步沟通时，它就显示一个对话框作为提问、解释或警告之用。对话框窗口是系统和用户对话、交换信息的场所，而对话框窗口的形态也是各种各样，随着对话框种类的不同而变化很大。图 2-12 是关闭画图程序时提醒保存文件的对话框。与常规窗口不同，多数对话框无法实现最大化、最小化或调整大小。但是它们可以被移动。

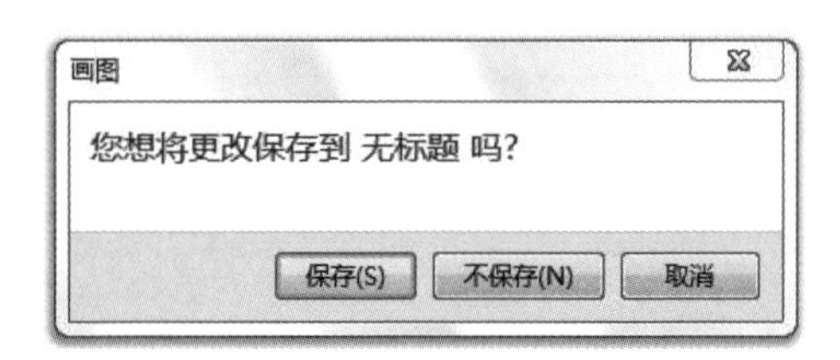

图 2-12　对话框窗口

2.1.6　Windows 的菜单

Windows 菜单主要可以分为下拉式菜单和弹出式菜单两种。

1. 下拉式菜单

大多数菜单都属于下拉式菜单，如单击窗口的菜单栏中的某项，或者单击“开始”按钮等，都会出现下拉式菜单，如图 2-13 所示。下拉式菜单出现的方向不一定向下，也可能向上(如开始菜单)。

下拉式菜单含有若干条命令。为了便于使用，命令按功能分组，分别放在不同的菜单项里。当前能够执行的有效菜单命令以深色显示，无效命令以浅灰色表示。

如果菜单命令旁带有黑三角标记，则表示一旦鼠标移动到该命令项，就会弹出一个子菜单项；如果菜单命令旁带有“...”标记，则表示选择该命令将会弹出一个对话框，让用户进一步输入必要的信息或做进一步选择。

此外，有些菜单命令被选择后，左边会出现一个“√”，这表示该菜单项其实是一个复选按钮；有些则会出现一个“●”，这表示该菜单项其实是一个单选按钮。这些菜单项仅仅表示某种选择设置。有些应用程序中某些菜单的菜单项内容还会随着程序状态的变化而变化。

2. 弹出式菜单

将鼠标指向屏幕的某个位置或指向某个选中的对象，右击鼠标，就会打开一个菜单，这个菜单就叫弹出式菜单，也叫快捷菜单，如图 2-14 是右击桌面上“此电脑”图标弹出的快捷菜单。该菜单中的内容与选中的对象有关，包括与选中对象直接相关的一组常用命令。选中的对象不同，弹出的菜单命令也不一样。

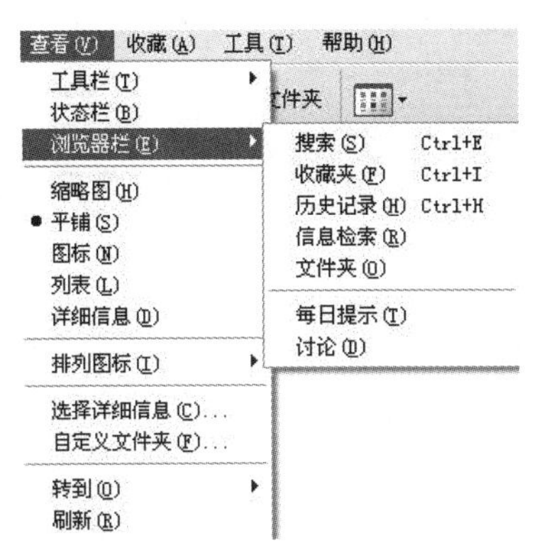

图 2-13　下拉式菜单

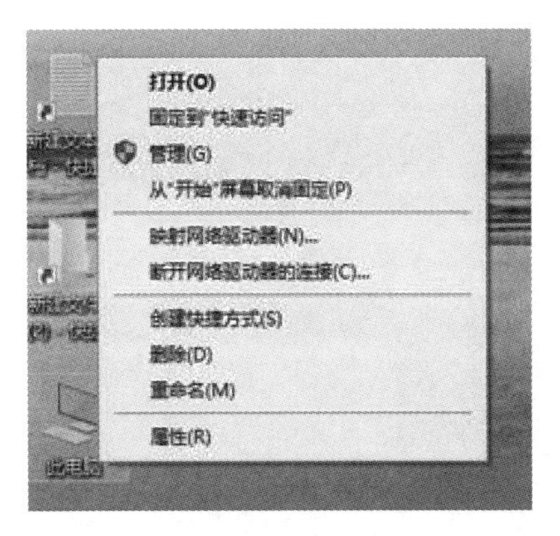

图 2-14　弹出式菜单

2.1.7　Windows 剪贴板

剪贴板是 Windows 在内存中开辟的一块特殊的临时区域，用来在 Windows 程序之间、文件之间传送信息。可以把选中的文本(或其他对象)保存到剪贴板中，再把它们粘贴到目标位置。剪贴板是一个很重要的工具。用户经常进行的复制、剪切和粘贴操作都会用到剪贴板。

(1) 剪切：把选中对象移到剪贴板，原来内容消失。

(2) 复制：把选中对象复制到剪贴板，原来的内容仍存在。由于用户看不到剪贴板的内容，所以给人的感觉好像什么事情也没发生。

(3) 粘贴：把剪贴板内容复制到目标位置，剪贴板的内容仍存在。因此一个内容可以“粘贴”多次。

剪贴板中可以存放多个内容，新的一次剪切或复制操作，都会加入剪贴板中，要查看 Office 2016 剪贴板中的内容，可以单击“开始”选项卡中的“剪贴板”功能区右下角的小按钮。

2.1.8　任务视图和虚拟桌面

为了增强用户体验，Windows 10 系统中新增了任务视图和虚拟桌面的功能，单击任务栏上的“任务视图”按钮或者直接按⊞ +Tab 快捷键，可以看到多个应用的缩略图同时出现在屏幕中央，用户可以通过鼠标单击进入某一个应用中，如图 2-15 所示。

任务视图能够同时以缩略图的形式，展示计算机中所有打开的软件、浏览器和文件等任务界面，方便用户直观快速地进入指定应用或者关闭某个应用，使用户能在打开的软件之间进行快速切换。

Windows 10 新增了虚拟桌面(多桌面)功能，可以实现把不同类型的程序放在不同的桌面，从而让用户的工作更加有条理，例如，可以办公一个桌面、娱乐一个桌面。这样可以

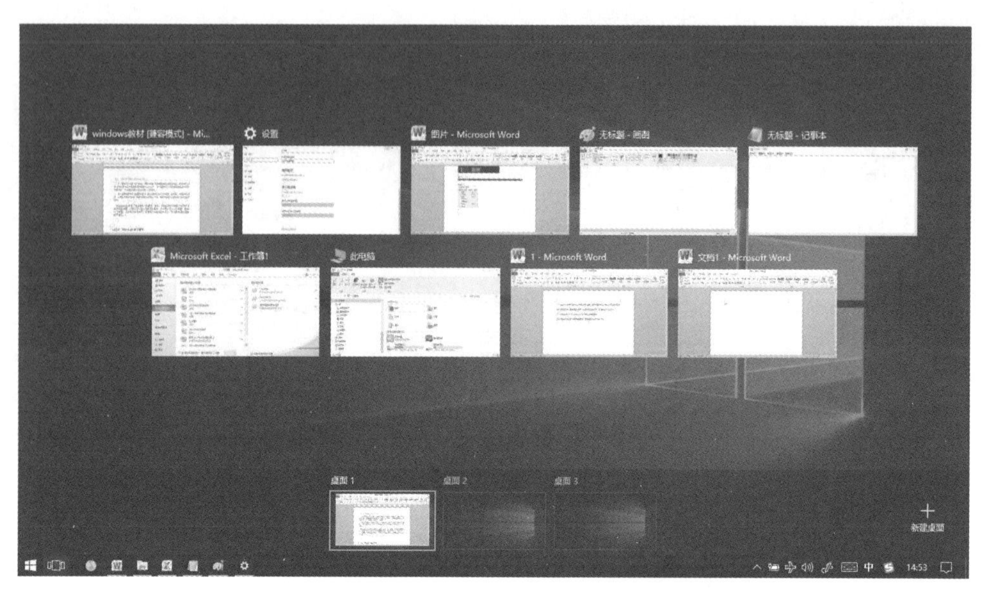

图 2-15　任务视图界面

在不同的桌面中，打开不同的应用程序，分类处理不同的事务，互不干扰。

单击“任务视图”按钮，在任务视图界面下方显示了所有的虚拟桌面，如图 2-15 所示，用户可以单击右侧的“新建桌面”按钮，增加新的虚拟桌面。鼠标停留在某个虚拟桌面上则可以预览此虚拟桌面上的所有应用视图，用户可以把某个虚拟桌面上的应用视图拖曳到新建的虚拟桌面中。单击任务视图界面下方的某个虚拟桌面，就可以打开该虚拟桌面，不同的桌面，任务栏的应用程序图标也会有不同的显示，任务栏上只显示当前虚拟桌面中的应用程序图标。

如果要删除一个虚拟桌面，需要先打开任务视图，如图 2-15 所示，将鼠标移动到某个虚拟桌面上，单击其右上角的 ☒ 按钮即可。当删除了一个虚拟桌面后，此桌面上的应用视图会添加到前一个虚拟桌面里。

用户可以设置是否将“任务视图”按钮显示在任务栏中，具体方式：在任务栏空白处右击，在弹出的快捷菜单中选择显示“任务视图按钮”命令，如图 2-16 所示。

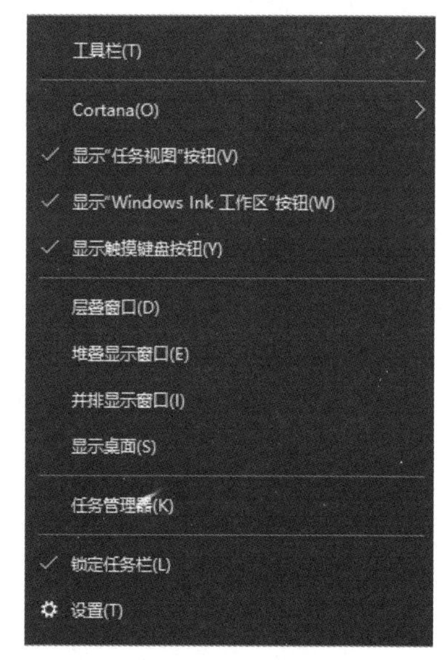

图 2-16　显示“任务视图”按钮

2.2 Windows 的基本操作

2.2.1 Windows 的启动和退出

将 Windows 安装在计算机上之后，每次打开计算机，系统先进行自检，加载驱动程序，检查系统的硬件配置，如果没有问题，Windows 就会自行启动，屏幕上显示登录界面，选择登录的用户账户之后，系统要求输入此账户的登录密码，密码检验通过后，屏幕上将显示此用户之前设置的 Windows 的桌面。

打开开始菜单，直接单击左下角的“电源”选项，打开如图 2-17 所示的子菜单。

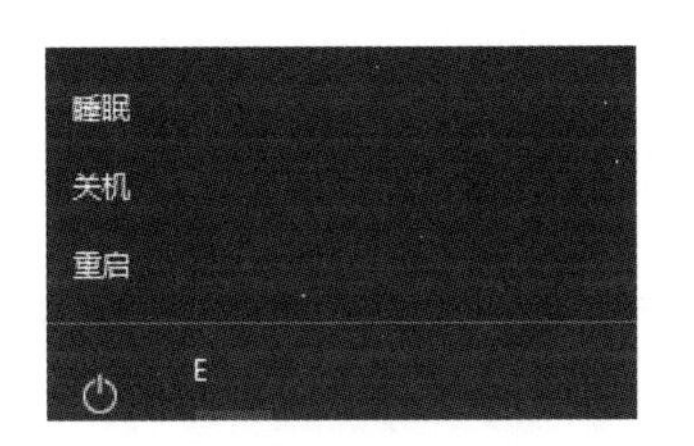

图 2-17 电源菜单

(1) 选择“关机”命令，计算机就可以关闭所有打开的程序，退出 Windows，完成关闭计算机的操作。注意：关机不会自动保存修改，因此，确认保存文件之后再关机。

(2) 选择“睡眠”命令，计算机就处于低耗能状态，显示器将关闭，而且计算机的风扇通常也会停止，它只需维持内存中的工作，操作系统会自动保存当前打开的文档和程序，所以在使计算机睡眠前不需要关闭用户的程序和文件。“睡眠”是计算机最快的关闭方式，而且也是快速恢复工作的最佳选择。单击计算机的“电源”按钮、单击鼠标或按键盘上任意一键，即可唤醒计算机。睡眠时屏幕显示将与关闭计算机时完全一样。

(3) 选择“重启”命令，系统将关闭所有打开的程序，重新启动操作系统。如果用户安装了多种操作系统，还可以选择其他的操作系统。使用“重启”命令有助于修复计算机运行时产生的错误和提高运行效率，有时候操作系统更新或安装新的应用程序后也需要重启系统。

为了使 Windows 系统在退出前保存必要的信息及妥善处理相关的运行环境，保证能再次正常启动，Windows 操作系统的退出一定要按照规程去做，不要仅仅简单地采用关闭主机电源的方式直接退出。

2.2.2 Windows 中的汉字输入方法

在安装 Windows 时，系统已经将常用的汉字输入法安装好了，并在桌面底部右边显示语言栏。语言栏是一个浮动的工具条，单击语言栏上表示输入法的按钮，打开如图 2-18 所示的输入法列表，在列表中选择需要的输入法即可切换到该输入法。当切换到某种汉字输入法时，窗口中会出现相应的输入法状态框，图 2-19 就是在选择了智能 ABC 输入法后所显示的输入法状态框，可以单击其中的按钮进行中文/英文、全角/半角、中/英文标点符号、打开软键盘等相应的设置。

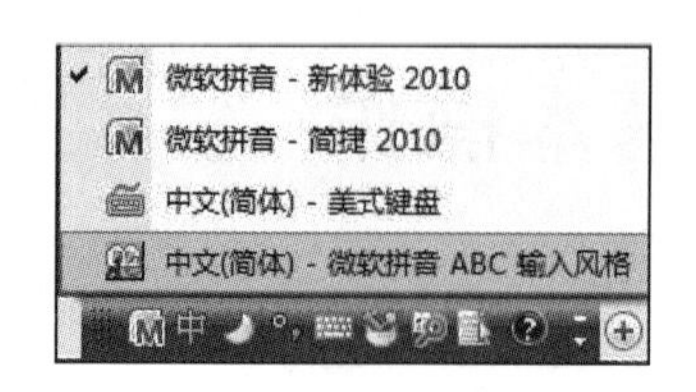

图 2-18 输入法列表

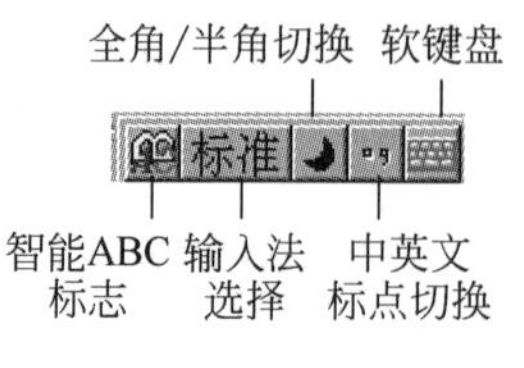

图 2-19 输入法状态框

在汉字输入时,还可使用组合键进行设置。常用的组合键如下:

- 中英文切换:按 Ctrl+空格组合键。
- 不同的中文输入法之间切换:按 Ctrl+Shift 组合键。
- 全角/半角切换:按 Shift+空格组合键。
- 中英文标点之间切换:按 Ctrl +. 组合键。

还有一些针对某个输入法的其他特殊按键,在此就不再一一介绍。

2.2.3 Windows 中鼠标的使用

Windows 是图形化操作系统,而鼠标的使用就是 Windows 环境下的主要特点之一。用鼠标作为输入设备比用键盘作为输入设备更简单、更容易、更“傻瓜”,具有快捷、准确、直观的屏幕定位和选择能力。

鼠标的主要操作方法如下。

- 左击(也叫单击):按一下鼠标左键,表示选中某个对象或启动按钮。
- 双击:快速连续地按两次鼠标左键,表示启动某个对象(等同于选中之后再按 Enter 键)。
- 右击:按一下鼠标右键,表示启动快捷菜单(弹出式菜单)。
- 拖动:按住左键不放,并移动鼠标指针至屏幕的另一个位置或另一个对象。表示选中一个区域,或是把对象拖到某个位置,或是改变对象位置或大小。
- 指向:移动鼠标指针至屏幕的某个位置或某个对象上,没有按键。

由于鼠标的位置以及和其他屏幕元素的相互关系往往会反映当前鼠标可以做什么样的操作,为了使用户更清晰地看到这一点,在不同的情况下鼠标的形状会不一样。当然用户可以自己定义鼠标的形状,但在默认的环境下,鼠标在对应不同操作时的形状如图 2-20 所示。

2.2.4 Windows 窗口的操作方法

根据 2.1.5 中关于窗口的描述,我们知道 Windows 中有很多可操作的矩形区域叫作窗口。这些窗口可以分为应用程序窗口、文件夹窗口和对话框窗口三大类。对于这些窗口常用的操作如下。

图 2-20　鼠标指针形状表示的含义

1. 窗口的移动

将鼠标指向窗口标题栏，并拖动鼠标到指定位置。

2. 窗口的最大化、最小化和恢复

(1) 窗口最大化与还原：在窗口右上角，最大化按钮是 3 个按钮中的中间一个(参见图 2-10)，单击窗口中的最大化按钮，则窗口将放大到充满整个屏幕，最大化按钮将变成还原按钮。单击还原按钮则窗口将恢复原来的大小。双击窗口标题栏空白处，可以最大化或还原窗口。

(2) 窗口最小化与还原：最小化按钮是 3 个按钮中最左边的一个，它可以把窗口缩小为一个图标按钮并放在任务栏上，要把最小化后的窗口还原，只要单击任务栏上相对应的图标按钮即可。

3. 窗口大小的改变

当窗口不是最大时，可以改变窗口的宽度和高度。

(1) 改变窗口的宽度：将鼠标指向窗口的左边或右边，当鼠标变成双箭头符号后，将鼠标拖动到所需位置。

(2) 改变窗口的高度：将鼠标指向窗口的上边或下边，当鼠标变成双箭头符号后，将鼠标拖动到所需位置。

(3) 同时改变窗口的宽度和高度：将鼠标指向窗口的任意一个角，当鼠标变成倾斜双箭头符号后，将鼠标拖动到所需位置。

注意： 有些窗口的大小是固定的，不能进行改变，或者有最小限制。这在对话框窗口中比较常见。

4. 窗口内容的滚动

当前窗口的空间显示的是应用项或文本的“一帧”，当窗口的宽度或高度未把应用项或所有文本全部显示出来时，窗口的下端会出现水平滚动条，右端则出现垂直滚动条，可操作鼠标，将所需显示内容滚动到当前窗口的空间中。如图 2-21 显示的是垂直滚动条，

操作方法如下。

(1) 小步滚动窗口内容：单击滚动条的滚动箭头。

(2) 大步滚动窗口内容：单击滚动条中滚动箭头和滑块之间的空白区域。

(3) 滚动窗口内容到指定位置：鼠标拖动滚动条中的滑块到指定位置。

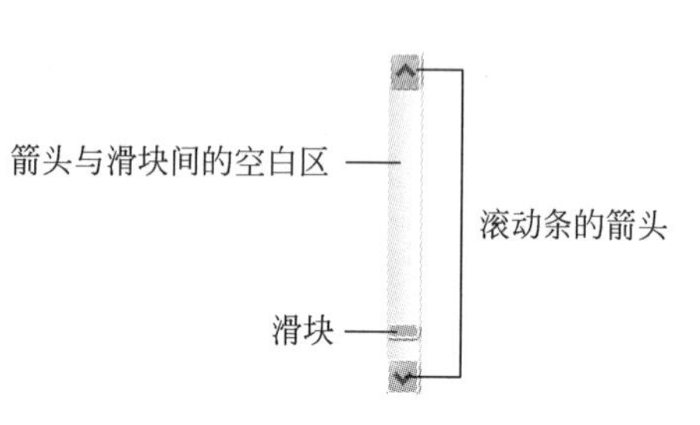

图 2-21　垂直滚动条

5. 窗口的关闭

在窗口右上角，关闭按钮是 3 个按钮中最右面的一个。要关闭窗口，可以执行以下操作之一：单击关闭按钮，或者按组合键 Alt+F4，或者右击标题栏并在弹出式菜单中选择"关闭"命令。

6. 窗口控制菜单

单击窗口左上角窗口标识(应用程序的标识)或右击窗口标题栏空白处，会打开窗口控制菜单。利用窗口控制菜单，则可以用键盘操作一些原本只能用鼠标实现的操作。控制菜单中各命令的意义如下。

(1) 还原：将窗口还原成最大化或最小化前的状态。

(2) 移动：使用键盘上的上、下、左、右方向键将窗口移动到另一位置。

(3) 大小：使用键盘改变窗口的大小。

(4) 最小化：将窗口缩小成图标。

(5) 最大化：将窗口放大到最大。

(6) 关闭(Alt+F4)：关闭窗口。

7. 不同窗口之间的切换

在 Windows 中，同时可以打开很多窗口，但只有当前正在被操作的窗口叫作活动窗口。实现窗口之间切换的方法有很多，如单击非活动窗口、单击任务栏上相应的按钮图标、按住组合键 Alt+Tab 然后选择需要的窗口等。

2.2.5　Windows 菜单的基本操作方法

Windows 中有下拉式和弹出式两种菜单。对于弹出式菜单，一般在某个位置或对象上右击打开。而对于下拉式菜单，主要有以下两种打开方法：

(1) 单击该菜单项处。

(2) 如果菜单项后的方括号中含有带下画线的字母，也可按 Alt+字母组合键。

若要执行菜单中的某个命令，一般有以下 4 种方法：

(1) 打开菜单，然后单击该命令选项。

(2) 打开菜单，然后用键盘上的 4 个方向键将高亮条移至该命令选项，然后按

Enter 键。

(3) 若该命令选项后的括号中有带下画线的字母,则可以在打开菜单后直接按该字母键。

(4) 若该命令选项后标有组合键,则可以不用打开菜单,而直接按组合键执行该菜单项命令。

如果在打开菜单后,在菜单外单击,则表示取消对该菜单的选择。

2.2.6 Windows 对话框的操作

对话框窗口是 Windows 的 3 种窗口类型之一,也是变化最多的一种窗口。不同的对话框,其大小和形状各异,但基本功能都是提供人机交互的界面,等待用户输入信息。对话框的组成元素基本上包括标题栏、命令按钮、文本框、单选按钮、复选框、组合框、标签、框体、选项卡和列表框等,如图 2-22 所示。当然这些组件不一定都有,而且数目多少不一,由此造成了对话框的多样性。

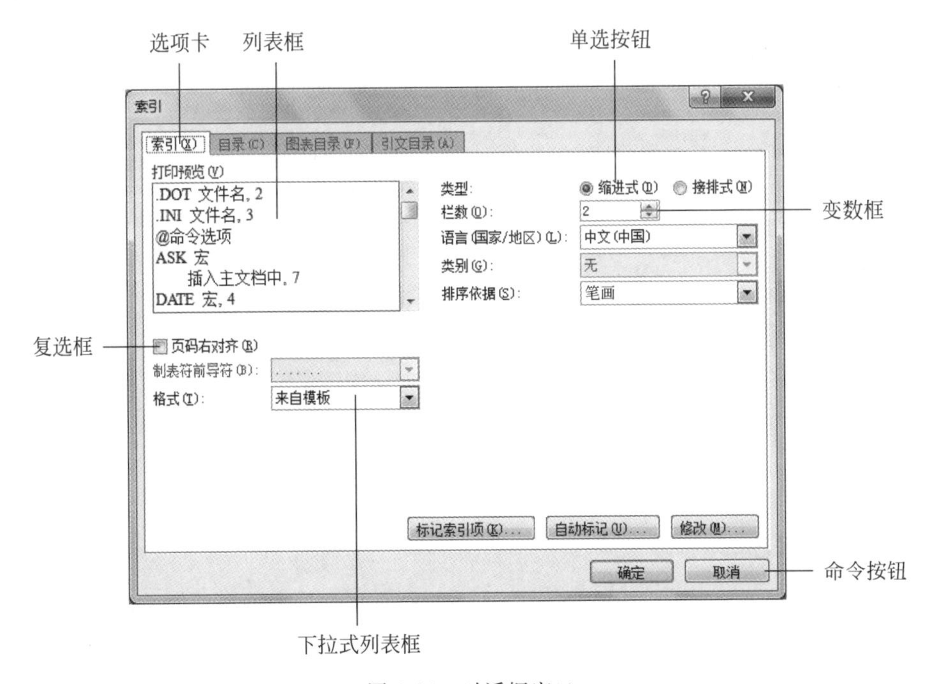

图 2-22 对话框窗口

在对话框中的基本操作就是针对上述组成元素的输入或设置,如文本框的输入、单选按钮和复选框的设置、列表框组合框的选择等,有些命令按钮还会进一步打开新的对话框窗口进行设置。用户完成所有输入和设置后,一般对话框会有一个"确定"按钮或类似含义的命令按钮,单击此命令按钮表示确认刚才的信息输入,并关闭对话框窗口。当然大多数对话框还有"取消"命令按钮,单击此命令按钮表示关闭对话框窗口并且不进行信息输入。

2.2.7 Windows 工具栏的操作和任务栏的使用

1. 工具栏的操作

大多数程序包含几十个甚至几百个使程序运行的命令。其中很多命令组织在菜单或功能区下面，只有打开菜单或功能区，它里面的命令才会显示出来，为了方便用户的操作，通常会将常用命令一直在 Windows 的窗口中显示出来，这些命令通常是以按钮形式放在工具栏中，大部分程序的工具栏显示在菜单栏的下方，但有些程序不是这样，例如打开 Word 2016，标题栏左边显示“快速访问工具栏”，如图 2-23 所示，用户也可以自定义快速访问工具栏，单击工具栏右边的向下按钮，会显示一个下拉菜单，用户可以根据需要在此设置显示哪些工具按钮。

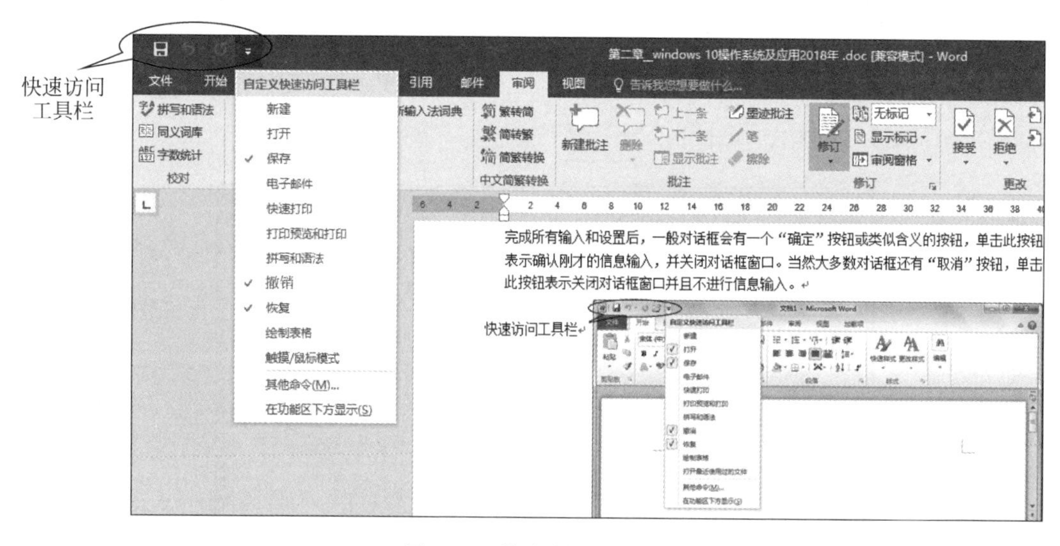

图 2-23　快速访问工具栏

2. 任务栏的操作

Windows 是一个多任务的操作系统，用户可以同时打开多个应用程序和多个文档窗口，任务栏可以方便用户在各个应用程序以及各个文档窗口之间进行切换。每当用户打开一个应用程序，任务栏中就会出现代表该应用程序的图标按钮，即使该应用程序窗口被最小化了，在任务栏上依然留有这个图标按钮，用户要切换到某个应用程序，只需单击这个图标按钮，当前程序对应的图标按钮便会明亮显示。

1）任务栏按钮的显示方式

当用户打开的程序比较多时，程序对应的任务按钮图标就会占满任务栏，用户可以根据自己的喜好，设置合并按钮。在任务栏的空白处右击鼠标，在弹出的快捷菜单中选择“任务栏设置”命令，打开“设置”窗口，显示任务栏设置选项，如图 2-24 所示，在窗口中部的“合并任务栏按钮”下拉列表中选择所需选项即可。

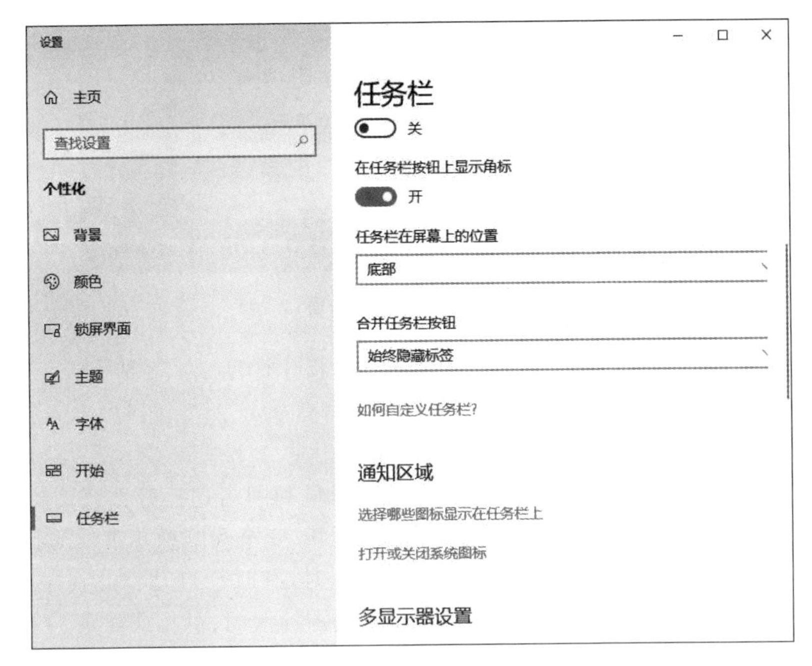

图 2-24　设置-任务栏设置(1)

若要重新排列任务栏上程序按钮的顺序,可以直接用鼠标将按钮从当前位置拖动到任务栏上的其他位置。

2) 将程序锁定到任务栏

如果某个程序需要经常访问,可以将这个程序的按钮图标一直放在任务栏中,方法是右击任务栏上此程序对应的图标,在弹出的快捷菜单中选择“固定到任务栏”命令。即便这个程序关闭,程序按钮也会一直显示在任务栏上,以方便用户快速打开。也可用同样的方法将固定在任务栏上的程序按钮取消。

还有一种方法是鼠标移至任务栏空白处,右击鼠标,在弹出的快捷菜单中选择将任务视图、小娜(小娜是 Windows 10 新加的应用,功能非常强大,它既可以搜索硬盘内的文件、系统设置、安装的应用甚至是互联网上的信息,还可以根据用户的习惯,帮助用户自动设置基于时间和地点的备忘)、工具栏中工具按钮显示在任务栏上,以方便用户调用。

3) 预览打开的窗口

在某个程序打开多个任务窗口的情况下,可以使用任务栏来快速查看其他打开的窗口,将鼠标指向正在运行的程序的任务栏图标时,将看到当前已被该程序打开的所有项目的缩略图视图,如图 2-25 所示,单击缩略图可使该窗口成为当前窗口,显示在桌面前方。

4) 使用任务栏上的跳转列表

右击任务栏上按钮,会显示出此程序的跳转列表,最近用此程序打开过的所有文档都

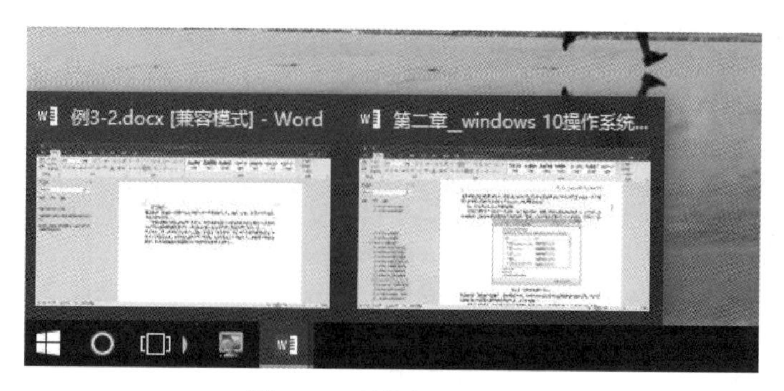

图 2-25　预览打开的窗口

会以列表的形式显示出来。关于跳转列表的概念及操作详见 2.2.8 节。

5）自定义任务栏上的通知区域

通知区域位于任务栏的右侧，除了包含时钟、音量和网络连接等系统图标外，还包含一些程序图标，这些程序图标提供有关接收邮件、更新、安全和维护等事项的状态和通知。初始时，"系统通知区"已经有一些图标，安装新程序时，有时会自动将此程序的图标添加到通知区域。用户可以根据自己的需要设置将哪些图标关闭、可见或隐藏。

先打开如图 2-24 所示的"任务栏设置"窗口，在窗口中间的"通知区域"下单击"选择哪些图标显示在任务栏上"，打开如图 2-26 所示的设置窗口，用户可以在此设置哪些通知按钮图标可见，哪些图标隐藏到溢出区域。当单击任务栏通知区左边的隐藏按钮，溢出区中的通知按钮图标便会显示出来。

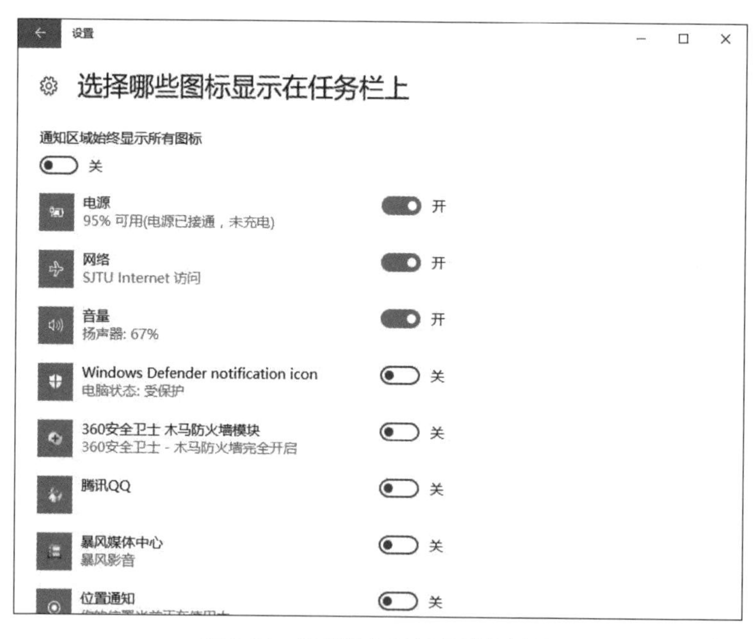

图 2-26　设置通知区域显示的图标

单击图 2-24 窗口中"通知区域"下的"打开或关闭系统图标"，弹出的窗口如图 2-27

所示，在该窗口中可以将不需要的系统通知图标关闭，这些图标就不会显示在任务栏通知区域中了。

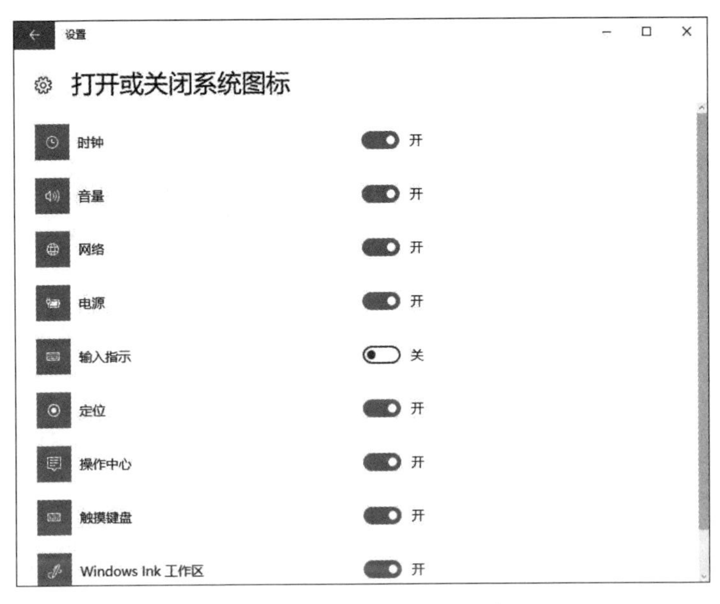

图 2-27　打开或关闭系统图标

6）任务栏的移动、调整和隐藏

Windows 启动后，任务栏一般位于桌面屏幕的底部，但是任务栏的大小和位置并不是固定不变的。打开如图 2-28 任务栏设置窗口，在此可以设置任务栏显示位置、是否自动

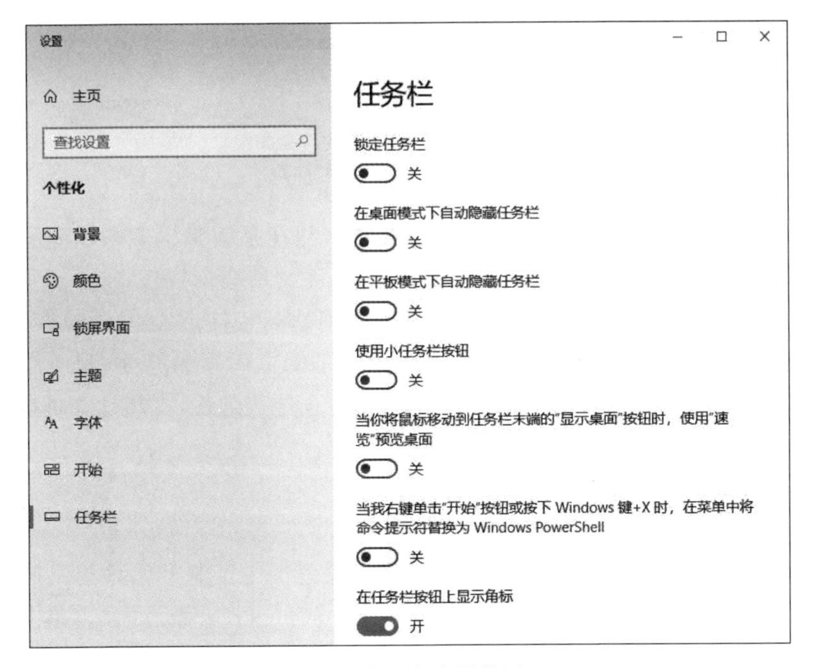

图 2-28　设置-任务栏设置(2)

隐藏任务栏或锁定任务栏。如果任务栏没有锁定，也可以用鼠标拖曳方式把它拖动到桌面的顶部或左右两边，方法是：先将鼠标指针移到任务栏的空白区域，拖动任务栏到预定位置后释放鼠标即可。还可以用鼠标指针拖动任务栏的边缘来改变其高度。

7）打开任务管理器

用鼠标移至任务栏空白处，右击鼠标，在弹出的快捷菜单中选择“任务管理器”命令，可以打开如图 2-29 所示的任务管理器窗口。Windows 的任务管理器提供有关计算机性能的信息，并显示计算机上所运行的程序和进程的详细信息，用户可以通过任务管理器中断进程或结束程序。

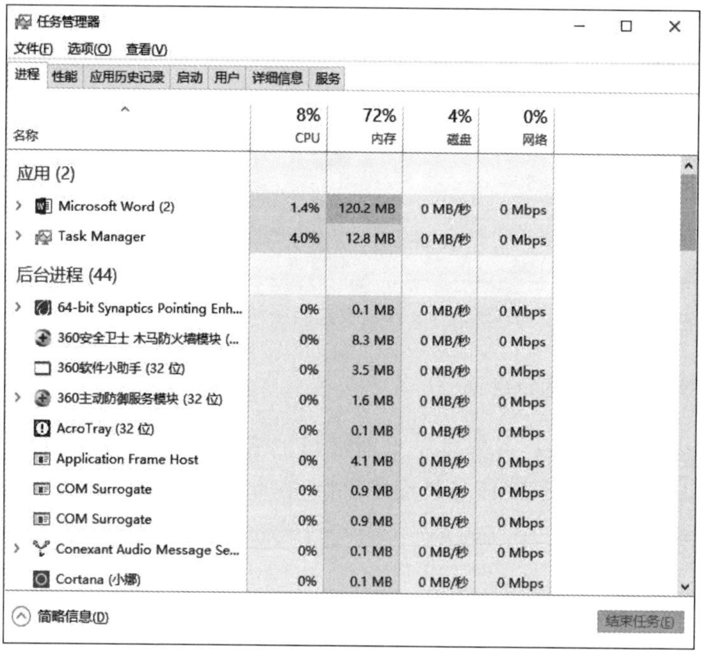

图 2-29　任务管理器窗口

（1）终止未响应的应用程序：系统出现“死机”，往往是因为出现未响应的应用程序，此时，通过任务管理器终止这些未响应的应用程序，系统就会恢复正常。

（2）终止进程的运行：当 CPU 的使用率长时间达到或接近 100%，或者系统提供的内存长时间处于几乎耗尽的状态，通常是系统感染了蠕虫病毒的原因，利用任务管理器，找到 CPU 使用率高或内存消耗高的进程，就可以终止这些进程，提高计算机运行速度。

2.2.8　Windows 开始菜单的定制

在 Windows 操作系统中，用户可以按照自己的意图来定制开始菜单。首先，右击任务栏空白处，在打开的快捷菜单中选择“任务栏设置”命令，打开设置窗口，单击左边的“开始”命令，打开如图 2-30 所示的开始菜单设置窗口，在此窗口中可以自定义开始菜单。

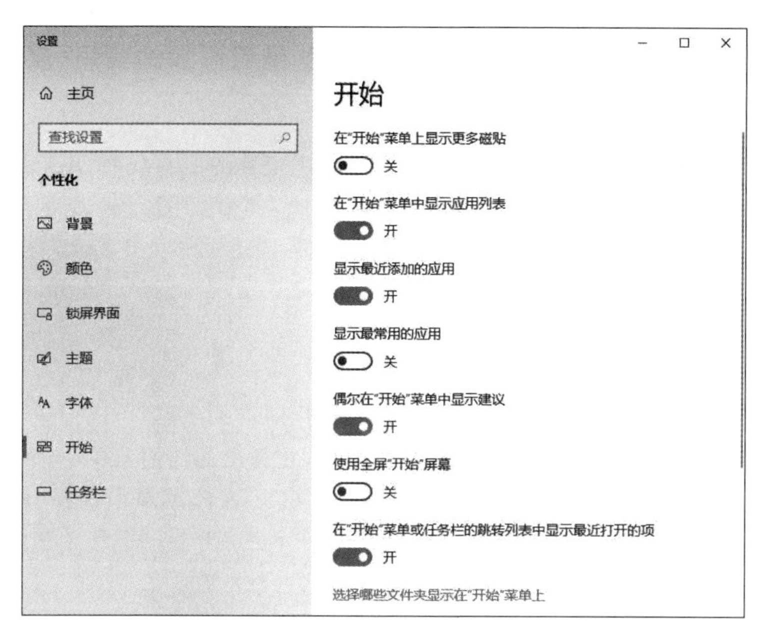

图 2-30　开始菜单设置窗口

1. 自定义哪些文件夹显示在开始菜单固定程序区域

开始菜单左边窗格的下方是开始菜单固定程序区域,其中列出了部分 Windows 的项目链接,在默认情况下,“文档”和“设置”会显示在此处。用户也可以根据自己的需要添加或删除这些项目链接,具体操作是:先打开如图 2-30 所示开始菜单设置窗口,单击右下方的“选择哪些文件夹显示在开始菜单上”链接,打开如图 2-31 所示的窗口,在此选择打开需要显示的文件夹即可。

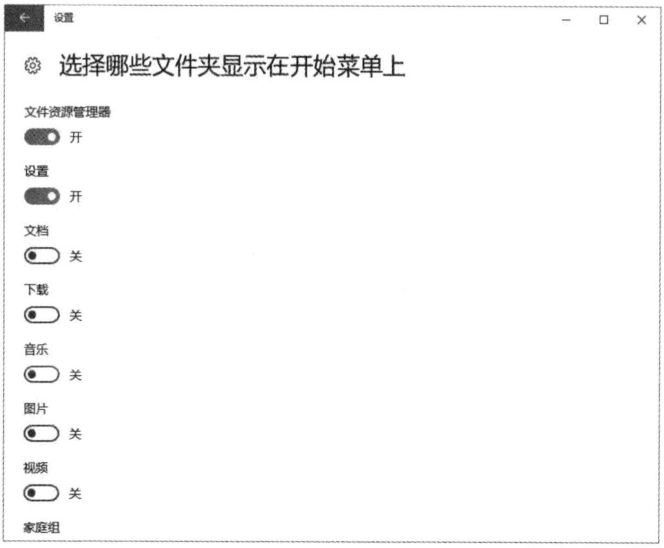

图 2-31　设置开始菜单显示的文件夹

2. 设置“开始”菜单中显示最常用的应用、最近添加的应用、使用全屏幕“开始”屏幕

Windows 10 的开始菜单中不仅可以显示系统中安装的所有程序，用户还可以设置将“最近添加”和“最常用”的程序自动显示在此列表中。打开如图 2-30 所示开始菜单设置窗口，用户可以设置将“最近添加”和“最常用”的程序自动显示在开始菜单中。在此窗口中还可以设置使用全屏“开始”屏幕。

3. 磁贴的设置

开始菜单右边是动态磁贴面板，里面是各种应用对应的磁贴，可以用鼠标拖动磁贴调整磁贴在开始窗口中的位置。选择磁贴，右击鼠标，在弹出的快捷菜单中选择“调整大小”下对应选项可以设置磁贴的大小，如图 2-32 所示。还可在此菜单中选择“从‘开始’屏幕取消固定”命令，就可以将不常使用的应用磁贴从“开始”屏幕磁贴面板中删除。

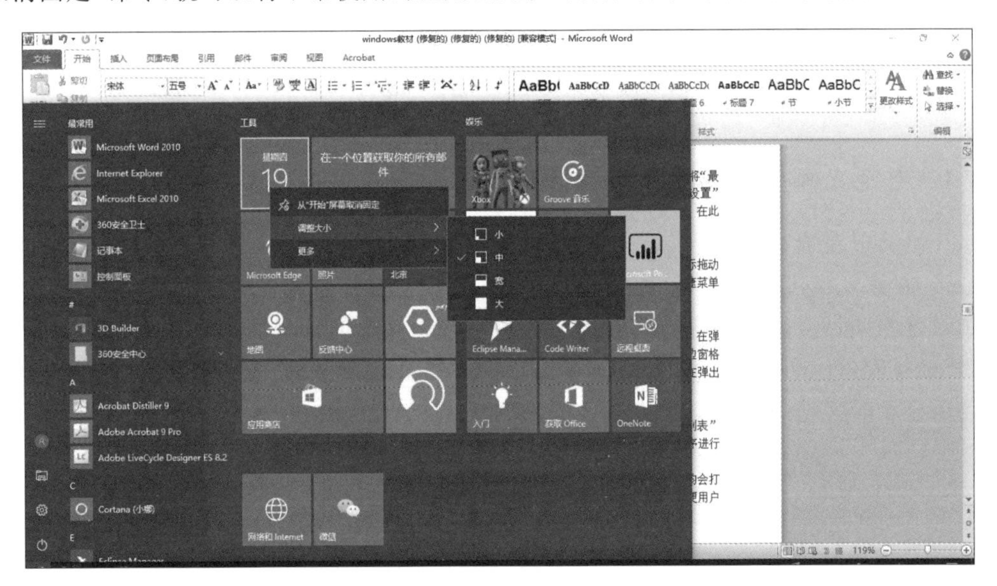

图 2-32 “开始”屏幕中的磁贴

如果需要将某个程序显示在磁贴面板中，可以右击开始菜单中此程序项，在弹出的快捷菜单中选择“固定到‘开始’屏幕”命令，这个程序对应的磁贴就会显示在“开始”屏幕右边的磁贴面板中。

4. 跳转列表

Windows 10 为开始菜单和任务栏引入了“跳转列表”的概念。跳转列表是最近打开的项目列表，如文件、文件夹或网站，这些项目按照用来打开它们的程序进行组织。

右击开始菜单上的程序链接项或右击任务栏上的程序按钮，均会打开跳转列表，如图 2-33，跳转列表上会列出最近用此程序打开的项目列表，方便用户快速打开经常操作的文件或网页。在开始菜单和任务栏上的程序的跳转列表中将出现相同的项目。

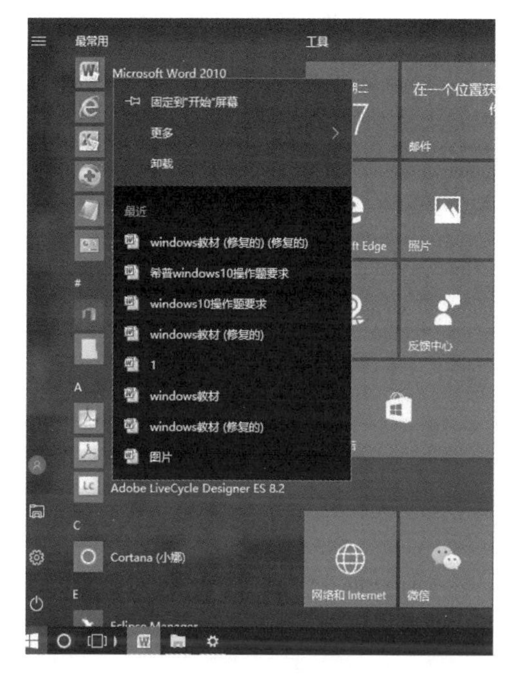

图 2-33　跳转列表

2.2.9　Windows 中对象的剪切、复制与粘贴操作

前面提到过剪贴板的概念，知道可以使用剪贴板这个临时存储空间在文件和程序之间复制或移动信息（如文本、图片或表格等）。和剪贴板有关的命令有剪切、复制和粘贴，这三个命令一般放在编辑菜单中，或者放在剪贴板功能区中。

移动或复制对象之前，先要选择对象，然后使用剪切或复制命令，也可以使用快捷键 Ctrl+X（剪切）、Ctrl+C（复制）。其次用鼠标定位到要粘贴的目的地，再使用"粘贴"命令，或按快捷键 Ctrl+V（粘贴）。从而实现了对象的移动或复制。

除了对选择的对象进行剪切、移动和复制外，还可以把屏幕图片复制到剪贴板上，并进一步粘贴到需要的地方去，方法如下：

- Windows 操作中，任何时候按下屏幕打印键（Print Screen），就会把整个屏幕信息作为一幅图片复制到剪贴板上。
- Windows 操作中，任何时候同时按下 Alt 键和屏幕打印键，就可以把当前活动窗口在屏幕上显示的内容作为一幅图片复制到剪贴板上。非活动窗口，或者虽然是活动窗口但不在屏幕范围内的内容则不会被复制下来。

2.2.10　快捷方式的建立、使用与删除

所谓快捷方式，实际上是在某个文件夹中建立一个链接，该链接指向原来的对象文

件。因此对某个程序的快捷方式的“运行”实际上是在运行原来的程序，而对快捷方式的删除不会影响到原来的对象。这样可以方便用户从不同的位置上运行同一个程序。

为了和一般的文件图标和应用程序图标有所区别，快捷应用程序图标在左下角用一个小箭头表示，如图 2-34 所示。

由于快捷方式图标仅仅对应于一个“链接”，而不是应用程序或文件本身，所以相比于简单的文件复制，它有不少特点：

（1）快捷方式只占据最小单位的存储空间，可以节省大量存储空间。

（2）某个对象的所有快捷方式，无论有多少，都指向同一个对象文件，这样可以防止数据发生不完整性，即修改了某个文件而忘了修改其他备份文件所造成的数据不一致性。这一点尤其在对应于数据文件的快捷方式中表现得更为突出。

（3）快捷方式并不直接对应于原始对象，所以即使不小心删除了该图标，也仅仅是删除了一个“链接”，原始对象仍然存在。所以对于重要文档，用快捷方式来打开可以防止程序或文档的误删。

要建立一个对象的快捷方式图标，最简单的方法是：右击原始对象的图标，在如图 2-35 所示的弹出菜单中选择“创建快捷方式”命令，便可在当前文件夹中创建快捷方式。通常也会选择“发送到”命令将对象的快捷方式创建到桌面上。

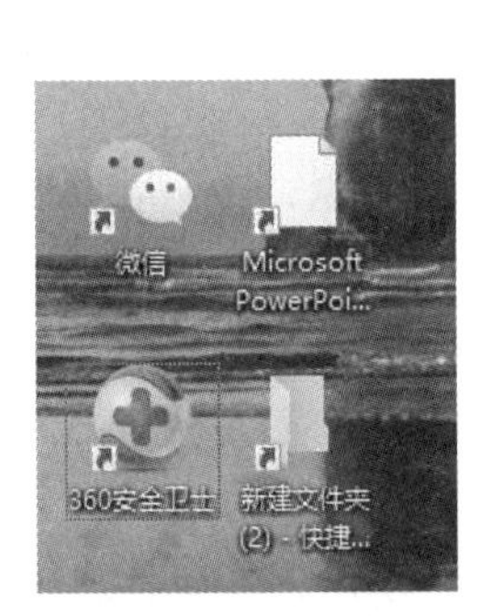

图 2-34　快捷方式图标

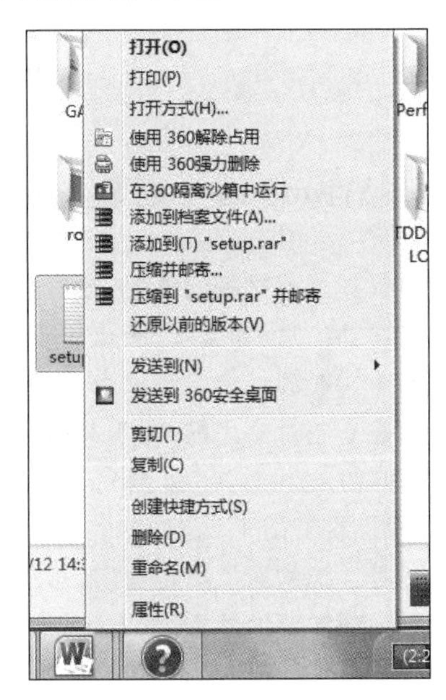

图 2-35　右键单击对象创建快捷方式

双击运行快捷方式图标就是运行其所对应的原始对象。至于快捷方式的删除，与一般图标删除也没有什么两样，而且如上所述，不会影响到其所对应的原始对象，仅仅是删除一个链接。

2.2.11　Windows 中的命令行方式

Windows 是在 DOS 操作系统的基础上发展起来的，命令行方式就是指在 MS-DOS

模式下执行命令的方式。要进行命令行方式的操作，首先就要切换到MS-DOS模式。方法如下：

右击“开始”按钮，在弹出的快捷菜单中选择“运行”命令，在打开的对话框中输入cmd，单击“确定”按钮后，打开如图2-36所示窗口，在此可以输入DOS命令。也可在开始菜单程序列表中选择“Windows系统”下的“命令提示符”命令，打开此窗口。

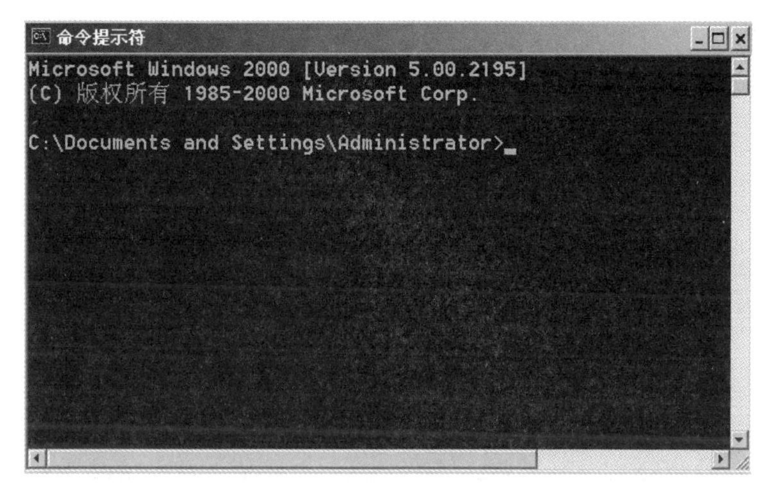

图2-36 “命令提示符”窗口

用户可以在此窗口中输入并运行DOS命令，输入DOS命令EXIT可以退出命令行方式并关闭该窗口。

命令提示符窗口和其他的窗口一样，可以最大化、最小化、还原和关闭。该窗口同样有标题栏、滚动条和控制菜单等Windows窗口的常见元素。

2.3 Windows文件资源管理器

2.3.1 Windows文件资源管理器的启动和窗口组成

文件资源管理器是Windows提供的用于管理文件和文件夹的系统工具，使用它可以帮助用户管理和组织系统中各种软硬件资源，查看各类资源的使用情况。

1. 打开文件资源管理器

方法一：打开开始菜单，单击“固定程序区域”中的“文件资源管理器”图标，如图2-7所示。

方法二：右击“开始”按钮，在弹出的快捷菜单上选择“文件资源管理器”命令启动。

方法三：选择开始菜单中所有程序列表里的“Windows系统”下的“文件资源管理器”命令。

2. 文件资源管理器窗口的组成

打开文件资源管理器,选择C盘,窗口如图2-37所示。

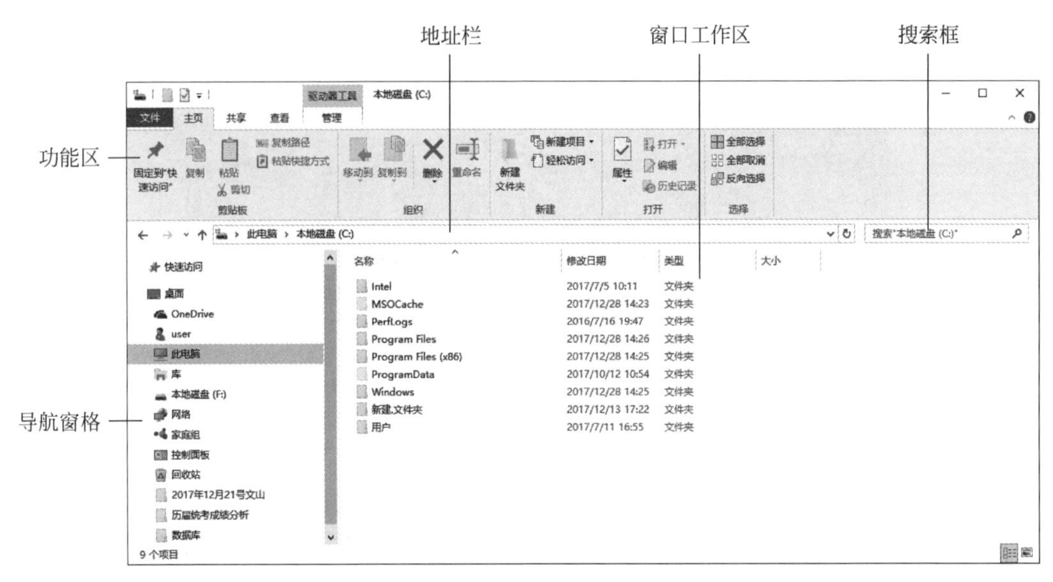

图2-37　文件资源管理器窗口

(1) 地址栏:地址栏中显示当前打开的文件夹路径。每一个路径都由不同的按钮连接而成,单击这些按钮,就可以在相应的文件夹之间切换。

(2) 搜索框:在搜索栏中输入文件名,可以帮助用户在计算机中快速搜索文件或文件夹。

(3) 功能区:Windows 10的文件资源管理器窗口与以往版本相比有较大改变,采用了Office的功能区概念,将同类操作放在一个选项卡中,按照功能又划分不同功能区。

(4) 窗口工作区:用于显示当前窗口的内容或执行某项操作后显示的内容,内容较多时,会出现垂直或水平滚动条。

(5) 窗格:文件资源管理器窗口中有多种类型的窗格,例如导航窗格、预览窗格和详细信息窗格。要打开或关闭不同类型的窗格,可选择“查看”选项卡下“窗格”功能区中的对应命令。

导航窗格中显示了以树形目录结构展示的“文件夹”栏,它涵盖了当前计算机的所有资源。打开每个文件夹都可以在下面显示它的所有下一级子文件夹。窗口工作区窗格显示的是左侧选中的文件夹中的内容。子文件夹是一个相对的概念,在导航窗格资源列表的树状结构中,从属于上层文件夹的低层文件夹称为上层文件夹的子文件夹。子文件夹自身也可以有自己的更低层的子文件夹。

将鼠标置于文件资源管理器窗格的分隔条之上,当鼠标变成双箭头标记时,按住鼠标左键,可以左右拖动分隔条,改变窗格和窗口的相对大小。

用户打开文件资源管理器默认显示的是“快速访问”界面,如图2-38所示,在窗口工作区中上边显示的是“常用文件夹”列表，下边显示的是“最近使用的文件”列表。方便用户快速打开经常操作的文件或文件夹，而不需通过电脑磁盘查找文件。

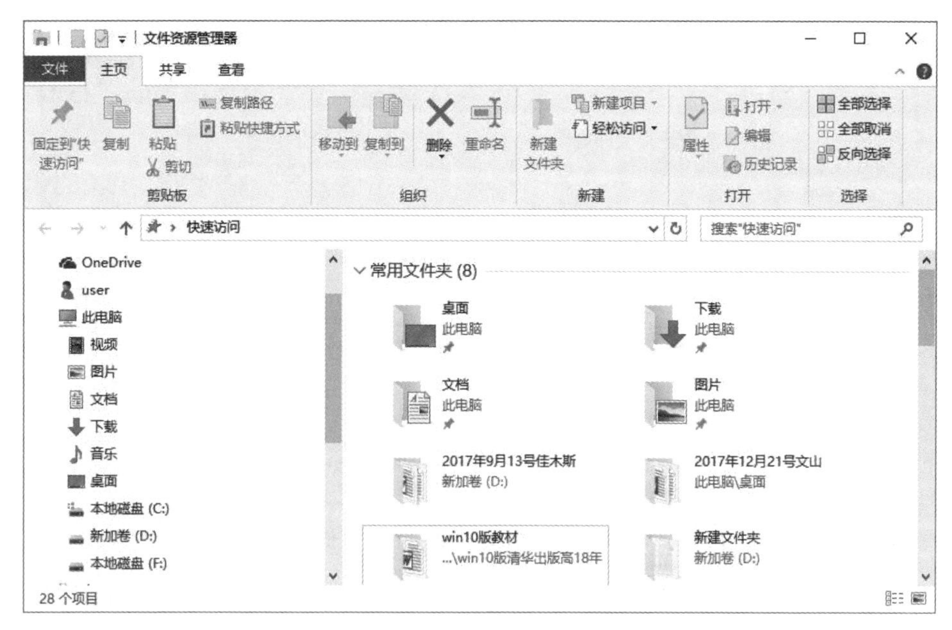

图 2-38　文件资源管理器“快速访问”窗口

3. 文件资源管理器的搜索功能

在文件资源管理器窗口中可以用搜索功能在当前文件夹中快速查找文件夹或文件。具体方法如下：

(1) 搜索前先选定要搜索的范围，例如要在 D 盘的“工作”文件夹中搜索，就先在导航窗格中单击“工作”文件夹名，当前文件夹的路径就会显示在地址栏中，同时搜索框中显示出搜索范围，如图 2-39 所示。

(2) 在搜索框中输入要搜索的关键字后，系统就会自动搜索。并在资源管理器窗口工作区中显示出其中包含此关键字的所有文件或文件夹。

在搜索过程中，文件夹或文件名中的字符可以用“*”或“?”来代替。“*”表示任意长度的一串字符串，“?”表示任意一个字符。如要查找以“a”开头的文件，就可以在搜索框中输入“a*.*”。

如果要按种类、大小或修改日期等条件搜索对象，可以在“搜索工具”选项卡中“优化”功能区里选择按照种类、修改日期、类型或名称等条件进行搜索，如图 2-40 所示。

2.3.2　Windows 文件和文件夹的使用和管理

1. 创建新的文件夹或文件

可以在文件资源管理器窗口中任意文件夹下建立一个新的文件夹或文件，方法有

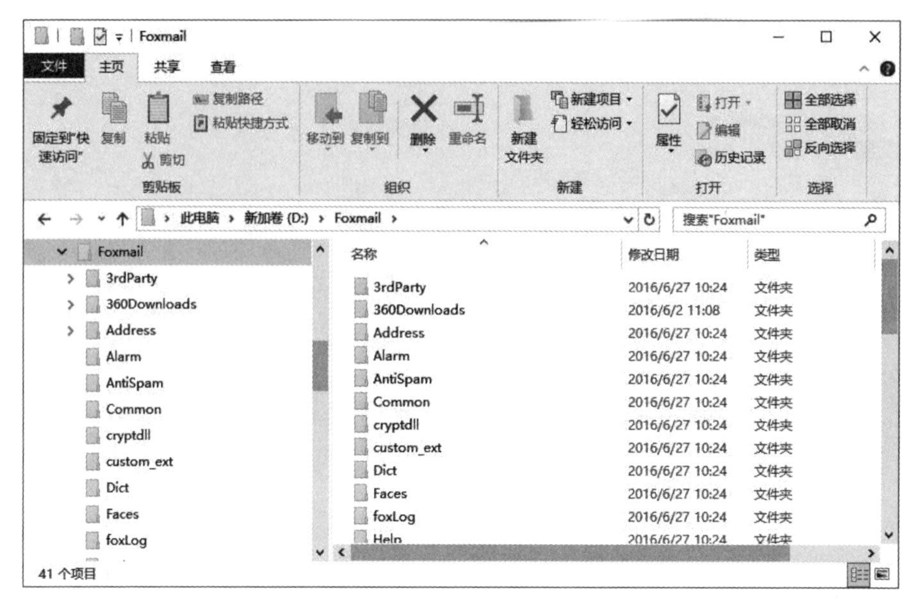

图 2-39 文件资源管理器搜索框

图 2-40 文件资源管理器搜索工具

两种：

方法一：在文件资源管理器窗口导航窗格中选定要新建文件夹或文件所在的位置，打开“主页”选项卡，在“新建”功能区中选择“文件夹”或某一类型的文件，再输入文件夹或文件的名字。

方法二：在文件资源管理器窗口导航窗格中选定要新建文件夹或文件所在的位置，然后在右边文件夹窗口工作区空白处右击，在弹出式菜单中选择“新建”→“文件夹”或某一类型文件，再输入文件夹或文件的名字。

2. 选择文件或文件夹

在对文件或文件夹进行进一步的操作前，都要先将其选定，选择文件夹操作与选择文件操作相同。用鼠标选定文件的方法如下：

(1) 选择单个文件：单击所选的文件的图标及名字。

(2) 选择多个文件分以下几种情况。

① 选择一组连续排列的文件：先单击要选择的第一个文件，然后按住 Shift 键，移动鼠标指针至要选择的最后一个文件并单击，再释放 Shift 键，一组文件即被选定。也可用鼠标拖曳的方式选择连续排列的多个文件。

② 选择不连续排列的多个文件：按住 Ctrl 键，逐个单击要选择的文件即可。

③ 选择全部文件：从文件资源管理器当前文件夹窗口中，打开"主页"选项卡，在"选择"功能区中选择"全部选择"命令，即可全部选定。

④ 取消已选定的文件：如在已选定的文件中，要取消一些项目，则按住 Ctrl 键，单击要取消的项目。如要全部取消，只需单击窗口上的空白处即可。

⑤ 反向选择：在选择某些文件后，要选择未被选择的所有文件，可在"主页"选项卡"选择"功能区中选择"反向选择"命令，其他文件即可全部选定。此项操作用于不需选择的文件较需要选的少得多的情况，其操作较快。

3. 文件或文件夹的移动和复制

Windows 可以用剪切、粘贴和复制命令在不同文件夹和磁盘分区之间移动和复制文件或文件夹。

要移动或复制文件夹或文件，首先要选定移动或复制的文件或文件夹，分别使用文件资源管理器"主页"选项卡"剪贴板"中的"剪切"或"复制"命令，单击目标文件夹，此时该文件夹呈反相显示状态，从"剪贴板"选项卡中选择"粘贴"命令，单击后即完成文件的移动或复制。

移动、复制操作也可用右击对象在弹出的快捷菜单中选择"剪切""粘贴"和"复制"命令实现。下面介绍利用鼠标拖动进行对象的移动或复制。方法如下。

文件或文件夹的移动：如果要移动到不同磁盘，首先选择要移动的文件或文件夹，再按住 Shift 键，用鼠标拖动选定内容到目标位置。如在同一个逻辑盘上的文件夹之间移动文件或文件夹，则在拖动时不必按住 Shift 键。

文件或文件夹的复制：如果是在同一个磁盘上复制，首先选择要复制的文件或文件夹，再按住 Ctrl 键，用鼠标拖动选定内容到目标位置。如在不同逻辑盘上的文件夹之间复制文件或文件夹，则在拖动时不必按住 Ctrl 键。

Windows 10 中在"主页"选项卡"组织"功能区中增加了"移动到"和"复制到"命令，也可以完成文件或文件夹的移动和复制操作，如图 2-41 所示。

4. 删除文件或文件夹

要删除文件或文件夹，首先也是要选中准备删除的对象，然后选择下面方法之一删除

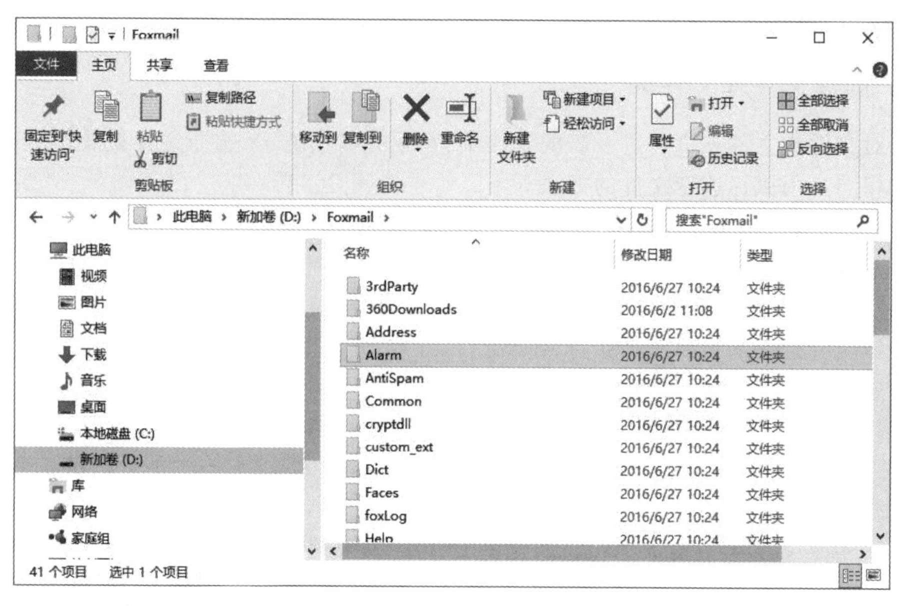

图 2-41 文件资源管理器主页中的“组织”选项卡

对象：

- 选择“主页”选项卡中“组织”功能区的“删除”命令。
- 右击鼠标，在弹出式菜单中选择“删除”命令。

无论选择以上哪种方式，文件都会被删除并默认放在回收站中(回收站已满除外)。如果你希望直接、彻底地删除对象，可以在做上述操作时按住 Shift 键，则对象不会被放入回收站。

Windows 10 的文件资源管理器“主页”选项卡中“组织”功能区的“删除”命令增加了永久删除选项，可以用来永久删除文件或文件夹。

5. 回收站

回收站是 Windows 初始安装桌面上就有的图标，也是唯一不能在桌面删除的图标。它的主要作用是暂时存放被“删除”的文件和文件夹的，也就是在删除操作中没有按住 shift 键的情况下都会被放到回收站里来，对回收站的主要操作如下。

1) 还原文件

还原文件就是将文件恢复到原来删除它的位置。若要恢复被删除的文件，用户可以双击打开回收站，将看到如图 2-42 所示的“回收站”窗口，窗口中列出了被放入回收站的文件名和文件夹名。用户可以在窗口中选定要恢复的文件和文件夹，然后进行以下操作之一：

- 选择“回收站工具管理”选项卡的“还原”功能区中的“还原选定的项目”命令；
- 右击鼠标，在弹出式菜单中选择“还原”命令，如图 2-43 所示。
- 用前文介绍过的剪切和粘贴技术将文件从“回收站”还原到适当的文件夹中。

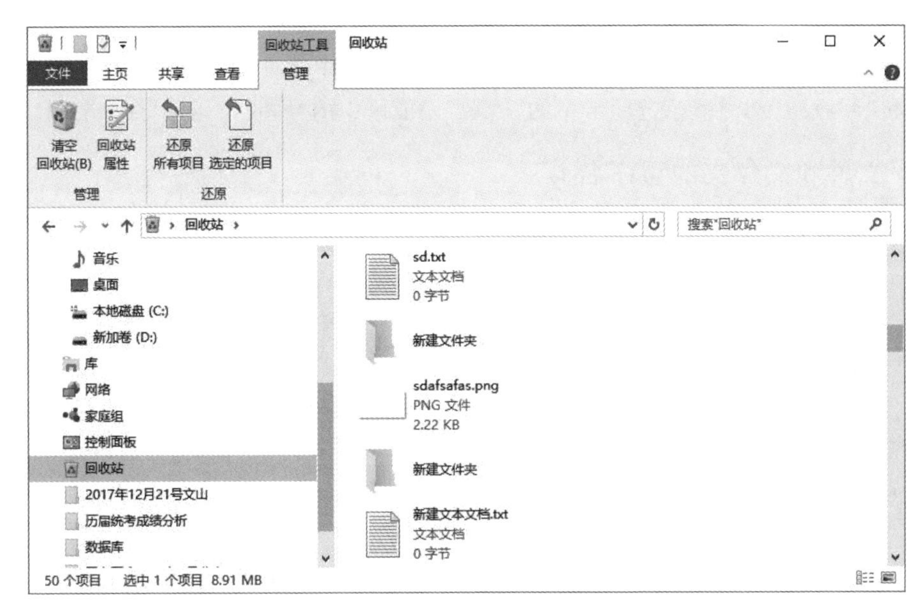

图 2-42 回收站窗口

图 2-43 回收站中的弹出式菜单

2）清空回收站

被删除的文件和文件夹放在回收站里，实际上还是占据着存储空间，要彻底删除回收站中所有文件和文件夹，就要清空回收站里的内容。打开“回收站”窗口，然后用下面方法之一清空回收站：

- 选择“回收站工具管理”选项卡中的“管理”功能区中的“清空回收站”命令，则所有回收站中的文件和文件夹彻底删除；
- 在桌面上右击“回收站”图标，在弹出式菜单中选择“清空回收站”命令，也可以清空回收站里的所有内容。

打开“回收站”窗口，选定某些文件或文件夹，用删除文件或文件夹的方法可以彻底删除被选定的内容。从回收站被清除的内容是永久性的删除，并释放存储空间。

3）调整“回收站”的属性设置

在回收站中的文件和文件夹也和一般的文件和文件夹一样占据存储空间，回收站的存储空间大小可以在回收站属性对话框中设置。在桌面上右击“回收站”图标，在弹出式菜单中选择“属性”命令，打开如图 2-44 所示的属性窗口。在“回收站属性”对话框中，可以设置回收站最大存储容量，也可以选择在删除文件时不将文件移入回收站，而是彻底删除，即物理删除，此外，还可以设置删除文件时是否显示删除确认对话框。

“回收站属性”对话框也可以在如图 2-42 所示的文件资源管理器中的“回收站”窗口中，选择 “回收站工具管理”选项卡中的“管理”功能区中的“回收站属性”命令打开。

6. 文件和文件夹的重命名

操作步骤如下：

- 单击选中要更名的文件或文件夹，然后再次对被选中的对象单击；
- 或者右击要更名的文件或文件夹，在弹出式菜单中选择“重命名”命令；
- 或者用“主页”选项卡中“组织”功能区里的“重命名”命令。

以上操作都会出现如图 2-45 所示的状态。被选中要更名的文件或文件夹的名字被加上了矩形框并呈现反向显示状态，用户可以在该矩形框中输入新的名字，最后按 Enter 键或者单击框外任何地方，确认修改完成。

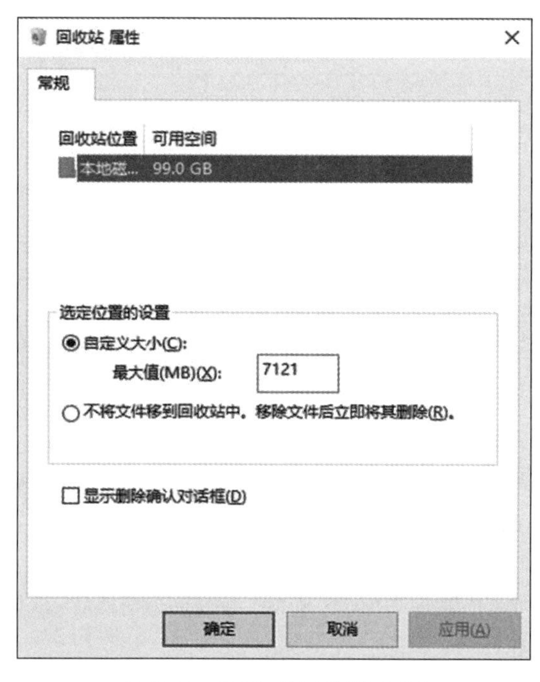

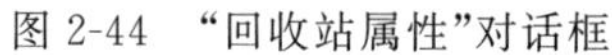
图 2-44 “回收站属性”对话框

图 2-45 文件重命名

7. 调整显示环境

文件资源管理器的窗口工作区中显示的是被选中的文件夹中的内容，包括子文件夹和文件，用户可以设置它们的显示方式和排序方式，还可以设置是否显示隐藏的文件或文件夹。

1）调整对象的显示形式

打开“查看”选项卡，选择“布局”功能区中的“超大图标”“大图标”“中等图标”“小图标”“列表”“详细资料”“平铺”和“内容”几种显示方式之一，窗口中的文件和文件夹将以选定的方式显示。

当对象个数超出显示窗口范围时出现水平滚动条或垂直滚动条，可以通过移动左右或上下滚动块来显示其他的对象信息。

2）文件夹和文件的排序

在文件资源管理器的文件内容窗口工作区中，可以按照一定的顺序排列文件和文件夹，打开“查看”选项卡，在“当前视图”功能区中选择“排序方式”命令，在子菜单中可以选择按照名称、文件类型、文件大小、文件的修改日期先后等进行排列。

在窗口工作区的空白区右击，在出现的弹出式菜单中也可以设置文件或文件夹的显示方式和排序方式。

3）显示/隐藏文件、文件夹

Windows 操作系统中的有些文件和文件夹是比较重要的，操作系统将这些文件和文件夹隐藏了起来，以防止用户误删这些重要文件和文件夹。用户也可以把自己认为比较重要的文件和文件夹隐藏起来。

要设置隐藏属性的文件和文件夹不显示出来，可以通过单击文件资源管理器“查看”选项卡中的“显示/隐藏”功能区的“隐藏的项目”按钮进行设置。在此功能区中使用“文件扩展名”按钮还可以设置文件的扩展名是否显示出来。

8. 查看对象属性

1）查看计算机系统的属性

右击桌面上的“此电脑”图标，在弹出式菜单中选择“属性”命令；或者在文件资源管理器中选定“此电脑”，然后选择“计算机”选项卡“位置”功能区中的“属性”命令，此时就可以打开如图 2-3 所示的系统属性窗口。

在此窗口中用户可以查看这台计算机的操作系统版本、基本性能指标等信息，还可以调用“设备管理器”“远程设置”“系统保护”和“高级系统设置”等，对计算机的属性进行设置。

2）查看逻辑盘的详细情况

右击文件资源管理器中某个逻辑盘图标，在弹出式菜单中选择“属性”命令；或者在文件资源管理器中选定某个逻辑盘（既可以在左边的导航窗格中选定，也可以在右边的文件内容窗口中选定），然后选择“主页”选项卡“打开”中的“属性”命令。此时就可以打开如图 2-46 所示的逻辑盘属性窗口。

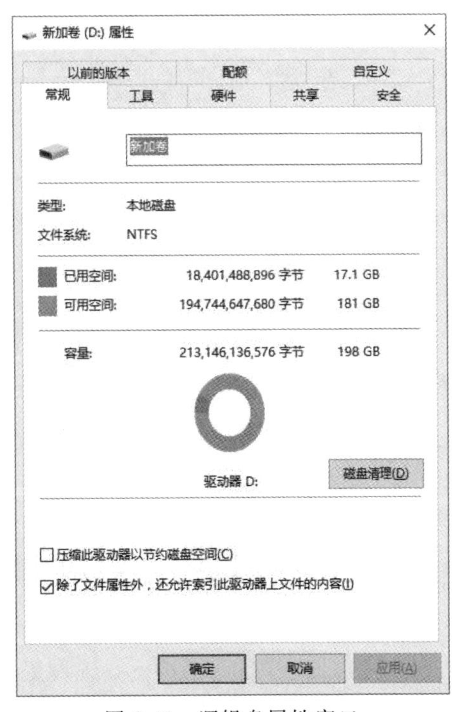

图 2-46　逻辑盘属性窗口

该属性窗口中可以显示当前逻辑盘的使用状况、共享情况、安全设置和一些系统工具等。例如，在“常规”选项卡中，可以显示当前逻辑盘的卷标、文件系统的格式、存储空间的使用情况等。在“工具”选项卡中，可以查错、优化和碎片整理。

3）查看文件和文件夹的属性

右击文件资源管理器中某个文件或文件夹图标，在弹出式菜单中选择“属性”命令；或者在文件资源管理器中选定某个文件或文件夹（对于文件夹，既可以在左边的导航窗格中选定，也可以在右边的文件内容窗口中选定），然后选择“主页”选项卡“打开”中的“属性”命令，此时就可以打开如图 2-47 所示的文件属性窗口或者如图 2-48 所示的文件夹属性窗口。两种属性窗口大体类似。

图 2-47　文件属性窗口

图 2-48　文件夹属性窗口

在文件或者文件夹属性窗口中，最常用的操作是设置属性。用户建立的文件具有默认的“存档”属性。若要将该文件设为“只读”属性，则在打开的属性窗口中选中复选按钮“只读”，单击“确定”按钮；若要将该文件设为“隐藏”属性，则在打开的属性窗口中选中复选按钮“隐藏”，单击“确定”按钮。

2.4　Windows 系统环境的设置

“控制面板”是用来进行系统设置和设备管理的工具集。使用控制面板，用户可以根据自己的喜好，选择其中的项目对系统的外观、语言和时间等进行设置和管理，还可以进行添加或删除程序、查看硬件设备等操作。

2.4.1 Windows 控制面板的打开

要打开控制面板，可以先打开“开始菜单”，在所有程序列表中，找到“Windows 系统”下的“控制面板”，单击即可打开如图 2-49 所示的控制面板窗口。也可以打开文件资源管理器，在文件资源管理器左边“导航窗格”下方双击打开“控制面板”。在图 2-49 中通过设置“查看方式”为“小图标”，就可看到如图 2-50 所示的所有控制面板项窗口。用户对计算机的环境设置都可以从此窗口中选择对应的命令进行设置。

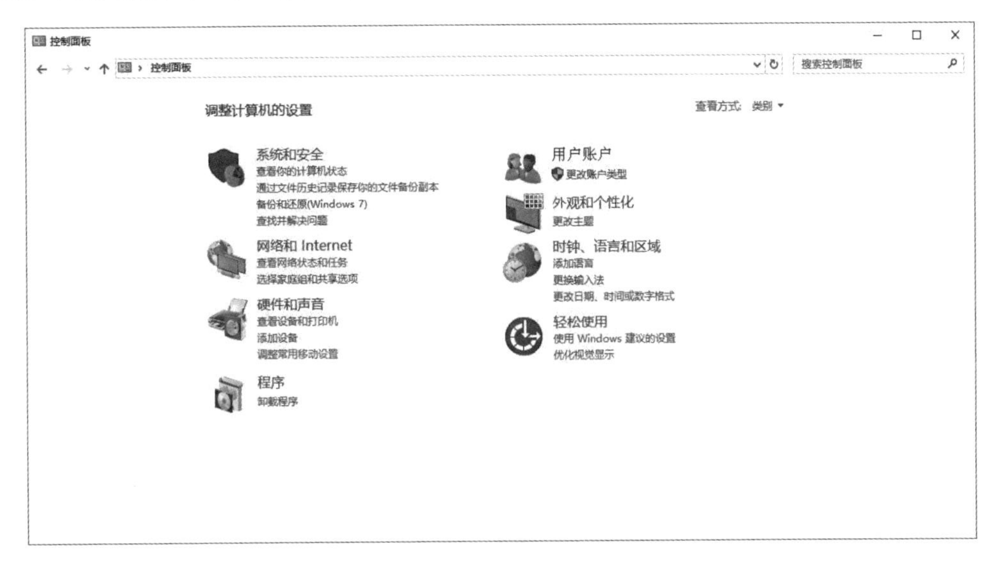

图 2-49 控制面板窗口

图 2-50 所有控制面板项窗口

2.4.2 Windows 中程序的卸载或更改

在控制面板窗口中选择“程序”图标，就会出现如图 2-51 所示的窗口。在此窗口中可以选择“程序和功能”下的卸载程序、查看更新等功能，例如，如果单击“卸载程序”，会弹出如图 2-52 所示的“程序和功能”下的“卸载或更改程序”窗口，在此窗口中选择某个程序，单击“卸载/更改”按钮，就可进行程序的卸载或更新。

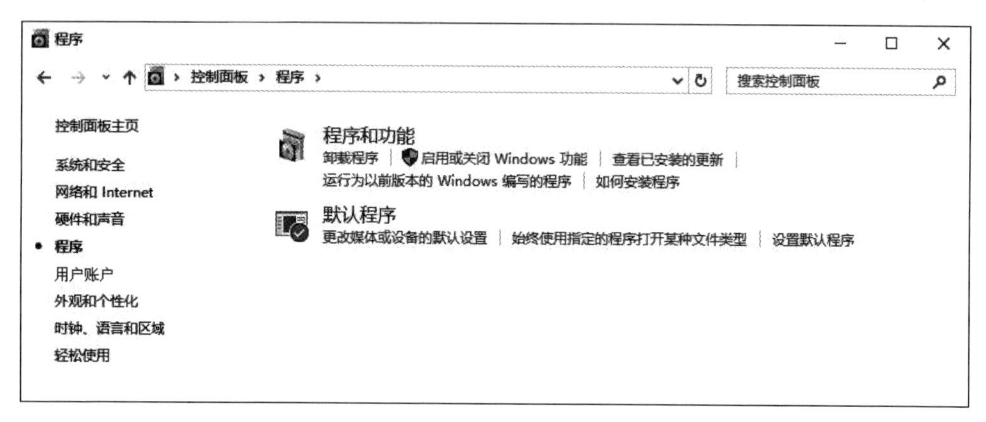

图 2-51 “控制面板”中的“程序”窗口

图 2-52 程序和功能窗口

2.4.3 Windows 中时间和日期的调整

在“控制面板”中单击“时钟、语言和区域”图标，弹出如图 2-53 所示时钟、语言和区域窗口,单击"日期和时间",可以打开"日期和时间"对话框,如图 2-54 所示,单击"更改日期和时间"按钮,在弹出窗口中可以调整系统的日期和时间。单击"更改时区"按钮,便会打开"时区设置"对话框,可以设置选择某一地区的时区。

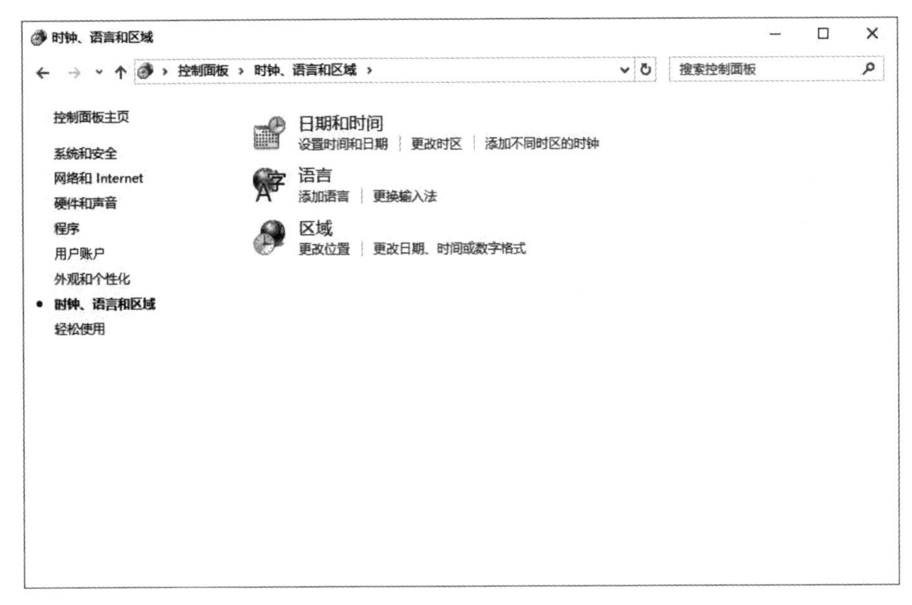

图 2-53　时钟、语言和区域窗口

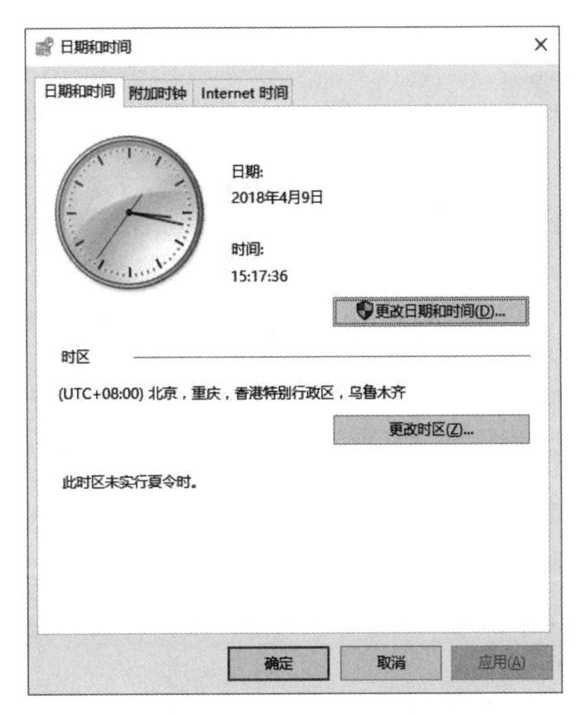

图 2-54　"日期和时间"对话框

2.4.4 Windows中显示器环境的设置

在图 2-49 控制面板窗口中单击“外观和个性化”图标，打开如图 2-55 所示的“外观和个性化”窗口。在此窗口中，用户可以对显示的环境进行各种设置。

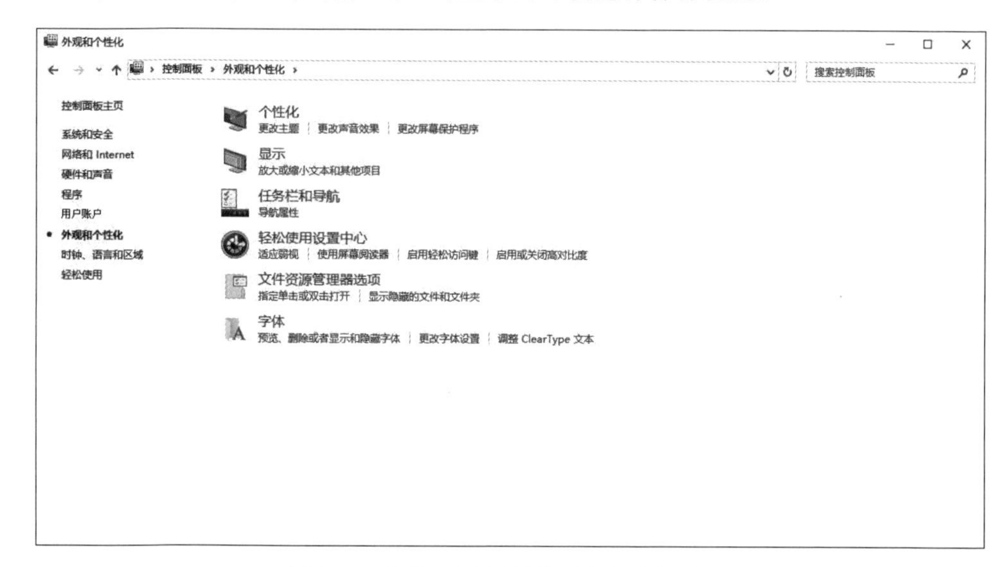

图 2-55　控制面板中的“外观和个性化”窗口

1. 自定义桌面背景

桌面背景是指 Windows 桌面上的墙纸。第一次启动时，用户在桌面上看到的图案背景是系统的默认设置。为了使桌面的外观更具有个性，可以在系统提供的多种方案中选择自己满意的背景，也可以使用自己的图片文件取代 Windows 的预定方案。更改桌面背景，方法如下：

在图 2-55 所示的“外观和个性化”窗口中选择“个性化”命令，弹出如图 2-56 所示的“个性化”显示设置窗口，在此窗口单击左下角的“桌面背景”图标，弹出如图 2-57 所示的“桌面背景”设置对话框，在“背景”列表框中选择墙纸文件或单击“浏览”按钮，查找硬盘上的图片文件。还可以在此对话框通过“选择契合度”，调整背景图片显示位置。

2. 设置屏幕保护程序

屏幕保护程序可在用户暂时不工作时屏蔽用户计算机的屏幕，这不但有利于保护计算机的屏幕和节约用电，而且还可以防止用户屏幕上的数据被他人查看到。要设置屏幕保护程序，可参照下面的步骤：

(1) 在图 2-55 所示“外观和个性化”设置窗口中单击“个性化”下的“更改屏幕保护程序”选项，弹出如图 2-58 所示的对话框。

(2) 在“屏幕保护程序”选项区域的下拉式列表中选择一种自己喜欢的屏幕保护

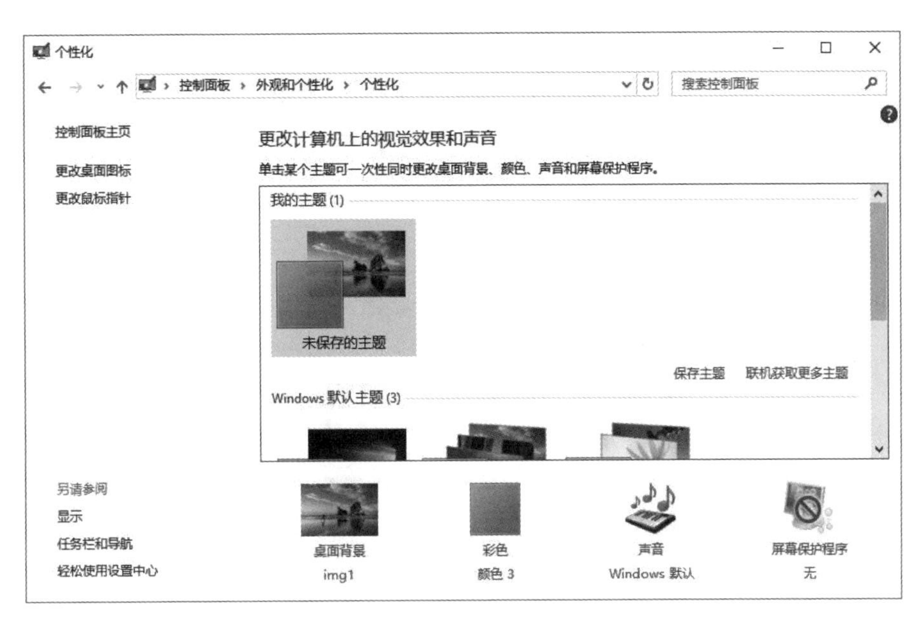

图 2-56　个性化设置窗口

图 2-57　“桌面背景”设置对话框

程序。

(3) 如果要预览屏幕保护程序的效果,单击“预览”按钮。

(4) 如果要对选定的屏幕保护程序进行参数设置,单击“设置”按钮,打开屏幕保护程序设置对话框进行设置。注意,在单击“设置”按钮对选定的屏幕保护程序进行参数设置

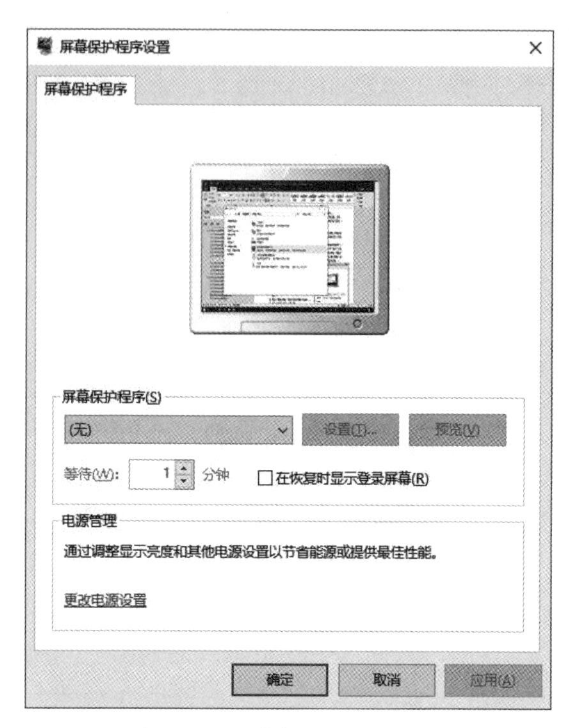

图 2-58 “屏幕保护程序”对话框

时，随着屏幕保护程序的不同，可设定的参数选项也不相同。

(5) 调整“等待”微调器的值，可设定在系统空闲多长时间后运行屏幕保护程序。

(6) 如果要在屏幕保护时防止别人使用计算机，启用“在恢复时显示登录屏幕”复选框。这样，在运行屏幕保护程序后，如想恢复工作状态，系统将进入登录界面，要求用户输入密码。

(7) 设置完成之后，单击“确定”按钮即可。

在桌面上任何空白区域右击鼠标，从弹出的快捷菜单中选择“个性化”命令，在弹出的设置窗口中选择“背景”和“锁屏界面”可以分别设置桌面背景和屏保程序。

3. 调整屏幕分辨率

屏幕分辨率是指屏幕所支持的像素的多少，例如，600×800 像素或 1024×768 像素。现在的监视器大多支持多种分辨率，使用户的选择更加方便。在屏幕大小不变的情况下，分辨率的大小将决定屏幕显示内容的多少，分辨率越大，则屏幕显示的内容越多。

要调整显示器的分辨率，可以在图 2-56 所示窗口中选择左下角的“显示”命令，打开如图 2-59 所示的显示器设置窗口，选择“高级显示设置”命令，打开如图 2-60 所示的显示器分辨率设置窗口，在此窗口中设置分辨率。

也可以在桌面上任何空白区域右击鼠标，从弹出的快捷菜单中选择“显示设置”命令，在打开的设置窗口中选择“显示”命令设置显示器分辨率。

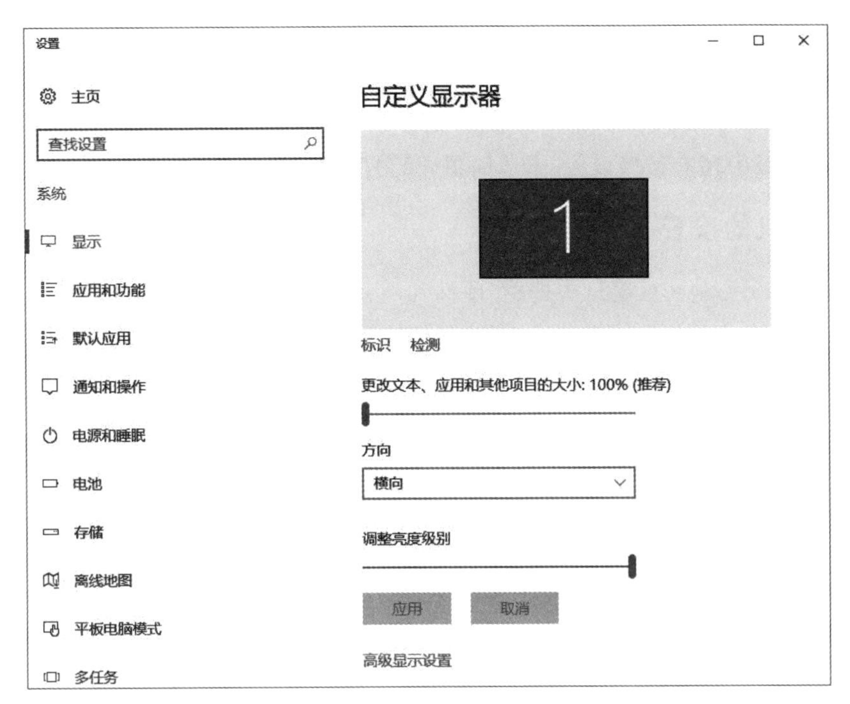

图 2-59 显示器设置窗口

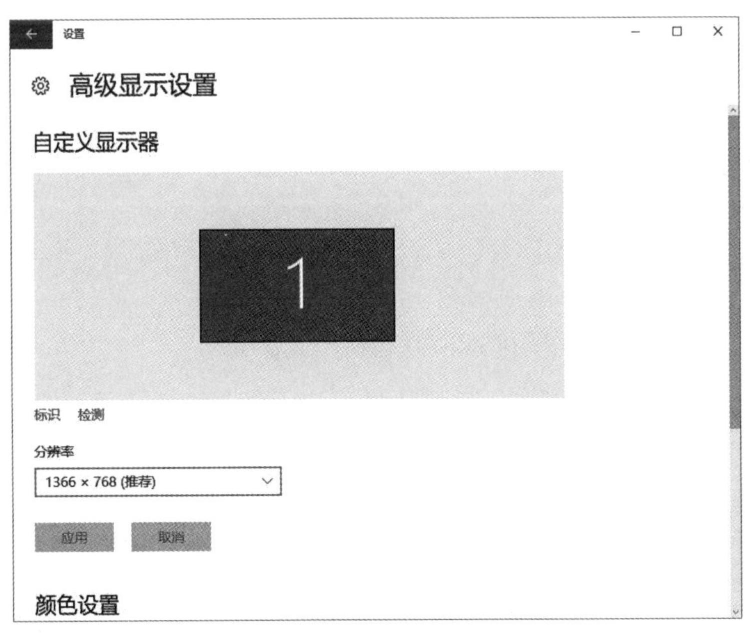

图 2-60 “分辨率设置”对话框

2.4.5 Windows 中的打印机和输入法设置

在控制面板中还有很多设置，本节简单介绍打印机和输入法的设置。

1. 打印机的设置

在如图 2-49 控制面板窗口中选择“硬件和声音”下的“查看设备和打印机”选项，弹出如图 2-61 所示的设备和打印机窗口，在此窗口中单击“添加打印机”按钮，然后按“向导”的指示一步步执行。打印机安装之后，此打印机对应的图标会显示在设备和打印机窗口中，选择安装好的打印机图标，右击鼠标，在弹出的快捷菜单中可以设置是否将此台打印机设为默认打印机，也可以选择“打印机属性”命令，进一步设置共享等打印机属性。

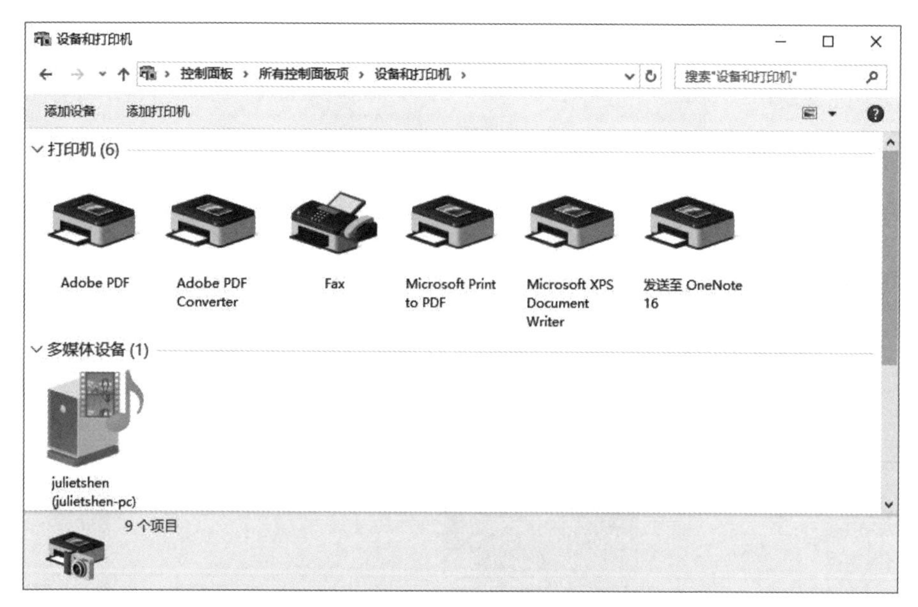

图 2-61 设备和打印机窗口

2. 输入法的设置

要进入输入法设置窗口，可有以下几种方法：

(1) 在控制面板中单击“时钟、语言和区域”，在弹出的对话框中选择“语言”选项，弹出如图 2-62 所示的“语言”设置窗口，在此可以添加语言，单击左侧的“高级设置”，打开如图 2-63“高级设置”窗口，可在此窗口中设置默认输入语言等；

(2) 在任务栏中右击输入法标志，选择“设置”命令，直接打开如图 2-62 所示的“语言”设置窗口。

为了方便平板电脑用户的使用，Windows 10 在开始菜单中增加了“设置”按钮，单击开始菜单左下角固定程序区域中“设置”按钮，打开如图 2-64 所示的设置窗口，常用的计算机环境设置都可以在此窗口中完成。例如，要设置默认输入法，可以在 2-64 窗口中单

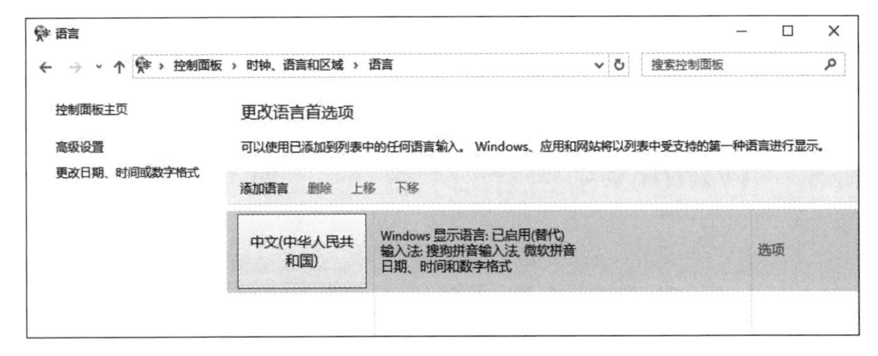

图 2-62　语言设置窗口

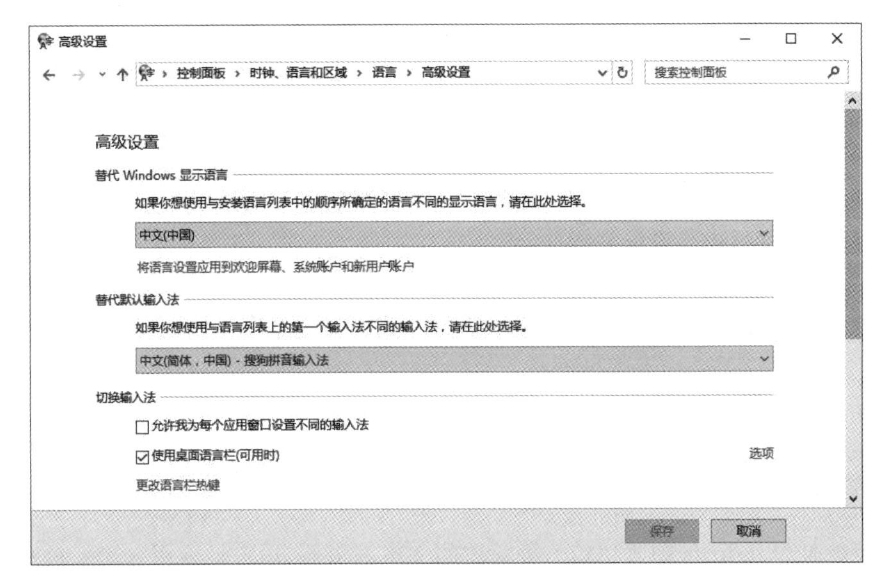

图 2-63　“语言”的高级设置窗口

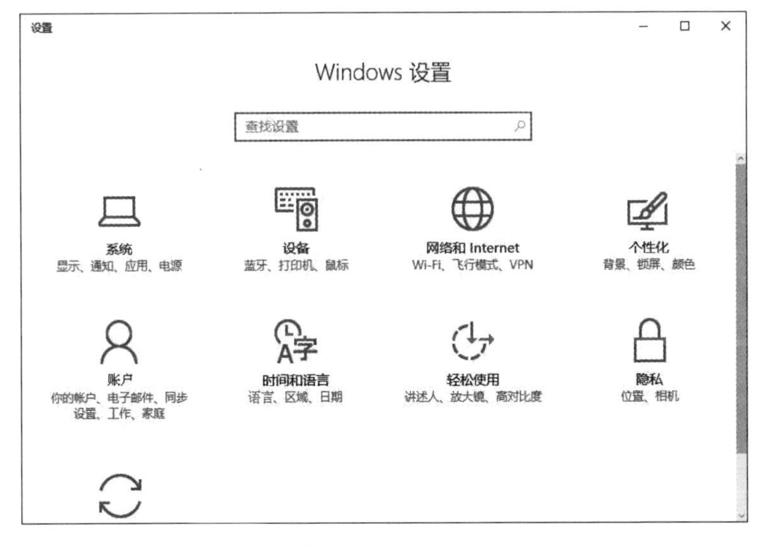

图 2-64　设置窗口

击“时间和语言”图标，打开“区域和语言”窗口，单击右侧的“高级键盘设置”命令，在打开的窗口中就可以设置默认的输入语言。

2.5 Windows 自带的系统工具和常用工具

2.5.1 Windows 的常用系统工具

开始菜单所有程序列表中的“Windows 管理工具”菜单下，包含多个维护系统的常用工具，例如：

① 磁盘清理程序：可以对一些临时文件、已下载的文件等进行清理，以释放磁盘空间。

② 碎片整理和优化驱动器程序：由于磁盘操作的反复使用，磁盘上会出现一些空间很小的可用存储区域，磁盘碎片和优化程序可以把这些碎片整理成一块大的可用区域，以加快文件读取速度，提高系统性能。

③ 系统信息：可以查看计算机操作系统的版本、主要性能指标、硬件资源和软件环境等信息。

2.5.2 Windows 自带的常用工具

1. 记事本

记事本是 Windows 中常用的一种简单的文本编辑器，用户经常用它来编辑一些格式要求不高的文本文件，用记事本编辑的文件是一个纯文本文件(.txt)，即只有文字及标点符号，没有格式。

1）记事本程序的打开

选择菜单命令“开始”→“所有程序”→“Windows 附件”→“记事本”，就会打开记事本程序，并新建一个名为“无标题”的文档，如图 2-65 所示。

2）记事本的简单文档操作

(1) 新建文档：选择菜单“文件”→“新建”命令。

(2) 打开文档：选择菜单“文件”→“打开”命令，会出现“打开”对话框，选择要打开文档的路径(即文件保存在计算机里的位置)，找到并选中此文档，单击“打开”按钮。

(3) 保存文档：选择菜单“文件”→“保存”命令即可。如果是第一次保存，会出现“另存为”对话框，选择要保存文档的路径，在“文件名”一栏中输入文档的名称，单击“保存”按钮。

(4) 另存为：选择菜单“文件”→“另存为”命令，操作跟第一次保存操作相同，另存为

图 2-65　记事本窗口

操作是把原文档更换文档名称或文档路径后重新存储。

记事本文件的编辑可以用“编辑”菜单下的命令，“格式”菜单下命令可以设置字体格式。

2. 写字板

写字板是 Windows 中功能比记事本更强的字处理程序，它不但可以对文字进行编辑处理，还可以设置文字的一些格式，如字体、段落和样式等，如图 2-66 所示。

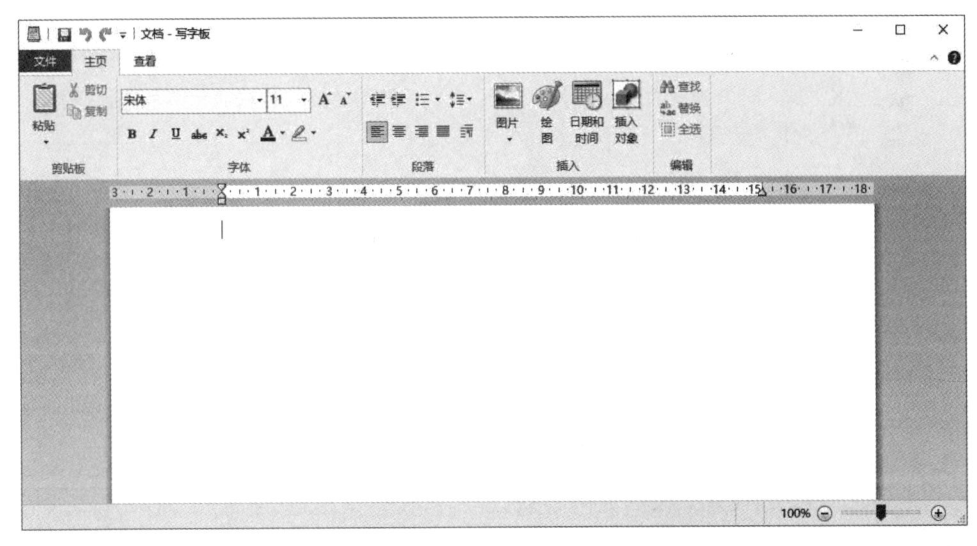

图 2-66　写字板窗口

写字板与记事本相比，最大的不同是它的文档是有格式的，文件的默认类型为. rtf 格式。选择菜单命令“开始”→“所有程序”→“附件”→“写字板”就可以打开写字板程序。

3. 计算器

计算器程序在开始菜单的程序列表中，打开后显示如图 2-67 所示的窗口。计算器有多种基本操作模式：标准型（按输入顺序单步计算）、科学型（按运算顺序复合计算，有多种算术计算函数可用）、程序员（对不同进制数据进行计算）等，单击左上角的模式切换按钮，可以进行多种模式的切换，图 2-68 所示是程序员模式窗口。

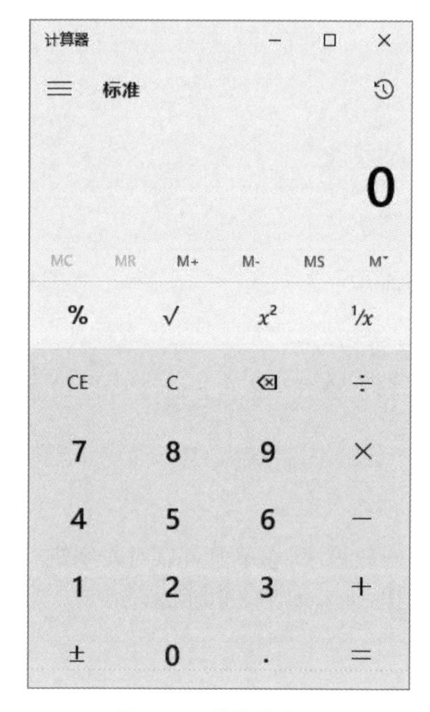

图 2-67　计算器窗口

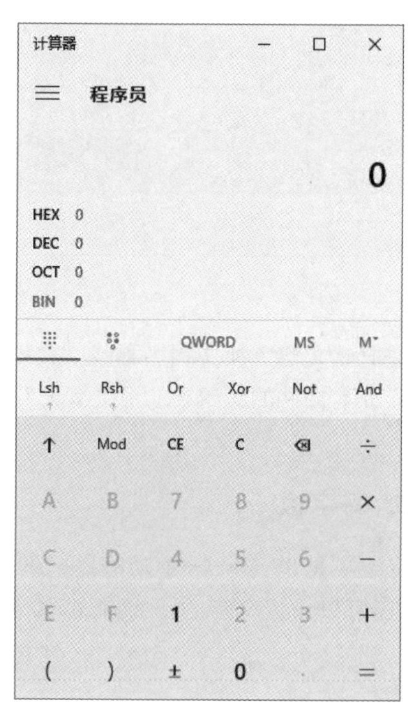

图 2-68　计算器程序员模式

习　　题

一、选择题

1. Windows 中，回收站是（　　）。

   A. 内存中的一块区域　　B. 硬盘中的特殊文件夹

   C. 软盘上的文件夹　　D. 高速缓存中的一块区域

2. 在 Windows 中，多个窗口之间进行切换，可使用快捷键（　　）。

   A. Alt+Tab　　B. Alt+Ctrl　　C. Alt+Shift　　D. Ctrl+Tab

3. 在 Windows 中删除硬盘上的文件或文件夹时，如果用户不希望将它移至回收站而是直接彻底删除，则可在选中后按（　　）键和 Delete 键。

   A. Ctrl　　B. 空格　　C. Shift　　D. Alt

4. 在 Windows 中，设置计算机硬件配置的程序是(　　)。

A. 控制面板　　B. 文件资源管理器

C. Word　　D. Excel

5. 在 Windows 中，设置屏幕分辨率的第一步操作是(　　)。

A. 右击桌面上“此电脑”，选择“属性”菜单项

B. 右击桌面空白区，选择“个性化”菜单项

C. 右击桌面空白区，选择“显示设置”菜单项

D. 右击“任务栏”空白处，选择“设置”菜单项

6. 在 Windows 中，如果要把 C 盘某个文件夹中的一些文件复制到 C 盘另外的一个文件夹中，若采用鼠标操作，在选定文件后(　　)至目标文件夹。

A. 直接拖曳鼠标　　B. 按下 Ctrl 键的同时拖曳鼠标

C. 按下 Alt 键的同时拖曳鼠标　　D. 单击鼠标

7. 从文件列表中同时选择多个不相邻文件的正确操作是(　　)。

A. 按住 Alt 键，用鼠标单击每一个文件名

B. 按住 Ctrl 键，用鼠标单击每一个文件名

C. 按住 Ctrl+Shift 组合键，用鼠标单击每一个文件名

D. 按住 Shift 键，用鼠标单击每一个文件名

8. 下列有关 Windows 剪贴板的说法错误的是(　　)。

A. 剪贴板是一个在程序或窗口之间传递信息的临时存储区

B. 剪切、粘贴、复制都是剪贴板里的命令

C. 剪贴板是一个特殊的文件夹

D. 剪贴板是内存的一部分

9. 下列(　　)功能组合键用于输入法之间的切换。

A. Shift+Alt　　B. Ctrl+Alt

C. Alt+Tab　　D. Ctrl+Shift

10. 在 Windows 窗口菜单命令项中，若选项呈浅淡色，这意味着(　　)。

A. 该命令项当前暂不可使用

B. 命令选项出了差错

C. 该命令项可以使用，变浅淡色是由于显示故障所致

D. 该命令项实际上并不存在，以后也无法使用

11. 在 Windows 界面中，当一个窗口最小化后，其图标位于(　　)。

A. 标题栏　　B. 工具栏　　C. 任务栏　　D. 菜单栏

12. 以下关于动态磁贴的说法错误的是(　　)。

A. 动态磁贴的位置是固定的，不能移动

B. 开始窗口的右窗格显示的是动态磁贴

C. 右击开始菜单某个程序，选择“固定到‘开始’屏幕”，此程序对应的磁贴将会显示出来

D. 右击某个动态磁贴，选择“从‘开始’屏幕取消固定”，此磁贴将会删除

13. 在 Windows 文件资源管理器中，要把文件或文件夹图标设置成“大图标”方式显示，使用的是(　　)选项卡中的命令。

A. “文件”　　B. “主页”　　C. “查看”　　D. “共享”

14. Windows 下，凡菜单命令名后带有“...”的表示为(　　)。

A. 本命令有子菜单　　B. 本命令将打开一个对话框

C. 本命令可激活　　D. 本命令不可激活

15. 当一个应用程序窗口被最小化后，该应用程序将(　　)

A. 终止运行　　B. 继续运行　　C. 暂停运行　　D. 以上三者都有可能

16. 对一些临时文件或已下载的文件等进行清理，以释放磁盘空间，可以使用如下(　　)工具。

A. 磁盘清理程序　　B. 碎片整理程序

C. 系统还原　　D. 重装计算机

17. 在 Windows 中，标题栏通常为窗口(　　)的横条。

A. 最底端　　B. 最顶端　　C. 第二条　　D. 次底端

18. 在 Windows 中，如果想同时改变窗口的高度或宽度，可以通过拖放(　　)来实现。

A. 窗口边框　　B. 窗口角　　C. 滚动条　　D. 菜单栏

19. 在 Windows 操作环境下，将对话框画面复制到剪贴板中使用的键是(　　)。

A. Print Screen　　B. Alt+Print Screen

C. Alt+F4　　D. Ctrl+Space

20. 在 Windows 中，可以由用户设置的文件属性为(　　)。

A. 存档、系统和隐藏　　B. 只读、系统和隐藏

C. 只读、存档和隐藏　　D. 系统、只读和存档

21. Windows 的任务栏可用于(　　)。

A. 安装应用程序　　B. 切换当前应用程序

C. 修改程序项的属性　　D. 修改程序组的属性

22. 下列关于 Windows 回收站的叙述中，错误的是(　　)。

A. 回收站可以暂时或永久存放硬盘上被删除的信息

B. 放入回收站的信息可以恢复

C. 回收站所占据的空间是可以调整的

D. 用 Delete 删除文件时，删除的文件不会放入回收站

23. 在 Windows 中，当一个窗口最大化后，下列叙述中错误的是(　　)。

A. 该窗口可以被关闭　　B. 其他所有窗口会自动关闭

C. 该窗口可以最小化　　D. 该窗口可以还原

24. 在文件资源管理器中选定了文件或文件夹后，若要将它们移动到另一驱动器的文件夹中，其操作为(　　)。

A. 按下 Shift 键，拖动鼠标　　B. 按下 Ctrl 键，拖动鼠标

C. 直接拖动鼠标　　D. 按下 Alt 键，拖动鼠标

25. 图标是 Windows 操作系统中的一个重要概念，它表示 Windows 的对象。它可以代表(　　)。

A. 文档或文件夹　　B. 应用程序

C. 打印机　　D. 以上都正确

26. 在文件资源管理器导航窗格里文件夹的树状目录结构中，从根目录到任何数据文件，有(　　)通道。

A. 两条　　B. 唯一一条　　C. 三条　　D. 不一定

27. 在 文件 Windows 文件资源管理器窗口中，左边的导航窗格显示的内容是(　　)。

A. 所有未打开的文件夹

B. 系统的树形文件夹结构

C. 打开的文件夹下的子文件夹及文件

D. 所有已打开的文件夹

28. 在 Windows 中管理文件的系统程序是(　　)。

A. 控制面板　　B. 桌面

C. 文件资源管理器　　D. 开始菜单

29. 操作系统中的通配符"?"表示(　　)

A. 任意的一个未知字符　　B. 若干个未知字符

C. 英文字符"?"　　D. 出错

30. 在 Windows 操作环境下，将整个屏幕画面全部复制到剪贴板中使用的键是(　　)。

A. Print Screen　　B. Page Up　　C. Alt+F4　　D. Ctrl+Space

31. 文件 ABC. Bmp 存放在 F 盘的 T 文件夹中的 G 子文件夹下，它的完整文件标识符是(　　)。

A. F:\T\G\ABC　　B. T:\ABC. Bmp

C. F:\T\G\ABC. Bmp　　D. F:\T:\ABC. Bmp

32. 在查找文件时，通配符 * 与? 的含义是(　　)。

A. * 表示任意多个字符，? 表示任意一个字符

B. ? 表示任意多个字符，* 表示任意一个字符

C. * 和? 表示乘号和问号

D. 查找 *.? 与?.* 的文件是一致的

33. 下面关于快捷方式的说法，正确的是(　　)。

A. 它就是应用程序本身

B. 它是指向并打开应用程序的一个指针

C. 其大小与应用程序相同

D. 如果应用程序被删除，快捷方式仍然有效

34. 在 Windows 中，在记事本中保存的文件，系统默认的文件扩展名是(　　)。

A. .TXT　　B. .DOC　　C. .BMP　　D. .RTF

35. 下面关于 Windows 文件名的叙述中错误的是(　　)。

A. 文件名中允许使用汉字　　B. 文件名中允许使用多个圆点分隔符

C. 文件名中允许使用空格　　D. 文件名中允许使用竖线“|”

36. 计算机正常启动后,在屏幕上首先看到的是(　　)。

A. Windows 桌面　　B. 关闭 Windows 的对话框

C. 有关帮助的信息　　D. 出错信息

37. Windows 菜单命令右边的三角符号表示(　　)。

A. 选择此项将出现对话框　　B. 不能使用

C. 选择此项将出现其子菜单　　D. 正在起作用

38. 下面关于跳转列表的说法错误的是(　　)。

A. 不可以设置将项目锁定在跳转列表中

B. 右击任务栏上的程序按钮,会打开跳转列表

C. 在开始菜单和任务栏上的程序的跳转列表中出现相同的项目

D. 跳转列表上会列出最近用此程序打开的项目列表

39. 在文件资源管理器中,复制文件命令的快捷键是(　　)。

A. Ctrl+S　　B. Ctrl+Z　　C. Ctrl+C　　D. Ctrl+D

40. 下面关闭文件资源管理器的方法错误的是(　　)。

A. 双击标题

B. 单击标题栏控制菜单图标,再选择下拉菜单中的“关闭”命令

C. 选择“文件”下的“关闭”命令

D. 单击标题栏上的“关闭”按钮

二、操作题

1. 在 D 盘根目录下建立“计算机基础练习”文件夹,在此文件夹下建立“文字”“图片”和“多媒体”3 个子文件夹。按名称排列这 3 个子文件夹。

2. 在本地计算机中查找 WAV 格式的波形文件和 BMP 格式的图片文件。选择查找到的 2 个波形文件,并将它们复制到第 1 题已建立的“多媒体”文件夹中。选择查找到的 2 个图片文件,将它们复制到“图片”文件夹中。查看“多媒体”文件夹的属性,以及该文件夹所包含的文件的属性,并将 BMP 格式的文件全部设为只读文件。

3. 为 D 盘根目录下的“计算机基础练习”文件夹在桌面上建立快捷图标,改名为“练习”。设置一个以“彩带”为图案的屏幕保护程序,等待时间为 15 分钟。

4. 查看 C 盘的属性,观察还有多少空间可用。尝试对用户所用的盘符(如 D:)的磁盘空间进行清理。

5. 在 D 盘根目录下建立名称为“test”的文件夹,在其中再建立名为“testa”的子文件夹;将 testa 文件夹复制到 D 盘根目录下,将开始菜单中 Windows 的计算器固定到任务栏。

6. 把附件中的画图程序固定到“开始”屏幕中,并设置任务栏变为隐藏。

7. 用记事本程序建立一个名为 test. txt 的文档,内容包含中英文字符,请用你熟悉的汉字输入法进行输入。将该文件存入第 1 题所建的“文字”文件夹下。

第3章

Word 文字编辑

3.1 Word 概述

Office 2016 是微软公司继 Office 2013 之后推出的新一代套装办公软件，具有非常强大的办公功能，其中包含 Word、Excel、PowerPoint、Access、Outlook、OneNote 和 Publisher 等多个组件，相比 Office 2013，Office 2016 增加了许多新功能。

(1) 协同工作功能。

Office 2016 新加入了协同工作的功能，只要通过共享功能选项发出邀请，就可以让其他使用者一同编辑文件，而且每个使用者编辑过的地方，也会出现提示，让所有人都可以看到哪些段落被编辑过。对于需要合作编辑的文档，这项功能非常方便。

(2) 搜索框功能。

打开 Office 2016，在选项卡的最右侧有一个“告诉我您想要做什么”的搜索框，在搜索框中输入想要搜索的内容，搜索框会给出相关命令或查找到相应的帮助链接，可以直接选择命令来执行该命令。对于使用 Office 不熟练的用户来说，会方便很多。

(3) 云模块与 Office 融为一体。

Office 2016 中云模块已经很好地与 Office 融为一体。用户可以指定云作为默认存储路径，也可以继续使用本地硬盘储存。值得注意的是，由于“云”同时也是 Windows 10 的主要功能之一，因此 Office 2016 实际上是为用户打造了一个开放的文档处理平台，通过手机、iPad 或者其他客户端，用户即可随时存取刚刚存放到云端上的文件。

(4) 插入选项卡增加了“加载项”功能区。

插入选项卡增加了一个“加载项”功能区，这里主要是微软和第三方开发者开发的一些应用 APP，类似于浏览器扩展文字处理，主要是为 Office 提供一些扩充性功能。如用户可以下载一款检查器，帮助检查文档的断字或语法问题等。

Word 是微软 Office 的重要组件之一，是一款文字处理和文档编排的强大工具。Word 利用了 Windows 友好的界面和集成的操作环境，加之全新的自动排版概念和技术上的创新，并采用“所见即所得”的设计方式，将文字处理功能推进到了一个崭新的境界。它继承了 Windows 友好的图形界面，可以方便地进行文字、图形、图像和数据处理，可以制作具有专业水准的文档。本章主要介绍的就是 Word 2016 的基本概念、常用的编辑和排版文档的基础操作。

3.1.1 Word的主要功能

Word 2016具有较强的文字处理能力，其主要功能如下。

1. 编辑修改功能

Word 2016充分利用Windows提供的图形界面，大量使用菜单、对话框、快捷方式和帮助，使操作变得简单，可方便地进行复制、移动、删除、恢复、撤销和查找等基本编辑操作。使用鼠标，可以在任何位置输入文字，实现了“即点即输入”的功能。

2. 格式设置功能

Word 2016具有丰富的文字、段落修饰功能，可以设置文字的多种格式，如字体、字号和颜色等，还可以设置加粗、加下画线、加删除线、下标、上标等效果。还可以使用格式刷快速复制格式；可直接套用各种标题格式；系统附带多种模板和样式，用户可以通过模板及样式直接引用自己喜欢的格式。文档排版后，在屏幕上能立即看到排版效果。“打印预览”功能可以准确地显示出文档打印的效果，真正做到“所见即所得”。

3. 自动化功能

Word 2016“审阅”选项卡提供了一些自动校对、翻译、转换和修订等功能，会自动检查语法和拼写错误并自动更正，自动统计字数，自动翻译，自动简繁体转换。

4. 表格处理功能

Word 2016具有较强的表格处理功能，可以创建和编辑复杂的表格，表格中可以包含图形或其他表格；能任意地对表格的大小和位置进行调整；可以使用公式对表格数据进行简单的计算和排序，并根据数据创建图表。

5. 图文混排功能

Word 2016提供了一套绘制图形和图片的功能，可以十分方便地创建多种效果的文本和图形。绘图功能提供了多种自选图形和多种填充效果；增强了图文混排功能，使图片的拖放和插入等操作更加简单。利用Word 2016提供的这些图文混排功能，可以编排出形式多样的文档。

6. 边框和底纹

Word 2016提供了多种边框样式（包括三维效果）用于改变文档的外观，集中了多种用于专业文档的流行样式，特别适合于制作专业化的文档。

3.1.2 Word 的启动与退出

1. Word 的启动

启动 Word 有以下 3 种方式：

(1) 如果桌面上有 Word 2016 快捷方式图标，则双击该图标，即进入 Word 窗口。

(2) 如果桌面上没有 Word 2016 图标，选择"开始"→"Word 2016"选项，即可启动 Word 2016。启动后，屏幕显示 Word 2016 的工作窗口。

(3) 如果"开始"屏幕上有 Word 2016 的应用程序磁贴，则单击该磁贴。

用以上方法打开的 Word 应用程序窗口如图 3-1 所示。

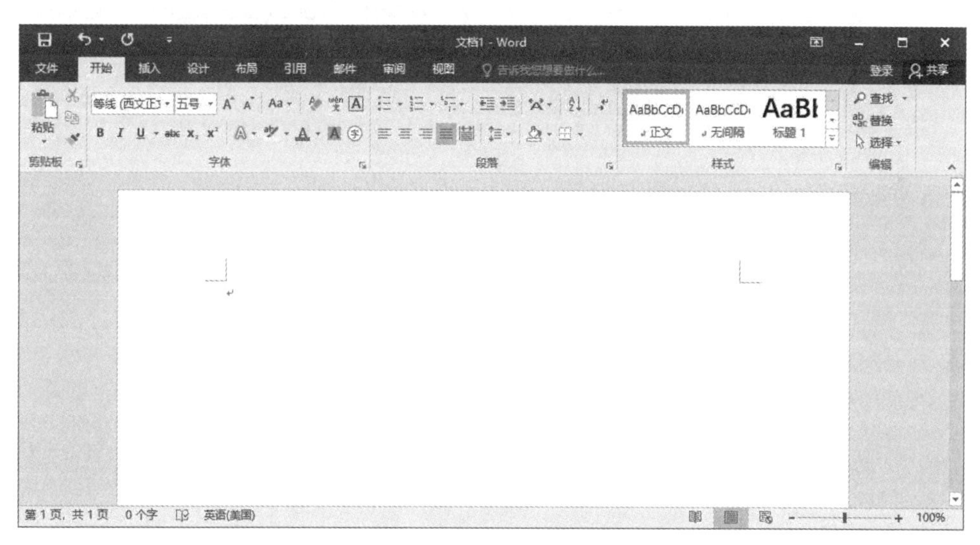

图 3-1 Word 2016 窗口

2. Word 的退出

Word 2016 版本中，如果关闭所有 Word 文件就会自动退出 Word 应用程序，关闭 Word 文件的方法很多，常用方法有：在 Word 应用程序窗口中选择"文件"按钮"关闭"命令，或者单击窗口右上角的关闭按钮，或者右击窗口标题栏空白处，在打开的窗口控制菜单中选择"关闭"命令。如果在关闭前文档曾修改过，但没有保存，则系统会显示如图 3-2 所示的对话框，如果需要保存修改过的文档，则单击"保存"按钮；否则单击"不保存"按钮。如果不想关闭 Word，则单击"取消"按钮。

3.1.3 Word 工作窗口的基本构成

成功地启动 Word 后，屏幕上就会出现如图 3-1 所示的窗口。在 Word 应用程序窗口中包含标题栏、快速访问工具栏、选项卡、功能区、文档编辑区、滚动条、状态栏和标尺等，

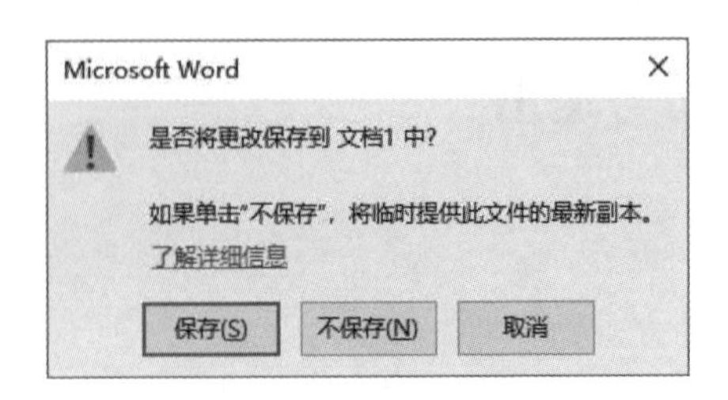

图 3-2　关闭对话框

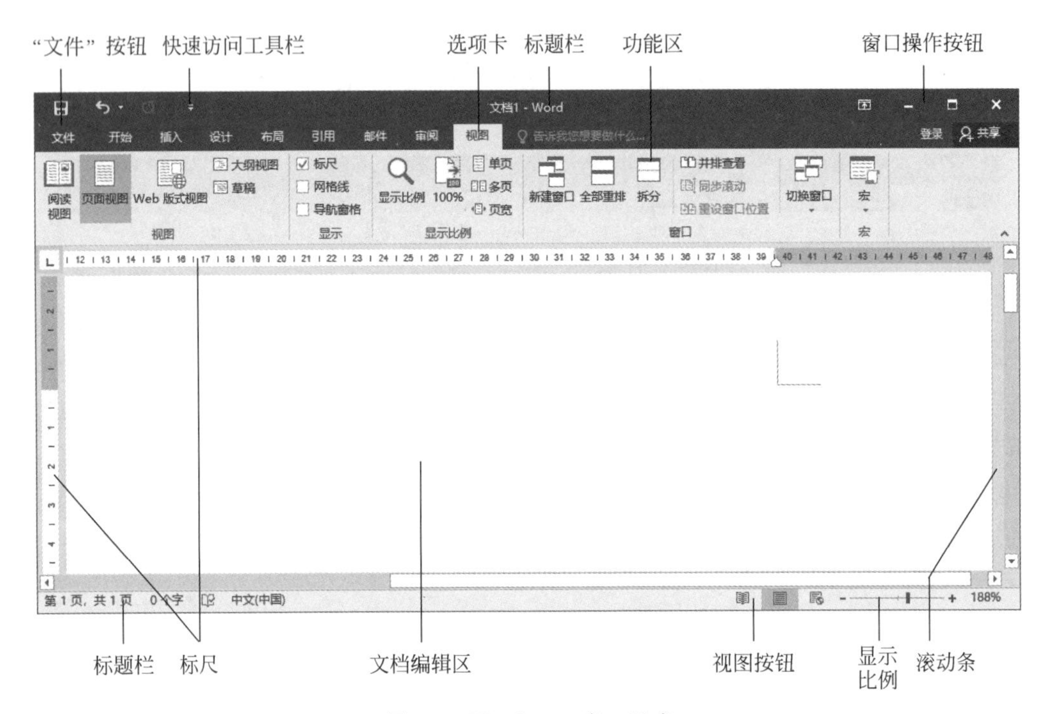

图 3-3　Word 2016 窗口组成

如图 3-3 所示。

1. 标题栏

标题栏位于屏幕窗口的最顶部，其中间显示正在编辑的文档名（例如"文档 1"）和应用程序名（Word）；左侧是快速访问工具栏；右侧是功能区，显示选项、最小化、最大化/还原和关闭按钮。快速访问工具栏，是用来快速操作一些常用命令的，默认包含保存、撤销输入和重复输入 3 个命令，用户可以根据自己的需要自己定义快速访问工具栏，增加需要的命令项或删除不需要的命令项。

2. "文件"按钮和选项卡

位于标题栏的下方。"文件"按钮在最左侧，包含新建、打开、保存、另存为、打印、共享、导出和关闭等命令和功能，并且可以设置 Word 选项和查看信息。"文件"按钮右侧有开始、插入、设计、布局、引用、邮件、审阅和视图等选项卡。选项卡右侧是一个"告诉我您想要做什么"文本框,可以直接在其中输入关键字进行搜索,可以搜索出对应关键字的命令或者相关帮助选项。

3. 功能区

每个选项卡中包含有不同的操作命令组,称为功能区。例如,"开始"选项卡中主要包括剪贴板、字体、段落、样式和编辑等功能区。有些功能区右下角带有 ↘标记的按钮,表示有命令设置对话框,打开对话框可以进行相应的功能设置。

4. 标尺

标尺位于编辑区的上方(水平标尺)和左侧(垂直标尺)。利用标尺可以查看或设置页边距、表格的行高、列宽及插入点所在的段落缩进等。打开 Word 文档时标尺是隐藏的,可以通过选中"视图"选项卡"显示"功能区的"标尺"复选框来显示。

5. 滚动条

滚动条分为水平滚动条和垂直滚动条。用户通过移动滚动条的滑块或单击滚动条两端滚动箭头按钮,可以滚动查看当前屏幕上未显示出来的文档。

6. 文档编辑区

文档编辑区是输入文本和编辑文本的区域,位于功能区的下方。编辑区中闪烁的光标叫插入点,插入点表示输入时正文出现的位置。

7. 状态栏

状态栏位于 Word 窗口底部,显示当前正在编辑的 Word 文档的有关信息,左侧显示当前页号、总页数和字数等信息,右侧包含视图切换按钮、显示比例设置滑块和设置按钮。

3.2 Word 文档操作和文本编辑

在计算机中,信息是以文件为单位存储在外存中的,使用 Word 编排的文章、报告、通知和信函等也都是以文件为单位存放的。通常将由 Word 生成的文件称为 Word 文档,简称文档。

使用 Word 处理文档的过程大致分为 3 个步骤。

首先,将文档的内容输入到计算机中,即将一份书面文字转换成电子文档。在输入的过程中,可以使用插入文字、删除文字、改写文字等操作来保证输入内容的正确性,也可以使用这些操作对文档进行修改,直到满意为止。除此以外,Word 还提供了特殊字符的输入、快速定位文字、查找与替换及快速按页面定位、拼写检查等功能,这些功能有助于快速、准确地完成任务。

其次，输入到计算机中的文档，如果不改变任何格式，其文字大小和风格都是一样的，这样的文档缺乏层次感，重点不突出。为了使文档的内容清晰、层次分明、重点突出，要对输入的内容进行格式编排。文档中的格式编排是通过对相关文字用相应的格式命令来处理完成的，即所谓的排版。排版包含对文档中的文字、段落、页面等进行设置。只有充分了解 Word 字处理软件提供的各种排版功能，才能在使用 Word 时得心应手，编排出美观大方的文档。

文档的格式编排完成后，要将其保存在计算机中，以便今后查看。如果需要将文档通过打印机打印在纸张上作为文字资料保存或分发给其他部门，还需要进行打印设置，使打印机按照用户的要求进行打印。

3.2.1 Word 文档的基本操作

1. 创建新的 Word 文档

使用 Word 建立一个新文档，可以通过以下 3 个途径来实现。

1) 利用默认模板建立新文档

初学者在尚不了解模板的概念和好处时，一般可以采用这种简便而直接的方法。

选择“文件”→“新建”命令，在右侧出现的模板预览效果图列表中选择“空白文档”，如图 3-4 所示，系统即依据默认模板迅速建立一个名为“文档 X”的新文档，如图 3-1 所示（图中为“文档 1”）。默认模板规定了所建文档的页面设置，如纸张大小、页边距、版面要求，以及固定的文字格式、段落样式和视图方式等。原始的默认模板规定的页面大小为标

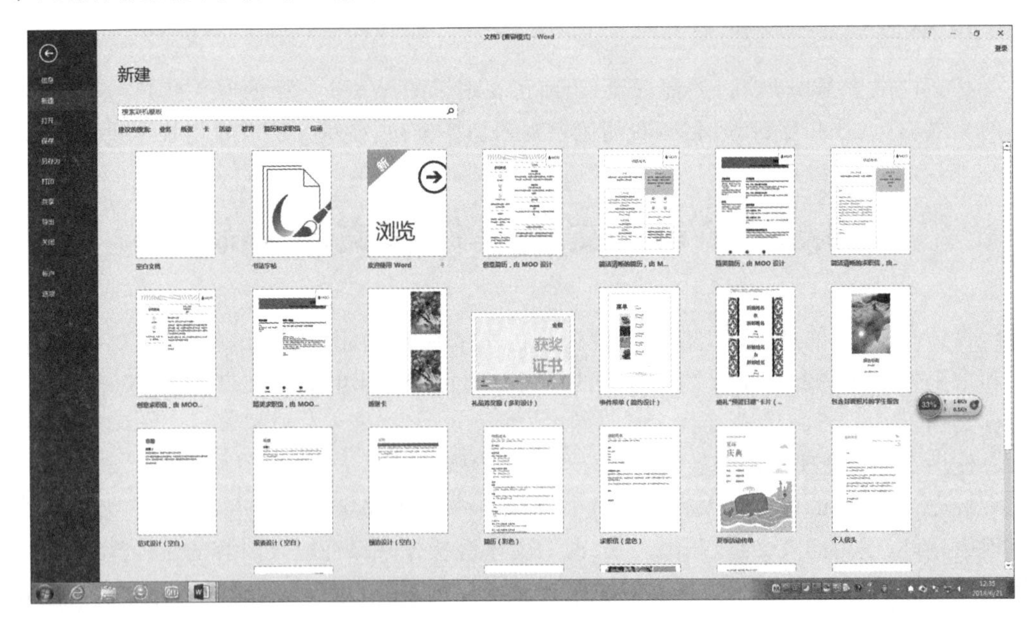

图 3-4 “新建”任务窗口

准 A4 纸，即纸张宽 21cm、长 29.7cm，纸张方向为纵向，且上下页边距为 2.54cm，左右页边距为 3.18cm。然而，由于默认模板常常被各种文件公用，特别是经过不同人的使用，其格式也往往随之而改变，使得以默认模板先后建立的文档有可能出现基本格式不同的情况，从而影响了默认模板的统一性。

2）利用特定模板建立新文档

Word 2016 更新了模板搜索功能，可以很直观地在 Word 文件内搜索工作、学习和生活中需要的模板，而不必去浏览器上搜索下载，大大提高了效率。

在 Word 2016 中，模板分为 3 种，第一种是安装 Office 2016 时系统自带的模板；第二种是用户自己创建后保存的自定义模板；第三种是 Office 网站上的模板，需要下载才能使用。

Word 2016 本身自带了多个预设的模板，如传真、简历和报告等。这些模板都带了特定的格式，只需创建后，对文字稍作修改就可以作为自己的文档来使用。

选择“文件”→“新建”命令，在右侧出现的如图 3-4 所示窗口中选择用户所需要的模板，在弹出的对话框中单击“创建”按钮即可创建对应模板的 Word 文档；如果找不到合适的模板，也可以尝试在窗口右侧选择“搜索联机模板”，输入搜索词，然后按 Enter 键或单击放大镜联机搜索 office.com 的模板下载联机模板使用。也可以在“建议的搜索”中选择单击一类搜索，下载对应类别的模板。模板有业务、纸张、卡、活动、教育、简历和求职信、信函等分类。

3）利用专用模板建立新文档

现成的模板有时不能满足用户的需要，如撰写正式出版的书籍、论文等，用户可以创建自己专用的模板。新建模板时，在选择“文件”→“新建”命令后，用户可以创建自己的模板文件，并在保存时在“另存为”窗口中双击“这台电脑”，在打开的对话框中选择模板文件存放路径，默认保存在“我的文档/自定义 Office 模板”文件夹中，在保存类型下拉列表框中选择“Word 模板（*.dotx）”选项，如图 3-5 所示，并填入模板名称，单击“保存”按钮，用

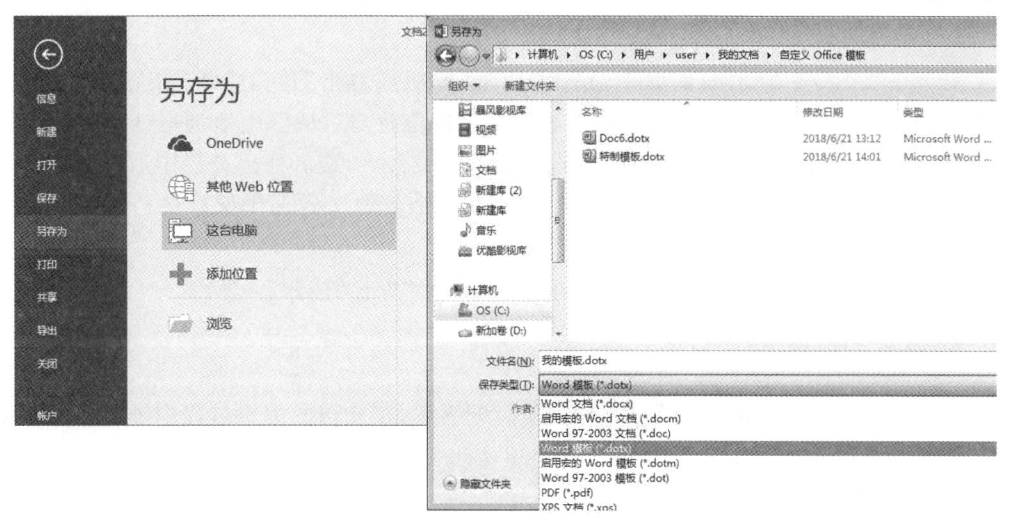

图 3-5　保存模板

户新建的文件就以模板形式保存在所选文件夹下。当用户在新建文档时在右侧窗口中选择“个人”,则右侧窗口中会显示用户保存在“我的文档/自定义 Office 模板”文件夹下的所有模板预览效果图,单击就可以创建相应的新文档了。

2. 保存 Word 文档

在文档中输入内容后,要将其保存在磁盘上,便于以后查看文档或再次对文档进行编辑和打印。Word 2016 文档的扩展名为 docx。在 Word 中可按原名保存正在编辑的活动文档,也可以用不同的名称或在不同的位置保存文档的副本。另外还可以以其他文件格式保存文档,以便在其他应用程序中使用。

1) 保存新的、未命名的 Word 文档

(1) 选择“文件”→“保存”命令,或者单击快速访问工具栏上的“保存”按钮,或者按 Ctrl+S 快捷键,都会进入“另存为”界面,如图 3-6 所示。

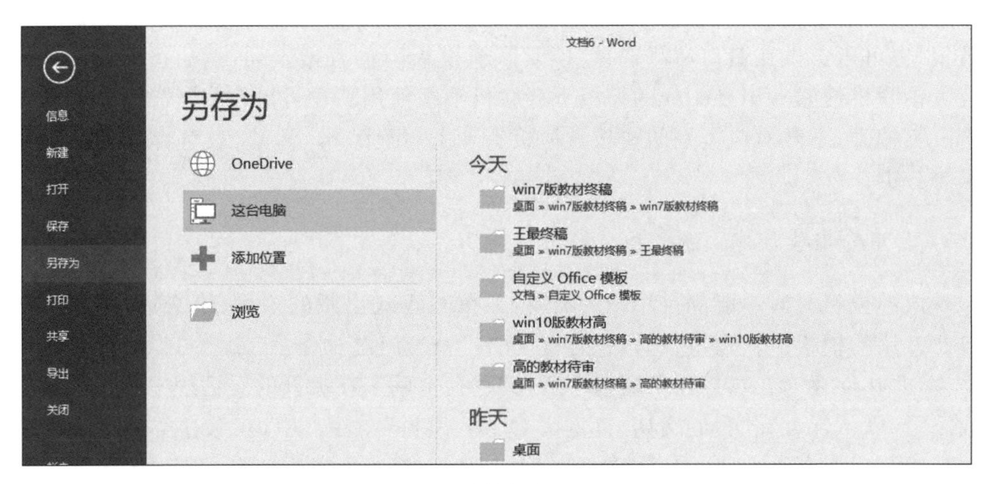

图 3-6 “另存为”界面

(2) 在如图 3-6 所示的界面中,单击“浏览”按钮或双击“这台电脑”按钮打开“另存为”对话框,如图 3-7 所示。如果用户要保存文档的位置与对话框中地址栏处显示的当前位置不同,则在“导航窗格”(左窗格)中选择合适的文件夹,或者在地址栏中通过下拉列表选择或直接输入用户所需的保存位置;如果要在一个新的文件夹中保存文档,请单击“新建文件夹”按钮。

(3) 在“文件名”框中输入文档的名称,最后单击“保存”按钮。

2) 保存已有 Word 文档

为了防止停电、死机等意外事件导致信息的丢失,在文档的编辑过程中经常要保存文档。选择“文件”→“保存”命令,或者单击快速访问工具栏上的“保存”按钮,或者按 Ctrl+S 快捷键都可以保存当前的活动文档。

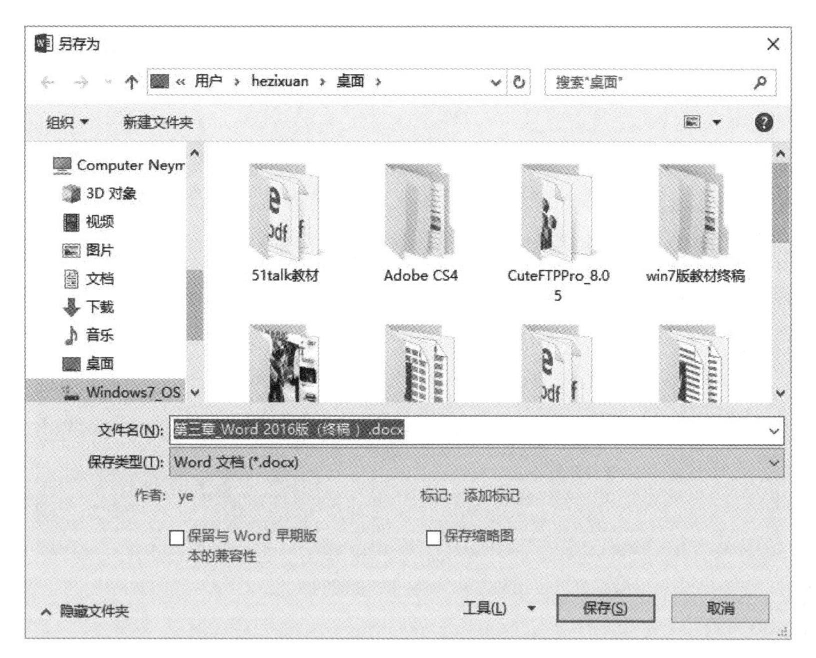

图 3-7 “另存为”对话框

3）保存非 Word 文档或早期版本的 Word 文档

Word 允许将文档保存为其他文件类型，以便在其他应用程序或者早期版本的 Word 软件中使用，例如保存成模板类型。其步骤如下：

（1）选择“文件”→“另存为”命令，单击“浏览”按钮，打开“另存为”对话框，如图 3-7 所示。

（2）选择“保存类型”框中的其他类型。

（3）在“文件名”框中输入文档的名称。

（4）单击“保存”按钮。

3. 打开文档

编辑一篇已存在的文档，必须先打开文档。Word 提供了多种打开文档的方法，这些方法大致可以分为两种。一种是：双击文档图标，在启动 Word 应用程序时同时打开文档。另一种是：先打开 Word 应用程序，再打开文档，这时可以有以下几种方法打开一个文档：

方法 1：选择“文件”→“打开”命令，在打开的窗口中单击“浏览”按钮。弹出图 3-8 所示“打开”对话框，在对话框中选择文档所在的驱动器、文件夹及文件名，并单击“打开”按钮。

方法 2：要打开最近使用过的文档，选择“文件”→“打开”命令，在打开的窗口中单击“最近”按钮，并且在右侧列出的最近使用过的文档列表中选择用户需要打开的文档。

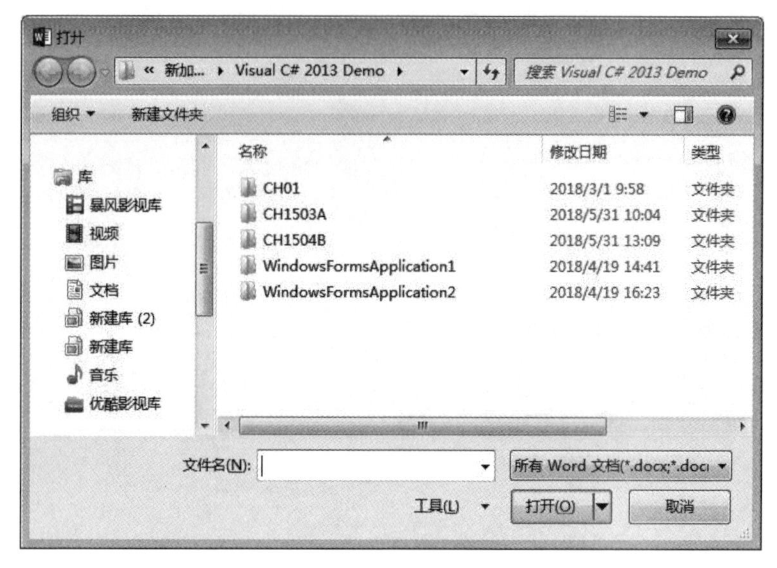

图 3-8 “打开”对话框

4. 关闭文档

选择“文件”→“关闭”命令，或单击窗口右上角的关闭按钮，或者在 Word 窗口为当前窗口的前提下按 Alt+F4 组合键，都可关闭当前文档窗口。如果当前文档在编辑后没有保存，关闭前将弹出对话框，询问是否保存对文档所作的修改，如图 3-2 所示。

3.2.2 Word 文本编辑

1. 文本的输入

启动 Word 后，就可以直接在空文档中输入文本。英文字符可直接从键盘输入，中文字符的输入方法与 Windows 中的输入方法相同。

当输入到行尾时，不要按 Enter 键，系统会自动换行。输入到段落结尾时，应按 Enter 键，表示段落结束。如果在某段落中需要强行换行，可以使用 Shift+Enter 快捷键。

1）编辑定位

如果要在文档中进行编辑，用户可以使用鼠标或键盘找到文本的修改处，若文本较长，可以先使用滚动条将要编辑的区域显示出来，然后将鼠标指针移到插入点处单击，这时插入点移到指定位置。用键盘定位插入点有时更加方便，常用键盘定位快捷键及其功能如表 3-1 所示。

表 3-1 键盘定位快捷键

按　　键	功　　能	按　　键	功　　能
→	向右移动一个字符	Home	移动到当前行首
←	向左移动一个字符	End	移动到当前行尾
↑	向上移动一行	PgUp	移动到上一屏
↓	向下移动一行	PgDn	移动到下一屏
Ctrl+→	向右移动一个单词	Ctrl+PgUp	移动到屏幕的顶部
Ctrl+←	向左移动一个单词	Ctrl+PgDn	移动到屏幕的底部
Ctrl+↑	向上移动一个段落	Ctrl+Home	移动到文档的开头
Ctrl+↓	向下移动一个段落	Ctrl+End	移动到文档的末尾

2）插入符号或特殊字符

用户在处理文档时可能需要输入一些特殊字符，如希腊字母、俄文字母和数字序号等。这些符号不能直接从键盘输入，用户可以使用“插入”选项卡“符号”功能区中的“符号”命令。

插入“符号”的操作步骤如下：

（1）将插入点移到要插入符号的位置。

（2）选择“插入”选项卡“符号”功能区中的“符号”命令，如图 3-9 所示，并在下拉列表中选择“其他符号”，弹出“符号”对话框，如图 3-10 所示。如果所需符号已经出现在下拉列表中，可以直接选择而不需要之后的步骤。

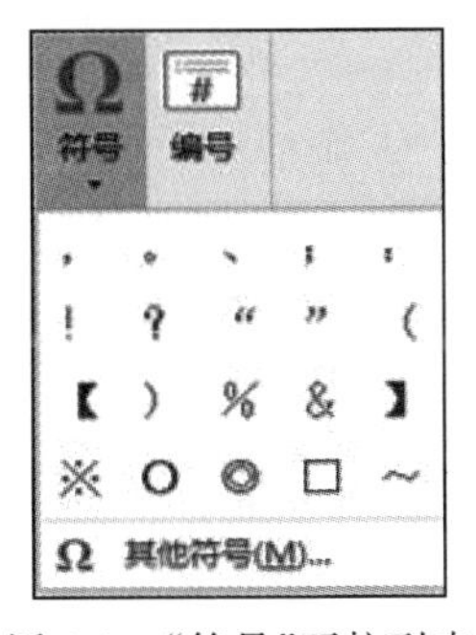

图 3-9 “符号”下拉列表

图 3-10 “符号”对话框

(3) 在“符号”对话框中选择“符号”选项卡，将出现不同的符号集。

(4) 选择要插入的符号或字符，再单击“插入”按钮(或双击要插入的符号或字符)。

(5) 最后，单击“关闭”按钮，关闭对话框。

3) 插入磁盘文件

单击“插入”选项卡“文本”功能区“对象”命令右侧的下拉箭头，在下拉列表中选择“文件中的文字”，在弹出的“插入文件”对话框(如图 3-11 所示)中选择要插入的文件，单击“插入”按钮。

图 3-11 “插入文件”对话框

2. 文本的选定

用户如果需要对某段文本进行移动、复制、删除等操作时，必须先选定它们，然后再进行相应的处理。当文本被选中后，所选文本呈反相显示。如果想要取消选择，可以将鼠标移至选定文本外的任何区域单击即可。选定文本方式有以下几种：

1) 用鼠标选定文本

要用鼠标拖曳的方法选定文本，可以将鼠标指针移到要选定文本的首部，按下鼠标左键并拖曳到所选文本的末端，然后松开鼠标。所选文本可以是一个字符、一个句子、一行文字、一个段落、多行文字甚至是整篇文档。

选定一个句子：按住 Ctrl 键，然后在句子的任何地方单击。

选定一行文字：将鼠标移动到该行的左侧，直到鼠标变成一个指向右边的空心箭头，然后单击。

选定一个段落：将鼠标移动到该段落的左侧，直到鼠标变成一个指向右边的空心箭头，然后双击。

整篇文档：将鼠标移动到文档任何正文的左侧，直到鼠标变成一个指向右边的空心箭头，然后三击。或者直接按 Ctrl+A 组合键。

选定一大块文字：将插入点移至所选文本的起始处，然后鼠标移动到所选内容的结束处，然后按住 Shift 键并单击。

选定列块(垂直的一块文字)：按住 Alt 键后，将光标移至所选文本的起始处，按下鼠标左键并拖曳到所选文本的末端，然后松开鼠标和 Alt 键。

2）用键盘选定文本

先将光标移到要选定的文本之前，然后用键盘组合键选择文本。常用组合键及功能如表 3-2 所示。

表 3-2　键盘选定文本快捷键

按　　键	功　　能	按　　键	功　　能
Shift +→	右选取一个字符	Shift +←	左选取一个字符
Shift +↑	选取上一行	Shift +↓	选取下一行
Shift + Home	选取到当前行首	Shift + End	选取到当前行尾
Shift + PageUp	选取上一屏	Shift + PageDown	选取下一屏
Shift+Ctrl +→	右选取一个字或单词	Shift + Ctrl +←	左选取一个字或单词
Shift + Ctrl + Home	选取到文档开头	Shift + Ctrl + End	选取到文档末尾

3. 删除、复制和移动

1）删除

删除是将字符或对象从文档中去掉。删除插入点左侧的一个字符用 Backspace 键；删除插入点右侧的一个字符用 Del 键。删除较多连续的字符或成段的文字，用 Backspace 键和 Del 键显然很烦琐，可以用如下方法：

方法 1：选定要删除的文本块后，按 Del 键。

方法 2：选定要删除的文本块后，选择“开始”选项卡“剪贴板”功能区中的“剪切”命令。

删除和剪切操作都能将选定的文本从文档中去掉，但功能不完全相同。它们的区别是：使用剪切操作时，删除的内容会保存到剪贴板上；使用删除操作时，删除的内容则不会保存到剪贴板上。

2）复制

在编辑过程中，当文档出现重复内容或段落时，使用复制命令进行编辑是提高工作效率的有效方法。用户不仅可以在同一篇文档内，也可以在不同文档之间复制内容，甚至可以将内容复制到其他应用程序的文档中，操作步骤如下：

(1) 选定要复制的文本块。

(2) 选择“开始”选项卡“剪贴板”功能区中的“复制”命令，此时选定的文本块被放入剪贴板中。

(3) 将插入点移到新位置，选择“开始”选项卡“剪贴板”功能区中的“粘贴”命令，此时剪贴板中的内容就复制到了新位置。

复制文本块的另一种方法是使用鼠标操作：首先选定要复制的文本块，按下Ctrl键，用鼠标拖曳选定的文本块到新位置，同时放开Ctrl键和鼠标左键。使用这种方法，复制的文本块不被放入剪贴板中。

3) 移动

移动是将字符或对象从原来的位置删除，插入到另一个新位置。用鼠标拖曳移动文本的方法是：首先选定要移动的文本，然后把鼠标指针移到选定的文本块中，按下鼠标的左键将文本拖曳到新位置，然后放开鼠标左键。这种操作方法适合较短距离的移动，例如移动的范围在一屏之内。文本远距离地移动可以使用剪切和粘贴命令来完成，操作步骤如下：

(1) 选定要移动的文本。

(2) 选择“开始”选项卡“剪贴板”功能区中的“剪切”命令。

(3) 将插入点移到要插入的新位置。

(4) 单击“开始”选项卡“剪贴板”功能区中的“粘贴”按钮。

也可以使用键盘快捷键来完成移动或复制的操作。剪切命令的快捷键为Ctrl+X，复制命令的快捷键为Ctrl+C，粘贴命令的快捷键为Ctrl+V。

当执行剪切或复制命令后，所剪切或复制的内容都会放到剪贴板中。

4. 撤销和恢复

在编辑的过程中难免会出现误操作，Word提供了撤销功能，用于取消最近对文档进行的误操作。撤销最近的一次误操作可以直接单击快速访问工具栏上的“撤销”按钮。撤销多次误操作的步骤如下：

(1) 单击快速访问工具栏上“撤销”按钮旁边的小三角，查看最近进行的可撤销操作列表。

(2) 单击要撤销的操作。如果该操作不可见，可滚动列表。撤销某操作的同时，也撤销了列表中所有位于它之前的所有操作。

恢复功能用于恢复被撤销的操作，单击快速访问工具栏上的恢复按钮即可。

5. 查找、替换和定位

Word提供了许多自动功能，查找、替换和定位就是其中之一。查找的功能主要用于在当前文档中搜索指定的文本或特殊字符。

1）查找文本

（1）选择“开始”选项卡“编辑”功能区的“查找”命令，打开导航窗格，如图 3-12 所示。

（2）在导航窗格文本框中输入要查找的内容。

（3）在导航窗格中将以浏览方式显示所有包含查找到的内容的片段，同时查找到的匹配文字会在文章中以黄色底纹标识。

2）高级查找

（1）单击“开始”选项卡“编辑”功能区的“查找”命令旁的小三角，在下拉列表中选择“高级查找”命令，弹出“查找和替换”对话框，如图 3-13 所示。

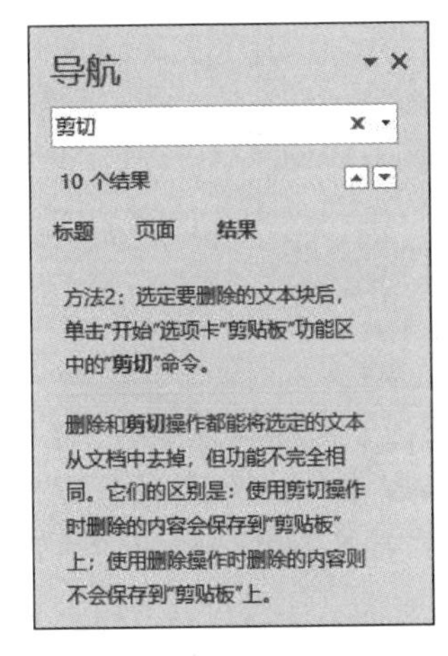

图 3-12　导航窗格

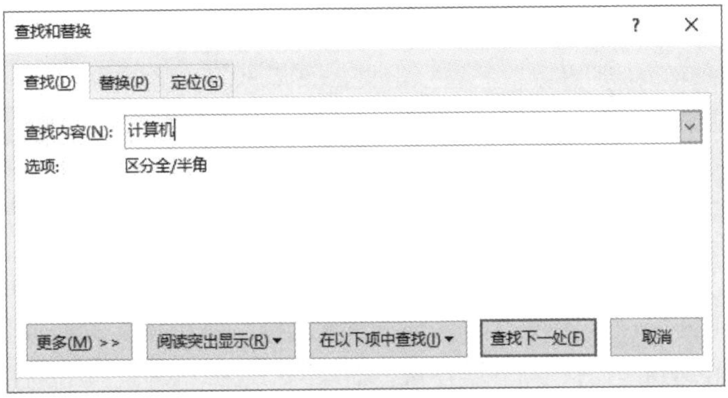

图 3-13　“查找和替换”对话框

（2）在“查找和替换”对话框中，“查找内容”框内输入要搜索的文本，例如“计算机”。

（3）单击“查找下一处”按钮，则开始在文档中查找。

此时，Word 自动从当前光标处开始向下搜索文档，查找字符串“计算机”。如果直到文档结尾没有找到字符串“计算机”，则继续从文档开始处查找，直到当前光标处为止。查找到字符串“计算机”后，光标停在找出的文本位置，并使其置于选中状态，这时在“查找”对话框外单击，就可以对该文本进行编辑。

3）查找特殊格式的文本

（1）单击“开始”选项卡“编辑”功能区的“查找”命令旁的小三角，在下拉列表中选择“高级查找”命令，弹出“查找和替换”对话框。

（2）在图 3-13 所示的对话框中单击“更多”按钮，出现搜索选项。

（3）在“查找内容”框内输入要查找的文字，例如“文档”。

（4）单击“格式”按钮，在弹出式菜单中选择“字体”命令，在“查找字体”对话框中设置查找文本的格式，例如“隶书，四号”，最后单击“确定”按钮。

（5）单击“查找下一处”按钮，则开始在文档中查找格式是“隶书，四号”的“文档”两个字。

4）替换文本

选择“开始”选项卡“编辑”功能区的“替换”命令，出现“查找和替换”对话框。

（1）在“查找内容”框内输入文字，例如“中国”。

（2）在“替换为”框内输入要替换的文字，例如“中华人民共和国”，如图3-14所示。如果在文本中，确定要将查找到的所有字符串进行替换，单击“全部替换”按钮，就会将查找到的字符串全部自动进行替换。

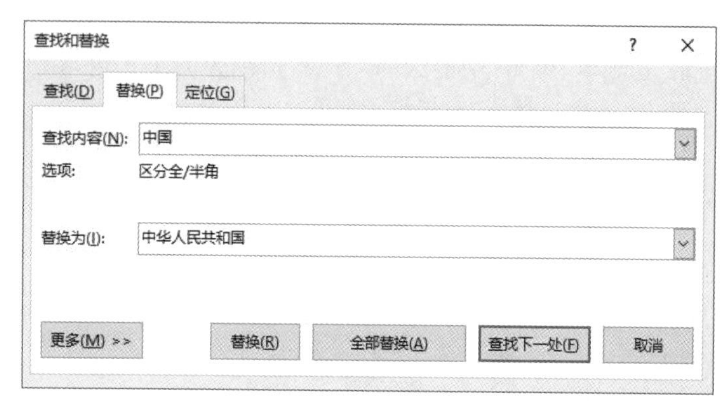

图3-14 “替换”选项卡

但是，如果不是将查找到的字符串全部进行替换，就不能使用“全部替换”功能。应先单击“查找下一处”按钮，如果查找到的字符串需要替换，则单击“替换”按钮进行替换，否则，单击“查找下一处”按钮。如果“替换为”框为空，操作后的实际效果是将查找的内容从文档中删除了。若是替换特殊格式的文本，其操作步骤与特殊格式文本的查找方法类似。区别是这次是对“替换为”文本框中的内容进行特殊格式设定。

5）文本定位

单击“开始”选项卡“编辑”功能区的“查找”命令旁的小三角，在下拉列表中选择“转到”命令，弹出“查找和替换”对话框，如图3-15所示。可按页码、节号、行号、书签等进行文本定位。

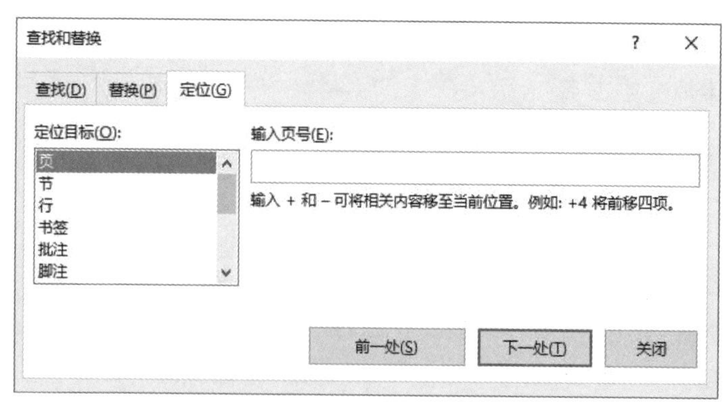

图3-15 “定位”选项卡

例 3-1 将以下素材按要求排版。

(1) 打开“计算机应用基础教程\第 3 章 Word 文字编辑\示例\素材”文件夹下的“例 3-1 素材.DOCX”文件,素材如下。

(2) 正文第一段段首插入符号“©”。在第二、三段段首分别插入特殊符号“①”和“②”。

(3) 将素材里带着重号、加粗的“经纪”一词用“替换”命令替换成加下画线(波浪线)的“经济”。

(4) 将正文里的第三段文字移动到第二段文字之前。

(5) 撤销第(4)步操作。

(6) 把该文档另存为“例 3-1 结果.DOCX”。

素材:

> 中国和平崛起有益世界
>
> 过去 20 多年的事实告诉我们,中国的崛起是和平的崛起。自改革开放以来,中国就选择了一条争取和平的国际环境来发展自己,又以自身的发展来维护世界和平的道路。这条道路的实质,就是要在同经纪全球化相联系而不是相脱离的进程中,在同国际社会实现互利共赢的进程中,独立自主地建设中国特色社会主义,在 21 世纪中叶基本实现现代化,摆脱不发达状态,达到中等发达国家水平。
>
> 我们说中国的现代化进程同**经纪**全球化相联系,就是积极参与**经纪**全球化,而不主张用暴力的手段去改变国际秩序、国际格局。
>
> 我们说独立自主地建设中国特色社会主义,就是主要依靠自己的力量解决发展的难题,而不给别人制造麻烦。20 多年来的实践表明,中国这条和平崛起的发展道路是走得通的。

答案与解析

具体操作步骤如下:

(1) 选择“文件”→“打开”命令,找到“计算机应用基础教程\第 3 章 Word 文字编辑\示例\素材”文件夹下的“例 3-1 素材.DOCX”文件,选择这个文件,单击“打开”按钮。

(2) 把光标移动到正文第一段段首位置,选择“插入”选项卡“符号”功能区中的“符号”命令,在下拉项中选择“其他符号”命令,打开“符号”对话框。在“符号”选项卡选择字体为“拉丁文本”,子集为“拉丁语-1 增补”,然后在里面选中©并单击“插入”按钮。把光标移动到第二段段首位置,在刚才的“符号”对话框中,在“符号”选项卡内选择字体为“普通文本”,子集为“带括号的字母数字”,选择“①”并单击“插入”按钮。以同样的方法插入特殊符号“②”。单击“关闭”按钮关闭对话框。

(3) 选定素材全文,选择“开始”选项卡“编辑”功能区的“替换”命令,打开“查找和替换”对话框。在“查找内容”中输入“经纪”,在“替换为”中输入“经济”。然后单击“更多”按钮,选定“查找内容”中的“经纪”,单击“格式”按钮选择“字体”命令,选择字形为加粗,单击“着重号”下的下拉按钮,打开下拉列表,选择“着重号”,再单击“确定”按钮。选定“替换为”框中的“经济”，单击“格式”按钮选择“字体”命令，单击“下画线”下的下拉按钮，打开下拉列表，选择“波浪线”，再单击“确定”按钮。最后单击“全部替换”按钮，完成替换。

(4) 选定第三段，按 Ctrl+X 组合键，然后把光标移动到第二段段首，按 Ctrl+V 组合键。

(5) 单击快速访问工具栏的撤销按钮两次。

(6) 选择“文件”按钮“另存为”命令，在“另存为”窗口单击“当前文件夹”下的文件夹名称，在打开的“另存为”对话框中设置文件保存类型和文件名，在“保存类型”框中选择“Word 文档(*.docx)”，在“文件名”框中输入“例 3-1 结果”，单击“保存”按钮。

6. 插入批注和文档修订

Word 提供了方便的文档审阅功能，例如可以给所选定文本内容插入批注。在审阅文档后，修改后的内容(插入或删除的内容)可以按所设置的修订格式显示，Word 还可以设置拒绝或接受修改。

1) 插入批注

给所选择的文本插入批注的步骤如下：

(1) 选择要设置批注的文本或内容。

(2) 在“审阅”选项卡“批注”功能区中，单击“新建批注”按钮。

(3) 在批注框中输入批注文字。

2) 文档修订

(1) 设置修订标记。

在审阅文档后，对文档的修改内容可以设置不同的标记，例如插入的内容用红色显示，删除的内容用删除线标识，格式修改的文本用蓝色显示等。设置修订标记方法：单击“审阅”选项卡“修订”功能区右下角带有 ↘标记的小按钮，打开“修订选项”对话框，在“修订选项”对话框中，单击“高级选项”按钮，打开“高级修订选项”对话框，如图 3-16 所示，在此对话框可以对所修改过的内容设置不同的标记。

(2) 编辑时增加修订标记。

当编辑文档时要对修订的内容增加标记，可以单击“审阅”选项卡“修订”功能区“修订”按钮，来启动修订功能，以后所有的修订就增加了标记，例如插入内容用红色显示。再次单击“修订”按钮，就关闭修订。

(3) 显示修订标记和批注。

要显示或隐藏文档中所有添加的修订标记和批注，单击“审阅”选项卡“修订”功能区“显示标记”按钮，显示如图 3-17 所示的下拉列表。在此下拉列表中可以选择显示或隐藏相应的标记和批注。

在“审阅”选项卡“修订”功能区还可以设置显示状态，在“审阅”选项卡“更改”功能区可以设置接受所选修订或拒绝所选修订等。

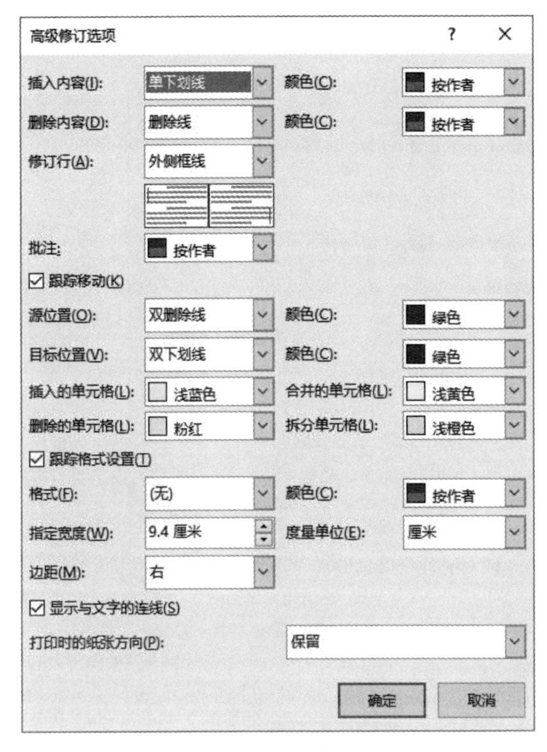

图 3-16 “高级修订选项”对话框

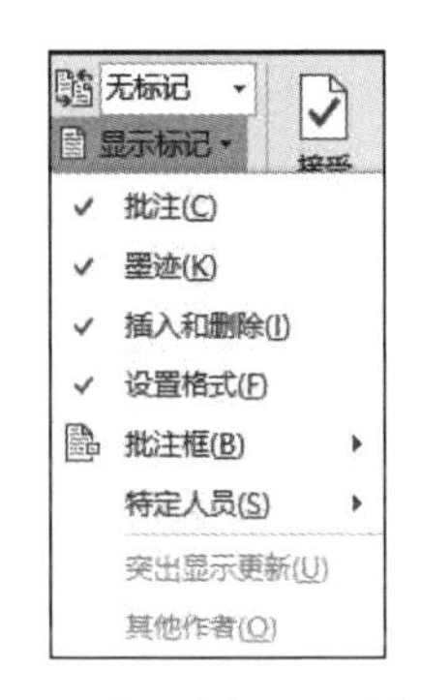

图 3-17 “显示标记”下拉列表

7. 自动更正

自动更正功能能自动检测并更正输入错误、误拼的单词、语法错误和错误的大小写。例如，如果输入“teh”，接着输入一个空格，就会看到“自动更正”会将您输入的文字替换为“the”。也可以创建“例外项列表”，用于指定不需要“自动更正”进行的更正。

自动更正可使用名为“自动更正”词条的内置更正项列表来检测并更正输入错误、误拼的单词、语法错误和常用符号。用户也可以选择“文件”按钮“选项”命令，弹出如图 3-18 所示的“Word 选项”对话框中，在左框选择“校对”，并在右方设置自动更正的检查规则，或者单击“自动更正选项”按钮，弹出“自动更正”对话框，如图 3-19 所示，方便地添加自己的“自动更正”词条或删除不需要的词条。

8. 自动图文集

使用自动图文集可以保存和快速插入常用的文字、图形、域、表格、书签以及其他内容。Word 附带了大量不同类别的内置自动图文集词条。例如，如果你正在撰写信函，可使用 Word 专门用于信函的自动图文集词条(如称呼和结束语)。

如果需要经常使用大量相同的或复杂的内容，而不愿重复插入或重复输入，也可自己添加自动图文词条。

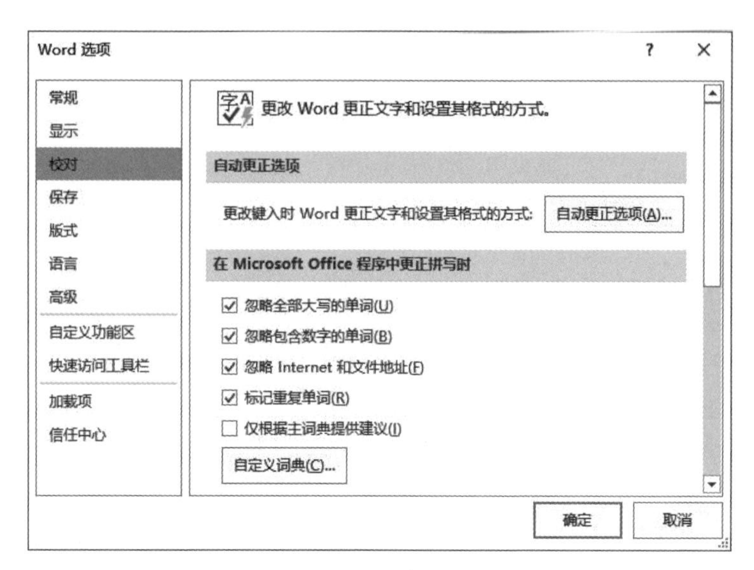

图 3-18　校对任务窗口

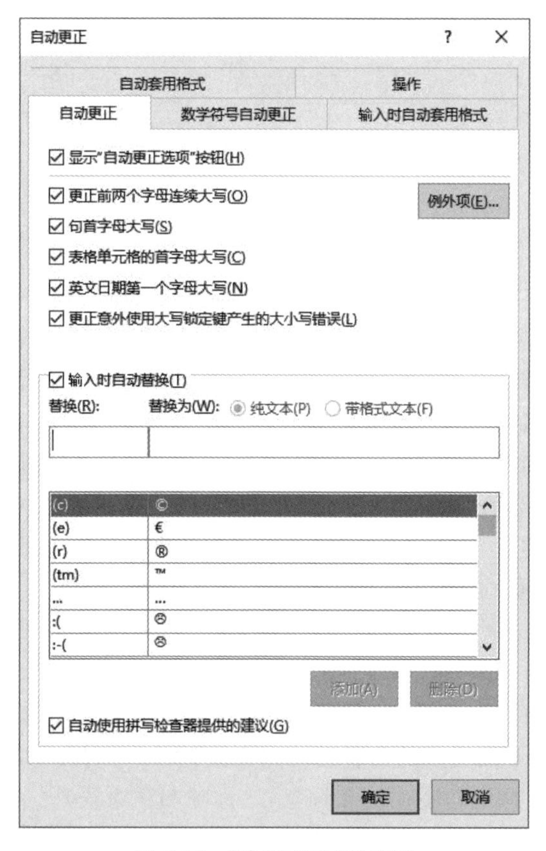

图 3-19　“自动更正”对话框

1）创建自动图文集

选择要建立自动图文集的文本或图形，单击“插入”选项卡“文本”功能区“文档部件”按钮，在下拉列表中选择“将所选内容保存到文档部件库”命令，弹出如图3-20所示的对话框，设定名称为“自动图文集”，单击“确定”按钮。

图3-20 “新建构建基块”对话框

2）使用自动图文集

单击“插入”选项卡“文本”功能区“文档部件”按钮，在下拉列表中选择“自动图文集”中合适的内容。

3.3 Word文档的排版

通过设置丰富多彩的文字、段落和页面格式，可以使文档看起来更美观、更舒适。Word的排版操作主要有字符排版、段落排版和页面设置等。

3.3.1 视图

Word提供了多种在屏幕上显示Word文档的方式。每一种显示方式称为一种视图。使用不同的显示方式，用户可以把注意力集中到文档的不同方面，从而高效、快捷地查看和编辑文档。Word 2016提供的视图有页面视图、阅读视图、Web版式视图、大纲视图和草稿视图。

1. 页面视图

页面视图是Word的默认视图。页面视图可以显示整个页面的分布情况和文档中的所有元素，例如正文、图形、表格、图片、页眉、页脚、脚注和页码等，并能对它们进行编辑。

在页面视图方式下，显示效果反映了打印后的真实效果，即“所见即所得”功能。

2. 阅读视图

如果打开文档是为了进行阅读，阅读视图将优化阅读体验。阅读视图会隐藏所有选项卡。

3. Web 版式视图

Web 版式视图优化了布局，使文档具有最佳屏幕外观，使得联机阅读更容易。

4. 大纲视图

大纲视图使得查看长篇文档的结构变得很容易，并且可以通过拖动标题来移动、复制或重新组织正文。在大纲视图中，可以折叠文档，只查看主标题；或者扩展文档，以便查看整个文档。

5. 草稿视图

草稿视图中会显示所有的文本内容，以便快速编辑文本。但是不会显示页眉、页脚、图片和艺术字等。

3.3.2 字符排版

字符排版是对字符的字体、字号、颜色和显示效果等格式进行设置。对字符进行格式设置时，必须先选择操作对象。对象可以是几个字符、一句话、一段文字或整篇文章。通常使用“开始”选项卡“字体”功能区完成一般的字符排版，对格式要求较高的文档，可以单击“字体”功能区右下角带有 ↘标记的按钮，打开“字体对话框”进行设置。

1. 用“字体”功能区设置字符格式

通过“字体”功能区可以设置字符的字体、字形、字号和颜色等。

1）设置字体

常用的中文字体有宋体、楷体、黑体和隶书等。首先选定要设置或改变字体的字符，单击“字体”功能区的“字体”下拉按钮，从列表中选择所需的字体名称。

2）设置字号

汉字的大小用字号表示，字号从初号、小初号、……直到八号字，对应的文字越来越小。英文的大小用“磅”的数值表示，1 磅等于 1/12 英寸。数值越小表示英文字符越小。要设置字号，先选定要设置或改变字号的字符，单击“字体”功能区的“字号”下拉按钮，从列表中选择所需的字号。

3）设置字符的其他格式

利用“字体”功能区还可以设置字符的加粗、斜体、下画线、删除线和字体颜色等格式。其中下画线和字体颜色等具有下拉框，可以从中选择一项。

2. 用“字体”对话框设置字符格式

单击“字体”功能区右下角带有 ↘标记的按钮，打开“字体”对话框，该对话框中有“字体”和“高级”两个选项卡。

（1）在“字体”选项卡中可设置字体、字形、字号、颜色、是否加下画线、着重号和效果等，如图 3-21 所示。

（2）在“高级”选项卡中可以设置字符间距等，如图 3-22 所示。单击该选项卡下方的“文字效果”按钮，还可以在弹出的“设置文本效果格式”对话框中进一步设置字符的轮廓、映像等高级效果。

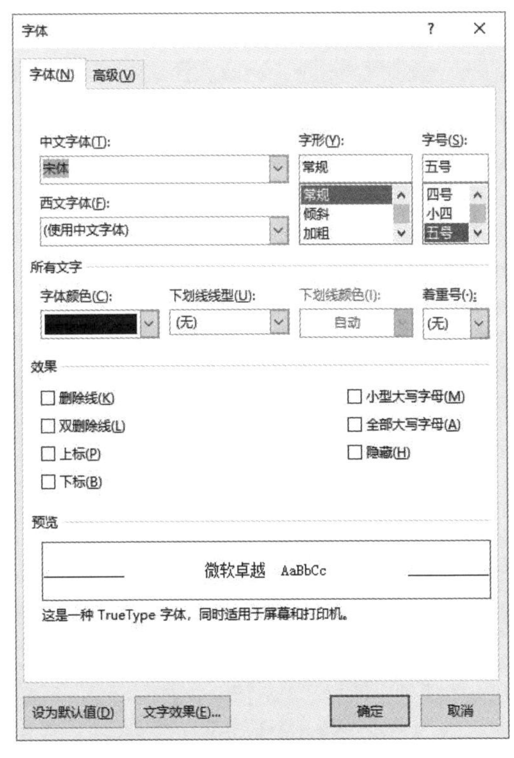

图 3-21 “字体”对话框

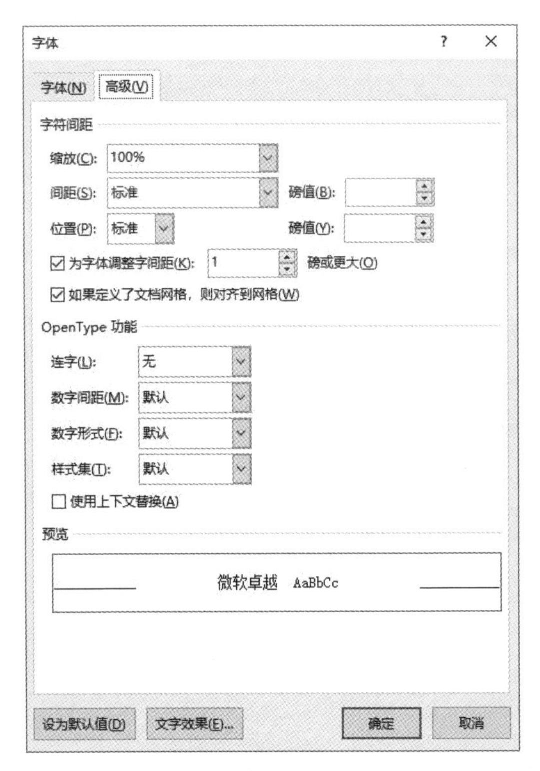

图 3-22 “高级”选项卡

3. 用浮动工具栏设置字体格式

选中要修改字体的文本后，在其上面稍微向上移动一下鼠标，会弹出浮动工具栏，如图 3-23 所示。可以单击该浮动工具栏上的相应按钮来设置字体格式。

图 3-23 浮动工具栏

3.3.3 段落排版

在 Word 中,段落是文档的基本组成单位。段落是指以段落标记作为结束符的文字、图形或其他对象的集合。Word 在输入 Enter 键的地方插入一个段落标记。

段落格式主要包括段落对齐、段落缩进、行距、段间距和段落的修饰等。当需对某一段落进行格式设置时,首先要选中该段落,或者将插入点放在该段落中,才可开始对此段落进行格式设置。

可以选择“开始”选项卡“段落”功能区进行段落设置,或者使用“段落”功能区右下角带有 ↘标记的按钮,打开“段落”对话框进行设置,该对话框中有“缩进和间距”“换行和分页”和“中文版式”3 个选项卡,如图 3-24 所示。

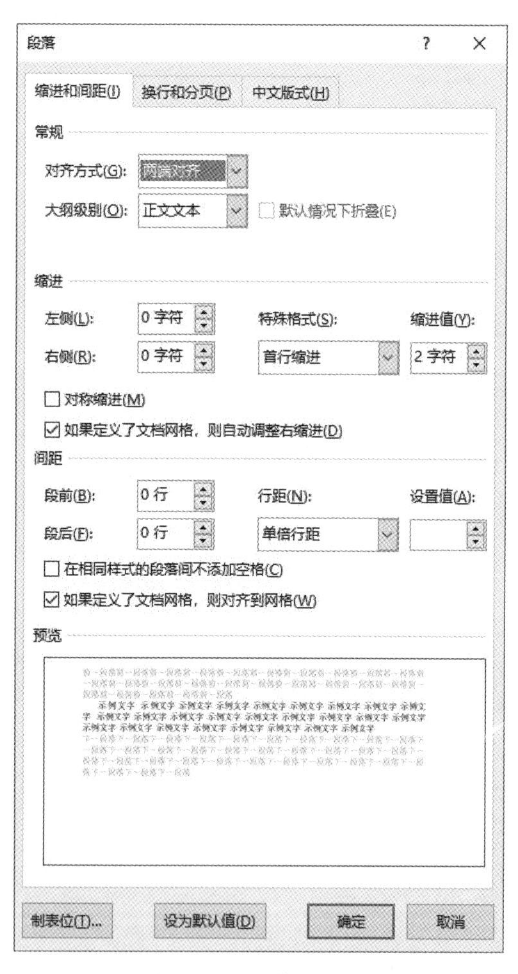

图 3-24 “段落”对话框

1. 段落的对齐

段落的对齐方式有左对齐、居中对齐、右对齐、两端对齐和分散对齐5种。用户可以在“段落”对话框“缩进和间距”选项卡的“对齐方式”列表框中进行选择，也可单击“段落”功能区中对应的按钮进行设置。

2. 段落的缩进

(1) 使用标尺设置。标尺是用来设置段落格式的快捷工具，如图3-25所示，它上面有4种缩进标记。

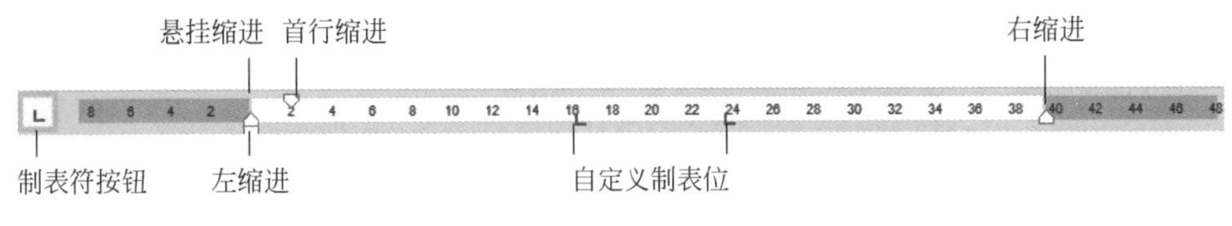

图3-25 水平标尺

首行缩进就是段落的第一行的开头向内缩进，一般一段文字的第一行的开始位置空两格，就是通过首行缩进控制；悬挂缩进标记只影响段落中除第一行以外的其他行左边的开始位置，而左缩进标记则是影响到整个段落的。左缩进和悬挂缩进两个标记是不能分开的，但是拖动不同的标记会有不同的效果；拖动左缩进标记，可以看到首行缩进标记也在跟着移动，也就是说，如果要把整个段的左边往右挪的话，直接拖这个左缩进标记就行了，而且这样可以保持段落的首行缩进的量不变。拖动悬挂缩进标记，可以看到首行缩进标记并不跟着移动，这就意味着首行缩进的值不会随之变化。右缩进标记表示的是段落右边的位置，拖动这个标记，整个段落右边的位置向里缩进。

注意： Word 2016标尺默认是关闭的，用户可以通过选择“视图”选项卡“显示”功能区中的“标尺”复选框来显示/关闭标尺。

(2) 用对话框设置。用户可以在图3-24所示的“段落”对话框“缩进和间距”选项卡的“缩进”栏中设置左缩进、右缩进、首行缩进和悬挂缩进的尺寸。

3. 段落间距

段落间距的设置有如下两种方法。

(1) 单击“开始”选项卡“段落”功能区上的“行和段落间距”按钮，在下拉列表中选择用户需要采用的行距，如图3-26所示，也可以在下拉列表中选择增加段前间距或段后间距。

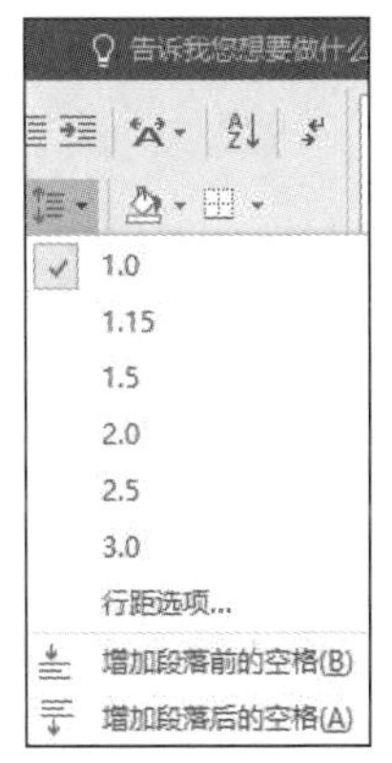

图3-26 行和段落间距下拉列表

(2) 用“段落”对话框设置段落与段落的间距以及段落中各行的间距：单击“开始”选项卡“段落”功能区右下角带有↘标记的按钮，打开“段落”对话框，如图3-24所示。在“段落”对话框“缩进和间距”选项卡的“间距”栏中设置段前、段后以及段落中各行的间距。

4. 段落制表位

制表位的作用是使一列数据对齐。制表符类型有左对齐制表符、居中制表符、右对齐制表符、小数点对齐制表符和竖线对齐制表符。

1）使用鼠标设置制表位

（1）将光标移到需要设置制表位的段落中。

（2）单击水平标尺最左端的制表符按钮，直到出现所需制表符。

（3）将鼠标移到水平标尺上，在需要设置制表符的位置单击。

（4）在一段中，需要设置多个制表符时，重复步骤(2)和(3)。

制表符设置好后，按下 Tab 键，光标自动移到第一列开始位置，输入第一列文本内容，按下 Tab 键，光标自动移到下一个制表位，即第二列开始位置，输入第二列文本内容，依次类推。

2）使用“制表位”对话框设置制表位

（1）将光标移到需要设置制表位的段落中。

（2）单击“段落”对话框“缩进和间距”选项卡中的“制表位”按钮，弹出“制表位”对话框，如图 3-27 所示。

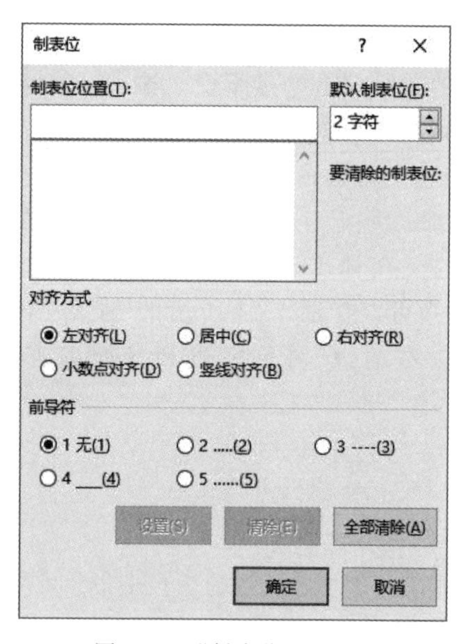

图 3-27 “制表位”对话框

（3）在“制表位位置”框中输入新制表位的位置，或选择已有的制表位。

（4）在“对齐方式”下选择制表位文本的对齐方式。

（5）如果需要设置前导符字符，单击“前导符”下的某个字符，然后单击“设置”按钮。

前导符是填充制表符所在的空白的实线、虚线或点画线。前导符经常用在目录中，引导读者的视线穿过章节名称和开始页的页码之间的空白。

在段落中设置了制表位后，只要按一下 Tab 键，光标就会从当前位置直接移动到制表位，使得输入的文本按列对齐。

3）删除或移动制表位的方法

(1) 将光标移到需要删除或移动制表位的段落中。

(2) 单击制表位并拖离水平标尺即可删除该制表位，也可以在如图 3-27 所示的对话框中清除相应的制表位。

(3) 在水平标尺上左右拖动制表位标记即可移动该制表位，也可以在如图 3-27 所示的对话框中修改相应制表位的位置。

5. 项目符号和编号

在段落前添加项目符号和编号可以使内容醒目，添加方式如下：

(1) 单击“开始”选项卡“段落”功能区上的“项目符号”或“编号”按钮，可以快捷地直接添加项目符号或编号。

(2) 单击“开始”选项卡“段落”功能区上的“项目符号”右侧的三角，在下拉列表中选择用户喜欢的符号作为项目符号使用。如果用户喜欢的项目符号在下拉列表中不存在，或者用户想对项目符号有更多的格式要求，可以选择下拉列表中的“定义新项目符号”命令，在弹出的“定义新项目符号”对话框(如图 3-28 所示)中选择“符号”命令，在弹出的“符号”对话框中选择合适的项目符号；也可以在“定义新项目符号”对话框中选择“字体”命令，在弹出的“字体”对话框中设置项目符号的格式。

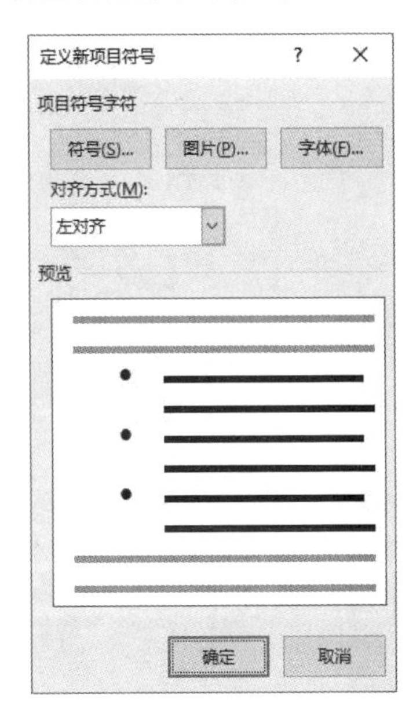

图 3-28 “定义新项目符号”对话框

(3) 单击“开始”选项卡“段落”功能区上的“编号”右侧的三角，在下拉列表中选择用户喜欢的编号和编号格式。用户同样可以通过选择下拉列表中的“定义新编号格式”命令打开“定义新编号格式”对话框来选择更合适的编号格式和样式。

6. 首字下沉

首字下沉是指段落的第一个字下沉几行。这种排版方式在各种报纸或杂志上随处可见，它不仅丰富了页面，而且使读者一看便知文章的起始位置在哪里。设置首字下沉方法如下：

选中一个段落，使用“插入”选项卡“文本”功能区中的“首字下沉”命令，在下拉列表中直接选择“下沉”或“悬挂”设置；如果用户想修改首字下沉的参数，也可以选择下拉列表中的“首字下沉选项”命令，在弹出的“首字下沉”对话框中（如图 3-29 所示）设置首字字体和下沉行数等。

7. 分栏排版

使用分栏排版可以使页面看上去更加生动丰富，设置分栏排版的方法如下：

选定要分栏的内容，选择“布局”选项卡“页面设置”功能区中的“分栏”命令，在下拉列表中选择合适的内容。如果找不到合适的分栏情况，或者用户想要对分栏的情况做更详细的设定，可以选择下拉列表中的“更多分栏”命令，弹出“分栏”对话框，如图 3-30 所示。在该对话框中用户可以设置栏数、栏宽、栏间距以及是否在两栏之间加分隔线等，最后在“应用于”下拉列表框中选择应用范围，设置完成单击“确定”按钮。

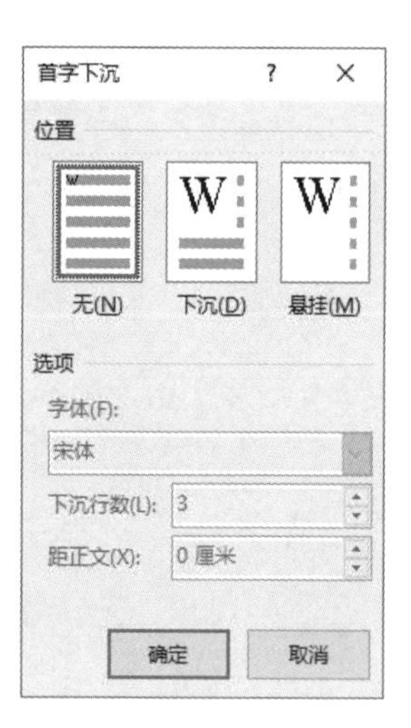

图 3-29 “首字下沉”对话框

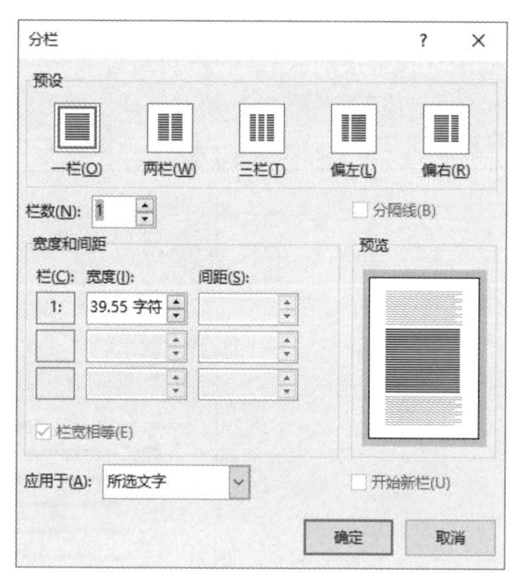

图 3-30 “分栏”对话框

8. 边框和底纹

Word 可以为所选择的文字、段落和全部文档加边框和底纹。方法如下：

（1）单击“开始”选项卡“段落”功能区上“边框”按钮右侧的三角，在下拉列表中选择“边框和底纹”命令，弹出如图 3-31 所示“边框和底纹”对话框。

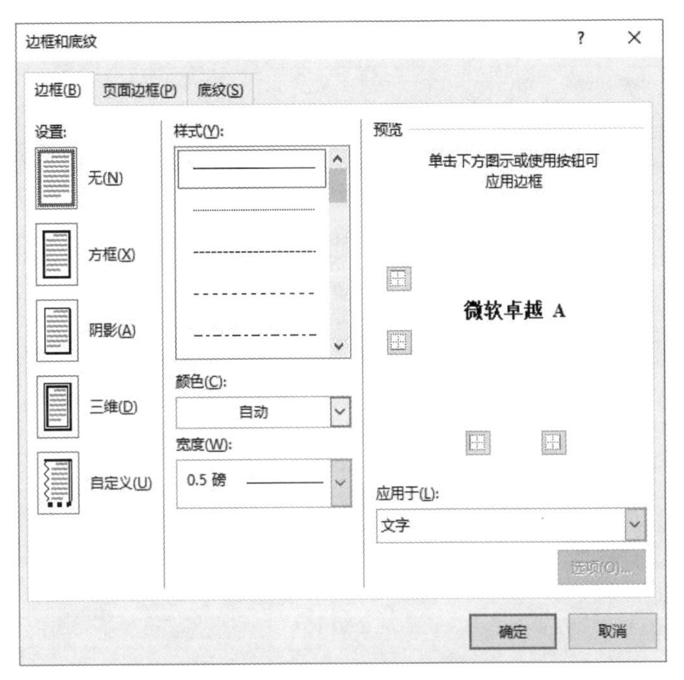

图 3-31 “边框和底纹”对话框

(2)“边框”选项卡可为选定的段落或文字添加不同线形的边框。

(3)“底纹”选项卡可为选定的段落或文字添加底纹,如图 3-32 所示,可在对话框中设置背景的颜色和图案。

图 3-32 “底纹”选项卡

(4)“页面边框”选项卡可以为所选节或全部文档添加页面边框，如图 3-33 所示。

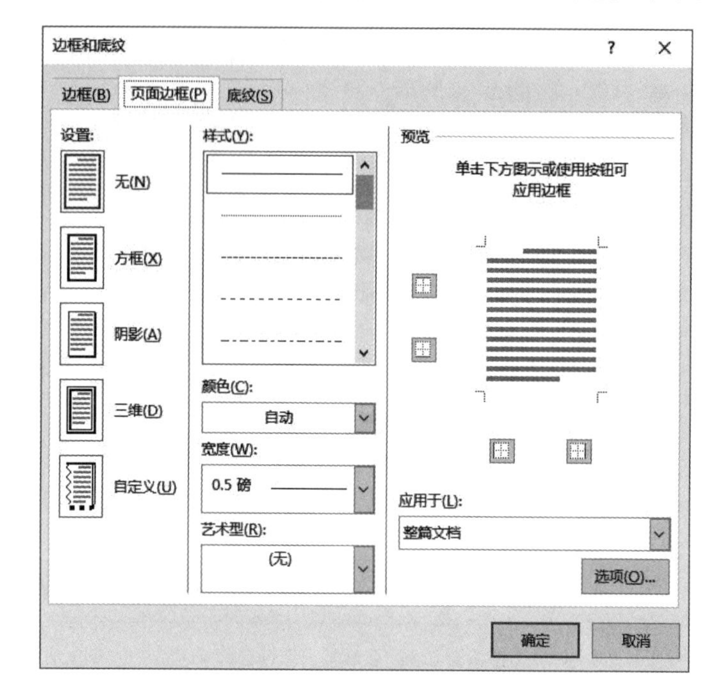

图 3-33 “页面边框”选项卡

3.3.4 Word 的模板与样式

1. 样式和样式库的建立与使用

所谓样式，就是系统或用户定义并保存的一系列排版格式，包括字体、段落的对齐方式、制表位和边距等。

重复地设置各个段落的格式不仅烦琐，而且很难保证几个段落的格式完全相同。使用样式不仅以轻松快捷地编排具有统一格式的段落，而且可以使文档格式严格保持一致。

样式实际上是一组排版格式指令，因此，在编写一篇文档时，可以先将文档中要用到的各种样式分别加以定义，然后使之应用于各个段落。Word 预定义了标准样式，如果用户有特殊要求，也可以根据自己的需要修改标准样式或重新定制样式。

1）样式的应用

先选择需要应用样式的文本或段落，在“开始”选项卡“样式”功能区快速样式库中选择合适的样式，所选文本或段落就按样式的格式重新排版。用户可以单击其右侧滚动条的向下箭头展开快速样式库中的其他样式。用户自定义的样式默认也在快速样式库中显示，如图 3-34 所示。

如果有必要，如需要用到不在快速样式库中的样式，用户可以在单击“开始”选项卡“样式”功能区右侧滚动条的向下箭头后，在展开的下拉列表中选择“应用样式”命令，在弹

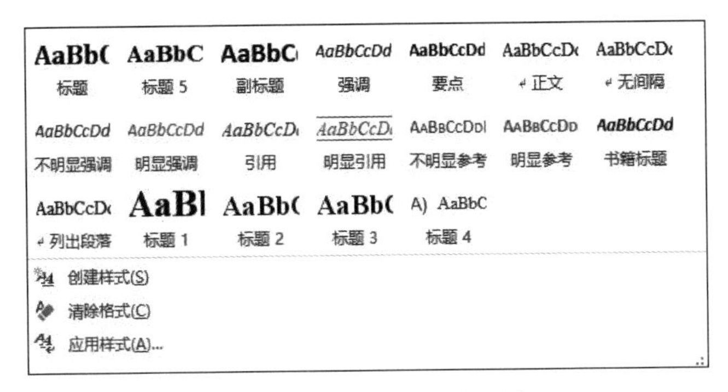

图 3-34　快速样式库下拉列表

出的“应用样式”对话框“样式名”下拉列表中选择用户想采用的样式，如图 3-35 所示。

用户也可以单击“开始”选项卡“样式”功能区右下角带有↘标记的按钮，弹出“样式”任务窗格，从中选择合适的样式。

2）样式的创建

选择文档中希望包含样式的文本或段落，设置字体、段落的对齐方式、制表位和页边距等格式，单击“开始”选项卡“样式”功能区右侧滚动条的向下箭头后，在展开的下拉列表中选择“创建样式”命令，在弹出的对话框中给样式起名保存，如图 3-36 所示。

图 3-35　“应用样式”对话框

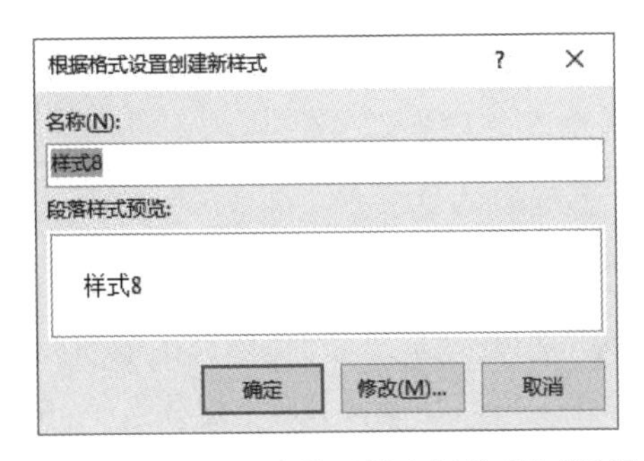

图 3-36　“根据格式设置创建新样式”对话框

需要的话，用户可以单击对话框中的“修改”按钮，弹出新对话框，如图 3-37 所示，可以调整样式的一些设置。

用户也可以单击“开始”选项卡“样式”功能区右下角带有↘标记的按钮，弹出“样式”任务窗格，单击左下角的“新建样式”按钮，同样可以进入如图 3-37 所示的对话框，调整新样式的设置并保存。

2. 模板

模板是 Word 中采用 *.dotx 为扩展名的特殊文档，它由多个特定的样式组合而成，能为用户提供一种预先设置好的最终文档外观框架，也允许用户加入自己的信息。将文档存为模板文件，可以选择“文件”按钮中“另存为”命令，在右侧的窗口中单击“浏览”按钮或对应的文件夹或双击“这台电脑”图标，在“另存为”对话框的保存类型下拉列表框中选

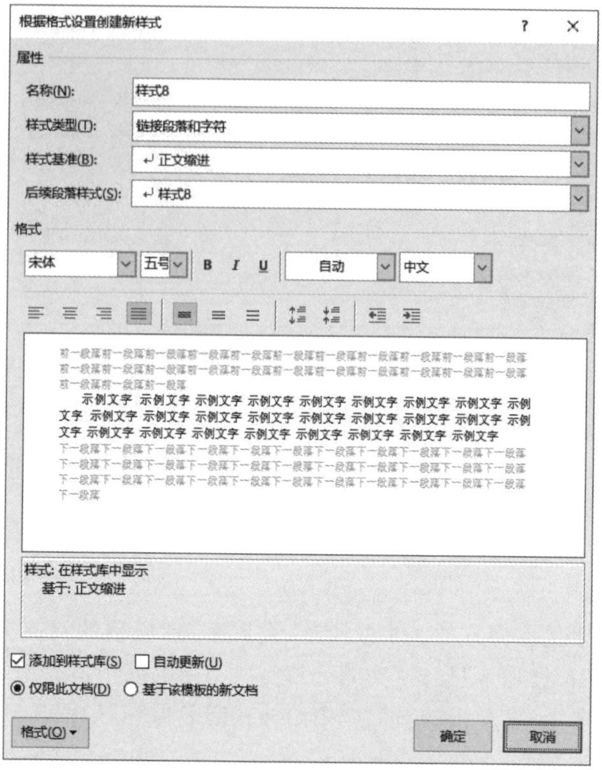

图 3-37 “根据格式设置创建新样式”详细对话框

择“Word 模板”。

3. 格式刷

“开始”选项卡“剪贴板”功能区中的“格式刷”命令是复制格式用的，在 Word 中格式同文字一样是可以复制的：选中这些文字，单击“格式刷”按钮，鼠标就变成了一个小刷子的形状，用这把刷子“刷”过的文字的格式就变得和选中的文字一样了。

也可以用格式刷直接复制整个段落的格式。把光标定位在段落中，单击“格式刷”按钮，鼠标变成了一个小刷子的样子，然后选中另一段，该段的格式就和前一段的一模一样了。

如果有好几段或好几处文字的话，先设置好一个段落或一处文字的格式，然后双击“格式刷”按钮，这样在复制格式时就可以连续给其他段落或文字复制格式，最后单击“格式刷”按钮即可恢复正常的编辑状态。

3.3.5 页面排版

1. 页面设置

文档给人的第一印象是它的整体布局，这离不开页面的设置。页面设置包括文档的纸张大小、纸张方向、页边距、页眉和页脚等设置;甚至包括装订线、奇偶页等特殊设置。

单击“布局”选项卡“页面设置”功能区右下角带有 ↘标记的按钮,就会弹出一个专门用于页面设置的对话框,如图 3-38 所示。有关页面的设置均可以在这个对话框中完成。

1) 页边距的设置

页边距的设置实际上是版心的设置,它需要指明文本正文距离纸张的上、下、左、右边界的大小,即上边距、下边距、左边距和右边距。当文档需要装订时,最好设置装订线的位置。装订线就是为了便于文档的装订而专门留下的宽度。若不需要装订,则可以不设置此项。还可以设置文字打印方向是纵向打还是横向打印。这些可以在“页边距”选项卡中设置。如图 3-38 所示。

2) 纸张的设置

纸张的设置包括纸张大小的设置和纸张来源的设置。“页面设置”对话框中,选中“纸张”选项卡后,屏幕显示如图 3-39 所示。在“纸张大小”列表框中选择合适的纸张规格,并在“宽度”和“高度”框中分别设置精确的数值。

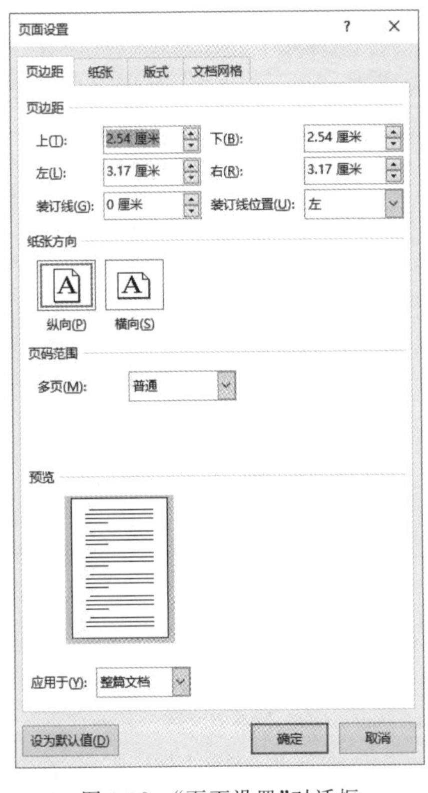

图 3-38 “页面设置”对话框

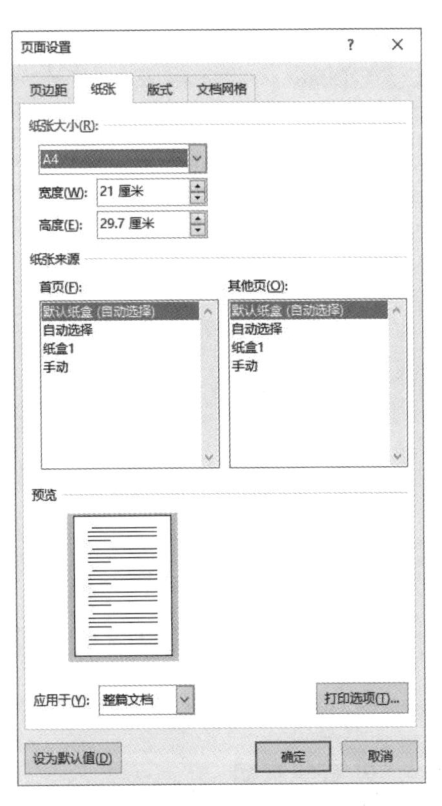

图 3-39 “纸张”选项卡

需要注意的是,在设置纸张大小的对话框中,有一个“应用于”选项,它表明当前设置的纸张大小的应用范围:整篇文档、所选取的文本或者是插入点之后。这就使得一个文档可以由不同大小的纸张构成。

设置“纸张来源”的目的是为了告诉打印机以什么方式取打印纸。通常,将纸张来源设置成默认纸盒(自动选取)。

3) 版式的设置

版式是指整个文档的页面格局。它主要根据对页眉、页脚的不同要求来形成不同的版式。通常,页眉是用文档的标题来制作的,页脚则主要是当前页的页码。在“页面设置”对话框中,打开“版式”选项卡后,就可以设置版式,如图 3-40 所示。在此可定义各页的页眉、页脚是否一样,奇偶页及首页的页眉、页脚是否一样,页眉、页脚距纸张边界的距离等。

4) 字符数/行数的设置

在“页面设置”对话框中,选择“文档网格”选项卡,可以设置每页的行数、每行的字数、文字排列方向、栏数及字体格式等属性,如图 3-41 所示。

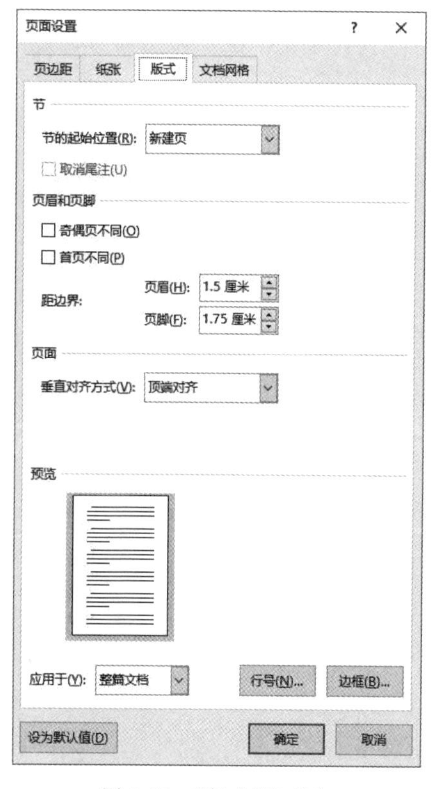

图 3-40 “版式”选项卡

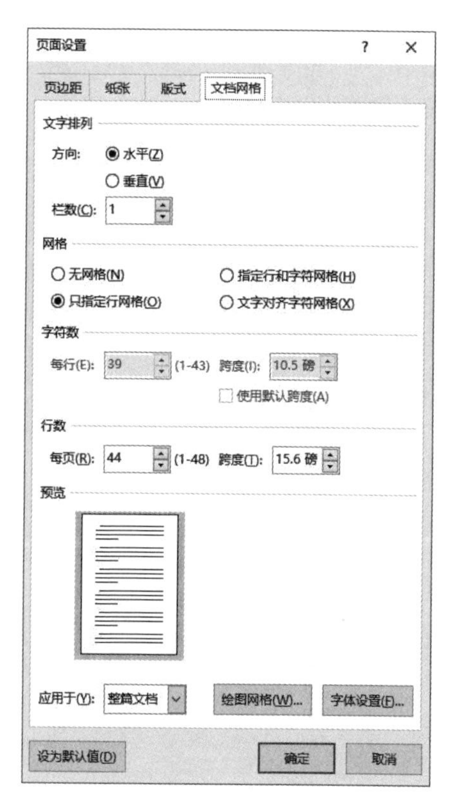

图 3-41 “文档网格”选项卡

2. 页眉和页脚

页眉或页脚通常包含公司徽标、书名、章节名、页码和日期等信息文字或图形,页眉打印在顶边上,而页脚打印在底边上。在文档中可自始至终用同一个页眉或页脚,也可在文档的不同部分用不同的页眉和页脚。

1）建立和编辑页眉和页脚

要建立页眉，可以单击“插入”选项卡“页眉和页脚”功能区“页眉”按钮，在打开的下拉列表中选择用户所需要的页眉样式，或者选择下拉列表中的“编辑页眉”命令，这时插入点将定位显示在页眉处等待输入，文档编辑区的内容将变灰，同时用户会发现多了一个“页眉和页脚工具设计”选项卡，如图 3-42 所示。

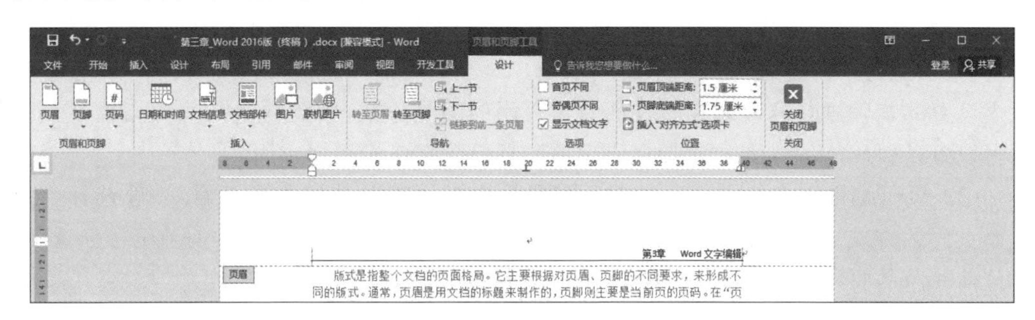

图 3-42 “页面和页脚工具设计”选项卡

要建立页脚，可以单击“插入”选项卡“页眉和页脚”功能区“页脚”按钮，在打开的下拉列表中选择用户所需要的页脚样式，或者选择下拉列表中的“编辑页脚”命令，这时插入点将定位显示在页脚处等待输入，文档编辑区的内容将变灰，“页眉和页脚工具设计”选项卡也会出现。

如果在进入页眉页脚之前，页眉或页脚上已经有内容，而用户又不想删除这些内容，那么必须通过“编辑页眉”或“编辑页脚”命令进入编辑。实际上，通过“页眉和页脚工具设计”选项卡“导航”功能区内的命令，用户可以在页眉和页脚间很方便地切换。

进入页眉或页脚之后，用户可在页眉/页脚区输入文字或图形，也可单击“页眉和页脚工具设计”选项卡“插入”功能区上的按钮插入日期和时间等。

单击“页眉和页脚工具设计”选项卡“关闭”功能区的“关闭页眉和页脚”按钮，就可以关闭“页眉和页脚工具”选项卡，并使插入点回到文档编辑区，这时页眉页脚的内容将变灰。

2）不同页的页眉、页脚的设置

当文档的各页对页眉、页脚的要求不同时，可以在“页面设置”对话框的“版式”选项卡中设置（如图 3-40）；也可以在“页眉和页脚工具设计”选项卡“选项”功能区中设置（如图 3-42）。

（1）当版面设置为各页的页眉、页脚均相同时，只需要编排某一页的页眉、页脚，其余页的页眉、页脚随之而定。

（2）当版面设置为首页不同，其余各页的页眉、页脚均相同时，先单独编排首页的页眉、页脚，再任意选择其余页中的某一页编排其页眉、页脚。

（3）当版面设置为奇偶页的页眉、页脚不同时，先编排某一个奇数页的页眉、页脚。然后编排某个偶数页的页眉、页脚。

(4) 当版面设置为首页不同，且其余奇偶页的页眉、页脚也不同时，先单独编排首页的页眉、页脚，然后编排某个奇数页的页眉、页脚，最后编排某一个偶数页的页眉、页脚。

Word 2016 要删除页眉和页脚很方便，单击“插入”选项卡“页眉和页脚”功能区的“页眉”或“页脚”按钮，在下拉列表中选择“删除页眉”或“删除页脚”命令即可。

3）页码的设置

页眉、页脚设置中重要的一项是页码的设置。页码可以按照域的形式插入到页眉、页脚的有关位置上，并随着页的增加自动增值。对于页码本身的格式，可以按照字体设置和段落设置的步骤进行修改和调整。而对于页码的编号方式，则需要进入页码格式对话框进行设置。页码的编号方式包括页码编排和页码数字格式两个方面。

(1) 页码编排用来给定页码的起始编号。对一个不分节的文档而言，一般选择给定起始页码的方式。而对于一个分节的文档而言，最明智的选择是页码续前节编号。这样，不论前一节的页码编到多少号，本节的页码都会继续编下去。

(2) 页码数字格式规定的是页码的书写形式，如阿拉伯数字 1,2,3,…，小写英文字母 a,b,c,…，大写罗马数字 Ⅰ,Ⅱ,Ⅲ,…，中文数字一、二、三等形式。

实现页码的插入和页码格式设定可用两种方法：

(1) 在“插入”选项卡“页眉和页脚”功能区单击“页码”按钮，在下拉列表中选择插入页码的位置和样式，系统就为当前节的各页在指定位置加上页码。用户可以在下拉列表中选择“设置页码格式”命令，弹出如图 3-43 所示的“页码格式”对话框，在该对话框中选择合适的页码格式，单击“确定”按钮返回，用户此前此后插入的页码都遵循该格式，直到再次设置页码格式为止。

(2) 进入页眉或页脚，将光标定位到需要插入页码的位置上，单击“页眉和页脚工具设计”选项卡“页眉和页脚”功能区“页码”按钮，选择“当前位置”命令，即可在当前位置插入页码。也可在下拉列表中选择“设置页码格式”命令设置页码的格式。

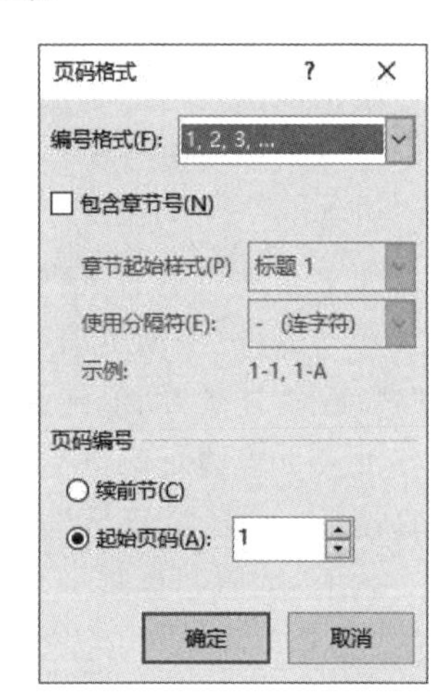

图 3-43 “页码格式”对话框

3. 文档背景

背景用于 Web 版式视图或 Web 浏览器，以便为 Web 页创建更加有趣的背景。水印用于打印的文档，可在正文文字的下面添加文字或图形。

1）背景

可以将过渡色、图案、图片、纯色或纹理作为背景。背景的形式多种多样，既可以是内容丰富的徽标，也可以是装饰性的纯色。将过渡色、图案、图片或纹理作为 Web 页的背景时，这些内容将与 Web 页自身的图形文件一起保存。过渡色、图案、图片和纹理将以平铺方式显示。

Word 2016 不光可以在 Web 版式视图中显示背景，也可以在页面视图显示背景，但是这些背景不是为打印文档设计的，因此打印时无效。给文档添加背景方法如下：

(1) 单击“设计”选项卡“页面背景”功能区中的“页面颜色”按钮，显示如图 3-44 所示下拉列表。

(2) 在下拉列表中单击所需的背景颜色，或选择“其他颜色”命令，查看其他可供使用的颜色；也可选择“填充效果”命令选择特殊效果（如纹理）的背景，在弹出对话框中选择所需选项，如图 3-45 所示。

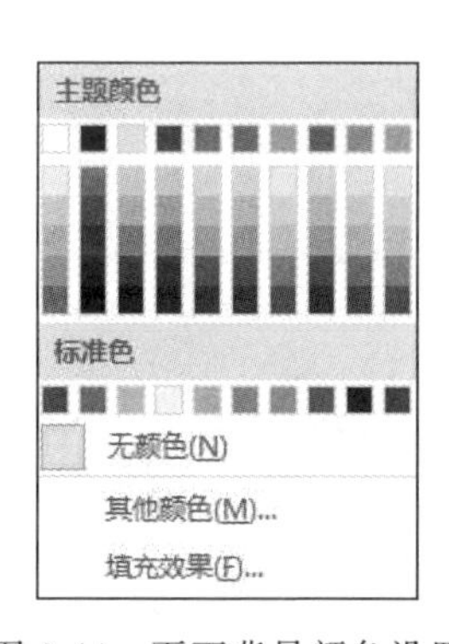

图 3-44　页面背景颜色设置

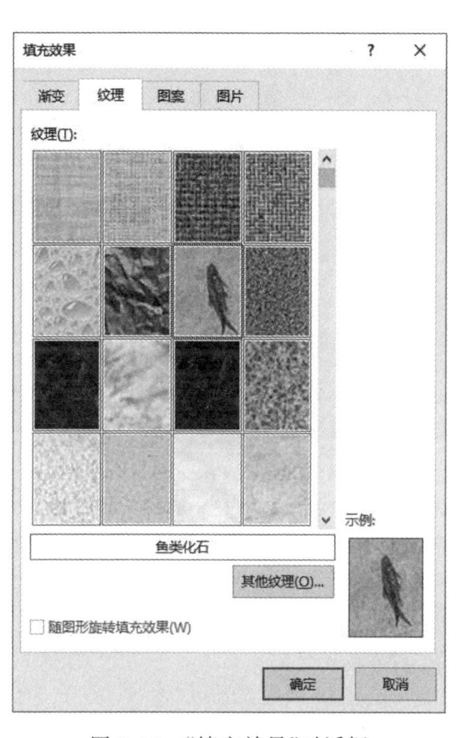

图 3-45　“填充效果”对话框

2) 水印

如果要在打印的文档中加水印背景，可以单击“页面布局”选项卡“页面背景”功能区中的“水印”按钮，在下拉列表中选择合适的水印，或者在下拉列表中选择“自定义水印”命令，弹出如图 3-46 所示的“水印”对话框，可以设置图片水印，也可设置文字水印，最后单击“确定”按钮。要查看水印在打印出的页面上的效果，使用页面视图或打印预览。

要删除添加上的水印，可以在水印对话框中单击“无水印”按钮，或者在“水印”下拉列表中选择“删除水印”命令。

例 3-2　将以下素材按要求排版。

样式概念 所谓样式，就是系统或用户定义并保存的一系列排版格式，包括：字体、段落的对

齐方式、制表位和边距等。

重复设置各个段落的格式不仅烦琐，而且很难保证几个段落的格式完全相同。使用样式不仅可轻松快捷地编排具有统一格式的段落，而且可以使文档格式严格保持一致。样式实际上是一组排版格式指令，因此，在编写一篇文档时，可以先将文档中要用到的各种样式分别加以定义，然后使之应用于各个段落。Word 预定义了标准样式，如果用户有特殊要求，也可以根据自己的需要修改标准样式或重新定制样式。

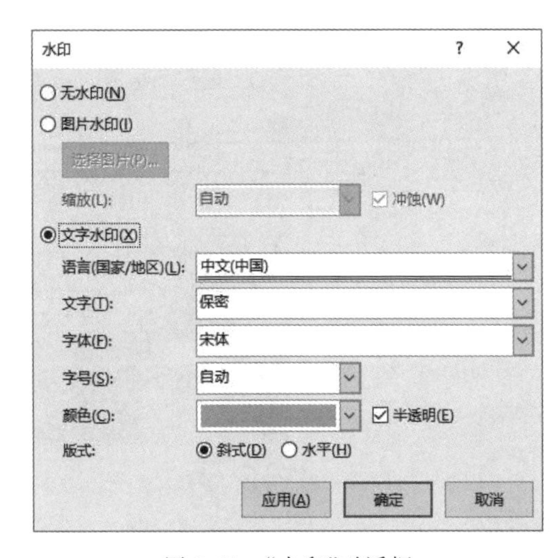

图 3-46 “水印”对话框

(1) 将标题字体设置为“黑体”，字形设置为“常规”，字号设置为“四号”，字符间距为“加宽 2 磅”，居中显示。

(2) 正文第一段设置为四号宋体；左右分别缩进 2 个字符；首行缩进 2 个字符，段后 16 磅，定义此段设置的样式为“样式 1”。正文第三段设置成“样式 1”。

(3) 在正文第二段段首添加项目符号“➢”。

(4) 将正文第一段设置首字下沉，将其字体设置为“华文行楷”，下沉行数为“2”。

(5) 将正文第三段分栏，栏宽 15 字符，给第三段加淡蓝色(蓝色，个性色 5，淡色 60%)文字底纹。

(6) 设置纸型为 A4、横向，左右页边距为 3.17 厘米。

(7) 插入页眉、页脚：页眉为“计算机基础练习”，页脚包括“页码/总页数”信息，页眉和页脚设置小五号字、宋体、居中。

(8) 添加红色阴影页面边框。

答案与解析

具体操作步骤如下：

(1) 选定标题“样式概念”，单击“开始”选项卡“字体”功能区右下角带有↘标记的按钮，打开“字体”对话框。将“中文字体”下拉框设置为“黑体”，“字形”选择框设置为常规，“字号”选择框设置为“四号”，再选择“高级”选项卡，在间距后的下拉列表中选择“加宽”，磅值里输入“2 磅”，单击“确定”按钮。光标定位在标题“样式概念”前面，按两次

Backspace 键删除前面的空格，单击“开始”选项卡“段落”功能区上的“居中”按钮。

(2) 选定正文第一段文字，单击“开始”选项卡“字体”功能区右下角带有↘标记的按钮，打开“字体”对话框。将“中文字体”下拉框设置为“宋体”，“字号”选择框设置为“四号”，单击“确定”按钮。单击“开始”选项卡“段落”功能区右下角带有↘标记的按钮，打开“段落”对话框，选择“缩进与间距”选项卡，分别在缩进栏的“左侧”和“右侧”输入框里输入2字符，在“特殊格式”列表中选择“首行缩进”，并在其右边的“磅值”输入框里也输入2字符。在间距栏的“段后”输入框里输入16磅，单击“确定”按钮。单击“开始”选项卡“样式”功能区右下角带有↘标记的按钮，在任务窗格中单击“新建样式”按钮，在弹出对话框的“名称”输入框里输入“样式1”，单击“确定”按钮。然后选定第三段，单击选择“开始”选项卡“样式”功能区快速样式库中新出现的“样式1”。

(3) 选定正文第二段，单击“开始”选项卡“段落”功能区“项目符号”命令旁的三角符号，在下拉列表中选择➢符号。

(4) 选定正文第一段，单击“插入”选项卡“文本”功能区中的“首字下沉”按钮，在下拉列表中选择“首字下沉选项”命令，打开“首字下沉”对话框，在“位置”框中选择“下沉”，将字体设置为“华文行楷”，下沉行数为2，单击“确定”按钮。

(5) 选定正文第三段文字，单击“布局”选项卡“页面设置”功能区“分栏”按钮，在下拉列表中选择“更多分栏”命令，打开“分栏”对话框，在“预设”框中选择“两栏”，在“栏宽”框中输入15字符，单击“确定”按钮。单击“开始”选项卡“段落”功能区“边框”按钮右侧三角，在下拉列表中选择“边框和底纹”命令，打开“边框和底纹”对话框，选择“底纹”选项卡，在“填充”选择框里选择“蓝色，个性色5，淡色60%”，在“应用于”下拉框里选择“文字”，单击“确定”按钮。

(6) 单击“布局”选项卡“页面设置”功能区右下角带有↘标记的按钮，选择“纸张”选项卡，设置纸型为A4，再选择“页边距”选项卡，左右页边距分别输入3.17厘米，方向为横向，单击“确定”按钮。

(7) 单击“插入”选项卡“页眉和页脚”功能区“页眉”按钮，在下拉列表中选择“编辑页眉”命令；在“页眉”框里输入“计算机基础练习”，再把光标移动到“页脚区”，单击“页眉和页脚工具设计”选项卡“页眉和页脚”功能区“页码”按钮，在下拉列表中选择“当前位置”→“加粗显示的数字”，先后分别选中“页眉”和“页脚”中的文字，在“开始”选项卡“字体”功能区“字体”下拉框中选择“宋体”，“字号”下拉框中选择“小五”，并在“开始”选项卡“段落”功能区中单击“居中”按钮。

(8) 单击“开始”选项卡“段落”功能区“边框”按钮右侧三角，在下拉列表中选择“边框和底纹”命令，打开“边框和底纹”对话框，选择“页面边框”选项卡，“颜色”选“红色”，“设置”栏选择阴影边框，单击“确定”按钮。

3.4 表格的建立及编辑

表格是由许多行和列的单元格组成的。在表格的单元格中可以随意添加文字或图形，也可以对表格中的数字数据进行排序和计算。

1. 表格的建立

创建表格的方法有以下3种：

（1）将光标定位在需要插入表格的位置，单击“插入”选项卡“表格”功能区“表格”按钮，出现如图3-47所示的下拉列表，在下拉列表中表格区域向右下角方向拖动鼠标，当出现所需插入表格的行数和列数时，释放鼠标。

（2）将光标定位在需要插入表格的位置，单击“插入”选项卡“表格”功能区“表格”按钮，在如图3-47所示的下拉列表中选择“插入表格”命令，打开如图3-48所示“插入表格”对话框，在此进行相应的参数设置，最后单击“确定”按钮。

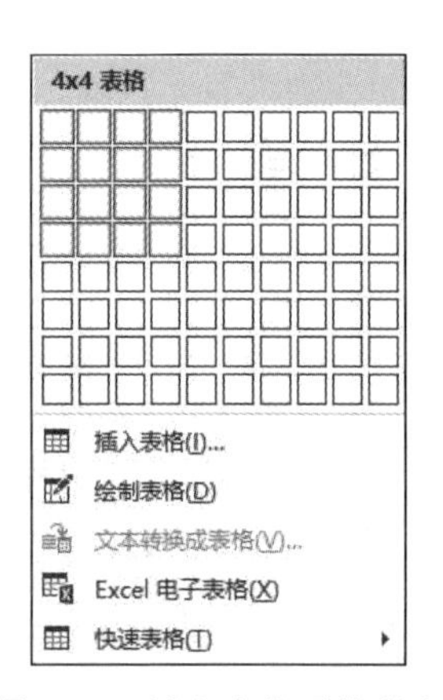

图3-47 插入表格下拉列表

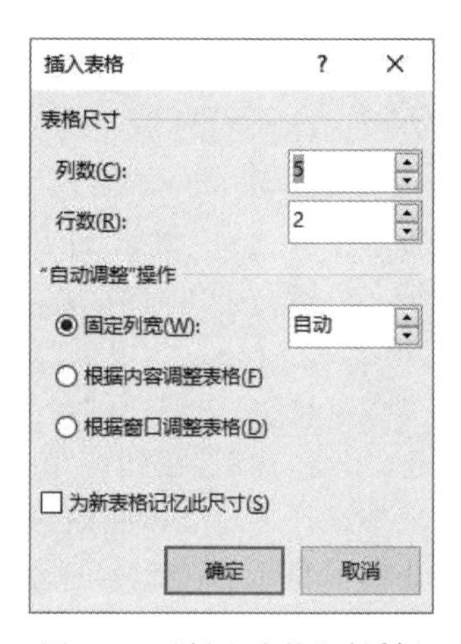

图3-48 “插入表格”对话框

（3）Word不仅能插入表格，还可以手工绘制表格，绘制的表格可以是直线或斜线。绘制表格方法如下：

单击“插入”选项卡“表格”功能区“表格”按钮，在如图3-47所示的下拉列表中选择“绘制表格”命令，此时就可以按住鼠标左键拖动鼠标绘制出表格外围边框及表格线。

一旦开始绘制表格，或者光标移到某个表格内时，系统会添加“表格工具设计”和“表格工具布局”两个选项卡，在“表格工具设计”选项卡中还可以设置绘画表格边框样式、粗细、颜色和框线等。

（1）设置线型：通过“边框”功能区选择“边框样式”、设置“笔画粗细”和“笔颜色”来设置表格线型。

（2）设置边框：单击“边框”功能区“边框”按钮旁边的下拉箭头，弹出一组框线按钮，根据需要单击其中对应的命令。

（3）设置单元格或表格的底纹：选定单元格，或整个表格，单击“表格样式”功能区“底纹”按钮旁边的下拉箭头，选择一种底纹颜色。

2. 在表格中输入文字

表格由单元格组成，表格中的每个框即为单元格，创建好表格后，每一个单元格中会出现一个段落标记，将插入点放在各个单元格中，然后输入文本即可。

3. 编辑表格

对插入的表格不满意，可以进行编辑操作，例如插入单元格、合并单元格、拆分单元格等。

1) 选择单元格、行、列或表格

(1) 选定一个单元格：将鼠标放在单元格的左侧，等到鼠标图形变为指向右的箭头时，单击即可。

(2) 选定一行：有两种方法。

① 将光标置于要选定行的任一单元格，单击“表格工具布局”选项卡“表”功能区“选择”按钮，在下拉列表中选择“选择行”命令。

② 用鼠标指向要选定行的最左面，等到鼠标图形变为指向右的箭头时，单击即可选中这行。

(3) 选定一列：有两种方法。

① 将光标置于要选定列的任一单元格，单击“表格工具布局”选项卡“表”功能区“选择”按钮，在下拉列表中选择“选择列”命令。

② 用鼠标指向要选定列的最上面，等到鼠标图形变为指向下的箭头时，单击即可选中这列。

(4) 选定整个表格：有两种方法。

① 将光标置于要选定表的任一单元格，单击“表格工具布局”选项卡“表”功能区“选择”按钮，在下拉列表中选择“选择表格”命令。

② 用鼠标指向要选定表的左上角，等到鼠标图形变为“＋”时，单击即可选中这个表。

2) 表格中的插入和删除操作

(1) 插入单元格、行、列：如果想插入单元格，可以单击“表格工具布局”选项卡“行和列”功能区右下角带有 ↘标记的按钮，在弹出的如图 3-49 所示的“插入单元格”对话框中进行选择。如果是想插入行或列，可以直接选择“行和列”功能区上的命令。

(2) 删除单元格、行、列：单击“表格工具布局”选项卡“行和列”功能区“删除”按钮，在下拉列表中选择对应命令。如果要删除单元格，可以在下拉列表中选择“删除单元格”命令，在弹出的如图 3-50 所示的“删除单元格”对话框中进行选择。

3) 单元格合并

选定要合并的单元格，单击“表格工具布局”选项卡“合并”功能区“合并单元格”按钮，或在右击弹出的快捷菜单中选择“合并单元格”命令。

4) 拆分单元格

选定要拆分的单元格，单击“表格工具布局”选项卡“合并”功能区“拆分单元格”按钮，打开“拆分单元格”对话框，如图 3-51 所示，输入拆分的列数和行数，单击“确定”按钮。

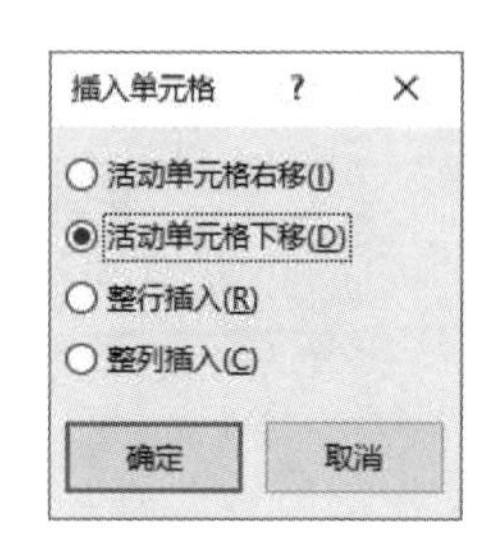

图 3-49 “插入单元格”对话框

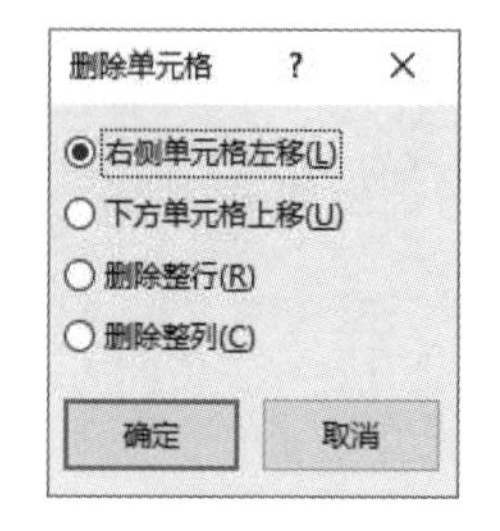

图 3-50 “删除单元格”对话框

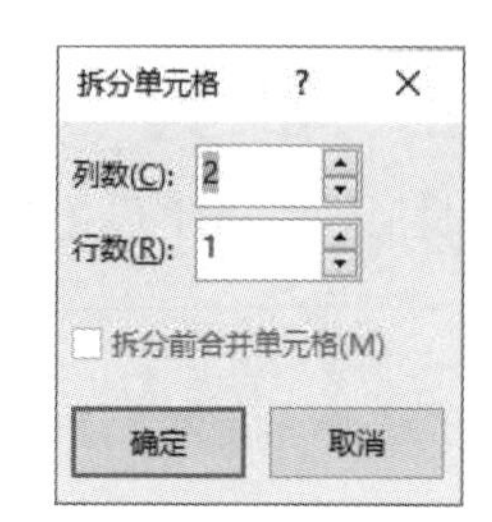

图 3-51 “拆分单元格”对话框

5）自动套用格式

选择“表格工具设计”选项卡“表格样式”功能区中的样式，如果没有合适的样式，可以单击右侧滚动条下的三角符号展开显示其他的样式，或者选择展开的下拉列表中的“修改表格样式”命令，打开“修改样式”对话框，如图 3-52 所示，在对话框内“样式基准”列表框中选择表格自动套用的格式。

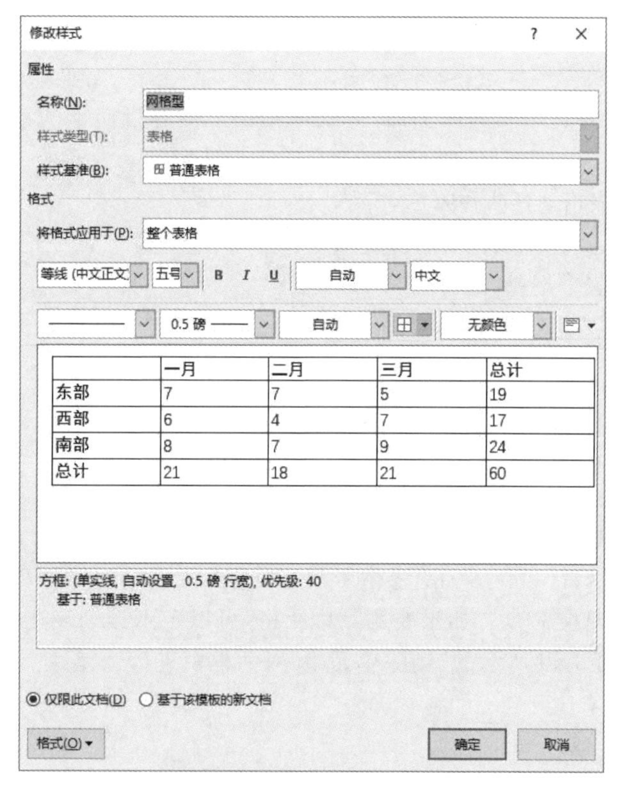

图 3-52 “修改样式”对话框

6）文字对齐

设置表格中内容的对齐方式，可先选择要对齐内容的单元格，选择“表格工具布局”选项卡“对齐方式”功能区中的相应命令。

7）格式化表格

选定表格，右击鼠标，在弹出的快捷菜单中选择“表格属性”命令，打开“表格属性”对话框，如图 3-53 所示。

图 3-53 “表格属性”对话框

（1）在“表格”选项卡中可进行表格“对齐方式”“文字环绕”的设置，单击“边框和底纹”按钮，可以对选择的表格进行边框和底纹设置。

（2）在“行”选项卡中可进行表格行高的设置。

（3）在“列”选项卡中可进行表格列宽的设置。

（4）在“单元格”选项卡中可进行单元格内容垂直对齐格式等的设置。

4. 转换表格和文本

1）表格转化成文本

将表格转化成文本，可以指定逗号、制表符、段落标记或其他字符作为转换时分隔文本的字符。具体操作如下。

（1）选定要转换成文本的行或整个表格。

（2）单击“表格工具布局”选项卡“数据”功能区“转换为文本”按钮，弹出“表格转换成文本”对话框，如图 3-54 所示。

（3）单击“文字分隔符”区中所需的分隔符前的单选按钮。

(4) 单击“确定”按钮。

2) 文本转换成表格

Word 用段落标记分隔各行,用所选的文字分隔符分隔各单元格内容。在 Word 中,可以将已具有某种排列规则的文本转换成表格,转换时必须指定文本中的逗号、制表符、段落标记或其他字符作为单元格文字分隔位置,具体操作如下:

(1) 先将需要转换为表格的文本通过插入分隔符来指明在何处将文本分行分列,如下列所示,插入段落标记表示分行,插入逗号表示分列;

姓名,计算机,语文,数学

刘强,87,98,86

张洪,87,68,59

(2) 选中要转换的文本,然后单击“插入”选项卡“表格”功能区“表格”按钮,在下拉列表中选择“文本转换成表格”命令,弹出如图 3-55 所示的对话框,在此进行参数设置,单击“确定”按钮。

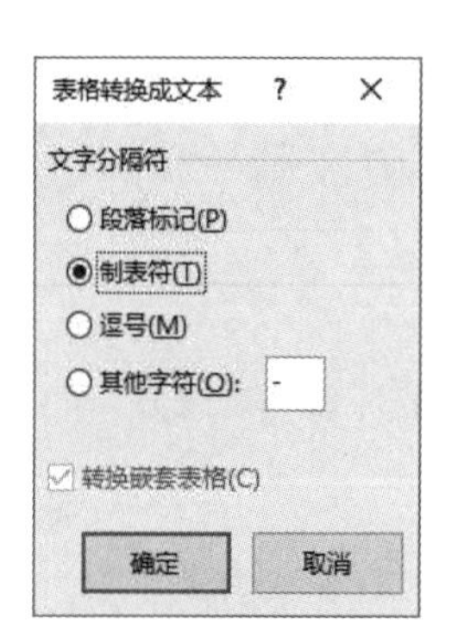

图 3-54 “表格转换成文字”对话框

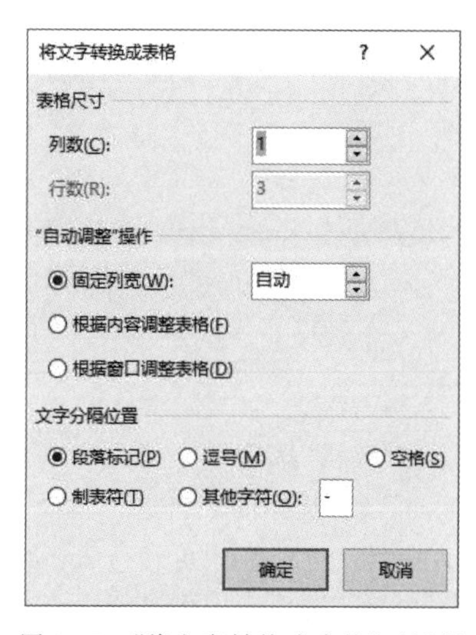

图 3-55 “将文字转换成表格”对话框

5. 表格中数据的排序与计算

1) 表格中数据的排序

表格中的数据可以按需要进行排序,方法如下:

(1) 将插入点放到要排序的表格中。

(2) 单击“表格工具布局”选项卡“数据”功能区“排序”按钮,打开“排序”对话框,如图 3-56 所示。

(3) 在主要关键字栏下先选择要排序的列名。

(4) 在“类型”下拉列表框中选择按笔画、数字、日期和拼音排序。

(5) 选定“升序”或“降序”单选按钮，最后单击“确定”按钮。

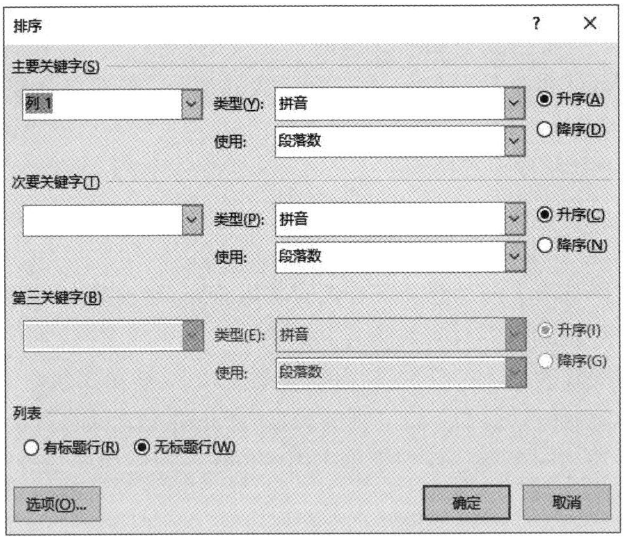

图 3-56 “排序”对话框

如果需要按多个关键字排序，还可以设置次要关键字和第三关键字排序参数。另外，根据所选数据区域有无标题行选择“有标题行”或“无标题行”单选按钮。

2) 表格中的计算

在 Word 中，对表格中的数据可以进行求和、求平均值等数据统计，具体操作如下：

(1) 将插入点放在要放置计算结果的单元格。

(2) 单击“表格工具布局”选项卡“数据”功能区“f_x公式”按钮，弹出“公式”对话框，如图 3-57 所示。

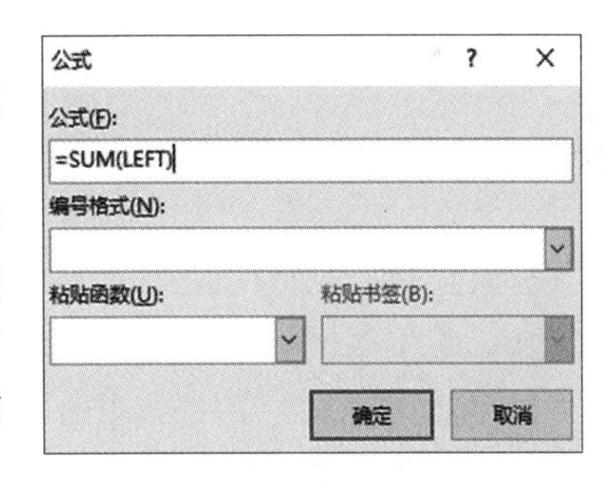

图 3-57 表格“公式”对话框

如果 Word 默认给出的公式非用户所需，可以将其从“公式”框中删除。在“粘贴函数”框中选择所需的公式，然后在公式的括号中输入单元格引用，就可对所引用单元格的内容进行函数计算。注意函数前的=号必须保留。

可以用像 A1、A2、B1、B2 这样的形式引用表格中的单元格。其中的字母代表列，而数字代表行。

引用单独的单元格：在公式中引用单元格时，用逗号分隔单个单元格；

引用连续的单元格：选定区域的首尾单元格之间用冒号分隔。

例如，如果要计算单元格 A1 和 B4 中数值的和，应建立这样的公式：=SUM(A1，B4)。要计算第一列中前三行 A1:A3 的和，应建立公式：=SUM(A1:A3)。

(3) 在“编号格式”框中输入数字的格式。例如，要以带小数点的百分比显示数据，请单击 0.00%。

(4) 单击“确定”按钮，就在当前单元格中显示出计算结果，这实际上是在此单元格中插入了一个计算公式，要显示此单元格中的公式，可以先单击计算结果，然后右击，在弹出的快捷菜单中选择“切换域代码”命令，这样就在此单元格中显示出计算公式。有些情况下，也可以把此公式复制到其他的单元格中，然后右击，在弹出的快捷菜单中选择“更新域”命令，就会自动调整公式中单元格的地址，在新单元格中显示出对应的计算结果。

例 3-3 将以下素材按要求排版。

(1) 在表格最下面插入一行，合并单元格，填入文字“平均总分”；最右面插入一列，填入文字“总分”。

(2) 用公式计算每个人的总分和所有人的平均总分，填入对应单元格中；表格最上面插入一行，填入文字“成绩单”，设置此行合并居中。

(3) 表格外框线改为 1.5 磅双实线，内框线改为 0.75 磅单实线。

(4) 利用鼠标绘制一个新的 3 行 3 列的表格，合并第 1、2 行的第 1 列的单元格，并在合并后的单元格中添加一条蓝色 0.5 磅单实线对角线。然后如样张所示对表格边框进行设置(如样张格式)。

素材：

姓名	数学	计算机
刘军	76	67
王海	86	67

样张：

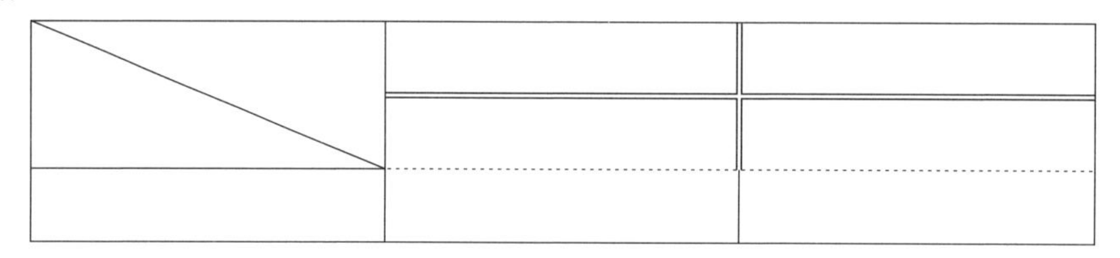

答案与解析

具体操作步骤如下：

(1) 选定表格最后一行，单击“表格工具布局”选项卡“行和列”功能区“在下方插入”按钮，再单击“表格工具布局”→“合并”→“合并单元格”按钮，然后输入文字“平均总分”。选定表格最右一列，单击“表格工具布局”→“行和列”→“在右侧插入”按钮，在第一行输入文字“总分”。

(2) 单击“刘军”行的总分单元格，单击“表格工具布局”→“数据”→“f_x公式”按钮，在“公式”对话框的“公式”框中输入“＝SUM(LEFT)”，单击“确定”按钮。用同样方法计算其他人的总分。单击右下角单元格，单击“表格工具布局”→“数据”→“f_x公式”按钮，在“公式”对话框的“公式”框中输入“＝AVERAGE(d2:d3)”，单击“确定”按钮。选定表格第一行，单击“表格工具布局”→“行和列”→“在上方插入”按钮，再单击“表格工具布局”→“合并”→“合并单元格”按钮，然后输入文字“成绩单”，单击“开始”→“段落”→“居中”按钮。

(3) 选中表格，选择“表格工具设计”→“边框”→“笔画粗细”为 1.5 磅，“笔样式”为双实线，“边框”下拉列表中选择“外侧框线”命令；再选择“表格工具设计”→“边框”→“笔画粗细”为 0.75 磅，“笔样式”为单实线，“边框”下拉列表中选择“内部框线”命令。

(4) 单击“插入”→“表格”→“表格”按钮，在下拉列表中选择“绘制表格”命令，用鼠标绘制 3 行 3 列的表格。选定第 1、2 行的第 1 列的单元格，单击“表格工具布局”→“合并”→“合并单元格”按钮。在“表格工具设计”→“边框”→“笔样式”“笔画粗细”和“笔颜色”中选定“单实线”“0.5 磅”和“蓝色”，“边框”下拉列表中选择“斜下框线”命令。选定第 1、2 行的第 2、3 列的单元格，右击鼠标，选择“表格属性”命令，在打开的对话框中单击“边框和底纹”按钮，选择“边框”选项卡，在“设置”里选择“自定义”，然后分别选择上、左、右为单实线，下为虚线，内部为双实线，单击“确定”按钮。

例 3-4 将以下素材按要求排版。

(1) 把该段文字转换成 4 行 5 列的表格。

(2) 为转化成的表格添加自动套用格式“古典型 4”。

(3) 为第 4 行表格添加红色底纹。

(4) 对该表格中的商品按“价格”降序排列。

素材：

商品代号　商品名称　商品类别　出产地　价格
999　计算机　家电类　中国　7600
020　电视机　家电类　中国　9300
997　剃须刀　生活用品类　荷兰　188

答案与解析

具体操作步骤如下：

(1) 选定素材文字，单击“插入”→“表格”→“表格”按钮，在下拉列表中选择“文本转换成表格”命令，打开“将文字转换成表格”对话框，在“列数”框中输入 5，单击“确定”按钮。

(2) 选定表格，单击“表格工具设计”→“表格样式”功能区中的样式右侧滚动条下的三角，在下拉列表中选择“修改表格样式”命令，打开“修改样式”对话框，在对话框内“样式基准”列表框中选定“古典型 4”，单击“确定”按钮。

(3) 选定表格第 4 行，单击“表格工具设计”→“表格样式”→“底纹”按钮，在下拉列表中选择红色。

(4) 选定该表格，单击“表格工具布局”→“数据”→“排序”按钮，打开“排序”对话框，在“列表”栏选择“有标题行”单选按钮，在“主要关键字”栏选择“价格”，在“类型”下拉列表框中选择“数字”，选定“降序”单选按钮，最后单击“确定”按钮。

3.5 自选图形、文本框和图片等对象的插入

利用 Word 提供的图文混排功能，用户可以在文档中插入图片、图形、艺术字甚至 Windows 系统中的很多元素，利用这些多媒体元素，不仅可以表达具体的信息，还能丰富和美化文档，使文档更加赏心悦目。

3.5.1 插入图片文件

1. 插入图片

有时候需要在文档中插入图片文件。要将图片文件插入到 Word 文档中，具体操作方法如下。

(1) 单击“插入”选项卡“插图”功能区“图片”按钮。

(2) 在弹出的如图 3-58 所示的“插入图片”对话框中，选择要插入的图片文件，单击“插入”按钮，该图片将插入到文档中。

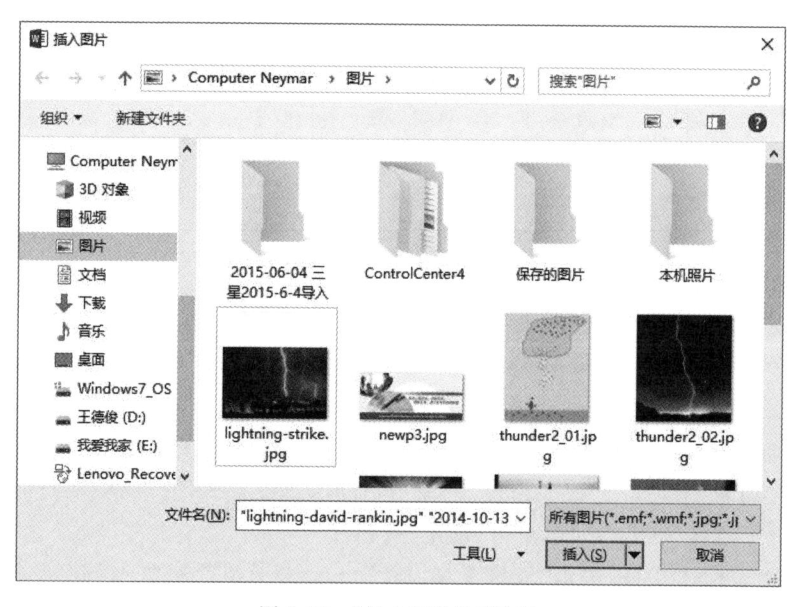

图 3-58 “插入图片”对话框

2. 编辑图片

选定要编辑的图片，这时会出现“图片工具格式”选项卡，选择选项卡上合适的选项可对图片进行编辑。“图片工具格式”选项卡如图 3-59 所示。

调整功能区：调整图片的亮度、对比度和重新着色，“重置图片”可以从所选图片中删除裁剪，并返回初始设置的颜色、亮度和对比度。

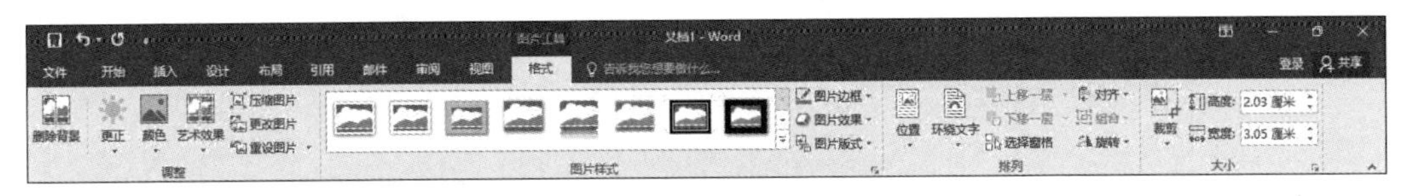

图 3-59 “图片工具格式”选项卡

图片样式功能区：设置图片边框和效果等，也可以打开“设置图片格式”窗格进行细节设置。

排列功能区：设置图片位置、环绕文字方式以及图片旋转、组合和对齐等。

大小功能区：设置图片的剪裁和大小，可以打开“布局”对话框进行细节设置。

对图片进行移动操作：单击图片，当指针为“＋”形状时，拖动鼠标到新位置，放开鼠标即可。

调整图片的大小：单击图片后，图片周围出现 8 个小圆圈，称为图片的控制点，将鼠标指针移到任意一个控制点上，指针形状变为双箭头，拖动鼠标就可以改变图片的大小。

3.5.2 插入艺术字

在 Word 中可以插入装饰性的文字，如可以创建带阴影的、扭曲的、旋转的和拉伸的文字，也可以按预定义的形状创建文字，这就是艺术字。插入艺术字的步骤如下：

（1）将插入点定位于想插入艺术字的位置，或者选中要转换成艺术字的文本。

（2）单击“插入”选项卡“文本”功能区“艺术字”按钮，在下拉列表中选择合适的艺术字样式。

如果之前选中过文本，文本将出现在艺术字框内；如果没有选过文本，艺术字框内的文本自动设为“请在此放置你的文字”，可以直接在艺术字框内如同编辑普通文本一样直接编辑文字的内容和格式。

3.5.3 编辑自选图形

1. 绘制自选图形

单击“插入”选项卡“插图”功能区“形状”按钮，可以在下拉列表中选择合适的图形来绘制正方形、矩形、多边形、直线、曲线、圆和椭圆等各种图形对象。

（1）绘制自选图形：单击“插入”选项卡“插图”功能区“形状”按钮，下拉列表如图 3-60 所示。从各种形状中选择一种，这时鼠标指针变成“＋”形状，在需要添加图形的位置按下鼠标左键并拖动，就插入了一个自选图形。

（2）在图形中添加文字：用鼠标选中图形，然后右击，在弹出的快捷菜单中选择“添加文字”命令，这是自选图形的一大特点，还可修饰所添加的文字。

2. 图形元素的基本操作

（1）设置图形内部填充色和边框线颜色：选中图形，右击鼠标，在弹出的快捷菜单中选择“设置形状格式”命令，打开如图 3-61 所示任务窗格，可在此设置自选图形颜色和线条、填充效果、阴影效果、三维格式等。

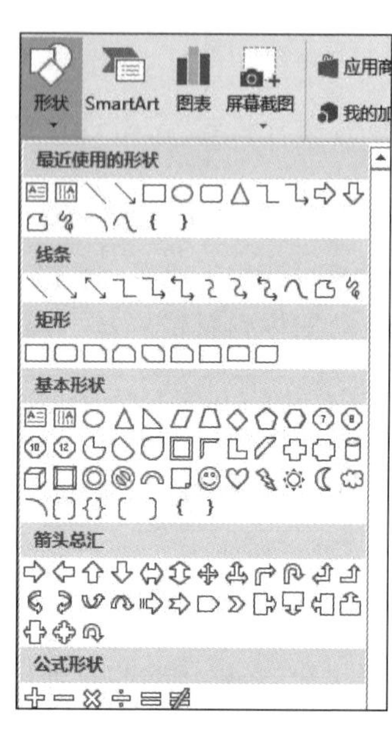

图 3-60 自选图形下拉列表

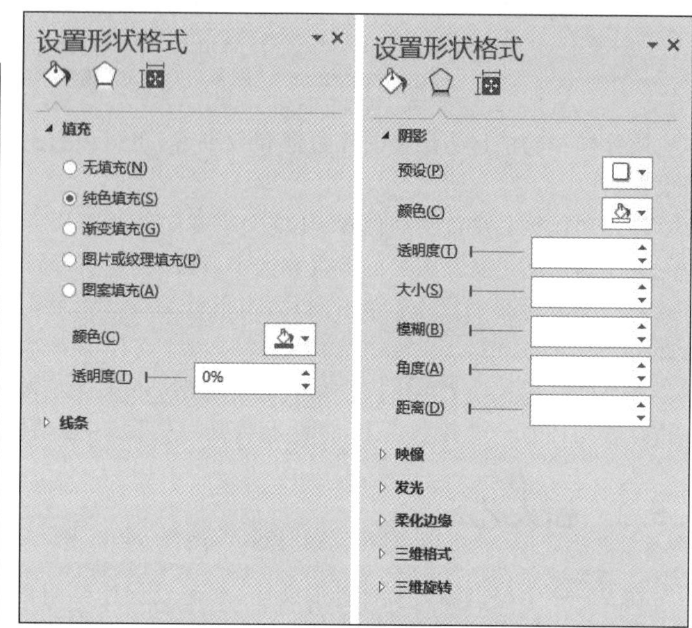

图 3-61 “设置形状格式”任务窗格

(2) 设置图形大小和位置：选中图形，右击鼠标，在弹出的快捷菜单中选择“其他布局选项”命令，打开如图 3-62 所示的对话框，可在此设置图形的大小、位置和环绕方式等。

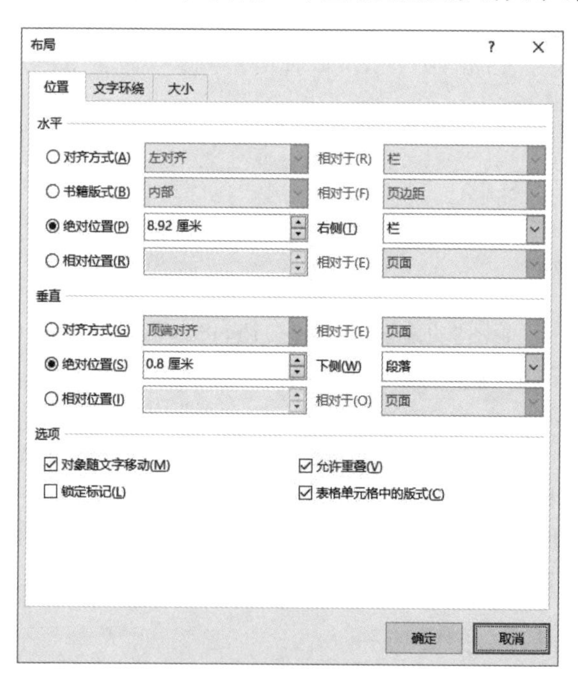

图 3-62 “布局”对话框

插入自选图形后，系统会自动打开"绘图工具格式"选项卡，以上关于图形的格式设置都可以在这个选项卡中选择不同功能区中的对应命令进行设置。

(3) 旋转和翻转图形：单击"绘图工具格式"选项卡"排列"功能区"旋转"按钮，在下拉列表中选择合适的旋转或翻转命令。

(4) 叠放图形对象：插入文档中的图形对象可以叠放在一起，上面的图形会挡住下面的，可以设置图形对象的叠放次序。方法是选择图形对象，单击"绘图工具格式"选项卡"排列"功能区"上移一层"或"下移一层"右侧三角，在下拉列表中选择合适的命令，如图 3-63 所示。

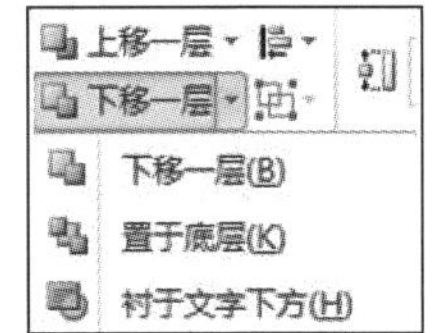

图 3-63 下移一层下拉列表

3.5.4 文本框

"文本框"可以看作是特殊的图形对象，主要用来在文档中建立特殊文本，使用文本框来制作特殊的标题样式，如建立文中标题、栏间标题、边标题和局部竖排文本效果。

1. 插入文本框

单击"插入"选项卡"文本"功能区"文本框"按钮，在下拉列表中选择合适的文本框样式；或者选择"绘制文本框"或"绘制竖排文本框"命令，此时鼠标指针变成"＋"形状，在需要添加文本框的位置按下鼠标左键并拖动，就插入了一个空文本框。

2. 文本框的文本编辑

对文本框中的内容同样可以进行插入、删除、修改、剪切和复制等操作，处理方法同文本内容一样。

3. 文本框大小的调整

选定文本框，鼠标移动到文本框边框的控制点，当鼠标图形变成双向箭头，按下鼠标左键并拖动，可调整文本框的大小。

4. 文本框位置的移动

鼠标移动到文本框边框变成"＋"形状时，按下鼠标拖动到目的地释放鼠标，就完成了文本框移动的工作。

5. 设置文本框的内部填充色和边框线颜色

鼠标移动到文本框上变成"＋"形状时，右击鼠标，在弹出的快捷菜单中选择"设置形状格式"命令，弹出如图 3-61 所示的"设置形状格式"窗格，通过该窗格，可以设置文本框的颜色和线条的宽度等属性。

6. 设置文本框的位置和大小

鼠标移动到文本框上变成“+”形状时，右击鼠标，在弹出的快捷菜单中选择“其他布局选项”命令，弹出如图 3-62 所示的对话框，通过该对话框，可以设置文本框的位置、大小和环绕方式等属性。

3.5.5 插入 Smartart 图形

Word 2007 开始提供的新绘图功能称为 SmartArt。SmartArt 提供了一些模板，例如列表、流程图、层次结构图和关系图，使用户可以轻松创建复杂的形状。使用 SmartArt 的方法如下：

(1) 将插入点定位于想插入 SmartArt 的位置，单击“插入”选项卡“插图”功能区 SmartArt 按钮，弹出如图 3-64 所示“选择 SmartArt 图形”对话框。

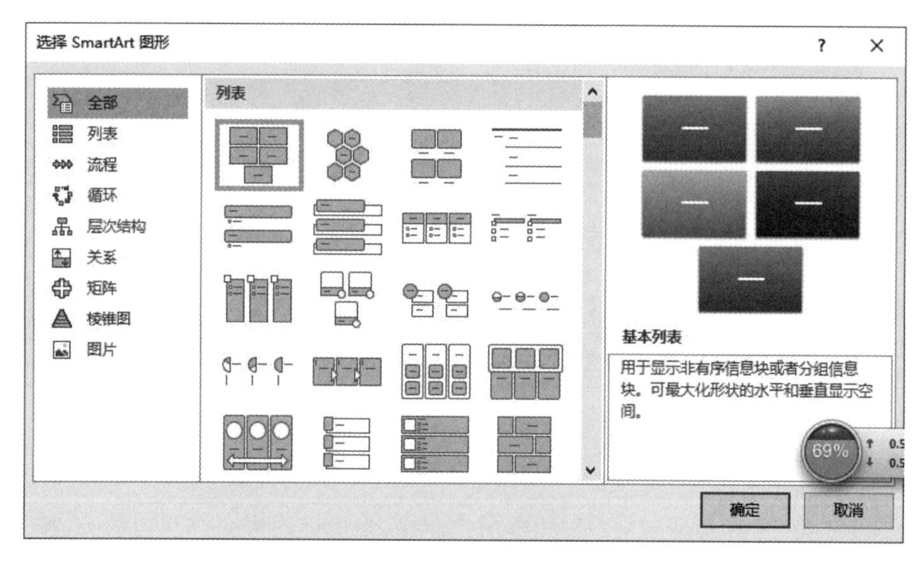

图 3-64 “选择 SmartArt 图形”对话框

(2) 单击对话框左侧用户需要的类型选项，中间列表窗口将显示所有该类型的 SmartArt 图形，用户可以选择需要的图形，此时右侧会出现用户选择的 SmartArt 图形的预览和介绍。

(3) 单击“确定”按钮，插入此图形。

(4) 用户可以在图形中输入文字、调整各元素位置大小等。

3.5.6 插入屏幕截图

Word 2016 提供了插入屏幕截图的功能，可以方便快速地插入打开的非最小化的窗口，或者屏幕窗口的全部或部分截图。操作方法如下。

(1) 将插入点定位于想插入屏幕截图的位置，单击“插入”选项卡“插图”功能区“屏幕截图”按钮。

(2) 在下拉列表中选择想截屏的窗口，如图 3-65 所示。

(3) 如果只是想截取屏幕或屏幕的一部分，可以在图 3-65 的下拉列表中选择“屏幕剪辑”命令，当鼠标变成“＋”形状时，拖动鼠标选取想截取的屏幕范围。

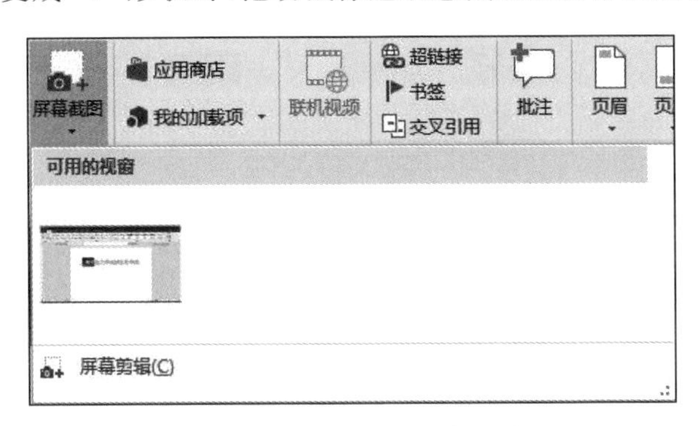

图 3-65 “屏幕截图”下拉列表

3.5.7 图文混排技术

1. 组合图形、图像对象

要把绘制的多个图形、图像对象组合在一起，以便把它们作为一个整体对象来移动和更改，可以进行图形、图像的组合。

(1) 组合图形、图像对象：方法是按住 Ctrl 键的同时，单击选择将要组合的图形、图像，放开 Ctrl 键后右击鼠标，在弹出的快捷菜单中选择“组合”→“组合”命令。

(2) 取消组合：选定组合后的图形、图像对象，右击鼠标，在弹出的快捷菜单中选择“组合”→“取消组合”命令。

2. 设置图片的环绕方式

文字和图像是两类不同的对象，当文档中插入图形、图像对象后，可以通过设置图片的环绕方式进行图文混排。

(1) 选定插入的图形、图像对象，根据类型不同，可以单击“图片工具格式”或“绘图工具格式”选项卡的“大小”功能区右下角带有 ↘标记的按钮，弹出“布局”对话框，选择“文字环绕”选项卡，如图 3-66 所示。

(2) 在“环绕方式”框中有 7 种环绕方式：嵌入型、四周型、紧密型、穿越型、上下型、衬于文字下方和浮于文字上方，从中可以任选一种环绕方式。

(3) 单击“确定”按钮。

例 3-5 按要求排版。

(1) 在正文中间插入一幅图片，将环绕方式设置为“紧密型”，右对齐于页边距。

(2) 插入艺术字“排队论”作为文本标题。设定高度为 1cm，宽度为 2cm。

图 3-66 “文字环绕”选项卡

(3) 插入如素材里所示的自选图形,并把它们组合起来。

(4) 在自选组合图形下面插入横排的文本框,输入“服务台设施结构的模式”,设定高度为 1cm,宽度为 5cm,设定边框线为红色,水平居中。

素材:

排队论(Queueing Theory)是为解决上述问题而发展起来的一门学科。排队论起源于上世纪初,当时的美国贝尔(Bell)电话公司发明了自动电话后,满足了日益增长的电话通信的需要。但另一方面,也带来了新的问题,即如何合理配置电话线路的数量,以尽可能减少用户的呼叫次数。如今,通信系统仍然是排队论应用的主要领域。同时在运输、港口泊位设计、机器维修、库存控制等领域也获得了广泛的应用。

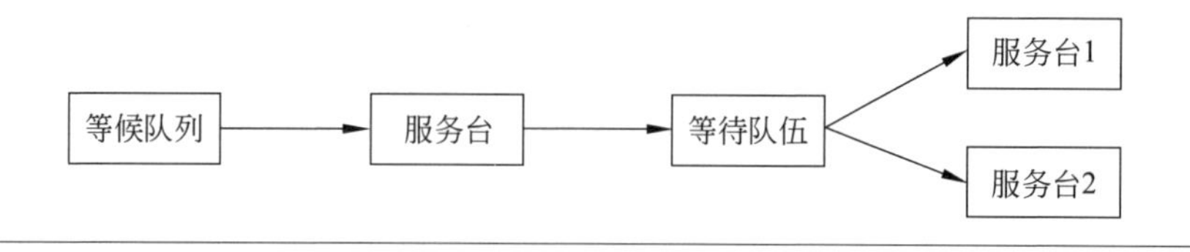

答案与解析

具体操作步骤如下:

(1) 单击“插入”选项卡“插图”功能区“图片”按钮,插入一幅图片,调整图片至适当位置。右击插入的图片,在弹出的快捷菜单中选择“大小和位置”命令,在打开的“布局”对话框中选择“文字环绕”选项卡,将环绕方式设置为“紧密型”;选择“位置”选项卡,水平对齐方式选择“右对齐”,“相对于”选择“页边距”。单击“确定”按钮。

(2) 单击“插入”→“文本”→“艺术字”按钮,在艺术字库中选择一种式样,单击“确定”按钮。在艺术字框中输入“排队论”。选择艺术字,移到合适位置;选择“绘图工具格式”选项卡,在“大小”功能区的“形状高度”框中输入 1 厘米,“形状宽度”框中输入 2 厘米。

(3) 单击“插入”→“插图”→“形状”按钮,选定下拉列表中的“矩形”图形和“箭头”图形,在段落下方拖动鼠标画出各个形状,按素材的形式排列好。选定“矩形”,在“绘图工具格式”→“形状样式”→“形状轮廓”和“形状填充”中选择黑线白底;选定“箭头”,在同一功能区“形状轮廓”中选择黑色。选择“矩形”并右击,选择“添加文字”命令,然后按素材逐个添加文字。按住 Ctrl 键同时用鼠标选择所有图形,放开 Ctrl 键,右击选定的对象,在弹出的快捷菜单中选择“组合”→“组合”命令。

(4) 单击“插入”→“文本”→“文本框”按钮,在下拉列表中选择“绘制文本框”命令,并用鼠标在合适的位置拖出文本框。在文本框中输入“服务台设施结构的模式”,在“绘图工具格式”选项卡中,选择“大小”功能区中的“形状高度”和“形状宽度”输入框,分别输入“1 厘米”和“5 厘米”,然后再选择“形状样式”功能区“形状轮廓”按钮,在下拉列表中选择红色,最后单击“大小”功能区右下角带有 ↘标记的按钮,在打开对话框的“位置”选项卡中选择水平对齐方式为“居中”,单击“确定”按钮。

3.6 Word 文档的打印

1. 打印预览

在文档打印之前,可以先打印预览一下,以便有不满意的地方随时修改。打印预览的操作方法是选择“文件”→“打印”命令,在屏幕最右侧可以预览打印效果,如图 3-67 所示。用户可以调整显示比例显示当前页面。

2. 打印的基本参数设置和打印输出

一篇文档编辑完成后,除了将其保存在磁盘上,还可以将其打印输出。在打印之前要进行有关的设置。在 Word 中打印设置方法如下:

选择“文件”→“打印”命令后,弹出如图 3-67 所示窗口,在右侧“打印”栏中可以设置打印页面范围、打印份数和打印机名称等参数,单击“打印”按钮后,打印机就可开始打印文档。

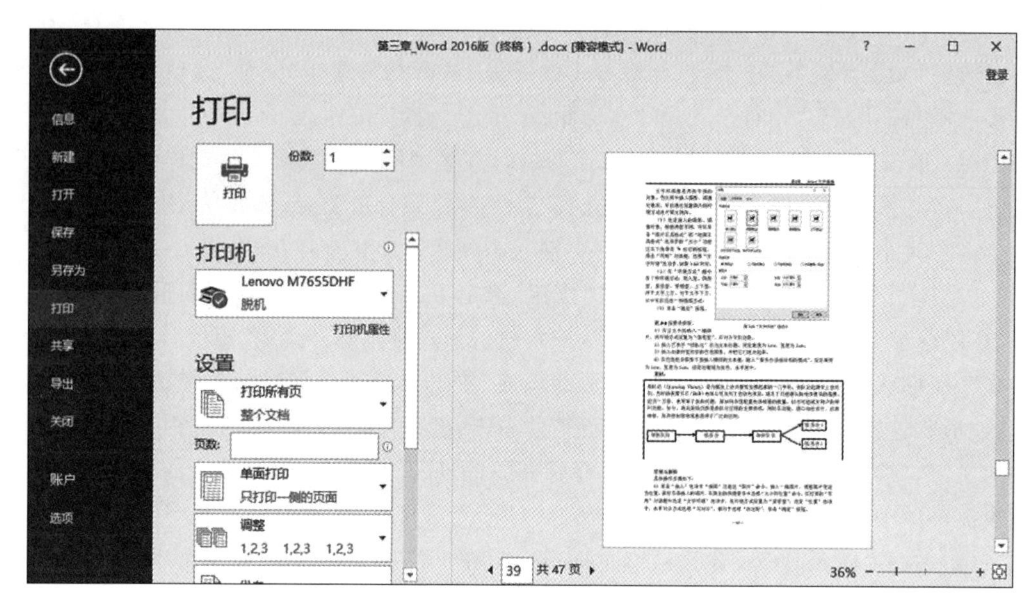

图 3-67 “打印”任务窗口

习 题

一、选择题

1. Word 文档默认的扩展名为(　　)。

A. .TXT　　B. .DOTX　　C. .DOCX　　D. RTF

2. 在 Word 中,按 Delete 键,将删除(　　)。

A. 插入点前面的一个字符　　B. 插入点前面的所有字符

C. 插入点后面的一个字符　　D. 插入点后面的所有字符

3. 在 Word 编辑状态,打开了一个文档,进行“另存为”操作后,该文档(　　)。

A. 只能保存在原文件夹下　　B. 可以保存在已有的其他文件夹下

C. 不能保存在新建文件夹下　　D. 保存后文档被关闭

4. 在 Word 文档中,要拒绝所作的修订,可以用(　　)选项卡中的命令完成。

A. 常用　　B. 任务窗格　　C. 审阅　　D. 格式

5. 在 Word 中,如果插入的表格其内、外框线是虚线,要想将框线变成实线,在(　　)对话框中实现。(假使光标在表格中)

A. “虚线”　　B. “边框和底纹”

C. “选中表格”　　D. “制表位”

6. Word 的查找功能所在的功能区是(　　)。

A. 插入　　B. 视图　　C. 编辑　　D. 文件

7. 在 Word 编辑状态,若要在当前位置插入一个笑脸符号,则可选择的操作是(　　)。

A. 单击“插入”→“绘图”→“基本形状”中的笑脸

B. 单击“视图”→“绘图”→“基本形状”中的笑脸

C. 单击“视图”→“形状”→“基本形状”中的笑脸

D. 单击“插入”→“形状”→“基本形状”中的笑脸

8. 在 Word 编辑状态,如果要设定文档背景,应该选择(　　)。

A. “文件”按钮　B. “开始”选项卡　C. “设计”选项卡　D. “视图”选项卡

9. 当打开 Word 文档后,文档的插入点总是在(　　)。

A. 任意位置　B. 文档的开始位置

C. 上次最后存盘时的位置　D. 文档的末尾

10. 在 Word 的编辑状态,设置了标尺后,下列(　　)方式可以同时显示水平标尺和垂直标尺。

A. 大纲视图　B. 页面视图　C. 草稿视图　D. Web 版式视图

11. 下列关于 Word 中分栏的说法不正确的是(　　)。

A. 各栏的宽度可以不同　B. 各栏的宽度必须相同

C. 分栏数可以调整　D. 各栏之间的间距不是固定的

12. 在 Word 的编辑状态,若要计算表格中一行的平均值,所用的函数应是(　　)。

A. AVERAGE()　B. SUM()

C. AND()　D. INT()

13. 插入图片后,如要改变图片大小而又保持长宽比例不变,可以用鼠标拖动图片的(　　)。

A. 中间　B. 边缘　C. 顶角　D. 任意位置

14. 在 Word 文档中插入和编辑复杂的数学公式文本,执行(　　)命令。

A. “插入”选项卡中的“符号/公式”

B. “插入”选项卡中的“数字”

C. “表格工具布局”选项卡中的“公式”

D. “开始”选项卡中的“样式”

15. 在 Word 中,选定文档内容之后,单击“开始”选项卡上的“复制”按钮,是将选定的内容复制到(　　)。

A. 指定位置　B. 另一个文档中　C. 剪贴板　D. 磁盘

16. 下列关于 Word 保存文档的说法,错误的是(　　)。

A. Word 只能以“. docx”的类型来保存

B. Word 可以将一篇文档保存在不同的位置

C. Word 可以将一篇文档以不同的名称保存

D. 若某一文档是第一次保存,Word 会打开“另存为”对话框

17. 在 Word 中要给修订内容加上标记,可以选择(　　)。

A. “审阅”下的“修订”命令　B. “视图”下的“标记”命令

C. “插入”下的“标记”命令　D. “文件”下的“选项”命令

18. 设置首字下沉格式可以使段落的第一个字符下沉，首字最多可以下沉(　　)行。

A. 1　　B. 8　　C. 16　　D. 10

19. 在 Word 中，按(　　)组合键可以选取光标当前位置到文档末的全部文本。

A. Shift+Ctrl+End　　B. Shift+Ctrl+Home

C. Ctrl+Alt+End　　D. Alt+Ctrl+Home

20. 在 Word 中，如果要选定较长的文档内容，可先将光标定位于其起始位置，再按住(　　)键，用鼠标单击其结束位置即可。

A. Ctrl　　B. Shift　　C. Alt　　D. End

21. 在 Word 中，如果要在文档中选定的位置添加一些专有的符号，可使用(　　)选项卡中的"符号"命令。

A. 开始　　B. 文件　　C. 插入　　D. 页面布局

22. 在 Word 表格中，如果将两个单元格合并，原有两个单元格的内容(　　)。

A. 不合并　　B. 完全合并　　C. 部分合并　　D. 有条件地合并

23. 在 Word 的编辑状态，当前正编辑一个新建文档"文档 1"，当执行"文件"菜单中的"保存"命令后(　　)。

A. 该"文档 1"被存盘　　B. 弹出"另存为"对话框，供进一步操作

C. 自动以"文档 1"为名存盘　　D. 不能以"文档 1"存盘

24. 要对 Word 文档进行字数统计，可以选择自定义状态栏中的(　　)。

A. 拼写和语法检查　　B. 修订

C. 语言　　D. 字数统计

25. 若想实现图片位置的微调，可以使用(　　)的方法。

A. Shift 键和方向键　　B. Del 键和方向键

C. Ctrl 键和方向键　　D. Alt 键和方向键

26. 设置页眉和页脚，先选择(　　)选项卡。

A. 开始　　B. 插入　　C. 引用　　D. 布局

27. 下面关于 Word 中表格处理的说法错误的是(　　)。

A. 可以通过标尺调整表格的行高和列宽

B. 可以将表格中的一个单元格拆分成几个单元格

C. Word 提供了绘制斜线表头的功能

D. 不能用鼠标调整表格的行高和列宽

28. 采用(　　)做法，不能增加标题与正文之间的段间距。

A. 增加标题的段前间距　　B. 增加第一段的段前间距

C. 增加标题的段后间距　　D. 增加标题和第一段的段后间距

29. 在下列操作中，执行(　　)不能选取全部文档。

A. 执行"编辑"功能区中的"选择"→"全选"命令或按 Ctrl+A 组合键

B. 将光标移到左页边距，当光标变为空心箭头↗时，按住 Ctrl 键，单击文档

C. 将光标移到左页边距，当光标变为空心箭头↗时，连续三击文档

D. 将光标移到左页边距，当光标变为空心箭头↗时，双击文档

30. 要改变文字方向,应该在(　　)选项卡设置。

A. “开始”　　B. “视图”　　C. “插入”　　D. “布局”

31. 在 Word 中,与打印机输出完全一致的显示视图称为(　　)视图。

A. 普通　　B. 大纲　　C. 页面　　D. 主控文档

32. 下面选项中不会打开对话框的是(　　)。

A. 在编辑新的、未命名的文档时,选择“文件”→“保存”命令

B. 在编辑旧文档时,选择“文件”→“保存”命令

C. 选择“文件”→“另存为”命令

D. 选择“文件”→“打开”命令

33. 在 Word 中执行打印任务后,下列描述正确的是(　　)。

A. 打印时,可以切换到其他窗口

B. 打印时,不能切换到其他窗口

C. 打印结束之前,不能关闭打印窗口

D. 当前打印未结束,不能再执行打印任务

34. 在 Word 的编辑状态,打开了 S1. docx 文档,把当前文档以 S2. docx 为名进行“另存为”操作,则(　　)。

A. 当前文档是 S1. docx　　B. 当前文档是 S2. docx

C. 当前文档是 S1. docx 与 S2. docx　　D. S1. docx 与 S2. docx 全被关闭

35. 在 Word 的编辑状态,建立了 5 行 5 列的表格,除第 5 行与第 5 列相交的单元格以外各单元格内均有数字,当插入点移到该单元格内后进行“公式”操作,则(　　)。

A. 可以计算出列或行中数字的和　　B. 仅能计算出第 5 列中数字的和

C. 仅能计算出第 5 行中数字的和　　D. 不能计算数字的和

36. 要将 Word 文档中选定的文字移动到指定的位置上去,对它进行的第一步操作是(　　)。

A. 选择“剪贴板”功能区下的“复制”命令

B. 选择“剪贴板”功能区下的“清除”命令

C. 选择“剪贴板”功能区下的“剪切”命令

D. 选择“剪贴板”功能区下的“粘贴”命令

37. 分栏可以在(　　)选项卡下操作。

A. “开始”　　B. “视图”　　C. “插入”　　D. “布局”

38. 在 Word 中,复制文本的快捷键是(　　)。

A. Ctrl+C　　B. Ctrl+I　　C. Ctrl+A　　D. Ctrl+V

39. 在 Word 中的“表格属性”对话框中,表格的对齐方式中不存在的是(　　)。

A. 左对齐　　B. 两端对齐　　C. 右对齐　　D. 居中

40. 在 Word 中,制表位的类型有(　　)。

A. 左、右、居中、小数点对齐　　B. 左、右、居中、竖线对齐

C. 左、右、居中、竖线和小数点对齐　　D. 左、右、居中对齐

二、操作题

1. 对下面加框的文字按照要求完成下列操作。

(1) 将文中所有错词“款待”替换为“宽带”;将标题段文字(“宽带发展面临路径选择”)设置为三号黑体、红色、加粗、居中并添加文字蓝色底纹,段后间距设置为16磅。

(2) 将正文各段文字设置为五号仿宋GB2312,各段落左右各缩进1厘米,首行缩进0.8厘米,行距为2倍行距,段前间距9磅。

(3) 将正文第二段分为等宽的两栏,栏宽为7厘米。

(4) 正文第一段首字下沉,下沉行数为2,距正文0.2厘米。将正文第三段分为等宽的两栏,栏宽为7厘米。

款待发展面临路径选择

近来,款待投资热日渐升温,有一种说法认为,目前中国款待热潮已经到来,如果发展符合规律,“中国有可能做到款待革命第一”。但是很多专家认为,款待接入存在瓶颈,内容提供少得可怜,仍然制约着款待的推进和发展,其真正的赢利方式以及不同运营商之间的利益分配比例,都有待于进一步的探讨和实践。

中国出现宽带接入热潮,很大一个原因是由于以太网不像中国电信骨干网或者有线电视网那样受到控制,其接入谁都可以做,而国家目前却没有相应的法律法规来管理。房地产业的蓬勃发展、智能化小区的兴起以及互联网用户的激增,都为款待市场提供了一个难得的历史机会。

尽管前景很好,目前中国的款待建设却出现了一个有趣的现象,即大家都看好这是个有利可图的市场,但是,利在哪里?应该怎样获利?运营者还都没有明确的认识。由于款待收费与使用者的支付能力相差甚远,同时款待上没有更多可以选择的内容,款待使用率几乎为“零”,设备商、运营商和提供商都难以获益。

2. 建立如下表格,按照要求完成下列操作。

(1) 将以下表格中字体设置为宋体、5号,设置单元格中文字水平居中,表格对齐方式水平居中。

(2) 在表格的最后增加一列,列标题为“平均成绩”,计算各考生的平均成绩并插入相应单元格内,再将表格中的内容按“数学”成绩的递减次序进行排序。

	英语	语文	数学
李甲	67	78	76
张乙	89	74	90
赵丙	98	97	96
孙丁	76	56	60

3. 对如下已知文本，按照要求完成下列操作。

星期一　星期二　星期三　星期四　星期五

数学　　英语　　数学　　语文　　英语

英语　　数学　　英语　　数学　　语文

手工　　体育　　地理　　历史　　体育

语文　　常识　　语文　　英语　　数学

(1) 将文档所提供的5行文字转换成一个5行5列的表格，再将表格设置文字对齐方式为底端对齐、水平对齐方式为右对齐。

(2) 在表格的最后增加一行，并合并单元格，其行标题为“午休”，再将“午休”一行设置成红色底纹填充。

(3) 表格内边框设置成0.75磅单实线，外框设置为1.5磅双实线。

4. 将以下素材按要求排版。

(1) 将正文设置为四号宋体，左缩进2个字符，首行缩进2个字符，行距为1.5倍行距。

(2) 添加红色双实线页面边框。

(3) 在段首插入任意图片，设置环绕方式“四周型”，居中对齐。

(4) 给此文档加上页眉和页脚，页眉中的文字为“名利场”，小五号字，居中；页脚中插入页码，包括“页码/总页数”信息，居中。

(5) 设置页面为A4，页边距上下为2.3厘米、左右为2厘米。

　　《名利场》是英国十九世纪小说家萨克雷的成名作品，也是他生平著作里最经得起时间考验的杰作。故事取材于很热闹的英国十九世纪中上层社会。当时国家强盛，工商业发达，由榨压殖民地或剥削劳工而发财的富商大贾正主宰着这个社会，英法两国争权的战争也在这时响起了炮声。中上层社会各式各等人物，都忙着争权夺位，争名求利，所谓“天下攘攘，皆为利往，天下熙熙，皆为利来”，名位、权势、利禄，原是相连相通的。

5. 对所给素材按要求排版，并自定义样式。

(1) 设置章标题(第一章　概述)格式为：三号字、黑体、居中，段前后各1.5行，定义此段格式样式为“一级标题”。

(2) 设置节标题(1.1　第一节)格式为：四号字、楷体、左对齐，段前后各1行，定义此段格式样式为“二级标题”。

(3) 设置正文(除标题外的文本)格式为：首行缩进两个汉字，五号字、隶书、左对齐，定义此段格式样式为“正文样式”。

第一章　概述

1.1　第一节

　　电视系统的全面数字化正以超出人们预料的速度向前发展，这就要求人们不断更新知识，以便跟上技术发展的步伐。

电视系统的全面数字化将会引起一系列技术革新：

(1) 将最终形成电视、电话和计算机三网合一的综合数字业务网。原本是完全不同的媒体的电视广播、电话和计算机数据通信，在全部数字化后，都使用同一符号“0”和“1”，只不过它们的速率不同而已，人们可以把信号组合在一起，通过一个双向宽带网送到每个家庭。

(2) 全面数字的第二个特点是电视制式将实现全球统一，不再会有 NTSC、PAL 和 Secam 等不同的电视制式，而将统一在 ITU-R601 数字标准之中。因此更利于节目的交换和信息的交流。在数字系统中标准不仅仅对设备外围的接口，而且对数字信号处理的整个流程和细节都作了详细规定。在 8～9Mb/s，但都打成 MPEG-2 传送包，可以在同一个设备中完成各种不同级别的图像业务。

第4章

电子表格软件 Excel

4.1 概　　述

Microsoft Excel 是一个非常出色的电子表格软件。所谓电子表格，是一种数据处理系统和报表制作工具软件，只要将数据输入到按规律排列的单元格中，便可依据数据所在单元格的位置，利用多种公式进行算术运算和逻辑运算，分析汇总各单元格中的数据信息，并且可以把相关数据用各种统计图的形式直观地表示出来。由于电子表格具有直观、操作简单、数据即时更新、丰富的数据分析函数等特点，因此在财务、税务、统计、计划、经济分析、管理、教学和科研等许多领域都得到了广泛的应用。

Microsoft Excel 不仅具有一般电子表格所包括的处理数据、绘制图表和图形功能，还具有智能化计算和数据库管理能力。它提供了窗口、菜单、选项卡以及操作提示等多种友好的界面特性，方便用户使用。本章通过 Excel 2016 版本来讲解电子表格软件的概念和基本使用方法。

4.1.1 Excel 的基本特点

Excel 主要用于管理、组织和处理各类数据，并以表格、图表和统计图形等方式提供最后的结果，深受广大用户的欢迎。归纳起来，Excel 具有以下几方面的特点。

1. 界面友好

Excel 2016 是在 Windows 环境下运行的系列软件之一，它继承了 Windows 应用软件的优秀风格，为用户提供了极为友好的窗口、菜单、对话框、图标、组和快捷菜单等界面。鼠标和键盘可同时作为输入工具。

2. 所见即所得

Excel 主要是以表格方式处理数据，对于表格的建立、编辑、访问与检索等操作十分简便。用户不用纸和笔就能处理表格，不用编程就能完成数据处理，用户的每一步操作都能立即看到结果。

3. 真三维数据表格处理

Excel 处理的文档是可以由多张工作表组成的工作簿，每张工作表又是由行、列交叉点的单元格组成，因此，Excel 可以直接处理工作簿中某工作表某行、某列处的单元格中的数据，即 Excel 处理的是真三维数据表格。

4. 函数与制图功能

Excel 提供了非常丰富的函数，可以进行复杂的数据分析和报表统计。Excel 还具有丰富的作图功能，使表格、图形和文字有机地结合，并且操作简单方便。

5. 强大的数据管理功能

Excel 以数据库管理方式来管理表格中的数据，具有排序、检索、筛选、汇总和统计等功能，并具有独特的制表、作图与计算等手段。

6. 与其他软件共享资源

Excel 2016 是 Microsoft Office 2016 for Windows 中的一个软件，它可以与 Office 组件中的其他软件(如文字处理软件 Word、电子演示文稿制作软件 PowerPoint、电子邮件 E-Mail、数据库 Access 等)相互交换和传送数据，并可共享资源。

4.1.2 Excel 2016 的工作环境

1. 启动 Excel 2016

在 Windows 10 操作环境下启动 Excel 2016 程序有以下几种方法。

(1) 利用开始菜单启动：单击任务栏上的“开始”按钮，从打开的按字母排序的“所有程序”列表中单击“Excel 2016”选项。在屏幕上显示出 Excel 的待用户创建工作簿文件的引导界面(窗口)，如图 4-1 所示。图 4-1 界面列出了分别适用于不同应用的模板图标，单击排列在左上角的“空白工作簿”图标，自动打开 Excel 2016 电子表格操作的主界面窗口，如图 4-2 所示。

(2) 利用 Excel 文件启动：在资源管理器中双击已存在的 Excel 电子表格文件启动 Excel 2016，同时打开该文件。

2. Excel 2016 应用程序窗口的组成

Excel 2016 工作界面与 Word 2016 有相似之处，但也有自己的特色。Excel 应用程序窗口主要由标题栏、选项卡、功能区、数据编辑框、工作表、工作表标签和状态栏等组成，如图 4-2 所示。下面对窗口界面中的内容进行详细说明。

(1) 标题栏。位于窗口的最上端，其中自左至右显示的是快速访问工具栏、当前正打

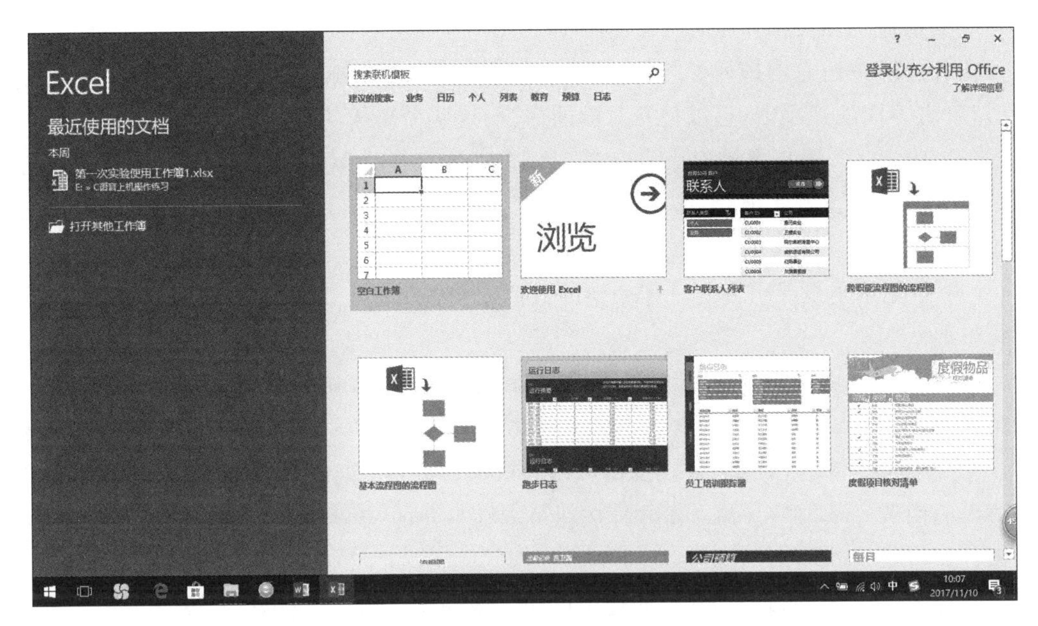

图 4-1　Excel 创建工作簿文件的引导界面

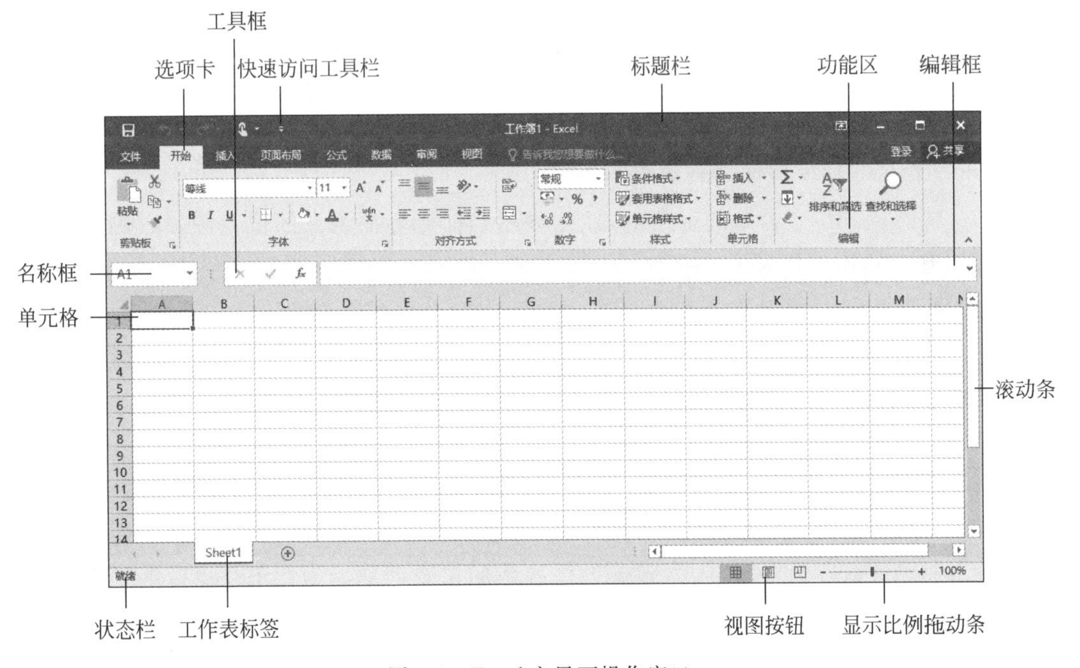

图 4-2　Excel 主界面操作窗口

开的 Excel 文件名称、功能区显示选项按钮、最小化按钮、最大化/向下还原按钮和关闭按钮。

(2)“文件”按钮和选项卡。单击“文件”按钮(选项卡),可打开文件窗口,窗口左边包含有对文件的信息、新建、打开、保存、另存为、关闭和打印等按钮,单击这些按钮,可以打开对应窗口进行相关操作。

在“文件”按钮右侧排列了“开始”“插入”“页面布局”“公式”“数据”“审阅”和“视图”选项卡，单击不同的选项卡，可以打开对应的命令，这些命令按功能显示在不同的功能区中。

(3) 功能区。同一类操作命令会放到一个功能区中。例如，“开始”选项卡主要包括剪贴板、字体、对齐方式、数字和样式等功能区。在功能区右下角有带↘标记的按钮，单击此按钮将弹出此功能区的设置对话框。

(4) 数据编辑框。可以对工作表中的数据进行编辑。它由名称框、工具框和编辑框3部分组成。

① 名称框：由列标和行号组成，用来显示编辑的位置，如名称框中的A1，表示第A列第1行，称为A1单元格。

② 工具框：单击“√(输入)”按钮可以确认输入内容；单击“×(取消)”按钮可以取消已输入的内容。单击“f_x(输入函数)”按钮可以在打开的“输入函数”对话框中选择要输入的函数。

③ 编辑框：其中显示的是单元格中已输入或编辑的内容，也可以在此直接输入或编辑内容。如在A1单元格对应的编辑框内，可以输入数值、文本或者插入公式等操作。

(5) 行号列标。行号在工作表的左侧，以数字显示；列标在工作表的上方，以大写英语字母显示，起到坐标作用。

(6) 工作表。工作表是操作的主体，Excel中的表格、图形和图表就是放在工作表中，它由许多单元格组成。单元格是组成工作表的基本单位。用户可在单元格中编辑数字和文本，也可在单元格区域插入和编辑图表等。

(7) 状态栏。位于窗口的最下端，左侧显示当前光标插入点的位置等。右侧是显示视图按钮和显示比例尺等。

(8) 视图按钮。可以选择普通视图、页面布局和分页预览视图。

(9) 显示比例拖动条。用户可以拖动此控制条来调整工作表显示的缩放大小，右侧显示缩放比例。

3. Excel命令操作

在Excel中进行工作时，要利用Excel提供的命令来完成大量操作，如何快速而方便地找到并执行Excel命令，就成为影响工作效率的主要问题。为此Excel提供了多种查找并执行命令的方法，主要有以下两种。

1) 使用选项卡

选项卡将Excel中所有的命令分门别类，形成9个选项卡。不同选项卡中所包含的操作命令组都显示在功能区中。命令组中的每个按钮的作用一目了然：按钮表面有说明其功能的图形，鼠标指向它，停顿片刻，会出现该按钮的名称和功能描述提示框。用户使用时，只需单击相应的按钮，就可以执行它所代表的命令了。

2）使用快捷菜单

上述第一种方法要求记住命令所在的位置，如果不知道位置，就必须花费时间进行查找。快捷菜单却不需要，将鼠标指向要操作的对象(单元格、图形和图表等)，右击鼠标，弹出该对象的快捷菜单，在菜单中列出了该对象的一些常用操作命令，供用户挑选使用。

4. Excel 的退出

Excel 2016 版本中，如果关闭所有 Excel 文件就会自动退出 Excel 应用程序，关闭 Excel 文件的方法很多，常用方法如下。

(1) 在 Excel“文件”菜单中选择“关闭”命令。

(2) 单击应用程序标题栏最右上端的关闭按钮。

(3) 右击 Excel 窗口标题栏空白处，打开控制菜单，再在下拉菜单中选择“关闭”命令。

(4) 按下快捷键 Alt + F4。

如果关闭前文件已被修改还没有保存，系统就会弹出如图 4-3 所示的对话框，询问是否要保存当前被修改过的文件。

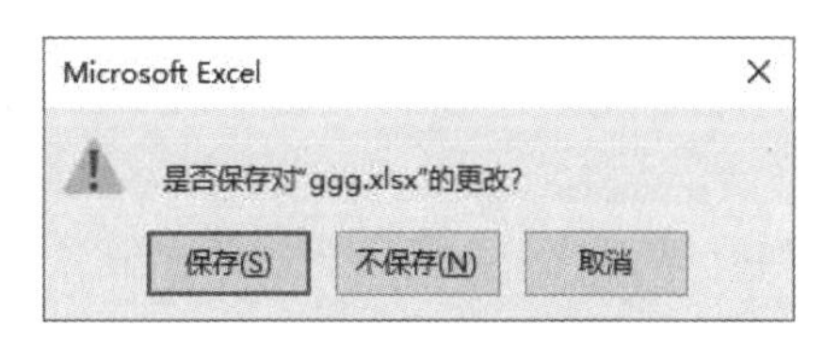

图 4-3　保存提醒对话框

4.1.3　Excel 电子表格的结构

1. 工作簿

工作簿是 Excel 用来储存数据的文件，一个工作簿就是一个 Excel 文件，其扩展名为. xlsx。一个工作簿由多个工作表组成，新建一个 Excel 文件时默认包含一张工作表(Sheet1)，在 Excel 中工作簿与工作表的关系就像是日常的账簿和账页之间的关系一样。一个账簿可由多个账页组成，如果一个账页所反映的是某月的收支账目，那么账簿可以用来说明一年或更长时间的收支状况。用户可以将若干相关工作表组成一个工作簿，操作时不必打开多个文件，而直接在同一文件的不同工作表中方便地切换。切换的方法是单击工作表标签名，对应的工作表就显示到屏幕上来，原来的工作表即被隐藏起来。

2. 工作表

工作表是 Excel 完成一项工作的基本单位，Excel 2016 中的工作表是由 1 048 576 行、16 384 列组成的一个大表格。工作表内可以包括字符串、数字、公式和图表等丰富信息，每一个工作表用一个标签来标识（如 Sheet1）。同时，工作表上还具有行号区与列号区，用来对单元格进行定位，每一张工作表共有 1 048 576×16 384 个单元格。虽然工作表的范围很大，但其中所放的内容却取决于用户，可长可短，不一定非要将整个工作表都用完。

3. 活动工作表

Excel 的工作簿中可以有多个工作表，但一般来说，只有一个工作表位于最前面，这个处于正在操作状态的电子表格就称为活动工作表，例如，单击工作表标签中的 Sheet2 标签，就可将其设置为活动工作表。

4. 单元格

单元格是 Excel 工作表的最小组成单位，每一行列交叉处即为一个单元格。在单元格中可以存放各种数据，单元格的长度、宽度以及单元格中数据的大小和类型都是可变的。每个单元格用它所在的列号和行号组成的地址来命名。例如，B4 表示第 B 列第 4 行交叉处的单元格。在公式中引用单元格时就必须使用单元格的地址。

在 Excel 中，所有对工作表的操作都是建立在对单元格操作的基础上，因此对单元格的选中与数据输入及编辑是最基本的操作。下面先介绍单元格的选中。

1）选中一个单元格

如果要选中某一个单元格，用鼠标指向它并单击，或用方向键移动到相应的单元格，就可以使该单元格成为活动单元格。活动单元格周围有粗黑的边框线，同时编辑栏名字框中也显示其名字。只有当单元格成为活动单元格时，才可以向它输入新的数据或编辑它含有的数据。

2）选中多个连续单元格（单个区域）

相邻单元格组成的矩形称为区域。在 Excel 中，很多操作是在区域上实施的。区域名是由该区域左上角的单元格名、冒号与右下角的单元格名组成的，例如 A3:E7 表示一个从 A3 单元格开始到 E7 单元格结束的矩形区域。

（1）小区域的选中：用鼠标拖动选中。先单击区域左上角的单元格，然后拖动鼠标至右下角的单元格，则所选区域反相显示，其中的活动单元格为白色背景。例如，要选中 A2:D4 区域，先选中 A2 单元格，然后按住鼠标左键向下向右拖动，直至 D4 单元格，最后松开鼠标按键，选中区域中第一个单元即是活动单元格。

（2）大区域的选中：用 Shift 键＋鼠标单击选中。先单击左上角的单元格，然后按住 Shift 键单击区域右下角的单元格。

（3）整个工作表的选中：单击工作表左上角的“全选”按钮即可（“全选”按钮位于 A 列的左边，第 1 行的上边，如图 4-4 所示）。

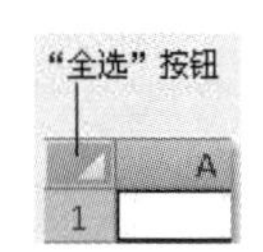

图 4-4 “全选”按钮

3）选中多个不连续单元格（多个区域）

若要同时选中几个不相邻区域，可采用如下方法：先选中第一个区域，按住 Ctrl 键，再选择其他区域。例如，先选中 A2:D4 区域，然后按住 Ctrl 选中 C6 单元格，再拖动鼠标至 F7 单元格，这样就同时选中了 A2:D4 和 C6:F7 两个区域。

4）选中行和列

（1）选中整行：单击行号。

（2）选中整列：单击列号。

（3）选中连续的行或列：沿行号或列号拖动鼠标。或者先选中区域中的第一行或列，然后按住 Shift 键再选中区域中最后一行或列。

（4）选中不连续的行或列：先选中区域中的第一行或列，然后按住 Ctrl 键再选中其他的行或列。

5）取消选中的区域

只要单击任一单元格，就可取消工作表内原来选中的多个单元格或区域，同时，该单元格被选中。

4.1.4 Excel 中的数据类型和数据表示

在 Excel 的单元格中可以输入多种类型的数据，常见的数据类型有文本（字符型数据）、数值、日期、时间、逻辑值（布尔型）和错误值等。

1. 文本数据

Excel 文本包括汉字、英文字母、数字、空格和各种符号，输入的文本自动在单元格中靠左对齐。Excel 规定一个单元格中最多可以输入 32 000 个字符，如果这个单元格不是足够的宽，放不下的内容将扩展到其右边相邻的单元格上，若该单元格也有内容，将被截断，但编辑框中会有完整的显示。

在实际工作中，有时会需要把一个数字作为文本输入，例如电话号码、卡号和准考证号等。如果要输入的字符串全部由数字组成，为了避免 Excel 把它按数值型数据处理，在输入时可以先输一个单引号“'”（英文符号），再接着输入具体的数字。例如，要在单元格中输入电话号码 64546688，先连续输入“'64546688”，然后按 Enter 键即可；也可以在输入数字前先输入一个“=”，然后将数字的两端用英文符号的双引号括起来（如 ="64546688"）。这样，Excel 就将输入的数字当作文本，自动沿单元格左对齐。

2. 数值型数据

在 Excel 中，数值型数据包括 0～9 中的数字以及含有正号、负号、货币符号、百分号等任一种符号的数据。默认情况下，数值自动沿单元格右边对齐。在输入过程中，有以下

3 种比较特殊的情况要注意。

(1) 负数：在数值前加一个－号或把数值放在括号里，都可以输入负数，例如要在单元格中输入“－88”，可以连续输入“－88”或“(88)”，然后按 Enter 键都可以在单元格中出现“－88”。

(2) 分数：要在单元格中输入分数形式的数据，应先在编辑框中输入 0 和一个空格，然后再输入分数，否则 Excel 会把分数当作日期处理。例如，要在单元格中输入分数 5/8，在编辑框中输入 0 和一个空格，然后接着输入 5/8，按 Enter 键，单元格中就会出现分数 5/8。

(3) 货币型：在数值中可包含千分位符号“,”(即逗号)与货币符号。例如，20,000.00 与＄20,000.00 都是合法的数据。

3. 日期型数据和时间型数据

在各种信息管理表格中，经常需要录入一些日期型和时间型数据。Excel 中内置了多种日期和时间格式，当输入的数据与这些格式相匹配时，Excel 能自动识别并接收它们。

在录入过程中要注意以下几点。

(1) 输入日期时，年、月、日之间要用/号或-号隔开，如“2010-8-16”“2010/8/16”。

(2) 输入时间时，时、分、秒之间要用冒号隔开，如“10:48:56”。如果要输入下午 4:20:30，可以采用下面的格式之一：16:20:30(24 小时制的格式“时:分:秒”)、4:20:30 PM(12 小时制的格式“时:分:秒 AM/PM”)。

(3) 若要在单元格中同时输入日期和时间，日期和时间之间应该用空格隔开。

(4) 若要输入当天日期，可直接按 Ctrl＋；组合键；若要输入当时时间，可直接按 Ctrl＋Shift＋；组合键。

4. 逻辑数据

逻辑数据为两个特定的标识符：TRUE 和 FALSE，输入大小写字母均可。TRUE 代表逻辑值“真”，FALSE 代表逻辑值“假”。

当向一个单元格输入一个逻辑数据 TRUE 或 FALSE 时，将按大写方式居中对齐显示。注意，如需要将 TRUE 或 FALSE 作为文本数据输入时，也必须使用英文符号单引号“'”做前缀。

5. 错误值

错误值数据是由于单元格输入或编辑数据错误，而由系统自动显示的结果，提示用户注意改正。如当错误值为“＃DIV/0!”时，则表明此单元格的输入公式中存在着除数为 0 的错误，当错误值为“＃VALUE!”时，则表明此单元格的输入公式中存在着数据类型错误。如何输入数据将在 4.2.2 节中介绍。

4.2 工作簿文件的建立及编辑

4.2.1 建立工作簿文件

打开 Excel 程序后，如果要新建一个工作簿文件，可以单击 Excel 应用程序窗口选项卡左侧的“文件”按钮。在打开的下拉列表中选择“新建”命令，弹出如图 4-1 所示的新建文件引导窗口，如果选择“空白工作簿”，此时系统自动建立并打开一个名为“工作簿 x”的电子工作簿文件，里面含有 1 个工作表，对应的表名(标签)为 Sheet1，如图 4-2 所示。

下面以如图 4-5 所示的学生情况表，在 Sheet1 表中从 A1 单元格到 F8 单元格所构成的矩形区域内，输入和编辑数据，建立对应的电子数据表格。

文件　开始　插入　页面布局　公式　数据　审阅　视图　告诉我您想要做什么...

B2　名称框　× ✓ fx　王一凡

	A	B	C	D	E	F	G	H
1	学　号	姓　名	性　别	出生日期	数学成绩	英语成绩		
2	9900100	王一凡	男	1977/4/23	91	95		
3	9900101	张　红	女	1976/10/4	89	93		
4	9900102	周天华	男	1978/3/25	78	74		
5	9900103	李为东	男	1978/7/8	95	90		
6	9900104	赵　平	男	1977/12/9	86	88		
7	9900105	张　燕	女	1978/1/24	95	94		
8	9900106	高晓莉	女	1977/11/6	88	90		
9								
10								
11								
12								

图 4-5　学生表

4.2.2 工作表数据的输入

Excel 工作表中任何单元格都可输入数据，不仅可以从键盘直接输入，也可以自动输入，输入时还可以检查正确性。选中活动单元格之后，即可输入数据。单元格接受两种基本类型的数据：常数和公式。常数是指文字、数字、日期和时间等数据，这里主要介绍常数的输入。

向单元格输入数据分为从键盘直接输入、从下拉列表中输入、根据系统记忆输入和使用填充功能输入等多种方法。

1. 从键盘直接输入数据

在单元格中输入数据的方法：单击要输入数据的单元格，然后直接输入数据，输入的内容显示在单元格中，同时也出现在编辑框中；输入结束后按 Enter 键或单击编辑框中的√按钮确定输入，按 Esc 键或单击编辑框中的×按钮则取消输入。

在如图 4-5 所示的工作表中输入学生情况的各种数据。其中“数学成绩”和“英语成绩”所在列均为数值型数据；“学号”“姓名”和“性别”所在列均为文字型数据；“出生日期”所在列为日期型数据；表头均为文字型数据。

2. 从下拉列表中输入数据

右击活动单元格，在弹出式菜单中选择“从下拉列表中选择”命令，则在当前单元格的下面出现一个下拉列表，其中列出了上面同列连续单元格（直到单元格为空时止）中不重复值的所有取值（字符型）；从中选择一个已知值即可作为该单元的值。如“学生情况”表中的“性别”列的值，用此法输入就比较方便。

3. 根据系统记忆输入数据

当向一个单元格中输入文字数据时，若输入的一部分内容与系统记忆的上面同列中相邻单元格之中的某个单元格开始内容完全相同，则会把那个单元格的后续内容也显示到该单元格中，若用户认为正确，则按下 Tab 键或 Enter 键完成输入，否则不应理会，接着继续从键盘输入即可。

例如，在“学生情况”表中输入 B7 单元格的内容“张燕”时，当输入“张”之后，该单元格显示的内容为“张红”，后面反相显示的“红”如果就是要继续输入的内容，则只要按下 Tab 键或 Enter 键，将光标移出该单元格即可；否则，接着输入正确的内容“燕”即可。

4. 数据自动输入

对于有规律的数据，输入时可以采用 Excel 提供的自动输入功能。

1）使用自动填充柄输入数据

如果多个连续单元格需要输入相同的数据，可以使用填充范围的方法。在一个工作表中，如果在一列或者一行单元格中均要输入“男”，如图 4-6 所示，那么首先在 B2 单元格输入“男”，然后选中该单元格，将鼠标指针移到该单元格的右下角的填充控制点▪上（该控制点称为自动填充柄），鼠标指针变成实心的十字形状，按住鼠标往下拖动。拖动到要结束这列相同数据输入时停止，就得到了相同的一列数据。不仅向下拖动可以得到相同的一列数据，向右方向拖动填充也可以得到相同的一行数据，如果选择的是多行多列，同

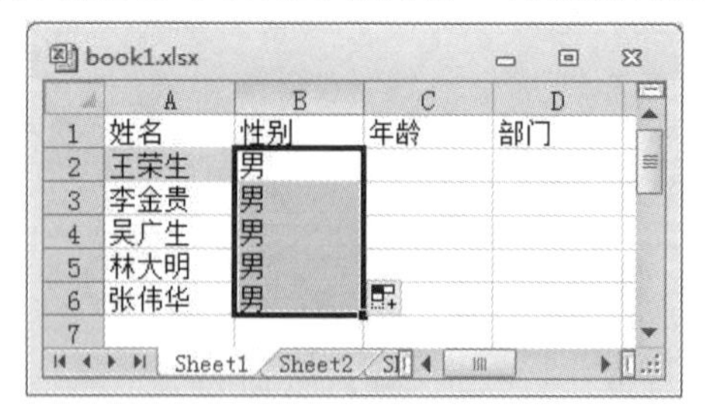

图 4-6　使用自动填充柄输入相同的数据

时向右和向下拖动,则会同时得到多行多列的相同数据。

有时需要输入一些按一定规律变化的数据序列,这时使用自动填充柄输入就显得十分方便。输入序列数据的步骤如下。

(1) 选中待填充数据区的起始单元格,输入序列数据的初始值。如果要让序列数据按给定的步长增长,再选中下一单元格,在其中输入序列数据的第二个数值。头两个单元格中数值的差额将决定该序列数据的增长步长。

(2) 选中包含初始值的前两个单元格,用鼠标拖动自动填充柄经过待填充区域。如果要按升序排列,请从上向下或从左到右填充。如果要按降序排列,请从下向上或从右到左填充。填充结果如图 4-7 所示。

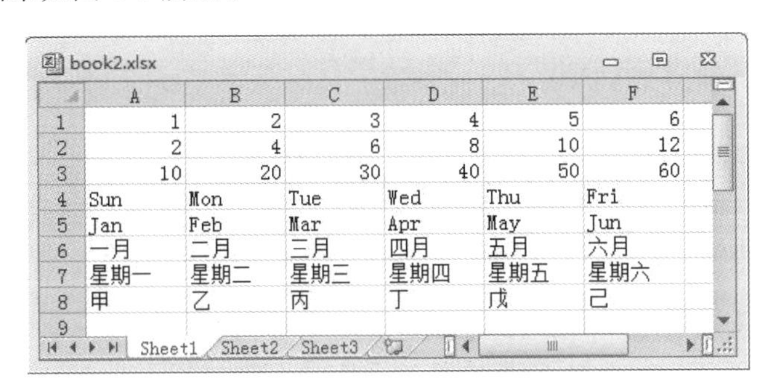

图 4-7　使用自动填充柄输入序列数据

2) 使用"填充"命令输入数据

如果要填充更复杂的序列数据,例如等比数据、工作日等,就应该使用菜单命令"填充"来进行。具体步骤为首先选中单元格并输入初值;然后单击"开始"选项卡上的"编辑"区中的"填充"下拉按钮,在弹出的子菜单中选择"序列(S)"命令,屏幕上出现如图 4-8 所示的"序列"对话框。

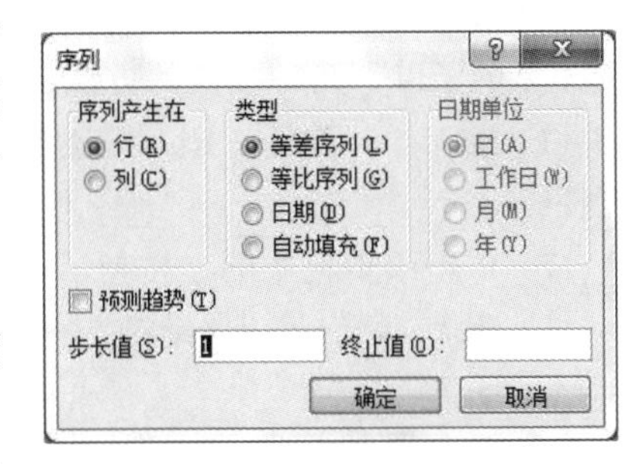

图 4-8　"序列"对话框

(1)"序列产生在"指示按行或列方向填充;

(2)"类型"选择序列类型,如果选"日期",还须选择"日期单位";

(3)"步长值"可输入等差、等比序列增减、相乘的数值;

(4)"终止值"可输入一个序列终值不能超过的数值。

注意: 除非在产生序列前已选中了序列产生的区域,否则终值必须输入。

3) 自定义序列输入

Excel 除本身提供的预定义的序列外,还允许自定义序列,用户可以把经常用到的一些序列做一个定义,如时间序列"上旬,中旬,下旬"、地理位置序列"南京,北京,东京,西京"等。在 Excel 中自定义序列的步骤如下。

(1) 选择"文件"选项卡下的"选项"命令,在弹出的"Excel 选项"对话框的左窗格选择

“高级”，然后单击右窗格内“常规”区域下端的“编辑自定义列表”按钮，则弹出如图 4-9 所示的“自定义序列”对话框。

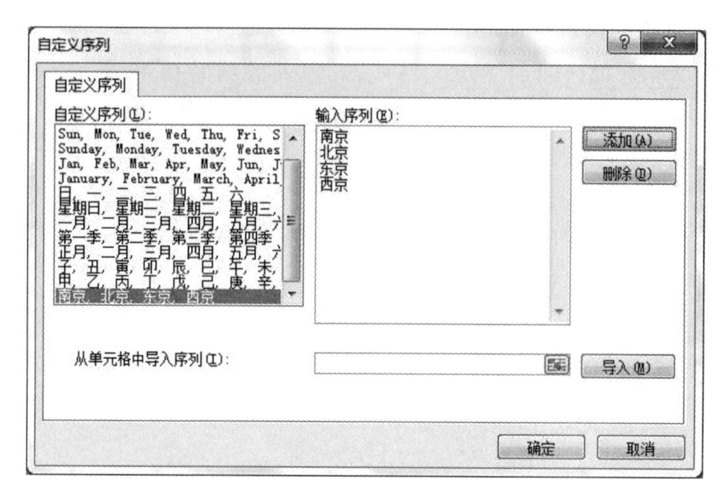

图 4-9 “自定义序列”对话框

(2) 单击“输入序列”编辑框，在编辑框中出现闪烁的光标，填入新的序列，输入完一项按 Enter 键，在下一行输入另一项，全部输入完毕，单击“添加”按钮，即可把新序列“南京，北京，东京，西京”加入左边的自定义序列中，如图 4-9 所示。单击“确定”按钮，返回工作界面。

(3) 单击工作表中某一单元格，输入“南京”内容，然后向右拖动填充柄，释放鼠标即可得到自动填充的“南京，北京，东京，西京”的序列内容。

在对活动单元格输入或编辑完数据后，必须要对输入的数据或编辑操作进行确认。Excel 提供了以下几种确认的方法，用户可以从中任选一种。

(1) 按 Enter 键。按 Enter 键后会锁定输入数据，并将活动单元格移动一个单元格的位置。

(2) 单击编辑栏中的√按钮。此时只锁定输入而不改变活动单元格。

(3) 用↑、↓、←、→移动键。此时不仅锁定输入，并将活动单元格向上、下、左、右移动一个单元格的位置。

(4) 用鼠标选取另一单元格为活动单元格。

4.2.3 输入公式与函数

公式是 Excel 的灵魂，它和函数是 Excel 的主要组成部分。作为电子表格软件，Excel 提供了功能强大的公式和函数操作，通过在单元格中输入公式和函数，可以对工作表中的原始数据进行统计或计算，从而避免了手工计算的繁杂和易出错。另外，原始数据修改后，公式的计算结果也会自动更新，这更是手工计算无法办到的。

1. 输入公式

Excel 中的公式就是对单元格中数据进行计算的等式，利用公式可以完成数学运算、比较运算和文本运算等操作。

Excel 公式的特征是以＝开头，由操作数和运算符组合而成。操作数可以是单元格地址、区域地址、数值、字符、数组或函数等。

1）公式运算符

（1）算术运算符：用以完成基本的数学运算，如加法、减法和乘法。算术运算符有＋（加）、－（减）、*（乘）、/（除）、%（百分号）和^（乘方）等。例如，＝(A5＋B6) * C7/4。

（2）比较运算符：用以比较两个操作数并产生逻辑值 TRUE 或 FALSE。比较运算符有＝（等于）、＞（大于）、＜（小于）、、＞＝（大于等于）、＜＝（小于等于）、＜＞（不等于），例如，＝B9＜＞1350。

（3）文本运算符：文本运算符只有一个连接运算符 &，它可以将一个或多个文本连接为一个组合文本。例如，D4 单元格内容为“开盘价”，E4 单元格内容为 12.37，要使 F4 单元格中得到“开盘价为：12.37”，则 F4 单元格中的公式为“＝D4&"为："&E4”（注意：公式内部的双引号必须是西文半角方式）。

2）公式的优先级

当多个运算符同时出现在公式中时，Excel 对运算符的优先级作了严格规定，由高到低各运算符的优先级为()，%，^，乘除（*，/），加减（＋，－），&，比较运算符（＝、＞，＜、＞＝，＜＝、＜＞）。如果运算优先级相同，则按从左到右的顺序计算。

3）公式的输入

公式可以直接输入，就像输入文本和数值一样。具体步骤为选中要输入公式的单元格后，先输入＝，然后输入公式内容，最后按 Enter 键或鼠标单击编辑栏中的√按钮。公式输入结束后，其计算结果显示在单元格中，而公式本身显示在编辑栏中。

2. Excel 函数的分类和使用方法

函数是 Excel 自带的一些已经定义好的公式，它们给数据进行运算和分析带来了极大的方便。

1）Excel 函数的分类

（1）数学与三角函数：用于处理简单或复杂的数学计算。如计算某个区域的数值总和、对数字取整处理等。

（2）统计函数：完成对数据区域的统计分析。例如，可使用 COUNTIF 函数统计出满足特定条件的数据个数。

（3）逻辑函数：使用逻辑函数进行真假值判断等。

(4) 财务函数：可进行一般的财务计算，如用以确定贷款的支付额、投资的未来值或净现值，以及债券价值等。

(5) 日期和时间函数：用以在公式中分析和处理日期值和时间值。例如，使用 TODAY 函数可获得基于计算机系统时钟的当前日期。

(6) 数据库函数：使用此类函数，可完成数据清单中数值是否符合某特定条件的分析工作。例如，DCOUNT 函数用于计算某门课程考试成绩的各个分数段情况。

(7) 查找与引用函数：如果需要在数据清单或表格中查找特定数值，可以使用这类函数。

(8) 文本函数：利用它们可以在公式中处理文字信息。

(9) 信息函数：用于确定存储在单元格中的数据的类型。

Excel 函数的语法形式为：函数名(参数 1，参数 2，…)。

其中，函数名代表了该函数具有的功能，参数指定函数使用的数据。例如，函数 SUM(A1:A8)实现将区域 A1:A8 中的数值求和功能；函数 MAX(A1:A8)找出区域 A1:A8 中的最大数值。

不同类型的函数要求给定不同类型的参数，它们可以是数字、文本、逻辑值(真或假)、数组或单元格地址等，给定的参数必须能产生有效数值，例如：SUM(A1:A8)要求区域 A1:A8 存放的是数值数据；ROUND(8.676，2)要求指定两位数值型参数，并且第二个参数为整数，该函数根据这个整数指定的小数位数将前一个数字进行四舍五入，其结果值为 8.68；LEN("这句话有几个字组成?")这个函数功能是求参数中字符的个数，所以要求参数必须是一个文本数据，其结果值为 10。

2) 函数输入的方法

通常，函数输入的方法有直接输入法和粘贴函数法两种。

(1) 直接输入法：若用户对所输入的函数比较了解，可直接在单元格中输入函数。例如，在图 4-10 中的 F3 单元格中直接输入"=SUM(B3:E3)"，函数输入后，按 Enter 键结束，就可完成在 F3 单元格中计算南京分公司的全年销售合计。

demo1.xlsx

	A	B	C	D	E	F	G
1	某公司全年服装销售统计表						单位：万元
2	分公司	第一季度	第二季度	第三季度	第四季度	合计	平均
3	南京	¥1,500.00	¥1,500.00	¥3,000.00	¥4,000.00	=SUM(B3:E3)	
4	北京	¥1,500.00	¥1,800.00	¥2,550.00	¥4,900.00		
5	广州	¥1,200.00	¥1,800.00	¥1,800.00	¥4,400.00		
6	天津	¥700.00	¥1,300.00	¥1,600.00	¥2,900.00		
7	总计						
8							

Sheet1 Sheet2 Sheet3

图 4-10 直接输入函数

(2) 粘贴函数法：如果记不住那么多的函数名，则可以使用粘贴函数的方法选择所需要的函数。

将光标定位到 F3 单元格，单击编辑栏左侧的 f_x 图标，或在“开始”选项卡上的“编辑”区中单击“自动求和”右边的下拉按钮，选择“其他函数”命令，则弹出如图 4-11 所示的“插入函数”对话框，在“或选择类别”下拉列表中选择某一类函数，然后在“选择函数”区域选中一个函数名。单击图 4-11 下端的“有关该函数的帮助”，则屏幕上就会显示该函数的使用说明。选择好函数后，单击“确定”按钮，或双击，此时函数就被粘贴到编辑栏中了。接着出现图 4-12 所示的“函数参数”对话框，单击 Number1 右端的图标，在工作表中选择函数参数区域，然后单击“确定”按钮即可完成函数的输入。

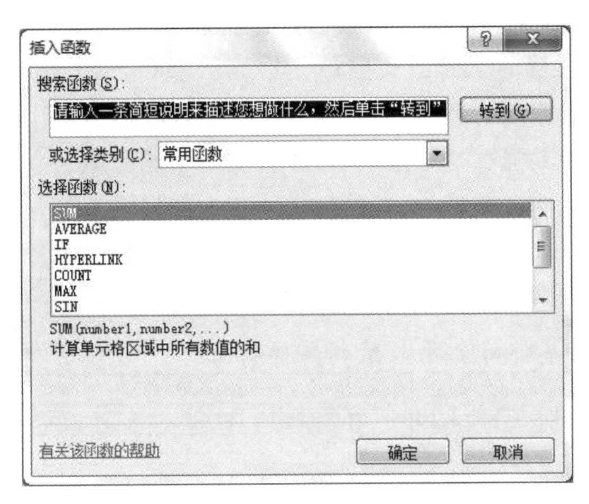

图 4-11 “插入函数”对话框

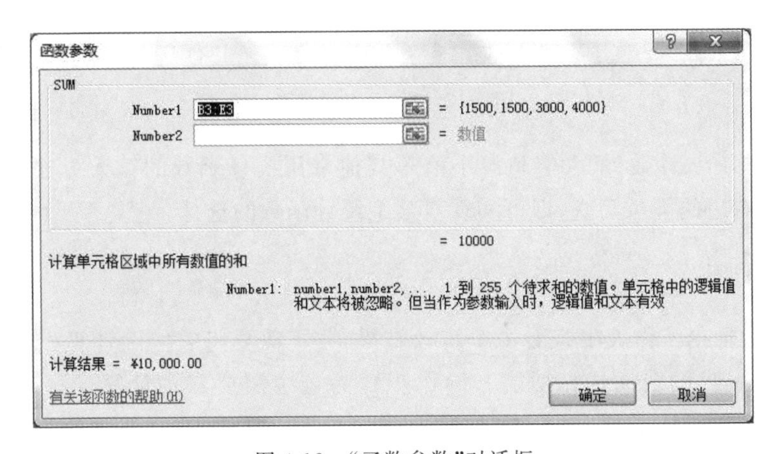

图 4-12 “函数参数”对话框

3）自动求和

对行和列的数据进行总计是统计运算中最常用的一种计算。因此，Excel 将总计运算函数(包括求和、平均值、计数、最大值和最小值函数)设置为“开始”选项卡上的“编辑”区中的一个工具按钮，即“∑自动求和”按钮，便于用户进行数据合计。下面以求和函数为例，介绍其使用方法。

（1）总计相连的行或列数据区：选中空白单元格，即可总计与它相连的行或列数据区。例如，在图 4-10 所示的工作表中，要总计 B3 到 B6 这一列数据，其步骤为选中 B7 单元格后，在“开始”选项卡上的“编辑”区中，单击“∑自动求和”按钮，则在 B7 中自动填入“＝SUM(B3:B6)”，同时区域 B3:B6 的边框闪烁，给用户以修正区域的机会，如果统计的区域不对可以重新选择，最后按 Enter 键确认后，B7 中出现总计数字。若选中 B7 单元格后，双击“∑自动求和”按钮，可直接在 B7 中出现总计公式，如果没有问题按下 Enter 键即可。

（2）总计任何选中的区域：选中区域后，在“开始”选项卡上的“编辑”区中单击“∑自动求和”按钮，则会在区域的下面或右侧单元格显示求和公式，按 Enter 键可显示数值。若选中的区域中包括一个空行和空列，则总计所有的行和列及总计。例如，在图 4-13 中，所有行与列的和与总计是通过选中区域 B3:F7（其中第 7 行原为空行，第 F 列原为空列）并单击“∑自动求和”来完成统计的，其纵向和与横向和以及总计被分别自动放置在相应的空白单元格中。

	A	B	C	D	E	F	G	H
1	某公司全年服装销售统计表						单位：万元	
2	分公司	第一季度	第二季度	第三季度	第四季度	合 计	平 均	
3	南京	¥1,500.00	¥1,500.00	¥3,000.00	¥4,000.00	¥10,000.00		
4	北京	¥1,500.00	¥1,800.00	¥2,550.00	¥4,900.00	¥10,750.00		
5	广州	¥1,200.00	¥1,800.00	¥1,800.00	¥4,400.00	¥9,200.00		
6	天津	¥700.00	¥1,300.00	¥1,600.00	¥2,900.00	¥6,500.00		
7	总计	¥4,900.00	¥6,400.00	¥8,950.00	¥16,200.00	¥36,450.00		
8								
9								

Sheet1 Sheet2 Sheet3

图 4-13　行、列自动求和

（3）求平均值、计数、最大值和最小值等其他常用统计函数的输入方法：单击“∑自动求和”按钮右边的下拉箭头，即可实现对某个统计函数的选择。

4）自动计算

有时只需要在工作表中查看一个统计结果，并不需要将它实际计算出来，这时就可以使用 Excel 提供的自动计算功能。操作步骤为选中需要自动计算的区域，则在状态栏中会显示所选区域的平均值、计数和求和等信息，如图 4-14 下部的椭圆内的内容所示。

如果要改变运算类型，可选中要自动计算的区域，右击状态栏的任意位置，在所弹出的快捷菜单中进行选择（如数值计数、最大值和最小值等），相应结果就会显示在状态栏中。

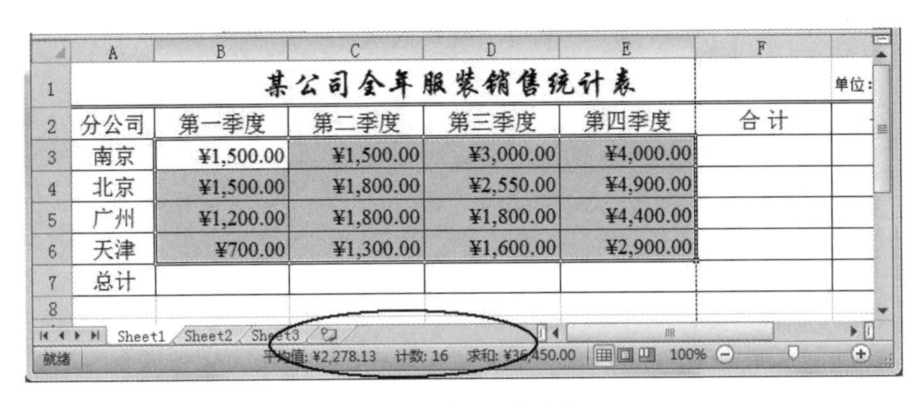

	A	B	C	D	E	F
1	某公司全年服装销售统计表					单位:
2	分公司	第一季度	第二季度	第三季度	第四季度	合计
3	南京	¥1,500.00	¥1,500.00	¥3,000.00	¥4,000.00	
4	北京	¥1,500.00	¥1,800.00	¥2,550.00	¥4,900.00	
5	广州	¥1,200.00	¥1,800.00	¥1,800.00	¥4,400.00	
6	天津	¥700.00	¥1,300.00	¥1,600.00	¥2,900.00	
7	总计					
8						

图 4-14　自动计算示例

3. 常用函数应用举例

1) IF 函数

条件 IF 函数能够根据判断结果执行不同的操作。IF 函数的语法结构：

```
IF(条件,结果 1,结果 2)。
```

该函数的功能为对满足条件的数据进行处理,条件满足则输出结果 1,不满足则输出结果 2。可以省略结果 1 或结果 2,但不能同时省略。

条件的构成：把两个表达式用关系运算符(主要有＝,＜＞,＞,＜,＞＝和＜＝6 个关系运算符)连接起来就构成条件表达式,需要注意的是,公式中运算符均为西文字符。例如,在 IF(A1＋B1＞100,1,0)函数式中,条件表达式是 A1＋B1＞100。该函数的执行过程是先计算条件表达式 A1＋B1＞100,如果表达式成立,值为 TRUE,并在函数所在单元格中显示 1;如果表达式不成立,值为 FALSE,并在函数所在单元格中显示 0。

又如,函数 IF(D3＞＝90,"优秀","合格")被保存在一个单元格 E3 中,若 D3 单元格的值大于或等于 90 成立,则就在 E3 单元格中显示出“优秀”,否则显示出“合格”。

IF 函数还可以嵌套使用,即在 IF 函数的条件或结果中又包含了另一个 IF 函数,并且嵌套的层数不限。例如：

```
IF(E2> = 90,"优",IF(E2> = 80,"良",IF(E2> = 60,"及格","不及格")))。
```

上述嵌套 IF 函数的执行过程如下：函数从左向右执行。首先计算 E2＞＝90,如果该表达式成立,则显示“优”,如果不成立就继续计算 E2＞＝80,如果该表达式成立,则显示“良”,否则继续计算 E2＞＝60,如果该表达式成立,则显示“及格”,否则显示“不及格”。

2) COUNT 函数

COUNT 函数用于统计选中区域中数字字段的输入项个数,需要给出统计范围。

COUNT 函数的语法格式：

```
COUNT(value1,value2,…)
```

其中的参数 value1 和 value2 是包含或引用各种类型数据的参数(1～255 个)，但只有数字类型的数据才被计数。

COUNT 函数在计数时，将把数字、空值、逻辑值、日期或以文字代表的数计算进去；但是错误值或其他无法转化成数字的文字则被忽略。例如，如果 A1 为 1，A5 为 3，A7 为 2，其他均为空，则 COUNT(A1:A7)等于 3，COUNT(A4:A7)等于 2，COUNT(A1:A7，2)等于 4。

3) COUNTIF 函数

COUNTIF 函数是 COUNT 函数的延伸和拓展，用于统计符合条件的单元格数目，除了要求给出范围外，还要给出计数条件。

COUNTIF 函数的格式：

```
COUNTIF(区域,条件)
```

该函数用于计算某个区域中满足特定条件的单元格数目。其中“区域”是指需要进行计数的区域；“条件”一般用一个字符串表示。例如，在 B101 单元格中输入“=COUNTIF(B1:B100,"工程师")”，则 B101 中将显示一个统计值，该值表示在 B1:B100 区域中数据值为“工程师”的个数。

4) SUMIF 函数

SUMIF 函数是 SUM 函数的延伸和拓展，用于合计所有符合条件的单元格的值。除了要求给出求和范围外，还要给出求和条件。

SUMIF 函数的格式：

```
SUMIF(区域,条件,求和区域)
```

该函数用于根据指定条件对求和区域中的数据求和。其中“区域”是指条件所在的区域；“条件”一般是用一个字符串表示；“求和区域”是指需要求和的数据区域。例如，“=SUMIF(B1:B10,“>=100”,D1:D10)”表示对 B1:B10 区域中数据值大于等于 100 的相应的 D1:D10 区域中的值进行求和。

4. 公式的复制和单元格地址的引用

1) 公式的复制

公式的复制可以避免大量重复输入公式的工作，其复制的方法也有多种(详见 4.2.4 节)。当复制公式时，若在公式中使用了单元格或区域，则在复制的过程中根据不同的单元格引用可得到不同的计算结果。

2) 单元格地址的引用

引用的目的在于标识工作表中的单元格或区域，并指明公式中所使用的数据的位置。当创建一个包括引用的公式时，就将公式与被引用的单元格联系在一起，公式的值也依赖于被引用的单元格的值。如果该单元格的值发生变化，公式的值也随之变化。单元格引用分为相对引用、绝对引用和混合引用 3 种。

(1) 相对引用：这是 Excel 中默认的单元格引用方式，如 A3、C6 等。当复制包含相对引用的公式到其他区域时，行号和列号都会发生改变，新公式中将不再是对原单元格或区域进行的引用。

相对引用是用单元格之间的行、列距离来描述位置的，即公式移动的行数也就是该引用变化的行数，公式移动的列数也就是该引用变化的列数。例如，在工作表的 A1:A3 和 B1:B3 区域中已输入如图 4-15 所示的数据，当在单元格 B5 中输入公式“=A1+A2”，然后将该公式复制到单元格 C6 中时，会发现 C6 中的公式自动调整为“=B2+B3”，这是由于公式从 B5 复制到 C6，行数、列数均增加 1，所以公式中引用的单元格也增加相应的行数和列数，即由 A1、A2 变为 B2、B3 了。

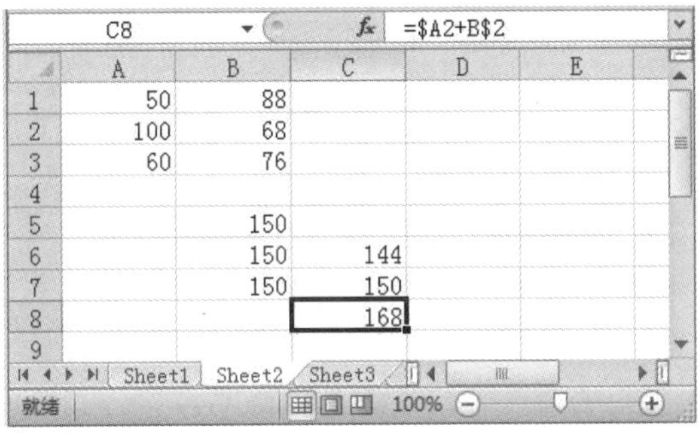

C8　　fx　=$A2+B$2

	A	B	C	D	E
1	50	88			
2	100	68			
3	60	76			
4					
5		150			
6		150	144		
7		150	150		
8			168		
9					

Sheet1　Sheet2　Sheet3

就绪　100%

图 4-15　3 种单元格地址的引用方式示例

(2) 绝对引用：绝对引用描述了特定单元格的绝对地址，在行号和列号前均增加 $ 符号来表示，如 $A$1。在公式复制时，公式中的绝对引用将不随公式位置变化而改变。例如，在图 4-15 所示的单元格 B6 中输入公式“=$A$1+$A$2”，再将公式复制到单元格 C7，会发现 C7 中的公式仍为“=$A$1+$A$2”。

(3) 混合引用：如果单元格引用地址一部分为绝对引用地址，另一部分为相对引用地址，例如 $A1 或 A$1，这类引用方式称为混合引用，这类地址称为混合地址。当公式因为复制或插入而引起行列变化时，公式中的相对引用部分会随位置变化，而绝对引用部分不会变化。例如，在图 4-15 所示的单元格 B7 中输入公式“=$Al+A$2”，然后将公式复制到单元格 C8，会发现 C8 中的公式变成“=$A2+B$2”。

3 种引用在输入时可以互相转换，方法是在公式中先选中要转换引用的单元格，然后反复按 F4 键即可在 3 种引用地址之间不断切换。用户可以通过以上 3 种类型的单元格地址表示法，创建出灵活多变的公式来。

3) 创建三维公式

在实际工作中，用户经常需要把不同工作表甚至是不同工作簿中的数据应用于同一个公式中进行计算处理，这类公式被形象地称为三维公式。三维公式的构成如下。

(1) 不同工作表中的数据所在单元格地址的表示如下：

工作表名称！单元格引用地址

（2）不同工作簿中的数据所在单元格地址的表示如下：

[工作簿名称]工作表名称！单元格引用地址

三维公式的创建与一般公式一样，可直接在编辑栏中进行输入。例如，要把 Sheet3 中 C3 单元格的数据和 Sheet2 中 D2 单元格的数据相加，结果放在 Sheet1 的 A5 单元格，则在 Sheet1 的 A5 单元格中输入公式"=Sheet3！C3+Sheet2！D2"。

4.2.4 数据编辑

对单元格数据的编辑包括修改、删除、复制和移动、查找与替换，插入或删除单元格等操作。

1. 数据修改

在编辑状态下，修改单元格中的数据主要有插入字符、删除字符、替换字符、复制和移动字符等操作，其操作方法与 Word 相似。在 Excel 中，修改数据有两种方法：一是在编辑栏中修改，二是直接在单元格中修改。具体操作如下。

方法 1：单击要编辑的单元格，然后单击编辑框中要编辑的位置。设置好插入点，在编辑框中编辑数据，最后单击√按钮或按 Enter 键确认修改，单击×按钮或按 Esc 键放弃修改。这种操作方法常用于编辑内容较长的单元格或包含公式的单元格。

方法 2：双击要编辑的单元格，单元格内将出现插入点，将插入点移到要编辑的位置，在单元格中直接编辑数据。这种操作方式常用于编辑内容较短的单元格。

2. 数据删除

Excel 中数据删除有两个不同的概念，即有两种不同的删除方法：数据清除和数据删除。

1）数据清除

数据清除的对象是单元格中的数据，而单元格本身仍然存在。数据清除的操作为选中要清除的单元格或区域，单击"开始"选项卡上的"编辑"区中"清除"按钮，在下一级菜单中选择相应的清除命令。

（1）"全部清除"命令清除单元格或区域中的全部内容，包括内容、公式、格式、批注等。

（2）"清除格式"命令只清除单元格或区域中的格式，将格式恢复到"常规"，其他特性仍然保留。

（3）"清除内容"命令只清除单元格或区域中的内容，格式等其他特性仍然保留。

（4）"清除批注"命令只清除单元格或区域中的批注，而保留其他特性。

（5）"清除超链接"命令只清除单元格或区域中的超链接，而保留其他特性。

清除一个单元格或区域所含内容的快速方法是：选中该单元格或区域，然后按

Del 键。

2）数据删除

数据删除的对象是单元格，删除后单元格和单元格中的数据全部消失。数据删除的操作为：选中要删除的单元格或区域，在“开始”选项卡上的“单元格”区中，单击“删除”下拉按钮，在列表中选择“删除单元格”命令，弹出如图 4-16 所示的对话框，从中可选择所需的选项。

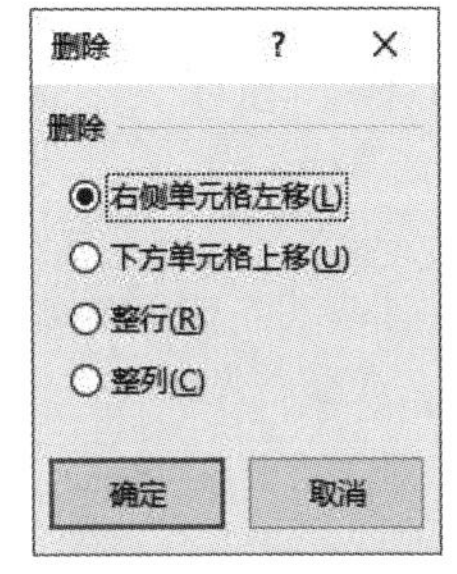

图 4-16 “删除”对话框

（1）“右侧单元格左移”和“下方单元格上移”将右侧或下方的单元格移动到被删除的单元格或区域的位置上，以填补留下的空白。

（2）“整行”和“整列”删除选中单元格或区域所在的整行或整列，下方或右侧的单元格将自动填补留下的空白。

如果要删除整行或整列，可以直接选中相应的行号或列号，然后在“开始”选项卡上的“单元格”区中选择“删除”→“删除工作表行”或“删除工作表列”命令，则将直接删除该行或该列，而不会出现“删除”对话框。

3. 数据复制和移动

1）数据复制、移动

（1）鼠标拖放操作：如果要在小范围内进行复制或移动操作，例如在同一工作表内进行复制或移动，采用此方法比较方便。操作方法为选中需要复制或移动的单元格或区域，将鼠标指针指向选中区域的边框，当鼠标光标由空心十字形变成指向左上角的箭头时，执行下列操作中的一种：

① 移动：将选中区域拖动到粘贴区域，然后释放鼠标。Excel 将以选中区域替换粘贴区域中的现有数据。

② 复制：先按住 Ctrl 键，再拖动鼠标，其他同移动操作。

（2）利用剪贴板：如果要在工作表或工作簿之间进行复制或移动，利用剪贴板进行操作很方便。操作方法为选中要复制或移动的单元格或区域，在“开始”选项卡上的“剪贴板”区中，单击“复制”按钮（进行复制操作）或“剪切”按钮（进行移动操作）。执行后，选中区域的周围将出现闪烁的虚线；切换到其他工作表或工作簿，选中粘贴区域（与原区域大小相同），或选中粘贴区域的左上角单元格；在“开始”选项卡上的“剪贴板”区中，单击“粘贴”按钮。执行后，选中区域的数据将替换成粘贴区域中的数据。

操作后，只要闪烁虚线不消失，粘贴操作可以重复进行；如果闪烁虚线消失，粘贴就无法再进行了。

2）选择性粘贴

一个单元格含有多种特性，如内容、格式和批注等。另外，它还可能是一个公式，含有有效性规则等，数据复制时往往只需复制它的部分特性。为此，Excel 提供了一个选择性粘贴功能，可以有选择地复制单元格中的数据，同时还可以进行算术运算和行列转置等。

选择性粘贴的操作步骤如下：

（1）选中需要复制的单元格或区域，在“开始”选项卡上的“剪贴板”区中单击“复制”按钮，将选中的数据复制到剪贴板。

（2）选中粘贴区域的左上角单元格，在“开始”选项卡上的“剪贴板”区中单击“粘贴”下拉按钮，在列表中选择“选择性粘贴”命令，弹出如图 4-17 所示的对话框。

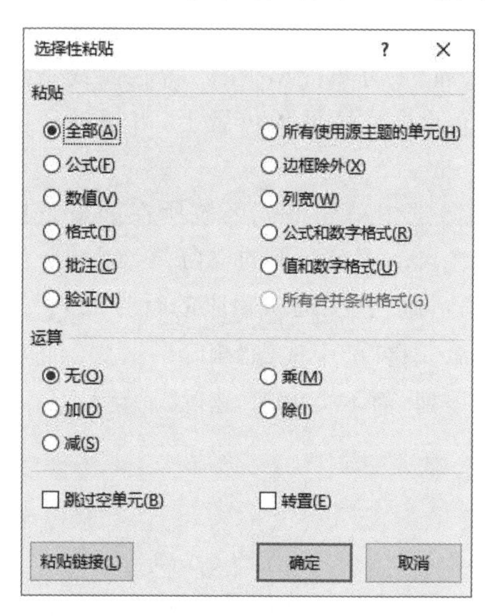

图 4-17 “选择性粘贴”对话框

（3）在对话框中选择下列相应选项，单击“确定”按钮即可。

① “粘贴”区：选择选中区域的公式、数值、格式、批注或有效数据等属性粘贴到粘贴区域。

② “运算”区：使用指定的运算符来组合选中区和粘贴区，即用选中区中的数据与粘贴区中的数据进行计算，结果存放在粘贴区。

③ “跳过空单元”复选框：选中此复选框，可避免选中区域的空白单元格取代粘贴区域中已有的数值，即选中区域中空白单元格不被粘贴。

④ “转置”复选框：选中此复选框，可以将选中区域中的数据行列交换后复制到粘贴区域。

4. 单元格、行、列的插入和删除

在操作过程中若需要更多的空间，可通过 Excel 的插入操作来进行单元格、行和列的插入。

插入单元格是在选中单元格的上面或左面插入，插入行是在选中的行上面插入，插入列是在选中列的左面插入，插入的数目与选中的数目相符。例如，要在 B 列的左面插入两个空列，可以先选中 B、C 两列，然后从“单元格”区中的“插入”下拉列表中选择“插入工作表列”命令即可。同理，使用“插入”下拉列表中的 “插入工作表行”命令，可在选中行上

面插入所需的空行。

下面以插入单元格为例介绍操作步骤：

(1) 在需要插入单元格处选中相应的单元格区域。注意：选中的单元格数量应与待插入单元格的数目相同。

(2) 选择“插入”下拉列表中的“插入单元格”命令，弹出如图 4-18 所示的对话框。

(3) 在对话框中选择相应选项，单击“确定”按钮即可。

单元格、行、列的删除在“数据删除”部分已作介绍，这里不再重复。

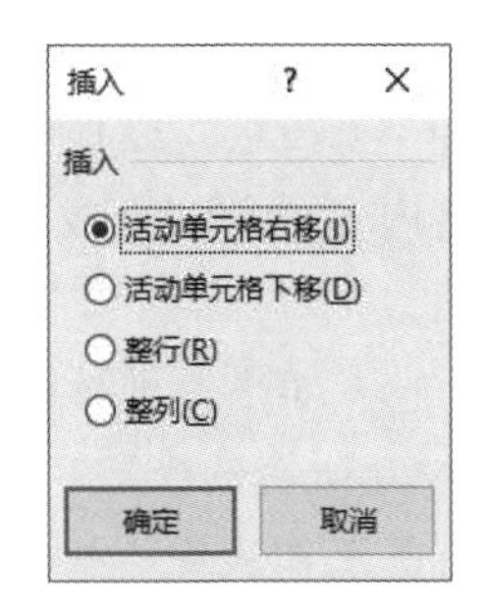

图 4-18 “插入”对话框

5. 撤销和恢复编辑操作

在编辑操作过程中，如果执行了一些误操作，可对其进行撤销。Excel 提供的多步撤销功能允许用户撤销最近所做的多步编辑操作。同样，也可恢复被撤销的操作。

如果只撤销上一步操作，可单击 Excel 页面左上角的快速访问组中的“撤销”按钮；如果要撤销多步操作，则可以单击“撤销”按钮右边的下拉箭头，在打开的下拉列表中选择要撤销的操作步数；如果要恢复已撤销的操作，可单击“撤销”按钮右边的“恢复”按钮。

6. 查找与替换

“查找”与“替换”是指在指定范围内找到用户所指定的单个字符或一组字符串，并将其替换成另一个字符或一组字符串。

1) 数据查找

在选中了要进行查找的区域之后(如果不选中查找区域，默认是指整个工作表)就可以进行查找操作了。查找的方法如下：

(1) 在“开始”选项卡上的“编辑”区中，选择“查找和选择”→“查找”命令，弹出“查找和替换”对话框，如图 4-19 所示。

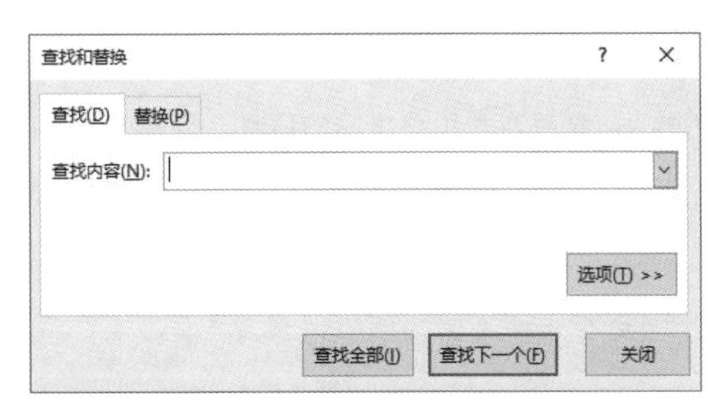

图 4-19 “查找和替换”对话框中的“查找”选项卡

(2) 在“查找内容”文本框中输入所要查找的内容，然后单击“查找下一个”按钮，就可以在选定区域中进行查找，当找到确定的内容后，该单元格将变为活动单元格。如果想要一次查找出所有匹配的单元格，可在“查找和替换”对话框中单击“查找全部”按钮。所查找到的单元格位置和值都将在“查找和替换”对话框的下部显示出来。

(3) 在查找过程中还可以使用模糊匹配的方法，例如要查找 4000～4999 范围内的单元格内容，可在“查找内容”文本框中输入“4???”，然后单击“查找下一个”或“查找全部”按钮。

(4) 如果要进行高级查找，可在“查找和替换”对话框中单击“选项”按钮，则出现如图 4-20 所示的窗口。在该窗口中可设置查找的范围或匹配的格式。例如，要在工作簿中所有的工作表中查找，可在“范围”下拉列表中选择“工作簿”选项；在“搜索”下拉列表中可以选择“按行”或“按列”搜索方式；在“查找范围”下拉列表中有“公式”“值”和“批注”3 个选项，另外还有“区分大小写”和“区分全/半角”等复选条件，可以根据需要进行设置。

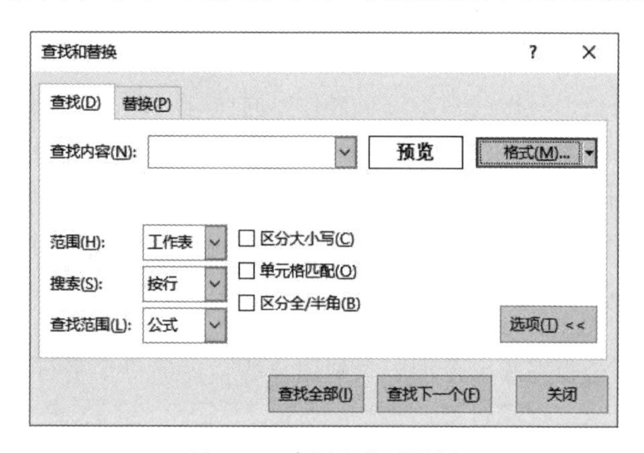

图 4-20　高级查找对话框

(5) 单击“格式”按钮，将出现一个下拉菜单，选择“格式”菜单项，可以对要查找的单元格的格式进行设置；选择“从单元格选择格式”菜单项，则可以提取单元格的格式。

(6) 单击“关闭”按钮，关闭“查找和替换”对话框，并且光标会移动到工作表中最后一个符合查找条件的位置。

2) 数据替换

替换就是将查找到的信息替换为用户指定的信息。替换的方法如下：

(1) 选中要替换的范围。如果不选中范围，Excel 将在整个工作表中进行替换。

(2) 在“开始”选项卡上的“编辑”区中选择“替换”命令，打开“查找和替换”对话框，如图 4-21 所示。

(3) 在“查找内容”文本框中输入要替换的内容，在“替换为”文本框中输入替换后的内容。

(4) 单击“查找下一个”按钮开始搜索。当找到第一个内容匹配的单元格后，该单元格就变为活动单元格，这时可以单击“替换”按钮进行替换，也可以单击“查找下一个”按钮跳过此次查找的内容并继续进行搜索。

(5) 如果要一次替换所有匹配的单元格内容，可单击 “查找全部”按钮，然后单击“全

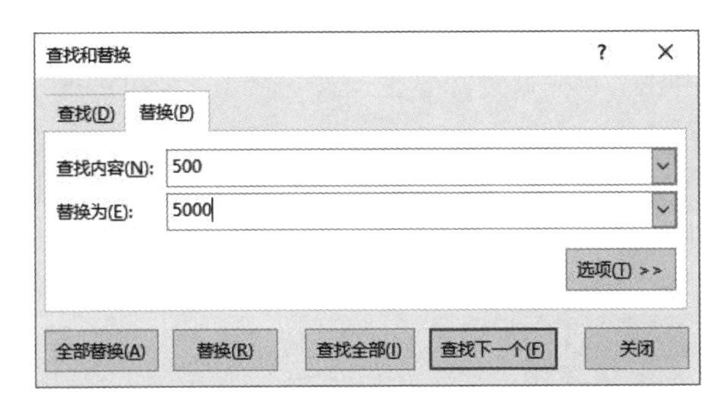

图 4-21 “查找和替换”对话框中的“替换”选项卡

部替换”按钮，可以把所有与“查找内容”相符的单元格内容替换成新内容，并弹出如图 4-22 所示的系统提示对话框，单击“确定”按钮完成操作。

7. 给单元格加批注

批注是为某个数据项设置提示性信息或给出解释，像提醒用户别忘记做某件事等。添加批注的方法是选中要添加批注的单元格，在“审阅”选项卡上的“批注”区中单击“新建批注”按钮，出现一个类似文本框的输入框，在此输入提示信息，然后单击工作表的任意位置，在该单元格中就出现了一个红色箭头，把鼠标移动到该单元格上，就能看到批注提示框，如图 4-23 所示。

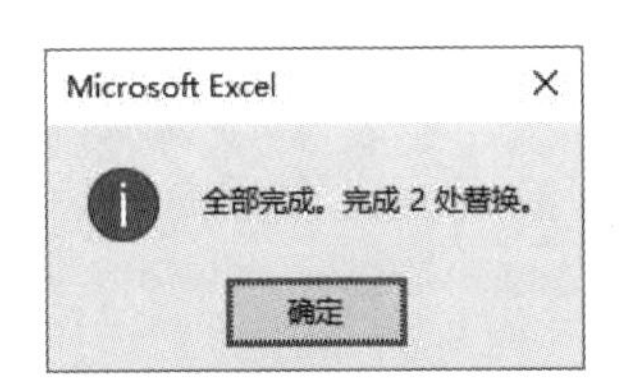

图 4-22 替换完成对话框

分公司	第一季度	第二季度	第
南京	¥1,500.00	wyp: 最高销售额	
北京	¥1,500.00		
广州	¥1,200.00		
天津	¥700.00	¥1,300.00	

图 4-23 给单元格添加批注

已插入的批注也可以进行修改：选中已插入批注的单元格，然后在“审阅”选项卡上的“批注”区中单击“编辑批注”按钮，即出现批注输入框，可对其进行修改。删除批注也很简单，选中已插入批注的单元格，然后在“审阅”选项卡上的“批注”区中单击“删除”按钮。也可以在该单元格上右击，在弹出菜单中选择“删除批注”命令即可。

4.3 工作表的编辑和格式化

4.3.1 工作表的编辑

1. 工作表的选中

在对工作表进行操作前，必须先选中要操作的工作表。Excel 中提供了多种选中活动工作表的方法：

(1) 选中一个工作表：首先通过标签滚动按钮找到所需的工作表标签，然后单击工作表标签。

(2) 同时选中多个连续的工作表：单击要选中的第一个工作表标签，然后按住 Shift 键不放，单击所要选中的最后一个工作表标签。

(3) 同时选中多个不连续的工作表：单击要选中的第一个工作表标签，然后按住 Ctrl 键不放，依次单击所要选中的其他工作表标签。

(4) 取消选中：单击未被选中的工作表标签，在选中此工作表的同时清除以前的选中。

2. 工作表的删除、插入和更名

1) 工作表的删除

如果想删除一个或多个工作表，只要选中要删除工作表的标签，然后在“开始”选项卡上的“单元格”区中选择“删除”→“删除工作表”命令。执行操作后，被选中的工作表被删除，且相应的表标签也从标签栏中消失。

注意：工作表被删除后，不可用快速访问组中的“撤销”按钮恢复。

2) 工作表的插入

如果想在某个工作表前插入一个或多个空白工作表，只需先选中相应的工作表标签，然后在“开始”选项卡上的“单元格”区中，选择“插入”→“插入工作表”命令，就可在选中的工作表之前插入与选中数目相同的空白新工作表。

3) 工作表的更名

Excel 自动为每一个工作表命名为 Sheet1，Sheet2，Sheet3，…，有时需要为某些工作表起个“顾名思义”的名字，以便识别，此时需要使用 Excel 提供的更名功能。方法为双击要更名的工作表标签，标签出现黑色背景显示，然后输入新名称覆盖原有名称，最后按 Enter 键确认。

3. 工作表的复制和移动

实际使用中，为了更好地共享和组织数据，经常需要复制或移动工作表。复制和移动操作既可以在同一工作簿内进行，也可以在不同工作簿之间进行，操作时既可以使用菜单命令，也可以使用鼠标拖动方法来实现。

1) 使用菜单命令

此方法适合在不同工作簿之间复制或移动工作表。例如，将 book1. xlsx 中的 Sheet1 复制到 book2. xlsx 中的 Sheet1 之前，操作步骤如下。

(1) 分别打开源工作簿文件 book1. xlsx 和目标工作簿文件 book2. xlsx。

(2) 切换到源工作簿文件 book1. xlsx,选中要操作的工作表 Sheet1。

(3) 右击工作表标签,在弹出的快捷菜单中选择“移动或复制”命令,弹出如图 4-24 所示的对话框。

(4) 在“工作簿”下拉列表框中选择目标工作簿 book2. xlsx;在“下列选定工作表之前”列表框中选择复制的位置 Sheet1;选中“建立副本”复选框,单击“确定”按钮。

2) 使用鼠标拖动方法

如果要在同一个工作簿内复制或移动工作表,使用鼠标拖动的方法更为快捷、方便。例如,在 book1. xlsx 文件中,将 Sheet1 移动到 Sheet3 之前的操作步骤如下。

(1) 打开或切换到 book1. xlsx 工作簿文件。

(2) 鼠标指向要移动的工作表标签,按住鼠标左键拖动,此时鼠标指针变成一张小白纸,同时有一个小三角,用于指出工作表的移动位置。

(3) 拖动小三角到 Sheet2 和 Sheet3 之间,释放鼠标按键即可完成工作表的移动。

若要复制工作表,操作步骤同上,只不过在按住鼠标左键拖动之前,先按住 Ctrl 键;在拖动过程中,鼠标指针将变成一张带加号的小白纸。

4. 工作表标签颜色的改变

同一工作簿中的工作表标签可以具有不同的颜色,这样将使工作表之间的区别更加明显。操作方法为右击工作表标签,在快捷菜单中选择“工作表标签颜色”命令,打开如图 4-25 所示的“主题颜色”的对话框。默认的工作表标签颜色为“无颜色”,用户可以从颜色列表中选择任一颜色作为工作表标签的颜色。

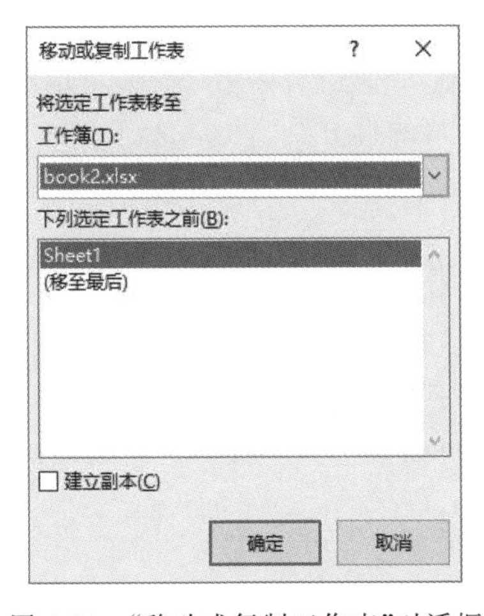

图 4-24 “移动或复制工作表”对话框

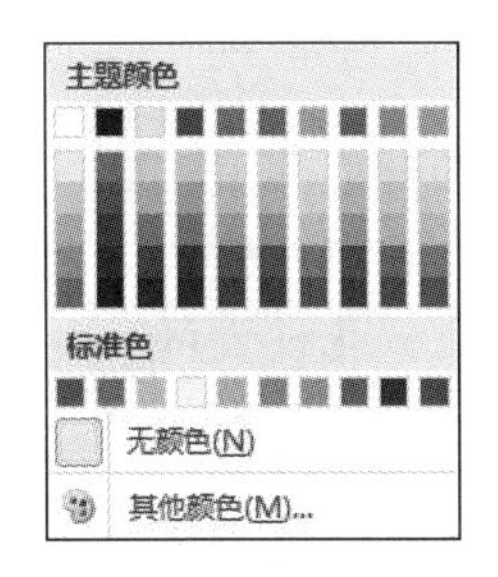

图 4-25 “主题颜色”对话框

5. 工作表窗口的拆分与冻结

如果一个工作表中数据很多,则文档窗口不能将工作表数据全部显示出来,就需要滚动屏幕查看工作表的其余部分。这时工作表的行标题或列标题就可能会滚动到窗口区域以外看不见了。如果希望在滚动工作表数据的同时,仍然能够看到行或列的标题,则可以将工作表拆分为几个区域,从而可以在一个区域滚动工作表,而在另一个区域显示标题。

操作方法为在“视图”选项卡上的“窗口”区中单击“拆分”按钮,就可以将当前窗口一分为四,每个窗口都可以显示同一表格的任意部分。用鼠标拖动水平和垂直分隔线,可以改变分隔尺寸。分隔后的窗口如图 4-26 所示。

	A	B	E	F	G	H	I
1			·软件公司				
2			薪水表				
3							
4	序号	姓　名	工作时间	工作时数	小时报酬	薪　水	
5	1	杜永宁	86/12/24	160	36	5760	
6	2	王传华	85/7/5	140	28	3920	
7	3	殷　泳	90/7/26	140	21	2940	
8	4	杨柳青	88/6/7	160	34	5440	
34	30	李媛媛	84/8/23	160	29	4640	
35	31	石　垒	89/12/13	160	32	5120	
36	32	王　元	91/2/5	140	24	3360	
37	33	靳玉静	90/8/12	140	22	3080	
38	34	安钟峰	88/11/5	140	36	5040	
39	35	郑　莉	87/11/25	160	30	4800	
40	36	蒋小静	86/5/31	140	30	4200	
41	37	吴　维	87/9/9	140	31	4340	

图 4-26　拆分后的窗口

如果不希望某个窗口滚动,可执行“窗口”区中的“冻结窗格”下拉按钮,在列表中选择“冻结拆分窗口”命令即可。例如要查看一个大表的数据,通常要固定标题不动,就可以选择冻结首行或首列命令。

利用“窗口”区中的“窗口冻结”下拉按钮,选择“取消窗口冻结”命令,可取消窗口的冻结;再次单击“窗口”区中的“拆分”按钮,可取消窗口的拆分。

4.3.2　工作表的格式化

工作表建立和编辑后,根据需要可对工作表进行格式化,使工作表的外观更漂亮,排列更整齐,重点更突出。工作表格式化主要有数字格式、对齐方式、字体和边框设置等。工作表的格式化设置可以由用户自定义格式,也可通过 Excel 提供的自动格式化功能来实现。

1. 自定义格式

自定义格式通常有以下两种方法来实现:一是使用“开始”选项卡中格式设置功能区中的命令按钮来设置,二是打开“设置单元格格式”对话框,在对话框中进行设置,如图 4-27 所示。“设置单元格格式”对话框的打开可以通过单击“开始”选项卡“单元格”功能区中的“格式”按钮的下拉列表,选择其中的“设置单元格格式”命令,也可以单击每个格式设置功能区右下角的“打开对话框”按钮打开“设置单元格格式”对话框。

注意：对单元格格式化并不改变其中原有的数据或公式，只改变它们的显示方式。

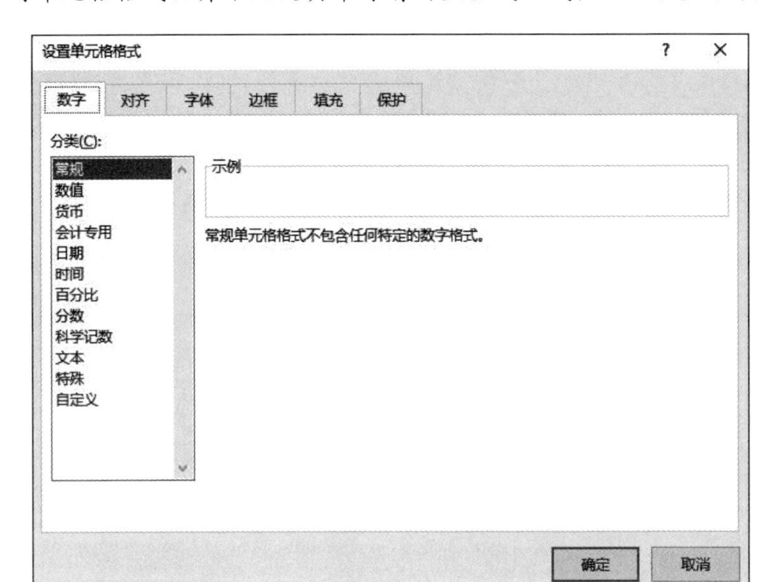

图 4-27 “设置单元格格式”对话框

1）设置数字格式

数字格式是指对工作表中数字的表示形式进行格式化。Excel 内部共设置了 11 种数字格式，分别是常规、数字、货币、会计专用、短日期、长日期、时间、百分比、分数、科学记数和文本。如果需要，用户还可以自己定义数字格式。

（1）利用“数字”功能区按钮设置格式：“数字”区中共有 5 个按钮用于数字格式化。

① “会计数字格式”：对选中区域的数值型数据前面加上人民币符号，并对数据四舍五入取整。

② 百分比样式：将选中区域的数值型数据乘以 100 后再加百分号，成为百分比形式。

③ 千位分隔样式：对选中区域中的数值型数据加上千分号。

④ 增加小数位数：使选中区域的数据的小数位数加 1。例如，234.5 变为 234.50。

⑤ 减少小数位数：使选中区域的数据的小数位数减 1。

用户也可打开“开始”选项卡，单击如图 4-28 所示的“数字”功能区中的“常规”右侧的下拉按钮，就可以选择更多的数字格式。

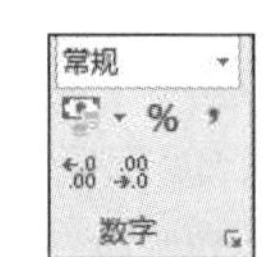

图 4-28 数字功能区中的数字格式按钮

（2）利用“设置单元格格式”对话框设置：在“设置单元格格式”对话框中选择“数字”选项卡后，对话框中将出现“分类”列表框，如图 4-27 所示。首先在“分类”列表框中选择数据类别，此时在对话框右部将显示本类别中可用的各种显示格式以及示例，然后在其中直观地选择具体的显示格式，最后单击“确定”按钮即可。

2）设置字体格式

字体格式用来设置单元格中数据的字体、字形、字号、颜色和效果，设置字体格式之前必须先选中要设置的单元格，然后使用“开始”选项卡上的“字体”功能区中的各个格式按钮进行设置，也可打开“设置单元格格式”对话框，在“字体”选项卡中进行设置。图4-29中的标题“某公司全年服装销售统计表”就是按华文行楷、20磅设置而成的。

	A	B	C	D	E	F	G
1	某公司全年服装销售统计表						单位：万元
2	分公司	第一季度	第二季度	第三季度	第四季度	合计	平均
3	南京	¥1,500.00	¥1,500.00	¥3,000.00	¥4,000.00	¥10,000.00	¥2,500.00
4	北京	¥1,500.00	¥1,800.00	¥2,550.00	¥4,900.00	¥10,750.00	¥2,687.50
5	广州	¥1,200.00	¥1,800.00	¥1,800.00	¥4,400.00	¥9,200.00	¥2,300.00
6	天津	¥700.00	¥1,300.00	¥1,600.00	¥2,900.00	¥6,500.00	¥1,625.00
7	总计	¥4,900.00	¥6,400.00	¥8,950.00	¥16,200.00	¥36,450.00	¥9,112.50

图4-29　自定义格式工作表示例

3）设置对齐格式

默认情况下，Excel将输入的数字自动右对齐，输入的文字自动左对齐。但有时，为满足一些表格处理的特殊要求或整个版面的布局美观，希望某些数据按照某种方式对齐，这时可通过“开始”选项卡上的“对齐方式”功能区或“设置单元格格式”对话框中的“对齐”选项卡来设置。

（1）利用“对齐方式”区设置：“对齐方式”区中有11个对齐格式按钮用于快速设置对齐格式，分别介绍如下。

①“顶端对齐”“垂直居中”和“底端对齐”：沿单元格顶端、上下居中或底端对齐文字。

②“文本左对齐”“居中”“文本右对齐”：使用这些按钮，使所选单元格、区域、文字框或图表文字中的内容向左对齐、向右对齐和居中对齐。

③“自动换行”：通过多行显示，使单元格中的所有内容都可见。

④“合并后居中”：将选中的由多个连续单元格组成的单元格区域合并成一个“大”的单元格，合并后的单元格只保留选中区域左上端单元格中的数据，并居中对齐。此项功能尤其适用于表标题。

⑤“方向”：用来改变单元格中数据的旋转角度，角度范围为－90～90℃。

⑥“减少缩进量”和“增加缩进量”：减少或增加边框与单元格文字之间的边距。

例如，图4-29中的标题“某公司全年服装销售统计表”就是设置合并居中后的结果，操作方法为首先选中区域A1:F1，然后在“开始”选项卡上的“对齐方式”区中单击“合并后居中”按钮，即可将标题置于区域的中间部位。在操作时注意要将居中的数据置于此区域的最左上的一个单元格中。

（2）利用“对齐”选项卡设置：单击“设置单元格格式”对话框中的“对齐”选项卡，如

图 4-30 所示。可以进行如下设置。

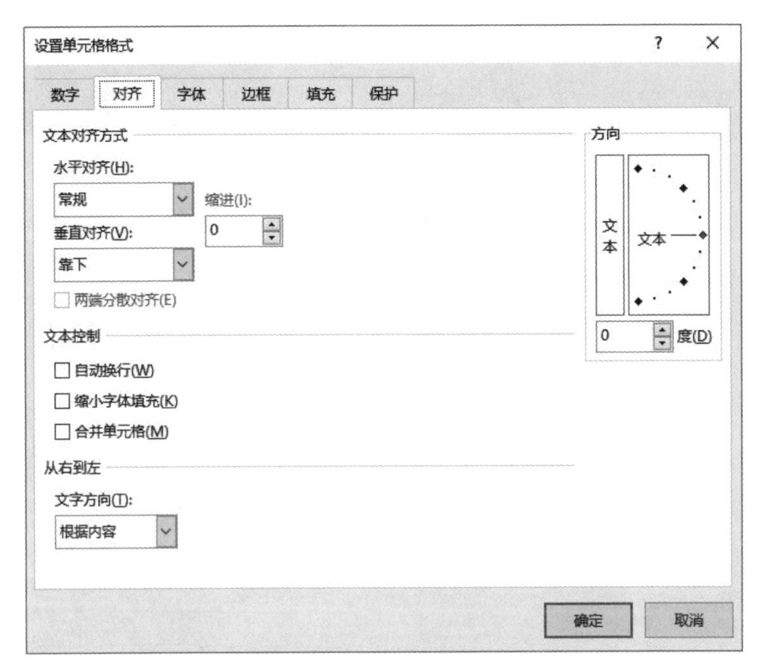

图 4-30 “设置单元格格式”对话框中的“对齐”选项卡

① “水平对齐”：该下拉列表框可设置单元格数据水平方向上的对齐方式，包括常规、靠左(缩进)、居中、靠右、填充、两端对齐、跨列居中和分散对齐。Excel 默认的水平对齐格式为“常规”，即文字左对齐，数字右对齐，逻辑值和错误值居中对齐。

② “垂直对齐”：该下拉列表框可设置单元格数据垂直方向上的对齐方式，包括靠上、居中、靠下，两端对齐和分散对齐。Excel 默认的垂直对齐格式为“靠下”，即数据靠下垂直对齐。

③ “文本控制”：用来解决单元格中文字较长，被“截断”的情况。

- “自动换行”复选框：对输入的文本根据单元格列宽自动换行，行数的多少取决于列的宽度和文本的长度。
- “缩小字体填充”复选框：缩减单元格中字符的大小，使数据调整到与列宽一致。
- “合并单元格”复选框：将多个单元格合并为一个单元格。

④ “文字方向”：指定文字的排列方向。

4）设置边框线

在工作表中为单元格添加边框线可突出显示工作表数据，使工作表更加清晰明了。边框线可以增添在单元格的上下或左右，也可以增添在四周。

(1) 利用“开始”选项卡上的“字体”区中的“边框”按钮中的下拉列表可使边框的添置操作较为简便。当单击“边框”按钮右侧的向下箭头时，弹出边框列表，在该列表中含有 13 种不同的边框线设置，供用户从中选择。

(2) 利用如图 4-31 所示的“设置单元格格式”对话框中的“边框”选项卡，可对选中的单元格区域进行边框线的位置、样式和颜色选择。设置方法如下：

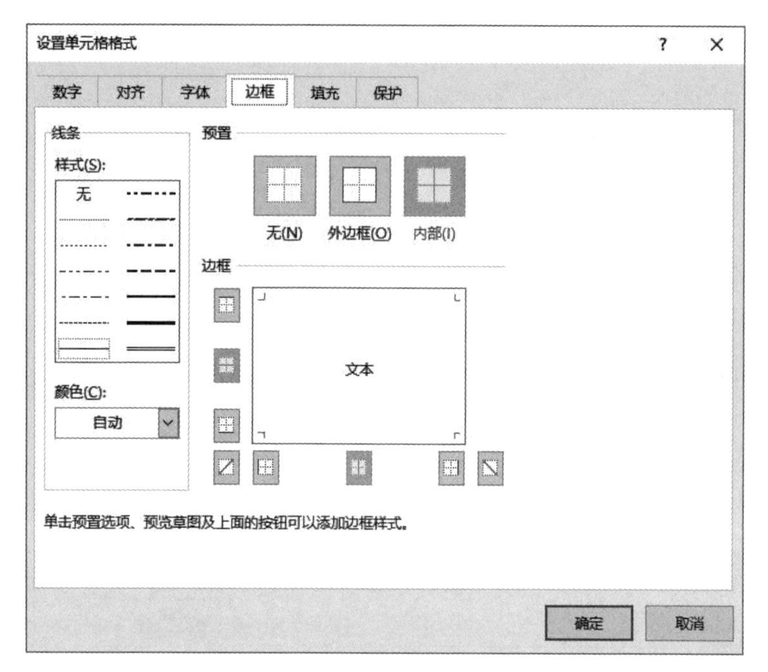

图 4-31 “设置单元格格式”对话框中的“边框”选项卡

首先在“样式”框中选择框线的式样，如点虚线、实线和双线等；然后在“颜色”框中选择框线的颜色；最后通过单击相应的按钮设置边框线。“预置”区的“无”按钮表示删除所有选中单元格的边框线，“外边框”按钮表示仅在选中区域的外部添加边框线，“内部”按钮表示为所选区域添加内部网格线。“边框”区有 8 个按钮，可分别为选中区域添加 4 条边、2 条网格线和 2 条斜线。

5）设置单元格或单元格区域图案

图案是指单元格区域的颜色和阴影。设置合适的图案可以使工作表显得生动活泼，使其既醒目又美观。

可使用“开始”选项卡上的“字体”区中的“填充颜色”按钮来设置填充颜色，步骤为单击该按钮的左边部分，是将当前颜色作为填充色；单击该按钮右边的向下箭头，将弹出颜色列表，在该列表中选择一种填充色作为选中单元格区域的背景色。

还可以通过“设置单元格格式”对话框中的“填充”选项卡来设置填充颜色、填充图案和填充效果，如图 4-32 所示。

6）设置行高和列宽

建立工作表时，所有单元格具有相同的宽度和高度。但如果单元格中输入的文本过长，而且右边相邻单元格又有内容时，超长的文本将被截去；如果输入的数字过长而无法显示时，则用 ######## 表示。当然，完整的数据还在单元格中，只是没有显示出来。因

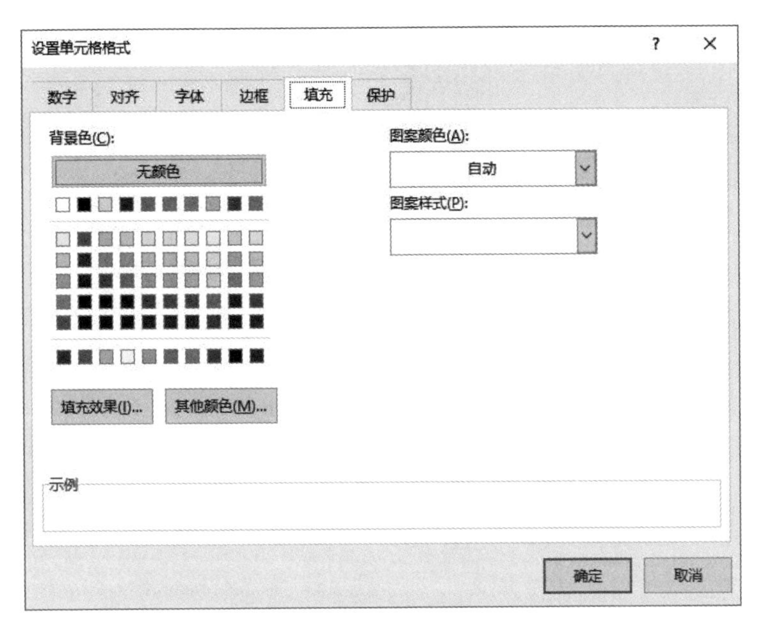

图 4-32 “设置单元格格式”对话框中的“填充”选项卡

此有必要调整单元格的行高和列宽，以便数据能够完整地显示出来。

(1) 改变列宽：用鼠标与菜单命令都可以调整列宽。

① 利用鼠标改变列宽：将鼠标指针移到某列号的右分隔线上，指针变为双向箭头。这时双击此分隔线，列宽将自动调整，以适合列中的最宽数据；如果用鼠标拖动此分隔线，可调整列宽(拖动时，列宽会显示在列标右上端)。当列宽为 0 时，则可隐藏该列数据。要取消隐藏，只要把指针移到隐藏处，指针变为双线双箭头后双击即可。

② 利用菜单命令改变列宽：选择要设置的列，在“开始”选项卡上的“单元格”功能区中，选择“格式”→“列宽”或“自动调整列宽”命令可调整选中列的列宽；选择“格式”→“隐藏和取消隐藏”→“隐藏列”命令可隐藏选中列，选择“取消隐藏列”命令可恢复显示原隐藏的列。

(2) 改变行高：使用鼠标拖动或使用“开始”→“格式”→“行高”或“自动调整行高”命令，可以调整行高，以适合该行中最大号字体高度或隐藏选中的行等。它们的操作方法与改变列宽的方法相似。

7) 设置条件格式

利用 Excel 提供的条件格式功能，可以根据单元格中的数值是否超出指定范围或在限定范围之内的不同情况，为单元格套用不同的字体格式、填充图案和边框。例如，在一个成绩单中，对于高于 90 分的成绩，在此单元格加上绿色背景色，对于低于 80 分的成绩，则为此单元格加上红色背景色。

图 4-33 所示是一个应用了条件格式后的工作表，其设置条件格式的操作步骤如下。

(1) 选中 B3:F7 区域，在“开始”选项卡上的“样式”功能区中，选择“条件格式”→“突

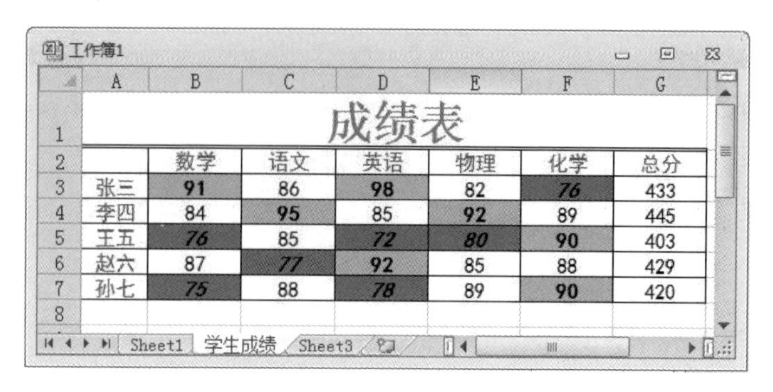

	成绩表					
	数学	语文	英语	物理	化学	总分
张三	91	86	98	82	76	433
李四	84	95	85	92	89	445
王五	76	85	72	80	90	403
赵六	87	77	92	85	88	429
孙七	75	88	78	89	90	420

图 4-33　设置条件格式示例

出显示单元格规则”中的“介于”命令，弹出“介于”对话框，如图 4-34 所示。

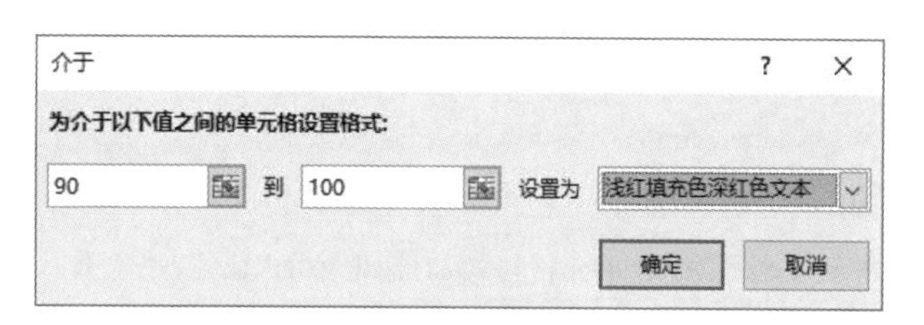

图 4-34　条件格式设置“介于”对话框

(2) 在文本框中分别输入 90 和 100，在“设置为”下拉列表中，选择“自定义格式”，则系统弹出的“设置单元格格式” 对话框。在“字体”选项卡中，将字形设置为“加粗”；在“填充”选项卡中，将背景色设置为绿色。单击“确定”按钮，返回“介于”对话框。

同理，可设置分数为 60～80 的字形为“加粗倾斜”，背景色设置为红色。

2. 自动格式化

Excel 提供了多种工作表样式，用户可以使用 Excel 的“自动套用格式”功能为工作表套用已有的样式，方法是在“开始”选项卡上的“样式”功能区中，单击“套用表格格式”下拉按钮，选择一种需要的样式，用户也可以新建表格样式。同样对选中的单元格，也可以使用“开始”选项卡上的“样式”功能区中的“单元格样式”按钮，将单元格格式套用已有的样式。

3. 格式的复制和删除

对已格式化的数据区域，如果其他区域也要使用该格式，可以不必重新设置格式，只需使用功能区中的命令进行格式复制，即可快速完成设置。另外，也可将不满意的格式删除。

1) 格式复制

方法 1：利用“开始”选项卡上的“剪贴板”区中的“格式刷”按钮快速复制格式，操作方法如下：先选中含有要复制格式的单元格或区域，然后单击“格式刷”按钮，最后选中目标区域即可。如果要将选中的格式复制到多个区域，则双击“格式刷”按钮，然后分别选中这几个目标区域即可。格式复制完成后，再次单击“格式刷”按钮使其失效。

方法2：利用“剪贴板”区中的“复制”及“选择性粘贴”命令也可将格式复制到其他区域。操作方法如下：先选中含有要复制格式的单元格或区域，从“开始”选项卡上的“剪贴板”区中执行“复制”命令，然后选中要复制格式的目标区域，在“剪贴板”区中执行“粘贴”→“选择性粘贴”命令，在弹出的“选择性粘贴”对话框中选择“格式”单选按钮，单击“确定”按钮。

2）格式删除

如果要删除单元格或区域的格式，可利用“清除”命令。操作方法为先选中单元格或区域，然后在“开始”选项卡上的“编辑”区中选择“清除”→“清除格式”命令。格式清除后，单元格中的数据将以通用格式来表示。

4.3.3 Excel中的数据保护

随着技术的进步，网上办公已成为现实，随之而来的数据安全问题日益突出。Excel提供了多种方法来保护计算机中的重要资料，以防止用户的误操作和他人对重要数据的恶意修改和删除。下面简单介绍如何在Excel中对数据进行保护。

1. 数据的修订

Excel的网络应用为用户带来了很大的方便，共享的工作簿可以提高用户的工作效率，但共享的工作簿很有可能被一些别有用心的人修改。为了避免这种情况的发生，用户可跟踪和审阅对工作簿的修订。

1）跟踪修订

如果没有对工作簿设置跟踪修订，则他人可以随意修改工作簿中的数据，且修改之后不容易查出该数据是否被修改过。如果要想清楚地了解数据的修改情况，可在“审阅”选项卡上的“更改”区中，选择“修订”→“突出显示修订”命令。

2）审阅修订

如果要审阅数据的修改，以便决定是否保存，可在“审阅”选项卡上的“更改”区中选择“修订”→“接受/拒绝修订”命令，用户可以决定是否接受修改或拒绝所作修改。

2. 数据的隐藏

共享工作簿中通常会有一些保密数据，不仅不希望别人修改，甚至不希望别人看到，此时就可利用Excel的数据隐藏功能进行设置。Excel中可以隐藏某些单元格，或者行和列，甚至是整个工作表或工作簿。

1）隐藏单元格

具体方法如下。

（1）选中需要隐藏内容的单元格，在“开始”选项卡上的“单元格”区中，选择“格式”→“设置单元格格式”命令，或者右击要隐藏的单元格，在快捷菜单中选择“设置单元格格式”命令，系统弹出“设置单元格格式”对话框。

（2）在“数字”选项卡的“分类”列表框中选择“自定义”选项，在“类型”文本框中输入3个分号“;;;”。单击“确定”按钮后，所选单元格的内容就被隐藏了，如图4-35所示。

demo1.xlsx [共享]

	A	B	C	D	E
1	某公司全年服装销售统计表				
2	分公司	第一季度	第二季度	第三季度	第四季度
3	南京	¥1,500.00	¥1,500.00		
4	北京	¥1,500.00	¥1,800.00		
5	广州	¥1,200.00	¥1,800.00	¥1,800.00	¥4,400.00
6	天津	¥700.00	¥1,300.00	¥1,600.00	¥2,900.00
7	总计	¥4,900.00	¥6,400.00	¥8,950.00	¥16,200.00

Sheet1 Sheet2 Sheet3

图4-35 数据隐藏示例

（3）单击快速访问工具栏上的“保存”按钮，保存所作的改动。

（4）如果要显示已经被隐藏的单元格内容，可在“开始”选项卡上的“编辑”区中选择“清除”→“清除格式”命令，或者在“设置单元格格式”对话框的“数字”选项卡中选择“常规”，然后单击“确定”按钮。

2）隐藏工作表中的行或列

如果要在工作表中一次隐藏一列数据，可单击该列中任一单元格，然后在“开始”选项卡上的“单元格”区中，选择“格式”→“隐藏和取消隐藏”→“隐藏列”命令；如果要显示出隐藏的列，可选择“格式”→“隐藏和取消隐藏”→“取消隐藏列”命令。同样的方法可以隐藏或显示工作表中的行。

3）隐藏工作表

有时用户不希望别人查看某些工作表，此时可以使用Excel的隐藏功能将工作表隐藏起来。当一个工作表被隐藏时，它所对应的标签也同时被隐藏。操作方法是选中需要隐藏的工作表，然后在“开始”选项卡上的“单元格”区中，选择“格式”→“隐藏和取消隐藏”→“隐藏工作表”命令。

工作表隐藏后，如果要使用它们，可以将它们恢复显示。操作方法是在“开始”选项卡上的“单元格”区中，选择“格式”→“隐藏和取消隐藏”→“取消隐藏工作表”命令，在弹出的“取消隐藏”对话框中选择工作表名称，单击“确定”按钮即可恢复。

4）隐藏工作簿

如果要把整个工作簿隐藏起来，可在“视图”选项卡上的“窗口”区中单击“隐藏”按钮，则整个工作簿就被隐藏起来了。如果要显示已经被隐藏的工作簿，可单击“窗口”区中的“取消隐藏”按钮，在弹出的“取消隐藏”对话框中选择要显示的工作簿名称，单击“确定”按钮，即可将隐藏工作簿重新显示。

3. 数据的保护

使用数据隐藏的方法可以对数据起到一定的保护作用，但对于精通 Excel 的人来说，这种保护形同虚设。Excel 提供了对数据进行保护的功能，以防止工作表中的数据被非授权存取或意外修改。

1）保护工作表

保护工作表是为了防止对工作表中的数据进行修改。操作方法是在“审阅”选项卡上的“更改”区中，单击“保护工作表”按钮，将弹出如图 4-36 所示“保护工作表”对话框，在“允许此工作表的所有用户进行”列表框中进行设置，使得某些功能仍然可以使用；在“取消工作表保护时使用的密码”文本框中可以输入密码，然后单击“确定”按钮。如果用户想要执行允许范围之外的操作，Excel 就会拒绝操作，并弹出提示信息对话框，此时可单击“确定”按钮退出。

注意：本操作要求该工作表没有设置过“数据修订”，否则“保护工作表”命令是灰色的，将无法使用。

若要取消工作表的保护状态，只要在“审阅”选项卡上的“更改”区中，选择“撤销工作表保护”命令即可。若在如图 4-36 所示的“保护工作表”对话框中设置了密码，则在撤销工作表保护的操作中必须输入正确的密码，才能撤销对工作表的保护。

2）保护工作簿

保护工作簿是为了防止对工作簿的结构进行更改。操作方法是在“审阅”选项卡上的“更改”区中，单击“保护工作簿”按钮，屏幕将弹出如图 4-37 所示的“保护结构和窗口”对话框。在该对话框中，选中“结构”复选框，则可防止对工作簿结构进行修改，其中的工作表就不能被删除、移动和隐藏，也不能插入新工作表；若选中“窗口”复选框，则可保护工作簿的窗口不被移动、缩放、隐藏、取消隐藏和关闭。在“密码”文本框中还允许用户设置密码（此项可选）。

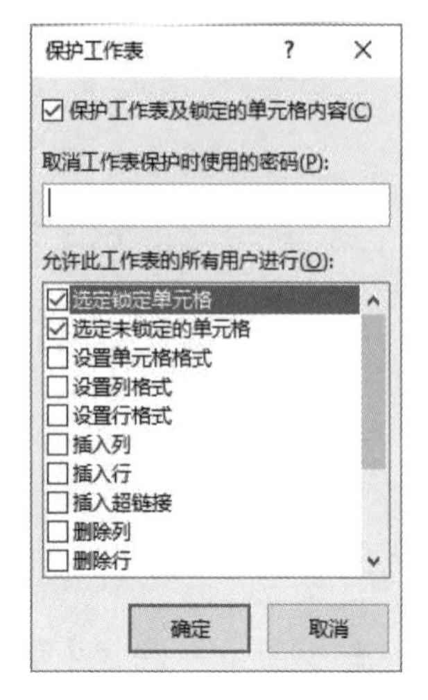

图 4-36 “保护工作表”对话框

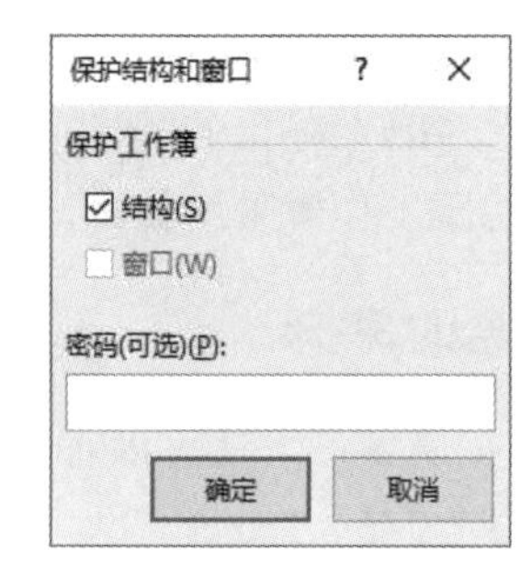

图 4-37 “保护结构和窗口”对话框

4.4 数据图表化

4.4.1 图表的基本概念

图表的作用是将表格中的数字数据图形化，以此来改善工作表的视觉效果，更直观、更形象地表现出工作表中数字之间的关系和变化趋势。

图表的创建是基于一个已经存在的数据工作表的，所创建的图表可以同源数据表格共处一张工作表上，也可以单独放置在一张新的工作表上，所以图表可分为两种类型：一种图表位于单独的工作表中，也就是与源数据不在同一个工作表中，这种工作表称为图表工作表。图表工作表是工作簿中只包含图表的工作表。另一种图表与源数据在同一工作表中，作为该工作表的一个对象，称为嵌入式图表。

1. 图表的组成元素

图表的组成元素较多，名称也很多，不过只要将鼠标指针指向图表的不同图表项，Excel 就会显示该图表项的名称。这里以柱形图表为例，先介绍图表的各个组成部分，如图 4-38 所示。

(1) 数据标记：一个数据标记对应于工作表中一个单元格中的具体数值，它在图表中的表现形式可以有柱形、折线和扇形等。

(2) 数据系列：数据系列是指绘制在图表中的一组相关数据标记，来源于工作表中的一行或一列数值数据。图表中的每一数据系列的图形用特定的颜色和图案表示。

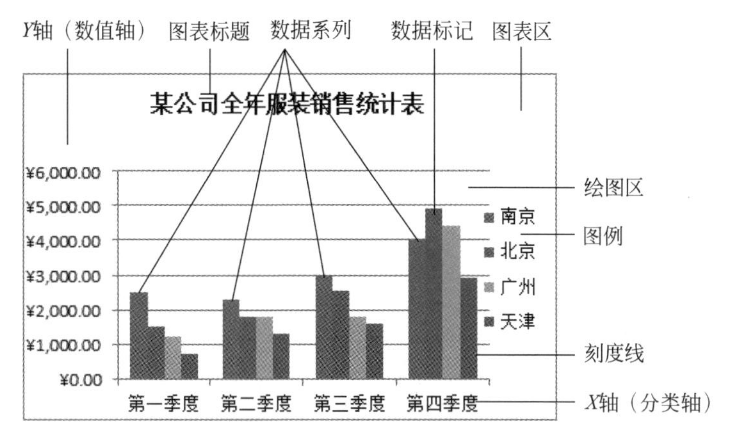

图 4-38　图表及其各种组成元素

（3）坐标轴：坐标轴是位于图形区边缘的直线，为图表提供计量和比较的参照框架。坐标轴通常由类型轴（X 轴）和值轴（Y 轴）构成。可以通过增加网格线（刻度），使查看数据更容易。

（4）图例：图例是一个方框，用于区分图表中各数据系列或分类所指定的图案或颜色。每个数据系列的名字都将出现在图例区域中，成为图例中的一个标题内容。只有通过图表中图例和类别名称才能正确识别数据标记对应的数值数据所在的单元格位置。

（5）标题：有图表标题和坐标轴标题（如分类轴标题、数值轴标题等），是分别为图表和坐标轴增加的说明性文字。

（6）绘图区：绘图区是绘制数据图形的区域，包括坐标轴、网格线和数据系列。

（7）图表区：图表区是图表工作的区域，它含有构成图表的全部对象，可理解为一块画布。

2. 图表类型

Excel 提供了柱形图、条形图、折线图、饼图、XY（散点图）、面积图等十几种图表类型，有二维图表和三维立体图表，每种类型又有若干种子类型，如图 4-39 所示的插入图表对话框。其中较常用到的图表类型有柱形图、折线图和饼图，它们的各自特点如下：

柱形图用来显示一段时期内数据的变化或者描述各项之间的比较。能有效地显示随时间变化的数量关系，从左到右的顺序表示时间的变化，柱形图的高度表示每个时期内的数值的大小。

折线图以等间隔显示数据的变化趋势。通过连接数据点，折线图可用于显示随着时间变化的趋势。

饼图则是将某个数据系列视为一个整体（圆），其中每一项数据标记用扇形图表示该数值占整个系列数值总和的比例关系，从而简单有效地显示出整体与局部的比例关系。它一般只显示一个数据系列，在需要突出某个重要数据项时十分有用。

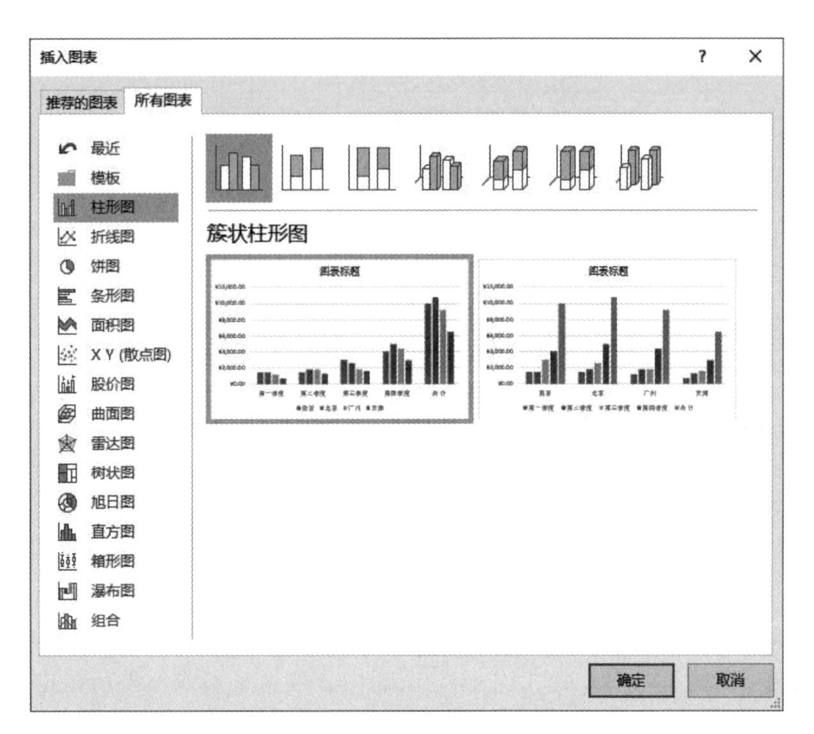

图 4-39 “插入图表”对话框

4.4.2 创建和编辑图表

创建图表的操作方法分为以下几个步骤。

1. 选择制作图表的数据

首先要选择作为图表数据源的数据区域。在工作簿中,可以用鼠标选取连续的区域,也可以配合键盘上的 Ctrl 键选取不连续的区域。但在选取区域时,最好包括那些表明图中数据系列名和类名的标题。例如,制作图 4-38 的柱状图表要在图 4-29 中选中 A2:E6 区域。

2. 选择图表类型

在“插入”选项卡上的“图表”区中,单击要使用的图表类型,然后单击图表子类型。“图表”功能区如图 4-40 所示。若要查看所有可用的图表类型,可单击图 4-40 右下角的↘按钮,以启动如图 4-39 所示的“插入图表”对话框。如果不清楚使用哪种图表类型比较合适,可以单击“推荐的图表”按钮,系统会打开“推荐的图表”对话框,供用户选择推荐的图表类型,如图 4-41 所示。

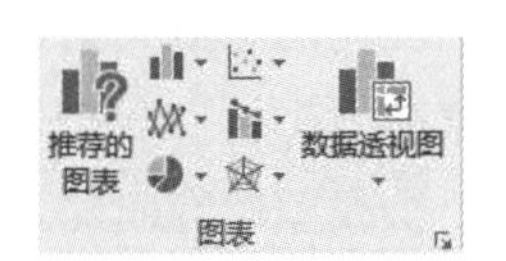

图 4-40 “图表”功能区

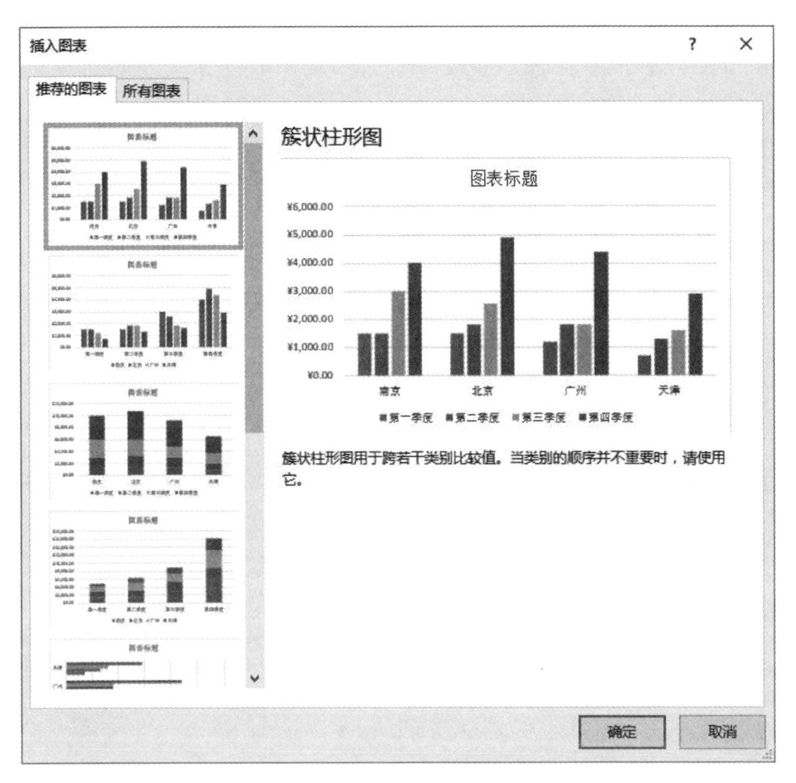

图 4-41 “推荐的图表”对话框

3. 使用“图表工具”更改图表的布局或样式

创建图表后，用户可以立即更改它的外观。Excel 提供了多种有用的预定义布局和样式供用户选择，单击图表的任何位置，则在选项卡区域显示“图表工具”，其上有“设计”和“格式”选项卡。使用“设计”选项卡中的“图表样式”命令和“快速布局”命令就可以将图表样式或布局更改为 Excel 预定义的样式。用户也可以利用“设计”和“格式”选项卡上其他命令，自定义图表的布局和样式。

4. 添加或删除图表标题、坐标轴标题、数据标签或图例

为了增加图表的可读性，可以添加图表标题、坐标轴标题、数据标签和图例等，图表标题是说明性的文本，通常放在图表顶部居中位置。有些图表类型（如柱状图、折线图）有坐标轴，可以显示坐标轴标题。没有坐标轴的图表类型（如饼图）不能显示坐标轴标题。数据标签用来给图表中的数据系列增加说明性文字，不同类型的图表，其数据标签形式有所不同。

1）添加图表标题

添加图表标题的方法如下。

(1) 单击图表中的任意位置，此时将显示“图表工具”，其上增加了“设计”和“格式”选

项卡。

(2) 单击“设计”选项卡的“图表布局”中的“添加图表元素”按钮，选择“图表标题”下的对应命令设置图表标题显示的位置，在此还可设置不显示图表标题。

(3) 在图表中显示的“图表标题”文本框中输入所需的标题文本。若要设置文本的格式，只要选择文本，然后在“浮动工具栏”上单击所需的格式选项。也可以使用“开始”选项卡上的“字体”功能区上的格式设置按钮进行设置。

2) 添加坐标轴标题

添加坐标轴标题的方法如下。

(1) 单击图表中的任意位置，此时将显示“图表工具”，其上增加了“设计”和“格式”选项卡。

(2) 单击“设计”选项卡的“图表布局”中的“添加图表元素”按钮，选择“坐标轴标题”下的对应命令设置显示横坐标轴标题还是显示纵坐标轴标题。

(3) 在图表中显示的“坐标轴标题”文本框中，输入所需的标题文本。若要设置文本的格式，则先选择文本，然后在“浮动工具栏”上单击所需的格式选项。

3) 添加数据标签

添加数据标签的方法如下。

(1) 单击图表中的任意位置，此时将显示“图表工具”，其上增加了“设计”和“格式”选项卡。

(2) 单击“设计”选项卡的“图表布局”中的“添加图表元素”按钮，选择“数据标签”下的对应命令设置数据标签显示的位置，在此还可以设置不显示数据标签。

4) 显示或隐藏图例

图例是一个方框，用于标识为图表中的数据系列或分类指定的图案或颜色。创建图表时，会显示图例，也可以在图表创建完毕后隐藏图例或更改图例的位置。操作方法如下。

(1) 单击图表中的任意位置，此时将显示“图表工具”，其上增加了“设计”和“格式”选项卡。

(2) 单击“设计”选项卡的“图表布局”中的“添加图表元素”按钮，选择 “图例”，然后执行下列操作之一。

① 若要隐藏图例，请单击“无”。

② 若要显示图例，单击显示位置的选项，如选择“右侧”。

③ 若要查看其他选项，可单击“其他图例选项”。

若要快速删除图表标题、坐标轴标题、数据标签或图例，也可以先选中，然后按 Delete 键。或者选中后右击，在弹出的快捷菜单中选择“删除”命令。

利用“设计”选项卡的“图表布局”中的“添加图表元素”命令，还可以设置添加网格线、趋势线和数据表等图表元素。

5. 移动图表或调整图表的大小

可以将图表移动到工作表中的任意位置，或移动到新工作表或现有工作表。也可以将图表更改为更适合的大小。若要移动图表，只要将其拖到所需位置即可。若要调整图表的大小，只要单击图表，然后拖动尺寸控点，将其调整为所需大小即可；或在“格式”选项卡上的“大小”功能区中，在“高度”和“宽度”框中直接输入图表的尺寸。

6. 确定图表位置

新创建的图表默认为嵌入式图表，结果如图 4-42 所示。

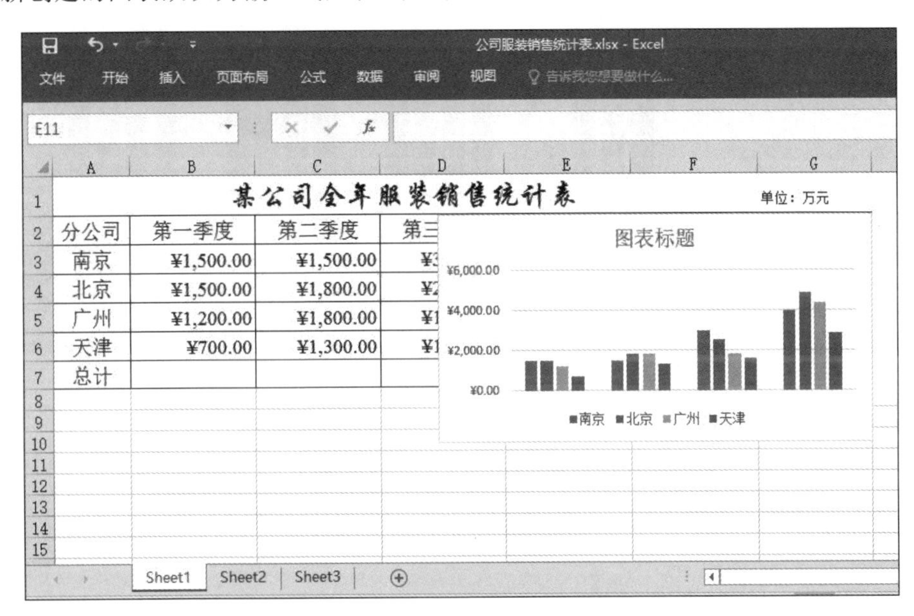

图 4-42　创建的嵌入式图表

若要将创建好的嵌入式图表转换成独立图表，或者将独立图表转换成嵌入式图表，只需先选中图表，然后在“设计”选项卡上的“位置”区中选择“移动图表”命令，或右击图表，在弹出的快捷菜单中单击“移动图表”按钮，则弹出如图 4-43 所示的对话框，在其中选择“新工作表”单选按钮，单击“确定”按钮，结果如图 4-44 所示。

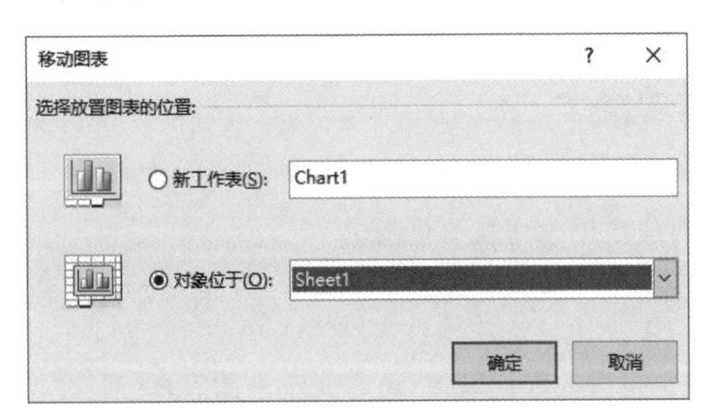

图 4-43　“移动图表”对话框

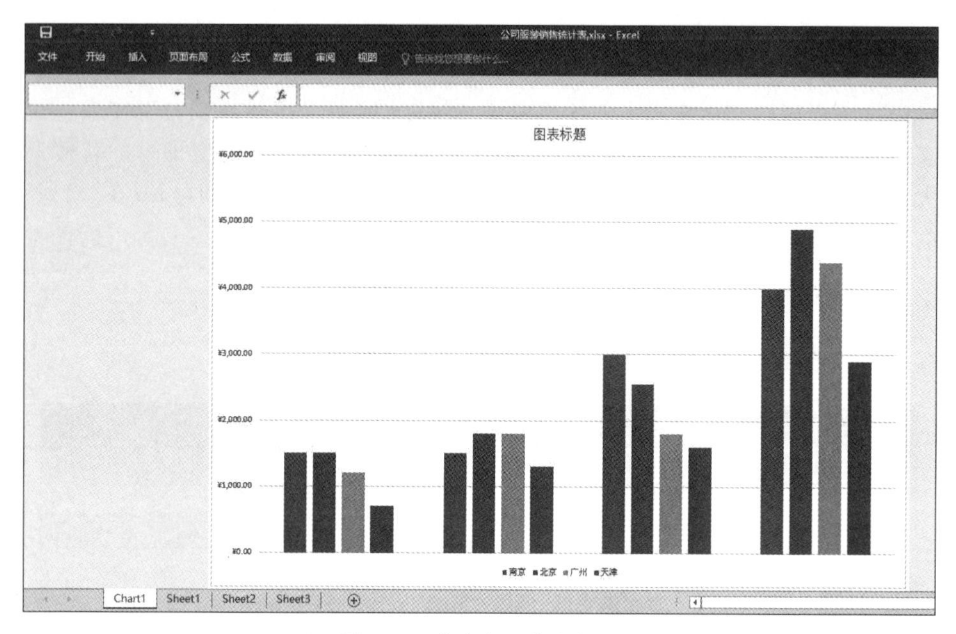

图 4-44　作为新工作表插入

4.4.3　更改图表效果

对已创建好的图表可以进行修改和美化，修改的对象可以是整个图表，也可以是各个图表元素。图表修改也遵循“先选中，后操作”的原则。

1. 图表类型的改变

Excel 提供了丰富的图表类型，对已创建的图表，可根据需要改变图表的类型。具体操作步骤如下：

（1）单击需要修改的图表，在“图表工具”上的“设计”选项卡上的“类型”功能区中，单击“更改图表类型”按钮；或右击图表，从快捷菜单中选择“更改图表类型”命令，弹出与图 4-39 界面一致的更改图表类型对话框。

（2）选择所需的图表类型和子类型，完成图表类型的改变。

2. 图表数据源的修改

图表创建之后，图表和工作表的数据区域之间就建立了联系。当工作表中的数据发生变化时，图表中的对应数据也将自动更新。

1）修改图表的数据源

如果要修改图表中包含的数据区域，可以先单击图表，然后在“图表工具”的“设计”选项卡上的“数据”功能区中单击“选择数据”按钮；或右击图表，从快捷菜单中选择“选择数据”命令，弹出如图 4-45 所示的对话框。在此对话框中，修改“图表数据区域”中的内容（可以直接输入数据区域，也可以用鼠标选择数据区域），当图表数据区域内容修改之后，可以看到图表显示内容相应修改，修改之后单击“确定”按钮。

在图 4-45 的图表数据源设置对话框中，还可以设置在图表中显示哪些分类轴标签和图例项，也可以编辑分类轴标签，添加、删除或编辑图例项。

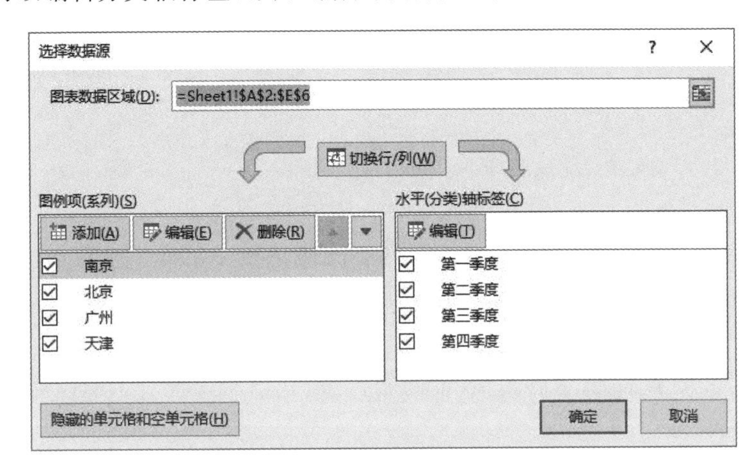

图 4-45 “选择数据源”对话框

2）切换行和列

默认情况下插入图表时，表格的列标题作为图表 X 轴标签显示于 X 轴下方，而表格的行标题作为图例显示于图表框的外侧。如果要将图表 X 轴上的数据和 Y 轴上的数据进行交换，即将表格的行标题作为图表 X 轴标签显示于 X 轴下方，而表格的列标题作为图例。就要切换行和列，方法是单击需要修改的图表，在“图表工具”上的“设计”选项卡上的“数据”功能区中，单击“切换行/列”按钮；或右击图表，从快捷菜单中选择“选择数据”命令，在弹出如图 4-45 所示的对话框中单击“切换行/列”按钮。切换行和列后，原来图表中水平分类轴会改成图例的数据。例如对图 4-38 的图表切换行和列后显示如图 4-46 所示的图表样式。

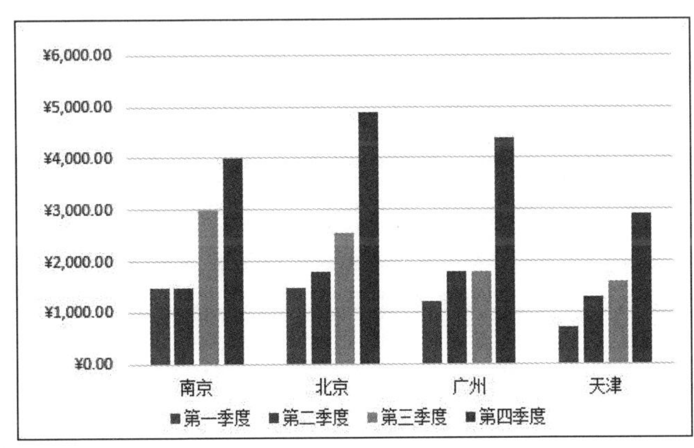

图 4-46 切换行和列后的图表

3. 图表中文字的编辑

文字编辑是指在图表中增加、修改和删除说明性文字，以便更好地说明图表的有关内容。

1）增加图表标题、坐标轴标题和数据标签

操作方法详见 4.4.2 节中的“添加或删除图表标题、坐标轴标题、数据标签或图例”一节。

如果要修改标题文字，直接选中修改即可。

2）添加说明性文字

对于图表中某一个主要数据，若要予以重点说明，可利用绘图工具增加一些说明文字和图形。

例如，要对如图 4-47 所示的图表“最高销售额”处添加如图所示的说明文字，可执行如下操作。

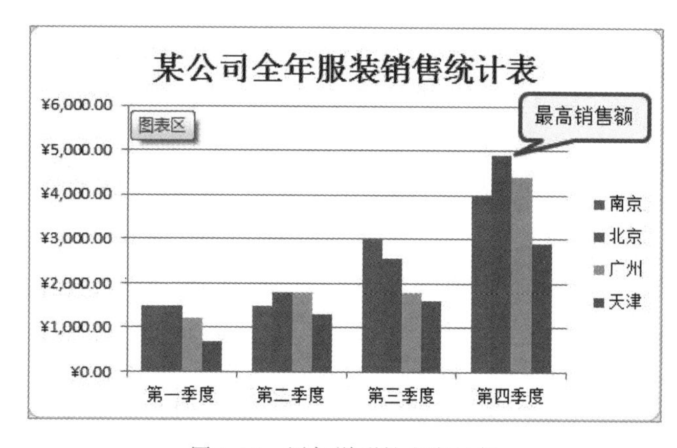

图 4-47　添加说明性文字示例

(1) 选中该图表，然后在“图表工具”上的“格式”选项卡上的“插入形状”功能区中，选择 “形状”里“标注”下的“圆角矩形标注”，此时指针变为＋状，然后在图表“最高销售额”处拖动标注框到合适的大小。

(2) 右击圆角矩形框，在快捷菜单中选择“编辑文字”命令，输入“最高销售额”。

(3) 右击圆角矩形框，在快捷菜单中选择“设置对象格式”，打开“设置形状格式”窗格，在“形状选项”下选择 “纯色填充”，设置填充颜色为标准色“黄色”。

4.4.4　图表格式化

建立和编辑图表后，可对图表进行格式化处理，即自行对图中各种对象进行格式化，这将使图表显得丰富多彩。

Excel 的图表是由数据标签、数据系列、图例、图表标题、文本框、图表区、绘图区、网格线、坐标轴和背景墙等对象组成，它们均为独立对象。用户可以针对这些独立的对象进行各种不同的格式化处理。

要对图表对象进行格式化，可以有 3 种方法。

(1) 在图表中直接双击要进行编辑的对象，在右侧打开相应的格式设置窗格进行设置。

(2) 选中图表对象后，使用“图表工具”上的“格式”选项卡上各个功能区中的命令进行设置。

(3) 鼠标指向图表对象，右击鼠标，在弹出的快捷菜单中选择相应的格式命令进行设置。

1. 修饰字体

如果希望改变整个图表区域内的文字外观，只要在图表区域的空白处右击鼠标，在弹出的快捷菜单中选择“字体”命令，在“字体”对话框中重新设定整个图表区域的字体、大小和颜色等信息，最后单击“确定”按钮。

如果希望改变某对象的字体，可以用鼠标指向该对象(例如图例)并右击，然后选择“字体”命令，在“字体”对话框中改变相关设置即可。

2. 填充与图案

如果要为某区域加边框，或者改变该区域的填充颜色，只要先选中该区域，然后利用“图表工具”上的“格式”选项卡上的“形状样式”功能区操作命令组进行设置。也可以单击功能区操作命令组右下角带有↘标记的按钮，打开相应的格式设置任务窗格，在其中利用命令设置边框和填充颜色。

对于图表有时需要设置图表区或绘图区的背景颜色或边框，可以用以上方法设置，或者选中图表区或绘图区后右击鼠标，在弹出的快捷菜单中选择“设置图表区格式/设置绘图区格式”命令，随后在打开的任务窗格中设置格式。

3. 设置标题格式、坐标轴格式和图例格式

用户也可以对图表的标题、坐标轴和图例进行格式设置。方法是先选择设置对象，右击鼠标，在弹出的快捷菜单中选择“设置对象格式”命令，在右侧打开的任务窗格中进行相应设置。

选择图表后，会在图表右侧显示 3 个格式设置快捷按钮：图表元素、图表样式和图表筛选器，如图 4-48 所示。图表元素按钮可以添加和删除图表元素，图表样式按钮可以修改图表样式和配色方案，图表筛选器按钮可以设置在图表上显示哪些数据点和名称。

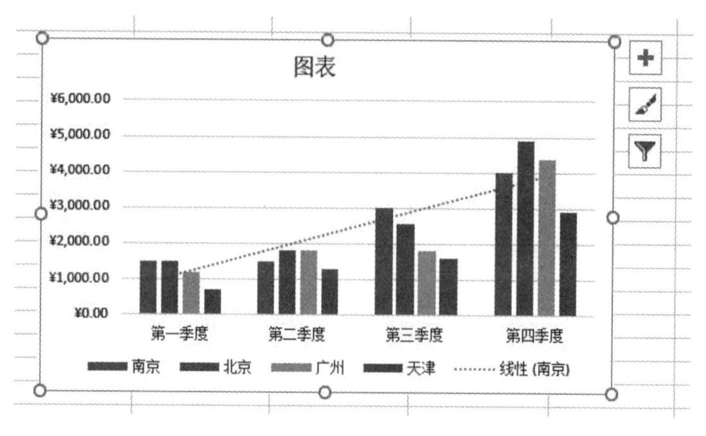

图 4-48　图表格式设置快捷按钮

4.5　Excel 的数据管理

Excel 除了上面介绍的若干功能以外，在数据管理方面也有强大的功能，在 Excel 中不但可以使用多种格式的数据，而且可以对不同类型的数据进行各种处理，包括筛选、排序和分类汇总等操作。

4.5.1　数据清单的概念

在 Excel 中，数据清单是包含相似数据组的带标题的一组工作表数据行，它与一张二维数据表非常类似，所以用户也可以将“数据清单”看作是“数据库”，其中行作为数据库中的记录，列对应数据库中的字段，列标题作为数据库中的字段名称。借助数据清单，Excel 就能实现数据库中的数据管理功能——筛选、排序以及一些分析操作，将它们应用到数据清单中的数据上。

图 4-49 是一个数据清单的例子，这个数据清单的范围从 A4 到 H46，包含一行列标题(第四行)和若干行数据，其中每行数据由 8 列组成。所以数据清单也称关系表，表中的数据是按某种关系组织起来的。要使用 Excel 的数据管理功能，首先必须将表格创建为数据清单。数据清单是一种特殊的表格，其特殊性在于：此类表格至少由两个必备部分构成——表结构和纯数据，如图 4-49 所示。

表结构为数据清单中的第一行列标题(如图 4-49 的第 4 行)，Excel 将利用这些标题名对数据进行查找、排序以及筛选等。纯数据部分则是 Excel 实施管理功能的对象，该部分不允许有非法数据内容出现。所以，要正确创建和使用数据清单，应注意以下几个问题：

(1) 避免在一张工作表中建立多个数据清单。如果在工作表中还有其他数据，要与数据清单之间至少留出一个空行和空列。

	A	B	C	D	E	F	G	H
1		虚构财务软件公司						
2		员工薪水表						
3		虚构财务软件公司						
4	序号	姓 名	部 门	分公司	工作时间	工作时数	小时报酬	薪 水
5	1	杜永宁	软件部	南京	86/12/24	160	36	5760
6	2	王传华	销售部	西京	85/7/5	140	28	3920
7	3	殷 泳	培训部	西京	90/7/26	140	21	2940
8	4	杨柳青	软件部	南京	88/6/7	160	34	5440
9	5	段 楠	软件部	北京	83/7/12	140	31	4340
10	6	刘朝阳	销售部	西京	87/6/5	140	23	3220
11	7	王 雷	培训部	南京	89/2/26	140	28	3920
12	8	褚彤彤	软件部	南京	83/4/15	160	42	6720
13	9	陈勇强	销售部	北京	90/2/1	140	28	3920
14	10	朱小梅	培训部	西京	90/12/30	140	21	2940
15	11	于 洋	销售部	西京	84/8/8	140	23	3220
16	12	赵玲玲	软件部	西京	90/4/5	160	25	4000
17	13	冯 刚	软件部	南京	85/1/25	160	45	7200

图 4-49 数据清单示例

(2) 避免在数据表格的各条记录或各个字段之间放置空行和空列。

(3) 在数据清单的第一行里创建列标题(列名),列标题使用的字体、对齐方式等格式最好与数据表中其他数据相区别。

(4) 列标题名唯一,且同列数据的数据类型和格式应完全相同。

(5) 单元格中数据的对齐方式最好用对齐方式按钮来设置,不要用输入空格的方法调整。

数据清单的具体创建操作同普通表格的创建完全相同。首先,根据数据清单内容创建表结构(列标题行),然后移到表结构下的第一个空行,开始输入数据信息,把内容全部添加到数据清单后,就完成创建工作。

4.5.2 数据筛选

筛选数据目的是在数据清单中提取出满足条件的记录。Excel 的筛选功能可以实现在数据清单中提炼出满足筛选条件的数据;不满足条件的数据只是暂时被隐藏起来(并未真正被删除),一旦筛选条件被取消,这些数据将重新出现。Excel 提供了两种筛选数据的方法:一是自动筛选,按选中内容筛选,适用于简单条件;二是高级筛选,适用于复杂条件。

1. 自动筛选

自动筛选功能使用户能够快速地在数据清单的大量数据中提取有用的数据,将不满足条件的数据暂时隐藏起来,将满足条件的数据显示在工作表上。自动筛选的步骤如下。

(1) 在工作表中选择数据清单范围,如图 4-49 选择 A4 到 H46,然后在“数据”选项卡上的“排序和筛选”功能区中单击“筛选”按钮,这时可以看到,在第 4 行每一列的列标题右侧都出现了一个下三角按钮(自动筛选按钮),如图 4-50 所示。如果需要按照某列的指定值进行筛选，单击列标题右侧的自动筛选按钮，弹出一个下拉列表，列出该列中出现的所有信息。

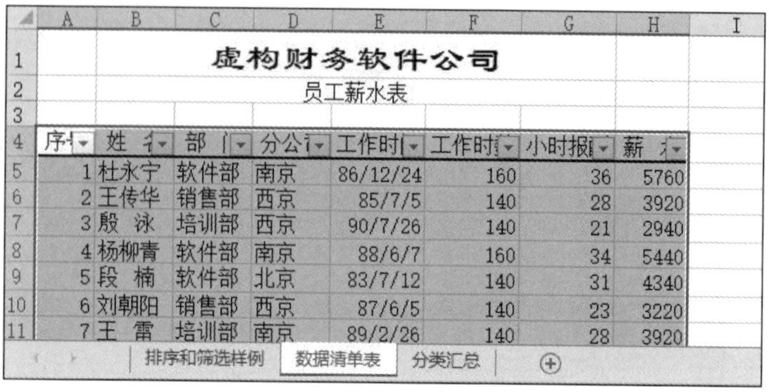

	A	B	C	D	E	F	G	H
1	虚构财务软件公司							
2	员工薪水表							
3								
4	序	姓	部	分公	工作时	工作时	小时报	薪
5	1	杜永宁	软件部	南京	86/12/24	160	36	5760
6	2	王传华	销售部	西京	85/7/5	140	28	3920
7	3	殷 泳	培训部	西京	90/7/26	140	21	2940
8	4	杨柳青	软件部	南京	88/6/7	160	34	5440
9	5	段 楠	软件部	北京	83/7/12	140	31	4340
10	6	刘朝阳	销售部	西京	87/6/5	140	23	3220
11	7	王 雷	培训部	南京	89/2/26	140	28	3920

排序和筛选样例　数据清单表　分类汇总

图 4-50　自动筛选结果

（2）在下拉列表框中按需要选择一个值，就只显示含有该值的数据，而将其他值隐藏起来。用户可以同时对多列信息设定筛选标准，这些筛选标准之间是“逻辑与”的关系。例如，在图 4-50 中，在“分公司”列的下拉列表中选择“南京”，然后在“部门”列的下拉列表中选择“销售部”，那么筛选后显示出来的记录就只是显示有关南京分公司销售部门的员工信息，如图 4-51 所示。注意，筛选后数据表呈现不连续的行号。另外单击列标题右侧的自动筛选按钮，弹出的下拉列表中也可以设置将筛选出的结果按此列的升序或降序排列。

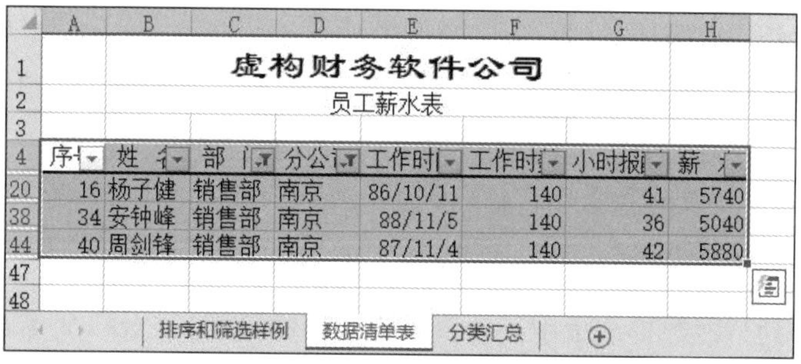

	A	B	C	D	E	F	G	H
1	虚构财务软件公司							
2	员工薪水表							
3								
4	序	姓	部	分公	工作时	工作时	小时报	薪
20	16	杨子健	销售部	南京	86/10/11	140	41	5740
38	34	安钟峰	销售部	南京	88/11/5	140	36	5040
44	40	周剑锋	销售部	南京	87/11/4	140	42	5880
47								
48								

排序和筛选样例　数据清单表　分类汇总

图 4-51　自动筛选出南京分公司销售部门的员工信息

如果要取消某个筛选条件，只需重新单击相应的下拉列表，然后单击其中的“(全选)”选项。

在使用“自动筛选”功能对数据进行筛选时，对于某些特殊的条件，可以用自定义自动筛选来完成。例如，要在图 4-50 所示的数据清单中找出小时报酬在 30～35 元的软件开发人员，操作的方法是首先单击“部门”列标题右侧的箭头按钮打开下拉列表选择“软件部”，然后单击“小时报酬”列标题右侧的箭头按钮打开下拉列表，从中选择“数字筛选”→“自定义筛选”，屏幕出现“自定义自动筛选方式”对话框(如图 4-52 所示)。在该对话框中可以设定两个筛选条件，并确定它们的与、或关系。例如，图 4-52 中设定了小时报酬在 30～35 元的筛选条件。

注意筛选条件中通配符“?”和“ * ”的使用。如果要筛选出所有姓王和姓张的员工记录,可在“姓名”列的“自定义自动筛选”对话框中,第一个条件设为“等于”“王 * ”,第二个条件设为“等于”“张 * ”,两个条件之间选择“或”的关系。

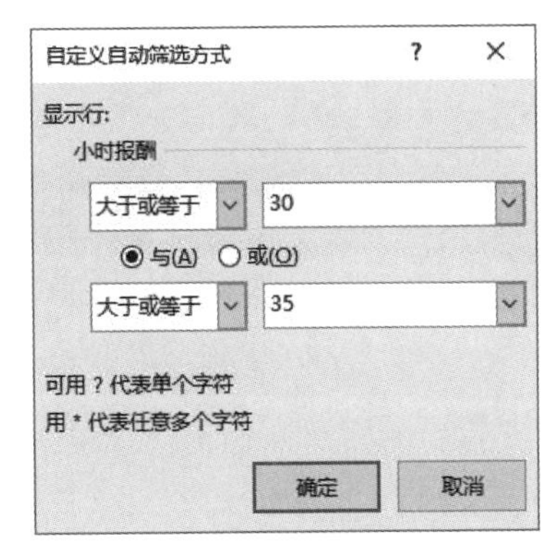

图 4-52 “自定义自动筛选方式”对话框

2. 高级筛选

高级筛选是指根据复合条件或计算条件来筛选数据,并允许把满足条件的记录复制到工作表中的另一区域中,而原数据区域保持不变。

为了进行高级筛选,首先要在工作表的任意空白处建立一个筛选条件区域,该区域用来指定筛选出的数据必须满足的条件。筛选条件区域类似于一个只包含条件的数据清单,由两部分构成:条件列标题和具体筛选条件,其中首行包含的列标题必须拼写正确,与数据清单中的对应列标题一模一样,具体条件区域中至少要有一行筛选条件。条件区域中“列”与“列”的关系是“与”的关系(即“并且”的关系),“行”与“行”的关系是“或”的关系(即“或者”的关系)。例如,在图 4-53 中,工作表右方的一个区域 J4:K6 就是建立的条件区,第一行为条件名,第二、三行是条件行。该条件区设置的条件为“找出南京分公司销售部或东京分公司培训部员工的记录”。

注意:由于筛选条件区域和数据清单共处同一个工作表中,所以它们之间至少要由一个空行或空列隔开。

	A	B	C	D	E	F	G	H	I	J	K	L
1		虚构财务软件公司										
2		员工薪水表										
3												
4	序号	姓 名	部 门	分公司	工作时间	工作时数	小时报酬	薪 水		分公司	部 门	
5	1	杜永宁	软件部	南京	86/12/24	160	36	5760		南京	销售部	
6	2	王传华	销售部	西京	85/7/5	140	28	3920		东京	培训部	
7	3	殷 泳	培训部	西京	90/7/26	140	21	2940				
8	4	杨柳青	软件部	南京	88/6/7	160	34	5440				
9	5	段 楠	软件部	北京	83/7/12	140	31	4340				
10	6	刘朝阳	销售部	西京	87/6/5	140	23	3220				
11	7	王 雷	培训部	南京	89/2/26	140	28	3920				

排序和筛选样例　数据清单表　分类汇总

图 4-53 建立了条件区的工作表

下一步操作是选中数据区中的任意一个单元格,然后在“数据”选项卡上的“排序和筛选”区中单击“高级”按钮,弹出“高级筛选”对话框,如图 4-54 所示。在该对话框的“方式”框中,若选择“在原有区域显示筛选结果”,则筛选后的部分数据显示在原工作表位置处,而原工作表就不再显示;若选择“将筛选结果复制到其他位置”,则筛选后的部分数据显示在另外指定的区域,与原工作表并存。在“列表区域”文本框中输入参加筛选的数据区域;在“条件区域”文本框中输入条件区域;如果在“方式”框中选择了“将筛选结果复制到其他位置”,则还要在“复制到”文本框中输入用于放置筛选结果区域的第一个单元格地址。

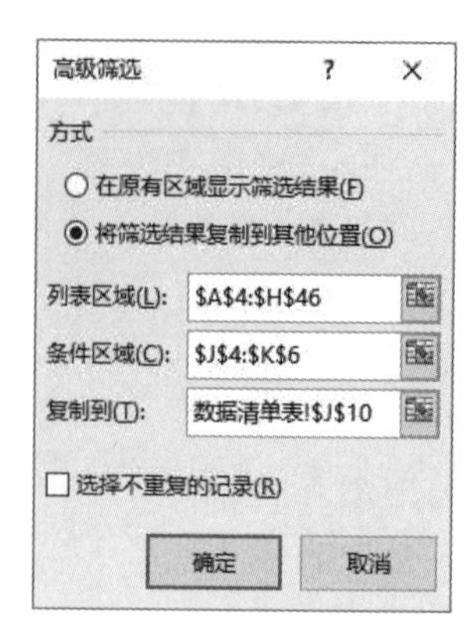

图 4-54 “高级筛选”对话框

单击“确定”按钮执行筛选。图 4-55 是经过高级筛选后的结果。

	H	I	J	K	L	M	N	O	P	Q	R
4	薪 水		分公司	部 门							
5	5760		南京	销售部							
6	3920		东京	培训部							
7	2940										
8	5440										
9	4340										
10	3220		序号	姓 名	部 门	分公司	工作时间	工作时数	小时报酬	薪 水	
11	3920		16	杨子健	销售部	南京	86/10/11	140	41	5740	
12	6720		17	廖 东	培训部	东京	85/5/7	140	21	2940	
13	3920		21	王 蕾	培训部	东京	84/2/17	140	28	3920	
14	2940		28	王一夫	培训部	东京	83/9/18	140	20	2800	
15	3220		34	安钟峰	销售部	南京	88/11/5	140	36	5040	
16	4000		40	周剑锋	销售部	南京	87/11/4	140	42	5880	

排序和筛选样例　数据清单表　分类汇总

图 4-55 经过高级筛选后的工作表

4.5.3 数据排序

排序也是数据组织的一种手段。通过排序操作可将表格中的数据按字母顺序、数值大小以及时间顺序进行排序。Excel 在默认排序时是根据单元格中的数据进行排序的。在按升序排序时，Excel 使用如下顺序：

(1) 数值从最小的负数到最大的正数排序。

(2) 文本和数字的文本按从 0～9，a～z，A～Z 的顺序排列。

(3) 逻辑值 False 排在 True 之前。

(4) 所有错误值的优先级相同。

(5) 空格排在最后。

排序可以对数据清单中所有的记录进行(选中数据列表中任一单元格即可)，也可以对其中的部分记录进行(选中要排序的记录部分即可)。

1. 简单排序

当仅仅需要按数据清单中的某一列数据进行排序时，只需要单击此列中的任一单元格，再在“数据”选项卡上的“排序和筛选”区中，单击“升序”按钮或“降序”按钮，即可按指定列的指定方式进行排序。

2. 复杂排序

按照一列数据进行排序，有时会遇到列中某些数据完全相同的情况，当遇到这种情况时，可根据多列数据进行排序。操作方法：在需要排序的数据清单中单击任一单元格，在“数据”选项卡上的“排序和筛选”区中单击“排序”按钮，弹出如图 4-56 所示的“排序”对话框。在此对话框中可以设定多个层次的排序标准：主要关键字、次要关键字(单击“添加条件”按钮就会出现“次要关键字”)，多次单击“添加条件”按钮，可以添加多个“次要关键字”。通过“主要关键字”和“次要关键字”右边的箭头打开下拉列表，从中选择排序列，并设置排序“次序”(“升序”或“降序”)，然后单击“确定”按钮。从排序的结果中发现，在主要关键字相同的情况下，会自动按次要关键字排序，如果次要关键字也相同，则按第二个次要关键字排序，依此类推。

如果想按行排序数据，或排列字母数据时想区分大小写，可在“排序”对话框中单击“选项”按钮，出现如图 4-57 所示的“排序选项”对话框，在“方向”中可以选择“按行排序”，在“方法”中可以选择按“笔画排序”。单击“确定”按钮返回图 4-56 所示的“排序”对话框。

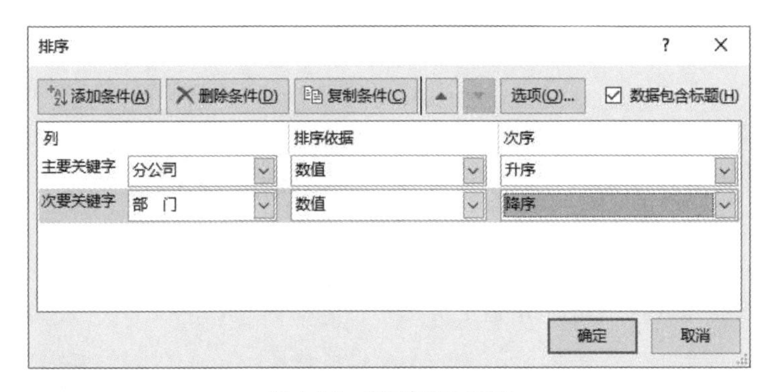

图 4-56 “排序”对话框

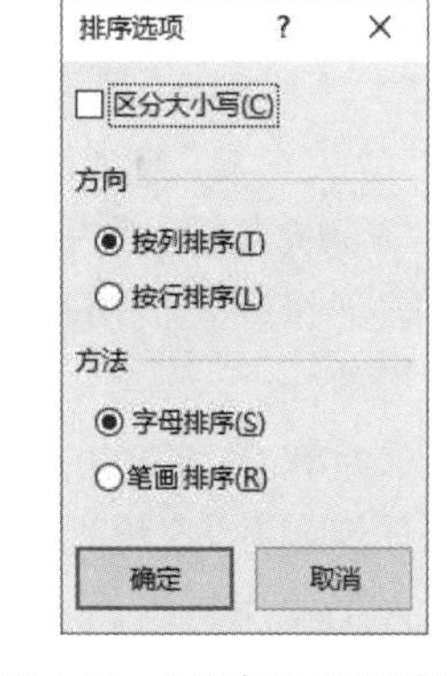

图 4-57 “排序选项”对话框

在图 4-56 中设置了两个排序条件，即首先按主要关键字“分公司”进行升序排序；如果同属于一个分公司，则其先后顺序就由次要关键字“部门”按具体内容降序排序；对于部门也相同的员工，则按原始顺序来确定先后次序。

4.5.4 分类汇总

分类汇总是首先将数据分类(排序)，然后再按类进行汇总分析处理。它是在利用基本的数据管理功能将数据清单中大量数据明确化和条理化的基础上，利用 Excel 提供的函数进行数据汇总。

1. 创建简单的分类汇总

以图 4-49 的数据清单为例,若要创建每个分公司人工费用的总支出的分类汇总,操作步骤如下。

(1) 首先进行数据分类,即按“分公司”列对员工信息进行排序,结果如图 4-58 所示。

	A	B	C	D	E	F	G	H	I
1		虚构财务软件公司							
2		员工薪水表							
3									
4	序号	姓 名	部 门	分公司	工作时间	工作时数	小时报酬	薪 水	
5	5	段 楠	软件部	北京	83/7/12	140	31	4340	
6	9	陈勇强	销售部	北京	90/2/1	140	28	3920	
7	14	郑 丽	软件部	北京	88/5/12	160	30	4800	
8	20	明章静	软件部	北京	86/7/21	160	33	5280	
9	24	吕 为	培训部	北京	84/4/8	140	27	3780	
10	25	杨明明	销售部	北京	89/11/15	140	29	4060	
11	29	刘鹏飞	销售部	北京	84/8/17	140	25	3500	
12	30	李媛媛	软件部	北京	84/8/23	160	29	4640	
13	31	石 垒	软件部	北京	89/12/13	160	32	5120	
14	35	郑 莉	软件部	北京	87/11/25	160	30	4800	
15	17	廖 东	培训部	东京	85/5/7	140	21	2940	
16	18	臧天歆	销售部	东京	87/12/19	140	20	2800	
17	21	王 蕾	培训部	东京	84/2/17	140	28	3920	

排序和筛选样例 | 数据清单表 | 分类汇总

图 4-58 排序结果

(2) 在“数据”选项卡上的“分级显示”区中,单击“分类汇总”按钮,弹出如图 4-59 所示的“分类汇总”对话框。

(3) 单击“分类字段”下拉式列表,从中选中“分公司”,该下拉列表框用以设定数据是按哪一列标题进行排序分类的。

(4) 单击“汇总方式”下拉式列表,从中选中要执行的汇总计算函数,这里选中“求和”函数,用以计算整个分公司的人工费用支出。

(5) 选择“选定汇总项”列表框中对应数据项的复选框,指定分类汇总的计算对象。例如,如果需要计算出每个分公司的人工费用的总支出,则选中“薪水”。

(6) 如果需要替换任何现存的分类汇总,则选中“替换当前分类汇总”复选框;如果需要在每组分类之前插入分页符,则选中“每组数据分页”复选框;若选中“汇总结果显示在数据下方”复选框,则在数据组末端显示分类汇总结果,否则汇总结果将显示在数据组之前。

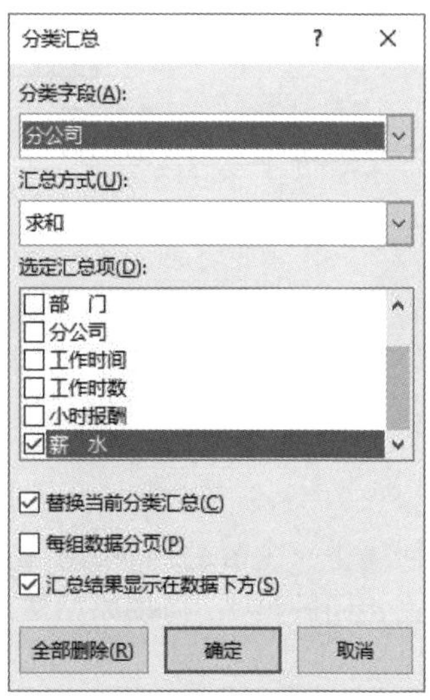

图 4-59 “分类汇总”对话框

设定完毕后,单击“确定”按钮,操作结果如图 4-60 所示。Excel 为每个分类插入了汇总行，在汇总行前加入了适当标志(如图 4-60 中第 15 行数据)，并在选中列上执行设定的计算(如图 4-60 中第 15 行数据第 H 列汇总结果)，同时还在该数据清单尾部加入了“总计”行。

	A	B	C	D	E	F	G	H	I
1				虚构财务软件公司					
2				员工薪水表					
3									
4	序号	姓 名	部 门	分公司	工作时间	工作时数	小时报酬	薪 水	
5	24	吕 为	培训部	北京	84/4/8	140	27	3780	
6	5	段 楠	软件部	北京	83/7/12	140	31	4340	
7	14	郑 丽	软件部	北京	88/5/12	160	30	4800	
8	20	明章静	软件部	北京	86/7/21	160	33	5280	
9	30	李媛媛	软件部	北京	84/8/23	160	29	4640	
10	31	石 垒	软件部	北京	89/12/13	160	32	5120	
11	35	郑 莉	软件部	北京	87/11/25	160	30	4800	
12	9	陈勇强	销售部	北京	90/2/1	140	28	3920	
13	25	杨明明	销售部	北京	89/11/15	140	29	4060	
14	29	刘鹏飞	销售部	北京	84/8/17	140	25	3500	
15				北京 汇总				44240	
16	17	廖 东	培训部	东京	85/5/7	140	21	2940	
17	21	王 蕾	培训部	东京	84/2/17	140	28	3920	

排序和筛选样例 | 数据清单表 | 分类汇总

图 4-60　分类汇总结果

注意：要使用分类汇总，数据清单中必须包含带有标题的列，且数据清单必须在要进行分类汇总的列上排序。

2. 创建嵌套分类汇总

如果要在每组分类中附加新的分类汇总，即可创建两层分类汇总(嵌套汇总)。例如，用户不仅要查看每一分公司的人工费用支出情况，而且想细分到每一个部门的具体支出情况。如查看每一部门中最高薪水额，可以进一步使用“分类汇总”命令。嵌套分类汇总命令的使用是在数据已按两个以上关键字排序的前提下进行的，操作步骤如下。

(1) 针对两列或多列数据对数据清单排序。例如，主要关键字为“分公司”列，按升序排列；次要关键字为“部门”列，同样按升序排列。

(2) 在要分类汇总的数据清单中，单击任一单元格，选中该数据清单，然后在“数据”选项卡上的“分级显示”区中单击“分类汇总”按钮，系统弹出“分类汇总”对话框。

(3) 在“分类字段”下拉列表框中，单击需要用来分类汇总的数据列，插入自动分类汇总。这一列应该是对数据清单排序时在“主要关键字”下拉列表框中指定的列。例如“分公司”数据列。

(4) 显示出对第一列的自动分类汇总后，对下一列(如“部门”)重复步骤(2)和(3)的操作。

(5) 取消选中“替换当前分类汇总”复选框，接着单击“确定”按钮完成操作。嵌套分类汇总结果如图 4-61 所示。

行	A	B	C	D	E	F	G	H	I
1				虚构财务软件公司					
2				员工薪水表					
3									
4	序号	姓 名	部 门	分公司	工作时间	工作时数	小时报酬	薪 水	
5	24	吕 为	培训部	北京	84/4/8	140	27	3780	
6			**培训部**	**最大值**				3780	
7	5	段 楠	软件部	北京	83/7/12	140	31	4340	
8	14	郑 丽	软件部	北京	88/5/12	160	30	4800	
9	20	明章静	软件部	北京	86/7/21	160	33	5280	
10	30	李媛媛	软件部	北京	84/8/23	160	29	4640	
11	31	石 垒	软件部	北京	89/12/13	160	32	5120	
12	35	郑 莉	软件部	北京	87/11/25	160	30	4800	
13			**软件部**	**最大值**				5280	
14	9	陈勇强	销售部	北京	90/2/1	140	28	3920	
15	25	杨明明	销售部	北京	89/11/15	140	29	4060	
16	29	刘鹏飞	销售部	北京	84/8/17	140	25	3500	
17			**销售部**	**最大值**				4060	
18				**北京 汇总**				44240	
19	17	廖 东	培训部	东京	85/5/7	140	21	2940	
20	21	王 蕾	培训部	东京	84/2/17	140	28	3920	
21	28	王一夫	培训部	东京	83/9/18	140	20	2800	
22			**培训部**	**最大值**				3920	
23	23	许宏涛	软件部	东京	81/3/8	160	26	4160	

排序和筛选样例　数据清单表　分类汇总

图 4-61　嵌套分类汇总结果

3. 分级显示数据

从图 4-61 所示的例子可以看到，在数据清单的左侧，有显示明细数据符号“＋”和隐藏明细数据符号“－”。“＋”号表示该层明细数据没有展开。单击“＋”号可显示出明细数据，同时“＋”号变为“－”号；单击“－”号可隐藏由该行层级所指定的明细数据，同时“－”号变为“＋”号。这样，可以将十分复杂的清单转变成为可展开不同层次的汇总表格。

分级显示可以具有多级细节数据，其中的每个内部级别为前面的外部级别提供细节数据。用户可以单击分级显示符号来显示或隐藏细节行。由图 4-61 可以看出，在分类汇总表的左上角有 4 个小按钮，称为概要标记按钮，每个按钮的下方有对应的显示/隐藏明细数据符号（＋/－）。如果单击概要标记按钮 1，则只显示数据表格中的列标题和全部数据的汇总结果，其他数据被屏蔽；如果单击概要标记按钮 2，则只显示分类汇总结果（即二级数据）与全部数据的汇总结果，其他数据被屏蔽；如果单击概要标记按钮 3，则只显示子分类汇总结果（即三级数据）与全部数据的汇总结果，其他数据被屏蔽；如果单击概要标记按钮 4，则显示所有的详细数据。如图 4-62 所示的分级显示结果。

4. 清除分类汇总

如果要恢复工作表的原貌，只要在“数据”选项卡上的“分级显示”功能区中再次单击“分类汇总”按钮，然后在弹出的“分类汇总”对话框中单击“全部删除”按钮即可。

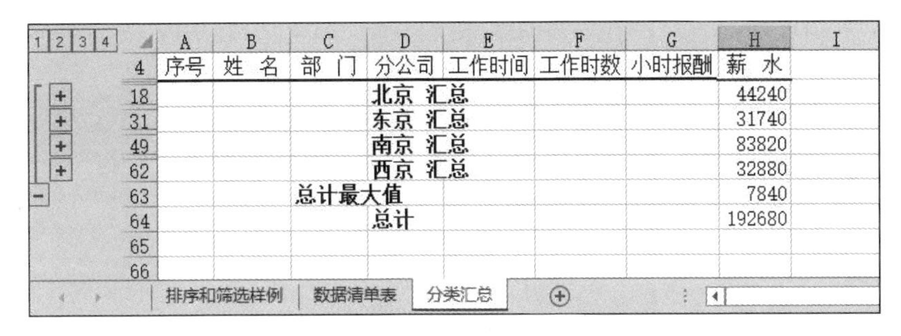

	A	B	C	D	E	F	G	H	I
4	序号	姓 名	部 门	分公司	工作时间	工作时数	小时报酬	薪 水	
18				北京 汇总				44240	
31				东京 汇总				31740	
49				南京 汇总				83820	
62				西京 汇总				32880	
63			总计最大值					7840	
64				总计				192680	
65									
66									

排序和筛选样例 | 数据清单表 | 分类汇总

图 4-62　分级显示分类汇总

4.6　页面设置和打印

工作表创建后，经过编辑、公式运算、格式化和数据图表化后，常常需要把结果打印出来。在 Excel 中打印工作簿、工作表或图表的步骤一般是先选中打印对象，然后进行分页设置、页面设置和打印预览，最后执行打印命令输出结果。

4.6.1　设置打印区域和分页

1. 设置打印区域

默认状态下，对于打印区域，Excel 会自动选择有数据区域的最大行或列。但如果想打印其中的一部分数据，可以将这部分数据设置成打印区域，然后再进行打印。

设置打印区域的方法为先选中要设为打印区域的单元格区域，然后在“页面布局”选项卡上的“页面设置”功能区中，选择“打印区域”→“设置打印区域”命令。如图 4-63 所示选中了打印区域 B4:H12。

	A	B	C	D	E	F	G	H	I
1		虚构财务软件公司							
2		员工薪水表							
3									
4	序号	姓 名	部 门	分公司	工作时间	工作时数	小时报酬	薪 水	
5	1	杜永宁	软件部	南京	86/12/24	160	36	5760	
6	2	王传华	销售部	西京	85/7/5	140	28	3920	
7	3	殷 泳	培训部	西京	90/7/26	140	21	2940	
8	4	杨柳青	软件部	南京	88/6/7	160	34	5440	
9	5	段 楠	软件部	北京	83/7/12	140	31	4340	
10	6	刘朝阳	销售部	西京	87/6/5	140	23	3220	
11	7	王 雷	培训部	南京	89/2/26	140	28	3920	
12	8	楮彤彤	软件部	南京	83/4/15	160	42	6720	
13	9	陈勇强	销售部	北京	90/2/1	140	28	3920	
14	10	朱小梅	培训部	西京	90/12/30	140	21	2940	
15	11	于 洋	销售部	西京	84/8/8	140	23	3220	

排序和筛选样例 | 数据清单表 | 分类汇总

图 4-63　设置打印区域示例

打印区域设置好以后，打印时，只有被选中区域中的数据被打印出来。而且工作表被保存后，将来再打开时，设置的打印区域仍然有效。

如果要删除打印区域的设置，只要在“页面布局”选项卡上的“页面设置”区中，选择“打印区域”→“取消打印区域”命令即可。

另外，设置的打印区域也可通过分页预览直接修改，具体操作参见“分页预览”一节。

2. 分页

如果需要打印的工作表的内容不止一页，Excel 会根据用户所选的打印纸张大小自动将工作表分成多页，即自动分页。但如果自动分页不能满足打印要求，则可以使用插入人工分页符的方法将文件强制分页，即人工分页。

1）插入分页符

利用“页面布局”选项卡上的“分隔符”按钮可插入手工分页符。分页符包括水平分页符和垂直分页符。水平分页符是将工作表分成上、下两页，插入时是在选中单元格或行的上面插入；垂直分页符是将工作表分成左、右两页，插入时是在选中单元格或列的左面插入。

例如，在图 4-64 中，要单独插入水平分页线，先选中第 13 行，然后在“页面布局”选项卡上的“页面设置”区中，选择“分隔符”→“插入分页符”命令；如果要单独在 D 列和 E 列之间插入垂直分页线，先选中 E 列，然后执行上述命令；如要同时插入水平和垂直分页线，先选中 E13 单元格，然后执行上述命令即可。

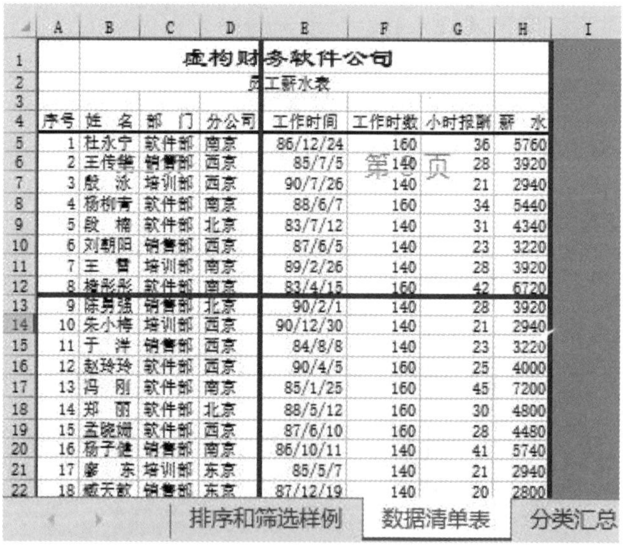

虚构财务软件公司

员工薪水表

序号	姓　名	部　门	分公司	工作时间	工作时数	小时报酬	薪　水
1	杜永宁	软件部	南京	86/12/24	160	36	5760
2	王传华	销售部	西京	85/7/5	140	28	3920
3	殷　泳	培训部	西京	90/7/26	140	21	2940
4	杨柳青	软件部	南京	88/6/7	160	34	5440
5	段　楠	软件部	北京	83/7/12	140	31	4340
6	刘朝阳	销售部	西京	87/6/5	140	23	3220
7	王　雷	培训部	南京	89/2/26	140	28	3920
8	褚彤彤	软件部	南京	83/4/15	160	42	6720
9	陈勇强	销售部	北京	90/2/1	140	28	3920
10	朱小梅	培训部	西京	90/12/30	140	21	2940
11	于　洋	销售部	西京	84/8/8	140	23	3220
12	赵玲玲	软件部	西京	90/4/5	160	25	4000
13	冯　刚	软件部	南京	85/1/25	160	45	7200
14	郑　丽	软件部	北京	88/5/12	160	30	4800
15	孟晓姗	软件部	西京	87/6/10	160	28	4480
16	杨子健	销售部	南京	86/10/11	140	41	5740
17	廖　东	培训部	东京	85/5/7	140	21	2940
18	臧天歆	销售部	东京	87/12/19	140	20	2800

排序和筛选样例　数据清单表　分类汇总

图 4-64　分页预览视图

2）删除分页符

当不再需要插入的人工分页符时，可以将其删除。如要删除所有的人工分页符，先单击“全选”按钮，选中整个工作表，然后在“页面布局”选项卡上的“页面设置”区中，选择“分隔符”→“重设所有分页符”命令。如要删除某一个分页符，方法同插入分页符，只不过选中的命令改为“删除分页符”命令。

3. 分页预览

Excel 提供的分页预览功能可直接在窗口中查看工作表分页的情况。它的优越性还体现在分页预览时，仍可以像平时一样编辑工作表，可以直接改变设置的打印区域大小，还可以方便地调整分页符位置。

分页后，在“视图”选项卡上的“工作簿视图”区中，单击“分页预览”按钮，即进入图 4-64 所示的分页预览视图。视图中的蓝色粗实线表示了分页情况，每页区域中都有暗淡的页码显示。如果事先设置了打印区域，可以看到，最外层蓝色粗边框没有框住所有数据，非打印区域为深色背景，打印区域为浅色背景。分页预览时可以用同样方法设置打印区域，还可以插入和删除分页符。

分页预览时，可以方便地改变打印区域的大小：将鼠标移到打印区域的边界上，当指针变为双箭头时，拖曳鼠标即可改变打印区域。此外，预览时还可以直接调整分页符的位置：将鼠标指针移到分页实线上，当指针变为双箭头时，拖曳鼠标即可调整分页符的位置。

在“视图”选项卡上的“工作簿视图”区中，单击“普通”按钮，可结束分页预览，回到普通视图中。

4.6.2 页面设置

1. 设置页面

Excel 具有默认的页面设置，用户可直接打印工作表。如果不满意，可以使用 Excel 提供的页面设置功能对工作表的打印方向、缩放比例、纸张大小、页边距、页眉和页脚等进行设置。在“文件”选项卡上，选择“打印”命令，接着单击“页面设置”超链接，系统弹出如图 4-65 所示的“页面设置”对话框，该对话框包含了 4 个选项卡，图 4-65 所示为“页面”选项卡。

(1) “方向”框和“纸张大小”框同 Word 页面设置。

(2) “缩放”框用于放大或缩小打印工作表，“缩放比例”允许在 10～400 之间，100% 为正常大小。“调整为”表示把工作表拆分为几部分打印，如调整为 4 页宽、3 页高，表示打印时 Excel 自动调整缩放比例，将水平方向分成 4 页，将垂直方向分成 3 页，共 12 页。

(3) “打印质量”下拉列表框用于设置打印的质量。质量高低是通过打印页上每英寸的点数(即分辨率)来衡量的。分辨率越高，打印质量越高，当然，打印机要能够支持所指定的分辨率。

(4) “起始页码”框用于决定打印时的首页页码，以后的页码以它开始计数。“自动”选项表示 Excel 将根据实际情况决定首页页码。

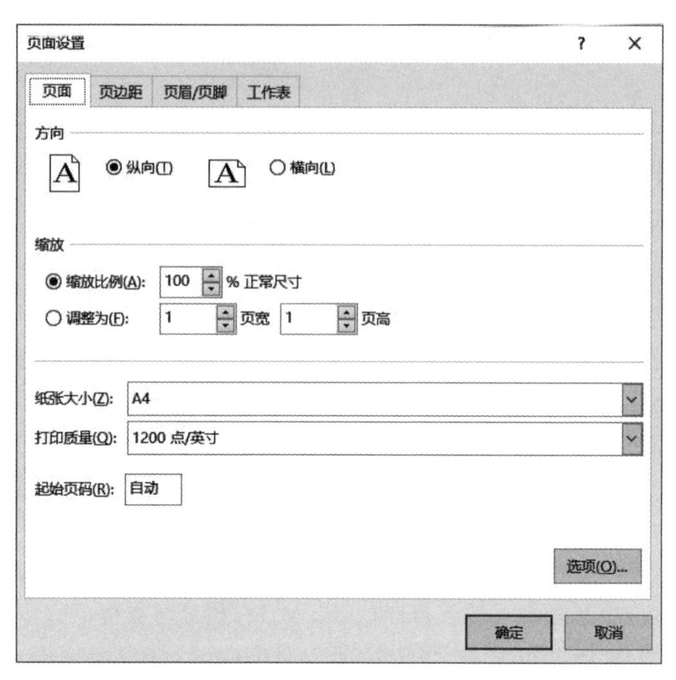

图 4-65 “页面设置”对话框中的“页面”选项卡

2. 设置页边距

在“页面设置”对话框中，单击“页边距”选项卡，进入页边距设置对话框。其中“上”“下”“左”“右”框等的使用方法与 Word 基本相同。“居中方式”区用来设置打印内容在纸张上的位置，默认是在纸张的左上位置。当选中“水平”选项时，打印内容出现在纸张水平方向的中央位置；当选中“垂直”选项时，打印内容出现在纸张垂直方向的正中位置；若两项都选中，工作表将会被打印在纸张的正中央。对话框中间的页面用于显示设置效果。

3. 设置页眉/页脚

在“页面设置”对话框中，选择“页眉/页脚”选项卡，打开页眉/页脚设置对话框，如图 4-66 所示。单击“页眉”或“页脚”下拉列表框，就可以在其中选择一种页眉或页脚的格式；选择“(无)”表示删除页眉或页脚。也可以单击“自定义页眉”或“自定义页脚”按钮创建自定义的页眉或页脚。格式设置好后，可以在“页眉”框和“页脚”框中查看到效果。

4. 设置工作表

在“页面设置”对话框中，选择“工作表”选项卡，出现如图 4-67 所示的对话框，各选项作用如下。

(1) “打印区域”框：该框用于选择要打印的工作表区域，可在该文本框中直接输入工作表区域，或用对话框折叠按钮(位于文本框的右侧)，直接用鼠标拖动来选择工作表区域。如果该区域空白，表示将打印工作表中所有含有数据的单元格。

图 4-66 “页面设置”中的“页眉/页脚”选项卡

图 4-67 “页面设置”中的“工作表”选项卡

(2)“打印标题”框：如果工作表数据较多，打印时会分成几页，除第一页有标题外，其他页都没有标题，只有数据。如果希望特定的一行作为每页水平标题，则可在“顶端标题行”框中输入或选择相应的区域或行；如果希望特定的一列作为每页垂直标题，则可在“左端标题列”框中输入或选择相应的区域或列。

(3) “打印”区：用于设置打印选项。“网格线”复选框决定是否打印水平和垂直的单元格网格线；“单色打印”复选框决定是采用黑白打印还是彩色打印；“草稿品质”可加快打印速度，但会降低打印质量；“行号列标”复选框决定是否打印行号和列标；

(4) “打印顺序”区：多页打印时，用于决定打印次序是“先列后行”还是“先行后列”。

4.6.3 打印预览和打印

1. 打印预览

完成页面设置和打印机设置后，可以用打印预览来模拟显示打印效果，观察各种设置是否恰当，若不满意再予以修改。一旦设置正确，即可在打印机正式打印输出。

打印预览的方法为在“文件”选项卡上选择“打印”命令，则在屏幕右窗格中就看到打印预览效果，如图 4-68 所示。或者在“快速访问工具栏”中，单击“打印预览和打印”按钮(若“快速访问工具栏”中没有该命令按钮，单击该工具栏右侧的倒三角下拉按钮，在弹出的“自定义快速访问工具栏”列表中选中“打印预览和打印”，这样就可将其显示在“快速访问工具栏”中，以后就可以直接按该图标命令)。

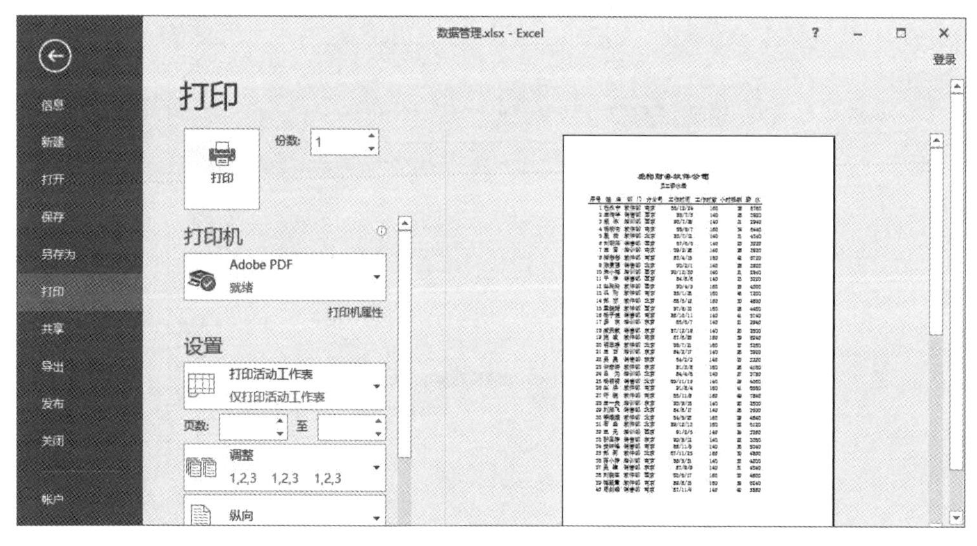

图 4-68 “打印预览和打印”对话框

在“打印预览”窗口中，左侧窗口有一些选项用于查看和调整打印效果，主要有以下几项：

(1) “打印”按钮和“份数”输入框：单击“打印”按钮，系统将会进行打印；“份数”框中可以直接输入需打印份数，也可以单击其右侧的上/下按钮来输入。

(2) “打印机”：单击下拉列表框，可以选择打印机。

(3) “设置”：单击下拉列表框，可以设置打印的范围，是仅打印选定区域，还是打印活动工作表，或打印整个工作簿。

(4) 页数：可以选择要打印的页数自第几页到第几页。纸张：A4 等各种信纸；打印方向：纵向或横向。此外还可以查看页边距或进行缩放等。

若要退出打印预览窗口，只要单击窗口左上方的“返回”命令，即可返回到对活动工作表的编辑状态。

2. 打印工作表

打印预览满意后，就可以在打印预览窗口中单击左上方的“打印”按钮，如图 4-68 所示，此时，Excel 将不出现打印设置对话框，而是直接采用默认打印设置开始打印。

习　　题

一、选择题

1. Excel 中文版能够完成表格制作、(　　)、建立图表、数据管理等工作。

A. 杀病毒　　B. 多媒体制作　　C. 复杂的运算　　D. 文件管理

2. Excel 的工作界面不包括(　　)。

A. 标题栏、选项卡　　B. 功能区、编辑栏、滚动条

C. 开始菜单　　D. 状态栏

3. Excel 中一次选取多张相邻的工作表，需按(　　)键。

A. Ctrl　　B. Esc　　C. Shift　　D. Alt

4. Excel 中若需选择连续区域，可单击欲选择区域的任一角单元格，然后将鼠标指针移至对角格，按住(　　)键再单击该单元格。

A. Shift　　B. Ctrl　　C. Alt　　D. Esc

5. 在 Excel 工作表的某单元格内输入数字字符串"456"，正确的输入方式是(　　)。

A. 456　　B. '456　　C. ＝456　　D. "456"

6. 若需选择整个工作表，可按(　　)组合键。

A. Ctrl＋A　　B. Ctrl＋Q　　C. Shift＋A　　D. Shift＋Q

7. 在 Excel 中，选取整个工作表的方法是(　　)。

A. 单击“编辑”菜单的“全选”命令

B. 单击工作表中的“全选”按钮

C. 单击 A1 单元格，然后按住 Shift 键单击当前屏幕的右下角单元格

D. 单击 A1 单元格，然后按住 Ctrl 键单击工作表的右下角单元格

8. 活动单元格地址显示在(　　)内。

A. 编辑框　　B. 菜单栏　　C. 名称框　　D. 状态栏

9. 在 Excel 工作表中可以输入两类数据，它们是(　　)。

A. 常量和公式　　B. 文字和数字

C. 数字、文字和图形　　D. 文字和图片

10. 在 Excel 中，数据的排序要求设置(　　)。

A. 排序列　　B. 排序关键字

C. 排序关键字和排序次序　　D. 排序次序

11. Excel 的图表是与生成它的工作表数据相链接的，因此当工作表中的数据改变时，图表会(　　)。

A. 自动更新　　B. 断开链接　　C. 保持不变　　D. 随机变化

12. 如果某单元格中的公式为“=$A$20”，将该公式复制到别的单元格，复制出来的公式(　　)。

A. 一定改变　　B. 不会改变

C. 变为“=$A20”　　D. 变为“=A$20”

13. 如果某单元格显示为“# DIV/0!”，这表示(　　)。

A. 格式错误　　B. 除零错误　　C. 行高不够　　D. 列宽不够

14. 在 Excel 中，一个工作表最多可含有的行数是(　　)

A. 16 385　　B. 16 384　　C. 1 048 576　　D. 任意多

15. 在 Excel 工作表中，日期型数据“2010 年 12 月 21 日”的正确输入形式是(　　)。

A. 2010-12-21　　B. 21.12. 2010　　C. 21,12,2010　　D. 2010\12\21

16. 在 Excel 工作表中，选中某单元格后，在“开始”选项卡上的“单元格”功能区中，单击“删除”命令，不可能完成的操作是(　　)。

A. 删除该行　　B. 右侧单元格左移

C. 删除该列　　D. 左侧单元格右移

17. 在 Excel 中，关于工作表及为其建立的嵌入式图表，正确的说法是(　　)。

A. 删除工作表中的数据，图表中的数据系列不会删除

B. 增加工作表中的数据，图表中的数据系列不会增加

C. 修改工作表中的数据，图表中的数据系列不会修改

D. 以上三项均不正确

18. 在 Excel 工作表中，在某单元格的编辑区输入 "8+1"，单元格内将显示(　　)。

A. "8+1"　　B. 8+1　　C. 9　　D. 输入不正确

19. 在 Excel 工作表中，可按需拆分窗口，一张工作表最多拆分为(　　)。

A. 3 个窗口　　B. 4 个窗口　　C. 5 个窗口　　D. 任意多个窗口

20. 在 Excel 工作簿中，对工作表不可以进行的打印设置是(　　)。

A. 打印区域　　B. 打印标题　　C. 打印讲义　　D. 纸张方向

21. 在 Excel 工作表中，使用“高级筛选”命令对数据清单进行筛选时，在条件区不同行中输入两个条件，表示(　　)。

A. “非”的关系　　B. “与”的关系　　C. “或”的关系　　D. “异或”的关系

22. 下列操作中，不能在 Excel 工作表的选中单元格中输入函数的是(　　)。

A. 单击“公式”选项卡中的“插入函数”按钮

B. 在编辑框中直接输入函数

C. 单击“插入”选项卡中的“插入函数”按钮

D. 直接在单元格中输入函数

23. 在 Excel 中,要在同一工作簿中把工作表 Sheet3 移动到 Sheet1 前面,应( )。

A. 单击工作表 Sheet3 标签,并沿着标签行拖动到 Sheet1 前

B. 单击工作表 Sheet3 标签,并按住 Ctrl 键沿着标签行拖动到 Sheet1 前

C. 单击工作表 Sheet3 标签,并在“开始”选项卡上的“剪贴板”区中,选择“复制”命令,然后单击工作表 Sheet1 标签,再在“开始”选项卡上的“剪贴板”区中选择“粘贴”命令

D. 单击工作表 Sheet3 标签,并在“开始”选项卡上的“剪贴板”区中选择“剪切”命令,然后单击工作表 Sheet1 标签,再在“开始”选项卡上的“剪贴板”区中选择“粘贴”命令

24. 在 Excel 工作表单元格中,输入下列表达式( )是错误的。

A. =(15-A1)/3　　　　B. = A2/C1

C. SUM(A2:A4)/2　　　　D. =A2+A3+D4

25. 当向 Excel 工作表单元格输入公式时,使用单元格地址 D$2 引用 D 列 2 行单元格,该单元格的引用称为( )。

A. 交叉地址引用　　　　B. 混合地址引用

C. 相对地址引用　　　　D. 绝对地址引用

26. 在 Excel 工作表中,若要计算表格中某列数值的总和,可使用的统计函数是( )。

A. TOTAL( )　B. SUM( )　C. COUNT( )　D. AVERAGE( )

27. 删除单元格是指( )。

A. 将选中的单元格从工作表中移去　B. 将单元格中的内容从工作表中移去

C. 将单元格的格式清除　　　　D. 将单元格的列标清除

28. Excel 编辑栏提供以下( )功能。

A. 显示当前工作表名　　　　B. 显示工作簿文件名

C. 显示当前活动单元格的内容　D. 显示当前活动单元格的计算结果

29. 在 Excel 中,假定单元格 D3 中保存的公式为“=B$3+C$3”,若把它复制到 G6 中,则 G6 中保存的公式为( )。

A. =E$3+F$3　　　　B. =E3+F3

C. =B$6+C$6　　　　D. =E6+F6

30. 在 Excel 工作表中,单击某个含有数据的单元格,当鼠标为向左上方空心箭头时,仅拖动鼠标可完成的操作是( )。

A. 复制单元格内数据　　　　B. 删除单元格内数据

C. 移动单元格内数据　　　　D. 不能完成任何操作

31. 在 Excel 中关于不同数据类型在单元格中的默认位置,下列叙述中不正确的是( )。

A. 数值右对齐　B. 文本左对齐　C. 日期左对齐　D. 货币右对齐

32. 在 Excel 中，利用单元格数据格式化功能，可以对数据的许多方面进行设置，但不能对(　　)进行设置。

A. 数据的显示格式　　B. 数据的排序方式

C. 单元格的边框　　D. 数据的对齐方式

33. 在 Excel 中，某一工作簿中有 Sheet1、Sheet2、Sheet3 和 Sheet4 共 4 张工作表，现在需要在 Sheet1 表中某一单元格中填入从 Sheet2 表的 B2 至 D2 各单元格中的数值之和，正确的公式写法是(　　)。

A. ＝SUM(Sheet2！B2＋C2＋D2)　　B. ＝SUM(Sheet2.B2:D2)

C. ＝SUM(Sheet2/B2:D2)　　D. ＝SUM(Sheet2！B2:D2)

34. 在 Excel 中，对于上下相邻两个含有数值的单元格用拖曳法向下做自动填充，默认的填充规则是(　　)。

A. 等比序列　　B. 等差序列　　C. 自定义序列　　D. 日期序列

35. 在 Excel 工作表中，当前单元格只能是(　　)。

A. 单元格指针选中的一个　　B. 选中的一行

C. 选中的一列　　D. 选中的区域

36. Excel 中对单元格的引用有(　　)、绝对地址和混合地址。

A. 存储地址　　B. 活动地址　　C. 相对地址　　D. 循环地址

37. 在 Excel 中，关于数据表排序，下列叙述中(　　)是不正确的。

A. 对于汉字数据可以按拼音升序排序

B. 对于汉字数据可以按笔画降序排序

C. 对于日期数据可以按日期降序排序

D. 对于整个数据表不可以按列排序

38. 在 Excel 中，并不是所有命令执行以后都可以撤销，下列(　　)操作一旦执行后可以撤销。

A. 插入工作表　　B. 复制工作表　　C. 删除工作表　　D. 清除单元格

39. 在 Excel 单元格中出现了“#####”，则意味着(　　)。

A. 输入到单元格中的数值太长，在单元格中显示不下

B. 除零错误

C. 使用了不正确的数字

D. 引用了非法单元格

40. 在进行自动分类汇总之前，用户必须对数据清单进行(　　)。

A. 筛选　　B. 排序　　C. 建立数据库　　D. 有效计算

二、操作题

1. 按下列表格样式在 Sheet1 中输入数据，并按样张设置表格格式。然后进行以下操作：

期末考试各科成绩及总分							
学号	语文	数学	英语	物理	化学	计算机	总分
9633109	89.5	94	99	91	96	80	
9633107	88	93	98.5	90	95	81	
9633105	87	92	97	89	94.5	82.5	
9633103	86	91	96	88.5	93	83	
9633101	85	90.5	95	87	92	84	
9633108	84	89.5	94	86	91	85	
9633106	83	88	93	85.5	90	86	
9633104	82	87	92	84	89.5	87.5	
9633102	81	86	91.5	83	88	88	
9633100	80.5	85	90	82	87	89	

(1) 使用函数计算总分,并按总分成绩降序排列。

(2) 在上述表格下方插入 3 行(平均分、最高分和最低分),并加入如下的统计数据,必须使用公式计算。

平均分	84.6	89.6	94.6	86.6	91.6	84.6
最高分	89.5	94.0	99.0	91.0	96.0	89.0
最低分	80.5	85.0	90.0	82.0	87.0	80.0

(3) 将 Sheet1 内容复制到 Sheet2,删除最后三行,用自动筛选方法筛选出语文成绩比平均分高的学生信息。

2. 新建一个工作表 Sheet3,在 Sheet3 中,按如下样式创建第 1 题 Sheet1 数据的图表,并设置图表格式与样图基本一样。

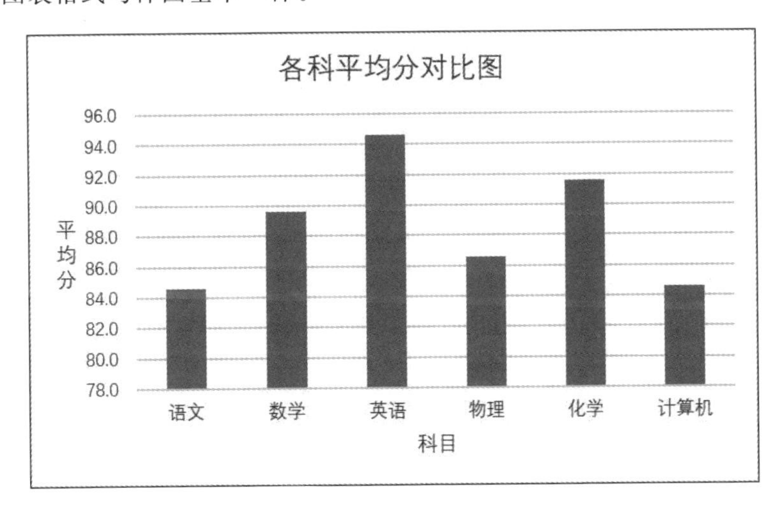

3. 新建一个工作表 Sheet5，改名为"Coin"；然后填入下表中的数据，并进行如下操作：

(1) 使用如下换算公式计算每类物品相应的人民币和英镑的数值：

1＄＝8.27￥；1￡＝1.84＄

物品货币换算表			
物品	美元	人民币	英镑
T-shirt	$5.00		
牛仔裤	$10.00		
运动鞋	$20.00		

(2) 在"牛仔裤"和"运动鞋"两行之间插入"太阳眼镜""＄5.00"一行，并且使用公式计算相应的人民币和英镑的数值。

(3) 将"太阳眼镜"一行移动到"T-shirt"一行之前。

(4) 删除"英镑"一列。

4. 新建一个工作簿文件，将工作表改名为"Salary"，按下列表格样式输入数据并编辑表格，然后进行如下操作：

(1) 使用公式计算薪水。

(2) 按"分公司"分类汇总每个公司薪水的最大值。

员工薪水表							
序号	姓 名	部 门	分公司	工作时间	工作时数	小时报酬	薪 水
1	杜永宁	软件部	南京	86/12/24	160	36	
2	王传华	销售部	西京	85/7/5	140	28	
3	殷 泳	培训部	西京	90/7/26	140	21	
4	杨柳青	软件部	南京	88/6/7	160	34	
5	段 楠	软件部	北京	83/7/12	140	31	
6	刘朝阳	销售部	西京	87/6/5	140	23	
7	王 雷	培训部	南京	89/2/26	140	28	
8	楮彤彤	软件部	南京	83/4/15	160	42	
9	陈勇强	销售部	北京	90/2/1	140	28	
10	朱小梅	培训部	西京	90/12/30	140	21	
11	于 洋	销售部	西京	84/8/8	140	23	

续表

序号	姓 名	部 门	分公司	工作时间	工作时数	小时报酬	薪 水
12	赵玲玲	软件部	西京	90/4/5	160	25	
13	冯　刚	软件部	南京	85/1/25	160	45	
14	郑　丽	软件部	北京	88/5/12	160	30	
15	孟晓姗	软件部	西京	87/6/10	160	28	
16	杨子健	销售部	南京	86/10/11	140	41	
17	廖　东	培训部	东京	85/5/7	140	21	
18	臧天歆	销售部	东京	87/12/19	140	20	

第5章

PowerPoint 电子演示文稿

5.1 PowerPoint 概述

Microsoft PowerPoint 是办公自动化软件 Microsoft Office 家族中的一员，是一个功能很强的演示文稿制作与播放的工具，是 Office 软件包中最重要的套件之一。PowerPoint 主要用于幻灯片的制作和演示，使人们利用计算机可以方便地进行学术交流、产品演示、工作汇报和情况介绍，是信息社会中人们进行信息发布、学术探讨、产品介绍等交流的有效工具。

PowerPoint 幻灯片页面中允许包含的元素有文字、表格、图片、图形、动画、声音、影片、Flash 动画和动作按钮等，这些元素是组成幻灯片内容或情节的基础。PowerPoint 中的每个元素均可以任意进行选择、组合、添加、删除、复制、移动、设置动画效果和动作设置等编辑操作。此外，PowerPoint 还提供了多种不同的放映方式，用户可根据需要自行设置幻灯片放映方式。

利用 PowerPoint 不仅可以制作出包含文字、图形、图像、音频和视频的多媒体演示文稿，还可以创建高度交互式的演示文稿，并可以通过计算机网络进行演示。在 PowerPoint 2013 版本的基础上，PowerPoint 2016 又新增了如下功能。

(1) 增加智能搜索框：在功能区上有一个搜索框“告诉我您想要做什么”，可以快速获得想要使用的功能和想要执行的操作，还可以获取相关的帮助，更人性化和智能化。

(2) 新增 6 个图表类型：添加了 6 个新的图表，可帮助创建一些最常用的数据可视化的财务或层次结构的信息；展示统计数据中的属性。

(3) 智能查找：当选择某个字词或短语，右击它并选择“智能查找”，窗格将打开定义，定义来源于维基百科和网络相关搜索。

(4) 墨迹公式：通过插入公式中的墨迹公式，可以输入任何复杂的数学公式。如果有一个触摸设备，可以使用手指或触摸手写笔手写数学方程，PowerPoint 会将其转换为文本。

(5) 屏幕录制：选择“插入”→“屏幕录制”命令，可以录制屏幕和相关音频，并将录制的内容插入到幻灯片中。

(6) 简单共享：通过单击功能区上的“共享”选项卡可以选择与他人共享演示文稿。

(7) 更好的冲突解决方法：当与他人协作的演示文稿所做的更改与其他用户所做的更改之间发生冲突时，可以看到相互冲突的更改幻灯片的并排比较，可以轻松选择想要保留的版本。

(8) Office 主题的更多选择：通过文件下的“账户”按钮，可以选择设置应用于 PowerPoint 的 Office 主题：色彩丰富、暗灰色和白色。

(9) 更好的视频分辨率：将演示文稿导出为视频时，可以选择创建一个文件，分辨率可达 1920×1080，更加适合于在大屏幕上演示文稿。

(10) 改进的智能参考线：插入表格时智能参考线将不再关闭，从而确保所包含的表格在幻灯片上正确对齐。

专业精美的演示文稿能够给人以赏心悦目的感觉，能够引起观众的共鸣，具有很强的说服力，本章以 PowerPoint 2016 版本为例介绍电子演示文稿的制作。

5.1.1 PowerPoint 的术语

PowerPoint 中有一些该软件特有的术语，对这些术语的掌握可以帮助学习者更好地理解和学习 PowerPoint。

(1) 演示文稿：一个演示文稿就是一个文档，其默认扩展名为 PPTX。一个演示文稿是由若干张“幻灯片”组成。制作一个演示文稿的过程就是依次制作每一张幻灯片的过程。

(2) 幻灯片：视觉形象页，幻灯片是演示文稿的一个个单独的部分。每张幻灯片就是一个单独的屏幕显示。制作一张幻灯片的过程就是在幻灯片中添加和排放每一个被指定对象的过程。

(3) 对象：是可以在幻灯片中出现的各种元素，可以是文字、图形、表格、图表、音频和视频等。

(4) 版式：是各种不同占位符在幻灯片中的“布局”。版式包含了要在幻灯片上显示的全部内容的格式设置、位置和占位符。

(5) 占位符：带有虚线或影线标记边框的框，它是绝大多数幻灯片版式的组成部分。这些框容纳标题和正文，以及图表、表格和图片等。

(6) 幻灯片母版：指幻灯片的外观设计方案，它存储了有关幻灯片的主题和幻灯片版式的所有信息，包括背景、颜色、字体、效果、占位符大小和位置，也包括为幻灯片特定添加的对象。

(7) 模板：指一个演示文稿整体上的外观设计方案，它包含每一张幻灯片预定义的文字格式、颜色以及幻灯片背景图案等。

5.1.2 PowerPoint 2016 的启动

PowerPoint 2016 软件的启动有 3 种常用方法。

(1) 在桌面上选择“开始”→PowerPoint 2016 菜单命令。

(2) 如果桌面上建有 PowerPoint 2016 的快捷方式图标,则双击快捷方式图标。

(3) 如果“开始”屏幕上有 PowerPoint 2016 的命令磁贴,则单击该磁贴。

用以上 3 种方式启动 PowerPoint 2016 后,系统将打开 PowerPoint 应用程序窗口,并自动创建一个默认设计模板的 PPTX 电子演示文稿文件。

5.1.3 PowerPoint 2016 的退出

PowerPoint 2016 版本中,如果关闭所有 PowerPoint 文件就会自动退出 PowerPoint 应用程序,关闭 PowerPoint 2016 有以下 4 种方法。

(1) 单击“文件”按钮,在弹出的命令列表中选择“关闭”命令。

(2) 单击窗口左上角的 PowerPoint 图标,在弹出的快捷菜单中选择“关闭”命令。

(3) 单击 PowerPoint 2016 窗口标题栏中最右边的窗口操作按钮中的关闭按钮。

(4) 在标题栏的空白处右击,在弹出的快捷菜单中选择“关闭”命令。

如果在退出 PowerPoint 2016 时尚有已修改过的文件未保存,则在实际退出之前会显示如图 5-1 所示的对话框,询问是否要保存当前被修改过的文件。若单击“保存”按钮,则保存该文件后退出 PowerPoint 2016,若单击“不保存”按钮,则不保存该文件直接退出 PowerPoint 2016,在这种情况下,文件中修改的数据或新建的文件数据将会丢失,若单击“取消”按钮,则返回到 PowerPoint 2016 窗口(即取消退出 PowerPoint 2016 操作)。

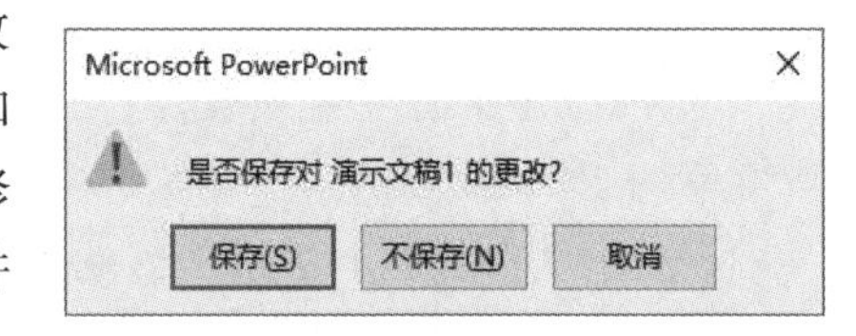

图 5-1 退出 PowerPoint

5.1.4 PowerPoint 的应用程序窗口

PowerPoint 2016 的应用程序窗口主要由标题栏、快速访问工具栏、“文件”按钮、选项卡、功能区、“大纲”和“幻灯片”窗格、幻灯片编辑窗格、“备注”窗格和状态栏等部分组成,如图 5-2 所示。

1. 标题栏

标题栏位于工作界面的顶端,其中自左至右显示的是快速访问工具栏、当前正在编辑的文档名称“演示文稿 1”、应用程序名称 PowerPoint、功能区显示选项按钮、最小化按钮、最大化/还原按钮和关闭按钮。

2. “文件”按钮

位于标题栏下,单击“文件”按钮(选项卡),可以在打开的菜单中,针对文档进行新建、打开、保存、打印等操作。

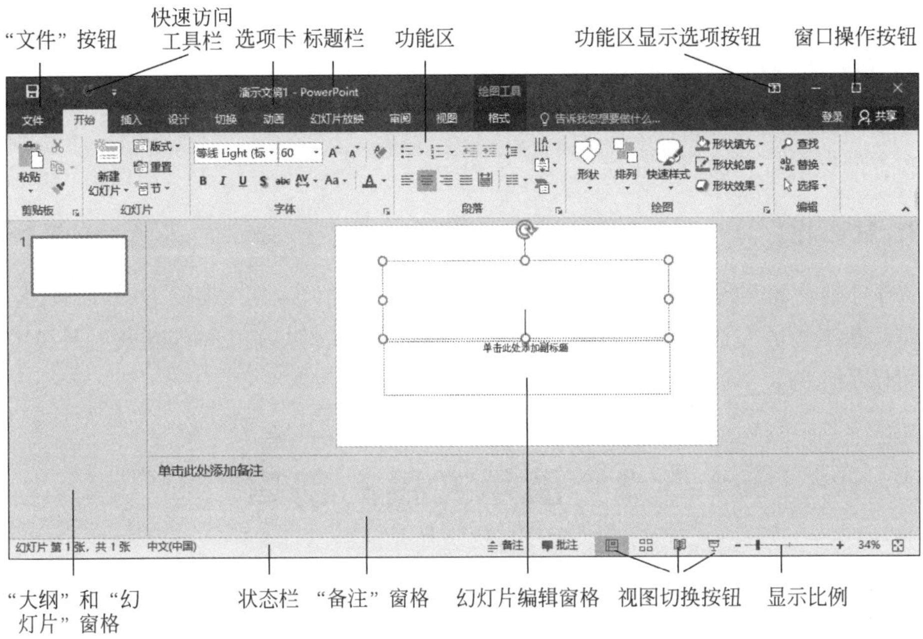

图 5-2　PowerPoint 2010 的窗口组成

3. 快速访问工具栏

位于界面的标题栏中,从左向右包括"保存"按钮、"撤销"按钮、"重复"按钮以及"自定义快速访问工具栏"按钮。

4. 选项卡

在"文件"按钮右侧排列了 8 个选项卡,都是针对文档内容操作的。单击不同的选项卡,可以打开相应的功能区,得到不同的操作设置选项。

5. 功能区

单击某个选项卡可以打开相应的功能区,将显示不同选项卡中包含的操作命令组。例如,"开始"选项卡中主要包括剪贴板、幻灯片、字体、段落、绘图、编辑等功能区。功能区操作命令组右下角带有↘标记的按钮表示有命令设置对话框。

6. "大纲"和"幻灯片"窗格

位于"幻灯片编辑"窗格的左侧,在不同的大纲/普通视图下,显示幻灯片大纲文本或幻灯片缩略图。

7. 幻灯片编辑窗格

这是 PowerPoint 中最大也是最重要的部分,关于幻灯片编辑的所有操作都在该窗格中完成。当幻灯片出现多张时,可以通过拖动滚动条来显示其他的幻灯片内容。

8. 备注页窗格

位于幻灯片编辑窗格的下部,在编辑演示文稿时对幻灯片添加注释和说明,供演讲者编辑和查阅该幻灯片的相关信息。

9. 状态栏

位于工作界面的最下方,主要用于提供系统的状态信息,其内容随着操作的不同而有所不同。状态栏的左边显示了当前幻灯片的序号以及总幻灯片数,右边显示了视图切换按钮和显示比例。

5.2 演示文稿的创建

5.2.1 创建演示文稿

启动 PowerPoint 2016 后,系统会自动创建一个文件名为“演示文稿 1”的空白演示文稿,也可手动创建新的演示文稿。这里介绍 PowerPoint 2016 提供的 3 种创建新演示文稿的方法。

1. 使用“空白演示文稿”创建演示文稿

这种方法是直接创建一个什么内容都没有的新演示文稿,需要创建者添加所有的演示文稿内容和设置格式。

单击“文件”按钮,在菜单中选择“新建”命令,在窗口右侧显示的“模板和主题”图标中选择“空白演示文稿”图标,如图 5-3 所示,单击该图标,则新建空白的演示文稿。

2. 利用模板创建演示文稿

利用模板创建演示文稿,即允许用户从开始就为演示文稿选择主题和配色方案。PowerPoint 2016 中有很多模板以丰富演示文稿的效果。利用其创建新演示文稿的操作步骤如下。

(1) 单击“文件”按钮,在打开的菜单中选择“新建”命令,在右侧的窗口中浏览模板效果图列表,并单击某个效果图即可在弹出的对话框中单击“创建”按钮,就可以按所选的模板创建演示文稿。

(2) 单击“文件”按钮,在打开的菜单中选择“新建”命令,在右侧的窗口中单击“建议的搜索”中的模板分类选项,如“教育”,然后单击右边的“教育”分类下的某个模板效果图,即可弹出对应模板的创建对话框,在对话框中单击“创建”按钮则下载对应模板,并创建相应的演示文稿。

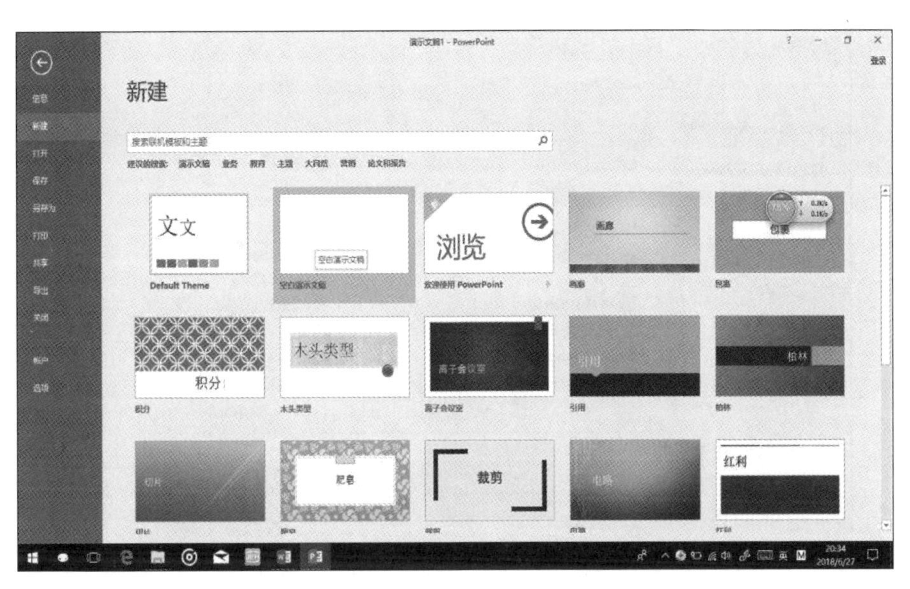

图 5-3 “新建演示文稿”窗口

5.2.2 打开演示文稿

已经创建的演示文稿文档在需要的时候可以重新打开以便查阅和编辑。打开已有 PowerPoint 演示文稿的方法有 3 种。

(1) 单击“文件”按钮，在打开的菜单中选择“打开”命令，在右侧打开的窗口中，单击“浏览”按钮或双击“这台电脑”按钮，之后在“打开”文件对话框中选择需要打开的已有演示文稿的位置，然后选中要打开的演示文稿文档，单击“打开”按钮即可。

(2) 单击“文件”按钮，在打开的菜单中选择“打开”命令，在右侧打开的窗口中，单击“最近”按钮，之后在右侧打开的最近访问文件列表窗格中选择需要打开的已有演示文稿。

(3) 在计算机磁盘中找到要打开的演示文稿文档，双击该文档，将直接打开它。

5.2.3 保存演示文稿

保存当前 PowerPoint 演示文稿的方法有如下 4 种。

(1) 对于新建的演示文稿，可单击“文件”按钮，在打开的菜单中选择“保存”命令。或者单击快速访问工具栏上的“保存”按钮，将在文件菜单右侧出现“另存为”窗口，单击“浏览”按钮，在打开的“另存为”对话框中选择文件保存的位置，在“文件名”文本框中输入文件名，从“保存类型”下拉列表中选择一种文件格式，最后单击“保存”按钮即可，如图 5-4 所示。

(2) 对于已经保存过的文档，可选择“文件”→“保存”命令或者单击快速访问工具栏上的“保存”按钮，将当前正在编辑和修改的演示文稿文件以原文件名原位置存盘。

(3) 对于已经保存过的文档，在编辑之后打算换名和换位置存放，可选择“文件”→

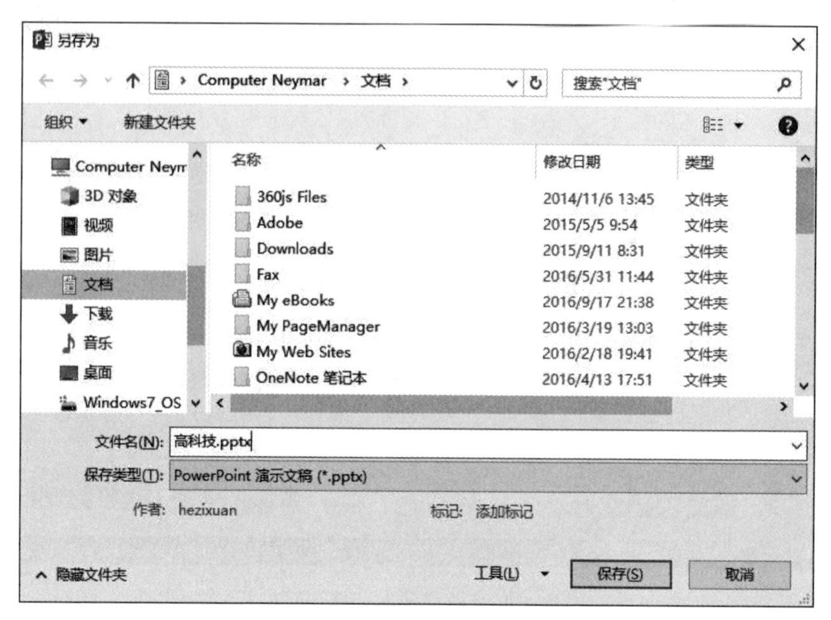

图 5-4 “另存为”对话框

“另存为”命令，在打开的右侧窗口中单击“浏览”按钮或双击“这台电脑”按钮，打开“另存为”对话框，如图 5-4 所示，对文件进行保存操作。需要注意的是，如果换名保存现有文档后，则将新生成一个该名字的文档，而原来打开的文档将被关闭，且对其内容不作任何修改。

(4) PowerPoint 2016 还提供了一种自动保存的方法，让软件定时对文档进行自动保存，这样可以进一步避免数据信息的丢失。单击“文件”按钮，在打开的菜单中选择“选项”命令。打开“PowerPoint 选项”对话框，单击左侧的“保存”按钮，在“保存演示文稿”栏中选中“保存自动恢复信息时间间隔”复选框，然后在后面的文本框中输入保存时间，单击“确定”按钮即可。注意，自动保存时间间隔不宜过长或过短，最好为 5～10 分钟。

PowerPoint 2016 演示文稿文件存储的默认格式是 pptx。此外，还可以保存为其他格式。常用文件格式如表 5-1 所示。

表 5-1 演示文稿的文件格式

保存为文件类型	扩展名	用于保存
PowerPoint 演示文稿	.pptx	PowerPoint 2016、2013、2010 或 2007 演示文稿默认为支持的文件格式
启用宏的 PowerPoint 演示文稿	.pptm	包含 Visual Basic for Applications(VBA)代码的演示文稿
PowerPoint 97～2003 演示文稿	.ppt	可以在早期版本的 PowerPoint(从 97 到 2003)中打开的演示文稿
PDF 文档格式	.pdf	由 Adobe Systems 开发的基于 PostScript 的电子文件格式，该格式保留了文档格式并允许共享文件
XPS 文档格式	.xps	一种新的电子文件格式，用于以文档的最终格式交换文档

续表

保存为文件类型	扩展名	用于保存
PowerPoint 设计模板	.potx	可用于对将来的演示文稿进行格式设置的 PowerPoint 2016、2013、2010 或 2007 演示文稿模板
启用宏的 PowerPoint 模板	.potm	包含预先批准的宏的模板，这些宏可以添加到模板中以便在演示文稿中使用
PowerPoint 97～2003 设计模板	.pot	可以在早期版本的 PowerPoint(从 97 到 2003)中打开的模板
Office 主题	.thmx	包含颜色主题、字体主题和效果主题的定义的样式表
PowerPoint 放映	.pps；.ppsx	始终在幻灯片放映视图(而不是普通视图)中打开的演示文稿
启用宏的 PowerPoint 放映	.ppsm	包含预先批准的宏的幻灯片放映，可以从幻灯片放映中运行这些宏
PowerPoint 加载项	.ppam	用于存储自定义命令、Visual Basic for Applications(VBA)代码和特殊功能(例如加载项)的加载项
PowerPoint 97～2003 加载项	.ppa	可以在 PowerPoint 97 到 PowerPoint 2003 中打开的加载项
Windows Media 视频	.wmv	另存为视频的演示文稿。PowerPoint 2016 演示文稿可按高质量(1024×768，30 帧/秒)、中等质量(640×480，24 帧/秒)和低质量(320×240，15 帧/秒)进行保存。WMV 文件格式可在诸如 Windows Media Player 之类的多种媒体播放器上播放
GIF(图形交换格式)	.gif	作为用于网页的图形的幻灯片。GIF 文件格式最多支持 256 色。因此，此格式更适合扫描图像(如插图)。GIF 还适用于直线图形、黑白图像以及只有几个像素的小文本。GIF 支持动画和透明背景
JPEG(联合图像专家组)文件格式	.jpg	作为用于网页的图形的幻灯片。JPEG 文件格式支持 1600 万种颜色，最适于照片和复杂图像
PNG(可移植网络图形)格式	.png	作为用于网页的图形的幻灯片。万维网联合会(W3C)已批准将 PNG 作为一种替代 GIF 的标准。PNG 不像 GIF 那样支持动画，某些旧版本的浏览器不支持此文件格式
TIFF(Tag 图像文件格式)	.tif	作为用于网页的图形的幻灯片。TIFF 是用于在个人计算机上存储位映射图像的最佳文件格式。TIFF 图像可以采用任何分辨率，可以是黑白、灰度或彩色
设备无关位图	.bmp	作为用于网页的图形的幻灯片。位图是一种表示形式，包含由点组成的行和列以及计算机内存中的图形图像。每个点的值(不管它是否填充)存储在一个或多个数据位中
Windows 图元文件	.wmf	作为 16 位图形的幻灯片(用于 Microsoft Windows 3.x 和更高版本)
增强型 Windows 元文件	.emf	作为 32 位图形的幻灯片(用于 Microsoft Windows 95 和更高版本)
大纲/RTF	.rtf	演示文稿大纲为纯文本文档，可提供更小的文件大小，并能够和可能与您具有不同版本的 PowerPoint 或操作系统的其他人共享不包含宏的文件。使用这种文件格式不会保存备注窗格中的任何文本

续表

保存为文件类型	扩展名	用于保存
PowerPoint 图片演示文稿	.pptx	其中每张幻灯片已转换为图片的 PowerPoint 2016、2013、2010 或 2007 演示文稿。将文件另存为 PowerPoint 图片演示文稿将减小文件大小。但是会丢失某些信息
OpenDocument 演示文稿	.odp	可以保存 PowerPoint 2016 文件，以便在使用 OpenDocument 演示文稿格式的演示文稿应用程序(如 Google Docs 和 OpenOffice.org Impress)中将其打开。也可以在 PowerPoint 2016 中打开.odp 格式的演示文稿。保存和打开.odp 文件时，可能会丢失某些信息

存储演示文稿时，不但要注意保存类型的选择，同时还要注意 PowerPoint 版本之间的差别。一般保存 PowerPoint 文件时，以当前使用的版本为默认的文件类型，当要将 PowerPoint 文件保存为其他版本的文件时，要遵循较高版本 PowerPoint 软件向下兼容较低版本的原则，反之，较低版本的 PowerPoint 软件则不能打开或不兼容较高版本的 PowerPoint 文件。

5.2.4 关闭演示文稿

当演示文稿文档编辑结束时，需要将其关闭。单击“文件”按钮，在打开的菜单中选择“关闭”命令，即关闭当前的演示文稿。要注意的是，使用该命令只是关闭了当前文档，而 PowerPoint 2016 程序并没有关闭。

5.3 演示文稿的编辑

5.3.1 幻灯片的视图

为了在不同的情况下建立、编辑、浏览和放映幻灯片，PowerPoint 2016 提供了多种不同的视图。幻灯片的不同视图模式可以通过 PowerPoint 主画面右下方视图按钮进行互相切换，也可以通过“视图”选项卡中相应的命令进行切换。

1. 普通视图/大纲视图

普通视图/大纲视图是主要的编辑视图，可用于撰写或设计演示文稿。这两种视图布局类似，有 3 个工作区域：左侧在普通视图下将显示幻灯片缩略图，在大纲视图下将显示幻灯片的大纲文字；右侧上部为幻灯片编辑窗格；右侧下部为备注窗格(备注窗格是在普通视图中输入幻灯片备注的窗格，可将这些备注打印为备注页，或在将演示文稿保存为网页时显示它们)，如图 5-5 所示。还可以在普通视图中通过拖动窗格边框来调整不同窗格的大小。

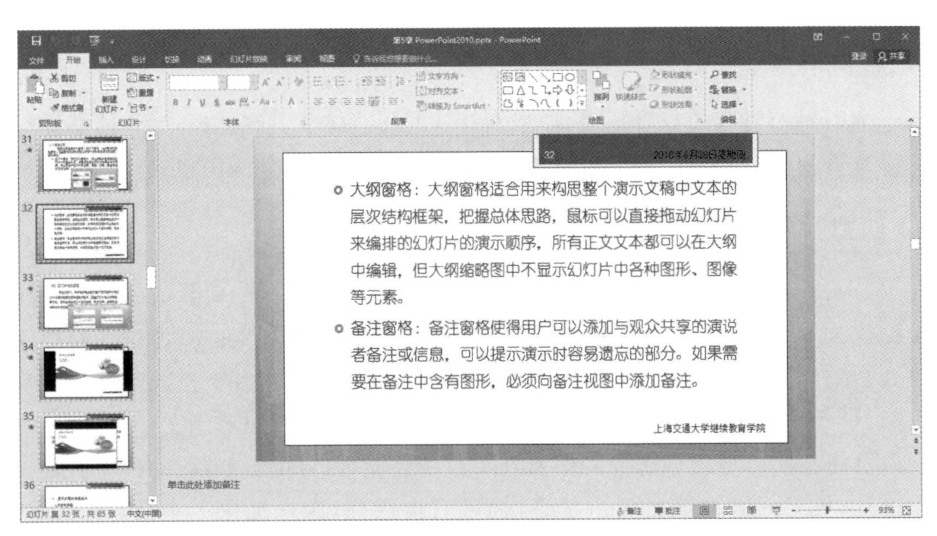

图 5-5　普通视图

2. 幻灯片浏览视图

在 PowerPoint 状态栏中，单击“幻灯片浏览”按钮，或者在“视图”选项卡的“演示文稿视图”功能区中单击“幻灯片浏览”按钮，即进入幻灯片浏览视图模式。该模式以缩略图的形式显示幻灯片，可以同时显示多张幻灯片。通过移动垂直滚动条，可以浏览到演示文稿中的所有幻灯片。在此模式下，可以方便地对幻灯片进行重新排列、添加、复制、移动、删除幻灯片以及预览切换和动画效果，如图 5-6 所示。

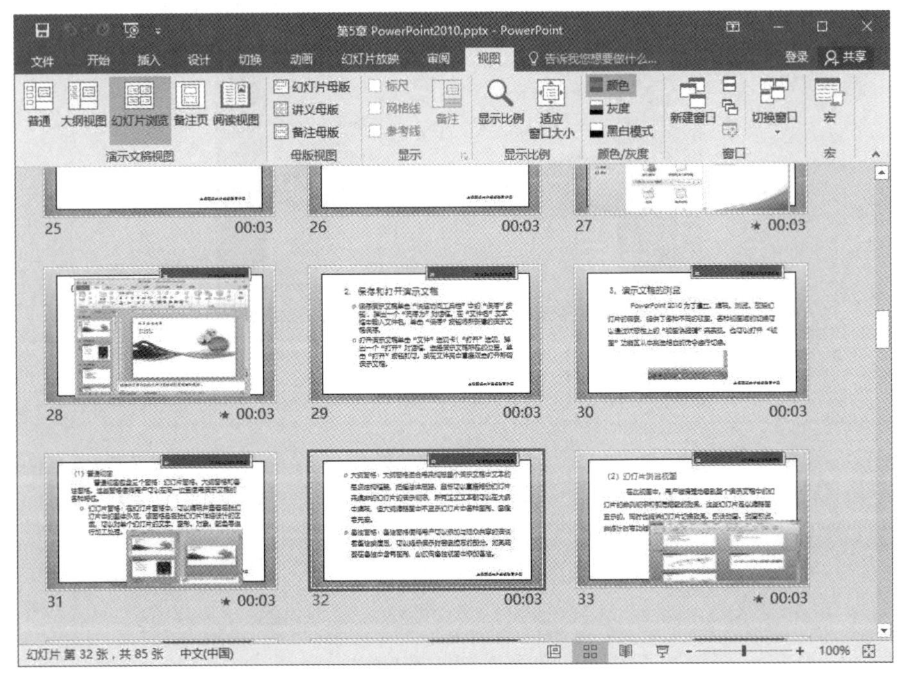

图 5-6　幻灯片浏览视图

3. 阅读视图

用于加强对幻灯片的查看效果,加强幻灯片的阅读体验。在此模式下,能够像幻灯片放映一样查看幻灯片。可以通过右下角的视图按钮切换到其他视图模式。

4. 幻灯片放映视图

在 PowerPoint 状态栏中,单击“幻灯片放映”按钮,或者在“幻灯片放映”选项卡的“开始放映幻灯片”功能区中单击“从头开始”或“从当前幻灯片开始”按钮,即进入幻灯片放映视图模式。幻灯片放映是以最大化方式显示文稿中的每张幻灯片。进入幻灯片放映视图后,每张幻灯片均占据整个屏幕,在这种全屏幕视图模式中,可以看到文字、图形、影片、动画元素以及将在实际放映中看到的切换效果。在放映时,每单击鼠标一次,即依次放映下一张幻灯片,按 Esc 键将退出演示状态,也可右击鼠标,在快捷菜单中选择“结束放映”命令。

5. 备注页视图

备注页视图用于给幻灯片添加备注的视图模式。在“视图”选项卡的“演示文稿视图”功能区中单击“备注页”按钮,即进入备注页视图模式,如图 5-7 所示。该模式中有上下两

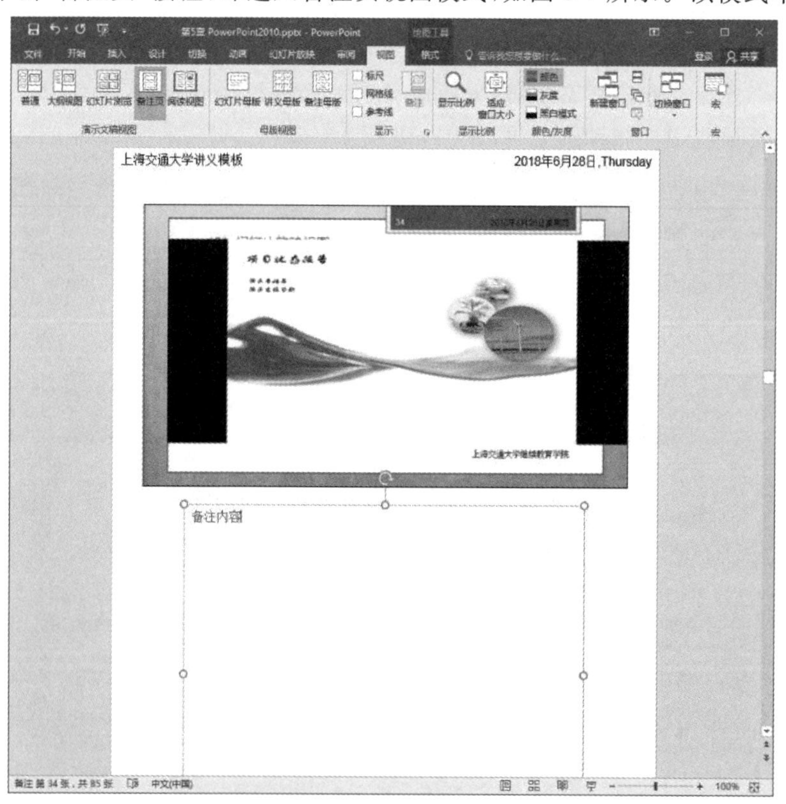

图 5-7　备注页视图

部分内容，上面是该页幻灯片的缩略图，可以选中并删除。这里的删除并不是删除了幻灯片，而是将它从备注页中移除，不在其中显示，以便腾出更多的空间编辑备注信息。下面是备注信息编辑文本区。可在其中输入文字信息，也可拖动编辑文本框四周的控制点来放大和缩小该区域。

5.3.2 幻灯片文本的编辑

普通视图是编辑演示文稿最直观的视图模式，也是最常用的一种模式。在普通视图中，任一幻灯片中的任何文字和图片信息等都和最后幻灯片放映时的效果类似，只是在幻灯片的大小上与最终的播放效果有所差别。

演示文稿有各种版式，其中与文本有关的主要有以下3种格式。

(1) 标题框：在每张幻灯片的顶部有一个矩形框，用于输入幻灯片的标题。

(2) 正文项目框：该区域内一般用于输入幻灯片所要表达的正文信息，在每一条文本信息的前面都有一个项目符号。

(3) 文本框：这是在幻灯片上另外添加的文本区域。通常在需要输入除标题和正文以外的文本信息时，由用户另外添加。

新建一张幻灯片时，单击“开始”选项卡，在出现的功能区中选择“幻灯片”栏，单击“新建幻灯片”按钮，在打开的列表中选择相应的版式，如图5-8所示。单击该版式后，PowerPoint将为该幻灯片中的各对象区域给出一个虚框，提示用户在该位置输入相应内容，这些虚框称为“文本占位符”。

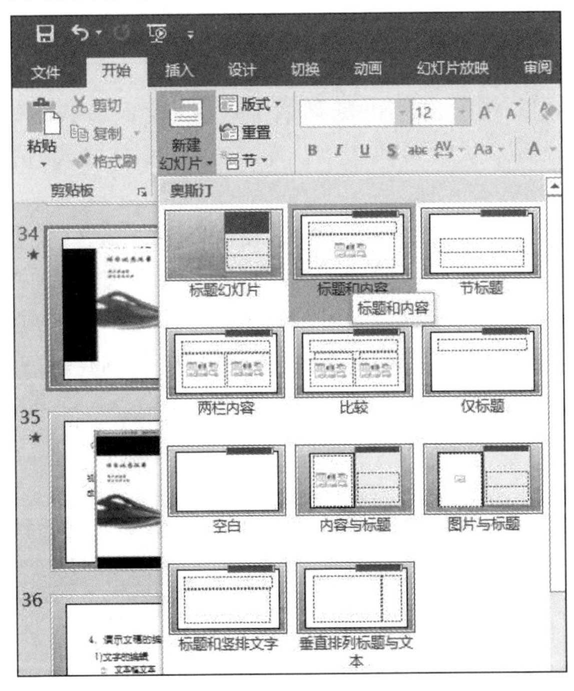

图5-8 新建幻灯片

1. 文字的录入

在幻灯片中，若要输入文字信息，只要单击文本占位符，将光标置入占位符中，就可以在其中输入文字了，文字输入完成后，单击占位符虚线框外的任何位置，即退出对该对象的编辑，如图 5-9 所示。

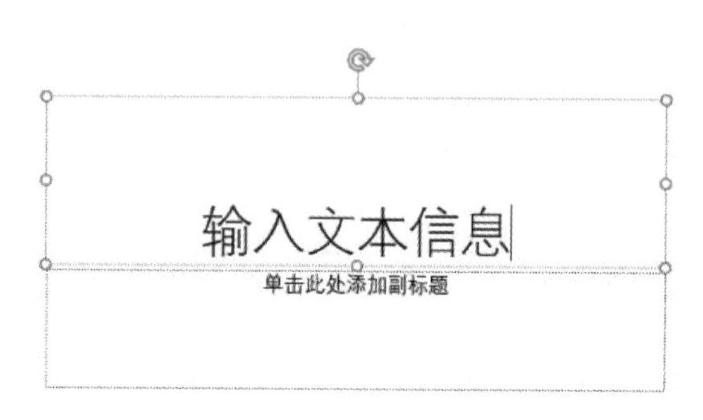

图 5-9　幻灯片版式

如果文字输入太多，PowerPoint 2016 会自动调整字号。如果自动匹配不能完成，可以用鼠标拖动边框线，改变文本框尺寸。

除了在固定的占位符中输入文字以外，有时用户希望在幻灯片的任意位置插入文字，这时可以利用文本框来解决。选择“插入”选项卡，单击“文本”栏中的“文本框”按钮，在打开的列表中选择“横排文本框”和“垂直文本框”两种编排方式之一。将鼠标移动到幻灯片中，当鼠标指针变为十字形状时，单击鼠标并斜向拖动鼠标，即可绘制出一个文本框。这时光标已经在文本框中，可以直接输入文字。

用户可以根据需要来改变系统默认的文本框格式以达到更好的表达效果。方法有二：① 在文本框上右击，在弹出的快捷菜单中选择“设置形状格式”命令，PowerPoint 2016 窗口右侧显示“设置形状格式”窗格；② 单击“绘图工具格式”选项卡，在“形状样式”功能区中选择相应命令进行设置。

还可以在“自选图形”中添加文字。单击“插入”选项卡，在“插图”功能区中单击“形状”按钮，在打开的列表中单击相应的图形。将鼠标移动到幻灯片中，当鼠标指针变为十字形状时，单击鼠标并斜向拖动鼠标，即可绘制出一个图形。选中图形，右击鼠标，在弹出的快捷菜单中选择“编辑文字”命令。此时，图形中出现文本插入点光标在闪动，输入文字即可。

2. 文字的编辑

在幻灯片中输入文字之后应该对其进行多次检查，如果发现错误，要对文字进行修改和编辑。一般的编辑方法包括文字的选择、复制、剪切、移动、删除和撤销删除等操作，这些操作与前面章节中已经介绍的方法相同，在这里就不重复介绍。

3. 文字的格式化

文字的基本格式设置主要是设置文字的属性，文字的基本属性有设置字体、字号和颜色等。可以通过多种方法进行设置。

1）使用“字体”功能区设置文字格式

在“开始”选项卡中的“字体”功能区中包含了对文字格式的基本设置内容。选中要设置格式的文字，单击“字体”功能区中的“字体”下拉列表框右侧的向下黑三角按钮，在展开的列表中选择相应的字体，如图 5-10 所示。用同样的方法还可以设置字号和颜色。

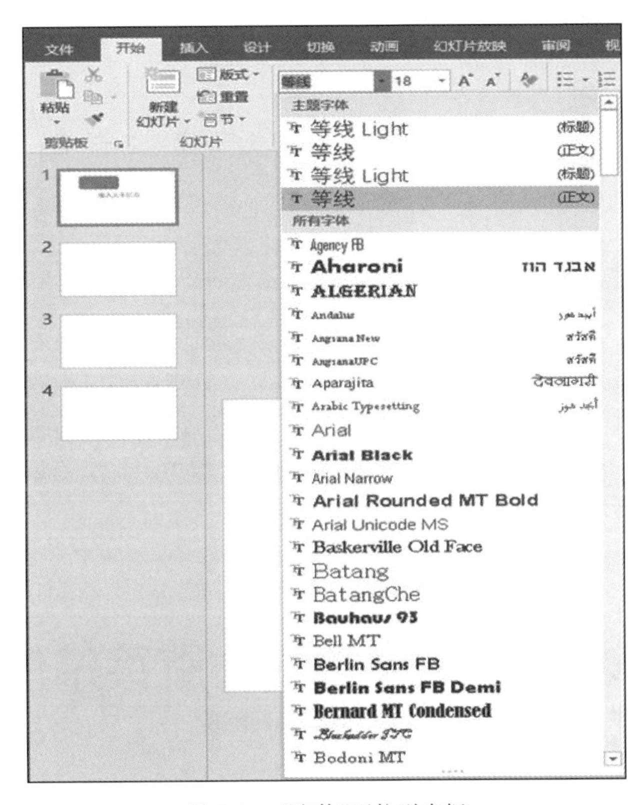

图 5-10 “字体”下拉列表框

2）通过浮动工具栏设置文字格式

在幻灯片中添加文字后，当选择了文本之后，会出现一个浮动的工具栏“绘图工具格式”，如图 5-11 所示。将鼠标移动到该工具栏上，单击相应的按钮也可以对文字进行格式设置。

3）通过对话框设置文字格式

在选择了幻灯片中的文字后，右击鼠标，在弹出的快捷菜单中选择“字体”命令，将打开“字体”对话框。

4）自动调整文本

PowerPoint 2016 默认设置为能自动调整文字的大小，以便让文字适应占位符的大

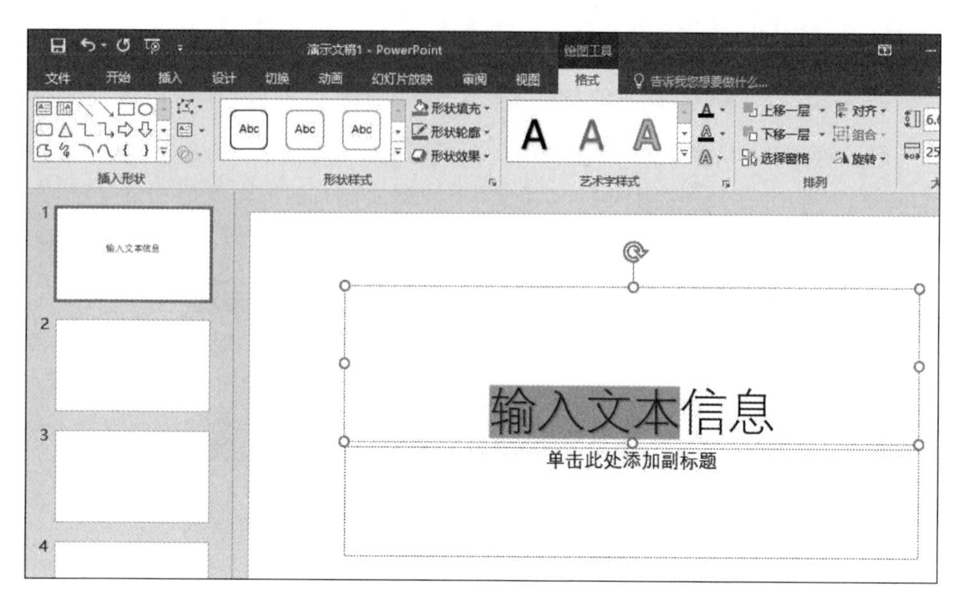

图 5-11　浮动工具栏

小。如果要取消默认设置，当在占位符中输入的文字超过了占位符所能显示的空间时，就会在占位符的左侧下方出现一个图标按钮，如图 5-12 所示。单击该按钮，在弹出的列表框中选择“停止根据此占位符调整文本”选项即可。

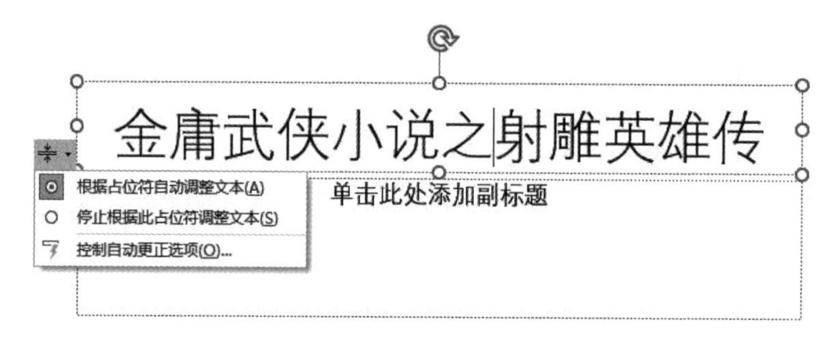

图 5-12　自动调整文本

4. 文本的对齐方式

在占位符中输入文字后，PowerPoint 默认情况是居中对齐方式显示的。但当有特殊需要的时候也可以改变。文字的对齐方式可分为段落对齐和文本对齐两种。

1) 段落对齐

用来实现设置文字在幻灯片段落中的水平相对位置。在“开始”选项卡中的“段落”功能区中包含了对文字进行段落对齐的基本设置，共分为“左对齐”“右对齐”“居中”“分散对齐”和“两端对齐”5 种，分别对应 5 个按钮。或者在“开始”选项卡的“段落”功能区中，单击右下角的箭头按钮，将打开“段落”对话框，在“缩进和间距”选项卡中可看到对齐方式的设置。如图 5-13 所示。

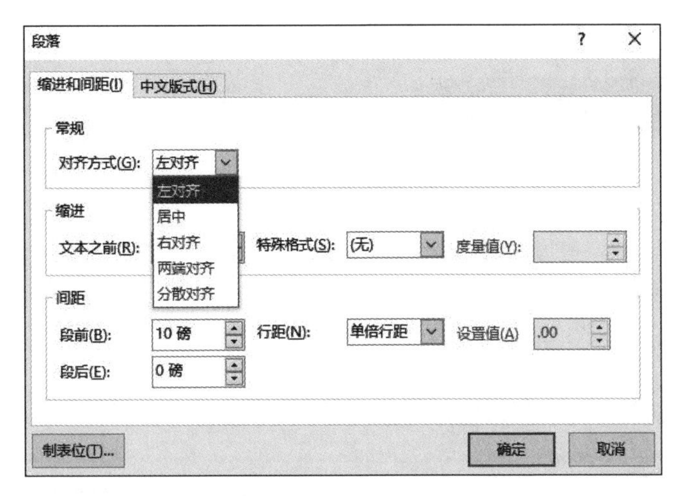

图 5-13 “段落”对话框

2）文本对齐

用来实现同一占位符中文字的垂直对齐方式。单击“开始”选项卡中的“段落”栏中的“对齐文本”按钮，在展开的列表框中选择“其他选项”，在窗口右侧打开“设置形状格式”窗格，在“设置形状格式”窗格中选择“文本选项”下的“文本框”按钮，在打开的窗格中单击“垂直对齐方式”右侧的下拉列表，如图 5-14 所示，对文字进行垂直对齐方式的设置，共分“顶端对齐”“中部对齐”“底端对齐”“顶部居中”“中部居中”和“底部居中”6 种。或者在占位符中选中需要对齐的文本，右击鼠标，在弹出的快捷菜单中选择“设置形状格式”命令，打开“设置形状格式”窗格。

5. 段落的格式化

通过对段落列表级别和行距的设置可以使文本内容更加层次化、条理化。

1）行间距设置

选中需要调整段落间距的文本框或文本框中的某一段落。单击“开始”选项卡，在“段落”功能区中单击“行距”按钮，在弹出的列表框中选择需要的行间距数值，如图 5-15 所示。或者在列表框中选择“行距选项”命令，打开“段落”对话框，在“缩进和间距”选项卡的“间距”栏中可以手动输入行间距的数值。也可以通过单击“开始”选项卡的“段落”功能区中右下角的箭头按钮，打开“段落”对话框进行设置，如图 5-13 所示。

2）段落列表级别设置

幻灯片主体文本的段落是有层次的，PowerPoint 2016 的每个段落可以有 8 个级别，每个级别有不同的项目符号，字型大小也不相同，这样可以使层次感增强。单击“开始”选项卡，在“段落”功能区的“行距”按钮的左边有“降低列表级别”和“提高列表级别”两个按钮。在文本的浮动工具栏上也有这两个按钮。选择相应的段落文本，单击这两个按钮将改变文本的列表级别。

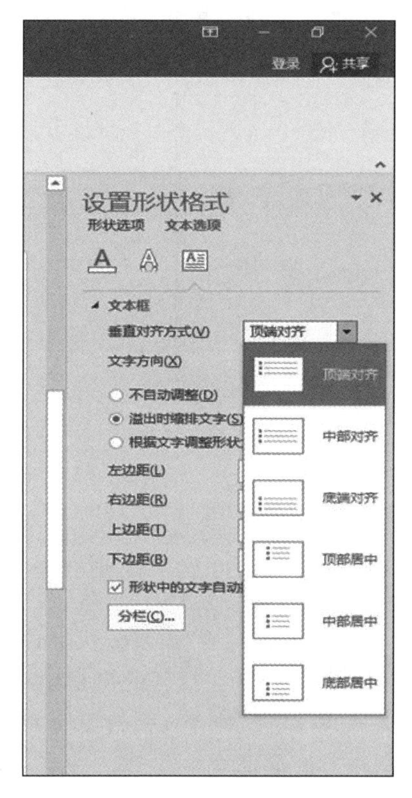

图 5-14 “设置形状格式”对话框

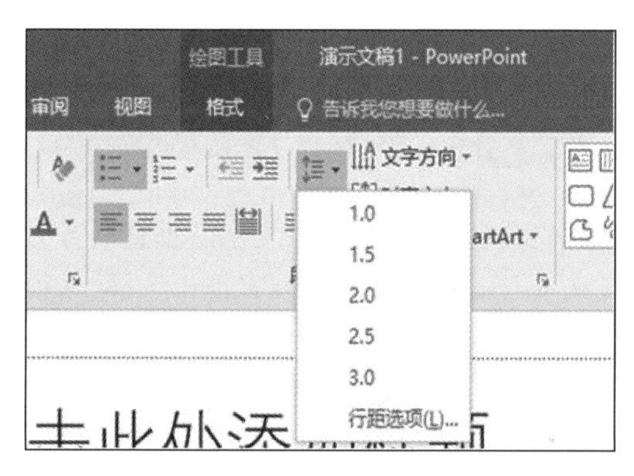

图 5-15 “行距”对话框

6. 项目符号和编号

当文本内容太多时，在文本的前面添加项目符号和编号，可使文本具有条理性。PowerPoint 中的项目符号和编号操作与 Word 中此项操作方法相同。选定操作文本后，单击“开始”选项卡，在“段落”功能区中单击“项目符号”按钮或者“编号”按钮，将会在文本前面出现默认的项目符号或编号，单击图标旁边的黑三角按钮，在弹出的列表框中可以选择需要的项目符号或编号，如图 5-16 所示。如果希望选择其他的项目符号和编号的样式，选择列表框中的“项目符号和编号”命令，打开“项目符号和编号”对话框，在“项目符号”或“编号”选项卡中选择希望使用的符号或编号，然后单击“确定”按钮，如图 5-17 所示。

每次确定一个项目符号或编号后，按 Enter 键，下一段自动插入项目符号或编号。此外还可以通过“项目符号和编号”对话框中“大小”和“颜色”两个选项来改变项目符号的大小和颜色。

为了丰富项目符号的样式，PowerPoint 2016 还可以设置添加图片或其他符号使其成为项目符号。添加图片项目符号的方法如下。

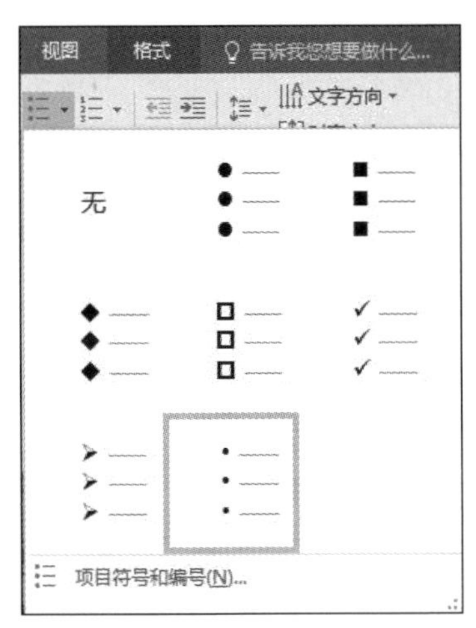

图 5-16 “项目符号”列表

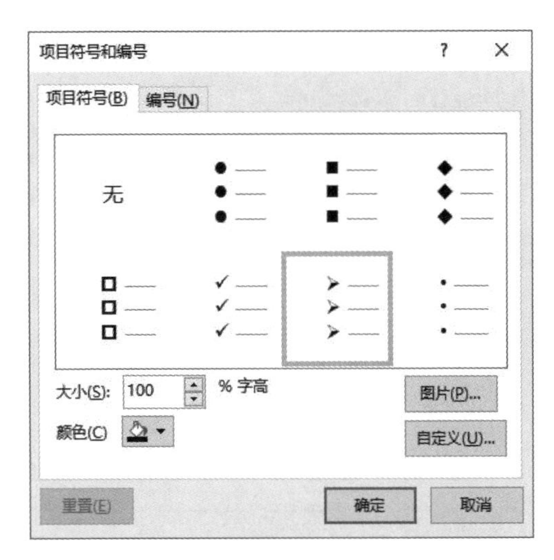

图 5-17 “项目符号和编号”对话框

(1) 打开图 5-17 所示“项目符号”选项卡，单击“图片”按钮，打开“图片项目符号”对话框，如图 5-18 所示。选择希望使用的图片，单击“确定”按钮。如果想使用自己创建的图片作为项目符号，则可以单击图 5-18 中的“导入”按钮，将自己的图片导入 PowerPoint 2010 的图片库中，然后重复上述步骤即可。

(2) 如果要设置其他符号作为项目符号，则可在“项目符号和编号”对话框中，单击“自定义”按钮。在弹出的“符号”对话框中选择相应的符号，单击“确定”按钮即可。

取消项目符号和编号一般有以下两种方法：

(1) 在“项目符号和编号”对话框的“项目符号”或“编号”选项卡中选择“无”项目符号，使之成为空白状态。

(2) 在选中对象后，直接单击“开始”选项卡，在“段落”功能区中单击“项目符号”按钮或者“编号”按钮即可取消。

7. 分栏显示文本

当输入的文本过多，但又需要在一张幻灯片中显示时，可以通过设置分栏来显示文本。首先选中要分栏的文本，单击“开始”选项卡，在“段落”栏中单击“分栏”按钮，在弹出的列表框中选择“一列”“两列”或“三列”命令，如图 5-19 所示。如果希望选择更多的列，可单击列表框中的“更多栏”命令，打开“分栏”对话框，输入栏数和选择数值的单位，单击“确定”按钮即可。

5.3.3 幻灯片的剪辑

1. 选择幻灯片

在制作幻灯片时，有时需要选择单张幻灯片，有时又需要选择多张连续或不连续的幻

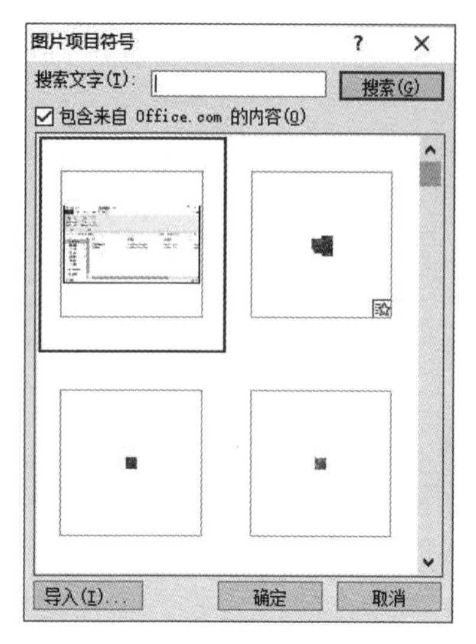

图 5-18 “图片项目符号”对话框

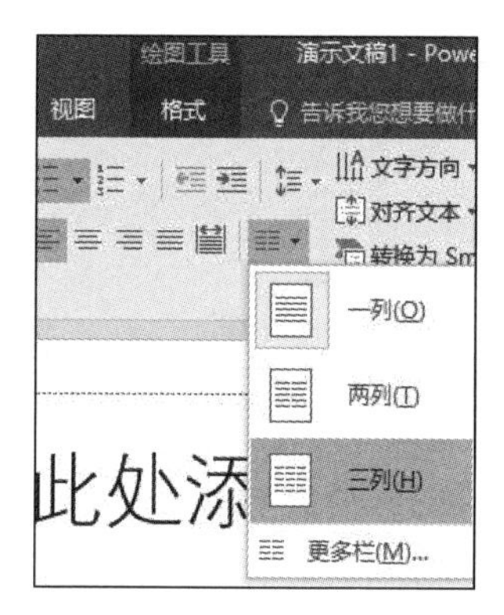

图 5-19 “分栏”按钮

灯片。选择幻灯片有如下几种。

(1) 在“大纲”窗格或“幻灯片”窗格中,单击需要选择的幻灯片缩略图,即可单独选择该张幻灯片。

(2) 在“大纲”窗格或“幻灯片”窗格中,单击需要选择的第一张幻灯片缩略图,然后按住 Ctrl 键不放,单击需要选择的第二张幻灯片缩略图,再依次单击其他所需的幻灯片缩略图,可以选择不连续的幻灯片。

(3) 在“大纲”窗格或“幻灯片”窗格中,单击需要连续选择的第一张幻灯片缩略图,然后按住 Shift 键不放,再单击连续选择的最后一张幻灯片缩略图,这时两张幻灯片之间的所有幻灯片均被选中。

2. 插入新幻灯片

新建的空白演示文稿中默认只有一张幻灯片,但是在实际制作幻灯片的时候,往往需要多张幻灯片,此时可以根据需要在演示文稿中插入新的幻灯片。插入幻灯片的方法有如下几种。

(1) 在“幻灯片”窗格中选中某张幻灯片后,单击“开始”选项卡,在“幻灯片”功能区中单击“新建幻灯片”按钮,在选中的幻灯片下方即可插入一张新的幻灯片。

(2) 在“幻灯片”窗格中选中某张幻灯片后,按 Enter 键将在该幻灯片下方插入一张默认版式的幻灯片。

(3) 在“幻灯片”窗格中选中某张幻灯片后,按组合键 Ctrl+M 也可在该幻灯片下方插入幻灯片。

(4) 在“幻灯片”窗格中选中某张幻灯片后,右击鼠标,在弹出的快捷菜单中选择“新建幻灯片”命令,将在该幻灯片下方插入一张新的幻灯片。

3. 插入其他演示文稿

打开要进行插入的演示文稿，单击要在其后添加幻灯片的幻灯片，单击“开始”选项卡，在“幻灯片”栏中单击“新建幻灯片”按钮，在展开的列表框中，选择下方的“幻灯片(从大纲)”命令，在弹出的“插入大纲”对话框中，选择欲插入的包含大纲文本的文档(*.txt，*.docx，*.rtf等)，单击“插入”按钮，即可插入对应大纲文本的所有幻灯片。或者在展开的列表框中选择“重用幻灯片”命令，在打开的“重用幻灯片”窗格中单击“浏览”按钮，在打开的菜单中选择“浏览文件”命令，打开“浏览”对话框，在其中双击选中的演示文稿，即可将演示文稿中的幻灯片加入到“重用幻灯片”的幻灯片列表中作为源幻灯片插入选择。

4. 删除幻灯片

在编辑幻灯片时，对于不需要的幻灯片，可以将其删除。删除幻灯片的方法有以下几种。

(1) 在左侧的“幻灯片”窗格中选择需要删除的幻灯片，右击鼠标，在弹出的快捷菜单中选择“删除幻灯片”命令。

(2) 选中需要删除的幻灯片，按Del键进行删除。

5. 复制幻灯片

如果制作的幻灯片与已制作完成的幻灯片内容相似时，可以复制已制作完成的幻灯片，然后在此基础上进行修改，这样能节约幻灯片的制作时间。复制幻灯片的方法如下。

(1) 在“幻灯片”窗格中选中需要复制的幻灯片，按住Ctrl键的同时，拖动鼠标到新的位置松开鼠标即可。

(2) 选中需要复制的幻灯片，按组合键Ctrl+C复制该幻灯片，然后在新的位置按Ctrl+V组合键。

(3) 选中需要复制的幻灯片，右击鼠标，在弹出的快捷菜单中选择“复制”命令，再在新的位置处右击鼠标，在弹出的快捷菜单中选择“粘贴”命令。

(4) 选中需要复制的幻灯片，右击鼠标，在弹出的快捷菜单中选择“复制幻灯片”命令，将在该幻灯片下方复制幻灯片。

(5) 在“幻灯片”窗格中选中一张或多张幻灯片后，单击“开始”选项卡，在“幻灯片”栏中单击“新建幻灯片”按钮，在展开的列表框中，选择下方的“复制选定幻灯片”命令，将在选中的幻灯片下方复制一张或多张该幻灯片。

6. 移动幻灯片

在制作幻灯片的过程中，有时需要将幻灯片移动到不同的位置上，移动幻灯片的方法有以下几种。

(1) 选中需要移动的幻灯片，按组合键Ctrl+X剪切该幻灯片，然后在新的位置按Ctrl+V组合键。

(2) 选中需要移动的幻灯片，单击“开始”选项卡，在“剪贴板”栏中单击“剪切”按钮，然后在新的位置选择“剪贴板”栏中“粘贴”命令即可。

(3) 在“幻灯片”窗格中，选中需要移动的幻灯片，按住鼠标左键不放并拖动到适当位置后，松开鼠标即可完成移动幻灯片的操作。

(4) 选中需要移动的幻灯片，右击鼠标，在弹出的快捷菜单中选择“剪切”命令，再在新的位置处右击鼠标，在弹出的快捷菜单中选择“粘贴选项”中的相应命令即可。

5.4 演示文稿的修饰

为了使演示文稿在播放时更能吸引观众，可以针对不同的演示内容和不同的观众对象设置不同风格的幻灯片外观。PowerPoint 2016 提供了多种可以控制演示文稿外观的途径，例如可以设置背景、母版和应用设计模板等。

5.4.1 幻灯片背景设置

进入普通视图模式，选中需要调整背景颜色的幻灯片。单击“设计”选项卡，在右边的“自定义”功能区中单击“设置背景格式”按钮，在窗口右侧会出现一个“设置背景格式”窗格，如图 5-20 所示。

在“设置背景格式”窗格中的“填充”选项卡中，主要设置选项是 4 个单选按钮：“纯色填充”“渐变填充”“图片或纹理填充”和“图案填充”，可在 4 个按钮中选中任何一种背景效果进行设置。下面对这 4 种填充方式分别说明。

1. 纯色填充

进入“设置背景格式”窗格默认选中“纯色填充”按钮，下面出现“颜色”选项组，如图 5-20 所示。单击“颜色”按钮，在展开的下拉框中，可以直接单击“主题颜色”和“标准色”中的颜色按钮，选择该颜色作为背景颜色。也可以选择下方的“其他颜色”命令，在弹出的“颜色”对话框中，可以直接选用“标准”选项卡中的颜色。也可以在“自定义”选项卡中，通过选择“红色”“绿色”和“红色”变数框中的数值来自定义颜色。在设置完颜色后，拖动“透明度”滑块调整背景色的透明度。设置之后单击“全部应用”完成设置所有幻灯片的背景颜色，也可以直接关闭“设置背景格式”窗格，则只设置当前选中的幻灯片的背景颜色。

2. 渐变填充

渐变填充是以多种方式将一种或两种颜色合并到一起进行填充，设置为背景色的方法。单击 “渐变填充”按钮后，将在下面出现设置的选项，如图 5-21 所示。在“预设渐变”下拉框中选择系统已经设置好的预设方案，然后通过下面其他的选项进行变化修改，设置为自己需要的填充颜色。通过“类型”下拉框选项设置渐变颜色组合形状；通过“方向”下拉框设置颜色渐变的方向；在“类型”下拉框中选择“线性”选项，则“角度”变数框成为可选项，通过改变变数框中的数字，可调整颜色渐变的角度。

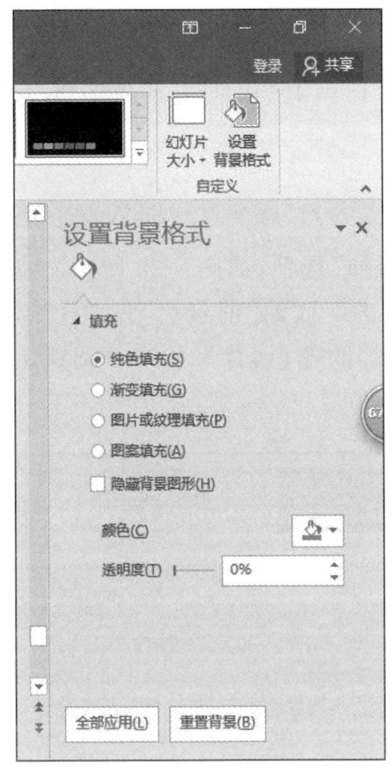

图 5-20 “设置背景格式”窗格

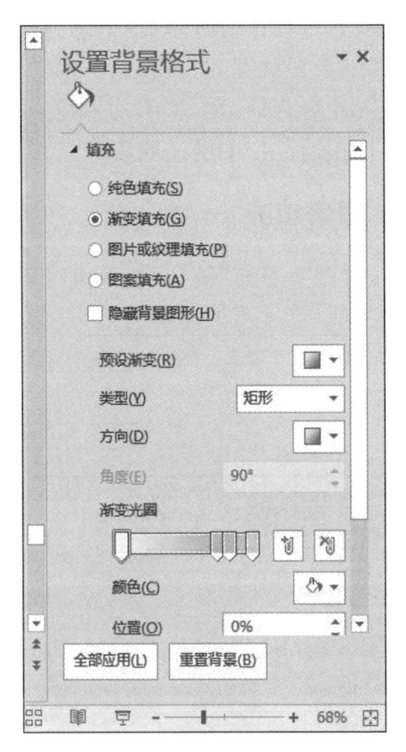

图 5-21 “渐变填充”单选按钮

当选择了一种预设颜色后，可以通过“渐变光圈”中的选项来改变渐变填充的颜色和颜色的数量。默认渐变填充最少要有两种颜色，最多可有 10 种颜色一起填充。在“渐变光圈”的光圈颜色轴上最少会有两个颜色滑块，分别代表渐变填充的两种颜色。选择其中一个滑块，通过下面的“颜色”按钮来变换该滑块代表的填充颜色。通过用鼠标拖动滑块，或者改变下面的“位置”变数框中的数字，来改变该颜色与其他颜色的位置关系。如果要添加渐变填充的颜色，则只要用鼠标单击颜色轴，或者单击颜色轴旁边的“添加渐变光圈”按钮。如果要删除某种颜色光圈，只要将某个颜色光圈滑块拖离颜色轴，或者选中该颜色滑块，单击颜色轴旁边的“删除渐变光圈”按钮即可。此外拖动窗格右侧的滚动条，还可以调整“亮度”和“透明度”的滑块位置或变数框中的百分比数值来改变选定光圈颜色的亮度和透明度。

3. 图片或纹理的填充

单击“图片或纹理填充”按钮后，下面出现设置图片或纹理为背景的选项，如图 5-22 所示。如果要设置纹理作为幻灯片的背景，单击“纹理”按钮，在弹出的下拉框中将有 24 种纹理选项，将鼠标指向纹理选项，将显示该选项的名字，单击它即可。

如果要设置图片为背景，则单击“插入图片来自”选项中的 3 个按钮。单击“文件”按钮，将打开“插入图片”对话框，在文件夹中选择相应图片，单击“插入”按钮即可。如果要插入的是剪贴板里面的图片，则单击“剪贴板”按钮，则会将剪贴板中的图片插入作为背景。

在设置纹理作为背景之后，则“将图片平铺为纹理”复选框被选中。可利用下面的“平铺选项”来设置纹理的“偏移量”“刻度”“对齐方式”“镜像类型”和图片的透明度。如果设置的是图片为背景，则“将图片平铺为纹理”复选框不被选中，下面的“伸展选项”将只可以设置图片在幻灯片中的透明度和偏移量。

4. 图案填充

单击“图案填充”按钮后，下面将出现 48 个图案样式选项，如图 5-23 所示。将鼠标指向图案选项，将显示该图案的名字，单击它即可。单击下面的“前景色”和 “背景色”按钮可以改变图案的颜色。前景色显示图案中圆点条纹等的颜色，背景色则可调整图案的墙面颜色。

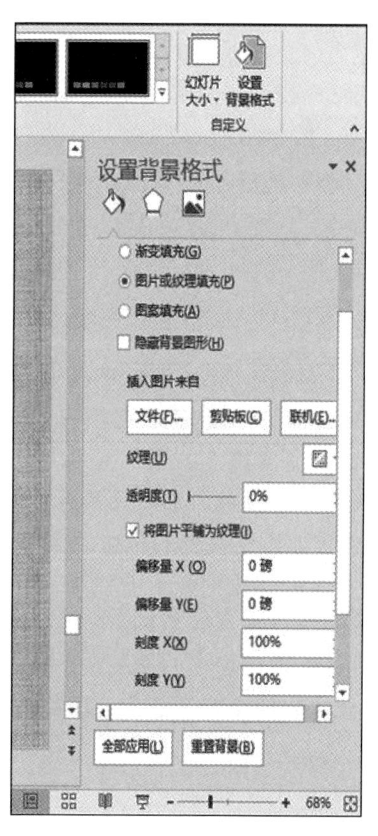

图 5-22 “图片或纹理填充”单选按钮

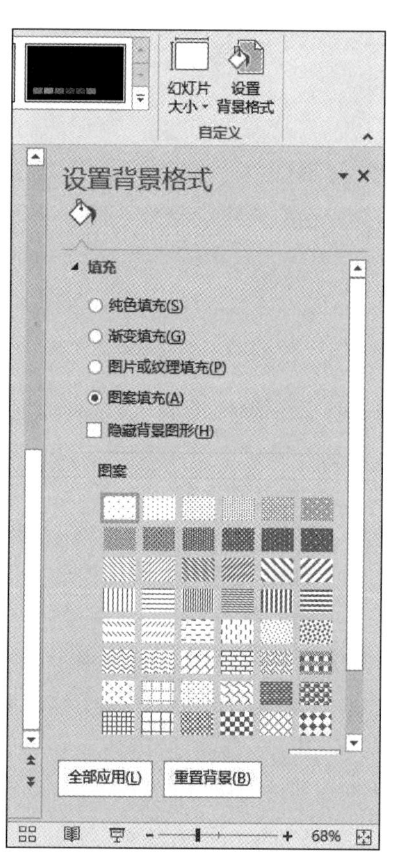

图 5-23 “图片填充”单选按钮

在设置好背景之后，单击“设置背景格式”窗格下面的“全部应用”按钮，将把背景设置应用在所有的幻灯片中。若对刚才的背景设置不满意，单击“重置背景”按钮将取消刚才所有的设置。

5.4.2 幻灯片母版设置

幻灯片母版是存储关于模板信息的一个元素，这些模板信息包括字形、占位符大小和位置、背景设计和配色方案。幻灯片的母版类型包括幻灯片母版、讲义母版和备注母版。相对应幻灯片母版的类型，有 3 种母版视图：幻灯片母版视图、讲义母版视图和备注母版视图。

如果想修改幻灯片的母版，那必须要将视图切换到幻灯片母版视图中才可以修改。即对母版所做的任何修改将应用于所有使用此母版的幻灯片上。要是只想改变单个幻灯片的版面，只要在普通视图中对该幻灯片做修改就可以达到目的。幻灯片母版最好在开始构建各张幻灯片之前创建，而不要在构建了幻灯片之后再创建母版。

1. 幻灯片母版

最常用的母版就是幻灯片母版。幻灯片母版是幻灯片层次结构中的顶层幻灯片，用于存储有关演示文稿的主题和幻灯片版式的信息，如背景、颜色、字体、效果、占位符大小和位置等。它控制着所有幻灯片的格式。

每个演示文稿至少包含了一个幻灯片母版。使用幻灯片母版有利于对演示文稿中的每张幻灯片进行统一的样式更改，其中还包括了以后添加到演示文稿中的幻灯片。使用幻灯片母版时，无须在多张幻灯片上输入相同的信息以及设置相同的格式，因此节省了时间。如果制作的演示文稿非常长，使用幻灯片母版就特别方便。

由于幻灯片母版影响整个演示文稿的外观，因此在创建幻灯片母版或相应版式时，都将在“幻灯片母版”视图下进行。设计幻灯片母版的具体操作步骤如下。

(1) 单击“视图”选项卡，在“母版视图”功能区中单击“幻灯片母版”按钮，将自动启动“幻灯片母版”选项卡，如图 5-24 所示。

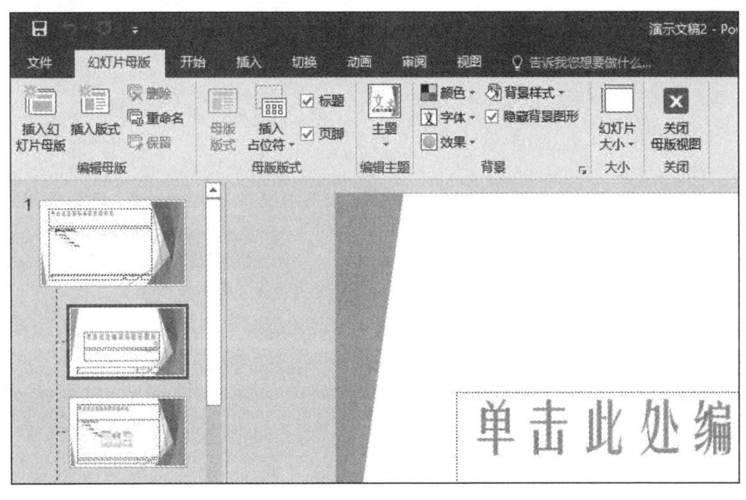

图 5-24 “幻灯片母版”选项卡

(2) 出现“幻灯片母版”选项卡后，就进入了“幻灯片母版”视图。在左边的“幻灯片母版和版式缩略图”任务窗格中可查看该幻灯片母版的不同版式，在右边的窗格中可对该版式的母版进行设计。

(3) 设计完成后，在“幻灯片母版”选项卡右边的“关闭”功能区中，单击“关闭母版视图”按钮即可完成设置。

用户可以对应用到幻灯片中的母版进行插入、删除、重命名、修改母版版式、设置母版背景、设置文本和项目符号等一系列操作，使其达到最佳效果。下面介绍设置幻灯片母版的方法。

1) 插入幻灯片母版

所有演示文稿都有幻灯片母版，若要使演示文稿包含两个或更多个不同的样式或主题，如背景、颜色、字体和效果等，则需要为每个主题分别插入一个幻灯片母版。插入幻灯片母版的方法有如下几种。

(1) 在“视图”选项卡下的“母版视图”功能区中单击“幻灯片母版”按钮，进入幻灯片母版视图。在“幻灯片母版”选项卡下的“编辑母版”功能区中单击“插入幻灯片母版”按钮，如图 5-24 所示。因为每个幻灯片模板就是一套主题，由多个版式组成。因此，插入新的幻灯片母版后，会依次为其标上序号。

(2) 在“幻灯片母版”视图下的“幻灯片母版和版式缩略图”任务窗格中右击鼠标，在弹出的快捷菜单中选择“插入幻灯片母版”命令，如图 5-25 所示。

(3) 在“幻灯片母版”视图下的“幻灯片母版和版式缩略图”任务窗格中，向下滚动鼠标滚轮选择版式组中的最后一张版式缩略图，然后在版式组中最后一个幻灯片版式的正下方单击，在“幻灯片母版”选项卡下的“编辑主题”栏中单击“主题”按钮，在弹出的下拉列表框中选择一种主题样式，如图 5-26 所示，即可插入相应主题的幻灯片母版。

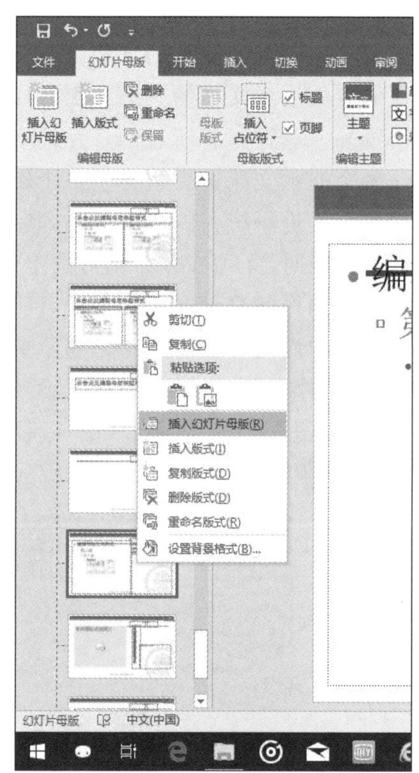

图 5-25　插入幻灯片母版

2) 修改母版版式

如果在母版版式中找不到符合需要的版式，则可修改母版版式，使其适合幻灯片内容的现有版式。在“幻灯片母版”视图下的“幻灯片母版和版式缩略图”窗格中，选中需要修改母版版式的幻灯片，修改母版版式的方法有如下几种。

(1) 在“幻灯片母版”视图中，单击不需要的默认占位符的边框，然后直接按 Delete 键删除不需要的占位符。

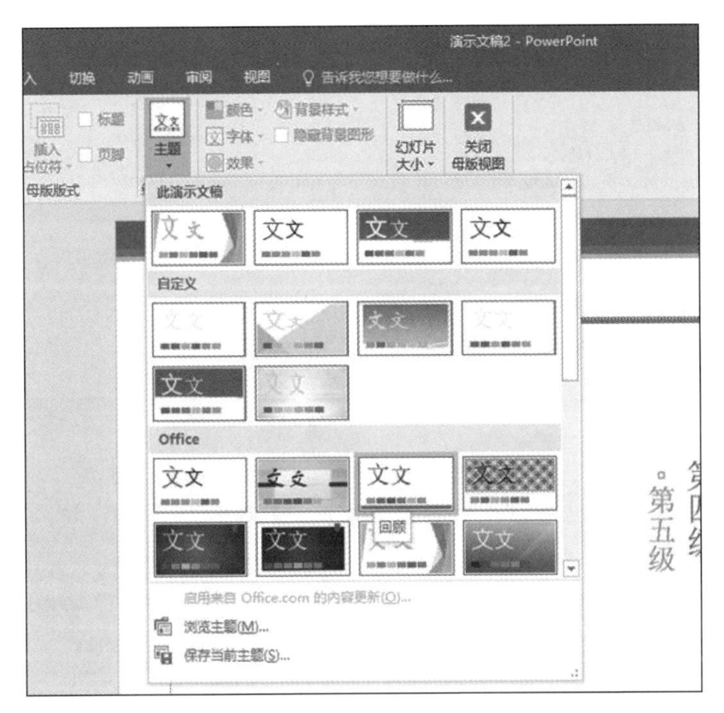

图 5-26 “主题”按钮

(2) 在“幻灯片母版”选项卡下的“母版版式”功能区中，单击“插入占位符”旁的按钮，在弹出的下拉列表中选择一种占位符类型，单击幻灯片上的某个位置，然后拖动鼠标绘制占位符，即可在幻灯片中添加新的占位符，如图 5-27 所示。

通过修改或者添加占位符后的母版版式将出现在普通视图中标准的内置版式的列表中。单击“开始”选项卡的“幻灯片”栏中的“版式”按钮，将看到该列表。

3) 设置母版背景

在制作幻灯片时，有时需要为某演示文稿中所有幻灯片设置相同的背景，设置母版背景就是最简单、快捷的方法。这样既可以节省制作时间，又能达到要求。设置母版背景要在“设置背景格式”对话框中进行。打开该对话框常用的方法有以下几种，在“幻灯片母版”视图下左侧的“幻灯片母版和版式缩略图”窗格中，用鼠标指向一组母版的第一张幻灯片(有序号)，通过以下方法即可修改该母版下所有版式幻灯片的背景。

(1) 在“幻灯片母版”视图下的“幻灯片母版”选项卡的“背景”栏中，单击该栏右下角的斜箭头“↘”按钮，如图 5-28 所示。

(2) 右击鼠标，在弹出的快捷菜单中选择“设置背景格式”命令。

(3) 在“幻灯片母版”视图的右侧“幻灯片编辑”窗格中，在幻灯片的空白位置右击鼠标，在弹出的快捷菜单中选择“设置背景格式”命令。

在“设置背景格式”窗格中即可设置母版背景为纯色、纹理、图案、图片和渐变色等。该部分内容在前面已经介绍，这里不再说明。

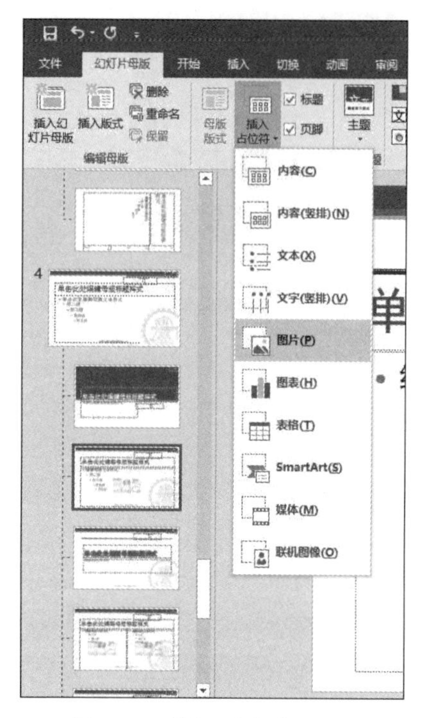

图 5-27 “插入占位符”按钮

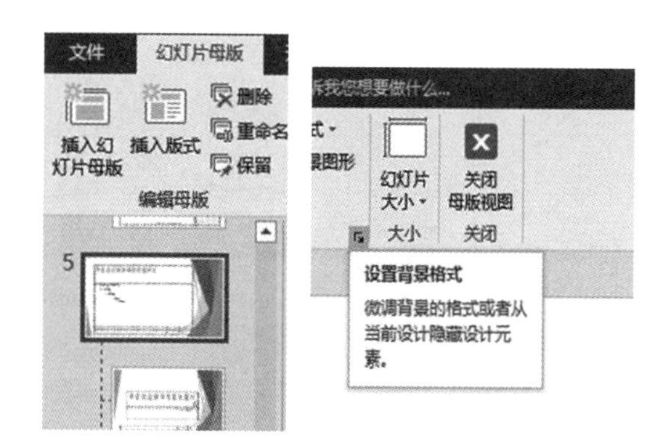

图 5-28 “设置背景格式”按钮

4）重命名幻灯片母版

在演示文稿中插入幻灯片母版后，在版式库中将显示出相应的名称，用户可以根据需要对它们进行重命名操作，具体方法如下。

（1）在“幻灯片母版”视图左侧的“幻灯片母版和版式缩略图”窗格中，选中版式组前标有序号的幻灯片，右击鼠标，在弹出的快捷菜单中选择“重命名母版”命令，可以修改母版名称。

（2）在“幻灯片母版”视图下的“幻灯片母版和版式缩略图”窗格中，选中版式组前标有序号的幻灯片，然后在“幻灯片母版”选项卡的“编辑母版”功能区中单击“重命名”按钮。在弹出的“重命名版式”对话框的“版式名称”文本框中输入名字，单击“重命名”按钮即可，如图 5-29 所示。

当对母版进行了重命名之后，在“开始”选项卡的“幻灯片”功能区中的“版式”按钮列表中将显示该母版新的名称，如果需要重命名母版下的某个版式，只要在“幻灯片母版和版式缩略图”窗格中选中需要重命名的版式，接下来的操作类似上面所述的方法。

5）删除幻灯片母版

在制作母版的过程中，可能会出现不需要的版式，或者是母版过多，或者是插入错误，这时就需要将不需要的母版删除。删除母版的前提条件是演示文稿中必须有两种或两种以上的幻灯片母版，才可以执行该操作。删除幻灯片母版的方法有如下几种。

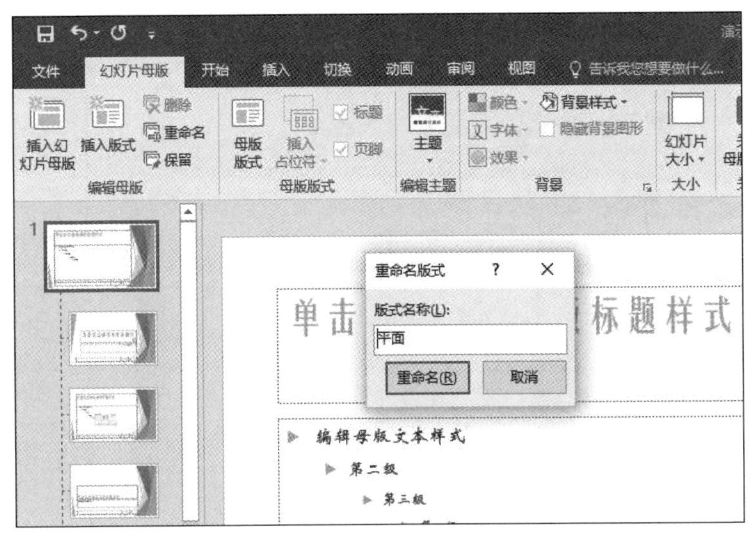

图 5-29 “重命名”对话框

(1) 在“幻灯片母版”视图中,在“幻灯片母版和版式缩略图”窗格中,选中版式组前标有序号的幻灯片母版,然后在“编辑母版”功能区中单击“删除”按钮,如图 5-30 所示。

(2) 在“幻灯片母版”视图中,在“幻灯片母版和版式缩略图”窗格中,选中版式组前标有序号的幻灯片,右击鼠标,在弹出的快捷菜单中选择“删除母版”命令。

(3) 选中版式组前标有序号的幻灯片,直接按 Delete 键,也可删除母版。

除了删除母版以外,有时用户也需要删除母版版式组中的某一张版式,此时选择该版式,采用上面的 3 种方法也可达到目的。

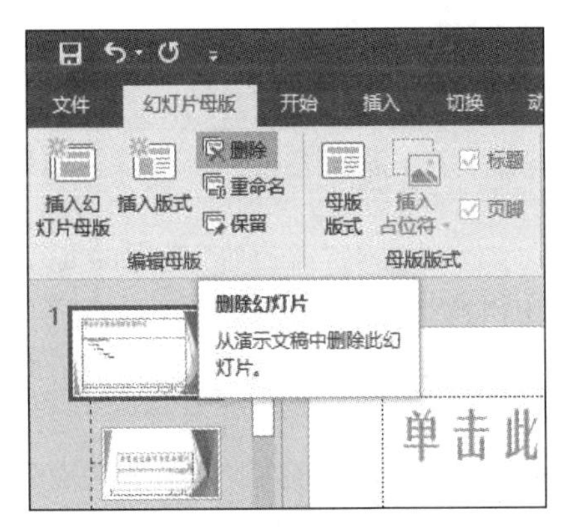

图 5-30 “删除”按钮

2. 备注母版

备注母版主要供演讲者备注使用的空间以及设置备注幻灯片的格式。PowerPoint 2016 提供的备注母版可以在用户查看幻灯片内容时,使幻灯片与备注内容在同一页面中显示。备注母版上有 6 个占位符,分别用于编辑页眉、页脚、日期、页码、幻灯片图像和正文的编辑。制作备注母版的具体操作方法如下。

(1) 单击“视图”选项卡,在“母版视图”功能区中单击“备注母版”按钮。将自动启动“备注母版”选项卡,进入“备注母版”视图,便可查看备注母版,如图 5-31 所示。

(2) 为了使观看者更好地查看幻灯片,用户可以使用“备注母版”选项卡下的“页面设置”功能区中的备注页方向按钮,调整备注页方向为纵向或横向。

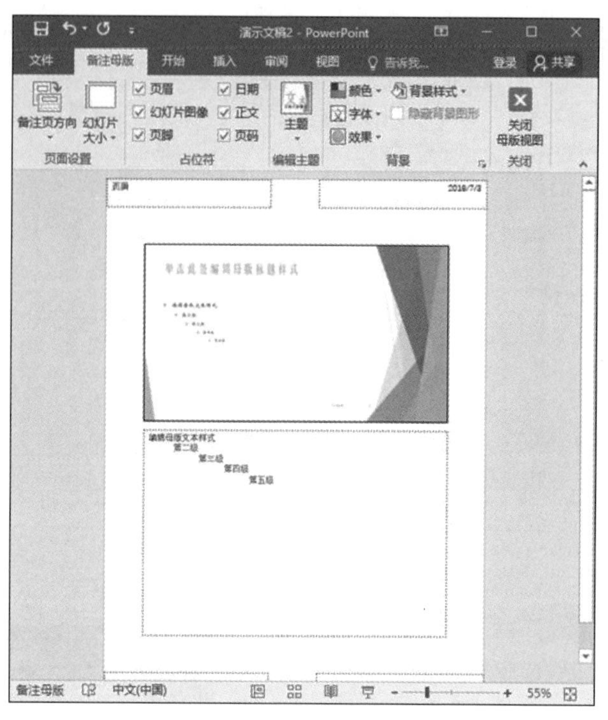

图 5-31 “备注母版”视图

(3) 通过对“占位符”栏中的 6 个复选框的选择，决定了是否让这 6 个占位符在备注页中出现。

(4) 在备注母版中可以为所有的备注页设置相同的背景。在“备注母版”选项卡的“背景”功能区中单击“背景样式”按钮，将展开一个列表框，如图 5-32 所示。单击列表框中任何一个背景样式将其设置为背景颜色，也可以选择“设置背景格式”命令，在打开的“设置背景格式”任务窗格中进行设置。

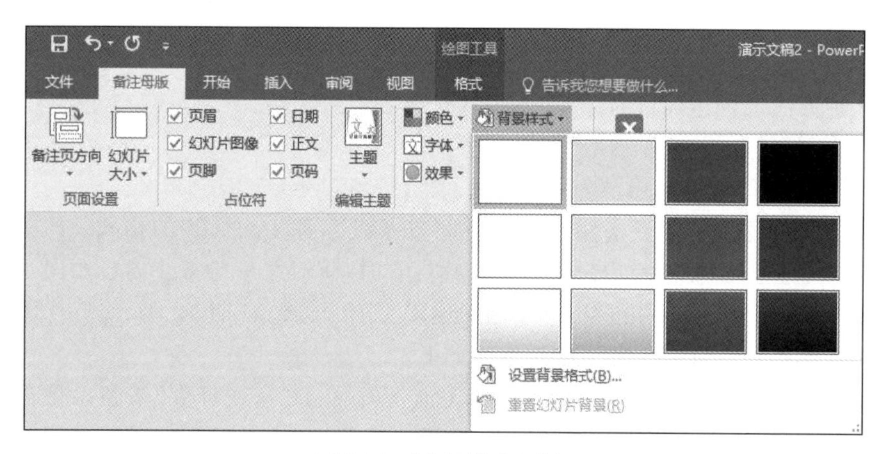

图 5-32 “背景样式”列表

(5) 在“备注母版”选项卡的“关闭”功能区中单击“关闭母版视图”按钮，结束备注母版的设置。

在设置了备注母版后，若要在编辑幻灯片时编辑备注页内容，则可在“幻灯片编辑”窗格下方的“备注页”窗格中直接输入文本内容即可。也可在“视图”选项卡下的“演示文稿视图”功能区中单击“备注页”按钮，在出现的普通视图的“备注”窗格中输入备注的内容。

3. 讲义母版

讲义的设置是在讲义母版中进行的。讲义母版具有更改打印之前的页面设置，改变幻灯片方向，设置页眉、页脚、日期和页码，编辑主题和设置背景样式等功能。同时它还可以在一页打印纸中显示打印多张幻灯片。讲义母版多在打印中使用，用户可以按讲义的格式打印演示文稿。

在讲义母版中有 4 个占位符和 6 个代表小幻灯片的虚框。4 个占位符分别用于显示页眉、页脚、日期和页码，6 个虚线框分别显示 6 张幻灯片的内容，最多可以同时显示 9 张幻灯片的内容。设计讲义母版的具体操作步骤如下。

(1) 单击“视图”选项卡，在“母版视图”功能区中单击“讲义母版”按钮，将自动启动“讲义母版”选项卡，进入“讲义母版”视图，便可查看和编辑讲义母版，如图 5-33 所示。

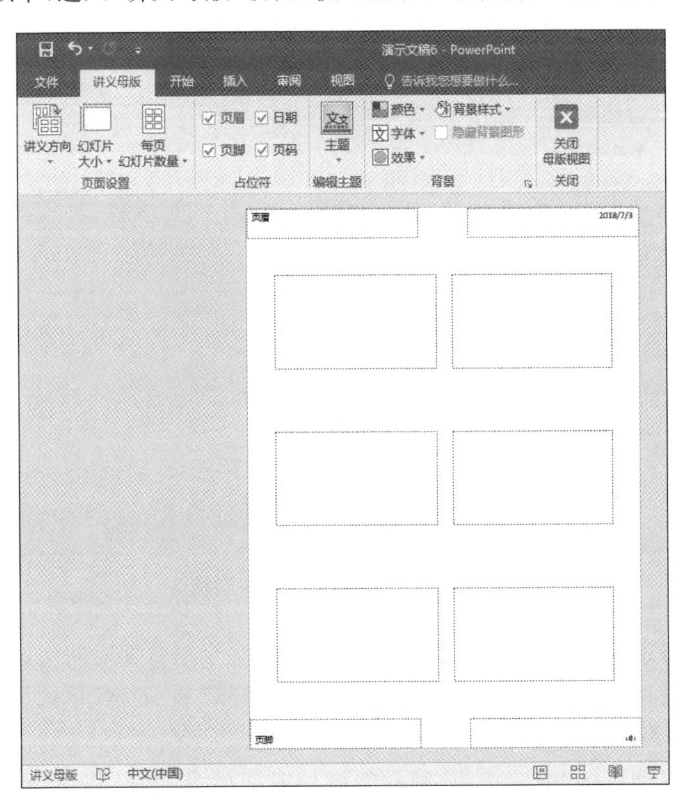

图 5-33 “讲义母版”视图

(2) 在讲义母版视图中的“页面设置”功能区中可以设置页面、讲义方向、幻灯片大小和每页幻灯片数量等。

(3) 在“占位符”中可以设置页眉、日期、页脚和页码占位符的显示。并可以在占位符中添加相应的内容。

(4) 在“编辑主题”功能区中可以编辑演示文稿的主题。

(5) 在“背景”功能区中可以设置讲义母版的背景颜色或图案。

(6) 设置完成后,在“讲义母版”选项卡下的“关闭”功能区中单击“关闭母版视图”按钮即可结束讲义母版的设置。

5.4.3 幻灯片页眉页脚设置

在 PowerPoint 2016 中,设置是否显示页眉和页脚及其内容,可以在“页眉和页脚”对话框中完成。在幻灯片普通视图中,单击“插入”选项卡,在“文本”功能区中单击“页眉和页脚”按钮,打开“页眉和页脚”对话框,在该对话框中可设置页眉和页脚的日朝、时间、编号和页码等,如图 5-34 所示。“页眉和页脚”对话框的“幻灯片”选项卡中各部分含义如下。

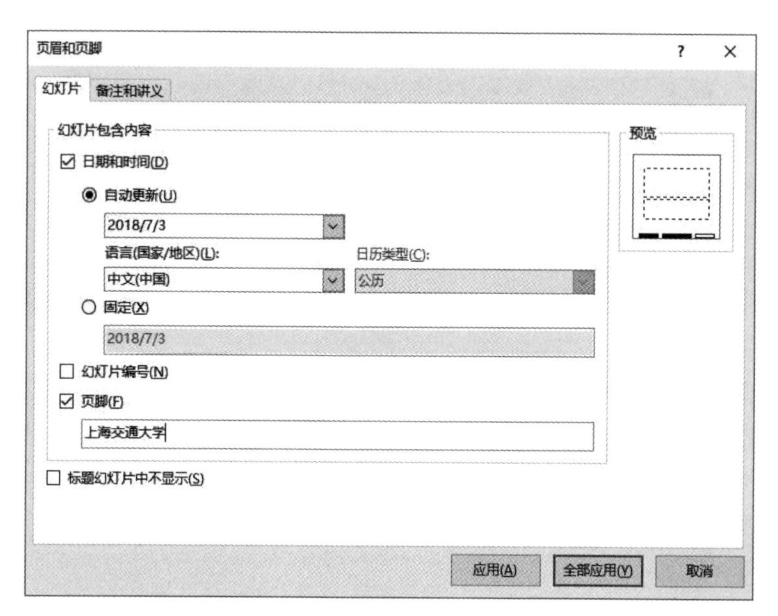

图 5-34 “页眉和页脚”对话框

(1) 选中“日期和时间”复选框,表示在“日期区”显示的日期时间生效。

(2) 如果“日期和时间”复选框被选中,则“自动更新”和“固定”单选按钮成为可选项,可对日期时间的设置方式进行选择。

(3) 选中“自动更新”单选按钮,则时间域的时间就会随日期和时间的变化而变化。其包含的下拉菜单用于选择时间的显示样式。“语言(国家/地区)”下拉菜单可以选择显示的国家。

(4) 选中“固定”单选按钮,则用户可自行输入一个日期或时间,自由决定幻灯片的制作时间。该日期时间除非用户再次更改,否则不会发生变化。

(5) 选中“幻灯片编号”复选框，则在“数字区”自动加上一个幻灯片数字编码，相当于页码。

(6)选中“页脚”复选框，可在“页脚区”输入内容，作为每页的注释。

(7)如果不想在标题幻灯片上见到页脚内容，可以选中“标题幻灯片中不显示”复选框。

在这里设置页眉和页脚是不能对它们的外观(大小、位置和文字格式等)进行修改的，若要调整和修改它们的外观，可以在幻灯片母版中进行。

5.4.4 幻灯片主题设置

在 PowerPoint 2016 中，控制演示文稿的外观，较快捷的方法是应用设计主题。一般来说，在创建一个新的演示文稿时，可以为演示文稿选择一种主题，以便幻灯片有一个完整、专业的外观。当然也可以在演示文稿建立后，为该演示文稿重新更换设计主题。用户在设计了新的主题后，还可以将其保存下来，以便以后继续使用。

单击“设计”选项卡，在“主题”功能区中可以看到主题列表选项。单击该列表右下角的“其他”按钮，如图 5-35 所示，将展开主题列表，可以看到 PowerPoint 2016 提供的所有主题，如图 5-36 所示。单击其中任意一个主题选项，则该主题将被应用于所有的幻灯片。若要将该主题应用于当前幻灯片，用鼠标指向所需的主题，右击鼠标，在弹出的菜单中选择 “应用于选定幻灯片”命令，可以看到新的主题设计方案取代了原来的设计主题。

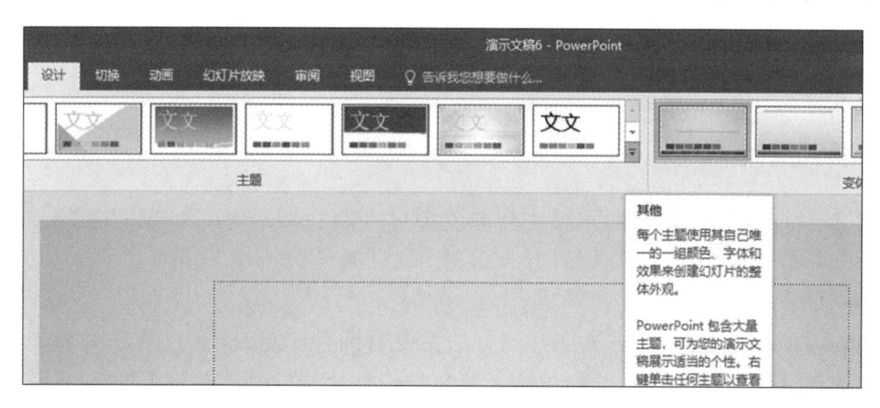

图 5-35 “其他”按钮

也可将一个已经设置好的幻灯片文档保存为设计主题，供以后用来建立同样风格的幻灯片。方法是在“设计”选项卡的“主题”功能区中，单击主题列表选项右下角的“其他”按钮。在展开的主题列表中，选择“保存当前主题”命令，在弹出的“保存当前主题”对话框中选择适当的保存位置，输入设计主题的名称，单击“保存”按钮即可。若要使用保存的主题，则在主题列表中选择“浏览主题”命令，在弹出的对话框中选择主题文件。

有时在选择了一个主题后，可能对该主题中的配色方案或者字体样式并不满意，此时可通过“设计”选项卡的“变体”功能区中的“颜色”按钮来配置新的配色方案；利用“字体”按钮为主题选择新的字体设置。

图 5-36 “所有主题”列表

5.5 演示文稿的多媒体制作

5.5.1 插入图片和图形

1. 插入图片

在进行产品展示、销售报告、电子相册等幻灯片制作时，为了使制作出的幻灯片生动形象，通常都需要使用图片，让幻灯片图文并茂，更加具有说服力和欣赏性。PowerPoint 2016 提供了插入图片功能。

在 PowerPoint 2016 中插入图片的方法主要有两种。

(1) 在“普通”视图中，单击需要插入图片的幻灯片，在“插入”选项卡的“图像”功能区中单击“图片”按钮。

(2) 选中需要插入图片的幻灯片，在包含有插入对象的占位符中单击“图片”按钮。

执行上述任意命令后，都将打开“插入图片”对话框。通过对话框左边的导航栏和上面的地址栏定位图片所在的具体位置，在中间的列表框中选择要插入的图片文件，然后单击“插入”按钮即可。

图片被插入到幻灯片后，将自动启动“图片工具格式”选项卡。选中需要编辑的图片，单击“格式”选项卡，在该选项卡的“调整”功能区中可设置图片的背景、亮度、对比度及压缩图片等；在“图片样式”功能区中可设置图片的形状、边框、效果、版式等；在“排列”功能区中可设置图片的叠放次序或对齐方式等；在“大小”功能区中可以裁剪图片并设置其大小和位置，如图 5-37 所示。

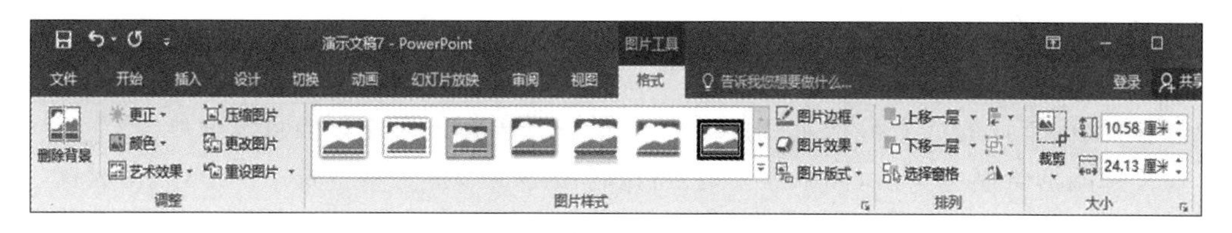

图 5-37 “格式”选项卡

除此之外，还可以通过“设置图片格式”窗格对图片的边框线型、阴影、映像、三维格式、三维旋转、发光和柔化边缘等进行编辑，如图 5-38 所示。打开“设置图片格式”窗格的方法有以下几种。

(1) 选中需要编辑的图片，右击鼠标，在弹出的快捷菜单中选择“设置图片格式”命令。

(2) 单击“格式”选项卡下的“图片样式”功能区，或者单击“大小”功能区右下角的“↘”按钮。

除了通过“格式”选项卡和“设置图片格式”窗格外，还可以通过图片周围的 8 个控制点来设置图片的大小。另外，拖动图片的旋转控制点还可以旋转图片以改变图片的倾斜角度。

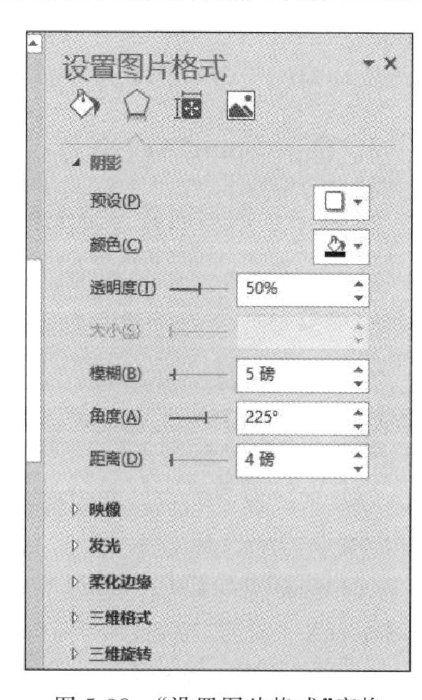

图 5-38 “设置图片格式”窗格

2. 插入自选图形

自选图形，就是自己选择需要的图形进行绘制，PowerPoint 2016 提供了许多简单的几何图形供用户选择。自选图形包括一些基本的线条、矩形、箭头、公式形状和流程图等图形，绘制自选图形有如下方法。

(1) 单击“开始”选项卡，在“绘图”功能区的左上角有一个图形列表框，可以选择其中的图形进行绘制。或者单击该图形列表框右下角的“其他”按钮，在弹出的下拉列表框中选择需要的自选图形，如图 5-39 所示。

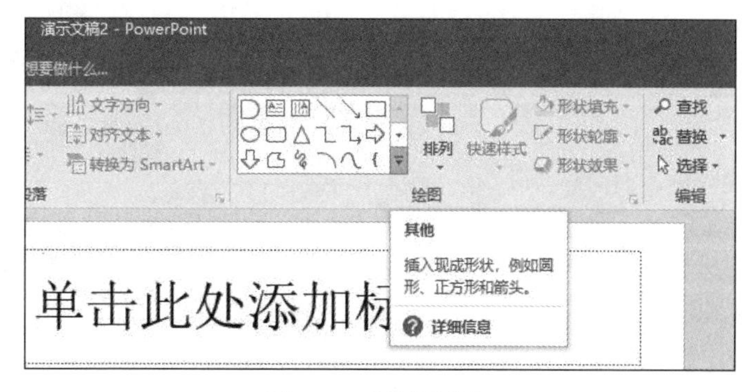

图 5-39 “其他”按钮

(2) 单击“插入”选项卡，在“插图”栏中单击“形状”按钮，在弹出的下拉列表框中选择需要的自选图形。

在弹出的下拉列表框中单击选择需要绘制的自选图形后，将鼠标指针移动到幻灯片中，此时鼠标指针变成＋形状，在幻灯片空白处拖动鼠标即可绘制该自选图形。

自选图形绘制完毕后，如果需要，还可以在图形中添加文本。选中图形，右击鼠标，在弹出的快捷菜单中选择“编辑文字”命令，此时自选图形中间出现一个闪烁的光标，这时就可以输入所需文本。

插入图形之后，如果需要对图形进行格式的设置，可以使用“开始”选项卡里的“绘图”功能区中的选项进行设置。或者选中图形后，单击出现的“绘图工具格式”选项卡，利用其中的选项对图形进行形状改变或对形状样式、艺术字样式、图形排列和大小进行设置。

3. 插入 SmartArt 图形

SmartArt 图形因其丰富的组织形状和优美的外观效果深受用户的喜爱。SmartArt 图形提供了许多种不同效果和结构的组织布局，供用户选择使用，能够快速、有效、准确地传达演讲者所要表达的意思。

1) 插入 SmartArt 图形

添加 SmartArt 图形的方法主要有两种。

(1) 选择需要添加 SmartArt 图形的幻灯片，单击“插入”选项卡，在“插图”功能区中单击 SmartArt 按钮。

(2) 选择需要添加 SmartArt 图形的幻灯片，在包含有插入对象的占位符中单击“插入 SmartArt 图形”按钮。

以上两种操作都将打开“选择 SmartArt 图形”对话框，如图 5-40 所示。在该对话框中选择需要的图形样式，单击“确定”按钮即可在幻灯片中添加 SmartArt 图形。

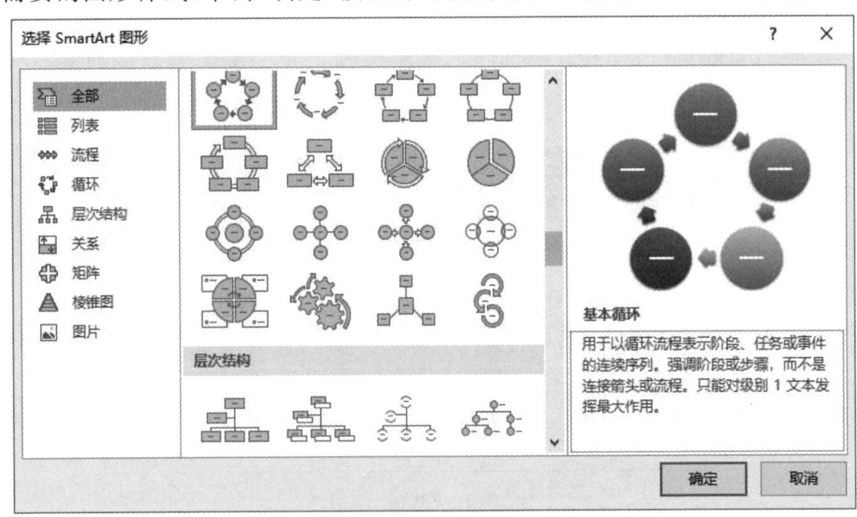

图 5-40 “选择 SmartArt 图形”对话框

2）在 SmartArt 图形中添加文本

在已经插入的 SmartArt 图形中单击标有“[文本]”字样，原有的文字消失，输入光标出现在文本框中，切换需要的输入法输入文字即可。

3）修改 SmartArt 图形样式

插入的 SmartArt 图形会有默认的颜色设置，为了使 SmartArt 图形更加美观，可通过设置改变它的外观。选择幻灯片中的 SmartArt 图形。单击“SmartArt 工具”中的“设计”选项卡，在“SmartArt 样式”功能区中单击“更改颜色”按钮和样式列表框右下角的“其他”按钮，为 SmartArt 图形选择不同的颜色和样式。在“版式”功能区中可为 SmartArt 图形选择不同的组织结构。如果对刚刚为 SmartArt 图形设置的颜色和样式不满意，可单击“重置”功能区中的“重设图形”按钮，让 SmartArt 图形重新回到默认设置状态。

4）添加 SmartArt 图形形状

插入 SmartArt 图形后，如果现有图形形状的个数不能满足需要，可以向 SmartArt 图形中添加形状。主要方法有两种。

（1）选择幻灯片中 SmartArt 图形中的一个形状，右击鼠标，在弹出的快捷菜单中选择“添加形状”→“在后面添加形状”/“在前面添加形状”命令。

（2）单击“SmartArt 工具”中的“设计”选项卡，在“创建图形”功能区中单击“添加形状”按钮，再进行选择。

以上两种操作都可以为 SmartArt 图形添加形状。

5）修改 SmartArt 图形格式

若对插入的 SmartArt 图形的外观及文字的样式不满意，可重新进行设置，主要设置方式有两种。

（1）单击“SmartArt 工具”中的“格式”选项卡，利用功能区中的各种选项可设置图形的形状、形状样式、艺术字样式及图形排列和大小。

（2）选中某个形状，右击鼠标，在弹出的快捷菜单中选择“设置形状格式”命令，在弹出的“设置形状格式”窗格中选择相应命令进行设置。

5.5.2 插入声音和影片

1. 插入声音

幻灯片中除了可以插入图片、形状、SmartArt 图形、图表和表格等以外，还可以插入音频文件，可以插入 PC 上的音频，也可以录制音频插入。

1）插入 PC 上的音频

有时用户需要将自己制作的声音文件或者其他的声音文件在幻灯片中进行播放，此时可单击“插入”选项卡，在“媒体”功能区中单击“音频”按钮，如图 5-41 所示，在弹出的下拉列表中选择“PC 上的音频”命令，在打开的“插入音频”对话框中选择要插入的声音文件，单击“插入”按钮即可。

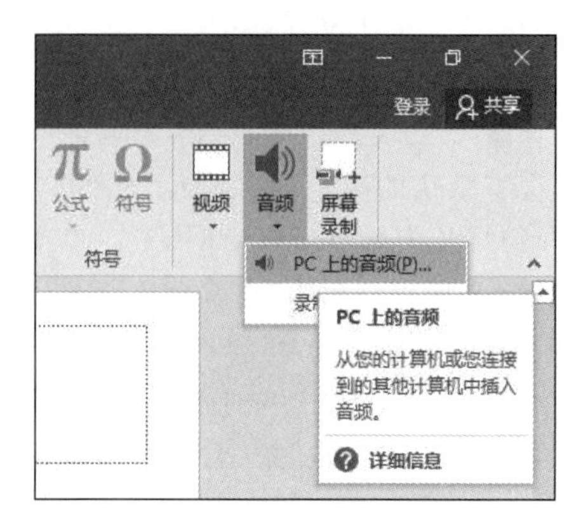

图 5-41 “插入音频”按钮

插入声音后，在幻灯片编辑区将出现一个小喇叭的图标。用鼠标拖动该图标，将其移动到合适的位置。通过调整其边框上的 8 个控制点，可改变图标的大小。把鼠标光标移动到小喇叭上，在其下方将显示播放工具栏，单击“播放/暂停”按钮即可欣赏插入的声音。

2）插入录制的音频

PowerPoint 2016 允许插入使用“录音机”软件录制的声音，这时用户可以将幻灯片中所需要的演讲词和解说词等插入在幻灯片中。单击“插入”选项卡，在“媒体”功能区中单击“音频”按钮，在弹出的下拉列表框中选择“录制音频”命令，将打开“录音”对话框。在对话框中的“名称”文本框中输入所录声音文件的名称，然后单击“录制”按钮开始录制声音。录制完成后，单击“停止”按钮停止录制，在“声音总长度”后将显示出声音的长度。单击“播放”按钮，播放刚才录制的声音。如果满意，则单击“确定”按钮，否则单击“取消”按钮。如果单击了“确定”按钮，则返回到幻灯片编辑状态，在其编辑区中将出现一个小喇叭图标，表示已完成了幻灯片配音。

3）设置声音效果

在插入了声音文件的幻灯片中，选中幻灯片编辑区中的声音图标，此时将自动启动“音频工具”的“格式”和“播放”选项卡，通过其中的“播放”选项卡，可以对插入的声音效果进行设置。在“播放”选项卡的“音频选项”功能区中可以设置音量的大小、声音播放的开始形式、放映隐藏和循环播放等选项。在编辑功能区中可对声音进行剪辑和设置声音的淡化持续时间。

要查看插入声音的最终效果，直接放映幻灯片即可。在默认情况下，插入的声音只在当前幻灯片播放时有效，当该幻灯片播放结束，切换到其他幻灯片时声音的播放也将结束。

2. 插入影片

在制作幻灯片时，有时需要在幻灯片中播放视频。PowerPoint 2016 同样允许插入视频影片。不仅可以插入 PC 上存放的视频文件和联机视频文件，还可以录制屏幕并插入幻灯片。插入 PC 上的视频的方法有如下两种。

(1) 在“普通”视图下，选中需要插入影片的幻灯片，单击“插入”选项卡，在“媒体”功能区中单击“视频”按钮，在弹出的下拉列表中选择“PC 上的视频”命令。

(2) 选中需要插入影片的幻灯片，在包含有插入对象的占位符中单击“插入视频文件”按钮，如图 5-42 所示，并在打开的对话框中单击“来自文件浏览”按钮。

图 5-42 “插入视频文件”按钮

执行上述任意一种命令后，都将打开“插入视频文件”对话框，在其中可以选择需要插入的影片。

如果在插入选项卡“媒体”功能区中单击“视频”按钮，在弹出的下拉列表中选择“联机视频”，则可以选择链接到本地驱动器上的视频文件或上载到网站(例如 YouTube)的视频文件。注意，应确保在链接到、使用或分发受版权保护的非自己创建的内容之前，已获得所有者的许可。

如果在插入选项卡“媒体”功能区中单击“屏幕录制”，则可以选择录制区域录制一段屏幕视频，并插入到当前幻灯片中。

如果要剪裁视频，在幻灯片中单击选中视频文件，选择“视频工具播放”选项卡，在“编辑”功能区单击“剪裁视频”按钮，在弹出的“剪裁视频”对话框中即可进行视频剪裁。

5.5.3 插入艺术字

艺术字在幻灯片中的使用，丰富了幻灯片页面布局，增强了幻灯片的可观赏性，同时能够吸引观看者更多的注意力。在 PowerPoint 2016 中，艺术字的制作有两种方式。

(1) 选择需要插入艺术字的幻灯片，然后单击“插入”选项卡，在“文本”功能区中单击“艺术字”按钮，在弹出的艺术字样式列表中选择一种艺术字样式，在幻灯片中出现的文本框中输入文字即可，如图 5-43 所示。

(2) 选中文本框或要修改的文字，在出现的“格式”选项卡下的“艺术字样式”功能区中选择想要的效果，此时被选中的文字就变成了艺术字样式。

插入艺术字后，若要改变它的形状、格式和位置等，可选中该艺术字对象，单击“格式”选项卡下的“艺术字样式”功能区中的“文本填充”按钮、“文本效果”按钮和“文本轮廓”按钮等来进行设置；或者单击“格式”选项卡下的“艺术字样式”功能区右下角的“↘”按钮，打开“设置形状格式”窗格的“文本选项”来进行设置。也可以通过选择“设置形状格式”窗格的“形状选项”来设置艺术字所在的形状的效果。

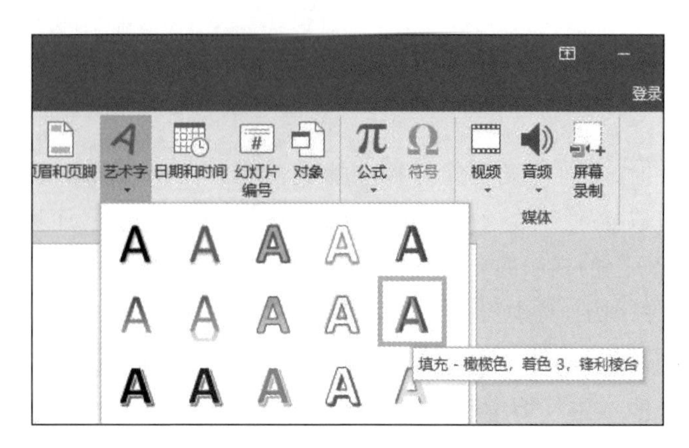

图 5-43 “艺术字”按钮

5.5.4 插入表格

在 PowerPoint 2016 的幻灯片中可以添加表格，默认情况下最多只能创建 8 行 10 列的表格。单击“插入”选项卡下“表格”功能区中的“表格”按钮，在弹出的下拉列表框中，用鼠标指向“表格框”，移动鼠标，则被选择的表格边线为橙色。当达到需要的行列数时单击，需要绘制的表格就出现在幻灯片中。如图 5-44 所示。

图 5-44 “表格”按钮

如果需要绘制的表格超过了 8 行 10 列，则可以使用“插入表格”对话框来达到目的。在需要插入表格的幻灯片中，单击“插入”选项卡下“表格”功能区的“表格”按钮，在弹出的下拉列表框中选择“插入表格”命令，打开“插入表格”对话框。在“列数”数值框中输入需要的列数，在“行数”数值框中输入需要的行数，单击“确定”按钮即可。

此外，PowerPoint 2016 还提供了手工绘制表格的功能，通过手工可以绘制出自己需要的任意样式的表格。在需要插入表格的幻灯片中，单击“插入”选项卡下“表格”功能区的“表格”按钮，在弹出的下拉列表框中选择“绘制表格”命令。此时，鼠标指针变成了一支笔的形状，拖动鼠标在幻灯片中绘制出一个表格，但该表格只有一个单元格。若要绘制出更多的单元格，在新出现的“表格工具”中的“设计”选项卡，单击“绘制边框”功能区中的“绘制表格”按钮，用变为笔形状的鼠标指针在表格中画线即可。

刚创建的表格样式很单调，若不满意，可以对其进行修改。设置表格样式有快速套用已有的样式和自定义表格样式两种。

选择幻灯片中的表格，单击“设计”选项卡，在“表格样式”功能区中，单击“其他”按钮，在弹出的下拉列表中选择样式。

自定义表格样式则可以单独为某个或某些选中的单元格设置表格样式。选择表格中的第一个单元格，单击“设计”选项卡下的“表格样式”功能区，利用其中的“底纹”按钮、“边框”按钮和“效果”按钮进行格式设置。

除了对表格样式进行设置外，还可以利用“设计”选项卡下的“艺术字样式”功能区中的选项，对表格中的文字进行设置。还可以利用“表格工具”中的“布局”选项卡中的选项，对表格进行行列的插入删除、合并拆分以及对单元格大小、对齐方式、表格尺寸和排列方式等设置。

5.5.5 插入图表

在制作演示文稿时，经常需要在幻灯片中输入数据。将枯燥的文字数据用形象直观的图表显示出来，更容易让人理解。在幻灯片中插入图表，不仅可以直观地体现数据之间的关系，便于分析或比较数据，还可以增添幻灯片的美感，便于人们的理解。由于 PowerPoint 2016 是 Office 的一族，因此其中的图表功能操作与 Excel 2016 中的操作非常类似，许多窗口与对话框基本相同。

在 PowerPoint 2016 的幻灯片中，插入图表常用的方法有两种。

(1) 选择要插入图表的幻灯片，单击“插入”选项卡，在“插图”功能区中单击“图表”按钮。

(2) 选择要插入图表的幻灯片，在拥有可插入对象的占位符中单击“插入图表”按钮。

执行上述任意一种操作后，都将打开“插入图表”对话框，如图 5-45 所示。在该对话框中选择需要的图表类型，然后单击“确定”按钮即可插入。插入图表后，在 PowerPoint 2016 窗口旁边将自动启动 Microsoft Excel 窗口，在该窗口中可以输入编辑图表中所需要的数据。

插入图表后，将会出现两个新的选项卡，分别是 “图表工具设计”和“图表工具格式”。

利用“图表工具设计”选项卡中的命令，可以更改图表类型，重新编辑图表数据，调整图表中各标签的布局，变换图表的样式。

利用“图表工具格式”选项卡中的命令，可以设置图表的形状样式，为图表中的文字设

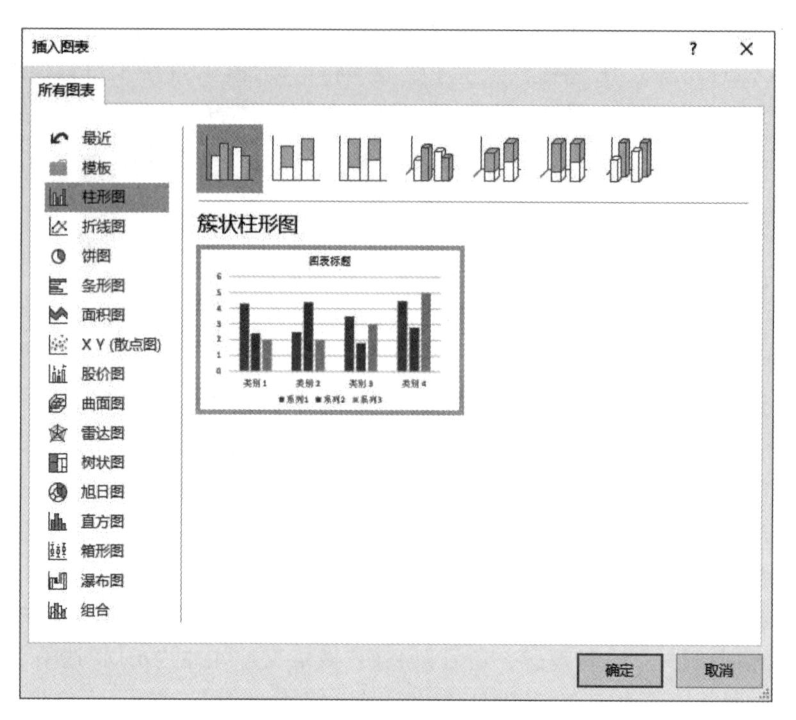

图 5-45 “插入图表”对话框

置艺术字样式,调整图表在幻灯片中的位置排列和大小。

5.6 演示文稿的动画设置

5.6.1 幻灯片动画效果的设置

所谓幻灯片的动画效果,是指在播放一张幻灯片时,幻灯片中的不同对象的动态显示效果、各对象显示的先后顺序以及对象出现时的声音效果等。这样能让观看者将注意力集中在要点上以及提高观看者对演示文稿的兴趣,更能吸引观看者的视线,增加幻灯片的欣赏性。制作幻灯片时,用户可以在幻灯片中设置动画的对象有文本、图片、形状、表格和SmartArt 图形等。

对于有些幻灯片,如果只使用动画方案中提供的效果,可能达不到实际的需要。这时,用户就需要自定义幻灯片的动画效果。PowerPoint 2016 提供了制作“进入”“强调”和“退出”这几类动画效果的功能,还提供了通过制作动作路径来制作动画效果的功能。

“进入”式动画效果是指幻灯片中的对象出现在屏幕上的动画形式。这样可以让要显示的对象逐渐显现出来,从而产生一种动态的效果。

“强调”式动画效果是用于改变幻灯片中对象的形状。可以为幻灯片中要重点强调的对象应用这种效果,从而达到引人注意的目的。

“退出”式动画效果是指幻灯片中的对象在显示之后，当用户介绍完这一对象，不需要在之后的时间中继续出现在当前幻灯片中，或者对于那些要在放映幻灯片时一闪而过的对象，则可以为其应用“退出”式动画效果。

由于“进入”“强调”和“退出”这 3 种动画效果的制作方法以及操作过程非常类似，因此本节仅以“进入”式动画效果制作为例，介绍其操作过程。

1. 设置动画方案

PowerPoint 2016 为幻灯片提供了多种预设的动画方案，用户只需要选择设置动画的对象，然后选择一种方案即可。设置使用动画方案为幻灯片添加动画效果的方法如下：

(1) 选择要设置动画效果的某张幻灯片中的对象。

(2) 单击“动画”选项卡，在“动画”功能区中单击“其他”按钮，在弹出的下拉列表框中选择所需的动画方案即可。

如果要指定某个对象的进入幻灯片中的动画效果，则可以选择动画的对象，然后在“动画”功能区中单击“效果选项”按钮，在弹出的下拉列表框中选择相应选项。

2. 设置动画效果

幻灯片中的对象在设置了动画效果后，还可以进一步对该动画效果的进入方式、播放速度和声音等进行设置，使其能够更完美地与展示的主题与内容相结合。

若要为幻灯片设置动画效果，首先要选择幻灯片中设置了动画的对象，然后单击“动画”选项卡，在“高级动画”功能区中单击“动画窗格”按钮，打开“动画窗格”任务窗格，如图 5-46 所示。在动画窗格中将显示已经设置的动画，这些动画按照播放的顺序由上向下排列。在需要设置动画效果的动画上右击鼠标，或者单击该动画右边的黑三角按钮，在弹出的快捷菜单中选择“效果选项”命令，将打开相应的“效果选项”设置对话框，如图 5-47 所示，在其中即可设置相应动画的效果。双击列表框中某个动画也可以打开动画“效果选项”设置对话框。

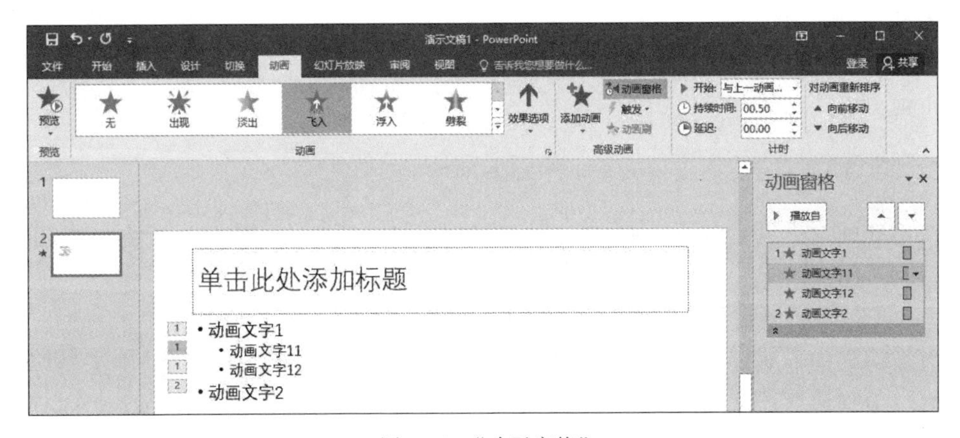

图 5-46 “动画窗格”

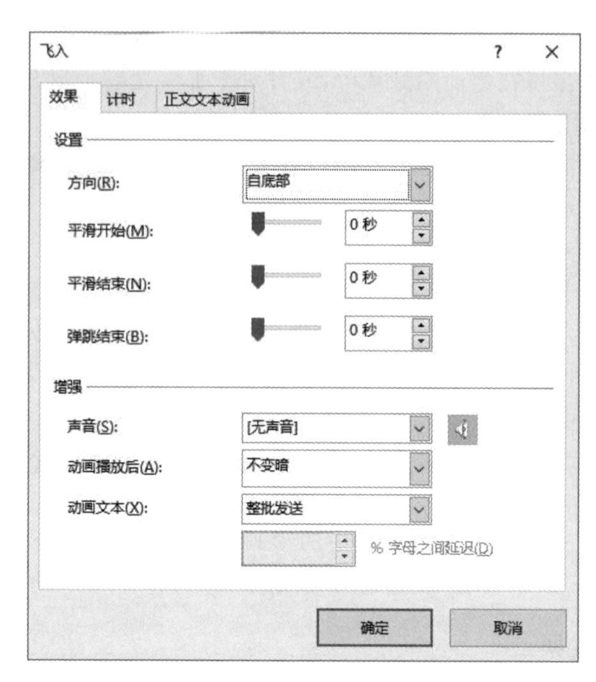

图 5-47 “效果选项”对话框

1)“效果”选项卡

选择动画效果设置对话框中的“效果”选项卡。在该选项卡中可以设置动画的播放方向和动画的增强效果。操作方法如下。

(1) 在“方向”下拉列表框中可以设置动画的开始方向。要注意的是,如果设置的动画不同,则“方向”下拉列表框中的选项也可能会发生变化。

(2) 在“声音”下拉框中可以选择与动画同时播放的声音。

(3) 在“动画播放后”下拉框中可以选择动画播放后对对象的处理变化。例如,让对象改变颜色等。

(4) 在“动画文本”下拉框中可以选择文本对象以什么方式出现,是一起出现,还是逐字的出现。

2)“计时”选项卡

使用动画效果设置对话框中的“计时”选项卡,可以设置动画的播放开始方式、开始时间和持续时间等效果。

(1) 在“开始”下拉列表框中有 3 个选项。“单击时”表示在幻灯片上单击鼠标时开始所选对象的动画播放;“与上一动画同时”表示与幻灯片中前一个设置了动画效果的对象同时进行动画播放;“上一动画之后”表示在播放了前一个设置了动画效果的对象以后,继续播放所选对象的动画。

(2) 在“延时”变数框中可以设置动画的开始的延迟时间。例如,如果动画的开始方式是“单击时”,延时设置为 2 秒,那么当播放幻灯片时,鼠标单击后,该动画会在 2 秒钟之后才开始播放。

(3) 在“期间”下拉列表框中可以设置动画播放的持续时间。

(4) 在“重复”下拉列表框中可以设置动画播放的次数。

为了方便用户对动画效果的设置，有一些效果设置的选项被放在了“动画”选项卡的“计时”功能区中。在“计时”功能区中可以设置动画的开始方式、持续时间、延迟时间以及动画的先后顺序。

3. 添加动画方案

在为幻灯片中的对象设置了动画效果后，如果还达不到用户的要求，此时还可以继续为该对象添加其他的动画效果，使其达到理想效果。例如，在已经为对象设置了“进入”动画效果后，还想为该对象设置“退出”动画效果，此时就需要为该对象添加新的动画方案。

选中需要添加动画方案的对象，单击“动画”选项卡，在“高级动画”功能区中单击“添加动画”按钮。在弹出的下拉列表中选择需要的动画方案即可。

4. 更改动画效果

为了使制作出的幻灯片达到理想效果，方便用户对动画的编辑，PowerPoint 2016 还提供了删除、更改和重新排序动画效果。

1) 删除动画效果

如果在设置动画的过程中发现需要将已经设置的动画效果去除，则可将其删除。删除动画效果的方法有如下几种。

(1) 删除某个动画效果：在“动画窗格”中的动画效果列表中，右击要删除的动画效果，在弹出的快捷菜单中选择“删除”命令即可。

(2) 删除某个对象上的所有动画：选择要删除所有动画的对象，在“动画”选项卡上的“动画”功能区中单击“其他”按钮，在弹出的下拉列表框中选择“无”选项即可。

(3) 删除幻灯片上所有对象的动画效果：选择要删除所有对象动画的幻灯片，在“开始”选项卡上的“编辑”功能区中单击“选择”按钮，在弹出的下拉列表中选择“全选”选项，或者直接按 Ctrl＋A 组合键，然后在“动画”选项卡上的“动画”功能区中单击“其他”按钮，在弹出的下拉列表框中选择单击“无”选项即可。

2) 更改动画效果

如果在设置动画的过程中发现对已经设置的动画效果不满意或者出现错误，则可以更改其动画效果。更改动画效果的具体操作步骤如下。

在幻灯片中选择需要更改动画效果的对象，单击“动画”选项卡，在“动画”功能区中单击“其他”按钮，在打开的下拉列表中选择所需的新动画即可。

3) 排序动画效果

在为幻灯片中的对象设置动画时，每个设置的动画效果在“任务窗格”中按照设置的先后顺序从上到下依次排列。播放幻灯片时,动画的放映也是按照这个顺序进行的。如果要改变动画的放映顺序,则需在“动画窗格”中对动画的播放顺序进行调整。需要对动画排序时,先选择需要变更动画效果排序顺序的幻灯片,单击“动画”选项卡,在“高级动画”功能区中单击“动画窗格”按钮,打开“动画窗格”,之后在动画窗格中进行排序的方法有如下几种:

(1) 在动画效果列表中选择要变更顺序的动画效果,单击“动画窗格”上部的向上或向下按钮。

(2) 在动画效果列表中选择要排序的动画,按住鼠标左键不放,直接将其拖动到需要的位置后松开鼠标左键即可。

(3) 在动画效果列表中选择要排序的动画,然后单击“动画”选项卡,在“计时”功能区的“对动画重新排序”功能区中,单击“向前移动”或“向后移动”按钮。

5. 制作动作路径动画

PowerPoint 2016 提供了一种特殊的动作路径动画效果,它是幻灯片自定义动画的一种表现形式,用户可以使用预定义的动作路径,同样也可以自行设计一条自己满意的动作路径。PowerPoint 2016 本身自带基本、直线和曲线、特殊 3 类 63 种“动作路径”,用户可以直接使用这些“动作路径”。制作路径的方法和设置其他动画的方法相同,唯一不同的是在对象旁边会出现一个箭头来指示动作路径的开端和结束。

1) 自带动作路径

为对象设置自带动作路径的具体操作步骤如下。

(1) 选择幻灯片中要设置动画的对象,单击“动画”选项卡,在“动画”功能区中单击“其他”下拉按钮,在弹出的下拉列表中选择“其他动作路径”命令,将打开“添加动作路径”对话框,如图 5-48 所示。

(2) 向下拖动滚动条,在对话框中选择某个路径选项,然后单击“确定”按钮。

(3) 返回幻灯片编辑区,在要设置动画的对象旁出现了一个用虚线显示的动作路径图形。绿色箭头表示动作路径的开始点,红色箭头指示动作的结束点。

(4) 在“动画”功能区中单击“效果选项”按钮,在展开的下拉列表中选择“路径”功能区的“编辑顶点”选项,此时幻灯片编辑区中的动作路径呈可编辑状态,动作路径的每个顶点都有一个黑色小方块,选中要编辑的顶点上的小方块,按住鼠标左键拖动它,变更路径顶点到需要的位置。

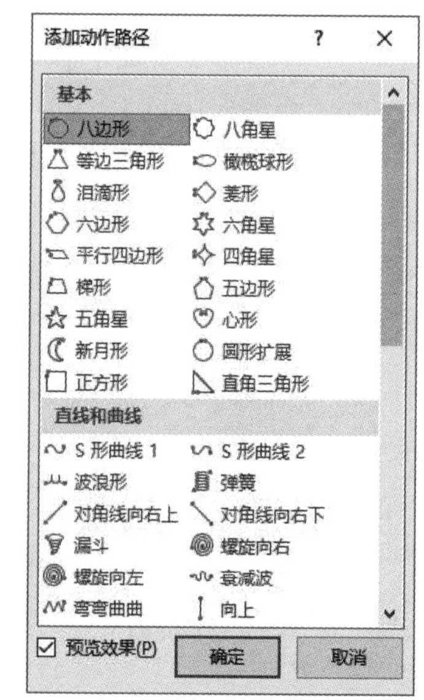

图 5-48 “添加动作路径”对话框

(5) 编辑完成后,在幻灯片编辑区中的其他位置单击即可退出编辑状态。单击“动画”选项卡,在“预览”功能区中单击“预览”按钮，可浏览查看该动画效果。

2) 自定义动作路径

在编辑动作路径动画时，如果发现现有的动作路径不能满足需要，则可以自己画“动作路径”。为对象设置自定义动作路径的具体操作步骤如下。

(1) 单击选中需要设置动作路径动画的幻灯片中的对象。

(2) 在“动画”选项卡的“动画”功能区中，选择列表框中的“动作路径”栏的“自定义路径”选项。这时鼠标变成“＋”形状，用鼠标指向动作路径开始位置，拖动鼠标画出自己需要的路径曲线。当要结束时，双击鼠标即可。

(3) 当画完动作路径后，PowerPoint 2016 会自动演示自制的动作路径动画。

6. 触发动画效果

触发功能用于设置动画的触发范围或触发时机。触发动画效果是指在幻灯片放映期间，当鼠标移至设置为触发动画的对象时会变成手型，单击则可触发相应的动画发生；或者在播放音频或视频时，音频或视频播放到设置的书签处，则触发相应的动画发生。触发动画效果的制作方法如下。

(1) 选择幻灯片中的动画对象，单击“动画”选项卡，在“高级动画”功能区中单击“动画窗格”按钮，打开“动画窗格”。在其列表框中单击某个动画右边的下拉按钮，选择“计时”，打开“效果选项”对话框，在“计时”选项卡里设置触发器。

(2) 在“高级动画”功能区中单击“触发”按钮，在弹出的下拉列表框中选择“单击”命令，在展开的级联菜单中选择要设置触发动画的对象。例如：文本框 1，或者选择“书签”命令，在展开的级联菜单中选择要触发动画的书签。

此时在幻灯片编辑区中设置动画的对象左上角会出现一个闪电的图标，在“动画窗格”中也出现了一个“触发器”提示信息。

5.6.2 幻灯片切换效果的设置

幻灯片的切换效果是指演示文稿播放过程中幻灯片在屏幕上出现的形式，即前一张幻灯片的消失方式和下一张幻灯片出现的方式。给幻灯片添加切换效果，可动感有趣地提醒观众新的幻灯片开始播放了，同时也给单调的播放现场增添了趣味。PowerPoint 提供了多种切换效果，包括页面卷曲、溶解、摩天轮、旋转、立方体等。在演示文稿制作过程中，可以为指定的一张幻灯片设置切换效果，也可以为一组幻灯片设置相同的切换效果。

设置幻灯片切换效果的方法如下：

(1) 在需要设置幻灯片切换效果的演示文稿中，单击“切换”选项卡，在“切换到此幻灯片”功能区中单击“其他”按钮，在弹出的下拉列表框中选择需要的选项即可设置其幻灯片切换的动画效果，如图 5-49 所示。

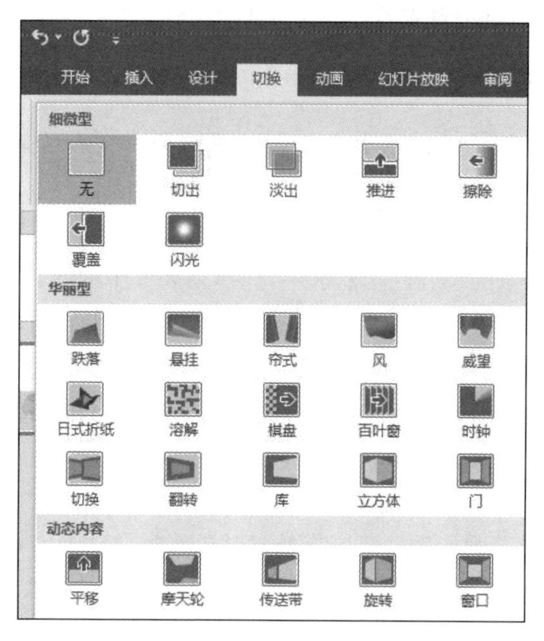

图 5-49 “切换”选项卡

(2) 当为一张幻灯片设置了切换动画之后,在“切换到此幻灯片”功能区中的“效果选项”按钮成为可操作状态,单击该按钮,在弹出的下拉列表框中选择效果选项,可设置切换动画产生的不同效果。

在“切换”选项卡中,不仅可以选择切换效果,还可以设置切换速度、音效、换片方式和自动换片时间。

(1) 选择要为其切换效果设置计时的幻灯片,然后单击“切换”选项卡,在“计时”功能区中的“持续时间”数值框中输入相应的秒数,则可设置幻灯片动画所持续播放的时间。

(2) 在“计时”功能区中单击“声音”右边的黑三角按钮,在弹出的下拉列表框中选择一个声音的选项,则当幻灯片播放切换动画时,同时会播放设置的声音。

(3) 在“计时”功能区中还可以设置进入下一张幻灯片的“换片方式”。“换片方式”有“单击鼠标时”和“设置自动换片时间”两个选项。默认选项是“单击鼠标时”切换到下一张幻灯片。如果想让幻灯片自动切换,就取消选中“单击鼠标时”复选框,并选中“设置自动换片时间”复选框,然后改变数框中的时间,单位为秒。例如,如果是 00:02.00,则该张幻灯片在播放 2 秒之后,将自动切换到下一张。如果“换片方式”中的两个复选框都不选,则无论是单击鼠标,还是不断等待,幻灯片之间都不会进行切换。

用户在设置好某张幻灯片切换动画效果后,如果要将该动画效果应用在所有的幻灯片上,则可在“计时”功能区中单击“全部应用”按钮。

如果对设置的幻灯片切换动画效果不满意,可以将其删除。选择需要删除切换效果的幻灯片,单击“切换”选项卡。在“切换到此幻灯片”功能区中单击“其他”按钮,在弹出的下拉列表框中的“细微型”功能区中选择“无”选项,则将删除该幻灯片的切换动画效果。

5.6.3 幻灯片的超链接设置

幻灯片的超链接是为了实现在幻灯片中不按照默认的幻灯片播放顺序切换，而是按照用户自己的想法在不破坏原有幻灯片顺序的情况下设置幻灯片浏览顺序的一种动作方式。在 PowerPoint 2016 中，除了可以将对象的超链接从一张幻灯片链接到同一演示文稿中的另一张幻灯片外，还可以将其链接到不同演示文稿、电子邮件或网页等对象中。在制作幻灯片时，可以为文本、图形和图片等对象创建超链接。

如果是为文本设置超链接，则在设置有超链接的文本上会自动添加下画线，并且其颜色为配色方案中指定的颜色。从超链接跳转到其他位置后，其颜色会改变，因此，可以通过颜色来分辨访问过的超链接。

1. 创建超链接

创建超链接时，通常情况下是在"插入超链接"对话框中进行的。打开"插入超链接"对话框常用的方法主要有 3 种。

(1) 选中需要创建超链接的对象，单击"插入"选项卡，在"链接"功能区中单击"超链接"按钮。

(2) 选中需要创建超链接的对象，右击鼠标，在弹出的快捷菜单中选择"超链接"命令。

(3) 选中需要创建超链接的对象，按 Ctrl+K 组合键。

执行上述任意一种操作后，都将打开"插入超链接"对话框，如图 5-50 所示。在该对话框中即可设置超链接的属性。在该对话框中，可以分别为 4 种不同的对象创建超链接：现有文件或网页、本文档中的位置、新建文档和电子邮件地址，下面分别介绍其中的几种。

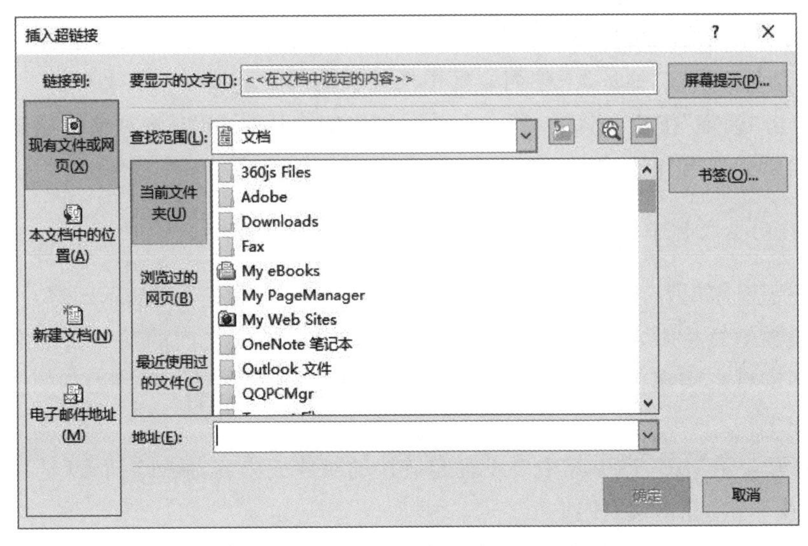

图 5-50 "插入超链接"对话框

1）链接到现有文件

在创建超链接时，链接的对象可以是其他演示文稿或文件，具体的操作步骤如下。

（1）打开演示文稿，选中其中要设置超链接的对象或内容，展开“插入”选项卡，在“链接”功能区中单击“超链接”按钮。

（2）在打开的“插入超链接”对话框的“链接到”栏中单击“现有文件或网页”选项卡，在“查找范围”下拉列表框中选择要链接到的目标文件所在位置，在下方的列表框中选择要链接的文件。

（3）单击“屏幕提示”按钮，打开“设置超链接屏幕提示”对话框，在“屏幕提示文字”文本框中输入相应的超链接提示信息。该信息将在用户播放幻灯片，用鼠标指向超链接对象时显示出来。

（4）单击“确定”按钮，完成设置。

返回到幻灯片中，此时可以播放该幻灯片，查看设置超链接后的效果。放映幻灯片时，用鼠标指向设置了超链接的对象，此时鼠标光标变为手形，单击鼠标则会显示或运行超链接的目标文件。

2）链接到网页

有时需要在幻灯片中举例说明一些网站上的信息，但网页内容过多，无法都在幻灯片中展示。此时，可以将幻灯片中的对象直接链接到网页，单击幻灯片中的某对象就可以打开指定的网页，以便于查看相关信息。链接到网页的具体操作步骤如下。

（1）在幻灯片中，选择需要链接到网页的对象，展开“插入”选项卡，在“链接”功能区中单击“超链接”按钮。

（2）打开“插入超链接”对话框，在“链接到”栏中单击“现有文件或网页”选项卡。在中间的列表中单击“浏览过的网页”按钮，在显示的网页 URL 中找到并选择要链接到的网页地址；或者直接在“地址”下拉列表框中选择或输入要链接的网页 URL。

（3）单击“确定”按钮，完成设置。在放映该张幻灯片时，单击该对象的超链接即可运行默认浏览器并打开相应的网页。

3）链接到本文档中的位置

在创建超链接时，有时用户需要不按照原有的幻灯片播放顺序演示幻灯片中的内容，即可能在播放幻灯片时，下一张演示的幻灯片可能是之后或之前的某一张幻灯片。此时即可使用超链接来实现在不破坏原有幻灯片顺序的情况下设置幻灯片浏览顺序。具体的操作步骤如下。

（1）打开演示文稿，选中其中要设置超链接的对象或内容，展开“插入”选项卡，在“链接”功能区中单击“超链接”按钮。

（2）在打开的“插入超链接”对话框的“链接到”栏中单击“本文档中的位置”选项卡，在“请选择文档中的位置”的内容框中选择要链接到的幻灯片。

(3) 单击“确定”按钮,完成设置。

4) 链接到电子邮件

PowerPoint 2016 还提供了链接到电子邮件功能,它可以将对象链接到电子邮件,方便用户发送电子邮件,具体的操作步骤如下。

(1) 打开演示文稿,选中其中要设置超链接的对象或内容,展开“插入”选项卡,在“链接”功能区中单击“超链接”按钮。

(2) 在打开的“插入超链接”对话框的“链接到”栏中单击“电子邮件地址”选项卡,在“电子邮件地址”文本框中输入接收方的邮箱地址,在“主题”文本框中输入邮件主题。

(3) 单击“确定”按钮,完成设置。

放映该幻灯片时,单击幻灯片中的超链接对象,将自动运行 Outlook 2016 程序,并打开电子邮件发送邮件窗口,此时接收方邮件地址和主题已经输入了内容,用户只要再输入其他邮件内容,单击“发送”按钮即可。

2. 删除超链接

当在编辑幻灯片时,发现某些对象不需要已经设置的超链接,则可以将其删除。删除超链接的方法有如下几种。

(1) 选中需要删除超链接的对象,右击鼠标,在弹出的快捷菜单中选择“取消超链接”命令即可。

(2) 选中需要删除超链接的对象,右击鼠标,在弹出的快捷菜单中选择“编辑超链接”命令,在打开的“编辑超链接”对话框中单击“删除链接”按钮。

(3) 选中需要删除超链接的对象,单击“插入”选项卡,在“链接”功能区中单击“超链接”按钮。在打开的“编辑超链接”对话框中单击“删除链接”按钮。

5.6.4 幻灯片的动作设置

演示文稿在播放时,默认方式是按幻灯片的正常次序进行放映,但有时用户需要使用非正常的顺序播放幻灯片。PowerPoint 为幻灯片设计了一种动作设置方式:当单击幻灯片中的某对象时,能跳转到预先设定的任意一张幻灯片、其他演示文稿、Word 文档甚至是运行某个程序。动作设置既可以使用幻灯片中已有的对象来设置,也可以插入相应动作按钮,在动作按钮上设置动作。

1. 为已有对象设置动作

为已经在幻灯片中插入的对象设置动作的具体方法如下。

(1) 打开演示文稿,选中要创建动作设置的对象,单击“插入”选项卡,在“链接”功能区中单击“动作”按钮,将打开“操作设置”对话框,如图 5-51 所示。

(2)“操作设置”对话框中包括“单击鼠标”和“鼠标悬停”两个选项卡,分别用于设置

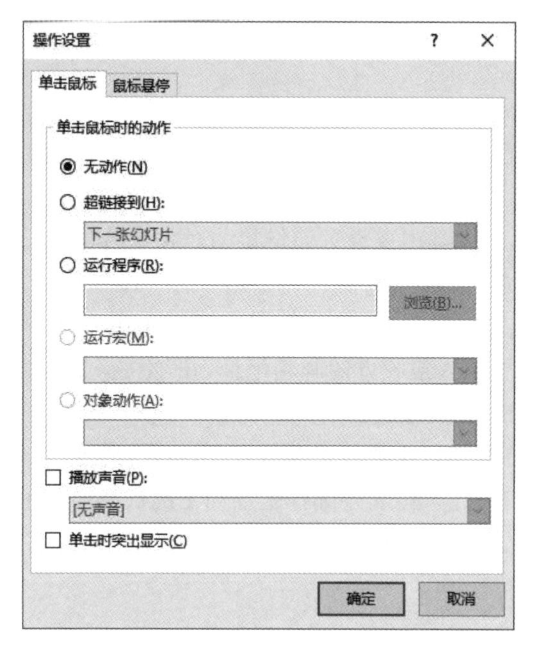

图 5-51 “操作设置”对话框

当鼠标单击或悬停动作设置的对象时产生动作。两个选项卡中的设置内容基本相同。选择“单击鼠标”选项卡,在“单击鼠标时的动作”栏中选中相应的单选按钮,设置要进行的动作。例如,选择“运行程序”单选按钮,单击“浏览”按钮,在弹出的对话框中选择一个希望运行的程序,则当播放幻灯片时,单击该对象,将会运行设定的程序。如果希望动作发生时有声音播放,则选择“播放声音”复选框,并在下方的列表框中选择相应的声音。

(3) 单击“确定”按钮结束设置。

2. 利用动作按钮设置动作

除了可以为幻灯片中的已有对象设置动作以外,PowerPoint 还提供了一组代表一定含义的动作按钮,这些动作按钮已经设置了相应的动作,只要将其插入到幻灯片中,就可以使用它们,而不用专门再去设置动作。当然,如果需要也可以更改它们的动作设置。在幻灯片中插入“动作按钮”的方法如下。

(1) 打开演示文稿,选择需要插入“动作按钮”的幻灯片。单击“插入”选项卡,在“插图”功能区中单击“形状”按钮,在弹出的下拉列表框的“动作按钮”功能区中选择相应的“动作按钮”,此时鼠标变为+形状。

(2) 在幻灯片上拖动鼠标绘制该按钮,松开鼠标时,弹出图 5-51 所示的对话框,可以为该按钮设置动作。

若要修改动作设置,可以先选择对象,然后右击,选择“编辑超链接”,打开“操作设置”对话框进行修改。

5.7 演示文稿的放映

制作完成的演示文稿最终要播放给观众看。通过幻灯片的放映，可以将精心创建的演示文稿展示在观众面前，将自己想要说明的问题更好地表达出来。在放映幻灯片之前，还需要对演示文稿的放映方式进行设置，如幻灯片的放映类型、换片方式、隐藏/显示幻灯片和自定义放映等，使其能够更好地将演示文稿展示给观看者或客户。

5.7.1 演示文稿放映方式的设置

PowerPoint 演示文稿既可以在本地计算机上播放，也可以另存为“网页”类型的文件，通过 Internet 传播。PowerPoint 软件提供了 3 种不同的本机放映方式，用户可以根据需要进行选择。下面介绍设置幻灯片的放映方式。

打开要设置放映方式的演示文稿，单击“幻灯片放映”选项卡，在“设置”功能区中单击“设置幻灯片放映”按钮，将打开如图 5-52 所示的“设置放映方式”对话框，在该对话框中的“放映类型”功能区下选择需要的放映类型，然后单击“确定”按钮即可。

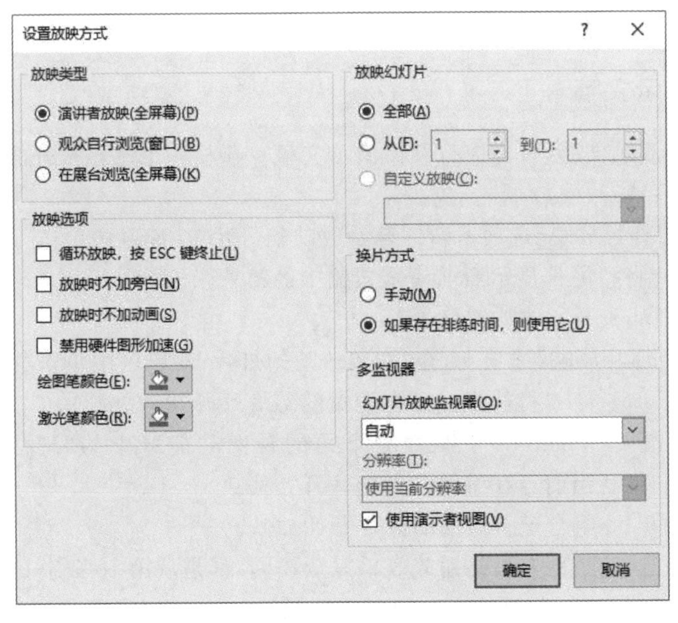

图 5-52 “设置放映方式”对话框

在“设置放映方式”对话框中，有演讲者放映(全屏幕)、观众自行浏览(窗口)和在展台浏览(全屏幕)3 种放映类型，下面分别对它们的功能进行介绍。

(1) 演讲者放映(全屏幕)：选中该选项，可全屏显示幻灯片。在演讲者自行播放时，可采用单击鼠标触发一个动作的手动方式放映或自动方式放映；可以将演示文稿暂停，添加会议细节或及时反应；可以在放映过程中录下旁白；可以使用快捷菜单或 PgUp、PgDn 键显示不同的幻灯片；还可以使用绘图笔。

(2) 观众自行浏览(窗口)：以标准窗口形式显示演示文稿。在窗口中放映幻灯片时，可通过拖动滚动条或单击滚动条两端的向上按钮或向下按钮选择放映的幻灯片。

(3) 在展台浏览(全屏幕)：以全屏幕方式显示幻灯片，在这种方式下，PowerPoint 会自动选定"循环放映，按 Esc 键终止"复选框，鼠标只能用来单击超链接和动作按钮，终止只能使用 Esc 键，其他的功能全部无效。

在"放映幻灯片"选项组中，选择所放映的幻灯片的范围，包括全部、部分(从…到…)和自定义放映，其中的"自定义放映"实际上是在下拉列表框中显示若干个自定义放映名称，每个放映名称要通过执行"幻灯片放映/自定义幻灯片放映"菜单命令，然后在出现的对话框中选择要播放的幻灯片并确定播放的顺序，这里的顺序不一定是创建幻灯片时的顺序。

在"放映选项"选项组中，可以选择幻灯片放映时是否循环放映、是否不加旁白和是否不加动画。

在"换片方式"选项组中，通过单选按钮确定是手动换片还是按照排练时间自动换片。

设置完成后，单击"确定"按钮，演示文稿将会按照用户所作的设置进行播放。

5.7.2 演示文稿的放映

1. 播放演示文稿

要播放一个演示文稿，首先应打开该演示文稿。播放一个已经打开的演示文稿，通常有以下 5 种方法：

(1) 单击"幻灯片放映"选项卡，在"开始放映幻灯片"功能区中单击"从头开始"按钮，PowerPoint 2016 将整屏幕显示当前演示文稿中的第一张幻灯片。

(2) 按 F5 键从头开始放映幻灯片。

(3) 单击"幻灯片放映"选项卡，在"开始放映幻灯片"功能区中单击"从当前幻灯片开始"按钮，PowerPoint 2016 将从当前正在编辑的幻灯片开始播放。

(4) 直接单击 PowerPoint 主画面右下角的视图功能区中的"幻灯片放映"按钮，PowerPoint 2016 将从当前正在编辑的幻灯片开始播放。

(5) 按 Shift+F5 组合键从当前幻灯片开始放映。

由此可以看出，前两种方法的播放效果完全相同，都是从第一张幻灯片开始播放。后 3 种方法的播放效果一样，都是从当前幻灯片开始播放。

2. 演示文稿的播放控制

当一个演示文稿正在播放时，可以用键盘或鼠标来控制幻灯片的播放。

1) 用键盘控制幻灯片的播放过程

表 5-2 列出了利用键盘控制幻灯片播放顺序的操作。

表 5-2　控制幻灯片播放顺序的操作键

动　　作	操 作 键
切换到下一张	↓，→，PgDn，空格键
切换到上一张	↑ ← PgUp，P 键
切换到第一张	Home 键
切换到最后一张	End 键
结束放映	Esc 键

2）用鼠标控制幻灯片的播放过程

当屏幕处于幻灯片的播放状态时，单击鼠标左键，向下滚动鼠标的滑轮，按下 Enter 键，单击鼠标右键并在弹出的菜单中选择“下一张”命令。以上 4 种方法都将播放下一张幻灯片。幻灯片开始播放后，在屏幕的左下方会显示 6 个图标，从左到右分别是：

（1）“上一张”图标：单击该图标将会重新播放上一张幻灯片。

（2）“下一张”图标：单击该图标将会播放下一张幻灯片。

（3）“指针选项”图标：单击该图标将会弹出一个菜单。该菜单为用户提供了不同的书写笔、颜色和橡皮擦等功能，使得用户在播放幻灯片时，选择菜单中的命令，可以在幻灯片上写字、画图形等，从而使用户可以对幻灯片中的某些内容向观众作另外的说明和强调。

（4）“查看所有幻灯片”图标：单击该图标，屏幕切换到演示文稿中的所有幻灯片的缩略图列表。

（5）“放大镜”图标：单击该图标可以放大屏幕上的幻灯片区域，在演示者区域，鼠标会变成手型，指示用户可以单击并拖动以移动到幻灯片的其他区域，要关闭缩放效果，可以按 Esc 键或右击鼠标。

（6）“幻灯片放映控制”图标：单击该图标将会弹出一个快捷菜单，这个快捷菜单和右击鼠标弹出的快捷菜单功能类似。快捷菜单中使得用户在播放幻灯片时通过选择菜单中的命令，对幻灯片进行放映控制操作，如查看上次查看过的幻灯片、查看所有幻灯片、放大幻灯片区域、显示演示者视图、设置屏幕、设置指针选项和结束放映等。

5.7.3　隐藏幻灯片

在放映幻灯片的时候，如果没有经过任何设置，系统将自动依照幻灯片的序号放映每张幻灯片。但有时在播放演示文稿时，其中的一些幻灯片并不需要被放映出来，此时则可使用 PowerPoint 2016 提供的隐藏幻灯片功能将不需要放映的幻灯片隐藏，在以后需要放映出来的时候，还可以将其取消隐藏，重新播放显示出来。隐藏幻灯片的方法有如下两种。

（1）打开演示文稿，在普通视图的“幻灯片”窗格中选中需要隐藏的幻灯片；或者打开幻灯片浏览视图，选中需要隐藏的幻灯片。然后单击“幻灯片放映”选项卡，在“设置”功能区中单击“隐藏幻灯片”按钮即可。此时幻灯片的编号中间会有一斜线，且幻灯片整体颜色变浅，如图 5-53 所示。说明该幻灯片已经被设置为隐藏。如果选中该幻灯片，并再次单击“隐藏幻灯片”按钮，则将取消隐藏该幻灯片。

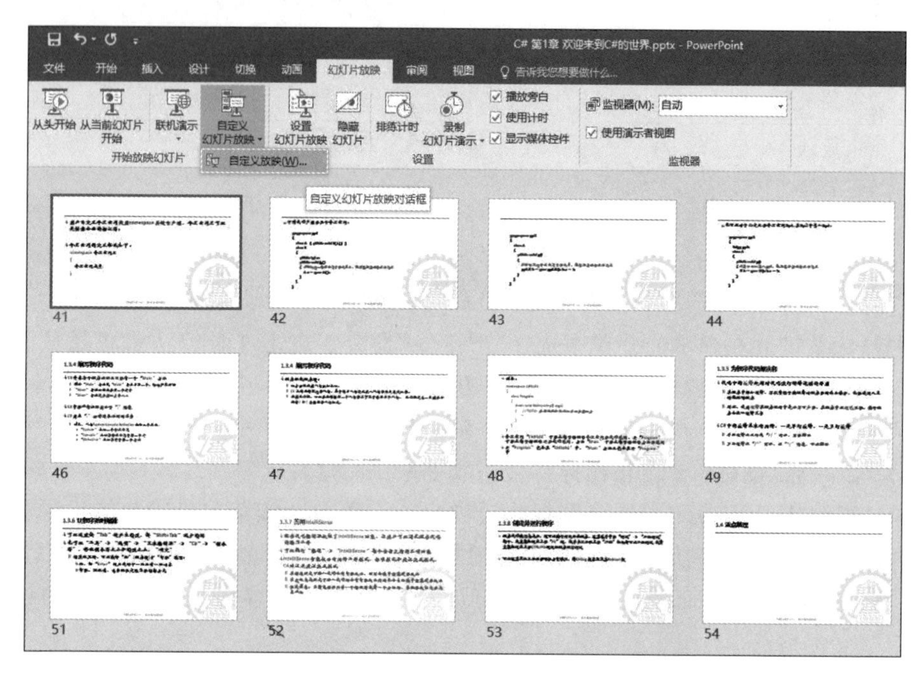

图 5-53　幻灯片浏览视图中“隐藏幻灯片”

（2）打开需要隐藏幻灯片的演示文稿，在左侧的“幻灯片”窗格中选中需要隐藏的幻灯片，右击鼠标，在弹出的快捷菜单中选择“隐藏幻灯片”命令。

设置好幻灯片隐藏以后，在播放演示文稿时，可以发现在放映的过程中不会显示那些被设置为隐藏的幻灯片。

5.7.4　自定义放映

有时在使用演示文稿的时候，用户可能只需要选择使用该文档中的一些幻灯片，并且这些幻灯片的排放顺序需要重新安排，已经不是原有文档中的顺序。这时，用户可能会将它们一个一个地复制出来，重新生成一个新的演示文稿，或者使用超链接来组织安排。PowerPoint 2016 软件为此类问题提供了另外一种解决方案，那就是自定义放映。具体的设置过程如下。

（1）打开需要编辑的演示文稿，展开“幻灯片放映”选项卡，在“开始放映幻灯片”功能区中单击“自定义幻灯片放映”按钮，在展开的菜单中选择“自定义放映”命令，如图 5-54 所示。

（2）在打开的“自定义放映”对话框中，如图 5-55 所示。单击“新建”按钮，打开“定义自定义放映”对话框，如图 5-56 所示。

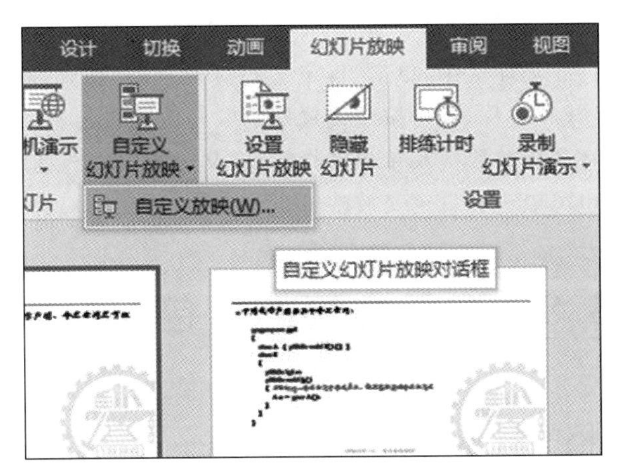

图 5-54　自定义幻灯片放映

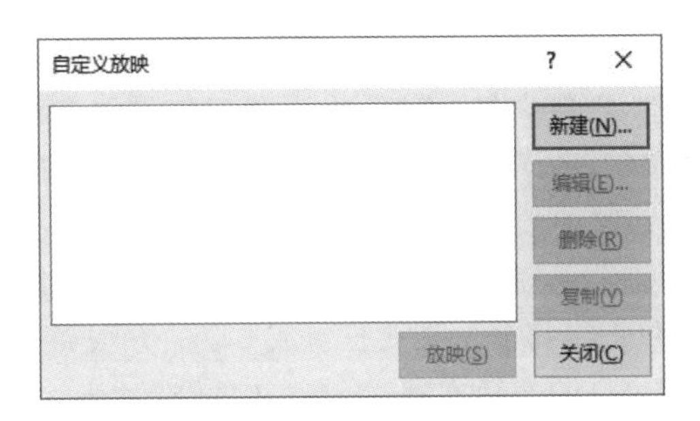

图 5-55　“自定义放映”对话框

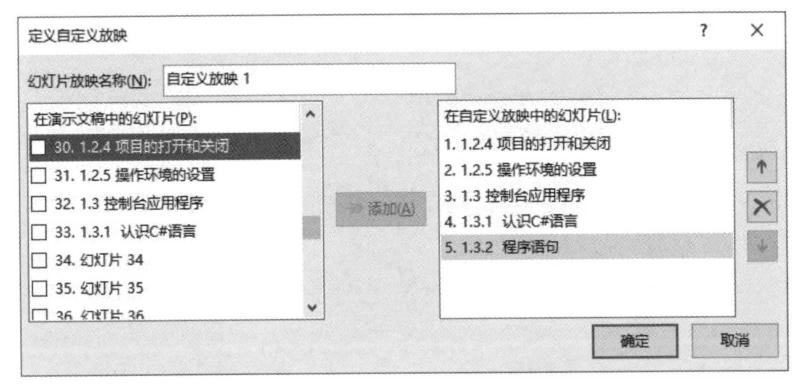

图 5-56　“定义自定义放映”对话框

(3) 在“幻灯片放映名称”文本框中输入该自定义放映的名称，以便在放映的时候找到它。然后选择“在演示文稿中的幻灯片”内容框中的幻灯片。通过单击“添加”按钮，将选择的内容添加到“在自定义放映中的幻灯片”内容框中。也可以通过“删除”按钮将选择的内容从“在自定义放映中的幻灯片”内容框中去掉。

(4) 设置完成后，单击“确定”按钮，返回“自定义放映”对话框，单击“放映”按钮播放自定义方式的幻灯片，或者直接单击关闭按钮结束设置。

如果要放映已经设置好的自定义放映，只要打开演示文档，单击“幻灯片放映”选项卡，在“开始放映幻灯片”功能区中，单击“自定义幻灯片放映”按钮，在展开的菜单中选择已经设置好的自定义放映名称，即可按照设置好的顺序放映自定义幻灯片。此外，在幻灯片播放中右击鼠标，在弹出的快捷菜单中选择“自定义放映”命令，在级联菜单中选择自定义放映方案的名称，也可以进行自定义放映。

5.8 演示文稿的打包与打印

5.8.1 演示文稿的打包

PowerPoint 2016 中的“打包成 CD”功能可将一个或多个演示文稿随同支持文件复制到 CD 中，方便那些没有安装 PowerPoint 2016 的用户放映演示文稿。默认情况下，PowerPoint 使用的播放器、链接文件、声音、视频和其他设置会被打包在其中，这样就可在其他计算机上运行打包的演示文稿，不用担心影响幻灯片的放映效果或因没有安装 PowerPoint 2016 而无法放映的烦恼。

PowerPoint 2016 还提供了将一个或多个演示文稿打包到计算机或某个网络位置上的文件夹中，而不是在 CD 上。将演示文稿打包成 CD 的方法如下。

(1) 打开需要打包成 CD 的演示文稿，单击“文件”选项卡，在打开的窗口中选择“导出”命令，在中间的“导出”栏中选择“将演示文稿打包成 CD”命令，在右边的“将演示文稿打包成 CD”中单击“打包成 CD”按钮，将弹出“打包成 CD”对话框，如图 5-57 所示。

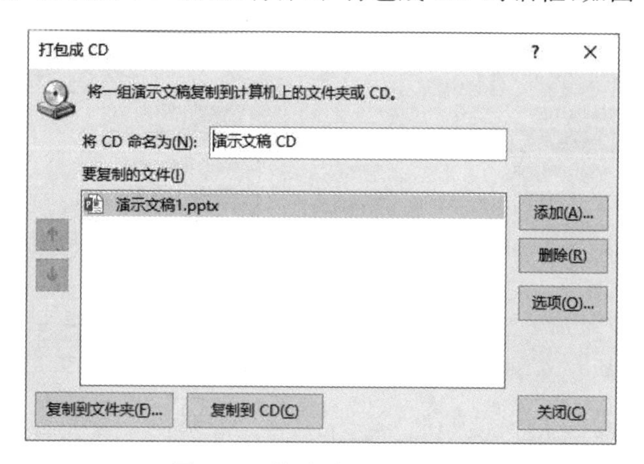

图 5-57 “打包成 CD”对话框

(2) 在“将 CD 命名为”文本框中，为 CD 输入名称。

(3) 若要打包多个演示文稿，单击“添加”按钮，将打开“添加文件”对话框，在添加文件对话框中间的列表中定位选择演示文稿，然后单击“添加”按钮，回到“打包成 CD”对话框。

(4) 默认情况下,演示文稿被设置为按照“要复制的文件”列表中排列的顺序进行自动运行。若要更改播放顺序,请选择一个演示文稿,然后单击向上按钮或向下按钮,将其移动到列表中的新位置。默认情况下,当前打开的演示文稿已经出现在“要复制的文件”列表中。链接到演示文稿的文件(例如图形文件)会自动包括在内,而不出现在“要复制的文件”列表中。

(5) 若要删除某个添加进来的演示文稿,则选中它,然后单击左侧的“删除”按钮即可。

(6) 若要更改默认设置,单击“选项”按钮,然后设置其中的选项。若要确保生成的包中包括与演示文稿相链接的文件,选中“链接的文件”复选框。与演示文稿相链接的文件可以包括图表文件、声音文件、电影剪辑及其他内容;若要演示文稿将当前文档中使用的嵌入字体也一起打包使用,则选中“嵌入的 TrueType 字体”复选框,可在打包时包括这些字体,该复选框适用于打包的所有演示文稿,包括链接的演示文稿。若需要其他用户在打开或编辑复制的任何演示文稿之前先提供密码,请在“增强安全性和隐私保护”下的密码框中输入要使用的密码。如果希望系统帮助检查演示文稿中的不适宜信息或个人信息,则选中“检查演示文稿中是否有不适宜信息或个人信息”复选框。

(7) 完成设置后,如果要将演示文稿复制到网络或计算机上的本地磁盘驱动器,单击“复制到文件夹”按钮将文件复制到指定的文件夹。如果要将演示文稿复制到 CD 中,单击“复制到 CD”按钮,将文件复制到 CD 中。

(8) 如果这里单击“复制到文件夹”按钮,将打开“复制到文件夹”对话框。在“文件夹名称”文本框中输入打包生成的文件夹名字。单击“浏览”按钮,在弹出的“选择位置”对话框中选择保存位置。选中“完成后打开文件夹”复选框,则会在打包完成后打开这个文件夹,以便用户查看。设置结束后,单击“确定”按钮,可将打包后的演示文稿存放到计算机中的文件夹中。

(9) 如果演示文稿中含有链接文件,将打开如图 5-58 所示的提示包含链接文件信息的对话框,在其中单击“是”按钮,可将链接文件一起复制到文件夹或光盘中。

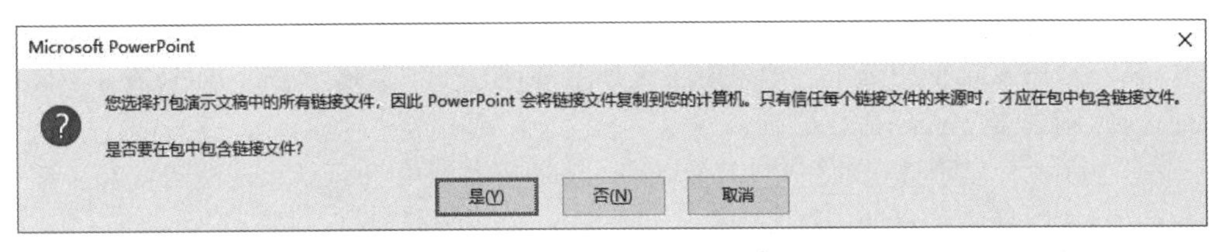

图 5-58 “打包提示”对话框

(10) 如果单击了“选项”按钮,并在弹出的“选项”对话框中选中了“检查演示文稿中是否有不适宜信息或个人信息”复选框,将打开“文档检查器”对话框。用户可以在对话框中选择检查的项目,单击“检查”按钮,系统将自动进行检查,并将在“文档检查器”对话框中显示检查结果。若需要删除检查到的相应信息,可以单击“全部删除”按钮将其删除。

(11) 单击“关闭”按钮,系统将自动进行复制。结束后返回到“打包成 CD”对话框,再次单击“关闭”按钮,关闭该对话框完成打包操作。

5.8.2 演示文稿的发布

幻灯片的发布就是将重要的幻灯片保存在幻灯片库中，为以后制作类似幻灯片时方便调用。被发布的幻灯片每一张就是一个文件，以文件为单位对幻灯片进行发布保存。具体的发布过程如下。

(1) 打开需要发布的演示文稿，单击“文件”选项卡，在打开的窗口中选择“共享”命令，在中间的“共享”栏中选择“发布幻灯片”命令，在右边的“发布幻灯片”中选择“发布幻灯片”按钮，将弹出“发布幻灯片”对话框，如图 5-59 所示。

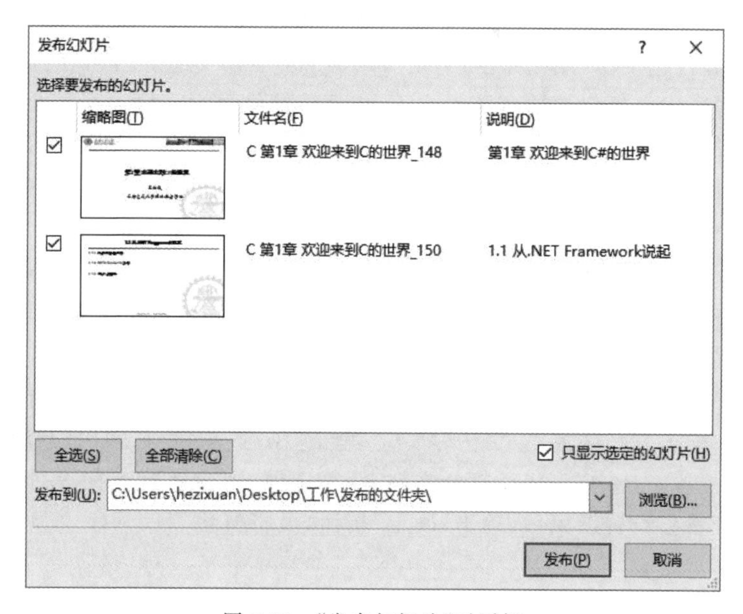

图 5-59 “发布幻灯片”对话框

(2) 在“发布幻灯片”对话框的“选择要发布的幻灯片”列表框中，选择需要发布的幻灯片，在左边的复选框中选中。如果需要选择全部，则单击“全选”按钮。如果需要清除所有的选择，则单击“全部清除”按钮。

(3) 选中“只显示选定的幻灯片”复选框，此时列表框中只会显示该演示文稿中需要发布的幻灯片，即被选择的幻灯片。

(4) 单击“浏览”按钮，在弹出的对话框中选择要发布到的文件夹。

(5) 设置完成之后，单击“发布”按钮将所有的幻灯片保存在选定的文件夹中。

5.8.3 演示文稿的打印

当一份演示文稿制作完成后，有时需要将演示文稿打印出来。PowerPoint 2016 允许用户选择以彩色、灰度或黑白方式来打印演示文稿的幻灯片、观众讲义或备注页。PowerPoint 2016 文件打印前要先进行页面设置，页面设置是演示文稿显示、打印的基础。

1. 页面设置

单击“设计”选项卡，在“自定义”功能区中单击“幻灯片大小”右侧的下拉按钮，打开下拉菜单，如图 5-60 所示，选择最下面的“自定义幻灯片大小”命令，弹出如图 5-61 所示的“幻灯片大小”设置对话框。

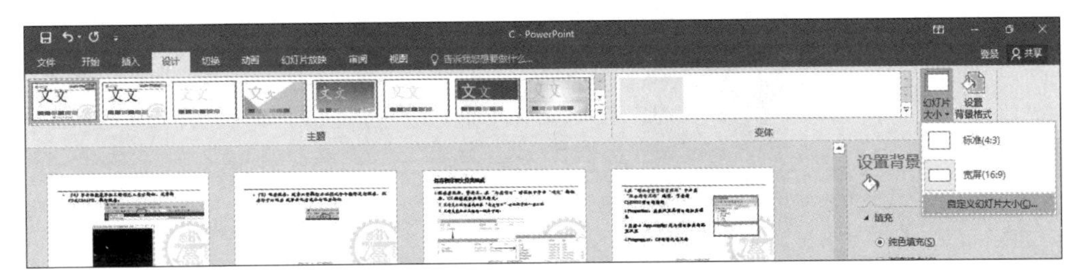

图 5-60　自定义幻灯片大小按钮

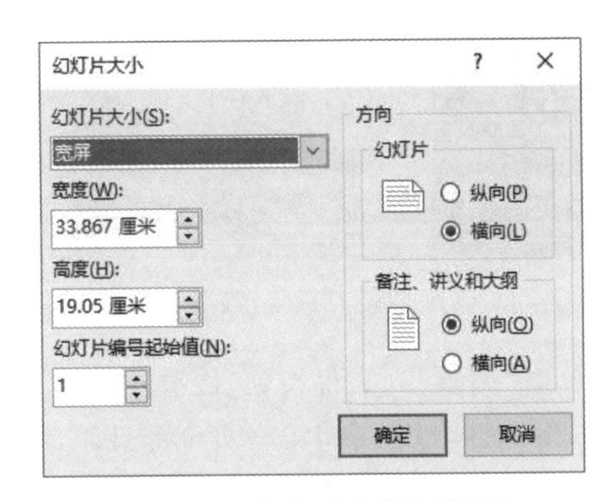

图 5-61　“幻灯片大小”对话框

在“幻灯片大小”下拉列表框中，可以选择幻灯片的标准尺寸，也可以在“宽度”和“高度”数值框中重新设置幻灯片的尺寸大小。

在“幻灯片编号起始值”变数框中，可以输入幻灯片编号的起始值。

在“方向”选项区中，设置“幻灯片”和“备注、讲义和大纲”的打印方向，可以设置成“纵向”或“横向”。演示文稿中的所有幻灯片必须保持同一方向。

2. 打印演示文稿

单击“文件”按钮，在打开的窗口中选择“打印”命令，将显示“打印”窗格内容区域，如图 5-62 所示。在“打印机”栏的下拉列表框中选择打印机，然后单击“打印机属性”，在弹出的“打印机属性”对话框中，选择打印时使用的纸张大小。

在“设置”栏中，单击“打印全部幻灯片”列表框按钮，在弹出的列表中选择打印全部的幻灯片、当前幻灯片或者自定义范围；单击“整页幻灯片”列表框按钮，在弹出的列表中选择打印幻灯片、备注页、大纲或者讲义；单击“单面打印”列表框按钮，在弹出的列表中选择

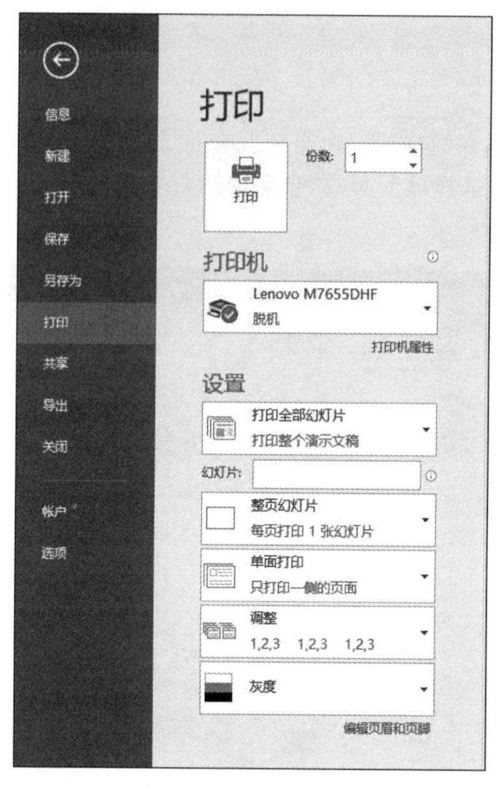

图 5-62 “打印”选项卡

单面打印还是双面打印;单击“调整”列表框按钮,在弹出的列表中选择打印幻灯片的方式,是按照从头到尾一份一份地打印,还是将第一页全部打印,之后再打印第二页,依次类推;单击“灰度”列表框按钮,在弹出的列表中选择打印幻灯片时的色彩方案;单击“编辑页眉和页脚”,将打开“页眉和页脚”对话框。单击“幻灯片”选项卡,在“幻灯片包含内容”栏中,选中“日期和时间”复选框,并选中其下的“自动更新”单选按钮,然后再选中“幻灯片编号”和“页脚”复选框,在“页脚”下面的文本框中输入相应的页脚内容文本。最后单击“全部应用”按钮,关闭“页眉和页脚”对话框。

当全部的打印设置完成后,在“打印”选项卡的“打印”栏中的“份数”变数文本框中,输入需要打印的份数,单击“打印”按钮,系统开始向打印机传输数据,随后打印机便开始打印选择的幻灯片。

习 题

一、选择题

1. 在 PowerPoint 2016 中,新建演示文稿已选定“大都市”设计主题,在文稿中插入一个新幻灯片时,新幻灯片的主题将( )。

A. 采用默认型设计主题　　B. 采用已选定设计主题
C. 随机选择任意设计主题　　D. 采用用户指定的另外设计主题

2. 在演示文稿中,将某张幻灯片版式更改为"标题和内容",应选择的选项卡是(　　)。

A. "设计"　　B. "视图"　　C. "开始"　　D. "插入"

3. 在演示文稿中,备注视图中的备注信息在文稿放映时(　　)。

A. 会显示　　B. 不会显示　　C. 显示一部分　　D. 显示标题

4. 在幻灯片浏览视图中要选定多张幻灯片时,先按住(　　)键,再逐个单击要选定的幻灯片。

A. Ctrl　　B. Enter　　C. Shift　　D. Alt

5. 插入的幻灯片总是插在当前幻灯片(　　)。

A. 备注中　　B. 之前　　C. 标题栏中　　D. 之后

6. 在 PowerPoint 2016 提供的各种视图模式中,全屏幕显示幻灯片的是(　　)。

A. 大纲视图　　B. 幻灯片浏览视图
C. 幻灯片视图　　D. 幻灯片放映视图

7. 为了使一份演示文稿的所有幻灯片中具有公共的对象,则应使用(　　)。

A. 自动版式　　B. 母版　　C. 备注幻灯片　　D. 大纲视图

8. 打上隐藏符号的幻灯片,(　　)。

A. 播放时肯定不显示　　B. 可以在任何视图方式下编辑
C. 播放时可能会显示　　D. 不能编辑

9. 在 PowerPoint 2016 中,如果要取消标尺的显示,应该选择(　　)选项卡。

A. "开始"　　B. "设计"　　C. "切换"　　D. "视图"

10. 对于演示文稿中不准备放映的幻灯片可以用(　　)选项卡中的"隐藏幻灯片"命令隐藏。

A. "开始"　　B. "幻灯片放映"　　C. "视图"　　D. "切换"

11. 若想设置打印讲义稿中的每页幻灯片数,可更改(　　)。

A. 幻灯片母版　　B. 讲义母版
C. 标题母版　　D. 打印选项卡中的设置参数

12. 在 PowerPoint 2016 中,在(　　)视图中,用户可以看到页面变成上下两半,上面是幻灯片,下面是文本框,可以记录演讲者讲演时所需的一些提示重点。

A. 备注页　　B. 浏览　　C. 放映　　D. 黑白

13. 如果要终止幻灯片的放映,可以直接按(　　)键。

A. Alt+F4 组合　　B. Ctrl + X 组合
C. Esc　　D. End

14. 如果要设置从一张幻灯片"擦除"切换到下一张幻灯片,应使用(　　)命令来进行设置。

A. 动作设置　　B. 预设动画　　C. 幻灯片切换　　D. 自定义动画

15. 在 PowerPoint 2016 中,有关幻灯片母版中的页眉页脚,下列说法错误的是(　　)。

A. 页眉或页脚是加在演示文稿中的注释性内容

B. 典型的页眉/页脚内容是日期、时间以及幻灯片编号

C. 在打印演示文稿的幻灯片时，页眉/页脚的内容也可打印出来

D. 不能设置页眉和页脚的文本格式及调整位置

16. 在交易会上进行广告演示文稿的放映时，应该选择(　　)方式。

A. 演讲者放映　　B. 观众自行放映

C. 循环放映　　D. 在展台浏览

17. 在设置幻灯片自动切换之前，应该事先进行演示文稿(　　)设置。

A. 自动播放　　B. 排练计时　　C. 打印输出　　D. 打包

18. 在 PowerPoint 2016 中，演示文稿可以使用(　　)命令，使其在其他未安装 PowerPoint 2016 的计算机上可以放映。

A. "发送"　　B. "另存为"　　C. "打包"　　D. "保存"

19. 在 PowerPoint 2016 中，在浏览视图下，按住 Ctrl 并拖动某幻灯片，可以完成(　　)操作。

A. 移动幻灯片　　B. 复制幻灯片　　C. 删除幻灯片　　D. 选定幻灯片

20. 若想对幻灯片设置不同的颜色、阴影、图案或纹理的背景，可使用(　　)选项卡的"设置背景格式"设置。

A. "视图"　　B. "设计"　　C. "幻灯片放映"　　D. "开始"

21. 在 PowerPoint 2016 中，通过设置(　　)选项可以改变幻灯片的布局。

A. 字体　　B. 幻灯片版式

C. 幻灯片配色方案　　D. 背景

22. 在 PowerPoint 2016 中，若要对插入的表格格式进行设置，应选择"表格工具"下的(　　)选项卡中的命令。

A. "格式"　　B. "布局"　　C. "设计"　　D. "视图"

23. 在 PowerPoint 2016 的幻灯片浏览视图下，不能完成的操作是(　　)。

A. 调整个别幻灯片位置　　B. 删除个别幻灯片

C. 编辑个别幻灯片中填入的内容　　D. 复制个别幻灯片

24. 在 PowerPoint 2016 中，若为幻灯片中的对象设置放映时的动画效果为"飞入"，应选择的选项卡是(　　)。

A. "动画"　　B. "设计"　　C. "开始"　　D. "切换"

25. 关于自定义动画，说法正确的是(　　)。

A. 可以调整顺序　　B. 可以设置动画效果

C. 可以调整速度　　D. 以上都对

26. 下列关于在 PowerPoint 2016 中编辑影片的说法，正确的是(　　)。

A. 在 PowerPoint 2016 中播放的影片文件，只能播放完毕后才能停止

B. 插入影片用"开始"选项卡中的选项

C. 插入 PowerPoint 2016 中的视频文件不能播出声音

D. 只有在播放幻灯片时，才能看到影片效果

27. 页眉和页脚中的日期除设为"固定"外还可设为(　　)方式。

A. 自动更新　　B. 人工更新　　C. 自定义　　D. 随机

28. 在 PowerPoint 2016 中不可以设置图形元素的(　　)。

A. 叠放层次　　B. 三维效果　　C. 阴影设置　　D. 艺术效果

29. 在 PowerPoint 2016 中，插入图表后，将会出现一个“图表工具”选项卡，并弹出一个(　　)窗口用于编辑数据表。

A. PowerPoint　　B. Word　　C. SharePoint　　D. Excel

30. 在 PowerPoint 2016 中，利用(　　)可以轻松地按顺序组织幻灯片，进行插入、删除和移动等操作。

A. 备注页视图　　B. 幻灯片浏览视图

C. 幻灯片放映视图　　D. 黑白视图

31. (　　)不属于幻灯片的视图。

A. 普通视图　　B. 幻灯片浏览视图

C. 备注页视图　　D. 幻灯片发布视图

32. 在 PowerPoint 2016 中，若要选用应用设计模板来美化演示文稿，应先选择(　　)选项卡。

A. “视图”　　B. “开始”　　C. “设计”　　D. “插入”

33. 幻灯片中声音素材的来源不包括(　　)。

A. 卡拉 OK 伴奏音频　　B. 文件中的音频

C. PC 上的音频　　D. 录制音频

34. 以下各项属于 PowerPoint 特点的是(　　)。

A. 提供了大量专业化的模板(Template)及剪辑艺术库

B. 复杂难学

C. 编辑能力一般，创作能力差

D. 不能与其他应用程序共享数据

35. 下列关于配色方案的说法中，错误的是(　　)。

A. 幻灯片配色方案是指在 PowerPoint 中各种颜色设定了其特定用途

B. 一组幻灯片中可以采用多种配色方案

C. 用户可以自定义或更改某种配色方案

D. 配色方案是模板中自带的，用户不能更改

36. 为建立图表而输入数字的区域是(　　)。

A. 边距　　B. 数据表　　C. 大纲　　D. 图形编译器

37. 在幻灯片中(　　)不是合法的“打印内容”选项。

A. 幻灯片　　B. 备注页　　C. 讲义　　D. 幻灯片浏览

38. PowerPoint 2016 演示文稿的扩展名是(　　)。

A. .htmx　　B. .pptx　　C. .ppsx　　D. .potx

39. PowerPoint 2016 演示文稿模板的扩展名(　　)。

A. .htmx　　B. .pptx　　C. .ppsx　　D. .potx

40. 在 PowerPoint 2016 中，使用(　　)选项卡中的“幻灯片母版”命令，可以进入“幻

灯片母版”视图。

A. “编辑” B. “工具” C. “视图” D. “格式”

二、操作题

1. 按下列要求完成演示文稿的建立。

(1) 写一篇讲演稿，共包括5张幻灯片。

① 题目是“我和计算机”。

② 第一张是标题片，自己设计体现个人理解主题的标题版面。落款是

单 位：所在学院所在班级

主讲人：自己姓名

③ 第二张是提纲片，叙述要点。

④ 其他幻灯片是主题内容。

⑤ 在第三张幻灯片中插入一个图片或PC上的视频。

(2) 定义幻灯片母版

① 标题用36磅字、幼圆字体、居中、红色。

② 一级正文用28磅字、宋体、左对齐、深蓝色。

③ 二级及以下正文用24磅字、宋体、左对齐、深蓝色。

在底部中央设置3个动作按钮；用于前翻一页、后翻一页和结束放映，底部右下角显示页编号，页编号格式为14磅字、宋体、绿色。

(3) 动画设置

① 第二张幻灯片的文本的要求“自定义动画”，文本进入是“飞入”，单击启动，方向是“自左侧”，速度为“慢速”。

② 其他幻灯片中的文本要求设置动画为“形状”，动画效果为“圆形切入”。

③ 所有幻灯片切换方式设置为“百叶窗”，持续时间为2秒，声音为“风铃”，换片方式为“每隔3秒自动换片”。

(4) 格式要求如下：

① 设置页眉页脚，标题片不显示。

② 页脚格式设置为“主讲人：自己姓名”。

2. 按下列要求完成演示文稿的建立。

(1) 建立页面一：版式为“标题幻灯片”，选择设计主题中的“环保”主题；标题内容为“信息技术与教育信息化”，并设置为黑体、44磅、深蓝色。副标题内容为：

1. 什么是信息技术

2. 什么是教育信息化

并设置为楷体、36磅、橙色；左下角插入一个“动作按钮”，并在按钮上添加文本“下一页”，单击时链接到下一页幻灯片。

(2) 建立页面二：版式为“仅标题”，标题内容为“信息技术实际上就是能够扩展人类信息器官功能的技术，也是人类处理信息的技术”并设置为楷体、蓝色、居中；任意选择插入一张图片；左下角插入两个动作按钮，并在按钮上添加文本“上一页”和“下一页”，单击

时分别链接到上一页幻灯片和下一页幻灯片。

(3) 建立页面三：版式为“仅标题”，标题内容为“教育信息化，就是将信息技术应用到教育决策、管理、研究、过程等教育的各方面”，并设置为楷体、36磅、蓝色、居中；插入艺术字“面向教育”，样式为艺术字列表中的第2排第4个，字号为64磅，文本效果为“靠下透视”；插入3个动作按钮并在按钮上添加文本“首页”“上一页”和“结束”，单击时分别链接到首页幻灯片、上一页幻灯片和结束放映。

(4) 将所有幻灯片插入页脚，内容为“信息技术与教育信息化”。

(5) 将页面设置成A4型纸。

(6) 将所有幻灯片插入幻灯片编号。

(7) 将该演示稿以“信息技术”为文件名，保存在D盘“考生”目录下。

3. 按下列要求完成演示文稿的建立。

(1) 利用“教育”→“学校儿童教育演示文稿、相册(宽屏)”建立一套幻灯片的演示文稿文档。把第4张幻灯片向前移动，作为演示文稿的第2张幻灯片，并改为“比较”版式，在首页幻灯片标题处输入文字“中学生英语演讲比赛”，字体设置成宋体、加粗、倾斜、44磅。将最后一张幻灯片的版式更换为“标题和竖排文本”。

(2) 用“平面”演示文稿设计主题修饰全文；全文幻灯片切换效果设置为“淡出”；首页幻灯片的标题文本动画设置为“浮入”。

(3) 隐藏第4张幻灯片。

4. 按下列要求完成演示文稿的建立。

(1) 插入第一张标题版式幻灯片，在幻灯片的标题区中输入“中国的DXF100地效飞机”，字体设置为红色(注意：请用“颜色”对话框中的“自定义”标签中的红色255，绿色0，蓝色0)，黑体，加粗，54磅。将幻灯片标题文字设置动画效果为“浮入”。插入一张图片，在幻灯片中水平居中放置。

(2) 插入版式为“标题和内容”的新幻灯片，作为第二张幻灯片。

输入第二张幻灯片的标题内容：DXF100主要技术参数。

输入第二张幻灯片的文本内容：

可载乘客15人

装有两台300马力航空发动机

(3) 第二张幻灯片的背景效果设为图片填充“白色大理石”，将演示文稿的全部幻灯片片间切换效果设置为“棋盘”，设置自动换片时间为3秒。

5. 按下列要求完成演示文稿的建立。

(1) 在演示文稿开始处插入一张标题幻灯片，作为演示文稿的第一张幻灯片，输入主标题为“图形元素的介绍”。

(2) 第二张幻灯片的标题为“图片大小、位置、对齐方式的设置”，在内容中插入3张图片(随意选择3张图片)。

(3) 将3个图片元素尺寸大小设置成长度为4cm、宽度为6cm，并上二下一，下面的图片水平居中排列。

(4) 将3个图片设置动画效果为自左上部、快速、飞入。

(5) 在第3张幻灯片上插入艺术字“谢谢!”,选择字库中第2行第3个样式,字体为隶书,字号72磅,添加文本效果“阴影”→“外部”→“向右偏移”。

6. 按下列要求完成演示文稿的建立。

(1) 建立如样文5-1所示的两张幻灯片,标题采用仿宋体、54磅、居中;其他所有文本采用楷体、32磅、左对齐;图片可以替换成任一图片。

(2) 第一张幻灯片:标题预设为“自左上部飞入”动画方式;左下方文本框预设为“自左侧擦除”动画方式;右下方文本框预设为“幻灯片中心缩放”动画方式,幻灯片的切换效果为“涟漪”。

(3) 第二张幻灯片:标题预设为“淡出”动画方式,持续时间为3秒;左下方图片为“弹跳”动画方式,右下方文本框为“劈裂”动画方式,动画效果为“左右向中央收缩”。所有幻灯片背景为“纸莎草纸”。

样式5-1

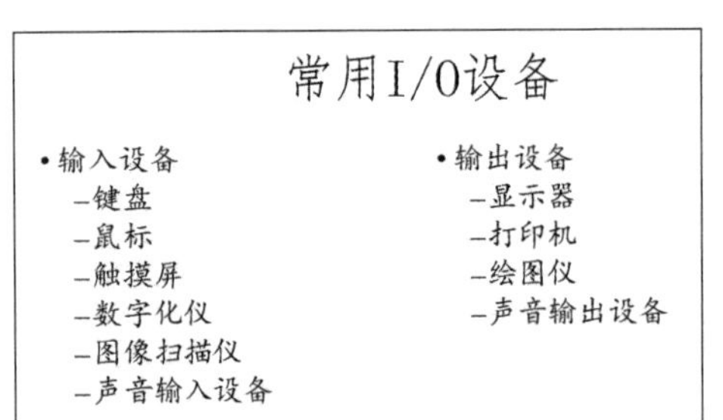

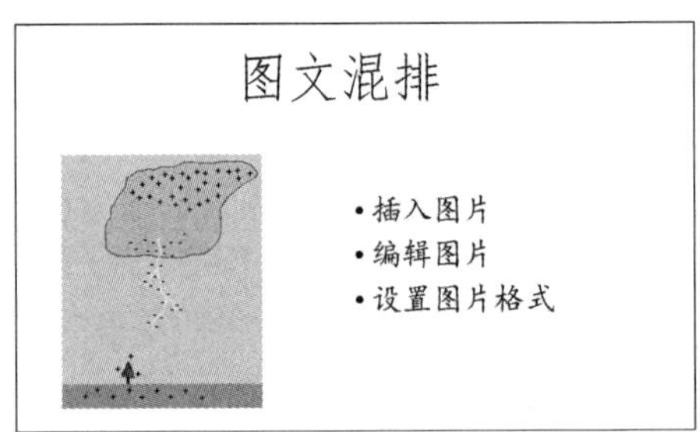

7. 按下列要求完成演示文稿的建立。

(1) 打开第6题中建立的演示文稿文件,交换演示文稿中两张幻灯片的顺序,并在中间插入一张如样文5-2所示的幻灯片。

(2) 为新幻灯片设置切换方式为“揭开”,持续时间2秒,并加入“打字机”声。

(3) 采用应用设计主题模板“视差”统一演示文稿的外观。

(4) 采用修改幻灯片母版的方式,在每张幻灯片底部显示日期(格式为:YYYY年MM月DD日星期 *)和幻灯片编号(即1、2、3)。

(5) 为幻灯片设置自动换片时间,每隔5秒钟自动放映一张;设置演示文稿放映方式为“循环放映”,换片方式选择“如果存在排练时间,则使用它”。

样式5-2

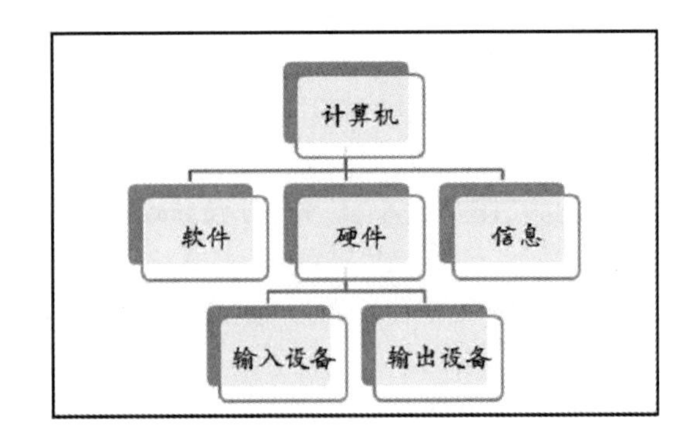

8. 按下列要求完成演示文稿的建立。

(1) 使用“主题”(可任选)新建演示文稿,再插入 4 张幻灯片。

(2) 设置幻灯片母版。将每张幻灯片的标题设置成隶书、44 磅,其他文本设置成楷体、32 磅,字符颜色自定。

(3) 观察该演示文稿的放映效果,并以文件名 PTEX1. PPTX 另存演示文稿。

(4) 在第 3 张幻灯片中选定正文框的内容,为正文应用项目符号◆。

(5) 给演示文稿中的全部幻灯片设置片间的切换动画,方式自选,持续时间为 2.5 秒,换页方式为“单击鼠标时”。

(6) 建立演示文稿中的超链接。将第 2 张幻灯片的 3 项文本内容(自由添加)分别链接到第 3 张、第 4 张、第 5 张幻灯片。在第 3 张、第 4 张幻灯片的下部设置“返回”动作按钮,使得单击这些按钮时可跳转回第 2 张幻灯片。

(7) 将演示文稿的放映方式设置为“观众自行浏览”方式。

9. 按下列要求完成演示文稿的建立。

(1) 建立第一张幻灯片,如样文 5-3 所示,版式为“仅标题”,要求将标题设置成楷体、红色、倾斜、48 磅、居中。

(2) 设置幻灯片的动画效果为:图片(可任选替换)是“浮入”“上浮”、持续时间 3 秒,标题为“自右下部飞入”,动画文本“按字母”发送。动画顺序为先图片后标题。

(3) 插入一张“仅标题”幻灯片,作为第二张幻灯片,标题输入“生命在于运动”,设置为宋体、48 磅、加粗。

(4) 使用演示文稿设计主题来修饰全文,主题采用“电路”。

(5) 全部幻灯片的切换效果设置为“全黑切出”。

样式 5-3

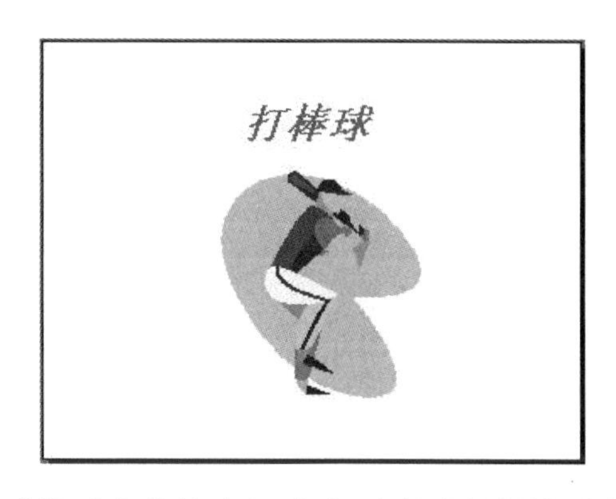

10. 按下列要求完成演示文稿的建立,幻灯片版式根据填写内容设置。

(1) 第一张幻灯片:插入艺术字“电子政务”,设置成黑体、60 磅,艺术字填充色为蓝色;三维效果选择“三维”→“倾斜”→“倾斜右上”。三维深度填充颜色为黄色,深度 10 磅,居中放置;切换方式设为“棋盘”,声音为“鼓掌”;

(2) 第二张幻灯片:内容为“信息化是改革的一个重要方面,政府行政管理信息网络化是一场深刻革命,势在必行。——朱镕基总理”,插入一张图片,放在适当位置;切换方式设为“分割”,声音为“爆炸”;文本出现的动画方案设置为“形状”;图片的出现方式设为

“弹跳”，声音设为“收款机”。

(3) 第三张幻灯片：根据以下资料，制作我国上网用户人数的增长情况图表。

年月	上网用户(万人)
1999.1	210
2000.1	890
2001.1	2250
2002.1	3370

(4) 换页方式为每隔 2 秒自动换页。

(5) 给该演示文稿应用“回顾”设计主题。

第6章

计算机网络基础

6.1 计算机网络概述

6.1.1 计算机网络的概念

“网络”顾名思义就是一张“网”，纵横交错，各节点间相互连接。“网络”这个名字现在应用非常广泛，除计算机领域外，还应用于其他许多方面，如通常所说的关系网、公路网、人才网、通信网和电话网等。计算机网络有它的特殊性，其特点主要体现在网络的连接和通信方式方面，它是由两台或以上计算机通过传输介质、网络设备及软件相互连接在一起，利用一定的通信协议进行通信的计算机集合体。计算机网络中各计算机之间的交接点被称为“节点”，各计算机就是通过这样的节点来彼此通信的。因此，所谓计算机网络，就是以相互共享资源（软件、硬件和数据等）方式而连接起来的、各自具备独立功能的计算机系统的集合。在计算机网络中若干台计算机通过通信系统连接起来，以互相沟通信息。

计算机或计算机网络设备是整个计算机网络的最小单元，通常也称为“节点”，这里的计算机类型不重要，可以是PC、苹果机，也可以是大型机和微型机，最重要的是所有的这些互联设备有一个共同的语言，那就是网络通信协议。通信协议是一系列规则和约定，它控制网络中的设备之间的信息交换方式。

最初的计算机网络只是少数几台独立的计算机的相互连接，此时的计算机网络是独立的计算机单元的集合。随着计算机网络应用的不断深入，计算机网络的规模越来越大，有的网络还包括了许多小的计算机子网，如局域网、广域网或城域网。例如，应用最广泛的因特网，它将全球许多独立的计算机和计算机网络连接在一起，形成了目前最大的计算机互联网络。

计算机网络就是利用通信线路和通信设备，用一定的连接方法，将分布在不同地点的具有独立功能的多台计算机系统或网络相互连接起来，在网络软件的支持下进行数据通信，实现资源共享的系统。

6.1.2 计算机网络的形成与发展

计算机网络目前主要分为“有线”和“无线”两类，所以在此也要针对这两种计算机网络类型进行介绍。

1. 有线计算机网络的发展历史

任何一种新技术的出现都必须具备两个条件，一是强烈的社会需求，二是前期技术的成熟。计算机网络技术的形成与发展也遵循这样一个技术发展轨迹。1946 年，世界上第一台计算机(ENIAC)在美国的宾夕法尼亚大学问世，当时计算机的主要应用就是进行科学计算。随着计算机应用规模以及用户需求的不断增大，单机处理已经很难胜任，于是出现了计算机网络的应用。它是计算机技术、通信技术与自动控制技术相结合的产物，其发展经历了从简单应用到复杂应用的 4 个阶段。

第一阶段：以一台主机为中心的远程联机系统。

这是最早的计算机网络系统，只有一台主机，其余终端都不具备自主处理功能，所以这个阶段的计算机网络又称为“面向终端的计算机网络”。例如，20 世纪 60 年代初美国航空公司与 IBM 联合开发的飞机订票系统，就是由一台主机和全美范围内 2000 多个终端组成的，它的终端只包括 CRT 监视器和键盘，而没有 CPU 和内存。

第二阶段：多台主机互联的通信系统。

它兴起于 20 世纪 60 年代后期，利用网络将分散各地的主机经通信线路连接起来，形成一个以众多主机组成的资源子网，网上用户可以共享资源子网内的所有软硬件资源，故又称“面向资源子网的计算机网络”。这个时期的典型代表是美国国防部高级研究计划局协助开发的 ARPANET。20 世纪 70—80 年代，这类网络得到较快的发展。

第三阶段：国际标准化的计算机网络。

该阶段解决了计算机网络间互联标准化的问题，要求各个网络具有统一的网络体系结构并遵循国际开放式标准，以实现“网与网相连，异型网相连”。国际标准化组织 ISO 在 1981 年颁布了“开放式系统互连参考模型(OSI/RM)”，成为全球网络体系的工业标准，极大地促进了计算机网络技术的发展。20 世纪 80 年代后，局域网技术十分成熟，随着计算机技术、网络互联技术和通信技术的高速发展，出现了 TCP/IP 协议支持的全球互联网(Internet)，在世界范围内获得广泛应用，并朝着更高速、更智能的方向发展。

第四阶段：以下一代互联网络(NGN)为中心的新一代网络。

计算机网络经过 3 个阶段的发展，在给人类社会带来巨大进步的同时，也暴露了一些先天缺陷，导致 NGN 成为新的技术热点。规划中的下一代网络规范了网络的部署，采用分层、分面和开放接口的方式，为新业务的不断生成、部署和管理提供了基础。目前 IPv6 (Internet Protocol Version 6)在全球范围内还仅仅处于研究阶段，许多技术问题还有待进一步解决，并且支持 IPv6 的设备也非常有限。但总体来说，全球 IPv6 技术的发展不断进行着，人们坚信发展 IPv6 技术将成为构建高性能、可扩展、可运营、可管理、安全的下一代电信网络的基础性工作。

2. 无线计算机网络的发展历史

无线局域网络(WLAN)起步于1997年。当年的6月,第一个无线局域网标准IEEE802.11正式颁布实施,为无线局域网技术提供了统一标准,但当时的传输速率只有1～2Mb/s。随后,IEEE委员会又开始了新的WLAN标准的制定,分别取名为IEEE802.11a和IEEE802.11b。这两个标准分别工作在不同的频率上,IEEE802.11a工作在商用的5GHz频段,而IEEE802.11b要求工作在免费的2.4GHz频段,IEEE802.11b标准于1999年9月正式颁布其速率为11Mb/s(b/s是bits per second的简称,指每秒传输的位数),2001年年底正式颁布的IEEE802.11a标准,它的传输速率可达到54Mb/s。尽管如此,WLAN的应用并未真正开始,因为整个WLAN应用环境并不成熟。在当时,人们普遍认为WLAN主要是应用于商务人士的移动办公,还没有想到会在现在的家庭和企业中得到广泛应用。

WLAN的真正发展是从2003年3月Intel第一次推出带有WLAN无线网卡芯片模块的迅驰处理器开始的,在其新型节能的迅驰笔记本计算机处理器中集成这样一个支持IEEE802.11b标准的无线网卡芯片。尽管当时的无线网络环境还非常不成熟。但是由于Intel的捆绑销售,加上迅驰芯片的高性能、低功耗等非常明显的优点,使得许多无线网络服务商看到了商机,同时11Mb/s的接入速率在一般的小型局域网也可进行一些日常应用,于是各国的无线网络服务商开始在公共场所(如机场、宾馆、咖啡厅等)提供访问“热点”,实际上就是布置一些无线访问点(Access Point,AP),方便移动商务人士无线上网。

2003年6月,经过两年多的开发和多次改进,一种兼容原来的IEEE802.11b标准,同时可提供54Mb/s接入速率的新标准IEEE802.11g,在IEEE委员会的努力下正式发布了,因为该标准工作于免费的2.4GHz频段,所以很快被许多无线网络设备厂商采用。

同时,一些技术实力雄厚的无线网络设备厂商对EEE80211a和IEEE802.11g标准进行改进,纷纷推出了其增强版,它们的接入速率可以达到108Mb/s。

6.1.3 计算机网络的功能

计算机网络之所以得到如此迅速的发展和普及,归根到底是因为它具有非常明显和强大的作用,主要表现在以下3个方面。

1. 实现资源共享

计算机网络最具吸引力的地方就是进入计算机网络的用户可以共享网络中各种硬件和软件资源,使网络中各地区的资源互通有无、分工协作,从而提高系统资源的利用率。

2. 用户之间交换信息和数据传输

数据传输是计算机网络的基本功能之一,用以实现计算机与终端或计算机与计算机之间的各种信息传送。计算机网络不仅使分散在网络各处的计算机能共享网上的所有资源,还能为用户提供强有力的通信手段和尽可能完善的服务,从而极大地方便用户。

3. 分布式数据处理

由于计算机价格下降速度很快,这使得在获得数据和需进行数据处理的地方分别设置计算机变为可能。对于较复杂的综合性问题,可以通过一定的算法,把数据处理的功能交给不同的计算机,达到均衡使用网络资源、实现分布处理的目的。

6.1.4 计算机网络的分类

虽然网络类型的划分标准各异,但是从地理范围划分是一种大家都认可的通用网络划分标准。按这种标准可以把各种网络类型划分为局域网、城域网、广域网和互联网4种。局域网一般来说只是一个特定的较小区域的网络,城域网、广域网乃至互联网都是不同地区的网络互联。不过在此要说明的一点是,这里的"不同地区"没有严格意义上地理范围的区分,只是一个定性的概念。下面简要介绍这几种计算机网络。

1. 局域网(Local Area Network,LAN)

通常所说的"LAN"就是指局域网,这是最常见、应用最广的一种网络。现在局域网随着整个计算机网络技术的发展和提高得到了充分应用和普及,几乎每个单位都有自己的局域网,甚至在有些家庭中都有自己的小型局域网。

所谓局域网,就是在局部地区范围内的网络,它所覆盖的地区范围较小,如一个公司、一个家庭等。局域网在计算机数量配置上没有太多的限制,少的可以只有两台,多的可达几百台甚至上千台。局域网所涉及的地理范围一般来说可以是几米至10千米以内,不存在寻径问题,不包括网络层的应用。正因如此,单纯的局域网是没有路由器和防火墙设备的,因为这两个常见设备主要应用在不同网络之间。这种没有路由器和防火墙的情况在中小企业网络中比较普遍。

局域网是所有网络的基础,以下所介绍的城域网、广域网及互联网都是由许多局域网和单机相互连接组成的。

局域网的连接范围窄、用户数少、配置容易、连接速率高。目前最快速率的局域网就是万兆位以太网,它的传输速率达10Gb/s,而且这种以太网可以是全双工工作的,相对于以前的以太网标准在性能上有了非常大的提高。

IEEE802标准委员会定义了多种主要的LAN网:以太网(Ethernet)、令牌环网(Token Ring)、光纤分布式数据接口网络(FDDI)、异步传送模式网(ATM),以及最新的无线局域网(WLAN)。

2. 城域网(Metropolitan Area Network,MAN)

城域网的地理覆盖范围一般在一个城市,它主要应用于政府机构和商业网络。这种网络的连接距离可以是10~100km。城域网采用的是IEEE802.6标准。城域网比局域网扩展的距离更长,连接的计算机数量更多,在地理范围上是局域网的延伸。在一个大型城市或都市地区,一个城域网通常连接着多个局域网,如连接政府机构的局域网、医院的局域网、电信的局域网、公司企业的局域网等。由于光纤连接的引入，使城域网中高速的局域网互联成为可能。

城域网多采用ATM技术做骨干网。ATM是一个用于数据、语音、视频及多媒体应用程序的高速网络传输方法。ATM包括一个接口和一个协议，该协议能够在一个常规的传输信道上，在比特率不变及变化的通信量之间进行切换。ATM也包括硬件、软件及与ATM协议标准一致的介质。ATM提供一个可伸缩的主干基础设施，以便能够适应不同规模、速度及寻址技术的网络。ATM的最大缺点就是成本太高，所以一般用在政府城域网中，如邮政、银行及医院等。

3. 广域网(Wide Area Network，WAN)

广域网的覆盖范围比城域网更广，它一般用于不同城市之间的局域网或者城域网的互联，地理范围可从几百千米到几千千米。其实后面所要介绍的"互联网"也属于广域网，只不过它所覆盖的范围最大，是全球。因为所连接的距离较远，信息衰减比较严重，所以广域网一般要租用专线，通过IMP(接口信息处理)协议和线路连接起来，构成网状结构，解决寻径问题。

广域网与局域网的一个主要区别是需要向外界的广域网服务商申请广域网服务，使用通信设备的数据链路连入广域网，如ISDN(综合业务数字网)、DDN(数字数据网)和帧中继(Frame Relay，FR)等。广域网技术主要体现在OSI参考模型的下三层：物理层、数据链路层和网络层。

因为广域网所连接的用户多，总出口带宽有限，所以用户的终端连接速率一般较低，通常为9.6Kb/s～45Mb/s，如邮电部的ChinaNET、ChinaPAC和ChinaDDN网。不过现在这些网络的出口带宽都得到了相应调整，比原来有了较大幅度的提高。

4. 因特网(Internet，万维网)

一般所说的互联网就是因特网。在因特网应用高速发展的今天，它已是人们每天都要与之打交道的一种网络，因为它的应用已非常普遍，几乎涉及人们工作、生活、休闲娱乐的各个方面。

无论从地理范围，还是从网络规模来讲，因特网都是目前最大的一种网络，从地理范围来说，它可以是全球计算机的互连。这种网络的最大特点就是不定性，整个网络所连接的计算机和网络每时每刻都在不停地变化。一台计算机连在互联网上的时候，可以算是互联网的一部分，但一旦断开与互联网的连接时，这台计算机就不属于互联网了。互联网的优点也非常明显，就是信息量大、传播广，无论身处何地，只要连上互联网就可以对任何可以联网的用户发出信函和广告。

互联网的接入也要专门申请接入服务，如用户平时上网就要先向ISP(互联网服务提供商)申请接入账号，还需安装特定的接入设备，如现在的主流互联网接入方式中的MODEM、ADSL MODEM、Cable MODEM等。当然这只是用户端设备，在ISP端还需要许多专用设备，俗称"局端设备"。

6.1.5 计算机局域网

计算机局域网(LAN)技术是当前计算机网络研究和应用的一个热点,也是目前技术发展最快的领域之一。局域网作为一种重要的基础网络,在企业、机关和学校等各种单位得到广泛的应用。局域网也是建立互联网络的基础。

1. 局域网的定义

局域网是20世纪70年代以后随着微型计算机、分布式处理及控制技术和通信设备的发展而迅速发展起来的一个网络领域。局域网是指将小区域内的各种通信设备互联的通信网络,这里所说的数据通信设备包括计算机、终端和各种外围设备等,区域可以是一个建筑物内、一个校园或者大至几十千米直径的一个区域。

2. 局域网的特点

局域网的典型特性如下:

(1) 局域网覆盖有限的地理范围,它适用于公司、机关、校园和工厂等有限范围内的计算机终端与各类信息处理设备联网的需求。

(2) 局域网一般提供高数据传输速率(10Mb/s以上)、低误码率的高质量数据传输环境。支持传输介质种类较多。

(3) 局域网一般属于一个单位所有,易于建立、维护与扩展,可靠性和安全性高。

(4) 决定局域网特性的主要技术因素有拓扑结构、传输形式(基带、宽带)和介质访问控制方法。

(5) 从介质访问控制方法的角度,局域网可分为共享式局域网和交换式局域网两类。

3. 局域网的构成

计算机网络包括网络硬件和网络软件两大部分。在网络系统中,硬件的选择对网络起着决定性作用,而网络软件则是挖掘网络潜力的工具。

1) 网络硬件

网络硬件是计算机网络系统的物质基础。要构成一个计算机网络系统,首先要将计算机及其附属硬件设备与网络中的其他计算机系统物理连接起来。不同的计算机网络系统,在硬件方面是有差别的。随着计算机技术和网络技术的发展,网络硬件日趋多样化,且功能更强、更复杂。常见的网络硬件有网络服务器、网络工作站、网络接口卡、网间连接器、终端及传输介质等。

(1) 网络服务器是局域网的核心部件。网络操作系统是在网络服务器上运行的,网络服务器的效率直接影响整个网络的效率。因此,一般要用高档微机或专用服务器作为网络服务器,它要求配置高速CPU,大的内存容量(128MB、512MB、2GB或更大),大容量硬盘(40GB、120GB或更大),有时还需要配置用于信息备份的磁带机等。

网络服务器主要有以下4个作用：①运行网络操作系统，控制和协调网络中各微机之间的工作；②存储和管理网络中的共享资源，如数据库、文件、应用程序、磁盘空间、打印机和绘图仪等；③为各工作站的应用程序服务，如采用客户机/服务器(Client/Server)结构，使网络服务器不仅担当网络服务器，而且还担当应用程序服务器；④对网络活动进行监督及控制，了解和调整系统运行状态，关闭或启动某些资源等。

(2) 网络工作站是通过网卡连接到网络上的一台个人计算机，它仍保持原有计算机的功能。工作站作为独立的个人计算机为用户服务，同时它又可以按照被授予的一定权限访问服务器。工作站之间可以进行通信，以共享网络的其他资源。

(3) 要把工作站、服务器等智能设备连入一个网络中，需要在设备上插入一块网络接口板，称为网卡。网卡通过总线与微机CPU相连接，再通过电缆接口与网络传输介质相连接。网卡上的电路提供通信协议的产生和检测，用以支持所对应的网络类型，网卡要与网络软件兼容。

(4) 网间连接器可以将两个局域网互联，以形成更大规模、更高性能的网络系统。常用的网间连接设备有以下3个：①中继器(repeater)，当网络线路长度超过所用电缆段规定的长度时，可使用中继器来延长，也可以用中继器改变网络拓扑结构；②网桥(bridge)，用于连接两个同类型的局域网(运行相同网络操作系统的LAN)；③网关(gateway)，当不同类型的局域网(运行不同的网络操作系统的LAN)互联时，或局域网与某主机系统(如IBM，DEC等主机)相连，或局域网要与另一个广域网相连时，在网间必须配置网关。网关不仅具有路由的功能，而且能处理因不同网络操作系统而引起的不同协议间的转换问题。

(5) 终端设备是用户进行网络操作所使用的设备，它的种类很多，可以是具有键盘及显示功能的一般终端，也可以是一台计算机。

(6) 传输介质是网络中发送方与接收方之间的物理通路，是传送信号的载体，它对网络数据通信的质量有很大的影响。它们可以支持不同的网络种类，具有不同的传输速率和传输距离。常用的网络传输介质有以下4种：

① 双绞线：是指普通电话线，它具有一定的传输频率和抗干扰能力，线路简单，价格低廉，传送信息速度低于106b/s，通信距离为几百米。

② 同轴电缆：同轴电缆由于其导线外面包有屏蔽层，抗干扰能力强，连接较简单，信息传送速度可达每秒几百兆位，因此，被中、高档局域网广泛采用。同轴电缆又分为基带方式和宽带方式两种。采用基带方式时，数字信号直接加到电缆上，连接简单，传送速率低于每秒10Mb/s，距离可达几千米。采用宽带方式时，信号要调制到高频载波上，传输速率可达每秒几百兆位，还可以进行视频信号传送。在需要传送图像、声音和数字等多种信息的局域网中，往往采用宽带同轴电缆。

③ 光缆(光导纤维)：光缆不受外界电磁场的影响，它可以实现每秒几十兆位的传送，尺寸小，重量轻，数据可传送几百千米，是一种十分理想的传输介质，但目前它的价格还比较昂贵。

④ 无线通信：主要用于广域网的通信，包括微波通信和卫星通信。微波通信中使用的微波是指频率高于300MHz的电磁波，由于它只能直线传播，因此，在长距离传送时，

需要在中途设立一些中继站，构成微波中继系统。卫星通信是微波通信的一种特定通信形式，中继站设在地球赤道上面的同步卫星。在赤道上空每隔 120°设置一个同步通信卫星，就可以进行全球的卫星通信，进而实现远程通信。

2）网络软件

在网络系统中，因为网络中每个用户都可以享用系统中的各种资源，为了协调系统资源，系统需要通过软件工具对网络资源进行全面的管理、合理的调度和分配，并采取一系列的保密安全措施，防止对数据和信息进行不合理的访问，也防止数据和信息的破坏和丢失。

网络软件是实现网络功能所不可缺少的软环境。网络系统软件主要由服务器平台（网络操作系统）、网络服务软件、工作站重定向软件和网络协议软件组成。其中网络操作系统的水平决定着整个网络的水平，可以说，它是计算机软件加网络协议的集合，正是它使所有网络用户都能透明有效地利用计算机网络的功能和资源。

4. 网络拓扑结构

因为计算机网络是由许多计算机或网络相互连接在一起组成的，这就涉及整个网络的连接方式，也就是网络结构的问题，这种连接方式被称为拓扑结构。常见拓扑结构有以下几种。

1）星状结构

星状结构是目前在局域网中应用得最为普遍的一种，在企业网络中几乎都采用这一方式。星状网络几乎属于 Ethernet（以太网）专用，因为网络中各工作站节点设备通过一个网络集中设备（如集线器或者交换机）连接在一起，各节点直接连接集中设备的各个接口，呈星状分布而得名。这类网络目前用得最多的传输介质是双绞线。星状结构的典型连接如图 6-1 所示。星状拓扑结构网络的基本特点主要有如下几点。

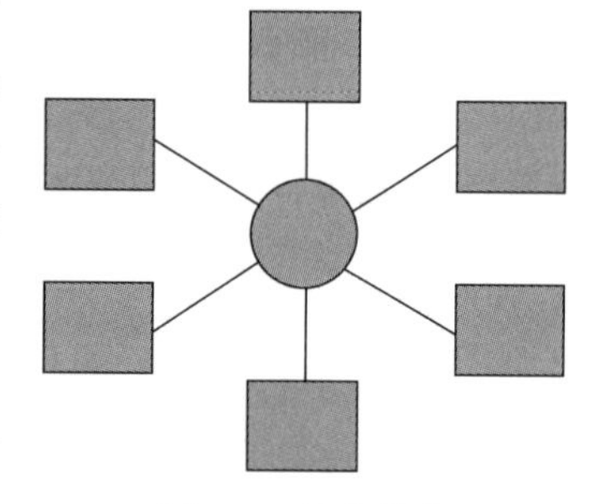

图 6-1　星状结构

（1）容易实现。采用的传输介质一般都是通用的双绞线（也有采用光纤的），这种传输介质相对来说比较便宜。这种拓扑结构主要应用于 IEEE802.2 和 IEEE802.3 标准的以太局域网中。

（2）节点扩展、移动方便。在这种星状网络中，节点在扩展时只需要从集线器或交换机等集中设备中拉一条线即可。

（3）维护容易。星状结构网络中，一个节点出现故障不会影响其他节点的连接，可任意拆走故障节点。正因如此，星状结构网络受到普遍欢迎，成为应用最广的一种拓扑结构类型。但如果集线设备出现了故障，也会导致整个网络瘫痪。

（4）网络传输数据快。因为整个网络呈星状连接，网络的上行通道不是共享的，所以每个节点的数据传输对其他节点的数据传输影响非常小，这样就加快了网络数据的传输速度。不同于下面将要介绍的环状网络，该网络中所有节点的上、下行通道都共享一条传输介质，而同一时刻只允许一个方向的数据传输，其他节点要进行数据传输只有等到现有数据传输完毕后才可以。

(5) 采用广播信息传送方式。任何一个节点发送的信息在整个网中的节点都可以收到，这在网络安全方面存在一定的隐患，也可算是星状网络结构的不足之处，但在局域网中使用影响不大。

2) 环状结构

环状结构的网络形式主要用于令牌环网。在这种网络结构中，各设备是直接通过电缆串接，最后形成一个闭环。整个网络发送的信息就是在这个环中传递，通常把这类网络称为令牌环网。这种拓扑结构的网络示意图如图 6-2 所示。从图中可以看出，其实这种网络结构的外在形状也是放射状的星状，但它共享一条介质进行数据传输。一般仅适用于 IEEE802.5 的令牌环网(Token Ring Network)。在这种环状网络中，"令牌"是在环状连接中依次传递的，网络所用的传输介质一般是同轴电缆。环状结构的网络主要有如下几个特点：

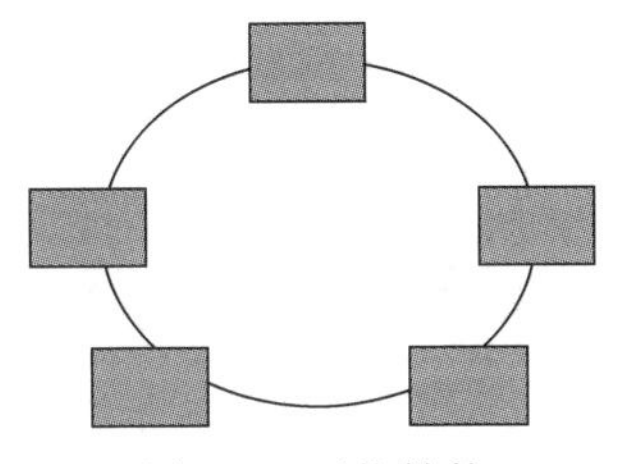

图 6-2 环状结构

(1) 网络实现非常简单，投资最小。组成这个网络除了各工作站就是传输介质，以及一些连接器材，没有价格昂贵的节点集中设备，如集线器和交换机。但也正因为这样，这种网络所能实现的功能最简单，仅能进行一般的文件传输服务。

(2) 传输速度较快。在令牌环网中允许有 16Mb/s 的传输速度，比以前普通的 10Mb/s 以太网快许多。

(3) 传输性能差。因为这种环状网络共享一条传输介质，每发送一个令牌数据都要在整个环状网络中从头走到尾，哪怕是已有节点接收了数据，那也只是复制了令牌数据，令牌还将继续传递，看还有无其他节点需要同样一份数据，直到回到发送数据的节点为止。因此效率非常低，只适用于小型简单的网络。

(4) 维护困难。整个网络的各节点间是直接串联的，任何一个节点出了故障都会造成整个网络的中断和瘫痪，维护起来非常不便。另一方面因为同轴电缆所采用的是插针式的接触方式，容易造成接触不良、网络中断，查找断点也非常困难。

(5) 扩展性能差。如果要新添加或移动节点，必须中断整个网络，在环的两端做好连接器才能连接。

3) 总线结构

这种网络拓扑结构中的所有设备都直接连接到一个线性的传输介质上，这种线性的传输介质通常被称为中继线、总线或母线。总线的末端都必须连接到一个终端电阻上，这个终端电阻被称为终接器，它能吸收抵达的电信号，使得这些电信号不会在总线上产生往返或者往返波动被重复接收。

总线结构网络所采用的传输介质一般也是同轴电缆(包括粗缆和细缆)，不过现在也有采用光缆作为总线传输介质的，例如 ATM 网、Cable MODEM 所采用的网络就属于总线网络结构。它的结构示意图如图 6-3 所示。

当一个源节点需要发送数据到某目的节点时，首先把数据发送到传输介质上，信号到达介质后即开始向两个方向传播，以使局域网上的所有节点都可以接收到这些信号。当数据到达某节点时，节点设备会自动检查数据包中所携带的目的 MAC（介质访问控制）地址和目的 IP 地址信息，经过与自己的地址比较，不符合的将忽略所经过的数据；如果目的地址与自己节点地址相符，则复制所经过的数据，并把数据发送到 OSI 参考模型的数据链路层和网络层。

在总线拓扑结构中，如果在同一时刻有多于一个节点试图发送数据，将会产生冲突。当发生冲突时，各个设备发送的数据将叠加，这将导致从双方设备发送到总线上的数据遭到破坏。为了使得在某个时刻只有一个节点发送数据，必须使用冲突检测技术。总线网络结构具有以下几个方面的特点。

（1）组网费用低。从图 6-3 可以看出，这样的结构根本不需要另外的互连设备，而是直接通过一条总线进行连接，所以组网费用较低。

（2）传输速度因用户的增多而下降。因为各节点是共用总线带宽的，所以在传输速度上会随着接入网络的用户的增多而下降。

（3）网络用户扩展较灵活。需要扩展用户时，只需要添加一个接线器即可，但所能连接的用户数量有限。

（4）维护较容易。单个节点的失效不影响整个网络的正常通信。但是如果总线一断，整个网络或者相应的主干网段就断了。

（5）传输效率低。这种网络拓扑结构的缺点是一次仅能一个端用户发送数据，其他端用户必须等待直到获得发送权。

4）树状拓扑结构

树状拓扑结构由总线拓扑结构演变而来，其结构图看上去像一棵倒挂的树，如图 6-4 所示。树最上端的节点叫根节点，一个节点发送信息时，根节点接收该信息并向全树广播。树状拓扑结构易于扩展与故障隔离，但对根节点依赖性太大。该结构采用分层管理方式，各层之间通信较少，因此其最大缺点在于资源共享性不好。

5）网状型拓扑结构

网状型拓扑结构又称为无规则型。在网状拓扑结构中，节点之间的连接是任意的，没有规律，如图 6-5 所示。网状拓扑结构的主要特点是系统可靠性高，但是结构复杂。Internet

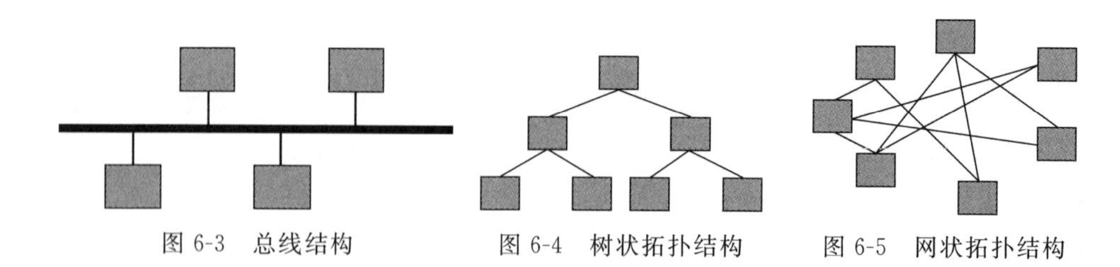

图 6-3　总线结构　　图 6-4　树状拓扑结构　　图 6-5　网状拓扑结构

网络就采用网状拓扑结构。

5. 共享资源的设置

局域网很便利的一个特色就是资源共享(如文件共享、打印机共享等),特别对于100MB以上的大型文件,在没有刻录机或者有些计算机没有光驱的情况下,通过局域网进行文件的共享可以极大地节省时间,提高工作效率。Windows 10设置网络上共享文件夹的步骤如下。

(1) 选中要共享的文件夹,右击文件夹,在弹出的快捷菜单中选择“属性”命令,打开属性对话框,单击“共享”选项卡,在“共享”选项卡中单击“共享”按钮,打开“网络访问”对话框(也可以直接右击要共享的文件夹,在弹出的快捷菜单中选择“共享/特定用户”命令,打开对话框),在对话框的中间列表中显示对该文件夹有访问权限的用户名称和共享权限,如图6-6所示。

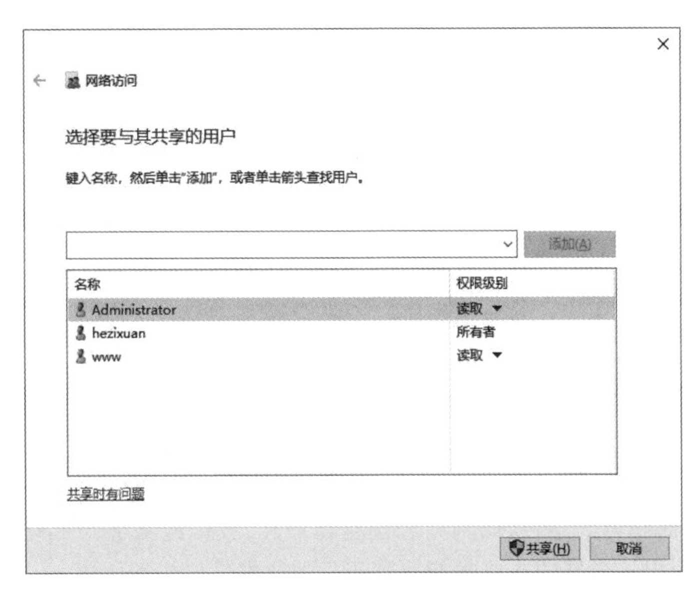

图6-6　设置共享文件夹

(2) 在组合框中可以输入用户名,或单击下拉列表右侧的箭头选择要与其共享的用户名,单击“添加”按钮,则可将需要共享的用户名添加到下面的列表框中。

(3) 在列表框中,可以单击右侧的小三角下拉按钮修改用户的权限级别。然后单击“共享”按钮,在打开的对话框中单击“完成”按钮即可完成共享设置。

(4) 如果要取消某个用户对该文件夹的共享,可以在“网络访问”对话框中单击该用户名称右边的权限级别的小三角下拉列表,在弹出的列表中选择“删除”命令。

(5) 要取消文件夹共享,右击该文件夹,在属性对话框的共享选项卡中单击“高级共享”按钮,在打开的对话框中取消“共享此文件夹”的复选框的选中,单击“确定”按钮,则该文件夹被取消共享。

值得注意的是,如需修改某种权限,用户必须是相应文件或文件夹的所有者,或者拥有由文件或文件夹所有者授予的管理权限。

6.1.6 网络协议的基本概念

网络协议即计算机网络中传递、管理信息的一些规范。如同人与人之间相互交流是需要遵循一定的语言规则一样(如汉语、英语),计算机之间的相互通信需要共同遵守一定的规则,这些规则就称为网络协议。网络协议不是一套单独的软件,它通常融合在其他软件系统中。网络协议遍及OSI通信模型的各个层次,例如大家非常熟悉的TCP/IP、HTTP和FTP协议等。

网络协议所起的主要作用和所适用的应用环境各不相同,有的是专用的,如IPX/SPX就是专用于Novell公司的Netware操作系统,而NetBEUI协议则专用于微软公司的Windows系统;有的则是通用的,如TCP/IP协议就适用于几乎所有的系统和应用环境。

在所有常用的网络协议中,又可以分为基础型协议和应用型协议。TCP/IP、IPX/SPX和NetBEUI属于基础型协议,而HTTP、PPP和FTP则属于应用型协议。基础型协议用来提供网络连接服务,它在网络连接和通信活动中必不可少;应用型协议对于网络来说不是必需的,在具体应用到网络服务时才需要。

1. OSI参考模型

在计算机网络产生之初,每个计算机厂商都有一套自己的网络体系结构的概念,它们之间互不相容。为此,国际标准化组织(ISO)在1979年建立了一个分委员会来专门研究一种用于开放系统互联的体系结构(Open Systems Interconnection,OSI)。“开放”这个词表示:只要遵循OSI标准,一个系统可以和位于世界上任何地方的、也遵循OSI标准的其他任何系统进行连接。这个分委员会提出了开放系统互联,即OSI参考模型,它定义了连接异种计算机的标准框架。

OSI参考模型分为7层,从低到高分别是物理层、数据链路层、网络层、传输层、会话层、表示层和应用层。各层的主要功能及其相应的数据单位如下所述。

(1) 物理层(Physical Layer)的任务就是为它的上一层数据链路层提供一个物理连接,定义物理链路的机械、电气、功能和过程特性。如规定使用电缆和接头的类型,传送信号的电压等。在这一层,数据还没有被组织,仅作为原始的位流或电气电压处理,单位是比特。

(2) 数据链路层(Data Link Layer)负责在两个相邻节点间的线路上无差错地传送以帧为单位的数据。每一帧包括一定数量的数据和一些必要的控制信息。在传送数据时,如果接收点检测到所传数据中有差错,就要通知发送方重发这一帧。

(3) 网络层(Network Layer)。在计算机网络中进行通信的两个计算机之间可能会经过很多个数据链路,也可能还要经过很多通信子网。网络层的任务就是选择合适的网间路由和交换节点,确保数据送到正确的目的地。网络层将数据链路层提供的帧组成数据包,包中封装有网络层包头,其中含有逻辑地址信息——源站点和目的站点的网络地址。

(4) 传输层(Transport Layer)的任务是为两个端系统(也就是源站和目的站)的会话层之间提供建立、维护和取消传输连接的功能,负责可靠地传输数据。在这一层,信息的传送单位是报文。

(5) 会话层(Session Layer)不参与具体的传输,它提供两个会话进程的通信,如服务器验证用户登录便是由会话层完成的。

(6) 表示层(Presentation Layer)主要解决用户信息的语法表示问题,提供格式化的表示和转换数据服务。数据的压缩和解压缩、加密和解密等工作都由表示层负责。

(7) 应用层(Application Layer)提供进程之间的通信,以满足用户需要以及提供网络与用户应用软件之间的接口服务。

2. 常见的网络协议

(1) TCP/IP(Transmission Control Protocol/Internet Protocol,传输控制协议/网际协议)协议是 Internet 采用的主要协议。TCP/IP 协议集确立了 Internet 的技术基础,其核心功能是寻址和路由选择(网络层的 IPv4/IPv6)以及传输控制(传输层的 TCP、UDP)。

(2) HTTP(Hypertext Transfer Protocol,超文本传输协议)是 Internet 上进行信息传输时使用最为广泛的一种通信协议,所有的 WWW 程序都必须遵循这个协议标准。它的主要作用就是对某个资源服务器的文件进行访问,包括对该服务器上指定文件的浏览、下载和运行等,也就是说,通过 HTTP 可以访问 Internet 上的 WWW 的资源。

(3) FTP(File Transfer Protocol,文件传输协议)是从 Internet 上获取文件的方法之一,它是用来让用户与文件服务器之间进行相互传输文件的,通过该协议用户可以很方便地连接到远程服务器上,查看远程服务器上的文件内容,同时还可以把所需要的内容复制到自己所使用的计算机上;另外一方面,如果文件服务器授权允许用户可以对该服务器上的文件进行管理,用户就可以把自己本地的计算机上的内容上传到文件服务器上,让其他用户共享,而且还能自由地对上面的文件进行编辑操作,例如对文件进行删除、移动、复制和更名等。

(4) Telnet (远程登录协议)允许用户把自己的计算机当作远程主机上的一个终端。通过该协议,用户可以登录到远程服务器,使用基于文本界面的命令连接并控制远程计算机,而无须 WWW 中的图形界面的功能。用户一旦用 Telnet 与远程服务器建立联系,该用户的计算机就享受与远程计算机的本地终端同样的权力,可以与本地终端同样使用服务器的 CPU、硬盘及其他系统资源。

(5) SMTP(Simple Mail Transfer Protocol,简单邮件传输协议)是用来发送电子邮件的 TCP/IP 协议,其内容由 IETF 的 RFC 821 定义。另外一个和 SMTP 相同功能的协议是 X.400。SMTP 的一个重要特点是它能够在传送中接力传送邮件,传送服务提供了进程间通信环境 (IPCE),此环境可以包括一个网络、几个网络或一个网络的子网。邮件是一个应用程序或进程间通信。邮件可以通过连接在不同 IPCE 上的进程跨网络进行邮件传送。更特别的是,邮件可以通过不同网络上的主机接力式传送。

(6) POP3(Post Office Protocol Version 3,邮局协议版本 3)是一个关于接收电子邮件的客户/服务器协议。电子邮件由服务器接收并保存,在一定时间之后,由客户电子邮件接收程序检查邮箱并下载邮件。POP3 内置于 IE 和 Netscape 浏览器中。另一个替代协议是交互邮件访问协议(IMAP)。使用 IMAP 可以将服务器上的邮件视为本地客户机上的邮件。在本地机上删除的邮件还可以从服务器上找到。E-mail 可以被保存在服务器上,并且可以从服务器上找回。

6.1.7 广域网的概念

1. 广域网的概念

广域网(Wide Area Network,WAN)是一种跨地区的数据通信网络。常常使用电信运营商提供的设备作为信息传输平台。例如,通过公用网连接到广域网,也可以通过专线或卫星连接。

广域网一般最多只包含 OSI 参考模型的下 3 层。广域网是基于报文交换或分组交换技术的(传统的公用电话交换网除外)。广域网中的交换机先将发送给它的数据包完整接收下来,然后经过路径选择找出一条输出线路,最后交换机将接收到的数据包发送到该线路上去。以此类推,直到将数据包发送到目的节点。广域网可以提供面向连接和无连接两种服务模式。对应于两种服务模式,广域网有两种组网方式:虚电路方式和数据报方式。

通常,广域网的数据传输速率比局域网低。除了使用卫星的广域网外,几乎所有的广域网都采用存储转发方式。

2. 广域网的组成

广域网通常由两个以上的局域网构成,这些局域网间的连接可以穿越较长的距离。大型的广域网可以由各大洲的许多局域网和城域网组成。最广为人知的广域网就是 Internet,它由全球成千上万的局域网和广域网组成。

广域网是由许多交换机组成的,交换机之间采用点到点线路连接,几乎所有的点到点通信方式都可以用来建立广域网,广域网中的交换机(一般称为路由器)实际上就是一台计算机,由处理器和各种接口进行数据包的收发处理。

6.2 Internet 基本知识

Internet(因特网)是目前世界上最大的计算机网络,几乎覆盖了整个世界。该网络组建的最初目的是为研究部门和大学服务,便于研究人员及学者探讨学术方面的问题,因此有科研教育网(或国际学术网)之称。进入 20 世纪 90 年代,Internet 向社会开放,利用该网络开展商贸活动成为热门话题。大量的人力和财力的投入,使得 Internet 得到迅速的发展,成为企业生产、制造、销售、服务以及人们日常工作、学习、娱乐等生活中不可缺少的一部分。

6.2.1 Internet 概述

Internet 在字面上讲就是互联网的意思。通俗地讲，成千上万台计算机相互连接到一起，并相互进行通信与资源共享的集合体就是 Internet。

从通信的角度来看，Internet 是一个理想的信息交流媒介，利用 Internet 的 E-mail 能够快捷、安全和高效地传递文字、声音及图像等各种信息。通过 Internet 还可以打国际长途电话及召开在线视频会议等。

从获得信息的角度来看，Internet 是一个庞大的信息资源库，网络上有遍布全球的几千家图书馆，上万种杂志和期刊，还有政府、学校和公司企业等机构的详细信息等。

从娱乐休闲的角度来看，Internet 是一个花样众多的娱乐厅，网络上有很多专门的电影站点和广播站点，并且遍览全球各地的风景名胜和风土人情。

从商业的角度看，Internet 是一个既能省钱又能赚钱的场所，利用 Internet，人们足不出户就可以得到各种免费的经济信息。通过网络还可以图、声、文并茂地召开订货会、新产品发布会以及做广告推销等。

6.2.2 Internet 的发展

1. Internet 的诞生

在 20 世纪 60 年代，美国军方为寻求将其所属各军方网络互联的方法，由国防部下属的高级计划研究署(ARPA)出资赞助大学的研究人员开展网络互联技术的研究。研究人员最初在 4 所大学之间组建了一个实验性的网络，叫做 ARPANET。随后，深入的研究导致了 TCP/IP 协议的出现与发展。为了推广 TCP/IP 协议，在美国军方的赞助下，加州大学伯克利分校将 TCP/IP 协议嵌入到当时很多大学使用的网络操作系统 BSD UNIX 中，促成了 TCP/IP 协议的研究开发与推广应用。1983 年初，美国军方正式将其所有军事基地的各子网都联到了 ARPANET 上，并全部采用 TCP/IP 协议。这标志着 Internet 的正式诞生。

2. Internet 的初步发展

20 世纪 80 年代，美国国家科学基金会(NSF)认识到，为使美国在未来的竞争中保持不败，必须将网络扩充到每一位科学家和工程人员。最初 NSF 想利用已有的 ARPANET 来达到这一目的，但却发现与军方打交道是一件令人头疼的事。于是 NSF 游说美国国会，获得资金组建了一个从开始就使用 TCP/IP 协议的网络 NSFNET。NSFNET 取代 ARPANET，于 1988 年正式成为 Internet 的主干网。NSFNET 采取的是一种层次结构，分为主干网、地区网与校园网。各主机联入校园网，校园网联入地区网，地区网联入主干网。NSFNET 扩大了网络的容量，入网者主要是大学和科研机构。

3. Internet 的迅猛发展

20 世纪 90 年代，每年加入 Internet 的计算机成指数式增长，NSFNET 在完成的同时就出现了网络负荷过重的问题。因为认识到美国政府无力承担组建一个新的更大容量的网络的全部费用，NSF 鼓励 MERIT、MCI 与 IBM 三家商业公司接管了 NSFNET。三家公司组建了一个非营利性的公司 ANS，并在 1990 年接管了 NSFNET。到 1991 年年底，NSFNET 的全部主干网都与 ANS 提供的新的主干网连通，构成了 ANSNET。与此同时，很多的商业机构也开始运行它们的商业网络并连接到主干网上。Internet 的商业化，开拓了其在通信、资料检索和客户服务等方面的巨大潜力，导致了 Internet 新的飞跃，并最终走向全球。

4. 下一代互联网的研究与发展

美国不仅是第一代互联网全球化进程的推动者和受益者，而且在下一代互联网的发展中仍然扮演着领跑角色。1996 年，美国政府发起下一代互联网 NGI 行动计划，建立了下一代互联网主干网 vBNS；1998 年，美国下一代互联网研究的大学联盟 UCAID 成立，启动了 Internet2 计划。

美国在下一代互联网发展中日渐彰显的垄断趋势已经引起许多发达国家的关注。2001 年，欧共体正式启动下一代互联网研究计划；日本、韩国和新加坡三国在 1998 年发起建立"亚太地区先进网络(APAN)"，加入下一代互联网的国际性研究。日本目前在国际 IPv6 的科学研究乃至产业化方面占据国际领先地位。

从 Internet 的发展过程可以看到，Internet 是历史的沿革造成的，是千万个可单独运作的子网以 TCP/IP 协议互联起来形成的，各个子网属于不同的组织或机构，而整个 Internet 不属于任何国家、政府或机构。

6.2.3 中国的 Internet 现状

1. 中国 Internet 的发展历史

在我国最早着手建设专用计算机网络的是铁道部，1989 年 11 月我国第一个公用分组交换网 CNPAC 建成运行，其中更以 1987 年 9 月 20 日钱天白教授发出的我国第一封电子邮件"越过长城，通向世界"揭开了中国人使用 Internet 的序幕。1994 年 4 月 20 日我国通过 64Kb/s 专线正式连入 Internet，被国际上正式承认为接入 Internet 的国家。从此，我国的 Internet 建设不断发展壮大，在经济、文化和军事等各个领域发挥着重要的作用。

Internet 服务提供商(Internet Service Provider，ISP)是向广大用户提供互联网接入业务、信息业务和增值业务的运营商。目前中国主要三大互联网供应商是中国电信、中国移动和中国联通。

2. 中国下一代互联网的研究进展

1998年,清华大学依托中国教育科研计算机网(CERNET)建设了中国第一个IPv6试验床,标志着中国开始下一代互联网的研究。中国政府对下一代互联网研究给予了大力支持,启动了一系列科研乃至产业发展计划。

2003年8月,国家发改委批复了中国下一代互联网示范工程CNGI示范网络核心网建设项目可行性研究报告,该项目正式启动。

CNGI的启动是我国政府高度重视下一代互联网研究的标志性事件,对全面推动我国下一代互联网研究及建设有重要意义。

2004年12月25日,CNGI核心网CERNET2正式开通。这是目前世界上规模最大的纯IPv6互联网,引起了世界各国的高度关注。

CERNET2主干网基于CERNET高速传输网,用2.5～10Gb/s的传输速率连接分布在北京、上海和广州等20个城市的25个核心节点。

6.2.4 Internet的特点

1. Internet的开放性

Internet是全球最大的、开放的、由众多网络相互连接而成的计算机网络。Internet设计上最大的优点就是对各种类型的计算机开放。任何计算机如果使用TCP/IP协议,就都能够连接到Internet。

2. Internet的平等性

Internet的一个重要特点是没有一个机构能把整个网全部管理起来。Internet不属于任何个人、企业、部门和国家,它覆盖到了世界各地、覆盖了各行各业。Internet的成员可以自由地"接入"和"退出"。任何运行TCP/IP协议,且愿意接入Internet的网络都可以成为Internet的一部分,其用户可以共享Internet的资源,用户自身的资源也可向Internet开放。

3. Internet技术通用性

Internet允许使用各种通信介质,把Internet上数以百万计的计算机连接在一起的电缆传输介质包括办公室中构造小型网络的电缆、专用数据线和电话网络(通过电缆、微波和卫星传送信号)等。

4. Internet专用协议

Internet使用TCP/IP协议。TCP/IP协议是一种简洁但很实用的计算机协议。由于TCP/IP的通用性,使得Internet增长得如此迅速,变得如此庞大。

5. Internet 内容广泛

Internet 非常庞大，是一个包罗万象的网络，蕴含的内容异常丰富，具有无穷的信息资源。

6.2.5 TCP/IP 网络协议的基本概念

TCP/IP 协议起源于 20 世纪 60 年代末，由美国国防部高级研究规划署(DARPA)首先提出，不断完善后，成为目前应用最广泛、功能最强大的协议，已成为计算机相互通信的标准，计算机要连入 Internet，都要先安装 TCP/IP 协议。

1. TCP/IP 协议简介

TCP/IP 协议包括两个子协议：一个是 TCP 协议(Transmission Control Protocol，传输控制协议)，另一个是 IP 协议(Internet Protocol，互联网协议)。在这两个子协议中又包括许多应用型的协议和服务，使得 TCP/IP 协议的功能非常强大。新版 TCP/IP 协议几乎包括现今所需的常见网络应用协议和服务。

IP 协议为 TCP/IP 协议集中的其他所有协议提供"包传输"功能。IP 协议服务为计算机上的数据提供一个最有效的无连接传输系统，但 IP 协议包不能保证都可以到达目的地，接收方也不能保证按顺序收到 IP 协议包，IP 协议仅能确认 IP 协议包头的完整性。

TCP 协议是 IP 协议的高层协议，它在 IP 协议之上提供了一个可靠的"连接"，属于面向连接的协议。"面向连接"的意思就是，在进行 TCP 连接时，首先需要有客户机发出连接请求，等服务器端确认后才能成功连接。具有"连接"性能的 TCP 协议能保证数据包的准确传输及正确的传输顺序，并且可以确认包头和包内数据的准确性。如果在传输期间出现丢包或错包的情况，TCP 协议则负责重新传输出错的包，这样的可靠性使得 TCP/IP 协议在会话式传输中得到充分应用。

2. TCP/IP 协议层次模型

TCP/IP 协议层次模型主要包括网络接口层、网际层、传输层和应用层，对应于 OSI 的七层模块，如图 6-7 所示。

TCP/IP 模型各层的主要功能简述如下。

1) 网络接口层

网络接口层是 TCP/IP 协议模型的最低层，相当于 OSI 模型中的物理层加上数据链路层。它定义了各种网络标准，如以太网、FDDI、ATM 和 Token Ring(令牌环)，并负责从上层接收 IP 协议数据包，并把 IP 协议数据进一步处理成数据帧发送出去，或从网络上接收数据帧，抽出 IP 协议数据包，并把数据包交给网际协议层。

2）网际层

网际层解决了计算机与计算机之间的通信问题，这个层的通信协议统一为 IP 协议。IP 协议具有以下几个功能。

OSI参考模型	TCP/IP模型
应用层	应用层
表示层	
会话层	
传输层	传输层
网络层	网际层
数据链路层	网络接口层
物理层	

图 6-7 TCP/IP 模型对应 OSI 参考模型的层次

（1）管理 Internet 地址：管理互联网上的计算机 IP 地址，互联网上的计算机都要有唯一的地址，即 IP 地址。

（2）路由选择功能：数据在传输过程中要由 IP 协议通过路由选择算法，在发送方和接收方之间选择一条最佳路径。

（3）数据的分片和重组：数据在传送过程中要经过多个网络，每个网络所规定的分组长度不一定相同。因此，当数据经过分组长度较小的网络时，就要分割成更小的段。当数据到达目的地后，还需要由 IP 协议进行重新组装。

3）传输层

传输层完成“流量控制”和“可靠性保证”这两项基本功能。

IP 协议仅负责数据的传送，而不考虑传送的可靠性和数据的流量控制等安全因素。传输层提供了可靠传输的方法。传输层包括 TCP 协议（传输控制协议）和 UDP 协议（用户数据报协议）。TCP 协议是面向连接的、可靠的协议。它把数据报文分解成几段，在目的站再重新装配这些段，并重新发送没有收到的数据段，提供了可靠的传输机制，弥补了 IP 协议的不足。TCP 协议和 IP 协议总是协调一致的工作，以确保数据的可靠传输。

UDP 协议是无连接的，而且是不可靠的。尽管 UDP 协议也传输信息，但是在 TCP/IP 协议的传输层没有对发送段进行软件检测，因此被认为“不可靠”。

4）应用层

应用层提供了网络上计算机之间的各种应用服务，如 Telnet（远程登录）、FTP（文件传输协议）、SMTP（简单邮件传输协议）和 HTTP（超文本传输协议）等。

在网络之间源计算机的协议层与目的计算机的同层协议通过下层提供的服务实现对

话。在源和目的计算机的同层实体称为伙伴，或叫对等进程。它们之间的对话实际上是在源计算机上从上到下然后穿越网络到达目的计算机，然后再从下到上到达相应层。

3. TCP/IP 协议的核心协议

TCP/IP 协议除了本身包括 TCP 和 IP 两个子协议外，还包括一组底层核心和应用型网络协议、协议诊断工具和网络服务，例如：用户数据报协议（UDP）、地址解析协议（ARP）及网间控制协议（ICMP）。这组协议提供了一系列计算机互联和网络互联的标准协议。

1）TCP 协议

TCP 协议是 TCP/IP 协议的一个子协议，TCP 协议的作用主要是在计算机间可靠地交换传输数据包。因为 TCP 协议是面向连接的端到端的可靠协议，支持多种网络应用程序，所以在网络发展的今天，它已成为网络协议的标准。TCP 协议具有以下 3 种主要特征：

（1）TCP 协议是面向连接的，这意味着在任何数据实施交换之前，TCP 协议首先要在两台计算机之间建立连接进程。

（2）由于使用了序列号和返回通知，TCP 协议使用户确信传输的可靠性。序列号允许 TCP 协议的数据段被划分成多个数据包传输，然后在接收端重新组装成原来的数据段。返回通知验证的数据已收到。

（3）TCP 协议使用字节流信号，这意味着数据被当做没有信息的字节序列来对待。

2）IP 协议

IP 协议可实现两个基本功能：寻址和分段。IP 协议可以根据数据报报头中包括的目的地址将数据报传送到目的地址，在此过程中，IP 协议负责选择传送的道路，这种选择道路的功能称为路由功能。如果有些网络内只能传送小数据报，IP 协议还可以将数据报重新组装成小块，并在报头域内注明。IP 协议本身不保证数据包的准确达到，这个任务由路由设备来完成，IP 协议为计算机系统只提供一个无连接的传输系统。

IP 协议不提供可靠的传输服务，它不提供端到端的或（路由）节点到（路由）节点的确认。对数据没有差错控制，只使用报头的校验码，不提供重发和流量控制。

目前正在使用的 IP 协议的版本是第 4 版，称为 IPv4，新版本的 IP 协议 IPv6 正在完善过程中，IPv6 所要解决的问题主要是 IPv4 协议中 IP 地址远远不够的现象。IPv4 所采用的是 32 位地址，而 IPv6 则采用 128 位地址。

3）UDP 协议

UDP（User Datagram Protocol）协议与 IP 协议一样，也是一个无连接协议。它属于一种“强制”性的网络连接协议，能否连接成功与 UDP 协议无关。

UDP 协议主要用来支持那些需要在计算机之间传输数据的网络应用，例如网络视频会议系统。UDP 协议的主要作用是将网络数据流量压缩成数据报的形式。由于 UDP 的特性，它不属于连接型协议，因而具有资源消耗小、处理速度快的优点，所以通常音频、视频和普通数据在传送时使用UDP较多，因为它们即使偶尔丢失一两个数据包，也不会对接收结果产生太大影响。比如我们聊天用的ICQ和QQ就是使用的UDP协议。

4) ARP协议

ARP(Address Resolution Protocol，地址解析协议)协议的基本功能就是通过目标设备的IP地址查询目标设备的MAC地址，以保证通信顺利进行。

在局域网中，网络中实际传输的是"帧"，帧里面有目标主机的MAC地址。在以太网中，一个主机要和另一个主机进行直接通信，就必须知道目标主机的MAC地址。这个目标MAC地址是通过ARP协议获得的。所谓"地址解析"，就是主机在发送帧前将目标IP地址转换成目标MAC地址的过程。

5) ICMP协议

ICMP(Internet Control Message Protocol)是TCP/IP协议族的一个子协议，主要用于在IP主机、路由器之间传递控制消息。控制消息是指网络通不通、主机是否可达、路由是否可用等网络本身的消息。这些控制消息虽然并不传输用户数据，但是对于用户数据的传递起着重要作用。

人们经常使用的ping命令检查网络通不通，这个ping的过程实际上就是ICMP协议工作的过程。

ICMP协议对于网络安全具有极其重要的意义。如可以利用操作系统规定的ICMP数据包最大尺寸不超过64KB这一规定，向主机发起Ping of Death(死亡之Ping)攻击，导致内存分配错误，致使主机死机。此外，向目标主机长时间、连续、大量地发送ICMP数据包，使得目标主机耗费大量的CPU资源，最终也会使系统瘫痪。

4. IP地址、网关和子网的基本概念

1) IP地址的概念

所有Internet上的计算机都必须有一个Internet上唯一的编号作为其在Internet的标识，这个编号称为IP地址。目前使用的IPv4(IP协议第4版本)规定每台主机分配一个32位二进制数作为该主机的IP地址，为了在Internet上发送信息，一台计算机必须知道接收信息的远程计算机的IP地址，每个数据报中包含有发送方的IP地址和接收方的IP地址。

IP地址由32位二进制数组成，如10001100101110100101000010000001。这么长的地址显然不便于记忆和输入，为此就将这种32位代码分为4组，每组8位，各组之间用小圆点分隔，然后把各组二进制数对应转换成十进制代码，上面的数字就对应为140.186.81.1，这种表示方式称点分十进制表示法。

把整个IP地址划分为两部分：高位部分为网络标识(Net ID)，低位部分为主机标识(Host ID)，如图6-8所示。网络标识和主机标识具体各自包含IP地址32位中的哪几位

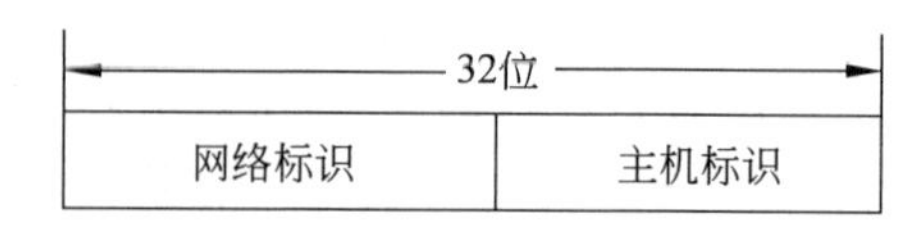

图 6-8 IP 地址结构

要视具体的 IP 地址类型而定。网络标识代表的是当前 IP 地址所在的网络类型,而主机标识代表的是当前主机自己的标识,它们组合在一起就能全面反映出主机所在的网络位置。

根据网络标识所代表的网络类型,IPv4 协议规定,整个 IP 地址共有 5 种类型。

(1) A 类 IP 地址。

在 A 类 IP 地址中,用 7 位标识网络号,24 位标识计算机号,网络标识部分最前面的一位固定为 0,所以 A 类地址网络标识包括整个 IP 地址的第一个 8 位地址段,它的取值介于 1～126 之间(0 与 127 被做他用)。而主机标识包括整个 IP 地址的后 3 个 8 位地址段,共 24 位,主机标识部分全 0 和全 1 不能用。

A 类地址一般提供给大型网络,全世界总共只有 126 个可能的 A 类网络,每个 A 类网络最多可以连接 16 777 214 台计算机,A 类地址的网络数最少,但这类网络所允许连接的计算机却最多。

(2) B 类 IP 地址。

在 B 类 IP 地址中,用 14 位来标识网络号,16 位标识计算机号,网络标识部分的前面两位固定为 10。

B 类地址的地址范围从 128.0.0.0 到 191.255.255.255,适用于中等规模的网络。B 类地址是互联网 IP 地址应用的重点,全世界大约有 16 000 个 B 类网络,每个 B 类网络最多可以连接 65 534 台计算机。

(3) C 类 IP 地址。

在 C 类 IP 地址中,用 21 位来标识网络号,8 位标识计算机号,网络标识部分的最前面 3 位是固定的 110。网络标识部分就共有 24 位,占了整个 4 段 IP 地址中的 3 段,只有最后一段(8 位)才是用来标识主机的。

C 类地址范围从 192.0.0.0 到 223.255.255.255。它适用于校园网等小型网络,C 类网络可达 209 万余个,每个网络能容纳 254 个主机。这类地址在所有地址类型中地址数最多,但这类网络所允许连接的计算机最少。

随着公网 IP 地址日趋紧张,中小企业往往只能得到一个或几个真实的 C 类 IP 地址。因此,在企业内部网络中,只能使用专用(私有)IP 地址段。C 类地址中私有地址段是 192.168.0.0～192.168.255.254,C 类的其他地址段中的地址规定是广域网用户使用的。私有地址只在局域网内唯一,在全球范围内不具有唯一性,所以,局域网中一台主机与网外通信时,要将私有 IP 地址转换成公共 IP 地址(除私有地址以外的地址)。

(4) D 类 IP 地址。

网络地址的最高 4 位(二进制)是 1110,是一个专门保留的地址,它并不指向特定的网络,目前这一类地址被用在多点广播(Multicast)中。

(5) E 类 IP 地址。

网络地址的最高 5 位(二进制)必须是 11110,目前没有分配,保留以后使用。

另外,全零 0.0.0.0 地址对应于当前主机。全"1"的 255.255.255.255 是当前子网的广播地址。

在 Internet 中,一台计算机可以有一个或多个 IP 地址,就像一个人可以有多个通信地址一样,但两台或多台计算机不能共用一个 IP 地址。

所有的 IP 地址都由国际组织网络信息中心(Network Information Center,NIC)负责统一分配。目前全世界共有 3 个这样的网络信息中心,即 InterNIC,负责美国及其他地区;ENIC,负责欧洲地区;APNIC,负责亚太地区。

我国申请 IP 地址都要通过 APNIC。APNIC 的总部设在日本东京大学。申请时要先考虑申请哪一类 IP 地址,然后向国内的代理机构提出。

2) 特殊的 IP 地址

IP 地址就像计算机的门牌号,每个网络上的独立计算机都有自己的 IP 地址。除了用户正常使用的 IP 地址以外,另外还有一些特殊的 IP,比如最小 IP"0.0.0.0"、最大 IP"255.255.255.255",是人们不常见到和使用的。

(1) 0.0.0.0。

严格说来,0.0.0.0 已经不是一个真正意义上的 IP 地址。它表示的是这样一个集合:所有不清楚的主机和目的网络。这里的"不清楚"是指在本机的路由表里没有特定条目指明如何到达对方。如果用户在网络设置中设置了默认网关,那么 Windows 系统会自动产生一个目的地址为 0.0.0.0 的默认路由。

(2) 255.255.255.255。

限制广播地址。对本机来说,这个地址指本网段内(同一广播域)的所有主机。如果进行一个类比的话,那就是:"这个教室里的所有人都听着!"。这个地址不能被路由器转发。

(3) 224.0.0.1。

组播地址,它不同于广播地址。224.0.0.0～239.255.255.255 都是组播地址。IP 组播地址用于标识一个 IP 组播组。所有的信息接收者都加入到一个组内,并且一旦加入之后,流向组地址的数据立即开始向接收者传输,组中的所有成员都能接收到数据包。组播组中的成员是动态的,主机可以在任何时刻加入和离开组播组。224.0.0.1 特指所有主机,224.0.0.2 特指所有路由器。这样的地址多用于一些特定的程序以及多媒体程序。

(4) 127.0.0.1。

回送地址,指本地主机。主要用于网络软件测试以及本地机进程间通信,无论什么程序,一旦使用回送地址发送数据,协议软件立即返回之,不进行任何网络传输。在 Windows 系统中,这个地址有一个别名叫 Localhost。寻址这样一个地址,是不能把它发到网络接口的。除非出错,否则在网络的传输介质上永远不应该出现目的地址为 127.0.0.1 的数据包。

(5) 169.254.x.x。

如果用户的主机使用了DHCP功能自动获得一个IP地址，那么当DHCP服务器发生故障，或响应时间太长而超出了系统规定的时间时，Windows系统会分配这样一个地址。如果用户发现主机IP地址是一个此类地址，那么，大多数情况是用户的网络不能正常运行了。

(6) 10.x.x.x、172.16.x.x～172.31.x.x、192.168.x.x。

私有地址，这些地址被大量用于企业内部网络中。一些宽带路由器也使用192.168.1.1作为默认地址。私有网络由于不与外部互联，因而可以使用随意的IP地址。保留这样的地址是为了避免以后接入公网时引起地址混乱。使用私有地址的私有网络在接入Internet时，要使用地址翻译(NAT)将私有地址翻译成公用合法地址，然后才能进行数据通信。

3) 子网的概念

为了提高IP地址的使用效率，引入了子网的概念。将一个网络划分为子网，即采用借位的方式，从主机位的最高位开始借位，变为新的子网位，剩余的部分仍为主机位。这使得IP地址的结构分为三级地址结构：网络位、子网位和主机位。这种层次结构便于IP地址分配和管理。它的使用关键在于选择合适的层次结构，即如何既能适应各种现实的物理网络规模，又能充分利用IP地址空间，实际上就是从何处分隔子网号和主机号。

子网的划分虽然不适合所有企业和所有网络环境，但对使用它的人有重要的作用。

(1) 子网的划分能够减小广播所带来的负面影响，提高网络的整体性能。

(2) 子网的划分节省了IP地址资源。例如，某企业在不同的地点有4个机房，每个机房有25台计算机。该公司申请了4个C类地址，每个机房一个C类地址。这样的IP地址分配一共浪费了(254－25)×4＝916个IP地址，因为这些地址没有被使用。而通过子网的划分，如将一个C类网络地址划分为8个子网，则可以在同一个C类网络地址中容纳这4个相对独立的子网，从而节省了3个C类地址。

(3) 由于不同子网之间是不能直接通信的(但可通过路由器或网关进行通信)，因此网络的安全性就得到了提高，因为入侵的途径少了。

(4) 子网的划分使网络的维护更加简单。通常一个大的网络要查找故障点是相当困难的，如果把网络规模缩小了，那么查找的范围就小了，维护起来自然就方便了。

子网地址的划分是通过改变网络掩码，将一个大的连续地址段分成几个小的可独立使用的地址段。其中，子网掩码是和IP地址成对出现的标识，形如255.255.255.0。子网掩码中为1的位表示IP地址中该位是网络位，为0的位表示IP地址中该位是主机位。设IP地址为192.168.10.2，子网掩码为255.255.255.240，则其网络标识就为192.168.10.0，主机标识为2；若IP地址为192.168.10.5，子网掩码为255.255.255.240，则网络标识就为192.168.10.0，主机标识为5。由于两个IP地址的网络标识一样，故表明这两个IP地址在同一个子网中。

4）子网掩码的概念

子网掩码是一个 32 位地址，是与 IP 地址结合使用的一种技术。它的主要作用有两个，一是用于屏蔽 IP 地址的一部分，以区别网络标识和主机标识，并说明该 IP 地址是在局域网上，还是在远程网上；二是用于将一个大的 IP 网络划分为若干小的子网络。

子网掩码的设定必须遵循一定的规则。与 IP 地址相同，子网掩码由 1 和 0 组成，且 1 和 0 分别连续。子网掩码的长度也是 32 位，左边是网络位，用二进制数字 1 表示，1 的数目等于网络位的长度；右边是主机位，用二进制数字 0 表示，0 的数目等于主机位的长度。这样做的目的是为了让掩码与 IP 地址做按位与运算（AND）时用 0 遮住原主机数，而不改变原网络段数字，而且很容易通过 0 的位数来确定子网的主机数（2 的主机位数次方 −2。因为主机号全为 1 时表示该网络广播地址，全为 0 时表示该网络的网络号，这是两个特殊地址）。只有通过子网掩码，才能表明一台主机所在的子网与其他子网的关系，使网络正常工作。

子网掩码是用来判断任意两台计算机的 IP 地址是否属于同一子网络的根据。最为简单的理解就是两台计算机各自的 IP 地址与子网掩码进行按位与运算后，如果得出的结果是相同的，则说明这两台计算机是处于同一个子网络上的，可以进行直接的通信。否则，如果不在同一个子网络上，则需要通过路由器进行数据转发，才能彼此通信。

子网掩码通常有以下两种格式的表示方法：

（1）通过与 IP 地址格式相同的点分十进制表示。如 255.0.0.0 或 255.255.255.128。

（2）在 IP 地址后加上“/”符号以及 1～32 的数字，其中 1～32 的数字表示子网掩码中网络标识位的长度。如 192.168.1.1/24 的子网掩码也可以表示为 255.255.255.0。

5）网关的概念

可通过网关软件实现两个网络间数据的相互转发。该软件通常运行在连接两个网络的网络设备（一般为路由器）上。在 Internet 网络中，是由路由器将许多小的网络连接起来形成的世界范围的互联网络，路由器实现数据包的选路和转发。通过在主机上配置默认网关参数，指定从哪个设备的相应接口实现该主机和其他网络内主机的通信。一旦通信的源主机和目的主机不在同一网内时，原主机发送的数据包就会相应地发送至默认网关对应的路由器设备接口，路由器接收该数据包，通过查看路由表完成将该数据包向目的网络的转发。

6.2.6 域名系统的基本概念

IP 地址记忆起来十分不方便，因此，Internet 还采用域名地址来表示每台计算机。给每台主机取一个便于记忆的名字，这个名字就是域名地址，如主机 202.120.2.102 的域名地址是 www.sjtu.edu.cn。

要把计算机连入 Internet，必须获得网上唯一的 IP 地址与对应的域名地址。域名地址由域名系统(DNS)管理。每个连到 Internet 的网络都至少有一个 DNS 服务器,其中存有该网络中所有计算机的域名和对应的 IP 地址。

域名地址也是分段表示的(一般不超过 5 段),每段分别授权给不同的机构管理,各段之间用圆点(.)分隔。每部分有一定的含义,且从右到左各部分之间大致上是上层与下层的包含关系。域名地址就是通常所说的网址。

例如,域名地址 www.sjtu.edu.cn 代表中国(cn)教育科研网(edu)上海交通大学校园网(sjtu)内的 WWW 服务器;域名地址 www.microsoft.com 代表商业公司(com) Microsoft 公司的 WWW 服务器。

一个域名地址的最右面的一部分称为顶级域名。顶级域名分为两大类:机构性域名和地理性域名。为了表示主机所属的机构的性质,Internet 的管理机构给出了 14 个顶级域名。美国之外的其他国家的 Internet 管理机构还使用 ISO 组织规定的国别代码作为域名后缀来表示主机所属的国家和地区,也是顶级域名。大多数美国以外的域名地址中都有国别代码,美国的机构直接使用 14 个顶级域名。机构性域名和常见的地理性域名见表 6-1。

表 6-1　机构性域名和常见的地理性域名

机构性域名		地理性域名(常见)	
域名	含　义	域名	含　义
com	商业机构	cn	中国大陆
edu	教育机构	hk	中国香港
net	网络服务提供者	tw	中国台湾
gov	政府机构	mo	中国澳门
org	非盈利组织	us	美国
mil	军事机构	uk	英国
int	国际机构,主要指北约组织	Ca	加拿大
nfo	一般用途	fr	法国
biz	商务	in	印度
name	个人	au	澳大利亚
pro	专业人士	de	德国
museum	博物馆	ru	俄罗斯
coop	商业合作团体	jp	日本
aero	航空工业	…	

6.2.7 Internet 常见服务

使用 Internet 就是使用 Internet 所提供的各种服务获取信息和进行交流。通过这些服务，可以获得分布于 Internet 上的庞大的各种资源，同时，也可以通过使用 Internet 提供的服务将自己的信息发布出去，这些信息也成为了网上的资源。下面介绍 Internet 上的几种常用服务。

1. WWW（World Wide Web，万维网）

万维网上凝聚了 Internet 的精华，上面载有各种互动性极强、丰富多彩的信息资源。借助强大的浏览软件，可以在万维网中进行几乎所有的 Internet 活动，它是 Internet 上最方便和最受欢迎的信息浏览方式。许多网站专门提供大量分类信息供用户查询，如新浪（www.sina.com.cn）、雅虎（www.yahoo.com.cn）等网站，这些网站称作 ICP（Internet Content Provider，互联网内容提供商）。

2. 电子邮件（E-mail）

电子邮件服务使用户在 Internet 上可以发送和接收邮件。用户先向 Internet 服务提供商申请一个电子邮件地址，再使用一个合适的电子邮件客户程序，就可以向其他电子信箱发 E-mail，也可接收到来自他人的 E-mail。

3. 文件传输（FTP）

文件传输可以在两台远程计算机之间传输文件。网络上存在着大量的共享文件，获得这些文件的主要方式是 FTP。

4. 搜索引擎（Search Engines）

搜索引擎是一个对 Internet 上的信息资源进行搜集整理，然后供用户查询的系统。它是一个为用户提供信息检索服务的网站，它把 Internet 上的所有信息归类，以帮助人们在茫茫网海中搜寻到所需要的信息。

5. 网上聊天

利用网上聊天工具，用户可以与世界各地的人通过键盘、声音、图画等多种方式进行实时交谈。常用聊天工具有 QQ 和 MS Messager。

6. BBS（Bulletin Board System，电子公告板）

BBS 是 Internet 最早的功能之一。顾名思义，其早期只是发表一些信息，如股票价格、商业信息等，并且只能是文本形式。而现在，BBS 主要是为用户提供一个交流意见的场所，能提供信件讨论、软件下载、在线游戏和在线聊天等多种服务。目前以基于 Web 方式的 BBS 为主流。

7. 博客（Weblog，简称 Blog）

博客是继 E-mail、BBS、QQ 和 MSN 之后出现的又一种网络交流方式。个人博客网站就是网民们通过互联网发表各种思想的虚拟场所。

8. 微博（微型博客）

微博不同于一般 Blog，由于书写微博只需三言两语，简单方便，目前已成为非常流行的信息分享、传播以及获取的交流平台。

其他还有远程登录(Telnet)、新闻组、视频点播、网络游戏、远程医疗等多种服务。

6.2.8 Internet 创新服务

除了上述的 Internet 常见服务外，互联网也涌现了大量的创新应用，如网络电视、电子商务、远程教育、物联网和手机 App 等。

1. 网络电视

网络电视又称 IPTV(Internet Protocol TV)，它基于宽带高速 IP 网，以网络视频资源为主体，将电视机、个人电脑及手持设备作为显示终端，通过机顶盒或计算机接入宽带网络，实现数字电视、时移电视、互动电视等服务，网络电视的出现给人们带来了一种全新的电视观看方法，它改变了以往被动的电视观看模式，实现了电视以网络为基础按需观看、随看随停的便捷方式。

用户在家中可以有 3 种方式享受 IPTV 服务：①计算机；②网络机顶盒＋普通电视机；③移动终端(如手机，IPad 等)。它能够很好地适应当今网络飞速发展的趋势，充分有效地利用网络资源。

IPTV 有很灵活的交互特性，因为具有 IP 网的对称交互先天优势，其节目在网内，可采用广播、组播和单播多种发布方式。可以非常灵活地实现电子菜单、节目预约、实时快进、快退、终端账号及计费管理、节目编排等多种功能。另外基于 Internet 的其他内容业务也可以展开，如网络游戏、电子邮件和电子理财等。

2. 电子商务

电子商务通常是指在全球各地广泛的商业贸易活动中，在因特网开放的网络环境下，基于浏览器/服务器应用方式，买卖双方互不谋面地进行各种商贸活动，实现消费者的网上购物、商户之间的网上交易和在线电子支付以及各种商务活动、交易活动、金融活动和相关的综合服务活动的一种新型的商业运营模式。是利用计算机技术、网络技术和远程通信技术，实现电子化、数字化、网络化和商务化的整个商务过程。

电子商务存在价值就是让消费者通过网络在网上购物和网上支付，节省了客户与企业的时间和空间，大大提高了交易效率，特别对于工作忙碌的上班族，也大量节省了宝贵时间。在消费者信息多元化的 21 世纪，可以通过足不出户的网络渠道，如百度微购、淘宝、新蛋等了解本地商场商品信息，然后再享受现场购物的乐趣，这已经成为消费者的习惯。

3. 远程教育

远程教育是现代信息技术应用于教育后产生的新概念，是指使用电视及互联网等传播媒体的教学模式，它突破了时空的界线，有别于传统的在校住宿的教学模式。由于不需要到特定地点上课，因此可以随时随地上课。学生亦可以透过电视广播、互联网、辅导专线、课研社、面授(函授)等多种不同渠道互助学习。

慕课(MOOC)，英文直译"大规模开放的在线课程(Massive Open Online Course)"，是新近涌现出来的一种在线课程开发模式。所谓"慕课"(MOOC)，顾名思义，"M"代表Massive(大规模)，与传统课程只有几十个或几百个学生不同，一门MOOC课程动辄上万人，最多达16万人；第二个字母"O"代表Open(开放)，以兴趣为导向，凡是想学习的，都可以进来学，不分国籍，只需一个邮箱，就可注册参与；第三个字母"O"代表Online(在线)，学习在网上完成，不受时空限制；第四个字母"C"代表Course，就是课程的意思。MOOC的特点如下。

(1) 大规模。不是个人发布的一两门课程，"大规模网络开放课程(MOOC)"是指那些由参与者发布的课程，只有这些课程是大型的或者叫大规模的，它才是典型的MOOC。

(2) 开放课程。尊崇创用共享(CC)协议，只有当课程是开放的，它才可以称之为MOOC。

(3) 网络课程。不是面对面的课程，这些课程材料散布于互联网上。人们上课地点不受局限。无论你身在何处，都可以花最少的钱享受美国大学的一流课程，只需要一台计算机和网络连接即可。

4. 物联网

物联网是新一代信息技术的重要组成部分，也是"信息化"时代的重要发展阶段。其英文名称是Internet of things(IoT)。顾名思义，物联网就是物物相连的互联网。这有两层意思：其一，物联网的核心和基础仍然是互联网，是在互联网基础上的延伸和扩展的网络；其二，其用户端延伸和扩展到了任何物品与物品之间，进行信息交换和通信，也就是物物相息。物联网通过智能感知、识别技术与普适计算等通信感知技术，广泛应用于网络的融合中，也因此被称为继计算机、互联网之后世界信息产业发展的第三次浪潮。物联网是互联网的应用拓展，与其说物联网是网络，不如说物联网是业务和应用。

物联网应用中有以下3项关键技术。

(1) 传感器技术：这也是计算机应用中的关键技术。事实上，到目前为止绝大部分计算机处理的都是数字信号，即自从有计算机以来就需要传感器把模拟信号转换成数字信号，计算机才能处理。

(2) RFID标签：也是一种传感器技术，RFID技术是融合了无线射频技术和嵌入式技术为一体的综合技术，RFID在自动识别、物品物流管理有着广阔的应用前景。

(3) 嵌入式系统技术：是综合了计算机软硬件、传感器技术、集成电路技术和电子应用技术为一体的复杂技术。经过几十年的演变，以嵌入式系统为特征的智能终端产品随处可见。

如果把物联网用人体做一个简单比喻，传感器相当于人的眼睛、鼻子、皮肤等感官，网络就是神经系统用来传递信息，嵌入式系统则是人的大脑，在接收到信息后要进行分类处理。

5. 手机 App

App 是英文 Application(应用程序)的简称，由于 iPhone 等智能手机的流行，App 指智能手机的第三方应用程序，App 是手机完善其功能，为用户提供更丰富的使用体验的主要手段。比较著名的 App 商店有 Apple 的 iTunes 商店，Google 的 Google Play，诺基亚的 Ovi Store，还有 Blackberry 用户的 BlackBerry App World，以及微软的应用商城。

手机软件的运行需要有相应的手机系统，目前(2017 年 6 月 1 日)主要的手机系统有苹果公司的 iOS 系统和谷歌公司的 Android(安卓)系统。

6.2.9 网络连接

1. Internet 的常用接入方式

ISP(Internet Service Provider，Internet 服务提供商)是一个层次化结构体系。第一层的 ISP 位于等级结构的最顶层，通常称为因特网主干(Internet Backbone)网络；第二层 ISP 通常具有区域性或国家性覆盖规模，且仅与少数第一层 ISP 相连接；在第二层之下是数量较多的较低层的 ISP。网络用户通过较低层的 ISP 接入 Internet，常用的接入方式有 ADSL 接入、Cable Modem 接入和局域网接入等，无线接入方式有 WiFi 接入和移动 3G、4G 接入等。内容提供商 ICP 也需要接入 ISP，才能提供互联网内容服务。

网络接入大致分为 3 种类型：

(1) 住宅接入：将家庭端系统与网络相联。

(2) 企业接入：政府机构、公司或校园网中的端系统与网络相联。

(3) 移动接入：一些移动办公需求的用户，目前可通过 3G、4G 无线上网卡接入 Internet，如中国移动的 TD-SCDMA、中国电信的 CDMA2000 和中国联通的 WCDMA 等的 3G 移动通信网络和 TD-LTE、FDD-LTE 等 4G 移动通信网络。

在我国，常见接入方式的特点和用途比较如表 6-2 所示。

表 6-2 常见接入 Internet 方式的特点和用途

接入方式	速率(b/s)	特　　点	成本	适用对象
电话拨号	56K	方便，速度慢	低	个人用户，临时用户上网访问
ISDN	128K	较方便，速度慢	低	个人用户上网访问
ADSL	512K～8M	速度较快	较低	个人用户，小企业上网访问
Cable Modem	8M～48M	利用有线电视的同轴电缆来传送数据信息，速度快	较低	个人用户，小企业上网访问

续表

接入方式	速率(b/s)	特　　点	成本	适用对象
LAN 接入	10M～100M	附近有服务提供商,速度快	较低	个人用户和小企业上网访问,常称为宽带接入
光纤	≥100M	速度快,稳定	高	大中型企业用户全功能应用
无线 LAN	11M～54M	方便,速度较快	较高	移动笔记本用户和智能手机用户
移动 2G、GPRS、CDMA	几十 K	速度较慢	较低	普通手机
移动 3G、4G	8M～100M	极方便,速度较快	较低	4G 智能手机和使用上网卡用户

目前,个人接入 Internet 一般使用电话拨号、ADSL、LAN 和无线等几种方式。

1) 电话拨号

拨号接入是个人用户接入 Internet 最早使用的方式之一,也是目前为止我国个人用户接入 Internet 使用最广泛的方式之一。它的接入非常简单,只要具备一条能打通 ISP 特服电话(如 169、263 等)的电话线、一台计算机和一台调制解调器(Modem),利用传统的电话网络,在办理了必要的手续后(得到用户名和口令),就可以轻松上网了。与其他入网方式相比,它的收费也较为低廉。电话拨号方式致命的缺点在于它的接入速度慢,最高接入速度只能达到 56Kb/s。

2) ADSL

ADSL 是运行在原有普通电话线上的一种新的高速宽带技术,具有较高的带宽及安全性,它还是局域网互联远程访问的理想选择。ADSL 接入 Internet 有虚拟拨号和专线接入两种方式。采用虚拟拨号方式的用户,采用类似调制解调器和 ISDN 的拨号程序;采用专线接入的用户,只要开机即可接入 Internet。

3) LAN

如果所在的单位或者社区已经建成了局域网并在局域网出口租用一条专线和带宽与 ISP 相连接,而且所在位置布置了信息接口的话,只要通过双绞线连接计算机网卡和信息接口,即可以使用局域网方式接入 Internet。随着网络的普及和发展,高速度正在成为使用局域网的最大优势。不像电话那样普及人们生活的各个角落,局域网接入 Internet 受到所在单位或社区规划的制约。如果所在的地方没有建成局域网,或者建成的局域网没有和 Internet 相连而仅仅是一个内部网络,就没办法通过局域网访问 Internet。

局域网入网可根据连接 Internet 的方式不同,分为局域网拨号入网和局域网专线入网两种。就目前而言,使用专线方式入网更为普遍。

4) 无线

个人无线接入分 WiFi 和移动接入两种。

WiFi 技术主要是作为高速有线接入技术的补充。例如，有线宽带网络（ADSL 和小区 LAN 等）到户后，连接到一个无线路由器或 AP（可以自己购买），然后使用具有无线网卡的笔记本电脑或在电脑中安装一块无线网卡即可。甚至用户的邻里得到授权后，无须增加端口，也能以共享的方式上网。当前很多公共场所都提供免费的 WiFi 服务，如机场、图书馆、咖啡厅、酒吧和茶座等。一般公共场所提供的 WLAN 网络是不收费的。配备 WiFi 的笔记本电脑或智能手机只要能搜索到 WLAN 网络，用户就可以放心使用，不会造成额外的流量费用。当 WLAN（WiFi）接入点有密码时，可向接入点拥有者索取密码，部分商业接入点可能需要付费使用。

移动接入是指采用无线上网卡接入互联网，无线上网卡指的是无线广域网卡，连接到无线广域网，无线上网卡的作用和功能相当于有线的调制解调器。它可以在拥有无线手机信号覆盖的任何地方，利用 USIM 卡或 SIM 卡来连接到互联网。其常见的接口类型有 PCMCIA、USB 等。可以通过智能手机或上网卡插入笔记本，即可使用移动运营商的无线 GPRS、CDMA、3G、4G 接入互联网。当然采用移动无线上网卡接入，用户需要向移动运营商缴纳昂贵的包月或按流量的通信费用。

无线网卡和无线上网卡是用户最容易混淆的无线网络产品。无线网卡指的是具有无线连接功能的局域网卡，它的作用、功能跟普通电脑网卡一样，是用来连接到局域网上的。而无线上网卡的作用和功能相当于有线的调制解调器，它可以在拥有无线手机信号覆盖的任何地方，利用手机的 USIM 卡或 SIM 卡来连接到互联网上。

4G 手机就是支持 4G 网络传输的手机，是应用第四代移动通信技术的手机；在传输速率上，4G 通信理论上达到 100Mb/s 的传输速率，4G 网络在通信带宽上比 3G 网络的蜂窝系统的带宽高出许多。每个 4G 信道将占有 100MHz 的频谱，相当于 W-CDMA 3G 网络的 20 倍。移动 4G 手机最高下载速度超过 80Mb/s，达到主流 3G 网络网速的 10 多倍，是联通 3G 的 2 倍。以下载一部 2G 大小的电影为例，只需要几分钟。此外，使用时用户延时小于 0.05 秒，仅为 3G 的 1/4。即便在每小时数百公里的高速行驶状态下，移动 4G 仍然能提供服务。从外观上看，4G 手机真机外观与常见的智能手机无异，它们主要特点在于分辨率高、内存大、主频高、处理器运转快、摄像头高清。4G 手机都内嵌了 TD-LTE 模块，这也是我国自主研发 4G 技术的硬件核心。选择网络时，屏幕信号显示 4G 即代表已连接 4G 网络。

5）Cable Modem

电缆调制解调器（Cable Modem，CM），Cable 是指有线电视网络，Modem 是调制解调器。平常用 Modem 通过电话线上互联网，而电缆调制解调器是在有线电视网络上用来上互联网的设备，它是串接在用户家的有线电视电缆插座和上网设备之间的，而通过有线电视网络与之相连的另一端是在有线电视台（称为头端，Head-End）。

CM 是近几年随着网络应用的扩大而发展起来的，主要用于有线电视网进行数据传输。CM 与以往的 Modem 的传输机理与普通 Modem 相同，不同之处在于它是通过有线电视 CATV 的某个传输频带进行调制解调的。普通 Modem 的传输介质在用户与交换机之间是独立的，即用户独享通信介质。CM 属于共享介质系统，其他空闲频段仍然可用于有线电视信号的传输。

2. 通过局域网接入

通过局域网方式接入 Internet 必需的硬件有网卡(10Mb/s/100Mb/s)和网线(双绞线)。在关机状态下,将网卡插到计算机的一个扩展槽中,将网线的一端(称为 RJ45 头)插入网卡的 RJ45 接口中,另一端插入信息插座或交换机的 RJ45 接口中,硬件的连接就完成了。下面以 Windows 10 为例讲解软件安装和配置的方法。

1) 网卡驱动程序的安装

当用户在电脑中插上网卡后,启动 Windows10,系统自动安装网卡的驱动程序,创建并自启动网络连接。

2) 网络协议的安装

首先,单击“开始”→“设置”按钮,在打开的“设置”窗口中,单击“网络和 Internet”图标,在打开的窗口右侧单击“网络和共享中心”选项(也可以在控制面板窗口单击“网络和 Internet”图标,在打开的窗口右侧单击“网络和共享中心”选项),在弹出的“网络和共享中心”窗口中,选中左侧列表中的“更改适配器设置”命令,弹出“网络连接”窗口,如图 6-9 和图 6-10 所示。

图 6-9 “网络和共享中心”窗口

图 6-10 “网络连接”窗口

选中网卡对应的“本地连接”或者“无线网络连接”图标，右击鼠标，选中“属性”命令。屏幕上出现本地连接网卡的设置窗口，如图 6-11 所示。

上面的一栏是当前使用的网卡型号，下面是加载到该网卡上的各种服务和协议，每个服务或协议前面都有一个复选框，用来选择是否加载该项，标有“√”的便是要加载的项目，通常都需要加载。“Internet 协议版本 4(TCP/IPv4)”是接入因特网所必需的，因此必须加载。

3) TCP/IP 协议的设置

在图 6-11 中，选中“Internet 协议版本 4(TCP/IPv4)”，单击“属性”按钮，弹出如图 6-12 所示的“Internet 协议版本 4(TCP/IPv4)属性”对话框，如果使用动态 IP 地址，则选中“自动获得 IP 地址”即可。若使用静态 IP 地址，则需要配置 4 个参数，即 IP 地址、子网掩码、默认网关和 DNS 服务器地址，参数由网络管理员分配。最后，单击“确定”按钮，TCP/IP 协议就设置完成。完成上面的配置后，就可以访问 Internet 了。

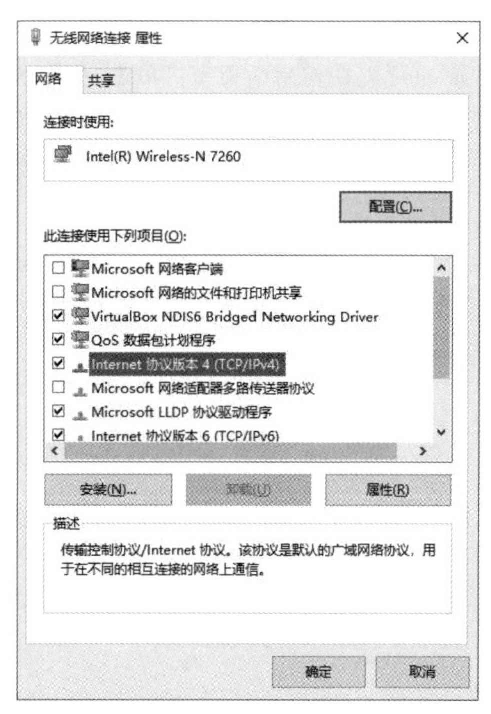

图 6-11 “无线网络连接属性”对话框

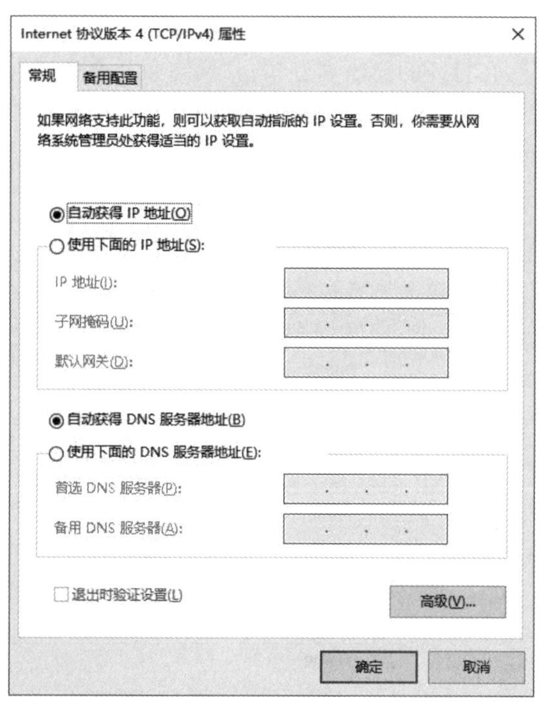

图 6-12 “Internet 协议版本 4(TCP/IPv4)属性”对话框

3. 通过 ADSL 接入

ADSL 的硬件安装比安装普通拨号上网的调制解调器稍微复杂一些。必需的硬件设备包括：一块 10Mb/s 或 10Mb/s/100Mb/s 自适应网卡、一个 ADSL 调制解调器和一个信号分离器，另外还有两根两端做好 RJ11 头的电话线和一根两端做好 RJ45 头的五类双绞网络线。

由于 ADSL 调制解调器是通过网卡和计算机相连的，所以在安装 ADSL 调制解调器前要先安装网卡驱动程序。要注意的是安装协议里一定要有 TCP/IP,一般使用 TCP/IP 的默认配置,不要设置固定的 IP 地址。

然后,需要安装 PPPoE 虚拟拨号软件(Windows 已集成了 PPPoE 协议支持),方法如下。

(1) 单击“开始”→“设置”按钮,在打开的“设置”窗口中,单击“网络和 Internet”图标,接着选择“网络和共享中心”选项;在弹出的“网络和共享中心”窗口中,选择“设置新的连接或网络”选项;在弹出的“设置连接或网络”对话框中,选中第一个选项“连接到 Internet”,单击“下一步”按钮;在接下来新出现的“您希望如何连接”对话框中,选择“宽带(PPPoE)”选项,在弹出的对话框中输入用户名、密码和连接名称,单击“连接”按钮进行网络连接。

(2) ADSL 连接建立完成后,在“网络连接”中将会出现新建立的 ADSL 连接图标,系统会将该链接作为网络连接的默认连接。每次用户访问网络时,系统都将启用该连接,在输入用户名和密码后,可以建立网络连接。

4. 通过无线网络接入

要通过无线网络接入 Internet,首先要具备无线接入点。一般可能是家庭自备的无线路由器或者是公共的 AP,然后使用具有无线网卡的笔记本电脑或在电脑中安装一块无线网卡即可。硬件准备好之后,还需要对计算机进行无线网络配置。下面介绍在 Windows 10 中配置无线网络的过程。

1) 配置网络协议

打开控制面板,选择“网络和 Internet”选项,在弹出的“网络和 Internet”窗口中单击“网络和共享中心”,在弹出的“网络和共享中心”窗口中,选中左侧列表中的“更改适配器设置”命令,将弹出 “网络连接”窗口,选择网卡对应的“无线网络连接”图标,右击鼠标,在弹出的快捷菜单中选择“属性”命令。选中“Internet 协议版本 4”,单击“属性”按钮,弹出“Internet 协议属性”对话框,选中“自动获得 IP 地址”即可。单击“确定”按钮退出。

2) 系统自动连接到无线网络

确定无线网卡驱动正确安装,网络协议正确配置,并且打开了无线网卡。笔记本多用组合键打开或关闭无线网卡,如 Dell 的电脑打开或关闭无线网卡的组合键是 Fn+F2。打开后,面板上的 WiFi 无线灯将亮起;不管什么计算机,一定要确定无线网卡打开。

Windows 10 在无线方面,一般只要确定无线网卡打开,系统就会自动检测到无线网络,在桌面的右下角可看到无线连接标志,如图 6-13 所示。单击这个连接标志,会出现无线网络接入设备列表,可能会有多个无线连接设备标识名称。单击用户要连接的无线网络连接设备标识,将会出现“连接”按钮,如图 6-14 所示。单击“连接”按钮,输入管理员给用户的密码,或者用户自己设置无线设备设置好的无线密码,单击“确定”按钮,系统将与无线网络连接。连接成功后,就可以访问 Internet 了。

图 6-13　无线连接标志

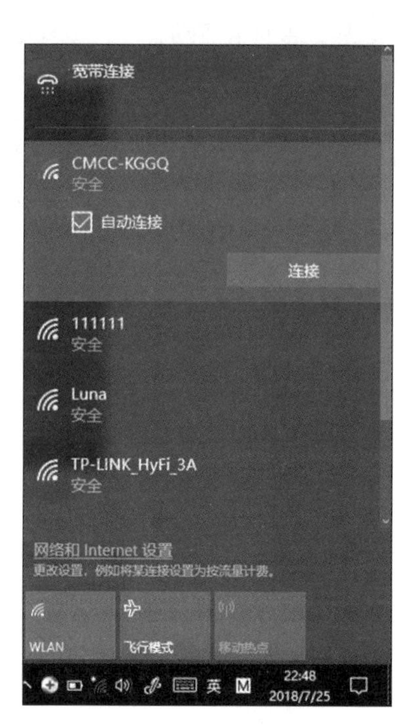

图 6-14　设置自动连接

3）手动设置连接到无线网络

如果确定无线网卡驱动安装正确，协议配置无误，并且无线网卡已经打开，但系统没有自动检测到无线网络，这时就需要手动设置无线连接。

打开控制面板，单击“网络和 Internet”选项，在弹出的“网络和 Internet”窗口中选择“网络和共享中心”选项，在弹出的“网络和共享中心”窗口中，选中其中“更改网络设置”组中的“设置新的连接或网络”命令。在新出现的“设置连接或网络”对话框中，选中“手动连接到无线网络”选项，单击“下一步”按钮。在新出现的对话框中，展开列表选择无线适配器，单击“下一步”按钮。在出现的对话框中，按照管理员给定的参数或路由器中的设置，将正确的网络名、安全类型、加密类型和安全密钥输入，然后选中“自动启动此连接”，单击“下一步”按钮即可。

5. 通过代理服务器访问 Internet

接入 Internet 的方式是多样的。通常，对于个人用户来说，只要购买一个调制解调器，通过一根电话线就能连上 Internet 了。而企业由于计算机数量多，通信需求量大，一般都采用专线租用带宽接入方式。然而专线费用比较昂贵，那么有没有办法利用一条电话线和 ADSL 接入就可以使多台计算机同时上网呢？

1）代理服务器的概念

在这种情况下，代理服务器便应运而生了。代理服务器（proxy server）就是内部网络和 ISP 之间的中间代理，它负责代理用户访问互联网的需求和转发网络信息，并对转发进行控制和登记。通过代理服务器可以使企业内部网络与 Internet 实现安全连接。

在使用网络浏览器浏览网络信息的时候，如果使用代理服务器，浏览器就不是直接到 Web 服务器去取回网页，而是向代理服务器发出请求，由代理服务器取回浏览器所需要的信息。

目前使用的 Internet 是一个典型的客户机/服务器结构，当用户的本地机与 Internet 连接时，通过本地机的客户程序，如浏览器或者软件下载工具发出请求，远端的服务器在接到请求之后响应请求并提供相应的服务。

代理服务器处在客户机和服务器之间。对于远程服务器而言，代理服务器是客户机，它向服务器提出各种服务申请；对于客户机而言，代理服务器则是服务器，它接受客户机提出的申请并提供相应的服务。也就是说，客户机访问 Internet 时所发出的请求不再直接发送到远程服务器，而是被送到了代理服务器上，代理服务器再向远程的服务器提出相应的申请，接收远程服务器提供的数据并保存在自己的硬盘上，然后用这些数据对客户机提供相应的服务。

2）代理服务器的作用

对于使用代理服务器上网的用户来说，合理设置并使用它有很多好处。

（1）能加快对网络的浏览速度。代理服务器接收远程服务器提供的数据保存在自己的硬盘上，如果有许多用户同时使用这台代理服务器，他们对 Internet 站点所有的要求都会经由这台代理服务器，当有人访问过某一站点后，所访问站点上的内容便会被保存在代理服务器的硬盘上，如果下一次再有人访问这个站点，这些内容便会直接从代理服务中获取，而不必再次连接远程服务器。因此，它可以节约带宽、提高访问速度。

（2）节省 IP 开销。使用代理服务器时，所有用户对外只占用一个 IP，所以不必租用过多的 IP 地址，降低网络的维护成本。

（3）可以作为防火墙。代理服务器可以保护局域网的安全，起到防火墙的作用：对于使用代理服务器的局域网来说，在外部看来只有代理服务器是可见的，其他局域网的用户对外是不可见的，代理服务器为局域网的安全起到了屏障的作用。另外，通过代理服务器，用户可以设置 IP 地址过滤，限制内部网对外部的访问权限。同样，代理服务器也可以用来限制封锁 IP 地址，禁止用户对某些网页的访问。

（4）提高访问速度。通常代理服务器都设置一个较大的硬盘缓冲区（可能高达几个 GB 或更大），当有外界的信息通过时，同时也将其保存到缓冲区中，当其他用户再访问相同的信息时，则直接由缓冲区中取出信息，传给用户，以提高访问速度。

（5）方便对用户的管理。通过代理服务器，管理员可以设置用户验证和记账功能，对用户进行记账，没有登记的用户无权通过代理服务器访问 Internet。代理服务器并对用户的访问时间、访问地点和信息流量进行统计。

3）代理服务器的配置

代理服务器的配置包括两个部分：服务器端与客户端。

代理服务器软件一般安装在一台性能比较突出且装有 ADSL 调制解调器和网卡的计算机上。服务器端的配置包括用户的创建、管理、监控，账号的统计、分析与查询等设置。但这项工作通常是由 Internet 服务商负责或者是由专门的网络管理员来做的，对于普通的拨号用户来说，代理服务器的配置其实就是指客户端的配置。

在内部局域网中的每一台客户机都必须拥有一个独立的 IP 地址，而且事先必须在客户机软件上配置使用代理服务器并指向代理服务器的 IP 地址和服务端口号。

客户端的设置主要是在浏览器上配置代理服务器，从而能够利用代理服务器提供的功能，不同的浏览器的配置方式不同。具体配置方法如下。

(1) 运行 IE 浏览器，选择“工具”→“Internet 选项”命令，打开“Internet 选项”对话框。

(2) 选中“连接”选项卡，单击局域网设置，打开“局域网(LAN)设置”对话框。

(3) 在“代理服务器”选项组中，选中“为 LAN 使用代理服务器”复选框。在“地址”文本框中输入代理服务器的 IP 地址或者域名，在“端口”文本框中输入代理服务器的端口号。

(4) 单击“确定”按钮，回到“Internet 选项”对话框。

(5) 单击“确定”按钮，完成设置。

6. 网络故障的简单诊断命令

1) ipconfig 命令

ipconfig 实用程序可用于显示计算机的 TCP/IP 配置的设置值，这些信息一般用来检验人工配置的 TCP/IP 设置是否正确。但是，如果计算机和所在的局域网使用了动态主机配置协议(DHCP)，这个程序所显示的信息也许更加实用。这时，ipconfig 可以让用户了解自己的计算机是否成功地获得一个 IP 地址，如果已获得，则可以了解它目前分配到的是什么地址。了解计算机当前的 IP 地址、子网掩码和默认网关实际上是进行测试和故障分析的必要项目。

当使用 all 选项时(输入 ipconfig/all)，除了显示计算机 TCP/IP 设置值，还显示内置于本地网卡中的物理地址(MAC 地址)。如果 IP 地址是从 DHCP 服务器获得的，ipconfig 将显示 DHCP 服务器的 IP 地址和获得地址预计失效的日期。

2) ping 命令

ping 是个使用频率极高的实用程序，用于确定本地主机是否能与另一台主机交换(发送与接收)数据报。根据返回的信息(“Reply from …”表明有应答；“Request timed out”表明无应答)，就可以推断 TCP/IP 参数是否设置得正确以及运行是否正常。常见的使用方法如下：

(1) ping 127.0.0.1：这个 ping 命令被送到本地计算机的 IP 软件，如果无应答表示 TCP/IP 的安装或运行存在某些最基本的问题。

(2) ping 本机 IP：这个命令被送到自己计算机所配置的 IP 地址，自己的计算机始终都应该对该 ping 命令作出应答，如果没有，则表示本地配置或安装存在问题。出现此问题时，局域网用户应断开网络电缆，然后重新发送该命令。如果网线断开后本命令正确，则表示另一台计算机可能配置了相同的 IP 地址。

（3）ping 局域网内其他 IP：这个命令应该发送数据报离开用户的计算机，经过网卡及网络电缆到达其他计算机，再返回。收到回送应答表明本地网络中的网卡和载体运行正确。但如果收到 0 个回送应答，那么表示子网掩码不正确、网卡配置错误或电缆系统有问题。

（4）ping 网关 IP：这个命令如果应答正确，表示局域网中的网关路由器正在运行并能够作出应答。

（5）ping 远程 IP：如果收到 4 个应答，表示成功地使用了默认网关。对于拨号上网用户则表示能够成功访问 Internet（但不排除 ISP 的 DNS 会有问题）。

（6）ping www.edu.cn：如果无应答则表示 DNS 服务器的 IP 地址配置不正确或 DNS 服务器有故障（对于拨号上网用户，某些 ISP 已经不需要设置 DNS 服务器了）。也可以利用该命令测试域名对 IP 地址的转换功能。

如果上面所列出的所有 ping 命令都能正常运行，那么计算机进行本地和远程通信的功能基本上就可以实现。但是，这些命令的成功并不表示所有的网络配置都没有问题，例如，某些子网掩码错误就可能无法用这些方法检测到。

习　题

单项选择题

1. 下面（　　）不属于网络软件。

   A. Windows 2000 SERVER　　B. Office 2000

   C. FTP　　D. TCP

2. 计算机网络最重要的功能是（　　）。

   A. 数据传输　　B. 共享　　C. 文件传输　　D. 控制

3. 下列选项中，（　　）是将单个计算机连接到局域网上的设备。

   A. 显示卡　　B. 网卡　　C. 路由器　　D. 网关

4. 把网络分为电路交换网、报文交换网和分组交换网属于按（　　）进行分类。

   A. 连接距离　　B. 服务对象　　C. 拓扑结构　　D. 数据交换方式

5. 要测试自己的网络接口及协议是否正常，应在 MS-DOS 方式下执行（　　）命令。

   A. ping 127.0.0.1　　B. ping Localhost

   C. ping 自己的 IP 地址　　D. 以上都正确

6. 城域网英文缩写是（　　）。

   A. LAN　　B. WAN　　C. MEN　　D. MAN

7. 能唯一标识 Internet 网络中每一台主机的是（　　）。

A. 用户名　　B. IP 地址　　C. 用户密码　　D. 使用权限

8. 一个局域网的网络硬件主要包括服务器、工作站、网卡和(　　)等。

A. 计算机　　B. 网络协议　　C. 传输介质　　D. 网络操作系统

9. 假设某网站的域名为 www.zhenjiang.com.cn,可推测此网站类型为(　　)。

A. 教育　　B. 商业　　C. 政府　　D. 网络机构

10. 基于文件服务的局域网操作系统软件一般分为两个部分,即工作站软件与(　　)。

A. 浏览器软件　　B. 网络管理软件　　C. 服务器软件　　D. 客户机软件

11. (　　)不属于计算机网络的功能。

A. 资源共享　　B. 提高可靠性

C. 提高 CPU 运算速度　　D. 提高工作效率

12. 在 OSI 模型中,第 N 层和其上的 $N+1$ 层的关系是(　　)。

A. N 层为 $N+1$ 层提供服务

B. $N+1$ 层将从 N 层接的信息增加了一个头

C. N 层利用 $N+1$ 层提供的服务

D. N 层对 $N+1$ 层没有任何作用

13. OSI 模型中从高到低排列的第 5 层是(　　)。

A. 会话层　　B. 数据链路层　　C. 网络层　　D. 表示层

14. TCP/IP 上每台主机都需要用(　　)以区分网络号和主机号。

A. IP 地址　　B. IP 协议　　C. 子网掩码　　D. 主机名

15. 普通的 Modem 都是通过(　　)与计算机连接的。

A. LPT1　　B. LPT2　　C. USB 接口　　D. RS-232C 串口

16. (　　)是信息传输的物理通道。

A. 信号　　B. 编码　　C. 数据　　D. 传输介质

17. 数据传输方式包括(　　)。

A. 并行传输和串行传输　　B. 单工通信

C. 半双工通信　　D. 全双工通信

18. 目前局域网广泛采用的网络结构是(　　),具有结构简单灵活,成本低,扩充性强,性能好以及可靠性高等特点。

A. 星状结构　　B. 总线结构　　C. 环状结构　　D. 以上都不是

19. 网卡实现的主要功能是(　　)。

A. 物理层与网络层的功能　　B. 网络层与应用层的功能

C. 物理层与数据链路层的功能　　D. 网络层与表示层的功能

20. OSI 参考模型的(　　)提供建立、维护和有序地中断虚电路,负责信息传输的差错检验和恢复控制。

A. 表示层　　B. 传输层　　C. 数据链路层　　D. 物理层

21. TCP/IP 协议的(　　)为处在两个不同地理位置上的网络系统中的终端设备之间,提供连接和路径选择。

A. 物理层　　B. 网络层　　C. 表示层　　D. 应用层

22. 在一种网络中，超过一定长度，传输介质中的数据信号就会衰减。如果需要比较长的传输距离，就需要安装(　　)设备。

A. 中继器　　B. 集线器　　C. 路由器　　D. 网桥

23. 当两种相同类型但又使用不同通信协议的网络进行互联时，就需要使用(　　)。

A. 中继器　　B. 集线器　　C. 路由器　　D. 网桥

24. 光缆的光束是在(　　)内传输。

A. 玻璃纤维　　B. 透明橡胶　　C. 同轴电缆　　D. 网卡

25. 在 TCP/IP 参考模型中，应用层是最高的一层，它包括了所有的高层协议。下列协议中不属于应用层协议的是(　　)。

A. HTTP　　B. FTP　　C. UDP　　D. SMTP

26. 广域网覆盖的地理范围从几十千米到几千千米。它的通信子网主要使用(　　)。

A. 报文交换技术　　B. 分组交换技术

C. 文件交换技术　　D. 电路交换技术

27. 下列说法中正确的是(　　)。

A. 互联网计算机必须使用 TCP/IP 协议

B. 互联网计算机必须是工作站

C. 互联网计算机必须是个人计算机

D. 互联网计算机在相互通信时不必遵循相同的网络协议

28. 下列网络类型中属于局域网的是(　　)。

A. 以太网　　B. X.25 网　　C. Internet　　D. ISDN

29. TCP/IP 协议在 Internet 网中的作用是(　　)。

A. 定义一套网间互联的通信规则或标准

B. 定义采用哪一种操作系统

C. 定义采用哪一种电缆互连

D. 定义采用哪一种程序设计语言

30. 计算机网络是按(　　)相互通信的。

A. 信息交换方式　　B. 分类标准

C. 网络协议　　D. 传输装置

31. 多用于同类局域网间的互联设备为(　　)。

A. 网关　　B. 网桥　　C. 中继器　　D. 路由器

32. 设 IP 地址为 202.168.10.7，子网掩码为 255.255.255.224，以下说法不正确的是(　　)。

A. 其网络标识为 192.168.10.0　　B. 主机标识为 7

C. IP 地址是 C 类地址　　D. 主机标识为 224

33. 当个人计算机以拨号方式接入 Internet 网时，必须使用的设备是(　　)。

A. 调制解调器　　B. 网卡　　C. 浏览器软件　　D. 电话机

34. 与 Internet 相连的计算机，不管是大型的还是小型的，都称为(　　)。

A. 工作站　　B. 主机　　C. 服务器　　D. 客户机

35. 选择 MODEM，除考虑其兼容性，主要考虑其(　　)。

A. 内置和外置　　B. 出错率低　　C. 传输速率　　D. 具有语言功能

36. 关于 IP 协议和 TCP 协议不正确的是(　　)。

A. IP 协议负责路由选择功能

B. IP 协议提供不可靠的传输服务

C. TCP 协议是面向连接的、提供可靠的传输服务

D. UDP 协议是地址解析协议

37. 决定局域网特性的主要技术要素是网络拓扑、传输介质与(　　)。

A. 数据库软件　　B. 服务器软件

C. 体系结构　　D. 介质访问控制方法

38. 传输速率的单位是 b/s，表示(　　)。

A. 帧/秒　　B. 文件/秒　　C. 位/秒　　D. 米/秒

39. 按照网络的传输速率，从小到大排序正确的是(　　)。

A. 局域网、广域网、城域网　　B. 局域网、城域网、广域网

C. 城域网、广域网、局域网　　D. 广域网、城域网、局域网

40. 网址 www.mit.edu 中 mit 是美国麻省理工学院在 Internet 中注册的(　　)。

A. 硬件编码　　B. 教育机构域名　　C. 软件编码　　D. 顶级域名

第7章

Internet 应用

Internet 从诞生到现在，以其爆炸式的技术发展速度远远超过了人类历史上任何一次技术革命。它已经变成了一个遍及全球的信息网络。通过 Internet 可以随时随地了解世界各地的信息，在网上漫游世界各地，关注世界热点，网上购物，网上阅读报纸杂志，网上查找资料，网上进入一些世界著名的图书馆，等等。要在 Internet 中漫游，必须首先学会使用 Internet 上的浏览器，利用这一软件工具，才能在网上浩如烟海的各种资料信息中找到自己所需的东西。

7.1 浏览器的相关概念

首先介绍与浏览器相关的几个概念。

1. 浏览器

浏览器(browser)实际上是一个软件程序，是用户浏览网页时使用的客户端软件，利用它可以浏览万维网(World Wide Web，WWW)上的所有信息资源。浏览器可以在 WWW 系统中根据链接确定信息资源的位置，并将用户感兴趣的信息资源取回来，进而对 HTML 文件进行解释，最后将文字、图像或者其他多媒体信息还原出来。目前流行的 WWW 浏览器有微软公司的 IE(Internet Explorer)浏览器、火狐(Firefox)浏览器、Google Chrome 浏览器、360 安全浏览器和 QQ 浏览器等。

通常所说的浏览器一般是指网页浏览器，除此之外，还有一些专用浏览器用于阅读特定格式的文件，如 RSS 浏览器(也称 RSS 阅读器)、PDF 浏览器(PDF 文件浏览器)、超星浏览器(用于阅读超星电子书)和 CAJ 浏览器(阅读 CAJ 格式文件)等。

2. 文本

所谓文本，就是可见字符(文字、字母、数字和符号等)的有序组合，又称为普通文本。在计算机中，仅仅由普通文本构成的文件称为文本文件。文本文件是一种典型的顺序文件，其文件的逻辑结构又属于流式文件。文本文件中除了存储文件有效字符信息(包括能用 ASCII 码字符表示的回车、换行等信息)外，不能存储其他任何信息，因此文本文件不能存储声音、动画、图像和视频等信息。

3. 超文本和超链接

超文本(hypertext)也是一种文本文件,它与传统的文本文件相比,主要的差别是:传统文本是以线性方式组织的,而超文本是以非线性方式组织的。这里的"非线性"是指文本中遇到的一些相关内容通过链接组织在一起,用户可以很方便地浏览这些相关内容。这种文本的组织方式与人们的思维方式和工作方式比较接近。

超链接(hyperlink)是指文本中的词、短语、符号、图像、声音剪辑或影视剪辑之间的链接,或者与其他的文件、超文本文件之间的链接。超链接是对象之间或者文档元素之间的链接。建立互相链接的这些对象不受空间位置的限制,它们可以在同一个文件内,也可以在不同的文件之间,还可以通过网络与世界上的任何一台联网计算机上的文件建立链接关系。

4. 超媒体

超媒体不仅可以包含文字,而且可以包含图形、图像、动画和声音等多媒体。这些媒体之间是用超链接组织的。超媒体与超文本之间的不同之处是:超文本主要是以文字的形式表示信息,建立的链接关系主要是文字之间的链接关系;超媒体除了使用文本外,还使用图形、图像、声音、动画或影视片断等多种媒体来表示信息,建立的链接关系是文本、图形、图像、声音、动画和影视片断等媒体之间的链接关系。

5. 超文本标记语言

超文本标记语言(HyperText Marked Language,HTML)是一种用来制作超文本文档的简单标记语言。超文本传输协议规定了浏览器在运行 HTML 文档时所遵循的规则和进行的操作,HTTP 协议的制订使浏览器在运行超文本时有了统一的规则和标准,用 HTML 编写的超文本文档称为 HTML 文档,它能独立于各种操作系统平台,自 1990 年以来 HTML 就一直被用作 WWW 的信息表示语言,使用 HTML 语言描述的文件,需要通过 Web 浏览器显示出它的效果。

6. 统一资源定位器

统一资源定位器(Universal Resource Location,URL)的主要功能是定位信息,即所谓的网址。URL 是唯一在 Internet 上标识计算机的位置、目录与文件的命名协议。

URL 的语法为

< 服务类型> ://< 主机 IP 地址或域名> /< 资源在主机上的路径>

服务类型的协议见表 7-1。

如果用户要浏览某个网站的主页,就要用超文本传输协议,即 HTTP,如浏览上海交通大学的主页,可在地址栏中输入 http://www.sjtu.edu.cn,当在主页上单击了某一超链接,则要链接的网页文件路径名便会显示在域名之后。

表 7-1　服务类型的协议

协议名称	用　　途	例　　子
http	超文本传输	http://www.pku.edu.cn
ftp	文件传输	ftp://ftp.etc.pku.edu.cn
News	新闻组	news://news.pku.edu.cn
telnet	远程登录	telnet://www.w3.org:80

7.2　IE 浏览器

7.2.1　IE 浏览器简介

IE 浏览器的全称为 Internet Explorer，是微软公司推出的免费浏览器。IE 浏览器直接绑定在微软公司的 Windows 操作系统中，当用户计算机安装了 Windows 操作系统之后，IE 浏览器便会一同安装。IE 浏览器自 1995 年 1 月与操作系统 Windows 95 捆绑发布 IE 1.0 版至今，已发展到 11.0 版本，每次 IE 浏览器的升级都对互联网应用带来了不同程度的影响。本节以 IE 11.0 为例介绍其使用方法。

7.2.2　打开和关闭 IE 浏览器

要浏览网页，必须先打开浏览器。

1. 启动 IE 浏览器的方法

可以使用以下方法之一来启动 IE 浏览器。

(1) 双击操作系统桌面上的 IE 浏览器快捷方式图标。

(2) 单击屏幕下方任务栏左边的 IE 图标。

(3) 在桌面上依次单击“开始”→ Windows 附件→Internet Explorer 菜单项。

启动成功后，屏幕上就会出现 IE 浏览器窗口。

2. 关闭 IE 浏览器的方法

可以使用以下方法之一来关闭 IE 浏览器。

(1) 单击 IE 窗口右上角的关闭按钮。

(2) 右击在 Windows 10 任务栏中打开的 IE 窗口图标，在弹出的快捷菜单中单击“关闭窗口”命令。

(3) 将鼠标指向地址栏上方的空白处，右击鼠标，在弹出的快捷菜单中单击“关闭”命令。

(4) 单击“文件”菜单,在打开的菜单中单击“退出”命令。

(5) 按组合键 Alt+F4,将直接退出 IE。

如果打开了多个标签页,则会弹出询问对话框,让用户选择是关闭所有的标签页,还是只关闭当前标签页。

7.2.3 IE 浏览器窗口结构

打开 IE 浏览器后,操作系统中将会弹出一个浏览器窗口,结构如图 7-1 所示。主要由标题栏、地址栏、菜单栏、选项卡标签栏、命令栏、收藏夹栏、主窗口以及状态栏等构成。

图 7-1 IE 浏览器窗口

1. 标题栏

该栏出现在浏览器的最顶端。此栏的最右边有 3 个按钮:最小化、最大化/还原和关闭。可以单击最大化按钮,使窗口充满整个屏幕,也可单击最小化按钮,将窗口最小化为操作系统任务栏上的一个程序按钮图标。

2. 地址栏

该栏在标题栏的下方,由 3 部分组成:左侧的后退前进按钮、地址编辑栏和右侧 3 个按钮图标:“主页”、“查看收藏夹、源、历史记录”和“工具”。地址栏用来输入和显示资源定位器指定的地址,超文本传输(HTTP)、文件传输(FTP)时,均要在该栏内输入称为统一资源定位器(Universal Resource Location,URL)。单击“主页”按钮图标,将在浏览器窗口中显示设置好的网站主页。单击“查看收藏夹、源、历史记录”按钮图标将展开列表,其中包含收藏夹、源和历史记录 3 个选项卡。单击“工具”按钮图标将展开命令菜单,菜单中包含了对 IE 浏览器进行设置的命令。

3. 菜单栏

默认情况下,菜单栏在窗口界面中是不显示的。若要显示,则在标题栏空白处右击鼠标,在弹出的快捷菜单中单击"菜单栏"命令即可,该栏显示在地址栏的下方。所有 IE 的功能与命令选项均列在菜单栏中,当单击某个菜单名字时,会出现相应的菜单命令列表,如单击"文件"菜单,再单击"文件"菜单列表中的某一命令项,便会执行相应的菜单命令。习惯使用菜单进行操作的用户可显示该栏用于操作。

4. 选项卡标签栏

默认情况下,此栏位于地址栏的下面,显示的是选项卡标签。单击选项卡标签右边的"新选项卡"按钮,可创建一个新的选项卡。在地址栏中输入 URL,按下 Enter 键,则将在该选项卡中显示该 URL 所指向的网页。

5. 命令栏

默认情况下,命令栏在窗口界面中是不显示的。若要显示,则在标题栏上右击鼠标,在弹出的快捷菜单中单击"命令栏"命令即可。在 IE 11.0 命令栏中添加了更多的 IE 快捷操作,让用户在 IE 浏览器中进行各类操作的时候更加方便快捷。

6. 收藏夹栏

默认情况下,收藏夹栏在窗口界面中是不显示的。在标题栏上右击鼠标,在弹出的快捷菜单中单击"收藏夹栏"命令可显示该栏。该栏主要用于存放用户经常访问的网页,方便用户以后访问。单击该栏最左边的"添加到收藏夹栏"命令按钮将把当前正在访问的网页收藏在该栏上。

7. 主窗口

该窗口用来显示网页。当网页较大,一屏无法显示的时候,可用该窗口右侧的滚动条来查看网页文档的其他部分,它是用户浏览网页内容的显示窗口。

8. 状态栏

状态栏位于主窗口的下部,该栏的右边有一个网页内容缩放百分比按钮,单击该按钮可按百分比放大显示网页内容。单击按钮旁边的小三角按钮,可展开显示比例列表,在其中可选择网页内容显示比例。

7.2.4 IE 浏览器的基本操作

下面介绍 IE 浏览器的基本操作方法和使用技巧。

1. 网页浏览

当用户知道自己要浏览的网址后,进行如下操作:

(1) 在 IE 浏览器窗口的地址栏中输入想要浏览网页的网址,如要浏览"上海交通大学"网页,已知其网址是 www.sjtu.edu.cn,可用鼠标单击地址栏框的开始处,然后输入 URL 并按 Enter 键(输入 URL 时也可不输入"https://"或"http://",IE 浏览器可自动加上它)。

(2) 此时,窗口选项卡标签上的活动状态指示器开始转动,窗口底部的状态栏中左侧显示正在链接的网址,显示正在等待来自该网址响应的提示信息,当活动状态指示器停止转动时,"上海交通大学"的主页就出现在主窗口中,如图 7-1 所示。

(3) 用鼠标拖动窗口右侧的滚动条,可以完整地浏览整个主页页面。

(4) 一般在浏览的每个主页上均有许多蓝色词条,其下面或标有下画线,或用一些醒目的图标表示,当鼠标移动到该处时,鼠标箭头变成了小手状,这些是可进行超链接(热链接)的锚点。当用户单击它时,又可进行超文本链接。在网页上,未单击过的链接和已单击过的链接会用不同的颜色显示。

2. IE 浏览器使用技巧

1) 全屏浏览

当用户浏览网页时,由于屏幕有标题栏、菜单栏和地址栏等,网页仅在浏览器的主窗口中显示,因而用户可能会觉得显示画面的窗口过小,有些内容被遮挡,需要拖动滚动条才能显示,为此可以用如下操作将整个屏幕用作浏览窗口:

(1) 单击菜单栏中的"查看"菜单,出现"查看"菜单列表。在"查看"菜单列表中选择"全屏"命令,这时就会全屏显示网页(或者直接按功能键 F11)。

(2) 当鼠标移到屏幕顶端时,会自动显示浏览器的合并的标题栏、地址栏、选项卡标签栏、收藏夹栏和命令栏等,鼠标离开时则会自动隐藏。

当要恢复原来的 IE 窗口时,可以右击标题栏的空白处,在弹出的快捷菜单中单击"还原"按钮即可,或者按功能键 F11。

2) 主页

主页按钮是打开浏览器时浏览器自动进入的页面。主页的设置是:单击地址栏一行的最右边的"工具"→"Internet 选项" →"常规"选项卡,在"主页"的"地址"文本框中可输入某个或某几个(用换行回车符分隔)网站的起始页的地址,在启动栏中选择"从主页开始"命令。

单击 IE 窗口中的"主页"按钮图标可直接打开设定的主页。

3) 前后翻页

当用户在浏览器中一页页地浏览网页时,对于已经看过的网页,IE 将会把它们暂存在用户的硬盘上的一个临时文件夹中。若用户想再次看这些网页时，可单击地址栏左边的“后退”和“前进”按钮，可向前或向后查看浏览过的网页。

4）多窗口浏览

在浏览一个网页时，若用户既想保留原页面，又想看到超链接的另一网页，可以用以下两个方法：

（1）在菜单栏中单击“文件”菜单，在“文件”菜单列表中选择“重复打开标签页”命令，将在选项卡栏上新建一个标签页，它也显示当前网页的内容，在该网页上单击想看到的超链接。

（2）将鼠标指向超链接处，右击鼠标，在出现的快捷菜单中选择“在新窗口中打开”命令，或者是选择“在新标签页中打开”命令，于是新的超链接网页便出现在新打开的浏览器窗口或新选项卡标签页中，而原来的网页仍在原窗口显示。

5）停止主页传送和刷新显示

当用户下载一个主页时，若该页面下载时间过长，或者从已下载显示出的部分内容看，不是自己所要求的，此时可单击地址栏右侧的“停止”按钮，中断页面传送。

当用户下载一个主页时，由于按了“停止”按钮，致使许多图片没有下载，但主页中的某个图片对用户来说是需要的(图片没下载完时，在主页该图片位置处是一个空框，且框内有一小图标)，这时可右击该空框，在弹出的快捷菜单中选择“显示图片”命令，则可以只下载该图片，从而加快下载速度。

在用户下载一个网页时，当时因为网络太忙而“停止”传送，这时要想将中断的网页重新下载，可单击地址栏中的“刷新”按钮，就可以重新下载该网页。要注意的是，用“前进”和“后退”按钮翻看网页，是网页已下载到硬盘的情况下进行重新显示的，而“刷新”是重新从网络上下载该网页。

6）历史记录

当退出 IE 后，浏览过的网页会存在用户硬盘中，不会因退出 IE 或关机而消失。因而用户开机后，可以方便地再次下载这些曾经浏览过的网页，方法如下：启动 IE 后，单击“查看收藏夹、源、历史记录”按钮，在弹出的列表中，选择“历史记录”选项卡，将在该选项卡中列出浏览过的所有历史记录。历史记录是按周列表的，而最近一周是按星期几即按日来列表的，当天是按当天浏览过的网页地址来列表的。用鼠标单击历史记录中每周、每天或今日前的图标，即可出现访问过的主页标题或地址列表，单击选中某一主页地址或标题，又将列出许多网页标题或地址。单击选中的某一标题或地址，即可链接该网页并下载。

可以通过更改“工具”按钮下的“Internet 选项”命令修改保留网页的天数，并设置 Internet 临时文件夹的磁盘空间。方法如下：在“Internet 选项”对话框的“常规”选项卡下“浏览历史记录”栏中，单击“设置”按钮。在弹出的“Internet 临时文件”选项卡的“使用的磁盘空间”变数框中改变磁盘空间的大小。指定保留网页的天数越多，保存该信息所需的磁盘空间就越多。要改变保留网页的天数，则在“历史记录”选项卡中改变“在历史记录中保存网页的天数”的变数框的数值即可。

7）通过代理服务器访问网页

单击“工具”按钮，在弹出的菜单中选择“Internet 选项”命令，接着单击“连接”命令，在“局域网络(LAN)设置”栏单击“局域网设置”按钮，在打开的“局域网络(LAN)设置”对话框中，在“代理服务器”区域，选择“为 LAN 使用代理服务器”复选框。然后输入所选的代理服务器 IP 地址和端口号。若单击“高级”按钮，可分别对 HTTP、FTP、Gopher、Secure 和 Socks 设置代理服务器地址和端口。

在浏览器中输入网页的 URL 并按 Enter 键后，计算机与代理服务器相连接。如果需要授权访问，则会弹出一个对话框，要求输入用户名和密码，通过验证后就可以下载网页了。

8）快速浏览网页

可通过关闭图片、声音或视频选项来加快网页的显示速度。选择“工具”→“Internet 选项”命令，在弹出的“Internet 选项”对话框中选择“高级”选项卡，然后在其中的“多媒体”区域中取消对有关选项的选择，就可以关闭图片、动画或声音。

如果要经常查看某一页，可将其添加到个人收藏夹中，或在桌面上创建指向该页的快捷方式。

9）复制网页文本信息

要保存网页全部文本内容或部分文本内容，可以用“复制”和“粘贴”命令。

10）网页的保存

在浏览网页的时候，常常需要将一些看到的有用网页存盘，或者仅存网页上的某些图片或某些信息，可用以下方法来实现。

(1) 保存网页。当在浏览器窗口看到需要保存的网页时，可执行如下操作：

① 在菜单栏中选择“文件”→“另存为”选项。

② 在出现的如图 7-2 所示的“保存网页”对话框中，选择要存入的硬盘盘符和文件夹，并在“文件名”栏内输入要保存的文件名，在“保存类型”栏内使用默认的保存类型，单击“保存”按钮。

(2) 保存网页中文本。如果只保存网页中的文本内容，可以在“保存网页”对话框中，“保存类型”选择“文本文件”。该网页的文本内容便以文本格式存盘。

用上述方法，网页上的图形、图像并没有被保存，即这种操作方法并不能将网页上的所有内容保存下来，只保存了文本部分。

(3) 保存网页上的图片，若想将网页上的图片存盘，可采用如下方法：

① 右击要保存的图片，弹出一个快捷菜单。

② 选择“图片另存为”命令，出现“保存图片”对话框，其设置方法如同文件保存一样。

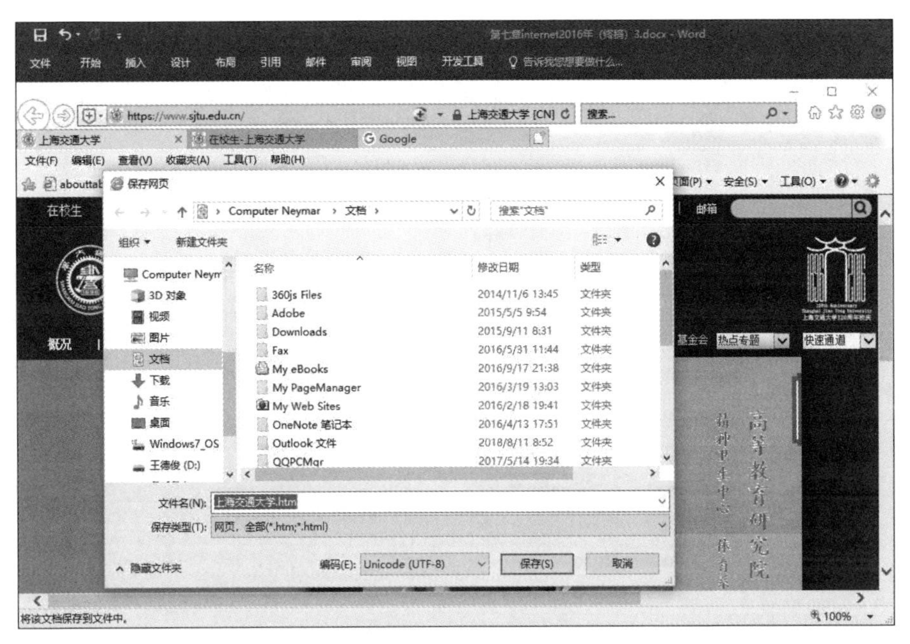

图 7-2　选择保存位置

11）打印网页

IE 提供了打印网页的方法，可以将网页全部打印出来，也可只按照屏幕上所列的布局打印其中的一部分。对有框架结构的网页，可打印所有的框架，也可选择打印指定的框架。打印方法如下：

（1）当主窗口中出现要打印的网页时，选择“工具”→“打印”命令，或者选择菜单栏中的“文件”→“打印”命令，出现如图 7-3 所示的“打印”对话框。

（2）若网页不是框架结构，则可在“页面范围”框内选择全部打印，还可选择不同的页面或内容打印。

（3）对于有框架结构的网页，可单击“选项”选项卡，然后在其中进行相关设定。

7.2.5　收藏夹的使用

IE 浏览器的收藏夹功能可以帮助用户把要收藏的网址分门别类地记录在内，方便用户在任何时候快速打开所需的网页。

为了能够记住这些重要的网页站点，IE 提供了一个如同记事本一样的收藏夹，用户可以将上述得到的网页站点、超链接等的地址存放到这个收藏夹中。一旦需要浏览收藏的网页时，只要打开收藏夹，在出现的收藏夹列表中单击要链接的名称即可。IE 浏览器的收藏夹包括“添加到收藏夹”“添加到收藏夹栏”“将当前标签页添加到收藏夹”和“整理收藏夹”等功能。

当浏览到想收藏的网页时，单击“查看收藏夹、源、历史记录”按钮，选择“添加到收藏

图 7-3 “打印”对话框

夹”命令，便会出现“添加收藏”对话框，如图 7-4 所示。在“名称”框中输入一个名称，这个名称代表要收藏网页的站点，一般可用网页的标题名，也可另起名称。然后单击“添加”按钮，该网页的网址就以所命名存到收藏夹中。

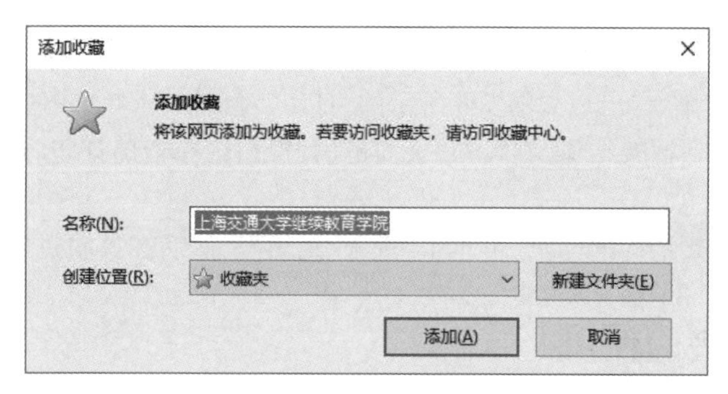

图 7-4 添加到收藏夹

若用户想要创建一个自己的收藏文件夹，以便保存网页站点到该文件夹中去，操作如下：

(1) 在“添加收藏”对话框中，单击“新建文件夹”按钮，出现“创建文件夹”对话框。

(2) 在“文件夹名”框中，输入要创建的收藏夹名，在创建位置下拉列表选择确定所在收藏夹名，然后单击“创建”按钮，这时又返回到“添加收藏”对话框，单击“添加”按钮，那么该网页便保存到刚才新建的收藏文件夹中了。

除了可以将网页添加到收藏夹以外，还可以添加到收藏夹栏。选择菜单栏上的“收藏夹”命令，选择其中的“添加到收藏夹栏”命令，当前浏览网页将被收藏在收藏夹栏中。也可以单击“收藏夹栏”中的“添加到收藏夹栏”按钮完成添加。

当收藏夹中的收藏内容过多时，就需要对收藏夹进行整理。选择“收藏夹”→“整理收藏夹”命令，打开“整理收藏夹”对话框，对收藏夹进行管理。为了分门别类地进行存放，可单击对话框中的“新建文件夹”按钮，创建新的文件夹，然后把相关的网页链接分别存放到不同的文件夹中。也可以单击“移至”按钮，把选中的网页链接项放到新的文件夹中。要删除或重命名文件夹，在“整理收藏夹”对话框中先选定文件夹，然后单击“删除”或“重命名”按钮，对文件夹进行删除或重命名操作。

每次需要打开某个保存在收藏夹中的网页地址时，只需单击“查看收藏夹、源、历史记录”按钮图标，然后单击收藏夹列表中的所需网页名称即可。

7.2.6 IE 浏览器的基本设置

选择“工具”→“Internet 选项”命令，打开“Internet 选项”对话框，如图 7-5 所示。

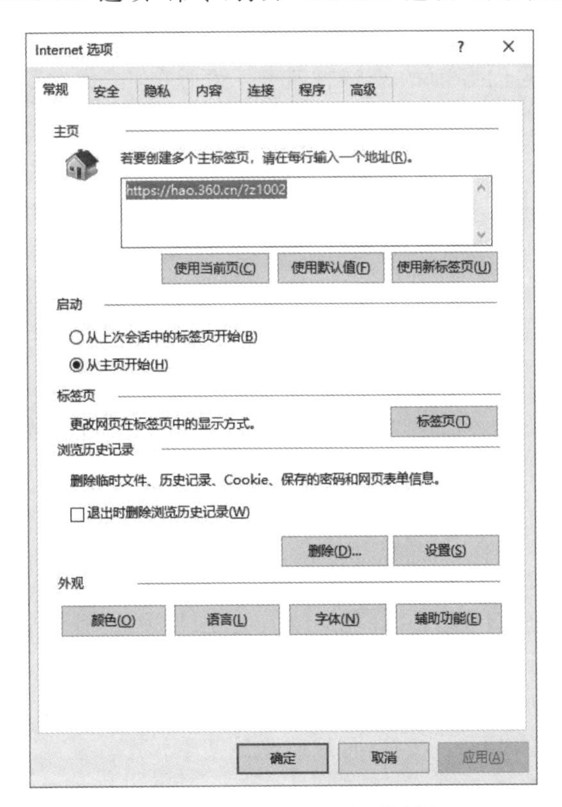

图 7-5 “Internet 选项”对话框

1. “常规”选项卡

在该选项卡中，可以更改默认的主页；设置 Internet 临时文件夹的属性，以便提高浏览的速度；删除临时文件夹的内容，增加计算机的硬盘可用空间；清除历史记录并设置历史记录存储时间；设置网页中颜色、语言、字体和辅助功能。

在启动 IE 浏览器的同时，IE 浏览器会自动打开其默认主页，通常为 Microsoft 公司的主页。用户也可以自己设定在启动 IE 浏览器时打开其他的 Web 网页，具体设置步骤如下：

(1) 打开要设置为默认主页的 Web 网页。

(2) 在“主页”选项组中单击“使用当前页”按钮，可将启动 IE 浏览器时打开的默认主页设置为当前打开的 Web 网页。若单击“使用默认值”按钮，可在启动 IE 浏览器时打开默认主页。若单击“使用新标签页”按钮，可在标签页栏单击“标签页”按钮，设置打开新标签页的方式，并在启动 IE 浏览器时打开对应的网页或空白页。

浏览器会自动将用户浏览过的信息保存在系统的临时文件夹中，以便下次用户再次浏览该网页的时候可直接从临时文件夹中读取相关内容，从而加快网页的浏览显示速度。但有时这会为用户带来问题。当网页已经更新，而用户在浏览网页时，由于计算机还是从临时文件夹中读取旧有的网页文件，因此得不到最新网页的信息。这时可以通过单击“Internet 选项”对话框的“常规”选项卡中的“浏览历史记录”栏中的“删除”按钮，在弹出的对话框中将要删除的内容前的复选框选中，然后单击“删除”按钮进行清除。单击“Internet 选项”对话框的“常规”选项卡中的“浏览历史记录”栏中的“设置”按钮，在弹出的对话框中的“Internet 临时文件”选项卡中，可更改临时文件夹存储空间的大小。

在 IE 浏览器中，用户只要单击“查看收藏夹、源、历史记录”按钮图标，在其列表中选择“历史记录”选项卡就可查看所有浏览过的网站的记录。时间长了，历史记录会越来越多，这时可以在“Internet 选项”对话框中设定历史记录的保存时间。当记录的保存时间失效后，系统会自动清除过期的历史记录。如果需要删除某条历史记录，则在“历史记录”选项卡中右击该记录，在弹出的快捷菜单中选择“删除”命令即可。若要清除全部历史记录，可选择菜单栏的“工具”→“删除浏览历史记录”命令，在弹出的“删除浏览历史记录”对话框中将要删除的内容前的复选框选中，然后单击“删除”按钮。

Internet 提供了搜索功能，通过对搜索功能进行设置，可以满足不同的需求。搜索设置允许更改默认搜索提供程序。具体操作方法如下：

(1) 单击“工具”按钮，选择“Internet 选项”命令，打开“Internet 选项”对话框。

(2) 选择“程序”选项卡，单击“管理加载项”选项组中的“管理加载项”按钮，进入管理加载项页面，在“加载项类型”栏选择“搜索提供程序”，在右侧的列表框中选择需要设置的搜索程序，单击“设为默认”按钮。

选中搜索程序，单击“删除”按钮，可以删除该搜索程序。

IE 浏览器可以设置自己的页面颜色，包括文字和背景的颜色、已访问和未访问的超链接的颜色等。具体设置方法如下：

(1) 在“Internet 选项”对话框常规选项卡中单击“颜色”按钮，出现“颜色”对话框，在颜色框中可以进行文字和背景的设置。

(2) 如果选定了“使用 Windows 颜色”复选框，IE 中的颜色与 Windows 的当前设置一样。此时“文字”和“背景”两个按钮发灰，即这两个选项不可自行设置。

(3) 如取消“使用 Windows 颜色”选项，“文字”和“背景”两个按钮恢复正常，可以对它进行设置。

(4) 单击两个按钮中的任何一个会出现“颜色”设置对话框。

(5) 在“基本颜色”或者“自定义颜色”中选择一种希望的颜色。如果在上面的两栏中找不到用户希望的颜色，用户可以自己定义颜色，单击“规定自定义颜色”按钮，打开对话框的右半部分，在这里用户可以自己调配新的颜色，在颜色要素中输入合适的数值，在中间的颜色框里会自动根据这些数值调配并显示出相应的颜色。调配好颜色后，单击“添加到自定义颜色”按钮，可将该种颜色添加到左边的“自定义颜色”对话框中，再从框中选择所要的颜色即可。

(6) 在“链接”框里可以设置页面中超链接的显示颜色。单击“访问过的”按钮，可以在“颜色”对话框中设置所有已经被单击过的链接的颜色；单击“未访问的”按钮，可以在“颜色”对话框中设置所有还没有被单击过的链接的颜色。

(7) 如果没有选定“使用悬停颜色”选项，则当鼠标指针指向超链接时也不会显示特别的颜色；如果选定了该项，则当鼠标指针指向某个超链接时，该链接会显示特别的颜色。单击“悬停”按钮，出现“颜色”对话框让用户设置鼠标悬停时显示什么颜色。这样可以清楚地看到当前鼠标指针指向的是哪一个超链接。

利用“辅助功能”的设置可以调整页面的外观。具体设置方法如下。

(1) 在常规选项卡中单击“辅助功能”按钮，打开“辅助功能”对话框。

(2) 在“格式”框中有 3 个选项：“忽略网页上指定的颜色”，选择该项后可以忽略原来设置的网页采用的颜色；“忽略网页上指定的字体样式”或“忽略网页上指定的字号”，选择其中一项，可以忽略原来设置的字体的样式或字号。

(3) 在“用户样式”表中，可以定义页面中各种格式元素的样式文件，如文本的格式等。

2. “安全”选项卡

通过更改“安全”选项卡的设置，可以自定义 IE 针对潜在有害或恶意 Web 内容为电脑提供保护的方式。IE 会自动将所有网站分配到某个安全区域：Internet、本地 Intranet 和受信任的站点或受限制的站点。每个区域的默认安全级别各不相同，其安全级别决定了可能会从相应站点阻止何种类型的内容。根据站点的安全级别，某些内容可能会受阻止（只有在选择允许后才会解除阻止），ActiveX 控件可能不会自动运行，或者可能会看到针对某些站点的警告提示。用户可以自定义每个区域的设置，以决定希望或不希望采用的保护程度。

在“安全”选项卡的“选择一个区域以查看或更改安全设置”一栏中有 4 个图标代表 4 种区域“Internet”“本地 Intranet”“受信任的站点”和“受限制的站点”，设置方法如下：

1) 更改安全区域设置

(1) 若要更改任何安全区域的设置，请选择该区域图标，然后将滑块移动到需要的安全级别。

(2) 若要为某个区域创建用户自己的安全设置，请选择该区域图标，然后选择“自定义级别”并进行需要的设置。若要将所有安全级别还原到初始设置，请选择“将所有区域重置为默认级别”按钮。

2) 在安全区域中添加和删除站点

选择“安全”选项卡，单击安全区域图标之一（“本地 Intranet”“受信任的站点”或“受限制的站点”），然后单击“站点”按钮。用户可以向所选的区域中添加站点，或者删除该区域中不再需要的站点。

如果用户在上一步中选择的是“本地 Intranet”，单击“站点”按钮后请选择“高级”按钮，然后执行下列操作之一：

(1) 添加站点。在“将该网站添加到区域”框中输入 URL，然后单击“添加”按钮。

(2) 删除站点。在“网站”下，选择要删除的 URL，然后单击“删除”按钮。

3. “隐私”选项卡

通过调整 IE 的隐私设置，可以影响网站对联机活动的监视方式。例如，用户可以决定存储哪些 Cookie、选择站点在什么情况下以何种方式使用位置信息，以及阻止不需要的弹出窗口。

1) Cookie 处理设置

Cookie 是指网站放置在计算机上的小文件，其中存储用户的基本信息和偏好信息。Cookie 可让网站记住用户的偏好或者避免让用户在每次访问某些网站时都进行登录，从而改善用户的浏览体验。但是，有些 Cookie 可能会跟踪用户访问的站点，从而危及隐私安全。

在“隐私”选项卡中，单击“设置”栏中的“站点”按钮打开“每个站点的隐私操作”对话框，指定“允许”或“阻止”使用 Cookie 的网站，在选项卡“设置”栏单击“高级”按钮，可以选择如何处理 Cookie。

2) 关闭位置共享

定位服务允许站点询问用户的物理位置以提升体验。例如，地图站点可能请求用户的物理位置，以便将所在的位置放在地图中央。当某个站点想要使用位置信息时，IE 会发出提示。出现此提示时，选择“允许一次”可允许站点仅使用一次位置信息。如果希望站点在每次访问时均使用位置信息，则选择“始终允许”。在“隐私”选项卡“位置”栏选中“从不允许网站请求你的物理位置”的复选框，可以关闭位置共享。

3) 弹出窗口阻止程序

弹出窗口阻止程序可限制或阻止访问站点上的弹出窗口。用户可以选择首选的阻止级别、打开或关闭阻止弹出窗口时的通知，也可以创建弹出窗口不受阻止的站点列表。

(1) 如果要打开或关闭弹出窗口阻止程序，在“弹出窗口阻止程序”栏中选中或取消选中“启用弹出窗口阻止程序”复选框，单击“确定”按钮即可。

(2) 如果要阻止所有弹出窗口，可以在“弹出窗口阻止程序”栏中，选择“设置”，在弹出的“弹出窗口阻止程序设置”对话框中的“阻止级别”下，将阻止级别设置为“高：阻止所有弹出窗口(Ctrl + Alt 覆盖)”。关闭此对话框，然后单击“确定”按钮。

(3) 如果要设置“阻止弹出窗口时关闭通知”，则在“弹出窗口阻止程序设置” 对话框中，取消选中“阻止弹出窗口时显示通知栏” 复选框。关闭此对话框，然后单击“确定” 按钮。

4. “内容”选项卡

在该选项卡中可主要进行 3 方面的查看和设置，分别是证书、自动完成、源和网页快讯。

在内容选项卡的证书栏，单击证书，可以查看和管理本机已安装的数字证书。

在自动完成设置对话框中，用户可以设置自动完成功能应用于哪一部分内容，地址栏、浏览历史记录、收藏夹、源、表单上的用户名和密码等，使其可以列出与以前输入或访问的条目可能匹配的内容。另外，当用户访问网站时，一些网页会提示输入一些信息。例如，搜索时会要求输入搜索内容，登录邮箱则要填用户名、密码，这些信息都会被 IE 自动记录。这为信息的安全带来极大的隐患，因此清除这些被 IE 浏览器记录下来的信息成为必要。要删除它们，可单击“自动完成”栏中的“设置”按钮，在弹出的“自动完成设置”对话框中单击“删除自动完成历史记录”按钮，将弹出“删除浏览的历史记录”对话框，选中“表单数据”和“密码”两个选项，单击“删除”按钮来清除已经记录的信息。或者选择“菜单栏”的“工具”命令，在下拉菜单中选择“删除浏览的历史记录”命令也可完成清除。

在源和网页快讯栏，单击“设置”按钮，可以在打开的对话框中指定下载源和网页快讯的频率，设置自动检查源和网页快讯的更新周期。

5. “连接”选项卡

在该选项卡中可以设置一个 Internet 拨号连接，或添加 Internet 网络连接，还可以设置连接的代理服务器，以及设置局域网的相关参数(代理服务器的地址)等。

在“连接”选项卡中，单击“拨号和虚拟专用网络设置”一栏中单击“添加”按钮，弹出网络连接向导的对话框。在该对话框中，选择用户所使用的网络接入方式。单击相应选项，出现具体的网络连接向导设置内容，按照向导输入具体参数，一步一步设置下去，最后单击“完成”按钮完成连接 Internet 的信息设置。

如果用户想更改现有连接的设置，首先选中代表该连接的项，然后单击“设置”按钮，在弹出的对话框中重新设置该接入方式的参数即可。如果想删除某个连接，先选中该连接，然后单击“删除”按钮，这是将出现一个警告，用户可以选择是否删除。

单击“局域网设置”按钮，将弹出“局域网设置”对话框。在“代理服务器”栏中可以选择“为 LAN 使用代理服务器”复选框，然后输入服务器的地址和端口，而且可以选择对于本地地址是否使用代理服务器。单击“高级”按钮，还可以对代理服务器进行更多的设置，如可以分别为不同的传输协议设置不同的代理服务器和相应的端口，也可以把所有的服务器设置为使用同一代理服务器，还可以对一定特征的地址设置不使用代理服务器。

6. “程序”选项卡

在“程序”选项卡的“Internet 程序”区域中，单击“设置程序”按钮，可以打开控制面板的“默认程序”设置窗口，在打开的窗口中单击“设置默认程序”可以指定 Windows 自动用于每个 Internet 服务的程序，其中包括电子邮件服务程序等。可以在“打开 Internet Explorer”栏选择“将 Internet Explorer 设置为默认浏览器”。单击“管理加载项”按钮，将会弹出“管理加载项”对话框，在该对话框中可以对已经加载的 IE 加载项进行启用或禁用的设置。在“HTML 编辑”栏中，可通过“HTML 编辑器”的下拉列表选择用于编辑 HTML 文档的程序。

7. “高级”选项卡

“高级”选项卡中的设置很多，它主要是 IE 个性化浏览的设置，其中包括 HTTP 设置、安全、多媒体、辅助功能和浏览页面的显示效果等相关属性的设置。用户可根据自己的需要对浏览器进行个性化设置，如可以设置是否播放网页中的动画、声音，是否显示网页中的图片，是否允许活动内容在“我的电脑”的文件中运行，是否禁止脚本调试，是否为网页上的链接加下画线等。

7.2.7 搜索引擎的使用

1. 搜索引擎的概念

Internet 如同是一个巨大的图书馆，要在许许多多的资料中找到需要的信息，就要用搜索引擎。搜索引擎是一种能够通过 Internet 接受用户的查询指令，并向用户提供符合其查询要求的信息资源网址的系统。搜索引擎既是用于检索的软件，又是提供查询、检索的网站。所以，搜索引擎也可称为 Internet 上具有检索功能的网站，只不过该网站专门为用户提供信息检索服务，它使用特有的程序把 Internet 上的所有信息归类以帮助人们在浩如烟海的信息海洋中搜寻到自己所需要的信息。

各种搜索引擎的主要任务都包括以下 3 个方面。

(1) 信息搜集。各个搜索引擎都利用一种名叫“网络机器人”或“网络蜘蛛”的“网页搜索软件”，搜索访问网络中公开区域的每一个站点并记录其网址，将它们带回搜索引擎，根据一定的相关度算法进行大量的计算建立网页索引，添加到索引数据库中。

(2) 信息处理。将网页搜索软件带回的信息进行分类整理，建立搜索引擎数据库，并定时更新数据库内容。在进行信息分类整理阶段，不同的搜索引擎会在结果的数量和质量上产生明显的差异。

(3) 信息查询。每个搜索引擎都必须向用户提供一个良好的信息查询界面，一般包括分类目录及关键词两种信息途径。不同的搜索引擎，网页索引数据库不同，排名规则也不尽相同，所以，当用户以同一关键词用不同的搜索引擎查询时，搜索结果也就不尽相同。

2. 搜索引擎的分类

搜索引擎按其工作方式分为两类：一类是基于关键词的搜索引擎，即全文搜索引擎；另一类是分类目录型的搜索引擎。

基于关键词的搜索引擎，用户可以用逻辑组合方式输入各种关键词（keywords），搜索引擎根据这些关键词在数据库中寻找用户所需资源的地址，然后根据一定的规则反馈包含此关键字词信息的所有网址。用户熟悉的百度和Google就是这种搜索引擎。

分类目录型的搜索引擎是指把Internet中的资源收集起来，由其提供的资源类型不同而分成不同的目录，再一层层地进行分类，这类搜索引擎虽然有搜索功能，但在严格意义上算不上是真正的搜索引擎，仅仅是按目录分类的网站链接列表而已。雅虎、搜狐、新浪和网易等都属于这类搜索引擎。分类目录一般都有专门的编辑人员，利用人工来负责收集和分析网站的信息。

全文搜索引擎和分类目录在使用上各有长短。全文搜索引擎因为依靠软件进行，所以数据库的容量非常庞大，但是它的查询结果往往不够准确；分类目录依靠人工收集和整理网站，能够提供更为准确的查询结果，但收集的内容却非常有限。为了取长补短，现在很多搜索引擎两种查找都有。例如百度、Google、Sina和Yahoo既有目录查找，也有关键词查找。

3. 常用的搜索引擎

1）全文搜索引擎

（1）Google（http://www.google.com/）：中英文搜索都可以，是世界范围内规模最大的搜索引擎。

（2）百度（http://www.baidu.com/）：是国内最早的商业化全文搜索引擎，拥有自己的网络机器人和索引数据库。

2）分类目录搜索引擎

（1）新浪：用户可按目录逐级向下浏览，直到找到所需网站。就好像用户到图书馆找书一样，按照类别大小，层层查找，最终找到需要的网站或内容。

（2）搜狐：搜狐分类目录把网站作为收录对象，具体的方法就是将每个网站首页的URL地址提供给搜索用户，并且将网站的题名和整个网站的内容简单描述一下，但是并不揭示网站中每个网页的信息内容。

新浪和搜狐搜索引擎目前都支持使用关键词进行全文搜索。

4. 搜索引擎的基本操作

在IE浏览器中输入搜索引擎的网址，如www.baidu.com，就可以启动搜索引擎。

在搜索信息的时候，用户常常会搜索到大量的信息，也常常搜到许多无用的信息，为了提高搜索的效率，可以采用以下方法。

1）简单查询

在搜索引擎中输入关键词，然后单击“搜索”按钮，很快会返回查询结果，这是最简单的查询方法，使用方便，但是查询的结果却不准确，会包含很多无用的信息。

2）查询条件具体化

在搜索引擎中输入较复杂的搜索条件，可以过滤掉大量的无用信息，从而减少搜索的工作量。

（1）使用加号。

有时需要搜索结果中包含有查询的两个或是两个以上的内容，这时可以把几个条件之间用“＋”号相连。例如想查询王菲的歌曲《香奈儿》，用户可以输入“王菲＋香奈儿”。其实大多搜索引擎用空格和用加号时的查询结果是相同的。

（2）使用减号。

有时可能在查询某个主题时并不希望在这个主题中包含另一个主题，这时就可以使用减号。比如想查找刘德华的歌曲《享用你的姓》，但又不希望得到的结果是 RM 格式(Realplayer)的。可以输入“刘德华 歌曲 享用你的姓 －RM”，注意：一定要在减号前留一个空格位。

（3）使用引号。

给要查询的关键词加上半角双引号，可以保证搜索结果非常准确，即使是有分词功能的搜索引擎也不会对引号内的内容进行拆分。例如在搜索引擎的文字框中输入“电话传真”，它就会返回网页中有“"电话传真"”这个关键字的网址，而不会返回诸如只有“电话”或“传真”之类的网页。

（4）布尔检索。

所谓布尔检索，是指通过标准的布尔逻辑关系来表达关键词与关键词之间逻辑关系的一种查询方法，这种查询方法允许用户输入多个关键词，各个关键词之间的关系可以用逻辑关系词来表示。

- and（逻辑与）：表示它所连接的两个词必须同时出现在查询结果中。
- or（逻辑或）：表示所连接的两个关键词中任意一个出现在查询结果中。
- not（逻辑非）：表示所连接的两个关键词中应从第一个关键词概念中排除第二个关键词，例如，输入“交通大学 not 上海”，表示要求查询的结果中是不包含上海交通大学的所有的交通大学。

在实际的使用过程中，用户可以将各种逻辑关系综合运用，灵活搭配，以便进行更加复杂的查询。

7.2.8 使用 IE 浏览器访问 FTP 站点

1. FTP 协议

FTP(File Transfer Protocol)是 TCP/IP 协议簇中的协议之一。该协议提供 Internet

上文件传输服务，实际上 FTP 就是实现两台计算机之间的文件复制，从远程计算机复制文件至自己的计算机上，称为下载(download)文件。若将文件从本地计算机中复制到远程计算机上，则称为上传(upload)文件。

2. FTP 地址格式

FTP 地址格式如下：

ftp://用户名：密码@ FTP 服务器 IP 或域名：FTP 命令端口号/路径/文件名

上面的参数除 FTP 服务器 IP 或域名为必要项外，其他都不是绝对必要的。例如，以下地址都是有效的 FTP 地址：

ftp://user:password@ftp.sjtu.edu.cn/symantec

ftp://user:password@ftp.sjtu.edu.cn

ftp://ftp.sjtu.edu.cn

3. FTP 的使用

要访问 FTP 站点，首先要运行 IE 浏览器，然后在地址栏中输入要连接的 FTP 站点的 IP 地址或域名，如图 7-6 所示。

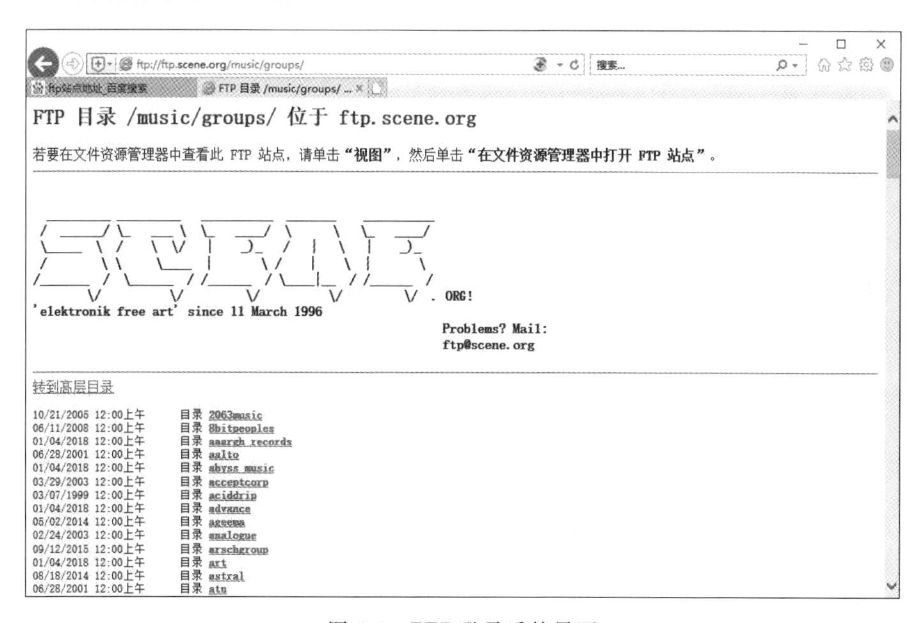

图 7-6　FTP 登录后的界面

当该 FTP 站点只被授予“读取”权限时，则只能浏览和下载该站点中的文件夹和文件。浏览文件或文件夹，只需双击即可打开相应的文件夹和文件。如要将文件或文件夹下载到用户计算机上，只需右击，并在快捷菜单中选择“复制”命令，而后打开 Windows 资源管理器，将该文件或文件夹粘贴到要保存的位置即可。

一般登录 FTP 站点后，用户多被授予“读取”权限，这时用户只能浏览和下载站点中的文件夹和文件,不能做别的动作。如果以高级权限用户名登录,用户已经被授予“读取”和“写入”权限,则可以直接在 Web 浏览器中实现新文件的建立以及对文件夹和文件的重命名、删除和文件的上传。

7.2.9 Web 格式邮件的使用

Web 格式的邮件也称为 HTML 格式的邮件,这种邮件不同于一般的纯文本格式的邮件。Web 格式的邮件可以插入好看的图片,可以更改字体或是字的大小和颜色等,做到“图文并茂”。用户可以按照自己的风格来设计邮件内容。它打破了最初的电子邮件特性,使电子邮件有了新的特点和新的元素。因此,Web 格式的邮件既有传统电子邮件的方便快捷特性,同时还具备 Web 上网页美观的特性。

与纯文本邮件比较,Web 格式的邮件容量大,因为它要包含很多 HTML 的代码或是图片等信息。这样会造成客户下载邮件时间延长。另外,Web 格式的邮件还存在兼容性的问题。因为并不是每个邮件收发软件都支持 Web 格式的邮件,当收件人的邮件收发软件不能支持 Web 格式邮件的话,将会看到一堆乱码。还有一些掌上电脑和手机等移动设备对 Web 格式的邮件支持也不是很好,而纯文本邮件在这两方面都不存在问题。

7.2.10 使用 IE 浏览器访问 BBS 站点

1. 什么是 BBS

BBS(bulletin board system)就是电子公告板或电子公告牌。在 BBS 公告牌上,每个用户既可作为一个读者去读取公告中的内容,也可作为一个作者去发布自己的公告。

像日常生活中的黑板报一样,BBS 一般都按不同的主题和分主题分成很多个布告栏,布告栏的设立依据是大多数 BBS 使用者的要求和喜好,使用者可以阅读他人关于某个主题的最新看法,也可以将个人的想法毫无保留地贴到公告栏中。如果需要独立的交流,可以将想说的话直接发到某个人的电子信箱中。如果想与在线的某个人聊天,可以启动聊天程序。

2. BBS 的使用

1) BBS 的访问方式

目前,BBS 有两种访问方式:Telnet 和 WWW。

Telnet 方式采用的是网络远程登录服务。Telnet 方式指通过各种终端软件直接远程登录到 BBS 服务器去浏览、发表文章,还可以进入聊天室和网友聊天,或者发信息给站上在线的其他用户。既然是一种网络服务,它也有自己的服务端口,默认是 23 端口,但是有些 BBS 站为了减轻一个端口的访问量,可能会提供多个访问端口。

WWW 方式浏览是指通过浏览器直接登录 BBS。这种方式的优点是使用起来比较简单方便,入门很容易。但是由于 WWW 方式本身的限制,不能自动刷新,而且有些 BBS

的功能难以在 WWW 下实现。

2) BBS 的登录与使用

WWW 访问方式的 BBS 站点一般有一个网址,所以只要使用 IE 或其他浏览器在地址栏输入网址登录即可。例如,输入 http://bbs.sjtu.edu.cn/显示如图 7-7 所示的登录 BBS 页面。然后输入用户账号及密码,单击“登录”按钮后进入 BBS 页面,如图 7-8 所示。

图 7-7 BBS 的登录界面

图 7-8 登录后的 BBS 页面

如果是第一次登录，BBS 默认用户身份是游客，即匿名登录，只能浏览文章，不能回复，也不能发表文章。所以，要想能真正使用 BBS，必须注册一个用户 ID（即账号）。ID 是用户在 BBS 上的标记，BBS 系统就是靠 ID 来分辨每个注册的网友，并提供各种站内服务。当用户的 ID 通过了站内简单的注册认证后，用户将获得各种默认用户身份所没有的权限，如发表文章、进聊天室聊天、发送信息给其他网友以及收发站内站外信件等。

7.2.11 博客

1. 什么是博客

博客（Blog）是 Web log（网络日志）的简称，又译为网络日志、部落格或部落阁等，是一种通常由个人管理、不定期张贴新的文章的网站。博客上的文章通常根据张贴时间，以倒序方式由新到旧排列。许多博客专注在特定的课题上提供评论或新闻，其他则被作为比较个人化的日记。

一个典型的博客结合了文字、图像、其他博客或网站的链接及其他与主题相关的媒体。能够让读者以互动的方式留下意见是许多博客的重要因素。大部分的博客内容以文字为主，仍有一些博客专注在艺术、摄影、视频、音乐和播客等各种主题。博客是社会媒体网络的一部分。

博客的个性化特点是指其内容的个性表达，但同时博客也是个体性和公共性的结合，其精髓不是主要表达个人思想，也不是主要记录个人日常经历，而是以个人的视角，以整个互联网为资源来展现个人的知识视野和知识积累，使其具有更高的共享价值。

博客的作用主要体现在个人知识的管理和网络群体的深度交流与沟通。博客不仅对个人知识按照时间顺序进行归档存储，同时它还可以将这些知识进行共享交流。个人的知识管理汇聚到一个组织中，就会形成更大的效应和价值，这是知识管理中的价值规则。博客为建立网络社交群体提供了良好的机会，人们都可以在别人对自己信息的回复中获得许多有益的反馈意见，获得许多启发。同时其简单易用和即时发布的特点又使得人们能够方便地利用它展开对于一些主题的探讨。

2. 博客的使用

下面以新浪网的博客为例，介绍博客的注册登录和使用。第一次使用博客，事先需要在网络上注册自己的博客账号，然后才能使用。

首先登录到新浪网主页，在分类目录中找到“博客”并单击，在新出现的博客首页中单击“注册”，进行账户注册，如图 7-9 所示。在博客注册页面输入相关信息，可以有手机注册和邮箱注册两种方式，如果是手机方式注册，则需要填写手机号码、密码、兴趣标签和上发短信手机等信息，如图 7-9 所示；如果是邮箱注册，则需要填写邮件地址、密码、兴趣标签、验证码等。注册成功后即可使用。

当下一次需要重新进入博客，则在登录页面中输入登录名和密码，单击“登录”后，则进入已登录状态，如图 7-10 所示。此时，用户如果想进入自己的博客空间，则单击“我的

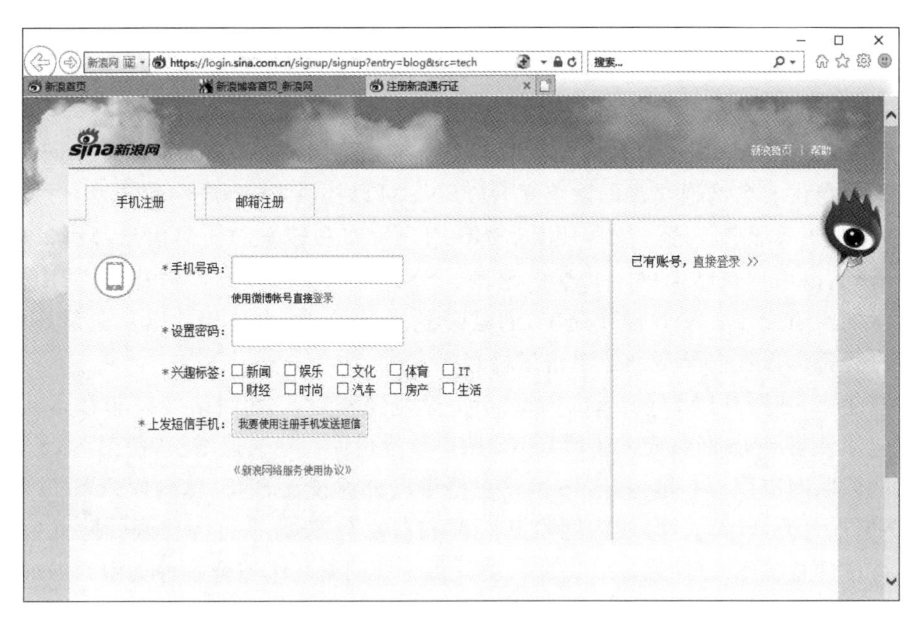

图 7-9　博客注册

博客”。用户可以在其中查看自己发表过的博文，如果现在就想发表博文，则单击“发博文”，在出现的博文编辑页面中输入博文即可。如果单击“个人中心”则会进入个人博客中心网页，用户可以在中心里对自己的空间和博友等内容进行管理。同时个人中心更是用户与博友之间进行互动的地方。

图 7-10　博客登录

7.2.12　SNS

现在网络上出现的 SNS 一般包含 3 层含义：社交网络 SNS(Social Network Service)，社交网站(Social Network Site)和社交软件 SNS(Social Network Software)。

Social Networking Services，即社会性网络服务，专指旨在帮助人们建立社会性网络的互联网应用服务。

Social Network Site，即社交网站或社交网。社会性网络(Social Networking)是指个人之间的关系网络，这种基于社会网络关系系统思想的网站就是社会性网络网站，其最大的特点是实名制和现实关系网络的数字化。

Social Network Software，即社会性网络软件。是一个采用分布式技术构建的下一代基于个人的网络基础软件。通过分布式软件编程，将现在分散在每个人的设备上的CPU、硬盘和带宽进行统筹安排，并赋予这些设备更强大的能力。

在我国，SNS的应用主要是指社交网站。SNS是将用户和其朋友、亲人、同事等建立线上联系并提供实名沟通交流的网络平台。SNS可以提供发布、评论和转发日志、消息、照片、音乐视频等服务。通过这些服务，SNS用户发布和转发的任何信息都可以被其好友同时看到，由用户自己来决定共享的范围。SNS就是以这种方式为基础，使用户进行相互之间的沟通交流。SNS操作简单，创建博客、发布文章、上传相片以及邀请好友等整个操作过程都可以在向导帮助下单击鼠标轻松完成。

这些年来，在国外以MySpace、Facebook等为代表的SNS网站发展非常迅猛，各种各样的应用使得SNS网站充满生机，SNS用户数量也惊人地快速增长，使得SNS成为当前热门的互联网应用。在国内，SNS网站主要可以分为校友SNS、休闲娱乐SNS和婚恋交友SNS三大类，以人人网(校内网)、开心网和白社会SNS平台为代表。除此以外，还有各式各样的特殊SNS网站，如以旅游、美食等各类网络社区迎合各种类型的需求。

7.2.13 微信

微信(WeChat)是腾讯公司于2011年1月21日推出的一个为智能终端提供即时通信服务的免费应用程序，由张小龙所带领的腾讯广州研发中心产品团队打造。微信支持跨通信运营商、跨操作系统平台通过网络快速发送免费(需消耗少量网络流量)语音短信、视频、图片和文字，同时，也可以使用通过共享流媒体内容的资料和基于位置的社交插件“摇一摇”“漂流瓶”“朋友圈”和“公众平台”等服务插件。用户可以通过“摇一摇”“搜索号码”“附近的人”、扫二维码方式添加好友和关注公众平台，同时微信将内容分享给好友以及将用户看到的精彩内容分享到微信朋友圈。

截止到2016年第二季度，微信已经覆盖中国94%以上的智能手机，月活跃用户达到8.06亿，用户覆盖200多个国家，支持超过20种语言。此外，各品牌的微信公众账号总数已经超过800万个，移动应用对接数量超过85000个，广告收入增至36.79亿元人民币，微信支付用户则达到了4亿元左右。

微信在iOS、Android、Windows Phone、Symbian、BlackBerry等手机平台上都可以使用，并提供有多种语言界面。

1. 微信的基本功能

(1) 聊天：支持发送语音短信、视频、图片(包括表情)和文字，是一种聊天软件，支持多人群聊，支持面对面建群。

(2) 添加好友：微信支持查找微信号来添加好友，具体步骤：单击微信界面下方的通信录→添加朋友→搜号码，然后输入想搜索的微信号、QQ号或手机号，然后单击查找即可，也可以单击微信界面下方的发现→摇一摇、二维码扫一扫、搜一搜、漂流瓶、查看附近的人等方式添加好友。

(3) 微信小程序：2017 年 4 月 17 日，小程序开放“长按识别二维码进入小程序”的功能。该功能在 iOS 以及 Android 均可使用。小程序是一种不需要下载安装即可使用的应用，它实现了应用“触手可及”的梦想，用户扫一扫或搜一下即可打开应用。

(4) 微信支付是集成在微信客户端的支付功能，用户可以通过手机完成快速的支付流程。微信支付向用户提供安全、快捷、高效的支付服务，以绑定银行卡的快捷支付为基础。

2. 微信的其他功能

(1) 朋友圈：用户可以通过朋友圈发表文字和图片，同时可通过其他软件将文章或者音乐分享到朋友圈。用户可以对好友新发的照片或文章进行“评论”或“点赞”，用户只能看相同好友的评论或点赞。

(2) 其他信息发送：在好友聊天界面中单击右下方“＋”，内置众多聊天附加功能，除了发送图片、视频聊天、发送语音信息外，还可以共享位置、发送红包、转账、发送名片、发送我的收藏。

(3) 我的钱包：我的钱包中提供多项生活服务，可以手机充值、缴水电费、理财、公益等。同时，支持第三方服务，如购买火车票机票、滴滴出行、美团外卖等。

(4) 收付款：微信除了可以展示二维码或条形码用于向商家付款；还可以单击二维码收款，无须添加好友，他人扫二维码即可向我付款；收付款功能还可以发起群收款、发面对面红包等。

(5) 群发助手：通过群发助手把消息发给多个人。

(6) 流量查询：微信自身带有流量统计的功能，可以在设置里随时查看微信的流量动态。

(7) 游戏中心：可以进入微信玩游戏(还可以和好友比高分)，例如“飞机大战”等。

3. 微信公众平台

微信公众平台，简称公众号。利用公众账号平台进行自媒体活动，简单来说就是进行一对多的媒体性行为活动，如商家申请公众微信服务号通过二次开发展示商家微官网、微会员、微推送、微支付、微活动、微报名、微分享、微名片等，已经形成了一种主流的线上线下微信互动营销方式。

当微信公众平台关注数超过 500，就可以去申请认证的公众账号。用户可以通过查找公众平台账户或者扫一扫二维码来关注公众平台。

7.3 电子邮件

电子邮件(Electronic Mail，E-mail)是 Internet 上的重要信息服务方式。普通邮件通过邮局、由邮递员送到用户的手上，而电子邮件是以电子的格式(如 Microsoft Word 文档、.txt 文件等)通过互联网为世界各地的 Internet 用户提供了一种极为快速、简单和经济的通信和交换信息的方法。

7.3.1 电子邮件的基本原理

电子邮件发送与接收过程类似于普通收发信过程,图 7-11 显示出了电子邮件收发过程:用户在自己的机器上用编写与收发电子邮件的专用软件编写完电子邮件后,进行发送,送到由 ISP 提供接入服务的网络上,在 ISP 提供的网络上设有一个发送邮件服务器,当它接收电子邮件后,就发往 Internet,在 Internet 上逐级传送,最后到达收件人所在 ISP 网络上的接收邮件服务器上,并分拣到收件人的邮箱中,当收件人开机连网后,就可以用专用软件来接收和阅读电子邮件。

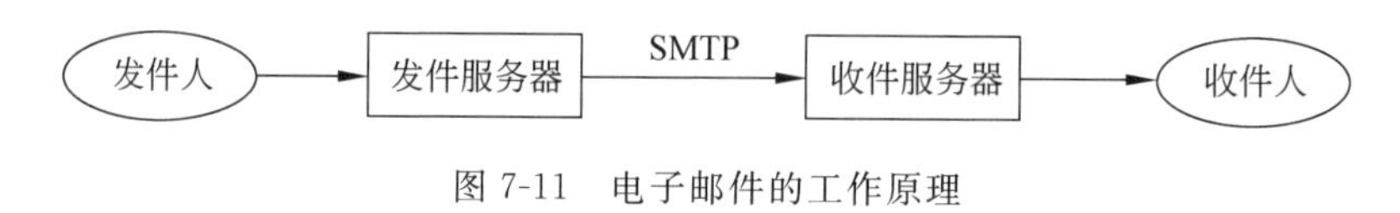

图 7-11 电子邮件的工作原理

整个邮件传输过程使用的 SMTP(简单邮件传输协议)协议是邮件存储转发协议,负责将邮件通过一系列的服务器转发到最终目的地。

7.3.2 电子邮件的基本知识

1. 电子邮件地址

为了在 Internet 上发送电子邮件,用户要有一个电子邮件地址和一个密码。电子邮件地址是由用户的邮箱名(即用户的账号)和接收邮件服务器域名地址组成。用户账号可由用户自己选定,但需由局域网管理员或用户的 ISP 认可。如下面的邮件地址:tianhhh@mail. sjtu. edu. cn,其中 tianhhh 是电子邮箱名(又称用户账号),该邮箱实际上对应接收邮件服务器硬盘上的一个小区域,此区域用于存放用户的邮件,mail. sjtu. edu. cn 表示中国教育系统上海交通大学网上邮件服务器 mail 的域名,@表示"在…上",因而 tianhh@mail. sjtu. edu. cn 就表示设在域名为 mail. sjtu. edu. cn 的邮件服务器上名为 tianhhh 的一个邮箱。

Internet 全天 24 小时通邮。电子邮件传送的快慢和距离的远近几乎没有关系,但信件内容的多少与电子邮件传送的速度有较大关系,过长的邮件应采用压缩文档的方法传输。

2. 电子邮件的优点

与常规信函相比,E-mail 非常迅速,把信息传递时间由几天到十几天减少到几分钟,而且 E-mail 使用非常方便,即写即发,省去了粘贴邮票和跑邮局的烦恼。与电话相比,E-mail 的使用是非常经济的,传输几乎是免费的;传输内容非常丰富,不仅可以传送文本,还可以传送声音和视频等多种类型的文件;而且这种服务不仅可以一对一的服务,用户可以向一批人发信件，或者向一个人这么发，向另一个人那么发。正是由于这些优点，Internet上数以亿计的用户都有自己的E-mail地址，E-mail也成为利用率最高的Internet应用。

3. 电子邮件中的常用术语

(1) 收费邮箱：通过付费方式得到的一个用户账号和密码，收费邮箱有容量大、安全性高等特点。

(2) 免费邮箱：网站上提供给用户的一种免费邮箱，用户只需填写申请资料即可获得用户账号和密码。它具有免付费、使用方便等特点，是人们使用较为广泛的一种通信方式。

(3) 收件人(To)：邮件的接收者，相当于收信人。

(4) 发件人(From)：邮件的发送人，一般来说，就是用户自己。

(5) 抄送(CC)：用户给收件人发出邮件的同时把该邮件抄送给另外的人。在这种抄送方式中，收件人知道发件人把该邮件抄送给了另外哪些人。

(6) 暗送(BCC)：用户给收件人发出邮件的同时把该邮件暗中发送给另外的人，所有收件人都不会知道发件人把该邮件发给了哪些人。

(7) 主题(Subject)：即这封邮件的标题。

(8) 附件：同邮件一起发送的附加文件或图片资料等。

4. 电子邮箱的申请

进行收发电子邮件之前必须先要申请一个电子邮箱地址。

(1) 通过申请域名空间获得邮箱。如果需要将邮箱应用于企事业单位，且经常需要传递一些文件或资料，并对邮箱的数量、大小和安全性有一定的需求，可以到提供该项服务的网站上申请一个域名空间，也就是主页空间，网站会提供一定数量及大小的电子邮箱，以便别人能更好地访问您的主页。这种电子邮箱的申请需要支付一定的费用，适用于集体或单位。

(2) 通过网站申请收费邮箱。提供电子邮件服务的网站很多，如果用户需要申请一个收费邮箱，只需登录到相应的网站，单击提供邮箱的超链接，根据提示信息填写好资料即可注册申请一个收费电子邮箱。

(3) 通过网站申请免费邮箱。免费邮箱是目前较为广泛的一种网上通信手段，其申请方法与申请收费邮箱相同，只是选择的是免费邮箱，然后根据提示完成资料填写即可。

7.3.3 Microsoft Outlook 2016的使用

目前已有的接收发送电子邮件的软件不少于几十种，在各种常用的操作系统中，都有相应的软件。由于Microsoft Outlook是非常优秀且使用广泛的邮件客户端软件，所以本节仅介绍Microsoft Outlook 2016软件的使用。

1. Microsoft Outlook 2016 窗口简介

打开 Outlook 2016 后，如果以前就已经添加了账户，将弹出该应用程序的窗口，如图 7-12 所示。Outlook 2016 窗口由标题栏、快速访问工具栏、“文件”按钮、选项卡、功能区、视图切换按钮区、状态栏、邮件阅读窗格、导航窗格等部分构成。

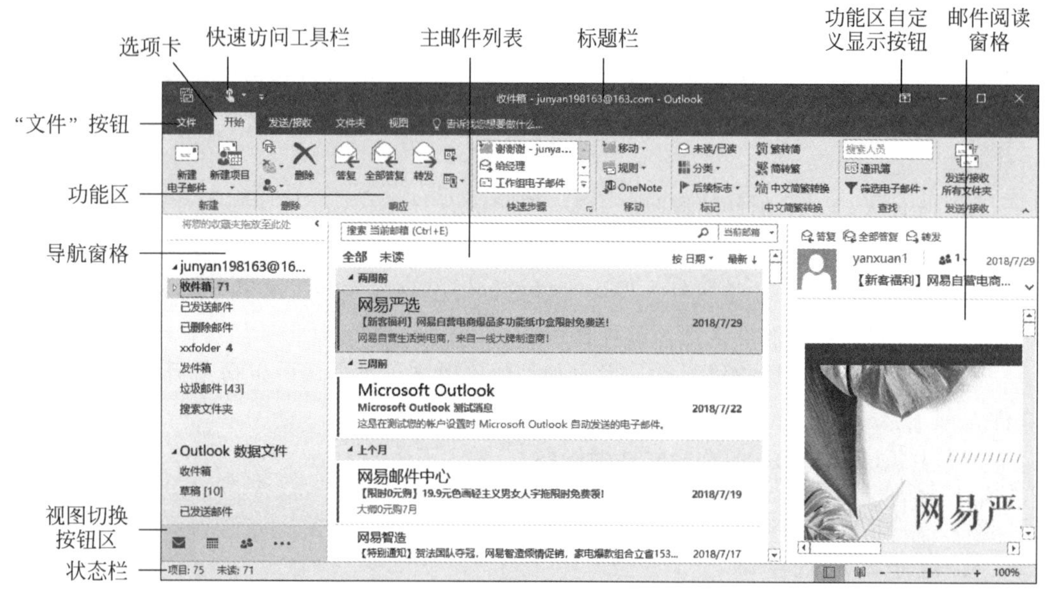

图 7-12　Outlook 主窗口界面

1）标题栏

标题栏位于工作界面的顶端，其中自左至右显示的是控制菜单按钮、快速访问工具栏、当前默认账户的邮箱地址、应用程序名称“Outlook”、功能区自定义显示按钮、最小化按钮、最大化/还原按钮和关闭按钮。

2）快速访问工具栏

位于界面的标题栏中，从左向右包括“发送/接收所有文件夹”按钮和“撤销”按钮。该工具栏上的按钮可以根据需要添加和删除。单击右边的“自定义快速访问工具栏”按钮，在打开的列表中选择其中的选项，则该选项命令将出现在快速访问工具栏上。

3）“文件”按钮

位于标题栏下，单击“文件”按钮（选项卡），可以在打开的菜单中对邮件进行保存、打印等操作以及对账户进行设置。

4）选项卡

在“文件”按钮右侧排列了 4 个选项卡，分别是“开始”“发送/接收”“文件夹”和“视图”。单击不同的选项卡,可以看到不同的功能区选项。在最右边的文本框里,用户可以输入相应文字内容,即可轻松获得相应功能和获得帮助。

5) 功能区

单击某个选项卡可以打开相应的功能区,将显示不同选项卡中包含的操作命令组。例如,“开始”选项卡中主要包括了新建、删除、响应、快速步骤、移动、标记、查找、发送/接收等功能区。功能区操作命令组右下角带有 ↘标记的按钮时,表示有命令设置对话框。

6) 视图切换按钮区

视图切换按钮区位于导航窗格的下方,Outlook 的 6 个应用集中于此处,选择不同的按钮可以在 6 个应用功能间切换,6 个按钮分别对应“邮件”“日历”“人员”“任务”“便签”和“文件夹”视图,导航窗格的内容和功能区的命令按钮也会根据选中的视图按钮进行相应的变换。

7) 导航窗格

根据用户的工作方式,有时可能需要在 Outlook 窗口中拥有更多空间,有时可能需要更轻松地访问所有邮件文件夹,或需要在不同的视图(如“日历”与“联系人”)之间快速切换。Outlook 导航窗格提供了多个不同的视图和选项按钮供选择。

当视图切换为文件夹时,所有文件夹,包括收件箱的文件夹,都保持可见在导航窗格中,当单击文件夹按钮则在 Outlook 主邮件列表中显示该文件夹的内容。当单击导航窗格中的按钮之一,如邮件、日历或联系人,则导航窗格更改回窗格视图模式。

8) 状态栏

位于 Outlook 窗口的下方,主要用于提供系统的状态信息,其内容随操作的不同而有所不同,在发送或接收邮件时会显示服务器的连接状态。

与旧版的 Outlook Express 相比,功能区取代了主窗口顶部的菜单和工具栏,从而为用户提供更加个性化的工作体验。它旨在帮助用户更轻松地查找和使用 Outlook 提供的各种功能,从而使用户能够在更短的时间内完成更多工作。

2. Outlook 2016 的账户设置

第一次使用 Outlook 时,用户必须对其进行设置,包括用户邮箱的发送邮件服务器(SMTP)域名与接收邮件服务器(POP3)域名,以及本人的邮件地址,邮箱账号名称及密码等信息,这样用户才能使用经过设置的 Outlook 发送和接收邮件。

对于设置 Outlook 所需知道的邮件服务器的类型(POP3 或 IMAP)、账户名和密码,以及 POP3 和 IMAP 所用的发送邮件服务器、接收邮件服务器的名称等。可以从 Internet 服务提供商(ISP)或局域网(LAN)管理员那里得到。下面具体介绍 Outlook 账户的设置。

首次启动 Outlook 会出现配置账户向导,这里用户可以先不管,直接下一步然后根据提示选择没有账户直接进入 Outlook。选择“文件”按钮,在展开的列表中选择“信息”选项卡下的“添加账户”按钮，将会弹出“添加账户”对话框，如图7-13所示。

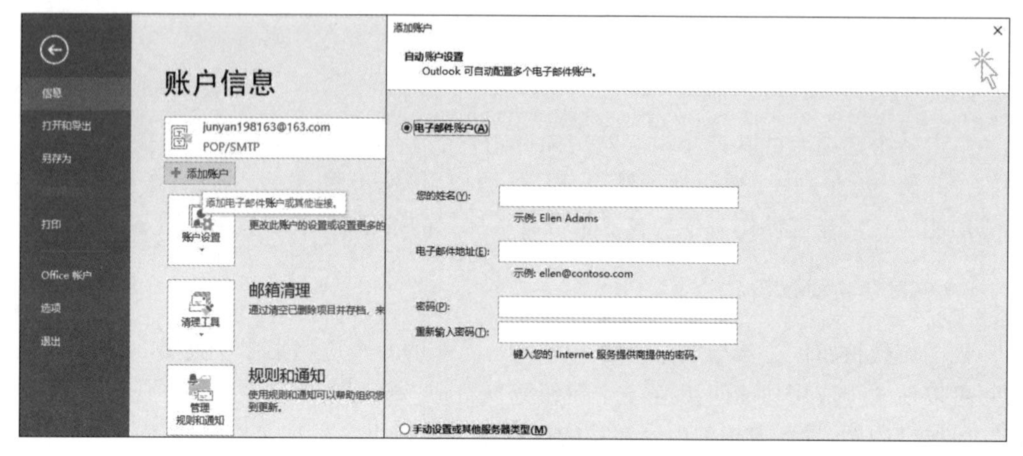

图7-13　添加账户

如果在“添加账户”对话框中选择电子邮件账户，并填入您的姓名、邮件地址和密码等信息，此时Outlook会自动为用户连接相应的邮件服务器并配置相应的信息，如邮件发送和邮件接收服务器等。

如果在“添加账户”对话框“自动账户设置”页中选择“手动设置或其他服务器类型”，单击“下一步”按钮，进入“选择服务”页中，选择“POP或IMAP”选项，单击“下一步”按钮，将弹出“POP和IMAP账户设置”页，在该页中，需要输入“您的姓名”“电子邮件地址”“账户类型”“发送邮件服务器”“接收邮件服务器”“用户名”和“密码”等选项。在输入这些信息后，单击“其他设置”按钮，则在打开的对话框中的“发送服务器”选项卡中选中复选框“我的发送服务器(SMTP)要求验证(O)”，单击“确定”按钮返回，如图7-14所示。然后可以单击“测试账户设置”按钮进行测试，如图7-15所示。成功后单击“完成”按钮，完成账户设置。

3. 电子邮件的阅读

打开Outlook 2016后，首先是接收邮件。单击“发送和接收”选项卡，在“发送和接收”功能区中选择“发送和接收所有文件夹”选项。或单击“开始”选项卡，在“发送和接收”功能区中选择“发送和接收所有文件夹”选项。则Outlook会将邮箱中的邮件全部下载到本地计算机中，用户就可以阅读收到的电子邮件了，其方法如下：

(1)“导航窗格”切换到邮件视图，双击“导航窗格”中的邮箱地址文件夹，在展开的文件夹列表中，单击“收件箱”子文件夹，这时“导航窗格”旁边的主邮件列表窗格中会显示已阅读或未阅读的邮件。邮件前显示未开封的信封图样的信表示还没有阅读过，若已经开封则表示已阅读过。也可从显示信件的字体中看出来，粗体显示的邮件是未曾读过的，正常字体表示已阅读过的。

(2)单击要阅读的邮件，这时要读的邮件内容就在阅读窗格中显示出来，可拖动阅读窗格右侧的滑块，以快速浏览收到的邮件。

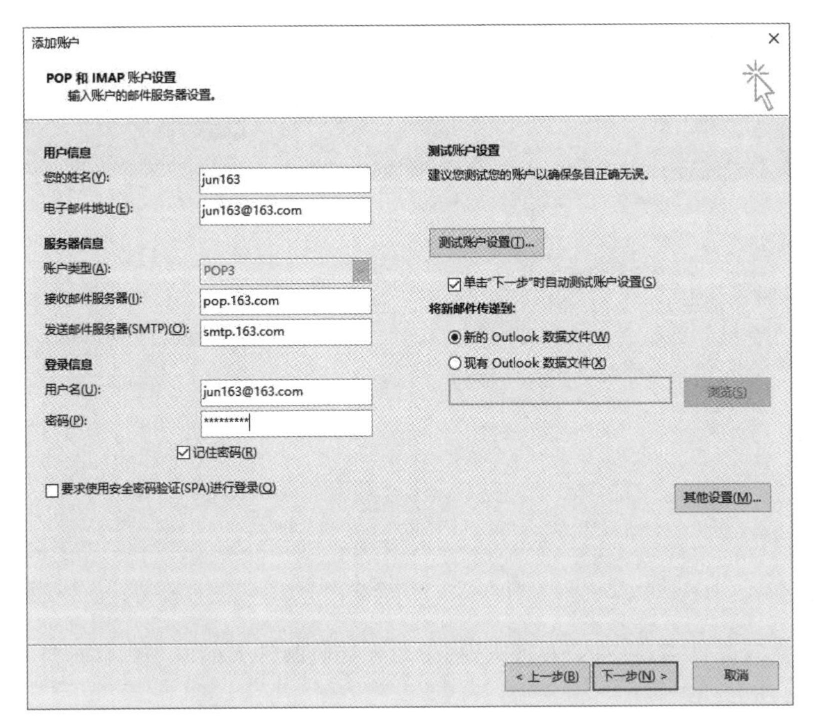

图 7-14　输入账户信息

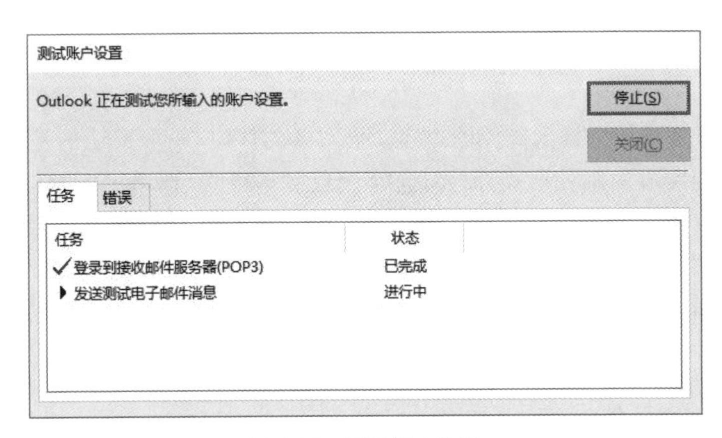

图 7-15　测试账户设置

(3) 若要仔细阅读某个收到的邮件,可双击要读的邮件,此时将弹出一个新的窗口,新的窗口中包括了发件人的姓名、电子邮件地址、发送的时间和主题以及收件人的姓名等,在下面的显示区中显示信件的内容。在阅读邮件后,在该窗口的"邮件"选项卡中可选择相应命令进行邮件的答复、转发、打印和删除等操作。

4. 电子邮件的发送

要使用 Outlook 提供的文本编辑窗口编写电子邮件,其方法如下:

(1) 在 Outlook 窗口中,选择"开始"选项卡,在弹出的"新建"功能区中单击"新建电子邮件”按钮,将弹出一个撰写邮件窗口,如图 7-16 所示。

图 7-16　撰写邮件窗口

(2) 在撰写邮件窗口中的“收件人”框中填入接收邮件人的电子邮件地址,如 tianhhh@mail. sjtu. edu. cn。

(3) 若此邮件要抄送给其他人,则可在“抄送”框中陆续输入各收信人的电子邮件地址,其间用分号分隔。

(4) 在“主题”框中,可输入该邮件的主题,表明这封信的主题思想。该项内容一定要填写清楚。

(5) 在邮件编辑框中输入邮件的内容。撰写新邮件时,一般默认的是 Web 格式的邮件。要想使用纯文本的邮件格式,需要选择“设置文本格式”选项卡下“格式”功能区中的“纯文本”按钮。纯文本的邮件内容,Outlook 是不允许进行格式上的设置的。如果是 Web 格式的邮件,则可以对邮件内容进行字体、段落等格式的设置。还可以在“插入”选项卡中为邮件插入不同的对象。

(6) 邮件写好后,单击“发送”按钮,于是该邮件便立即发送出去了。

5. 邮件中的其他操作

1) 为邮件设置文本样式

修改邮件的文本样式有两种方式:更改所有邮件的文本样式和更改特定邮件的文本样式。

如果要更改所有邮件的文本样式,也就是以后新建的邮件都可使用新设置的样式。选择新设置的文本内容,在“设置文本格式”选项卡下“样式”功能区单击右侧的下拉按钮(也可以鼠标右键所选中的文本内容,在弹出的工具栏中选择样式按钮弹出样式列表),选择“创建样式”选项,打开“根据格式设置创建新样式”对话框,输入样式名,如“样式 1”,单击“确定”按钮(如果对格式不满意,还可以单击“修改”按钮,进一步修改格式)。

如果要更改特定邮件的文本样式，则首先选中要编排的文本后，在“邮件”窗口中单击“设置文本格式”选项卡，在“样式”功能区中单击“其他”下拉按钮选择某一个样式即可。

2）在邮件中使用信纸

选择“文件”选项卡，单击“选项”按钮，在弹出的“Outlook 选项”窗口中选择左侧列表中的“邮件”选项卡，在“撰写邮件”栏中选择“信纸和字体”按钮，在弹出的“签名和信纸”对话框的“个人信纸”选项卡中单击“主题”按钮，在弹出的“主题和信纸”对话框中选择一种主题或信纸即可。

3）在待发邮件中加入签名

选择“文件”选项卡，单击“选项”按钮，在弹出的“Outlook 选项”窗口中选择左侧列表中的“邮件”选项卡，在“撰写邮件”栏中选择“签名”按钮，在弹出的“签名和信纸”对话框的“电子邮件签名”选项卡中选择一个签名，单击“确定”按钮即可。若要新建签名，则单击“新建”按钮，在弹出的对话框中输入名称，然后在“编辑签名”下面的文本框中输入签名的文字内容，在对话框右侧选择设置使用签名的账户，单击“保存”按钮即可。

4）所有邮件中插入名片

在新邮件编辑窗口中单击“插入”选项卡，单击“添加”栏中的“名片”按钮，然后在弹出的列表中选择提示的名片或者其他名片。若选择“其他名片”，在弹出的对话框中需先选择查找范围，然后在下拉列表中选择一张名片。要注意的是，要想插入名片，必须先在通信簿中为自己创建一个联系人。

5）邮件中插入文件

用 Outlook 在发送邮件的同时，允许将其他文件与邮件一起发送给接收者，如程序文件、文本文件、图像文件、声音文件甚至视频文件等。在新邮件编辑窗口中单击“插入”选项卡，单击“添加”栏中的“附加文件”按钮，在弹出的“插入文件”对话框中选择附加文件，然后单击“插入”按钮，这样就在邮件中添加了附件，它将与邮件一起发送。

6）邮件拼写检查

当写好邮件后，在发送前还可对英文邮件内容进行拼写检查，如英文信件中是否单词拼写错误，均可用“拼写检查”这一工具进行检查，将检查出的错误提供给用户，以便改错。

Outlook 中的拼写检查功能，实际上是调用 Office 程序中的拼写检查功能，因而若用户未安装这些程序，Outlook 中的拼写检查功能也就无法实现。

当需要对邮件进行拼写检查时，只要在新邮件编辑窗口中单击“审阅”选项卡，单击“校对”功能区中的“拼写和语法”按钮，Outlook 便直接对编辑窗口中的邮件自动进行拼写检查，并将最后的结果报告给用户。

7.3.4 邮件管理

在 Outlook 中，可以对邮件进行分类管理。Outlook 提供了几个固定的邮件文件夹，主要是收件箱、发件箱、已发送邮件、已删除邮件和草稿文件夹。同时还允许新建分类文件夹。

（1）收件箱：保存各账户收到的已读和未读的邮件。

（2）发件箱：保存各账户没有成功发送到接收邮件服务器的邮件，Outlook 启动或按“发送/接收”按钮时，会自动发送其中的邮件。

（3）已发送邮件：保存各账户已成功发送到接收邮件服务器的邮件，包括邮件账号错误的邮件。

（4）已删除邮件：保存用户删除的邮件，以便用户在必要时阅读。

（5）草稿：保存用户撰写后尚未发送的邮件，一旦用户进行了“发送”操作，这个邮件立即转到发件箱中，等待发送，如果发送成功，这个邮件又转到“已发送邮件”文件夹中。

下面介绍具体的新建管理文件夹的操作方法。

1）新建文件夹

要在某个文件夹下面创建新的文件夹，则用鼠标指向该文件夹，右击鼠标。例如，右击“收件箱”，在弹出的快捷菜单中选择“新建文件夹”命令，如图 7-17 所示，则在“收件箱”下方出现一个文本框，在这个文本框中输入新建文件夹的名称，按 Enter 键或在别处单击鼠标，则在“收件箱”下会新添一个子文件夹。也可以在账户根目录下新建文件夹，方法类似。

图 7-17 “新建文件夹”菜单

2）手工移动邮件

对于“收件箱”中原有的邮件，用户可以用手工的方法将其移动到指定的文件夹中去。具体操作方法如下：

（1）直接拖动。在“收件箱”文件夹列表窗格中，选择要移动的邮件，拖到“导航窗格”的目标文件夹中即可。

（2）选择移动。右击要移动的邮件，在弹出的快捷菜单中选择“移动”命令，在级联菜单中选择“其他文件夹”（在级联菜单中选择“复制到文件夹”实现建立邮件副本），将弹出一个“移动项目”对话框，选择目的文件夹，单击“确定”按钮就可以把邮件移到指定的文件夹。

3）删除邮件

打开“收件箱”，选择要删除的邮件，然后单击“开始”选项卡下的“删除”功能区中的“删除”按钮（或者直接按 Del 键）。删除的邮件从“收件箱”移到“已删除邮件”文件夹中。要想彻底删除，就在“已删除邮件”文件夹中选定邮件，再次单击“删除”按钮。此时，Outlook 给出了一个提示，询问“这将永久删除，是否继续?”，选择“是”，这封信就彻底清除了。

此外，Outlook 还提供了依据事先设置的邮件规则对接收或发送邮件进行分类管理功能，用户可以通过在“收件箱”文件夹中添加一些新的文件夹并设置一定的规则，自动地将收到的邮件分门别类归入到不同的文件夹中，这样，用户就可以按其轻重缓急程度来分别处理邮件了。

7.3.5 通信簿

正如人们在日常生活中使用通信簿的作用一样，用通信簿来记录联系人的名称、电子邮件地址和电话等诸多信息。当要向某联系人发邮件而记不得其电子邮件地址等信息时，可调用通信簿而取得。

Outlook 也提供了通信簿功能，用户可以把需要经常保持联系的朋友的电子邮件地址放在通信簿中，如果发送邮件只需从通信簿中选择，不需要每次都输入地址。通信簿不但可以记录联系人的电子邮件地址，还可以记录联系人的电话号码、家庭住址、业务以及主页地址等信息。除此之外，用户还可以利用通信簿功能在 Internet 上查找用户及商业伙伴的信息。本节介绍如何在通信簿中添加联系人及使用联系人信息。

1. 添加联系人

在 Outlook 中创建联系人，会为邮件的发送和发件人的管理带来便利。创建联系人的方法有多种，主要有以下 3 种。

(1) 在 Outlook 窗口中，单击“开始”选项卡，在其“新建”功能区中单击“新建项目”按钮，在展开的列表中选择“联系人”选项。

(2) 在“导航窗格”中单击“联系人”按钮切换到联系人视图，在“开始”选项卡的“新建”功能区中单击“新建联系人”按钮。

(3) 在“导航窗格”中单击“联系人”按钮，在右边的联系人列表窗格中将显示所有已经存在的联系人，在中间的空白处右击鼠标，在弹出的快捷菜单选择“新建联系人”命令。或者直接双击空白处。

以上 3 种操作都将弹出“新建联系人”窗口，在窗口中输入联系人信息，单击“保存并关闭”按钮退出创建。新添加创建的联系人的名称就出现在右边的联系人列表窗格中。

2. 添加联系人组

当经常要将一封邮件发送给许多人时（如在办公自动化中实现无纸办公），一个单位的秘书，常常要将相同的邮件通知发送给下属各单位的主管，为此可将下属各单位的主管添加到一个联系人组中。在发送邮件时，只需在“收件人”框中输入组名就可以将邮件发送给该组的每个用户。用户可以创建多个组，并且联系人可同时分属不同的组。创建联系人组的方法有以下几种。

(1) 在 Outlook 窗口中，单击“开始”选项卡，在其功能区的“新建”栏中单击“新建项目”按钮，在展开的列表中选择“其他项目”，在展开的级联菜单中选择“联系人组”选项。

(2) 在“导航窗格”中单击“联系人”按钮切换到联系人视图，在“开始”选项卡的“新建”栏中单击“新建联系人组”按钮。

(3) 在“导航窗格”中单击“联系人”按钮，在右边联系人列表窗格中将显示所有已经存在的联系人(组)信息，在中间的空白处右击鼠标，在弹出的快捷菜单选择“新建联系人组”命令。

以上的几种操作都将弹出“新建联系人组”窗口，在窗口中输入联系人组信息，单击“保存并关闭”按钮退出创建。新添加创建的联系人组的名称就出现在右侧的联系人列表窗格中。

创建了组之后，就需要将联系人添加到现有的组中，可以直接在组中添加输入新联系人作为成员信息，也可以通过通信簿添加已有的联系人作为成员信息。

在“导航窗格”中单击“联系人”按钮，在联系人列表窗格中双击联系人组的名称图标。或者在“导航窗格”中单击“邮件”按钮，在“开始”选项卡的“查找”栏中单击“通信簿”按钮，在弹出的“通信簿：联系人”窗口的联系人列表中双击联系人组的名称。以上两种操作都将弹出“联系人组”窗口。

(1) 在“联系人组”窗口的“联系人组”选项卡的“成员”栏中单击“添加成员”按钮，在展开的列表菜单中选择“从通信簿”命令。在打开的“选择成员：联系人”对话框中的联系人列表中选择联系人，然后单击“成员”按钮。若要添加多人，则每选择一位联系人就单击“成员”按钮一次。单击“确定”按钮结束添加。

(2) 在“联系人组”窗口的“联系人组”选项卡的“成员”栏中单击“添加成员”下拉列表，选择“新建电子邮件联系人”直接添加新建联系人信息到联系人组中。

3. 修改和删除联系人

当联系人的电子邮件地址或其他信息发生了改变，或因故要修改某联系人或组名，可分别作如下操作。通过在联系人列表信息图标上右击，选择“删除”命令或直接按 Del 键，可以进行相应的删除，双击打开联系人图标可以进行修改操作。

1) 修改联系人(组)的信息

若要修改联系人(组)的信息，在“导航窗格”中单击“联系人”按钮，在列表窗格中双击联系人(组)的名称图标，则打开联系人信息对话框，可以在对话框中修改相应的信息。或者单击“开始”选项卡的“通信簿”按钮，打开“通信簿：联系人”对话框，在“通信簿：联系人”窗口的联系人列表中双击联系人的名称。弹出该联系人属性对话框，可在相应的信息框中进行修改。

2）删除某联系人

若要删除某联系人，可在“通信簿：联系人”对话框中选中要删除的联系人，然后单击“文件”菜单，选择“删除”命令。或者右击该联系人，在弹出的快捷菜单中选择“删除”命令，都将删除该联系人。若该联系人是加入某个组的，则其也从该组中同时被删除。

3）删除组

若要删除某联系人组，可在“通信簿：联系人”窗口中，选中要删除的联系人组，然后单击“文件”菜单，选择“删除”命令。或者右击该联系人组，在弹出的快捷菜单中选择“删除”命令，都将删除该联系人组。

4）删除组员

有时需要将加入某组的联系人从该组中删除，但它在通信簿中作为单独的联系人仍要保留，这时可在“通信簿：联系人”窗口中双击要删除的联系人所在组名，将弹出选中的联系人组窗口。在组成员列表中选中要删除的联系人，然后在“联系人”选项卡的“成员”栏中单击“删除成员”按钮或直接按 Del 键，就可以将该联系人从组中删除。

4. 通信簿的使用

当用户发送邮件时，在“新邮件”窗口中要填入“收件人”的电子邮件地址，或者在“抄送”框中填入要抄送给某个人的电子邮件地址，若在通信簿中已有这些人的邮件地址，这时可从通信簿中选择该联系人，而不用再去逐个字母输入，方法如下：

在“新建电子邮件”窗口中单击“收件人”按钮，则打开“选择姓名：联系人”对话框，在该对话框中，打开通信簿下面的下拉列表，选择对应账号的“联系人”选项，在下面列表框中列出通信簿中的联系人和联系人组信息，选择相应的联系人或联系人组，单击对话框下面的“收件人”“抄送”或“密件抄送”按钮，则可以将通信簿中的联系人或联系人组邮件地址加入到对应的栏目中从而完成添加联系人邮箱地址的功能。

习　题

一、选择题

1. 为了保证全网的正确通信，Internet 为联网的每个网络和每台主机都分配了唯一的地址，该地址由纯数字并用小数点分隔，将它称为（　　）。

A. IP 地址　　B. TCP 地址
C. WWW 服务器地址　　D. WWW 客户机地址

2. 互联网上的服务都是基于某种协议，WWW 服务基于的协议是（　　）。

A. SNMP　　B. HTTP　　C. SMTP　　D. Telnet

3. 在 Intcrnct 中,用字符串表示 IP 地址称为(　　)。

A. 账户　　B. 域名　　C. 主机名　　D. 用户名

4. 下列说法正确的是(　　)。

A. 上 Internet 的计算机必须配置一台调制解调器

B. 上 Internet 的计算机必须拥有一个自己固定的 IP 地址

C. IP 地址和域名一般来说是一一对应的

D. 调制解调器在信源端的作用是把数字信号转换成模拟信号

5. BBS 站点一般都提供的访问方式是(　　)。

A. WWW　　B. Ftp　　C. QQ　　D. Blog

6. Internet 的两种主要接入方式是(　　)。

A. 广域网方式和局域网方式

B. 专线入网方式和拨号入网方式

C. Windows NT 方式和 Novell 网方式

D. 远程网方式和局域网方式

7. 下面(　　)不属于网络软件。

A. Windows Server 2003　　B. Office 2003

C. FTP　　D. TCP

8. 下面顶级域名中表示非赢利性用户组织的是(　　)。

A. net　　B. web　　C. org　　D. arts

9. 基于文件服务的局域网操作系统软件一般分为两个部分,即工作站软件与(　　)。

A. 浏览器软件　　B. 网络管理软件　　C. 服务器软件　　D. 客户机软件

10. Internet 的主要组成部分包括(　　)。

A. 通信线路、路由器、主机和信息资源

B. 客户机与服务器、信息资源、电话线路、卫星通信

C. 卫星通信、电话线路、客户机与服务器、路由器

D. 通信线路、路由器、TCP/IP 协议、客户机与服务器

11. TCP/IP 协议族包含一个提供对电子邮件邮箱进行远程存取的协议,称为(　　)。

A. POP　　B. SMTP　　C. FTP　　D. Telnet

12. 电子邮件(E-mail)是(　　)。

A. 有一定格式的通信地址　　B. 以磁盘为载体的电子信件

C. 网上一种信息交换的通信方式　　D. 计算机硬件地址

13. 当电子邮件在发送过程中有误时,则(　　)。

A. 电子邮件将自动把有误的邮件删除

B. 邮件将丢失

C. 电子邮件会将原邮件退回,并给出不能寄达的原因

D. 电子邮件会将原邮件退回,但不给出不能寄达的原因

14. 典型的局域网硬件可以看成由以下 3 部分组成：网络服务器、工作站与(　　)。

A. IP 地址　　B. 通信设备　　C. TCP/IP 协议　　D. 网卡

15. 如果要添加一个新的账号，应选择 Outlook 2016 中的(　　)选项。

A. “文件”　　B. “查看”　　C. “工具”　　D. “邮件”

16. 在 Outlook 2016 中设置唯一电子邮件账号：kao@sina.com，现成功接收到一封来自 shi@sina.com 的邮件，则以下说法正确的是(　　)。

A. 在收件箱中有 kao@sina.com 邮件

B. 在收件箱中有 shi@sina.com 邮件

C. 在本地文件夹中有 kao@sina.com 邮件

D. 在本地文件夹中有 shi@sina.com 邮件

17. 在 Outlook 2016 窗口中，新邮件的“抄送”文本框输入的多个电子信箱的地址之间，应用(　　)作分隔。

A. 分号(;)　　B. 逗号(,)　　C. 冒号(:)　　D. 空格

18. 用户的电子邮箱实际是(　　)。

A. 通过邮局申请的个人信箱　　B. 邮件服务器内存中的一块区域

C. 邮件服务器硬盘中的一块区域　　D. 用户计算机硬盘中的一块区域

19. 以下关于进入 Web 站点的说法正确的是(　　)。

A. 只能输入 IP　　B. 只能输入域名

C. 需同时输入 IP 地址和域名　　D. 可以通过输入 IP 地址和域名

20. Internet 上的资源，分为(　　)两类。

A. 计算机和网络　　B. 信息和网络

C. 信息和服务　　D. 浏览和邮件

21. 远程登录是指用户使用 Telnet 命令，使自己的计算机暂时成为远程计算机的一个(　　)的过程。

A. 电子邮箱　　B. 仿真终端　　C. 服务器　　D. 防火墙

22. 因特网上用户最多、使用最广的服务是(　　)。

A. E-mail　　B. WWW　　C. FTP　　D. Telnet

23. FTP 是下列(　　)服务的简称。

A. 字处理　　B. 文件传输　　C. 文件转换　　D. 文件下载

24. 收发电子邮件的条件是(　　)。

A. 有自己的电子信箱

B. 双方都要有电子信箱

C. 系统装有收发电子邮件的软件

D. 双方都有电子信箱且系统装有收发电子邮件的软件

25. 网站的主页指的是(　　)。

A. 网站的主要内容所在的页　　B. 一种内容突出的网页

C. 网站的首页　　D. 网站的代表页

26. 下面各项中的(　　)是 Internet 服务中交互特性最强。

A. E-mail　　B. FTP　　C. Web　　D. BBS

27. (　　)是正确的电子邮件地址的格式。

A. 用户名@因特网服务商名

B. 用户名@域名

C. 用户名@计算机名.组织机构名.网络名.最高层域名

D. B和C都对

28. 下面各邮件信息中,(　　)是在发送邮件时邮件服务系统自动加上的。

A. 邮件发送的日期和时间　　B. 收信人的 E-mail 地址

C. 邮件的内容　　D. 邮件中的附件

29. Web 浏览器是专门用来浏览 Web 的一种程序,是运行于(　　)上的一种浏览 Web 页的软件。

A. 客户机　　B. 服务器　　C. WWW 服务器　　D. 仿真终端

30. Web 服务的统一资源地址 URL 的资源类型是(　　)。

A. HTTP　　B. FTP　　C. NEWS　　D. WWW

31. 下面程序中的(　　)不能当作 FTP 客户程序。

A. Netscape Navigator　　B. Telnet

C. IE 6.0　　D. CuteFTP

32. 在 Outlook2016 的设置向导中,应输入电子邮件地址、SMTP 和 POP3 服务器的(　　),选择登录方式,输入 Internet Mail 账号,选择连接的类型。

A. IP 地址　　B. DNS 地址　　C. 服务器名　　D. 电话号码

33. FTP 与 Telnet 的区别在于(　　)。

A. FTP 把用户的计算机当成远端计算机的一台终端

B. Telnet 用户完成登录后,具有和远端计算机本地操作一样的使用

C. FTP 用户允许对远端计算机进行任何操作

D. Telnet 只允许远端计算机进行有限的操作,包括查看文件、改变文件目录等

34. 更改 IE 中的起始页,应选择(　　)菜单下的"Internet 选项"命令。

A. "工具"　　B. "查看"　　C. "编辑"　　D. "Internet"

35. 下面各"邮件头"信息中,(　　)是用户发送邮件时候必须提供的。

A. 标题或主题　　B. 发信人的 E-mail

C. 收信人的 E-mail 地址　　D. 邮件发送日期和时间

36. BBS 是(　　)的缩写。

A. 超文本标记语言　　B. 电子公告板

C. 网络电话　　D. 文本传输协议

37. 收藏夹是用来(　　)。

A. 记忆感兴趣的页面内容　　B. 记忆感兴趣的页面地址

C. 收集感兴趣的文件内容　　D. 收集感兴趣的文件名

38. 在一个主机域名 http://www.zj.edu.cn 中,(　　)表示主机名。

A. www　　B. zj　　C. edu　　D. cn

39. 通过 Internet 发送或接收电子邮件的首要条件是应该有一个电子邮件地址，它的正确形式是(　　)。

A. 用户名@域名　　B. 用户名＃域名

C. 用户名/域名　　D. 用户名.域名

40. 统一资源定位器 URL 的格式是(　　)。

A. 协议://IP 地址或域名/路径/文件名

B. 协议://路径/文件名

C. TCP/IP 协议

D. http 协议

二、操作题

1. 一个网络的 DNS 服务器 IP 为 10.62.64.5，网关为 10.62.64.253，在该网络的外部有一台主机，IP 为 10.62.1.15，域名为 www.hn.cninfo.net。现在该网络内部安装一台主机，网卡 IP 设为 10.62.64.179。请使用 ping 命令来验证网络状态，并根据结果分析情况，验证网络适配器(网卡)是否工作正常，验证网络线路是否正确，验证网络 DNS 是否正确，验证网络网关是否正确。

2. 请使用 Windows 10 的网络故障诊断命令获取所使用计算机网卡的物理地址(MAC 地址)、网卡的型号描述和 IP 地址。

3. 浏览上海交通大学 Web 站点(Web 地址为 http://www.sjtu.edu.cn)，并通过链接浏览上海交通大学网络教育学院的 Web 站点，在"收藏夹"中建立一个文件夹，命名为"大学"，将该 Web 站点添加到"大学"文件夹中。导出收藏夹，文件命名为 mybook.htm。

4. 浏览上海交通大学 Web 站点，将该站点设置为默认主页，设置浏览器背景颜色为灰色，文字颜色为蓝色，字体为隶书。设置网页在历史记录中保存时间为 15 天，临时文件存储空间为 200MB。

5. 进入百度搜索网站，查找歌曲《挪威的森林》，并将它下载保存在文件夹 Test 下面。

6. 浏览上海交通大学 Web 站点，从"概况"进入交大"学校简介"网页，下载左上角的校名图片到文件夹中。复制所有的简介内容到写字板文件中，将文件以"简介.rtf"为名字保存到文件夹 Test 中。

7. 使用 Outlook 2016，添加一个邮件账号，相关信息为：收发邮件的服务器名为 advanced.com.cn，账号为 service，密码为 123456。

8. 使用 Outlook 2016 给自己的邮件地址发一封信。主题是"难，难，难!"，内容是"心似平原放马，易放难收；学如逆水行舟，不进则退!"同时抄送给其他两个同学。将内容字体设置为隶书，字号 12 磅，加粗，颜色为紫色。同时在邮件中插入一张图片(任选)，应用信纸为"海底博览"。

9. 在 Outlook 2016 的通信簿中添加 3 个联系人(输入同学的邮件地址)，然后建立一个联系人组，取名为"同学"，将刚刚建立的 3 个联系人加入到组中。利用新建的组给 3 位同学发一封邮件，内容同第 8 题。

第8章

计算机安全

8.1 计算机安全的基本知识和概念

随着因特网的发展与普及，人们能够以最快的速度、最低廉的开销获取世界上最新的信息，并在国际范围内进行交流。但同时，随着网络规模的扩大和开放，网络上许多敏感信息和保密数据难免受到各种主动和被动的攻击。因此，人们在享用网络带来的便利的同时，必须考虑计算机网络中存储和传输的信息及数据的安全问题，并制定出相应的控制对策。普及和增强计算机信息安全知识，逐步提高人们的计算机系统安全防护能力和网络文明意识，是提高计算机信息安全和信息文明的关键。

8.1.1 计算机安全的概念和属性

计算机系统（computer system）实际上是计算机信息系统（computer information system），是由计算机及其相关的和配套的设备、设施构成的，并按一定的应用目标和规则对信息进行采集、加工、存储、传输和检索等处理的人机系统。

1. 计算机安全的概念

对于计算机安全，国际标准化委员会给出的解释是：为数据处理系统所采取的技术和管理方法，保护计算机硬件、软件和数据不因偶然的或恶意的原因而遭到破坏、更改和泄露。我国公安部计算机管理监察司的定义是“计算机安全是指计算机资产安全，即计算机信息系统资源和信息资源不受自然和人为有害因素的威胁和危害”。

2. 计算机安全所涵盖的内容

从技术上讲，计算机安全主要包括以下几个方面。

1）实体安全

实体安全又称物理安全，主要关注由于主机、计算机网络硬件设备、各种通信线路和信息存储设备等物理介质造成的信息泄露、丢失或服务中断等不安全因素。其产生的主要原因包括电磁辐射与搭线窃听、盗用、偷窃、硬件故障、超负荷、火灾及自然灾害等。

2）系统安全

系统安全是指主机操作系统本身的安全，如系统中用户账号和口令设置、文件和目录存取权限设置、系统安全管理设置、服务程序使用管理等保障安全的措施。

3）信息安全

信息安全是计算机安全的核心所在，可以说，计算机安全最终的体现是信息安全。所以，从狭义上讲，计算机安全的本质就是信息安全。信息安全是指保障信息不被泄露或非法阅读、修改。信息安全主要包括软件安全和数据安全。

3. 计算机安全的属性

计算机安全通常包含如下属性：可用性、可靠性、完整性、保密性和不可抵赖性。除此之外，其他安全属性还包括可控性和可审查性等。

（1）可用性：是指得到授权的实体在需要时能访问资源和得到服务。可用性保证信息和信息系统随时为授权者提供服务，而不要出现非授权者滥用却对授权者拒绝服务的情况。

（2）可靠性：是指系统在规定条件下和规定时间内完成规定的功能。

（3）完整性：是指信息不被偶然或蓄意地删除、修改、伪造、乱序、重放和插入等破坏的特性。完整性保证信息从真实的发信者传送到真实的收信者手中，传送过程中没有被他人添加、删除或替换。

（4）保密性：指确保信息不暴露给未经授权的实体。

（5）不可抵赖性（也称不可否认性）：是指通信双方对其收、发过的信息均不可抵赖。不可抵赖性在一些商业活动中显得尤为重要，信息的行为人要为自己的信息行为负责，提供保证社会依法管理需要的公证、仲裁信息证据。

（6）可控性：对信息的传播及内容具有控制能力。

（7）可审查性：指系统内所发生的与安全有关的动作均有说明性记录可查。

8.1.2 影响计算机安全的主要因素和安全标准

1. 影响计算机安全的主要因素

影响计算机安全的因素很多，它既包含人为的恶意攻击，也包含天灾人祸和用户偶发性的操作失误。主要有以下3类：

（1）影响实体安全的因素：电磁辐射与搭线窃听、盗用、偷窃、硬件故障、超负荷、火灾、灰尘、静电、强磁场、自然灾害以及某些恶性病毒等。

（2）影响系统安全的因素：操作系统存在的漏洞；用户的误操作或设置不当；网络的通信协议存在的漏洞；作为承担处理数据的数据库管理系统本身安全级别不高等原因。

(3) 对信息安全的威胁有两种：信息泄露和信息破坏。信息泄露是指由于偶然或人为因素将一些重要信息为别人所获，造成泄密事件。信息破坏则可能由于偶然事故或人为因素故意破坏信息的正确性、完整性和可用性。影响信息安全的因素很多，例如：输入的数据容易被篡改；输出设备容易造成信息泄露或被窃取；系统软件和处理数据的软件被病毒修改；系统对数据处理的控制功能还不完善；病毒和黑客攻击等。

2. 计算机安全等级标准

美国国防部的可信计算机系统评价准则(Trusted Computer System Evaluation Criteria，TCSEC)是计算机系统安全评估的第一个正式标准，第一版发布于 1983 年。现有的其他标准大多参照该标准来制定。TCSEC 标准将计算机安全从低到高顺序分为 4 等 8 级：最低保护等级 D 类(D1)、自主保护等级 C 类(C1、C2)、强制保护等级 B 类(B1、B2 和 B3)和验证保护等级 A 类(A1 和超 A1)，TCSEC 为信息安全产品的测评提供了准则和方法，指导信息安全产品的制造和应用。

8.2 计算机安全服务的主要技术

8.2.1 网络攻击

随着计算机技术的不断发展，计算机网络已成为计算机技术及应用的主要平台，网络安全成为计算机安全的主要内容。网络攻击也自然成为影响计算机安全的主要因素。网络攻击可分为主动攻击和被动攻击。

1. 主动攻击

主动攻击是攻击信息来源的真实性、信息传输的完整性和系统服务的可用性。主动攻击涉及修改数据流或创建错误的数据流，它包括假冒、重放、修改信息和拒绝服务等。

假冒是一个实体假装成另一个实体，它通常包括一种其他形式的主动攻击，例如假冒成合法的发送者把篡改过的信息发送给接收者。重放涉及捕获数据单元，以及后来的重新发送，以产生未经授权的效果。修改消息意味着改变了真实消息的部分内容，或将消息延迟或重新排序，导致未授权的操作。拒绝服务的一种形式是禁止对通信工具的正常使用或管理，这种攻击拥有特定的目标；另一种拒绝服务的形式是整个网络的中断，这可以通过使网络失效而实现，或通过消息过载使网络性能降低。

2. 被动攻击

被动攻击的典型的表现是网络窃听和流量分析，通过截取数据包或流量分析，从中窃取重要的敏感信息。被动攻击不会导致对系统中所含信息的任何改动，而且系统的操作和状态也不被改变，因此被动攻击主要威胁信息的保密性。被动攻击方式有偷窃和分析。

被动攻击很难被发现，因此预防很重要，防止被动攻击的主要手段是数据加密传输。

8.2.2 计算机安全服务的主要技术

随着计算机网络技术的飞速发展，计算机安全技术主要围绕着网络安全而在不断完善。为了保护网络资源免受威胁和攻击，在密码学及安全协议的基础上发展了网络安全体系中的5类安全服务，包括数据加密技术、认证技术、访问控制技术、数据完整性技术和不可否认技术。另外还有防火墙技术和防病毒技术等。

1. 数据加密技术

密码技术是保护信息安全最基础、最核心的手段，计算机安全技术多数都或多或少地需要密码技术来支持。到目前为止，密码技术已经从外交和军事领域走向广大社会公众，它是集数学、计算机科学、电子与通信等诸多学科于一身的交叉学科。它不仅具有信息加密功能，而且具有数字签名、身份验证、秘密分存和系统安全等功能。所以使用密码技术不仅可以保证信息的机密性，而且可以保证信息的完整性和可用性，防止信息被篡改、伪造或假冒。

需要隐藏的消息称为明文，明文被变换成另一种隐藏形式称为密文。这种变换称为加密，加密的逆过程称为解密。对明文进行加密所采用的一组规则称为加密算法，对密文解密时采用的一组规则称为解密算法。加密算法和解密算法通常是在一组密钥控制下进行的，加密算法所采用的密钥称为加密密钥，解密算法所使用的密钥叫作解密密钥。密码学是研究信息系统加密和解密变换的一门科学，是保护信息安全最主要的手段之一。目前主流的密码学方法根据密钥类型不同分为两大类：保密密钥算法和公开密钥算法。

1）保密密钥算法

保密密钥算法是指通信双方即接收者和发送者在加密和解密时使用相同且唯一的密钥进行计算。只有双方才知道这个密钥，所以又称为对称算法。保密密钥算法好比是人们日常生活中锁上和打开家门用的是同一把钥匙一样。例如，在使用自动取款机（ATM）时，用户需要输入用户识别号码（PIN），银行确认这个号码后，双方在获得密码的基础上进行交易。

保密密钥算法的安全性依赖于以下两个因素。第一，加密算法必须是足够强的，仅仅基于密文本身去解密信息在实践上是不可能的；第二，加密方法的安全性依赖于密钥的秘密性而不是算法的秘密性，因此，没有必要确保算法的秘密性，而需要保证密钥的秘密性。

2）公开密钥算法

公开密钥算法（Public Key Algorithm），使用一对密钥，即一个私人密钥和一个公开密钥，一个归发送者，一个归接收者。密钥对中的一个必须保持秘密状态，称为私钥；另一个则被广泛发布，称为公钥。因为公开密钥算法中通信双方使用不同的密钥，所以又被称为不对称算法。在准备传输数据时，发信人先用收信人的公开密钥对数据进行加密；再把加密后的数据发送给收信人。收信人在收到信件后要用自己的私人密钥对它进行解密。每人的公共密钥将对外发布，而私人密钥被秘密保管。

在对称密钥体制下，加密和解密算法可以公开，密钥不可公开；在非对称密钥体制中，加密算法、解密算法和加密密钥（即公钥）都可以公开，但解密密钥（即私钥）是不可公开的。发送者用公钥加密发送数据，拥有私钥的接收者用私钥解密接收到的数据。

这些密码技术的应用可以进一步加强数据通信的安全性。例如，用于网上传送数据的加解密、认证（认证信息的加解密）、数字签名、数字证书、数字指纹、安全套接字（SSL）和安全电子交易（SET）等安全通信标准，因此密码技术是网络安全的基础。

2. 认证技术

认证是防止主动攻击的重要技术，它对于开放环境中的各种信息系统的安全有重要作用。认证技术包括身份认证和消息认证。

（1）身份认证的主要目的是：验证信息的发送者是真实的，而不是冒充的，这称为信源识别。验证接收者身份的真实性称为信宿识别。账户名和口令认证方式是计算机技术中身份认证最常用的方式。而生物认证技术（例如指纹、虹膜、脸部或掌纹）认证是最安全的认证方式。

（2）消息认证的主要目的是：保证信息在传送过程中未被窜改、重放或延迟等。消息认证的主要技术是数字签名。

数字签名（Digital Signature，DS），为了鉴别文件或书信的真伪，传统的做法是相关人员在文件或书信上亲笔签名或印章。签名起到认证、核准和生效的作用。随着信息时代的到来，人们希望通过数字通信网络迅速传递贸易合同，这就出现了合同真实性认证的问题，数字签名就应运而生了。

数字签名是公开密钥加密技术的另一类应用。它的主要方式是：报文的发送方从报文文本中生成一个散列值（或报文摘要），发送方用自己的专用密钥对这个散列值进行加密来形成发送方的数字签名，然后，这个数字签名将作为报文的附件和报文一起发送给报文的接收方。报文的接收方首先从接收到的原始报文中计算出散列值（或报文摘要），接着再用发送方的公开密钥来对报文附加的数字签名进行解密，如果两个散列值相同，那么接收方就能确认该数字签名是发送方的。没有私有密钥，任何人都无法完成非法复制。

数字签名的应用范围十分广泛，在保障电子数据交换（EDI）的安全性上是一个突破性的进展，凡是需要对用户的身份进行判断的情况都可以使用数字签名，比如加密信件、商务信函、订货购买系统、远程金融交易、自动模式处理和维护数据库完整性等等。

3. 访问控制技术

访问控制是信息安全保障机制的重要内容，它是实现数据保密性和完整性机制的主要手段。访问控制的目的是决定谁能够访问系统、能访问系统的何种资源以及访问这些资源时所具备的权限。这里的权限指读取数据、更改数据、运行程序和发起链接等，从而使计算机资源在合法范围内使用。访问控制机制决定用户程序能做什么，以及做到什么程度。

访问控制的手段包括用户识别代码、口令、登录控制、资源授权、授权核查、日志和审计。访问控制有两个重要过程：

(1) 通过鉴别(authentication)来检验主体的合法身份。

(2) 通过授权(authorization)来限制用户对资源的访问权限。

根据实现的技术不同，访问控制可分为以下3种：

(1) 强制访问控制(MAC)：是指由系统(通过专门设置的系统安全员)对用户所创建的对象进行统一的强制性控制，按照规定的规则决定哪些用户可以对哪些对象进行什么样操作类型的访问。即使是创建者用户，在创建一个对象后，也可能无权访问该对象，经常用于军事用途。

(2) 自主访问控制(DAC)：该机制允许对象的属主来制定针对该对象的保护策略。用户有权对自身所创建的访问对象(文件或数据表等)进行访问，并可将对这些对象的访问权授予其他用户和从授予权限的用户收回其访问权限。自主访问控制机制经常被用于商业系统。

(3) 基于角色的访问控制(RBAC)：其要素包括用户、角色和许可等基本定义。角色是指一个组织或任务中的工作或者位置，它代表了一种权利、资格和责任。许可(特权)就是允许对一个或多个客体执行的操作。一个用户可经授权而拥有多个角色，一个角色可由多个用户构成；每个角色可拥有多种许可，每个许可也可授权给多个不同的角色；每个操作可施加于多个客体，每个客体也可以接受多个操作。

RBAC中许可被授权给角色，角色被授权给用户，用户不直接与许可关联。

根据应用环境的不同，访问控制主要有以下3种：

(1) 网络访问控制。

(2) 主机、操作系统访问控制。

(3) 应用程序访问控制。

4. 入侵检测

所谓入侵检测，是通过从计算机网络或计算机系统中的若干关键点收集信息并对其进行分析，从中发现网络或系统中是否有违反安全策略的行为和遭到袭击的迹象的一种安全技术。

入侵检测系统主要由事件产生器、事件分析器、事件数据库和响应单元几个模块组成。事件产生器负责原始数据采集，并将收集到的原始数据转换为事件，向系统的其他部分提供此事件。收集的信息包括系统或网络的日志文件、网络流量、系统目录和文件的异常变化以及程序执行中的异常行为等。事件分析器负责接收事件信息，对其进行分析，判断是否为入侵行为或异常现象，最后将判断的结果转变为报警信息。事件数据库负责存放各种中间和最终数据。响应单元负责根据报警信息做出反应。

5. 完整性服务

完整性服务保证信息的正确性。正确地使用完整性服务，就可以使用户确保信息在存储和传输过程中保持不被偶然或蓄意地删除、修改、伪造、乱序、重放或插入等破坏和丢失的特性。

保证完整性的主要技术和方法有如下5种：

(1) 协议。通过各种安全协议可以有效地检测出被复制的信息、被删除的字段、失效的字段和被修改的字段。

(2) 纠错编码方法。由此完成检错和纠错功能。最简单和最常用的纠错编码是奇偶校验法。

(3) 密码校验法。它是抗窜改和传输失败的重要手段。

(4) 数字签名。保障信息的真实性。

(5) 公证。请求网络管理或中介机构证明信息的真实性和可靠性。

6. 防火墙

由于网络协议本身存在安全漏洞，外部侵入是不可避免的，轻者给被侵入方带来麻烦，严重的会造成国家机密的泄露，造成金融机构经济的极大损失等灾难。对付黑客和黑客程序的有效方法是安装防火墙，使用信息过滤设备，防止恶意、未经许可的访问。

防火墙是采用综合的网络技术设置在被保护网络和外部网络之间的一道屏障，用以分隔被保护网络与外部网络系统，防止发生不可预测的、潜在破坏性的侵入。它是不同网络或网络安全域之间信息的唯一出入口，像在两个网络之间设置了一道关卡，能根据企业的安全政策控制出入网络的信息流，防止非法信息流入被保护的网络内。防火墙本身具有较强的抗攻击能力。它是提供信息安全服务，实现网络和信息安全的基础设施。

防火墙是一个或一组在两个不同安全等级的网络之间执行访问控制策略的系统，通常处于企业的局域网和 Internet 之间，目的是保护局域网不被 Internet 上的非法用户访问，同时也可管理内部用户访问 Internet 的权限。防火墙的原理是使用过滤技术过滤网络通信，只允许授权的通信通过防火墙。其目的如同一个安全门，既为门内的部门提供安全，也为对门外的访问进行控制。防火墙可根据是否需要专门的硬件支持分为硬件防火墙和软件防火墙，通常软件防火墙只在安全和速度要求不高的场所使用。

1) 防火墙的功能

防火墙应该具有以下功能：

(1) 所有进出网络的通信流都应该通过防火墙。

(2) 所有穿过防火墙的通信流都必须有安全策略的确认与授权。

防火墙能保护站点不被任意连接，甚至能通过跟踪工具记录有关正在进行的连接信息，记录通信量及试图闯入者的日志。

2) 防火墙的分类

目前，根据防火墙在网络中的逻辑位置和物理位置及其所具备的功能，可以将其分为包过滤防火墙、应用型防火墙、主机屏蔽防火墙和子网屏蔽防火墙。其中包过滤防火墙的安全程度较低，而子网屏蔽防火墙的安全程度最高，但实现的代价也高，且不易配置，网络的访问速度也要减慢，其费用也明显高于其他几种防火墙。

3) Window 10 的软件防火墙

(1) Windows 10 防火墙的启动。

打开控制面板,在控制面板窗口中单击“系统和安全”,弹出如图 8-1 所示的“系统和安全”窗口,单击“Windows 防火墙”选项,弹出如图 8-2 所示的“Windows 防火墙”设置窗口。

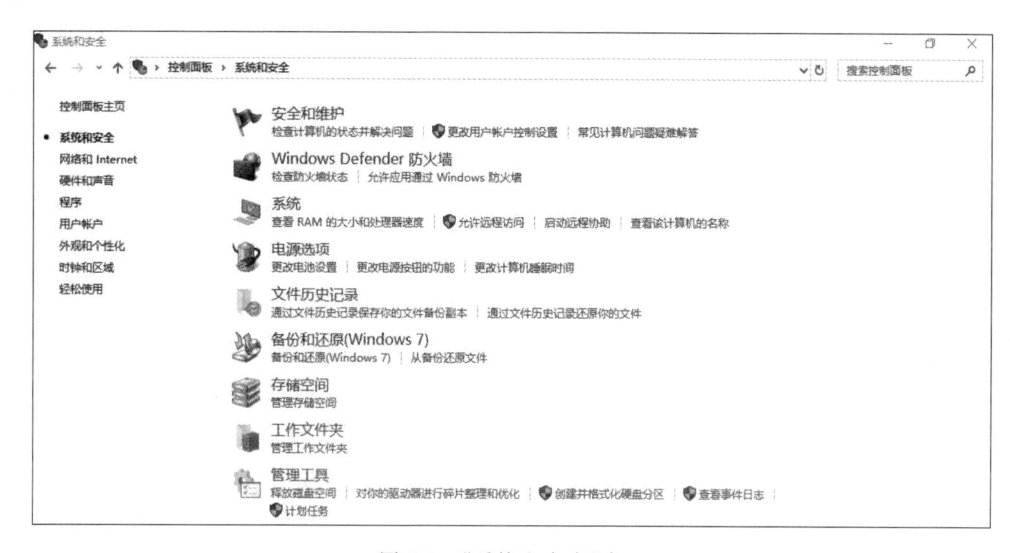

图 8-1 “系统和安全”窗口

(2) 网络选择。

在 Windows 10 的防火墙中,有两个选择:“专用网络”和“来宾或公用网络”。当计算机处在办公室或家庭的一个局域网中时应选择前者。当在机场、酒店或者咖啡馆等位置连接到公用无线网络或者使用移动宽带网络时应该选择“来宾或公共网络”。而当选择“专用网络”选项时,系统会自动建立一个 Homegroup,用户的计算机也会自动加入到 Homegroup 中,在这种情况下,网络发现自动开启,用户能看到网络中的其他计算机和设备,它们也能够看到用户的计算机。属于 Homegroup 的计算机可以共享图片、音乐、视频和文档库,也可以共享硬件设备。当选择“来宾或公共网络”时,网络发现将会默认为关闭,这时,网络中的其他计算机无法看到用户的计算机。

(3) 启用或关闭防火墙。

在图 8-2 所示的“Windows 防火墙”窗口中,单击左侧的“启用或关闭 Windows 防火墙”选项,打开如图 8-3 所示的防火墙的“自定义设置”窗口。在此窗口中,用户可以分别对专用网络和公用网络采用不同的安全规则。可以设置启用或关闭 Windows 防火墙。当启用了防火墙后,还可以设置是否阻止传入连接,是否在阻止时发出通知。当用户进入到一个不太安全的网络环境时,建议暂时选中其中的“阻止所有传入连接,包括位于允许应用列表中的应用”复选框。这可为处在较低安全性环境中的计算机提供较高级别的

图 8-2 “Windows 防火墙”设置窗口

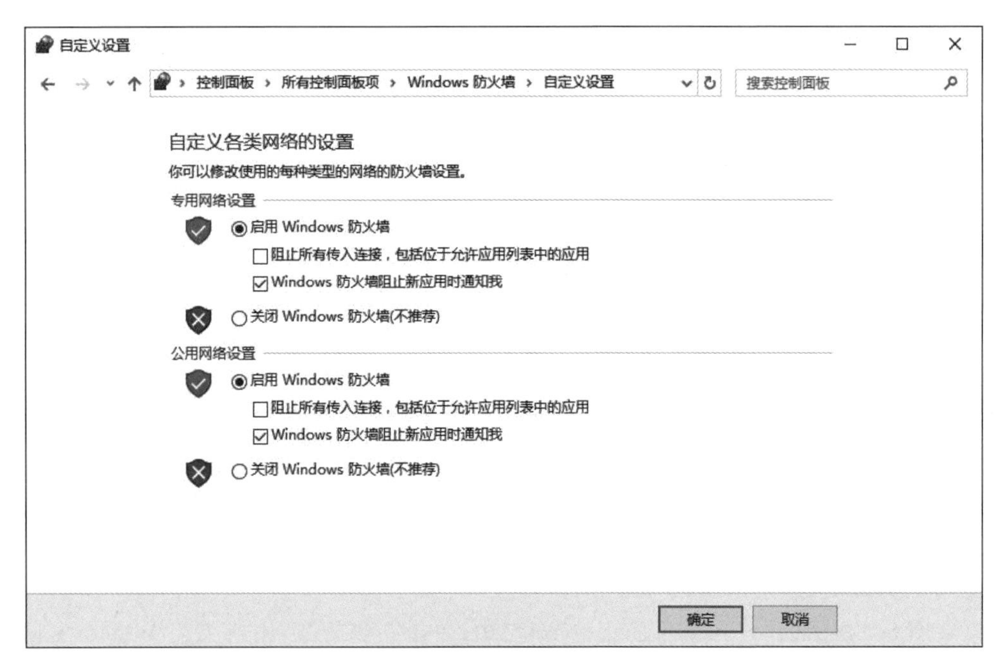

图 8-3 Windows 防火墙“自定义设置”窗口

保护。

（4）个性化设置。

可以设置是否允许某个程序通过防火墙进行网络通信。单击图 8-2 所示的“Windows

防火墙”设置窗口左侧的“允许应用或功能通过 Windows 防火墙”选项，打开如图 8-4 所示的“允许的应用”窗口，选择具体允许的程序，单击“确定”按钮，则该程序将被允许通过防火墙。

图 8-4 “允许的应用”设置窗口

如果想让另一款应用软件能顺利通过 Windows 防火墙，单击图 8-4 右下角的“允许其他应用”按钮，进入“添加程序”对话框来进行添加。

单击图 8-2 所示的“Windows 防火墙”设置窗口左侧的“高级设置”，会打开“高级安全 Windows 防火墙”窗口，如图 8-5 所示。在这个窗口中，针对每一个程序，为用户提供了 3 种实用的网络连接方式：

① 允许连接。该程序或端口在任何情况下都可以被连接到网络。

② 只允许安全连接。该程序或端口只有在满足某种条件保护的情况下才允许连接到网络。

③ 阻止连接。阻止该程序或端口在任何情况下连接到网络。

4）日志

Windows 10 的日志可以记载计算机上次登录时间，跟踪记录各种各样的系统事件。例如，在启动过程加载驱动程序错误或其他系统组件的失败记录、记录登录上网、下网、改变访问权限以及系统启动和关闭等事件以及与创建、打开或删除文件等与资源使用相关联的事件以及典型的应用程序和系统程序所产生的事件等。日志是一种特殊的文件，它通常由系统管理，并加以保护，一般情况下，普通用户不能随意更改日志。

Windows 10 日志的启动方法：打开控制面板，单击“系统和安全”，在如图 8-1 所示的“系统和安全”设置窗口中单击“管理工具”下的“查看事件日志”，打开如图 8-6 所示的事件查看器，选择左窗口中的“Windows 日志”，就可以根据“应用程序”“安全”、Sctup、“系统”和“转发事件”等不同的事件选择查看相应事件产生的原因，并作相应的处理。

图 8-5 “高级安全 Windows 防火墙”窗口

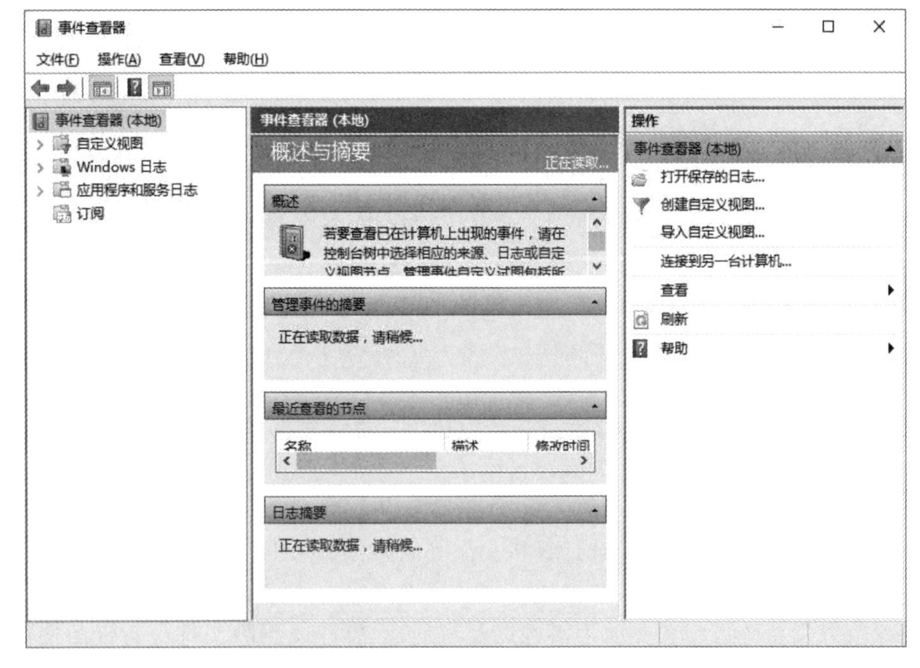

图 8-6 事件查看器

8.3 计算机病毒的基本知识和预防

8.3.1 计算机病毒的基本知识

1. 计算机病毒的概念

计算机病毒(Computer Virus,CV)是指编制成单独的或者在其他计算机程序中插入的,能够破坏计算机功能或者毁坏数据,影响计算机使用,并能够自我复制的一组计算机指令或者程序代码。

通俗地说,计算机病毒是能够侵入计算机系统并给计算机系统带来危害的一种具有自我繁殖能力的程序或一段可执行代码。它隐藏在计算机系统的数据资源或程序中,借助系统运行和共享资源而进行繁殖、传播和生存,扰乱计算机系统的正常运行,窜改或破坏系统和用户的数据资源及程序。计算机病毒不是计算机系统自生的,而是人为地故意制造出来的。现在,随着计算机网络的发展,计算机病毒和计算机网络技术相结合,计算机病毒蔓延的速度更加迅速。

2. 计算机病毒的特征

1) 可执行性

计算机病毒是一段可执行代码,既可以是二进制代码,也可以是脚本。

2) 寄生性

大多数病毒将自身附着在已存在的程序上,并将其代码插入该程序,当该程序执行时,该病毒程序也被执行。被寄生的程序称为宿主程序,或者称为病毒载体。当然,现在某些病毒本身就是一个完整的程序,例如网络蠕虫。

3) 传染性

传染性是计算机病毒的基本特征。判断一个计算机程序是否为病毒,一个最主要的依据就是看它是否具有传染性。传染是计算机病毒生存的必要条件,它总是设法尽可能地把自己复制并添加到其他程序中去。

4) 破坏性

计算机病毒或多或少地都对计算机有一定的破坏作用。传染性和破坏性是计算机病毒最为显著的特征。计算机病毒生存和传染的目的是实现其破坏性,其实现形式有两种:一种是把病毒传染给程序,使宿主程序的功能失效,如程序被修改、覆盖或丢失等;另一种是病毒利用自身的表现/破坏模块进行表现和破坏。无论是哪种方式,其危害都是很大的。凡是与软件有关的资源都有可能受到病毒的破坏。

5）欺骗性

计算机病毒需要在受害者的计算机上获得可执行的权限，因为病毒首先要能执行才能进行传染或者破坏。因此病毒设计者通常把病毒程序的名字起成用户比较关心的程序的名字，如命名成微软发布的补丁。有些计算机病毒能对计算机的文件或引导扇区进行修改，当程序读这些文件或扇区时，这些文件或扇区表现的是未被修改的原貌，其目的是欺骗反病毒程序，使其认为这些文件或扇区并未被修改。

6）隐蔽性和潜伏性

大多数计算机病毒都把自己隐藏起来。例如利用操作系统的弱点将自己隐藏起来，它没有文件名，也没有图标，使用常规的方法难以查出；或者把自身复制到 Windows 目录下，或者复制到一般用户不会打开的目录下，然后把自己的名字改成系统的文件名，或与系统文件名相似。这样，当运行时用户就不易发现它是个病毒文件，达到隐蔽的目的。另外，计算机病毒在运行后，一般以服务、后台程序、注入线程或钩子驱动程序的形式存在，驻留内存，不易被发现。潜伏性是指计算机病毒并不是随时都在运行，而是有一定的激发条件，当条件不满足时，它潜伏在计算机的外存中并不执行。

7）衍生性

有一部分病毒具有多态性，它每感染一个 EXE 文件就会演变成为另一种病毒。这种衍生出来的病毒可能与原病毒有很相似的特征，因此被称为原病毒的一个变种。如果衍生病毒已经与原病毒有了很大差别，则会将其认为是一种新的病毒。变种或新的病毒可能比原来的病毒有更大的危害性。

3. 计算机病毒表现的现象

计算机病毒可以使系统出现以下现象：
（1）平时运行正常的计算机，突然经常性无缘无故地死机。
（2）运行速度明显变慢。
（3）打印和通信发生异常。
（4）系统文件的时间、日期和大小发生变化。
（5）磁盘空间迅速减少。
（6）收到陌生人发来的电子邮件。
（7）硬盘灯不断闪烁。
（8）计算机不识别硬盘。
（9）操作系统无法正常启动。
（10）部分文档丢失或被破坏。
（11）网络瘫痪。
（12）U 盘无法正常打开。

(13) 锁定主页。

(14) 经常性地显示“主存空间不够”的提示信息。

(15) 磁盘无故被格式化,等等。

4. 计算机病毒的分类

按照计算机病毒的诸多特点及特性,其分类方法有很多种,所以同一种病毒按照不同的分类方法可能被分到许多不同的类别中。

1) 按攻击的操作系统分类

分为攻击DOS系统的病毒、攻击Windows系统的病毒和攻击UNIX或OS/2系统的病毒。

2) 按传播媒介分类

分为单机病毒和网络病毒。

单机病毒的载体是磁盘,病毒从磁盘传入硬盘,感染系统。

网络病毒的传播媒介是网络。网络病毒往往造成网络阻塞,修改网页,甚至与其他病毒结合修改或破坏文件。网络病毒的传播速度更快,范围更广,造成的危害更大。

网络病毒的主要传播方式有3种:电子邮件、网页和文件传输。通过电子邮件传播的病毒,其病毒体一般隐藏在邮件附件中,只要执行附件,病毒就会发作。有些邮件病毒,甚至没有附件,病毒体就隐藏在邮件中,只要打开邮件就会感染。近年来流行的很多病毒,如“梅丽莎”和“爱虫”等都是通过邮件传播的。为了增加网页的交互性和可视性,通常需要在网页中加入某些Java程序或者ActiveX组件,这些程序或组件往往是病毒的宿主。如果浏览了包含病毒程序代码的网页,且浏览器未限制Java或者ActiveX的执行,其结果就相当于执行了病毒程序。文件传输的传播方式主要是指病毒搜寻网络共享目录,把病毒体复制到其中,远程执行或欺骗用户执行。

3) 按链接方式分类

计算机病毒需要进入系统,从而进行感染和破坏,因此,病毒必须与计算机系统内可能被执行的文件建立链接。根据病毒对这些文件的链接形式不同来划分病毒,可分为以下几类:

(1) 源码型病毒。

这类病毒在高级语言(C语言和PASCAL等)编写的程序被编译之前插入源程序之中,经编译成为合法程序的一部分。这类病毒程序一般寄生在编译处理程序或链接程序中。目前,这种病毒并不多见。

(2) 入侵型病毒。

入侵型病毒也叫嵌入型病毒,在感染时往往对宿主程序进行一定的修改,通常是寻找宿主程序的空隙将自己嵌入进去,并变为合法程序的一部分,使病毒程序与目标程序成为一体。这类病毒的编写十分困难,因此数量不多,但破坏力极大,而且很难检测和清除。

(3) 外壳型病毒。

这类病毒程序一般链接在宿主程序的首尾，对原来的主程序不做修改或仅做简单修改。当宿主程序执行时，首先执行并激活病毒程序，使病毒得以感染、繁衍和发作。这类病毒易于编写，数量也最多。

(4) 操作系统型病毒。

这类病毒程序用自己的逻辑部分取代一部分操作系统中的合法程序模块，从而寄生在计算机磁盘的操作系统区，在启动计算机时，能够先运行病毒程序，然后再运行启动程序。这类病毒可表现出很强的破坏力，可使系统瘫痪，无法启动。

4) 按寄生方式分类

(1) 文件型病毒。

文件型病毒是指所有通过操作系统的文件系统进行感染的病毒。这类病毒专门感染可执行文件(以 EXE 文件和 COM 文件为主)。这种病毒与可执行文件进行链接。一旦系统运行被感染的文件，计算机病毒即获得系统控制权，并驻留内存监视系统的运行，以寻找满足传染条件的宿主程序进行传染。

(2) 系统引导型病毒。

引导型病毒寄生于磁盘的(主)引导扇区。通过改变计算机引导区的正常分区来达到破坏的目的。常用病毒程序的全部或部分来取代正常的引导记录，而把正常的引导记录隐藏在磁盘的其他存储空间中。它可以在系统文件装入内存之前先进入内存，从而使自己获得对操作系统的完全控制，在系统启动时就获得了控制权，因此具有很大的传染性和危害性。

(3) 混合型病毒。

该类病毒具有文件型病毒和系统引导型病毒两者的特征。

5) 按破坏后果分类

(1) 良性病毒。

所谓良性，是指那些只为表现自己，并不破坏系统和数据的病毒，通常多是一些恶作剧者所制造的，如国内较早出现的小球病毒。

(2) 恶性病毒。

恶性病毒则是指那些破坏系统数据、删除文件甚至摧毁系统的危害性较大的病毒。

5. 木马

木马是一种远程控制程序，木马本身并不具备破坏性和主动传播性。它的基本原理是把木马程序隐藏在某个貌似正常的文件中，例如某个邮件的附件或某个可以下载的应用软件，甚至某个图片文件。一旦用户打开邮件的附件或者下载这个软件，则木马随即传播到用户的计算机中。当运行这个应用程序或打开图片时木马则随之运行。木马的目的通常并不是破坏用户的计算机系统，而是通过对用户的计算机某个端口的监听来盗窃用户计算机中某些有用的数据，例如用户的某个密码、口令或 IP 地址等，并利用远程传送把这些数据发送到盗窃者的计算机系统中，从而实现盗窃者对用户计算机的控制。

木马和病毒主要的区别在于：

(1) 木马不是主动传播，而是通过欺骗的手段，利用用户的误操作来实现传播。

(2) 木马的主要目的不是破坏，而是“盗窃”。

(3) 计算机病毒是主动攻击，而木马属于被动攻击，所以更难预防。

8.3.2 典型病毒及木马介绍

1986 年，世界上只有 1 种已知的计算机病毒。而到 1990 年，这一数字剧增至 80 种。1999 年以前，全球病毒总数约 18 000 种，而截至 2000 年 2 月，计算机病毒的总数已激增至 4.6 万种。在 1990 年 11 月以前，平均每个星期发现一种新的计算机病毒。现在，每天就会出现 10～15 种新病毒。而其中相当一部分是具有极强的传染性和破坏性的。下面对一些当今典型及流行的病毒进行介绍。

1. “尼姆达”(Nimda)病毒

“尼姆达”病毒是一个传播性非常强的黑客病毒。它具有集邮件传播、主动攻击服务器、实时通信工具传播、FTP 协议传播和网页浏览传播为一体的传播手段，全方面地展示了网络病毒迅捷传播的特性。

2001 年 9 月 18 日，“尼姆达”病毒在全球蔓延，许多企业的网络受到了很大的影响，有的甚至导致瘫痪，就个人使用的 PC 来说，感染后速度也会有明显的下降。在此后的几个月中，“尼姆达”病毒共侵袭了 830 万部计算机，造成了 5.9 亿美元的损失。

2. “求职信”(Wantjob)病毒

“求职信”病毒不仅具有“尼姆达”病毒自动发信、自动执行和感染局域网等破坏功能，而且在感染计算机后还不停地查询内存中的进程，检查是否有一些杀毒软件的存在(如 AVP、NAV、NOD 和 Macfee 等)。如果存在，则将这些杀毒软件的进程终止。然后每隔 0.1 秒就循环检查进程一次，以至这些杀毒软件无法运行。该病毒如果感染的是 Windows NT/2000 系统的计算机，即把自己注册为系统服务进程，一般方法很难杀灭。“求职信”病毒会不断遍历磁盘，分配内存，导致系统资源很快被消耗殆尽。判断计算机是否中了“求职信”病毒，最明显的特点便是计算机速度变慢，硬盘有高速转动的震动声，硬盘空间减少。它还不停地向外发送邮件，把自己伪装成 HTM、DOC、JPG、BMP、XLS、CPP、HTML、MPG 和 MPEG 类型的文件中的一种，文件名也是随机产生的，极具隐蔽性。

3. CIH 病毒

CIH 病毒是迄今发现的最阴险的病毒之一，也是发现的首例直接破坏计算机系统硬件的病毒。它由中国台湾大同工学院一位名叫陈盈豪的学生所设计。1999 年 4 月 26 日，这个游荡在互联网和个人计算机间的黑色幽灵在全球全面发作。在短短的几个月内，

CIH 造成的可以统计的经济损失以亿计，一跃进入流行病毒的前十名。CIH 发作时会毁坏掉磁盘上的所有文件，从硬盘主引导区开始依次往硬盘中写入垃圾资料，直到硬盘资料被全部破坏为止。更为严重的是，CIH 病毒还会破坏主板上的 BIOS，使 CMOS 的参数回到出厂时的设置，假如用户的 BIOS 是可擦写的，那么主板将会报废。

4. “我爱你”(VBS. LoveLetter)病毒

2000 年 5 月 4 日，一种叫作“我爱你”的计算机病毒开始在全球各地迅速传播。这个病毒是通过 Microsoft Outlook 电子邮件系统传播的，邮件的主题为“I LOVE YOU”，并包含一个附件。一旦在 Microsoft Outlook 里打开这个邮件，系统就会自动复制并向地址簿中的所有邮件地址发送这个病毒。

“我爱你”病毒是一种蠕虫病毒，这个病毒可以改写本地及网络硬盘上的某些文件。用户机器染毒以后，邮件系统将会变慢，并可能导致整个网络系统崩溃。美国国防部的多个安全部门都曾感染过这一病毒，中央情报局也未能幸免。瑞士银行和英国国会的计算机系统也受到过袭击。

5. 宏病毒

宏病毒是随着 Microsoft Office 软件的使用而产生的，它是利用高级语言——宏语言编制的寄生于文本文件或模板的宏中的计算机病毒。计算机一旦打开这样的文档，其中的宏就会被执行，于是宏病毒就会被激活，转移到计算机上，并驻留在 Normal 模板上。从此以后，所有自动保存的文档都会感染上这种宏病毒，而且如果其他用户打开了感染病毒的文本文件，宏病毒又会转移到该用户的计算机上。

与感染普通 EXE 或 COM 文件的病毒相比，宏病毒具有隐蔽性强、传播迅速、危害严重、难以防治等特点。

6. “红色代码”病毒

“红色代码”病毒不同于以往的文件型病毒和引导型病毒，它只存在于内存中，传染时不通过文件这一常规载体，可以直接从一台计算机的内存感染到另一台计算机的内存，并且它采用随机产生 IP 地址的方式搜索未被感染的计算机，每个病毒每天能够扫描 40 万个 IP 地址，因而其传染性特别强。一旦病毒感染了计算机，会释放出一个“特洛伊木马”程序，从而为入侵者大开方便之门，黑客可以对被感染的计算机进行全程的遥控。

2001 年 7 月 18 日午夜，“红色代码”病毒大面积爆发，被攻击的计算机数量达到 35.9 万台。被攻击的计算机中 44%位于美国，11%在韩国，5%在中国，其余分散在世界各地。

7. 特洛伊木马

木马(或称为特洛伊木马)是一种基于远程控制的黑客工具。其主要目的是盗窃账号密码，打开用户的计算机端口，让黑客能控制用户的计算机。目前木马数量众多(已达到了五位数)，而且新木马及其变种还在源源不断地涌现，如果根据木马针对的领域划分，分成五大类：网游类木马、广告类木马、通信类木马、后门类木马和网银类木马。例如，灰鸽子(Hack. Huigezi)木马自带文件捆绑工具,寄生在图片和动画等文件中,一旦用户打开此类文件即会中招,它偷窃各种密码,监视用户的一举一动。

8.3.3 计算机病毒和木马的预防

计算机病毒和木马的预防分为两种:管理方法上的预防和技术上的预防,这两种方法是相辅相成的。这两种方法的结合对防止病毒的传染是行之有效的。

1. 管理手段预防

对于计算机管理者应认识到计算机病毒对计算机系统的危害性,制定并完善计算机使用的有关管理措施,堵塞病毒的传染渠道,尽早发现并清除它们。这些安全措施包括以下几个方面:

(1) 尽量不使用来历不明的U盘或光盘,除非经过彻底检查。不要使用非法复制或解密的软件。

(2) 不要轻易让他人使用自己的系统,如果无法做到这点,至少不能让他们自己带程序盘来使用。

(3) 对于系统盘、数据盘及硬盘上的重要文件内容要经常备份,以保证系统或数据遭到破坏后能及时得到恢复。

(4) 经常利用各种检测软件定期对硬盘做相应的检查,以便及时发现和消除病毒。

(5) 对于网络上的计算机用户,要遵守网络软件的使用规定,不要下载或随意使用网络上外来的软件。尤其是当从电子邮件或从互联网上下载文件时,在打开这些文件之前,应用反病毒工具扫描该文件。

2. 技术手段预防

(1) 打好系统安全补丁。很多病毒的流行都利用了操作系统中的漏洞或后门,因此应重视安全补丁,查漏补缺,堵死后门,使其病毒无路可遁,将之长久拒之门外。

(2) 安装防病毒软件,预防计算机病毒对系统的入侵,及时发现病毒并进行查杀。要注意定期更新防病毒软件,增加最新的病毒库。

(3) 安装病毒防火墙,保护计算机系统不受任何来自本地或远程病毒的危害,同时也防止本地系统内的病毒向网络或其他介质扩散。

8.3.4 计算机病毒和木马的清除

目前病毒和木马的破坏力越来越强,几乎所有的软、硬件故障都可能与病毒有牵连,所以当操作时发现计算机有异常情况,首先应怀疑的就是病毒在作怪,而最佳的解决办法就是用杀毒软件对计算机进行全面的清查。我国目前较为流行的杀毒软件有瑞星、KV3000、金山毒霸、诺顿防病毒软件和360杀毒软件等,常用的木马清理软件有360安全卫士、木马克星等。

在杀毒时应注意以下几点：

（1）在对系统进行杀毒之前，先备份重要的数据文件。

（2）目前，很多病毒都可以通过网络中的共享文件夹进行传播，所以计算机一旦遭受病毒感染，应首先断开网络（包括互联网和局域网），再进行漏洞的修补以及病毒的检测和清除。

（3）有些病毒发作以后，会破坏 Windows 的一些关键文件，导致无法在 Windows 下运行杀毒软件进行病毒的清除，所以应该制作一张 DOS 环境下的杀毒软盘，作为应对措施，进行杀毒。

（4）有些病毒是针对 Windows 操作系统的漏洞，因此在杀毒完成后，应及时给系统打上补丁，防止重复感染。

（5）及时更新杀毒软件的病毒库，使其可以发现并清除最新的病毒。

8.3.5 360 安全卫士软件介绍

360 安全卫士由于使用方便，功能强大，已成为受到中国计算机用户普遍欢迎的应用软件之一。

360 安全卫士拥有查杀木马、清理插件、修复漏洞和电脑体检等多种功能，并独创了“木马防火墙”功能，它可全面、智能地拦截各类木马，保护用户的账号、隐私等重要信息。目前，木马威胁之大已远超病毒。360 安全卫士运用云安全技术，在拦截和查杀木马的效果、速度以及专业性上表现出色，它能有效防止个人数据和隐私被木马窃取。360 安全卫士主界面如图 8-7 所示。

图 8-7　360 安全卫士主界面

1. 电脑体检

电脑体检检查用户的杀毒软件病毒库是否应该更新，用户安装的软件是否需要升级，用户的系统是否安全，是否有漏洞，是否存在垃圾文件等。当体检完成后，360 安全卫士会给用户的计算机一个总体的评分，并提供一份优化计算机的意见。用户可根据需要对计算机逐项进行优化，也可以选择单击“一键优化”按钮让 360 安全卫士整体自动完成优化。但是电脑体检不能确切地诊断出计算机中是否存在病毒或木马。要真正查杀木马和病毒，还需运行“查杀木马”和其他专门的杀毒软件(如 360 杀毒)。

2. 查杀木马

定期进行木马查杀可以有效保护各种系统账户安全。进入木马查杀的界面后，通过选择“快速扫描”“全盘扫描”和“自定义扫描”来检查电脑里是否存在可疑的木马程序。扫描结束后若发现疑似木马，可以选择删除，对于确认没有隐藏木马的程序可以加入到信任区，加入到信任区的程序，下次木马查杀扫描将跳过。

3. 清理插件

插件是一种遵循一定规范的应用程序接口编写出来的程序。过多的插件会拖慢计算机的速度。而很多插件可能是在用户不知情的情况下安装的，用户有可能并不了解这些插件的用途，也并不需要这些插件。通过定期地清理插件，可以对浏览器和系统“瘦身”，提高它们的运行速度。

单击“清理插件”按钮，进入“清理插件”界面后，单击“开始扫描”，360 安全卫士就会开始检查清理插件。根据扫描结果，360 会给出建议清理和保留的插件列表，由用户决定清除哪些插件。

4. 修复漏洞

系统漏洞是指 Windows 操作系统在逻辑设计上的缺陷或在程序编写时产生的错误。系统漏洞可以被不法者或黑客利用，通过植入木马、病毒等方式来攻击或控制整个计算机，从而窃取计算机中的重要资料和信息，甚至破坏系统。

360 安全卫士提供的漏洞补丁均由微软公司官方获取。如果系统漏洞较多，则容易招致病毒和木马的攻击，需要及时修复漏洞，从而保证系统安全。单击“漏洞修复”按钮，将扫描系统，检查漏洞情况。系统若有高危漏洞，需单击“立即修复”按钮修复；对于功能性更新补丁，用户可选择性地进行安装。

5. 系统修复

系统修复可以检查计算机中多个关键位置是否处于正常的状态。其主要目的是修复上网异常和系统设置不当等问题。

当用户遇到浏览器主页、开始菜单、桌面图标、文件夹和系统设置等出现异常时，使用系统修复功能可以找出问题出现的原因并进行问题修复。

6. 软件管家

软件管家集合了众多安全、优质的应用软件，这些软件既有保护计算机安全的杀毒软件，也有 Office 的应用软件甚至游戏软件，可以说是一个软件大全，用户可以方便、安全地下载或升级。

8.4 系统还原和系统更新

1. 系统更新

任何操作系统都会存在或多或少的漏洞，从而就为病毒或其他攻击提供了条件。Windows 操作系统当然也不例外。为了最大限度地减少最新病毒和其他安全威胁对计算机的攻击，微软公司建立了 Windows Update 网站，该网站向用户免费地更新软件，这些软件包括安全更新、重要更新和服务包(Service Pack)。

Windows 10 提供自动更新的服务，可确保用户的操作系统随时获得自动更新。只要用户的计算机登录并连接至 Internet，Windows Update 会自动检查适用于计算机的最新更新。根据所选择的 Windows Update 设置，Windows 可以自动安装更新，或者只通知用户有新的更新可用。

用户也可以用手动方式安装从 Windows Update 网站下载的更新软件包。当然也可使用其他的工具，例如 360 安全卫士的漏洞修复检查系统漏洞并进行系统更新。

进行系统更新的操作如下：单击“开始”窗口中左下角的“设置”按钮，在打开的“设置”窗口中选择“更新和安全”命令，打开如图 8-8 所示的对话框。

单击图 8-8 窗口中“检查更新”，在系统查出的更新中用户可以有选择地进行更新。要设置系统自动更新方案，可以单击图 8-8 窗口中的“更新设置”选项进行设置。

2. 系统还原

有时，安装某个程序或驱动程序可能会导致意外地更改计算机，或导致 Windows 发生不可预见的操作。通常情况下，卸载这些程序可以解决此问题。如果卸载并没有修复问题，则尝试将计算机系统还原到之前系统运行正常的某一状态。

Windows 设置了“系统还原”组件。利用它可以在计算机发生故障时恢复到以前的状态，而不会丢失用户的个人数据文件。

在系统保护开启的前提下，系统每周都会自动创建还原点，每当发生重大系统事件时，“系统还原”组件也会自动创建还原点(系统检查点)，同时，Windows 还允许用户自行设置还原点。系统还原不是重装系统，它仅仅是把计算机恢复到某个指定的还原点以前的状态，系统还原后，原则上不会丢失用户的个人数据文件(例如 Microsoft Word 文档、浏览器历史记录、收藏夹或者电子邮件等)。

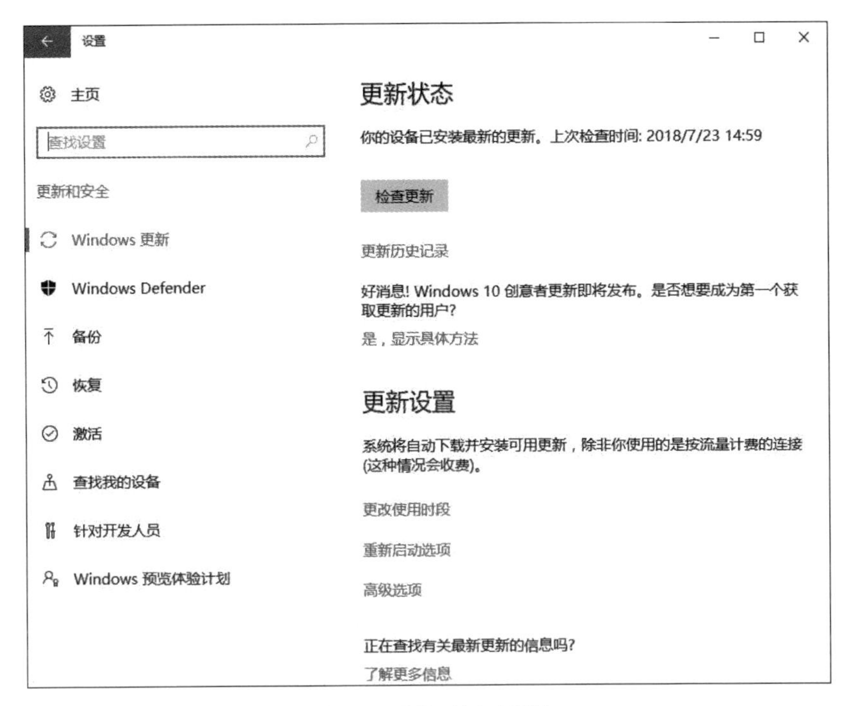

图 8-8　系统更新对话框

1）自行创建还原点

自行创建还原点的操作如下：选择“开始”→“控制面板”→“系统和安全”→“系统”，打开如图 8-9 所示的对话框，单击对话窗口左侧的“系统保护”选项，打开“系统属性”对话

图 8-9　控制面板/系统和安全/系统

框的“系统保护”选项卡，如图 8-10 所示，在此选项卡中单击“创建”按钮，在弹出的“系统保护”对话框中输入还原点名称，则系统将当前的日期和时间作为本次创建的还原点。

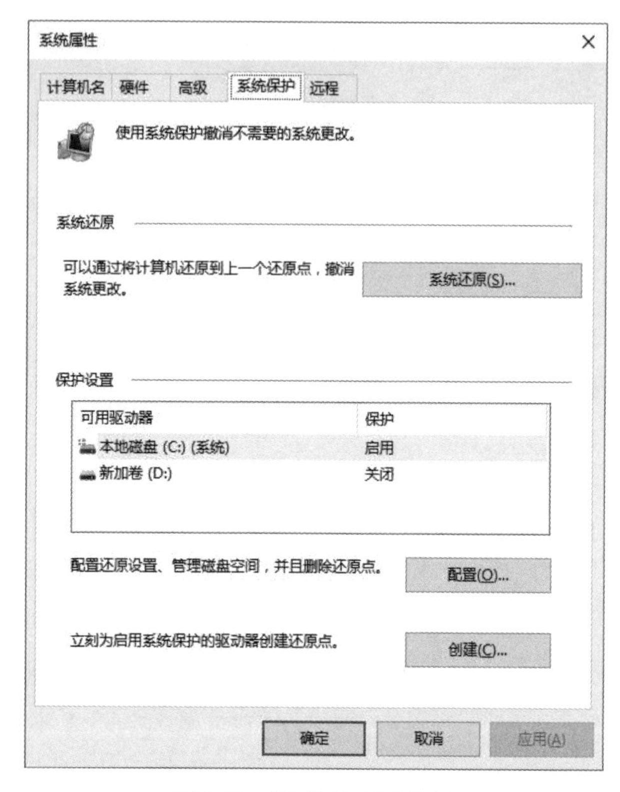

图 8-10 “系统保护”对话框

2) 系统还原

如果在系统发生故障之前已经创建了一个还原点，那么，当系统出现故障的时候，就可以利用还原点将系统还原到原来的某个状态。在图 8-10 中，单击“系统还原”按钮。在随后的系统还原对话框中选择之前建立的还原点进行系统还原。

3) 打开系统还原

在如图 8-10 所示的“系统保护”对话框中选择驱动器，单击“配置”按钮，在弹出的如图 8-11 所示的对话框中可以设置在某一驱动器上是否打开或关闭系统保护，当关闭某一分区或驱动器上的“系统保护”时，该分区或驱动器上存储的所有还原点都将被删除，系统将无法恢复。

系统还原不会替代卸载程序的过程。要完全删除某一程序所安装的文件，则必须使用控制面板中的“添加或删除程序”或程序自带的卸载程序来删除程序。

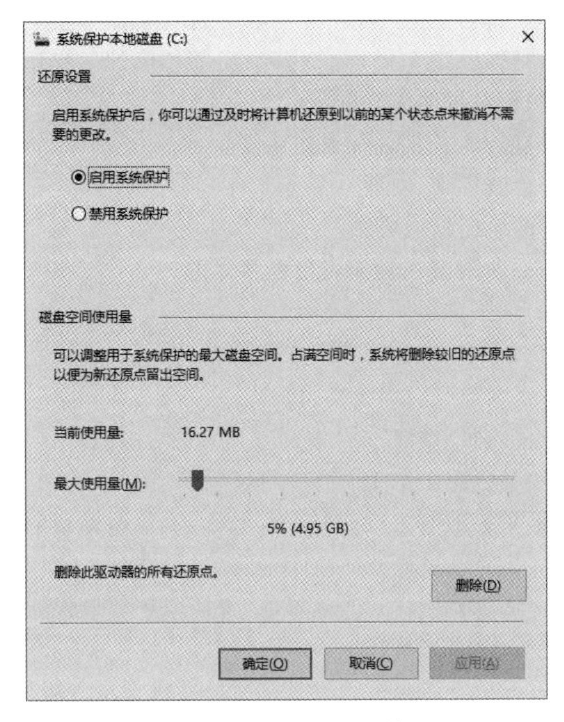

图 8-11　还原设置对话框

8.5　网络道德

随着计算机应用的普及，计算机行业也逐步形成了较为规范的道德准则。国家有关部门也相继出台了多部法规法令，其主要的准则有以下几点：

(1) 保护好自己的数据。企业及个人有责任保持自己数据的完整和正确。

(2) 不使用盗版软件。软件是一种商品，付费购买商品是天经地义的事。使用盗版软件既不尊重软件的作者，也不符合 IT 行业的道德准则。

(3) 不做"黑客"。"黑客"是指计算机系统未经授权访问的人，未经授权而访问或存取他人计算机系统中的信息是一种违法行为。

(4) 网络自律。不应在网上发布和传播不健康的内容和他人的隐私，更不应恶意攻击他人。

习　　题

选择题

1. 计算机病毒是一种(　　)。

A. 特殊的计算机部件

B. 游戏软件

C. 人为编制的特殊程序

D. 能传染的生物病毒

2. 下列关于计算机病毒说法正确的是(   )。

A. 每种病毒都能攻击任何一种操作系统

B. 每种病毒都会破坏软、硬件

C. 病毒不会对网络传输造成影响

D. 计算机病毒一般附着在其他应用程序之中

3. 下面关于木马的说法错误的是(   )。

A. 木马通常有文件名,而病毒没有文件名

B. 木马的传播速度没有病毒传播得快

C. 木马更多的目的是“偷窃”

D. 木马并不破坏文件

4. 保证信息和信息系统随时为授权者提供服务,这是信息安全需求(   )的体现。

A. 保密性　B. 可控性　C. 可用性　D. 可抗性

5. 信息在存储或传输过程中保持不被修改、不被破坏和丢失的特性是(   )。

A. 保密性　B. 完整性　C. 可用性　D. 可控性

6. 美国国防部的可信计算机系统评价准则将计算机安全等级从低到高分为(   )。

A. 4 等 8 级　B. 10 级　C. 5 等 8 级　D. 10 等

7. 下面各项中不破坏实体安全的是(   )。

A. 火灾　B. 偷窃　C. 木马　D. 搭线窃听

8. 以下形式中(   )属于被动攻击。

A. 窃听数据

B. 破坏数据完整性

C. 破坏通信协议

D. 拒绝服务

9. 360 安全卫士的功能不包括(   )。

A. 电脑体检

B. 系统修复

C. 图形、图像处理

D. 木马查杀

10. 计算机安全属性包含(   )。

A. 机密性、完整性、可抗性、可控性和可审查性

B. 完整性、保密性、可用性、可靠性和不可抵赖性

C. 机密性、完整性、可抗性、可用性和可审查性

D. 机密性、完整性、可抗性、可控性和可恢复性

11. 以下不是计算机病毒的特征的是(   )。

A. 传染性　B. 破坏性　C. 欺骗性　D. 可编程性

12. 下面对计算机日志文件的说法错误的是(   )。

A. 日志文件通常不是 TXT 类型的文件

B. 用户可以任意修改日志文件

C. 日志文件是由系统管理的

D. 系统通常对日志文件有特殊的保护措施

13. 计算机病毒的变种与原病毒有很相似的特征，但比原病毒有更大的危害性，这是计算机病毒的(　　)性质。

A. 隐蔽性　　B. 潜伏性　　C. 传染性　　D. 衍生性

14. 以下能实现身份鉴别的是(　　)。

A. 指纹　　B. 智能卡　　C. 口令　　D. 以上都是

15. (　　)能破坏计算机系统的硬件。

A. 宏病毒　　B. CIH 病毒　　C. “尼姆达”病毒　　D. “红色代码”病毒

16. 以下叙述正确的是(　　)。

A. 反病毒软件通常滞后于计算机新病毒的出现

B. 反病毒软件总是超前于病毒的出现，可以查杀任何病毒

C. 感染过计算机病毒后的计算机具有对该病毒的免疫性

D. 计算机病毒会危害计算机用户的健康

17. 计算机病毒只能隐藏在(　　)中。

A. 网络　　B. 软盘　　C. 硬盘　　D. 存储介质

18. 以下不属于计算机防病毒软件的是(　　)。

A. 瑞星　　B. 金山毒霸　　C. 诺顿　　D. RealPlayer

19. 防火墙的主要作用是(　　)。

A. 防病毒和黑客入侵　　B. 防电磁干扰

C. 防止网络中断　　D. 防火灾

20. 关于数据加密说法正确的是(　　)。

A. 加密是密文变明文　　B. 加密是明文变密文

C. 加密是解码　　D. 加密就是解密的过程

21. 网络黑客是(　　)。

A. 网络病毒　　B. 电磁干扰　　C. 人　　D. 垃圾邮件

22. 以下不属于计算机网络安全技术的是(　　)。

A. 密码技术　　B. 采用 HTTP 协议

C. 防火墙　　D. 数字签名

23. 计算机网络病毒不可以通过(　　)进行传播。

A. 打开某个主页　　B. 阅读网上新闻

C. 使用 IP 电话　　D. 收发电子邮件

24. 以下关于杀病毒软件的叙述中正确的是(　　)。

A. 杀毒软件要经常进行升级　　B. 杀毒软件可以查出所有病毒

C. 病毒库由用户定义　　D. 一般计算机上要安装所有杀毒软件

25. 计算机病毒主要造成(　　)。

A. 对磁盘片的损坏　　B. 对磁盘驱动器的损坏

C. 对 CPU 的破坏　　D. 对程序和数据的破坏

26. 以下叙述正确的是(　　)。

A. 计算机病毒是一种人为编制的特殊程序

B. 严禁在计算机上玩游戏是预防病毒的唯一措施

C. 计算机病毒只破坏磁盘上的数据和程序

D. 计算机病毒只破坏内存上的数据和程序

27. 以下关于防火墙的叙述中不正确的是(　　)。

A. 保护计算机系统不受来自本地或远程病毒的危害

B. 防止本地系统内的病毒向网络或其他介质扩散

C. 是一个防止病毒入侵的硬件设备

D. 是被保护网络和外部网络之间的一道安全屏障,是不同网络之间信息的唯一出入口

28. 下列现象不属于计算机病毒感染的现象是(　　)。

A. 设备有异常现象,如磁盘读不出　　B. 没有操作磁盘,但却磁盘读写

C. 程序运行时间明显比平时长　　D. 打印机常发生卡纸现象

29. 从技术上讲,计算机安全不包括(　　)。

A. 实体安全　　B. 系统安全　　C. 信息安全　　D. 通信安全

30. 下列关于系统还原的说法中正确的是(　　)。

A. 系统还原后,用户数据大部分都会丢失

B. 系统还原可以解决系统漏洞问题

C. 还原点可以由系统自动生成,也可以由用户手动设置

D. 系统还原的本质就是重装系统

31. (　　)病毒只存在于内存中,传染时可以直接从一台计算机内存感染到另一台计算机的内存。

A. “红色代码”病毒　　B. 宏病毒

C. CIH 病毒　　D. “求职信”病毒

32. 访问控制不包括(　　)。

A. 强制访问控制　　B. 自主访问控制

C. 授权访问控制　　D. 基于角色的访问控制

33. 下面关于系统更新的叙述中不正确的是(　　)。

A. 系统更新的目的是修复系统漏洞,保护计算机免受最新病毒和其他安全威胁的攻击

B. 用户可制定自动更新计划,让系统自动为你下载并安装更新

C. 系统更新就是给操作系统打补丁

D. 系统更新后计算机就不会感染病毒

34. 下列关于系统更新的说法中正确的是(　　)。

A. 系统更新之后,系统就不会崩溃

B. 系统更新包的下载需要付费

C. 系统更新的存在是因为系统存在漏洞

D. 所有更新应及时下载,否则会立即中毒

35. 以下不属于计算机病毒的特征的是(　　)。

A. 可执行性　　B. 寄生性　　C. 可预测性　　D. 破坏性

36. 以下描述不正确的是(　　)。

A. 私钥是不公开的

B. 需要隐藏传送的、还没加密的消息称为明文

C. 加密密钥和解密密钥相同,加密、解密算法可以公开,密钥不可公开,称为对称密钥算法

D. 公钥都是不公开的

37. 以下有关系统还原的说法中不正确的是(　　)。

A. 用户可以自定义还原点　　B. 可以关闭某一驱动器的系统还原

C. 可以清除所有病毒　　D. 系统还原要用额外的存储空间

38. 保障信息安全最基本、最核心的技术是(　　)。

A. 信息加密技术　　B. 信息确认技术

C. 网络控制技术　　D. 反病毒技术

39. 以下符合网络道德规范的是(　　)。

A. 破解别人密码,但未破坏其数据

B. 通过网络向别人的计算机传播病毒

C. 利用互联网进行"人肉搜索"

D. 在自己的计算机上演示病毒,以观察其执行过程

40. 360 安全卫士可以有效保护各种系统账户安全的是(　　)。

A. 清理垃圾　　B. 木马查杀　　C. 系统修复　　D. 系统升级

第9章

计算机多媒体技术

多媒体技术是20世纪90年代计算机的时代特征，它综合了计算机技术、电子技术和通信技术等各种技术，是一门跨学科的综合技术。多媒体技术对大众传媒产生了深远的影响，给人们的工作、生活和娱乐带来了深刻的变革。多媒体技术与Internet一起，成为推动20世纪末、21世纪初信息化社会发展的重要动力。

9.1 计算机多媒体技术的基本知识

9.1.1 多媒体技术的概念

1. 媒体和多媒体

媒体在计算机领域中有两种含义：一是指用以存储信息的物理介质，如磁带、磁盘和光盘等；二是指信息的表现形式或载体，如文字、图形、图像和声音等。多媒体计算机技术中的“媒体”是指后者，它应用计算机技术将各种媒体以数字化的方式集成在一起，从而使计算机具有表现、处理和存储多种媒体信息的综合能力和交互能力。

国际电信联盟(ITU)下属的国际电报电话咨询委员会(CCITT)将媒体划分成五大类：

(1) 感觉媒体(perception medium)：指直接作用于人的感觉器官，使人能产生感觉的媒体。例如，人类的各种语言和音乐，自然界的各种声音，图形、静止或运动的图像，计算机系统中的文件、数据和文字等。

(2) 表示媒体(representation medium)：指信息在计算机中的表示，通常是指信息的各种编码。例如，字符的ASCII码与汉字的GB2312编码，图像编码和声音编码等都属于表示媒体。

(3) 表现媒体(presentation medium)：指进行信息输入与输出的媒体，如键盘、鼠标、扫描仪、摄像机、光笔和话筒等为输入媒体，显示器、扬声器和打印机等为输出媒体。

(4) 存储媒体(storage medium)：指用于存放表示媒体的物理介质，即存放感觉媒体数字化后的代码。常见的存储媒体主要有磁带、磁盘和光盘等。

(5) 传输媒体(transmission medium)：指传输表示媒体的物理介质，它是将媒体从一处传送到另一处的物理载体，如双绞线、同轴电缆和光纤等。

在上述各种媒体中，表示媒体是核心。这是因为用计算机处理媒体信息时，首先通过表现媒体的输入设备将感觉媒体转换成表示媒体，并存放在存储媒体中，然后，计算机从存储媒体中获取表示媒体信息后进行加工、处理，最后再利用表现媒体的输出设备将表示媒体还原成感觉媒体，反馈给应用者。各种媒体之间的关系如图 9-1 所示。

图 9-1 各种媒体之间的关系

也就是说，计算机内部真正保存、处理的是表示媒体，所以若没有特别说明，通常可将“媒体”理解为表示媒体，它以不同的编码形式反映不同类型的感觉媒体。所谓“多媒体”，是指能够同时获取、处理、编辑、存储和展示两个或两个以上不同类型信息媒体的技术，这些信息媒体包括文字、声音、图形、图像、动画和视频等多种形式。现在所说的“多媒体”，常常不是指多种媒体本身，而主要是指处理和应用它的一整套技术。

2. 多媒体技术及其特征

所谓多媒体技术是指计算机综合处理文本、图形、图像、声音和视频等多种媒体数据，使它们建立一种逻辑连接，并集成为一个具有交互性系统的技术。在不发生混淆的情况下，人们通常将多媒体技术简称为多媒体。多媒体技术通常包括：对媒体设备的控制和媒体信息的处理与编码技术、多媒体系统技术、多媒体信息组织与管理技术、多媒体通信网络技术、多媒体人-机接口与虚拟现实技术以及多媒体应用技术这 6 个方面。

多媒体技术主要有以下 5 个特性：

1) 同步性

多媒体技术的同步性是指在多媒体业务终端上显现的图像、声音和文字是以同步方式工作的。例如，用户要检索一个重要的历史事件的片断，该事件的运动图像(或静止图像)存放在图像数据库中，其文字叙述和语言说明放在其他数据库中。多媒体业务终端通过不同传输途径将所需要的信息从不同的数据库中提取出来，并将这些声音、图像和文字同步起来，构成一个整体的信息呈现在用户面前，使声音、图像和文字实现同步，并将同步的信息送给用户。

2) 集成性

多媒体技术的集成性是指将多种媒体有机地组织在一起，共同表达一个完整的多媒体信息，使声、文、图像一体化。早期，各项技术都是单一应用，如声音和图像等，有的仅有声音而无图像，有的仅有静态图像而无动态视频，等等。多媒体系统将它们集成起来以后，经过多媒体技术处理，充分利用了各媒体之间的关系和蕴含的大量信息，使它们能够发挥综合作用。特别指出的是：如果没有数据压缩技术的进步，则多媒体就不能快速、实时地综合处理声音、文字和图像信息，难以实现系统的集成功能。

3）交互性

交互性是指人和计算机能进行“对话”，以便进行人工干预控制。交互性是多媒体技术的关键特征。目前许多业务系统也有着程度不等的交互性，如信息检索业务，它一般都提供菜单和征询单两种用户与业务系统的交互界面，用户可以通过点菜单或填写征询单，将用户的要求告诉系统，系统根据用户的要求，将满足条件的信息送给用户。用户与系统通过这一简单的交互过程完成了通信过程。在多媒体业务系统中，交互过程将不再是这么简单。诚然，菜单和征询单这一类简单的交互过程在多媒体业务系统中仍将使用，以提供简洁而明了的交互操作，但是光有简单的菜单和征询单的交互过程是不能满足多媒体业务系统的全部需要的，它将需要更为复杂的交互操作过程。

4）数字化

数字化是指媒体信息的存储和处理形式。多媒体中的各种单媒体都以数字的形式存放在计算机中。

5）实时性

多媒体技术是多种媒体集成的技术，在这些媒体中，有些媒体（如声音和图像）是与时间密切相关的，这就决定了多媒体技术必须支持实时处理。如果对具有时间要求的媒体不能保证播放时的连续性，就失去了它的应用价值。

多媒体技术是基于计算机技术的综合技术，它包括数字信号处理技术、音频和视频技术、计算机硬件和软件技术、人工智能和模式识别技术、通信和图像技术等。它是正处于发展过程中的一门跨学科的综合性高新技术。

3. 多媒体计算机

多媒体（个人）计算机（Multimedia Personal Computer，MPC）是指具有获取、压缩编码、编辑、加工处理、存储和展示包括文字、图形、图像、声音、动画和活动影像等信息处理能力的计算机。简单地说，就是把声、文、图像和计算机结合在一起的系统。一台典型的多媒体计算机在硬件上应该包括：功能强、速度快的中央处理器（CPU），大容量的内存和硬盘，高分辨率的显示接口与设备，光盘驱动器，音频卡，图形加速卡，视频卡，用于 MIDI 设备、串行设备、并行设备和游戏杆的 I/O 端口等。

按照目前的计算机硬件水平，大多数微机都属于多媒体计算机，完全能够胜任非专业的多媒体处理工作。

多媒体计算机发展的理想目标是能够直接接收声音和图像信息，然后对它们进行识别、压缩、存储和播放。目前，由于受到硬件和软件技术的限制，多媒体计算机只能达到采集、压缩、存储和播放等功能，还不能对声音和图像进行很好的识别。但多媒体计算机的发展前景看好，更自然的人-机交互和更大范围的信息存取服务必将实现。

9.1.2 多媒体系统中的基本元素

多媒体的元素种类很多，表现的方式也很多，将各种元素进行综合统一地组织和安排，充分发挥各种元素之所长，就可以形成一个完美的多媒体节目。在一般的多媒体节目中，展示给用户的元素主要包括以下几个方面。

(1) 文本(text)：是人与计算机之间进行信息交换的主要媒体，主要指汉字和英文字符等。文本的特性可以有字体(如汉字中的宋体、隶书、楷体等，英文中的 Times New Roman 字体等)、字号(如 10 磅字、12 磅字等)和格式(如加粗、倾斜等)等。

(2) 超文本(hypertext)：是索引文本的一种应用，它能在一个或多个文档中快速地搜索特定的文本串，是多媒体文档的重要组件。超文本进一步充实了书面文字的意义，允许用户单击一段文字中的单词或短语，获得与之链接的相关主题的内容。通常，应用程序使用某种方式指示超文本链接词，例如使用不同的颜色、下画线标识超文本链接词，或者当鼠标指针在链接词上移过时改变指针的外观等。

(3) 图形(graphics)：指由点、直线、圆、圆弧、任意曲线等组成的二维和三维图形。图形可以是黑白的或彩色的。

(4) 静止的图像(still image)：是通过扫描仪、数码相机或摄像机等设备捕捉到的真实场景的画面，如各种工程图、环境布置图以及绘画、摄影图片等。

(5) 动画(animation)：是一组连续图形的集合，包括卡通、活页动画和连环画等。

(6) 视频(video)：是指通过摄像机、录像机等设备捕获的动态画面，主要包括录像带和电影带等。

(7) 音响效果(sound)：包括各种各样的音响效果，如动物的鸣叫、雷电的声音、东西碰撞(如关门声)的声音等。

(8) 音乐(music)：包括各种歌曲、乐曲等，如管弦乐队的演奏。

9.1.3 多媒体的研究领域

由于多媒体系统需要将不同的媒体数据表示成统一的编码，然后对其进行变换、重组和分析处理，以便进行存储、传送、输出和交互控制，所以多媒体的传统关键技术主要集中在以下几个方面：数据压缩/解压缩技术、超大规模集成电路(VLSI)芯片技术、大容量的光盘存储器(CD-ROM)、多媒体网络通信技术和多媒体系统软件技术。由于这些技术取得了突破性的进展，多媒体技术才得以迅速发展，而成为具有强大的处理声音、文字、图像等媒体信息能力的高科技技术。

1. 多媒体数据压缩/解压缩技术

研制多媒体计算机需要解决的关键问题之一是要使计算机能实时地综合处理声、文、图信息。然而，由于数字化的图像、声音等媒体数据量非常大，致使在目前流行的计算机产品，特别是个人计算机系列上开展多媒体应用难以实现。例如，未经压缩的视频图像处理时的数据量每秒约28MB，而播放一分钟立体声音乐就需要100MB的存储空间。又如，一幅中等分辨率的彩色(24b像素)图像(640×480像素)，数字化视频图像的数据量大约为1MB，如每秒30帧，一秒钟数字化数据量大约30MB。如果用600MB的硬盘来存放，只能存放20秒的动态图像。

视频与音频信号不仅需要较大的存储空间，还要求传输速度快。因此，既要进行数据的压缩和解压缩的实时处理，又要进行快速传输处理。而对总线传送速率为150KB/s的IBM PC或其兼容机，处理上述音频、视频信号必须将数据压缩200倍，否则无法胜任。因此，视频、音频数字信号的编码和压缩算法是重要的研究课题。

数据压缩算法分为无损压缩和有损压缩两种。

(1) 无损压缩：适用于要求重构的信号与原始信号完全一致的场合。一个很常见的例子是磁盘文件的压缩，它要求还原后不能有任何的差错。根据目前的技术水平，无损压缩算法一般可以把数据压缩到原来的1/2～1/4的数据量。

(2) 有损压缩：适用于重构信号不一定非要和原始信号完全相同的场合。例如对于图像、视频和音频数据的压缩就可以采用有损压缩，这可以大大提高压缩比(可达10∶1甚至100∶1)，而人的主观感受仍不至于对原始信息产生误解。

数据压缩是数字信号处理最基本也是最重要的任务之一。数据压缩在一定程度上解决了存储容量和传输带宽的问题，从而使多媒体的实际应用成为可能，其代价是需要高速的处理器进行大量的计算。

2. 超大规模集成电路(VLSI)芯片技术

多媒体的大数据量和实时应用的特点要求计算机有很高的处理速度，因此要求配置高速的CPU和大容量的RAM，以及多媒体专用的数据采集和还原电路，对数据进行压缩和解压缩等高速数字信号处理(DSP)电路，这些都有赖于VLSI技术的发展和支持。

目前的多媒体专用芯片可以分成3类：一类是对多媒体信号的采集和播放，它包括A/D、D/A转换，以及一些简单的处理功能，常常采用将模拟电路和数字电路混合做在一个芯片中的混合电路方法制作；第二类为固定功能的高速信息处理芯片，内部固化了某种算法，能对语音和视频数据进行压缩和存储；第三类为可编程的信息处理芯片，采用所谓"微码引擎"通过编程实现不同的处理功能，如各种压缩、解压缩算法。

目前，高速信号处理芯片成本还比较高，比如用这些芯片做成的一块实时视频压缩卡(全屏、全色、全速，即352×288像素，25帧/秒)仍处在万元以上的高价位，只有当多媒体VLSI芯片技术有较大发展时，才有可能得到较大的普及。

3. 大容量光盘存储技术

数字化的多媒体信息经过压缩处理仍然包含大量的数据，因此多媒体信息和多媒体软件的发行不能用传统的磁盘存储器。这是因为，硬盘虽存储量较大，但不便于交换。而近几年快速发展起来的光盘存储器(Compact Disc，CD)，由于其原理简单，存储容量大，便于大量生产和价格低廉，被广泛用于多媒体信息和软件的存储。

多媒体项目经测试合格后，便可以对外发布，它的发布载体有多种，通常一个多媒体项目的容量都比较大，目前比较流行的载体有 CD-ROM(光盘只读存储器)光盘、DVD(数字通用磁盘)光盘和闪盘。

1) CD-ROM 光盘

CD-ROM 光盘是目前多媒体项目最具成本优势的发布载体，它的生产成本非常低，容量也比较大，约 700 MB，可以包含一段长达 80 分钟的视频和声音节目，它还可以包含由制作系统控制生成的图像、声音、视频和动画，并以此来提供任意的全屏幕视频和声音。其工作特点是采用激光调制方式记录信息，之后将信息以凹坑和凸区的形式记录在螺旋形光道上。

2) DVD 光盘

DVD 光盘分为两种类型：DVD-Video 和 DVD-ROM。它很好地支持了全动态的视频以及高质量的环绕音频，是一种新的光盘技术。其制造工艺与 CD-ROM 光盘不同，能够提供更大的 GB 级存储量，单面单层 DVD 盘存储量为 4.7GB，容量更高的双层双面 DVD 盘存储量可以达到 17GB。

现在流行的 DVD 技术采用的是波长为 650nm 的红色激光和数字光圈为 0.6 的聚焦镜头，因而被称为红光 DVD。蓝光 DVD 技术采用波长为 450nm 的蓝紫色激光和广角镜头比率为 0.85 的数字光圈，其单面单层容量达到了 27GB，也可以制成双层双面，容量更大，当然价格也更高。

3) 闪存盘

闪存盘(Flash 盘)是当今最为流行的存储设备，俗称 U 盘。它不仅具有亮丽的外表，更为重要的是具有体积小、容量大、数据可靠性高的优点，而且随着技术的完善，其成本也在不断降低。市面上的闪存盘容量已经达到了 512GB，新一代的 MP4、MP5 很多都使用了闪存盘来存储数据，因而闪存盘也成为多媒体的重要载体之一。

4. 多媒体网络通信技术

计算机整体性能的提高和网络的普及，使得多媒体数据高速公路的应用越来越普遍。铜芯电缆、玻璃纤维和无线电/蜂窝技术将成为交互式多媒体文件发布的主流渠道，多媒体项目开发者可以直接将软件放置在网上进行发布。网络将成为多媒体最重要的发布载体。

多媒体通信网络主要解决以下两个问题：

(1) 网络带宽问题，也就是“信息公路”的宽度问题。由于多媒体数据量十分庞大，它要求网络有极高的传输速率，才能胜任多媒体数据的传输，因此研究并建立高速网络就成为多媒体网络应用的关键。从这个意义上说，“信息高速公路”实际上就是能顺利地传输多媒体信息的宽带的计算机网络。

(2) 多媒体数据的同步问题。多媒体信息中，声像同步、实时播放是基本的应用要求，人们难以忍受声音和画面反复停顿、声音与画面不同步的情况发生。但在计算机网络中，多媒体数据的同步却需要花费较大的气力才能解决。

5. 多媒体系统软件技术

多媒体系统软件技术主要包括多媒体操作系统、多媒体编辑系统、多媒体数据库管理技术、多媒体信息的混合与重叠技术等。这里仅介绍多媒体操作系统。

多媒体技术要求操作系统能像处理文本和图形文件一样方便灵活地处理动态音频和视频，在控制功能上，能扩展到对录像机、音响、MIDI 等声像设备以及 CD-ROM 光盘存储设备等的控制。多媒体操作系统要能处理多任务，并易于扩充；要求数据存取与数据格式无关，提供统一的友好界面。为支持上述要求，一般是在现有操作系统上进行扩充。Windows 从 3.1 版开始提供对多媒体的支持，还提供了多媒体开发工具包 MDK、底层应用程序接口（API）和媒体控制接口（MCI）。多媒体应用系统的设计者只需直接用它们进行开发，不必再关心物理设备的驱动程序。IBM 公司的 OS/2、苹果公司的 Macintosh 操作系统都提供了对多媒体的支持。

多媒体技术是一项正在蓬勃发展的跨学科的新兴技术，除了上述几项关键技术外，还涉及到多项基本技术，例如多媒体系统平台开发技术、超媒体技术、多媒体外围设备控制技术、多媒体信号数字化处理技术、多媒体数据库模型及格式转换技术和基于内容的多媒体信息检索技术等。

6. 流媒体技术

流媒体是指采用流式传输的方式在 Internet/Intranet 上播放的媒体格式，如音频、视频或多媒体文件。流媒体在播放前并不下载整个文件，流媒体平台只将开始部分内容存入内存，在计算机中对数据包进行缓存并使媒体数据正确地输出。流媒体的数据流随时传送、随时播放，只是在开始时有些延迟。流媒体技术的发展依赖于网络的传输条件、媒体文件的传输控制、媒体文件的编码压缩效率以及客户端的解码等几个重要因素。其中任何一个因素都会影响流媒体技术的发展和应用。

采用流媒体方式传输数据时，先将动画、音乐等多媒体文件压缩成一个个小的压缩包，然后由视频服务器向用户计算机通过不同的路由进行连续、实时地传送，用户端边下载边可观看多媒体视频文件，计算机后台服务器会继续传输文件，用户端将文件进行一定的延时后会继续播放。当带宽达到一定程度时，就可以连续地进行播放。

流媒体传输方式具有以下优点：

（1）可以实时观看，而不必等到将全部多媒体信息下载完毕。

（2）可以充分利用网络的带宽，流媒体观看采用边下载边观看的方式，因而可以将下载任务分配到观看过程中的不同阶段来完成，不会因为都集中在一起下载造成网络的堵塞拥挤。

（3）不占用硬盘空间。在网上观看多媒体信息，有两种方式：下载方式和流传输方式。采用流传输方式观看多媒体信息时，不用将信息保存在本地磁盘上。

（4）节省缓存。采用流媒体传输多媒体信息时，不需要将所有内容下载到缓存中，因而，节省了用户端的缓存。

目前，互联网上使用较多的流媒体格式主要有Real Networks公司的RealMedia和微软公司的Windows Media。它们是网上流媒体传输的两大技术流派。比较常见的流媒体文件格式如表9-1所示。

表9-1 常见流媒体文件格式及主要应用

流媒体文件格式	主要应用
SWF格式(.swf)	流式动画格式，可用Flash软件制作，具有体积小、功能强、交互能力好、支持多个层和时间线程的优点，主要应用于网络动画
RM/RA格式(.rm/.ra)	Real Networks公司文件格式，主要用于低速率网络上的视频、音频文件实时传输，它们可以根据网络数据传输速率的不同而采用不同的压缩比率
ASF格式(.asf)	微软公司视频文件格式，是微软公司为了和RealNetworks公司竞争而发展出来的一种可以直接在网上观看视频节目的文件压缩格式。它采用MPEG4压缩算法，所以压缩比和图像质量都不错
AAM/AAS格式	用Authorware制作的多媒体软件，可以压缩为AAM或AAS流式文件格式
MOV格式	苹果公司独创的一种媒体格式，该格式采用苹果公司的音视频编码技术
MTS格式	MetaCreations公司开发的流式文件格式，用于实现网上流式三维网页的浏览，主要用于创建、发布及浏览可缩放的3D图形和电脑游戏

9.1.4 多媒体技术的应用领域

目前，多媒体计算机技术的应用领域不断拓宽，从文化教育、技术培训、电子图书到观光旅游、商业及家庭应用等领域，给人们的工作和生活带来日益显著的变化。利用多媒体技术和通信技术在多媒体领域的协同工作，还可以实现诸如视频会议、远程医疗及远程教育等应用。

下面从技术领域和市场领域两大方面来具体阐述多媒体应用。

1. 多媒体应用的技术领域

从多媒体应用技术的角度，可以列出如下几类应用：电子出版技术、多媒体数据库技术、可视通信技术、网络多媒体技术和虚拟现实技术等。

1) 电子出版技术

电子出版是多媒体最早的应用，现在已经相当普及。它解决了传统的纸张印刷出版设备笨重、生产周期长、作品信息密度低、成本高等许多缺点，而具有快速出版、图文声像并茂、信息密度高、成本低，流通快等许多优点。

电子出版物的内容包含计算机软件和资料两大类。资料中除图文资料外，还包含数字音像资料，所以电子出版物的内容十分丰富。例如，电子图书(E-Book)、电子期刊(E-Magazine)、电子新闻报纸(E- Newspaper)、电子手册与说明书、电子公文与文献、电子图画、电子广告和电子音像制品等。

电子出版物的载体，早期直接使用软磁盘，后来大量使用光盘，现在进一步增加了网络作为载体，直接在网上“出版”，提供给用户在网上阅读和下载的途径。

电子出版物广泛用于教育培训用的教材和课件、娱乐用的游戏软件、科学研究用的情报资料存储与检索、商业用的公司与产品介绍，以及设计与美术创作用的大量图文音像素材等。

电子出版涉及创作编导、多媒体快速输入与制作技术、多媒体编辑排版技术、光盘刻录与生产技术、网络电子出版物制作与发行技术等。电子出版已经初步形成一个新兴的行业，将逐步发展到数字出版阶段。

2）多媒体数据库技术

多媒体数据库的应用需求已越来越大。下面列举常用的几种应用：

① 高品质数字音频点播（Audio On Demand，AOD）；

② 数字视频点播（Video On Demand，VOD）；

③ 公共多媒体资源库，例如博物馆艺术藏品多媒体资料库、多媒体百科全书、多媒体地图和旅游资料库等；

④ 教学素材库，内含从幼儿园到大学教学中可能用到的各学科的多媒体教学素材，例如图片、动画、录音和影视片断等，给形象化教学起到了极好的作用，可以大大提高教学效率；

⑤ 公司产品多媒体资料库等。

3）可视通信技术

人类对通信媒体的使用，可以分为3个层次，即文字通信、语音通信和视频通信。现在文字通信虽然仍在使用，但已大大减少，语音通信目前得到了世界范围的很大普及，人们已进一步追求更高层次的能直接看到对方视像的可视通信。

多媒体应用在可视通信方面，包括视频会议系统技术和可视电话技术等，由于有广阔的市场，所以也成为多媒体研究的热点之一。

4）多媒体网络技术

多媒体网络技术，就是通过网络来传播各种多媒体信息的技术，它是计算机的交互性、网络的分布性和多媒体信息综合性的有机结合，并且突破了计算机、通信和出版等行业的界限，为人们提供了全新的多媒体信息服务。

相对于传统媒体，多媒体网络技术具有难以比拟的优势，具体体现在以下几个方面：

(1) 网络可以实现信息源、传播媒介、传播受众的紧密结合。网络使得信息来源更丰富，传播渠道更多样，信息覆盖面更宽广，为实现大众传播开辟了更广阔的道路。

(2) 网络可以减少传播的中间环节，增强大众选择新闻的自主性。网络的发展有可能使新闻信息产品通过网络直接与大众见面，而大众选择的多元化，则增加了媒介在控制传播进程，引导舆论，履行社会责任方面的难度。

(3) 网络传播是传播方式上的一次重大变革，它集报纸、广播和电视传播的优点于一身，为增强传播内容的感染力和影响力提供了保证。

(4) 网络成本相对低廉，能大量储存、检索和利用新闻信息。网络还便于用户的信息反馈，加强了媒体与大众之间的互动。

5) 虚拟现实

虚拟现实(virtual reality)，也称"人工现实"或"灵境"技术，是多媒体应用的更高境界。它是用计算机技术生成一个集视觉、听觉、甚至嗅觉在一起的感觉世界，让人得到一种逼真的体验。它将被广泛应用于模拟训练、科学可视化和娱乐等领域。

虚拟现实是一种高度集成的技术，它取决于三维实时图像显示技术、三维定位跟踪传感技术、人工智能技术、高速并行计算机技术以及人的行为学等领域的研究进展。因此虚拟现实难度较高，美国著名的图形学专家 J. Foley 讲过："虚拟现实是人-机接口中最后一个堡垒，也是最有意义的领域。"虚拟现实的部分研究成果，如三维实时图像显示技术，已经开始用于建筑设计效果展示、虚拟博物馆和虚拟演播室等项目之中。

2. 多媒体应用的市场领域

技术人员重视技术领域，但技术必须与市场结合，才能产生巨大的效益。多媒体应用的市场领域十分广泛，下面列举几个主要的市场领域。

1) 娱乐与家庭使用

娱乐与家庭使用所涉及的信息家电和信息消费始终是极大的国际市场。它不但提高了现代家庭的生活质量，也大大促进了多媒体信息家电和消费信息业的发展。例如：

(1) 多媒体游戏。因其具有逼真的动态三维图像和良好的音响效果受到广泛欢迎。好的游戏软件能在娱乐中给人们以灵敏的手眼配合操作训练，开发智力，提高创造能力与管理能力。

(2) 可视电话。这一技术目前在高速的计算机网络上已经实现，不久的将来，即可在低速网络上实现。

(3) 视频点播。又称 VOD，包括音乐点播。它能按照用户的意愿，从数字化的影像和音乐资料库里任意点播自己喜爱的节目。这样就避免了每个用户都必须准备大量音像资料的麻烦，因为大型的音像资料服务器可以将资料收集得很全，又可同时为许多人服务。

(4) 网上购物。用户在网上能快速地找到自己所要的物品，经过对该物品用多媒体方式表现的信息详细研究后，就可用信用卡进行购物，送货人员很快就会把它送到用户的手中。

2) 教育与培训

多媒体在教育与培训中的应用是多媒体最重要的应用之一，有着非常大的市场。计算机、多媒体和网络的引入，使得以往教学必须在同一时间、同一地点、被动式地学习，变为可以自选时间、可在远程学习、主动式地学习。采用多媒体技术的教学和培训能够更有效地提高学习者的兴趣、集中学习者的注意力，并且加快知识消化和吸收的速度。

（1）多媒体教学的主要形式。

① 多媒体 CAI 课程。图文声像并茂的多媒体计算机辅助教学课程，由于其形象生动，信息量大，学习者为交互式的主动学习，学习效果相当好。多媒体 CAI 课程包括教师采用多媒体手段进行辅助课堂教学、以 CD-ROM 为介质发行的多媒体计算机自学课程以及基于计算机网络的采用超媒体手段的 CAI 课程。

② 远程视频教学。传统的电视大学的教学方式只有信息的广播“下行”，是被动式的学习；而基于网络的远程视频教学，既有“下行”，又可“上行”，即可以进行交互、讨论，达到“面对面”的教学效果。这使得距离相隔较远的学生可以在一起学习。

③ 多媒体教学资源库。该资源库将包括多媒体的教学素材库、优秀课件库和多媒体题库三大部分。有了内容丰富的多媒体教学资源库，就可以让大部分教师都能结合自己的课程，方便地利用多媒体来进行教学，有效地提高了教学质量和教学效率，使学生学得更好、更轻松，更具有创造力。

此外，结合了虚拟现实技术的多媒体培训还可用于一些特殊场合，比如利用多媒体计算机进行汽车驾驶技术的培训、在计算机模拟火灾演习中培训消防员掌握灭火技术等，从而降低了培训的费用和风险。

（2）多媒体技术对远程教育的影响。

多媒体技术使远程教学传输过程网络化。网络远程教学模式依靠现代通信技术及多媒体计算机技术的发展，大幅度地提高了教育传播的范围和时效，使教育传播不受时间、地点、地域、国界和气候等的影响，真正打破了明显的校园界限，一改传统“课堂”的概念，学生能突破时空限制，可以接收到来自不同地区、国家、教师的指导。可获得除文本以外更为丰富、直观、生动的多媒体信息，共享全国各地乃至世界各地图书馆的资料。它可以按学习者的思维方式组织教学内容，也可以由学习者自行进行控制和检测。使传统的教学由单向转为双向，实现了远程教学中教师与学生之间、学生与学生之间的双向交流。由大众化趋向个人化、个性化。学生的个别化学习得到了更为充分的体现。目前，以因特网为主的远程教学方式已广泛使用。

3）办公与协作

（1）多媒体办公环境。包括办公设备和管理信息系统等。由于增加了图、声、像的处理能力，增进了办公室自动化程度，比起单纯的文字处理更加增进人们对工作的兴趣，提高工作效率，这也是社会进步的一个重要标志。

（2）视频会议。当今的社会已进入世界范围内合作的阶段。计算机支持的 CSCW 协同工作环境，使得一个群体能通过多媒体计算机网络协同工作完成一项共同的任务。例如，工业产品的协同设计制造，医疗上的远程会诊，科学研究的共同探讨学术交流，以及师生间的协同式教学。视频会议是多媒体协同工作重要的手段，它提供了几乎是面对面的图文声像的交流环境。

4）电子商务

电子商务也是多媒体应用的一个重要领域，显现了飞速发展的趋势。多媒体技术主要应用在公司产品信息的发布和搜索、视频商务洽谈等许多电子商务的主要环节之中。客户不仅能通过多媒体光盘，还可以通过网络联机方式，对公司的产品和服务信息、产品开发速度、产品演示及实时更新的多媒体目录进行交互式访问。同时，它还特别适合于公司通过联机方式销售自己的产品，对于顾客来说，他是在一个可视的网上商店购物。多媒体还比较适合于提供可视的网上售后服务，增加顾客的满意度。

5）设计与创作

多媒体技术的出现给各类艺术家提供了极大的创作空间和极好的创作手段。计算机绘画功能已经大大促进了广告画设计行业的发展；影视业中使用数码编辑、图像变形等技术，使得影视效果得到了极大的加强，出现了像《侏罗纪公园》《指环王》等优秀的影视佳作；同时也使电视台的片头和各类广告更加丰富多彩，更加吸引观众。3D图像设计则使得建筑师有了更好地表现自己设计作品的手段，使设计作品更加完美。同样，数码音响编辑设计手段和MIDI乐器的创作能力，使音乐家也能创造出许多震撼人心的音乐佳作来。

9.2 多媒体信息的数字化与媒体形式

9.2.1 模拟信号的数字化

多媒体信息都是以数字信号的形式而不是以模拟信号的形式存储和传输的，而用传统的设备（如话筒、摄像机等）得到的媒体信号通常是模拟信号。为了能进入多媒体计算机进行存储和处理，模拟信号必须转换为数字信号，这称为A/D转换（Analog to Digital，模-数转换）。最典型的例子是将语音信号转换为数字信号，将数字化得到的二进制数据存储在计算机中，要播放时，再用D/A（数-模）转换电路将数字信号转换回模拟信号，经喇叭放出还原为声音。

模拟信号数字化的方法很多，最基本的一种方法称为PCM法（Pulse Code Modulation，脉冲编码调制）。该方法的转换过程分为采样、量化和编码3个步骤，如图9-2所示。

采样是在连续信号中每隔一定时间取一个值。量化是把其大小取整为n位二进制数所能表示的数，例如$n=4$，即有$2^n=16$个级别可用于表示一个采样信息，所以量化后只能以0，1，2，…，15这16个数之一来表示。编码即按一定的规律产生二进制位流输出信号。

数字化过程是离散化的过程，采样将连续的时间离散化；量化则将连续的幅度值离散化。数字化过程中有两个主要参数，一是采样频率；二是量化精度。采样定理指出，采样

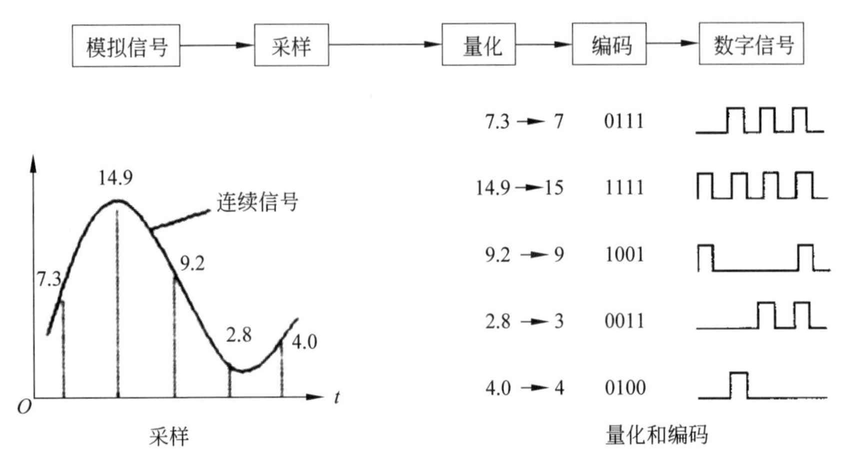

图 9-2　模拟信号数字化过程(PCM 法)

频率要高于信号最高有效频率的两倍，信号才可能完全复原。例如，话音最高频率为 4000Hz，则需每秒采样 8000 次；声音的最高频率为 20kHz，所以在多媒体计算机中使用的多是 44.1kHz 的采样频率。量化精度取决于用于表示一个采样值的二进制位数，位数越多，精度就越高。例如，用 16 位二进制表示声音，可将声音强度分为 $2^{16}=65\ 536$ 级；若用 8 位则仅能区分出 $2^{8}=256$ 级，二者之间量化精度差别很大，用 16 位表示的声音比用 8 位的声音质量高得多。

9.2.2　文本

文本(text)是人与计算机之间进行信息交换的主要媒体。纯文本文件常用.txt 扩展名，而.docx 则是 Microsoft Word 所采用的加入了排版命令的特殊文本文件。

如第 1 章所述，文字用编码的方式在计算机内存储和交换。为了显示或打印汉字，还需要字模库。字模库中所放的是汉字的字形信息，它可以用平面二进制位图即“点阵”方式表示，也可以用“矢量”方式表示。位图中最典型是用“1”表示有笔画经过，“0”表示空白。位图方式占用的存储量相当大，例如，采用 64×64 点阵来表示一个汉字(其精度可提供给激光打印机输出)，则一个汉字占 64×64÷8=512(B)=0.5KB，一种字体(如宋体)的一二级国标汉字(共 6763 个)所占的存储量为 0.5KB×6763=3382KB，接近 3.3MB。汉字最常用的字体有宋体、仿宋体、楷体和黑体 4 种，此外，隶书、魏碑和综艺等字体也比较常用。由于字体众多，字模库所占的存储量是相当大的。矢量表示法则抓住了汉字的笔画特征进行表示，存储量较小，且字形可以随意放大而不产生“锯齿”形失真。

9.2.3　声音

声音(audio)是一种波，频率在 20Hz～20kHz 的波称为音频波，小于 20Hz 的称为亚音波，大于 20kHz 的称为超音波。人们说话时产生的声波范围约为 300～3000Hz；音乐波的频率范围可达到 10～20 000Hz，英文用 high-fidelity audio 来表示，一般就使用 audio。

为了取得立体声音响效果，有时需要进行“多声道”录音，最起码有左右 2 个声道，较好的则采用 5.1 或 7.1 声道的环绕立体声。所谓 5.1 声道，是指含左、中、右、左环绕、右环绕 5 个有方向性的声道，以及一个无方向性的低频加强声道。

采样频率越高，量化精度越高，声道数越多，则声音质量就越好，而数字化后的数据量也就越大。例如，采用 44.1kHz 采样，精度为 16b（即 2B），左右 2 个声道的情况下，每秒声音所占的数据量为

$$44.1\text{k}\times 2\times 2=176.4(\text{KB/s})$$

1 秒钟的声音就占 176KB 容量，这对存储和传输来说负担都很重，所以必须对声音数据事先进行压缩，使数据量大大减少，到播放时再进行解压、还原。

声音文件是各种实际声音的数字化录音。无论是普通响声（如人的话语、关门声），还是音乐（如管弦乐队的演奏），都是人们用麦克风录制的数字文件。通常使用 Windows 中的录音机程序或专用的录音软件进行录制。硬件方面则要求有声卡（音频输入接口），麦克风（Mic）或收音机、放音机等声源设备（使用 Line in 输入口）。计算机中常用的音频文件格式如表 9-2 所示。

表 9-2　常见音频文件格式及其功能特点

音频文件格式	功能特点
WAV 格式（.wav）	Windows 使用的一种数字音频文件，是模拟信号数字化后的原始数字音频文件，因而体积比较大，往往需要进行压缩处理
MIDI 格式（.mid）	MIDI 是一种通信标准，用于规定程序电子合成器和其他电子设备之间交换信息与控制信号的方法。MIDI 记录的是乐谱符号的描述信息，因而文件体积很小，是目前比较成熟的音乐格式
WMA（Windows Media Audio）格式	Windows 使用的一种音频压缩文件，能够在保持音质前提下采用较低的采样率
Real Audio 格式（.ra/.rm/.ram）	网络音乐与视频采用的格式，具有强大的压缩量和极小的失真，为适应网络传输带宽资源而量身定做，具有较好的容错性
AIFF 格式（.aif）	苹果公司与 Unix 联合开发的音频格式，与 WAV 相似
MP3 格式（.mp3）	现在最流行的音频文件格式，是经过压缩的音频文件，如 mp3 歌曲等，大小只有几兆字节
M4A 格式（.m4a）	MPEG-4 音频标准文件

9.2.4　图形

1. 图形的概念

图形（graphics）是指由外部轮廓线条构成的图，即由计算机绘制的直线、圆、矩形、曲线和图表等。计算机的图形显示方法分为矢量图形和位图图形两种。

矢量图形是使用直线和曲线来描绘图形的，具有颜色和位置属性。当用户对矢量图形进行编辑时，可以对表述形状的线条和曲线的属性进行修改，可以移动和修改大小和形状、改变颜色，而不会改变外观质量。矢量图形的分辨率是独立的，这就意味着可以用不同的分辨率显示，而质量却不受损失。

位图图形是使用颜色点（称为像素）来描绘图形的，这些像素是在网格内安排好的。当用户对位图图形进行修改时，需要修改的是像素而不是线条和曲线。位图图形的分辨率是同图形紧密关联的，这是由于描绘图像的数据是以特定尺寸固定在网格上的，因而编辑位图图形会改变它的显示质量。尤其是缩放一个位图图形时，会因为像素在栅格内的重新分配而导致图形边缘粗糙变模糊。在比位图图形本身分辨率低的输出设备上显示图形也会降低质量。

历史上保存下来的大量城市建筑结构图图纸，现在都需要输入计算机保存起来。它一般经过扫描仪扫描进入计算机，得到每个扫描点非黑即白的二值位图，然后经过一个矢量化工作软件，将 BMP 文件转化为矢量化图形文件保存起来。

AutoCAD 是著名的图形设计软件，它所使用的 DXF 图形文件就是典型的矢量化图形文件。在实际应用中，有些图形文件既可以存储位图，也可以存储矢量图形。而有些图形文件，里面存储的都是一些绘图命令。新的图形设计软件可以在完成框架设计以后，对其表面进行美化设计，例如增加光照和色彩效果等，使所设计的图形与图像已十分接近。

图形有二维（2D）和三维（3D）之分。二维图形是指只有 X、Y 两个坐标的平面图形。三维图形是指具有 X、Y、Z 三个坐标的立体图形。真三维立体图形由于能给人以非常真实和使人兴奋的极好效果，现正不断扩大应用。

2. 常用图形文件格式及其特点

1）EPS 格式

EPS 格式是专门为存储矢量图设计的特殊的文件格式，输出的质量很高，能够描述 32 位色深，分为 Photoshop EPS 和标准 EPS 格式两种，主要是用于将图形导入到文档中。这种格式与分辨率没有关系，几乎所有的图像软件和排版软件都支持 EPS 格式。

2）WMF 格式

WMF 格式是微软公司设计的一种矢量图形文件格式，广泛应用于 Windows 平台，几乎每个 Windows 下的应用软件都支持这种格式。是 Windows 下与设备无关的最好格式之一。

3）EMF 格式

EMF 格式文件是 WMF 格式的增强版，是微软公司为弥补 WMF 格式的不足而推出的一种矢量文件格式。

4）CMX 格式

CMX 格式是 Corel 公司经常使用的一种矢量文件格式，Corel 公司附带的矢量素材就采用这种格式。它的稳定性要比 WMF 格式和 EMF 格式都要好，能更多地保存设计时的信息。

5) SVG 格式

SVG 格式是一种开放标准的矢量图形语言，可设计出激动人心的、高分辨率的 Web 图形页面。该软件提供了制作复杂元素的工具，如简便、嵌入字体、透明效果、动画和滤镜效果等，并可以使用平常的字体命令插入到 HTML 编码中。SVG 主要用于为 Web 提供非光栅的图像标准。

9.2.5 图像

1. 图像的概念

图像(image)是由扫描仪或摄像机等输入设备捕捉实际的画面产生的数字图像，是由像素点阵构成的位图。利用计算机可以很方便地对图像进行各种处理，如放大缩小、剪辑拼接、强化轮廓等，因此在广告图像处理、遥感图像处理等许多方面得到了广泛的应用。

最典型的图像是照片和名画。它不像图形那样有规律明显的线条，因此在计算机中难以用矢量来表示，基本上只能用点阵来表示。数字图像的最小元素称为像素，其大小是由“水平像素数×垂直像素数”来表示的。显示时，每一个显示点通常用来显示一个像素，普通 PC 的 VGA 全屏显示模式就是由 640 像素/行×480 行＝307 200 像素组成的。

与二值位图不同，图像的每一个像素不再仅仅只占一位，而是需要用许多位来表示。例如，一个像素使用 8 位来表示时，黑白图像可以表示出由白到黑 256 种灰度，彩色图像可以表示 256 色。彩色图像的像素通常是由红绿蓝(RGB)3 种颜色搭配而形成的。如采用 24 位表示一个彩色像素，则在这里 24 位被分为 3 组，每组 8 位，分别表示 RGB 三种颜色的色度，每种颜色分量可有 256 个等级。当 RGB 三原色以不同的值进行搭配时，可以得到颜色数为 $2^8\times2^8\times2^8=1677$ 万种称为百万种颜色的“真彩色”图像。若 RGB 全部设置为 0 则为黑色，全部设置为 255 则为白色。

数字图像文件存储方式有以下 3 种：(1)位映射图像。以点阵形式存取文件，读取时候按点排列顺序读取数据。(2)光栅图像。也是以点阵形式存取文件，但读取时候以行为单位进行读取。(3)矢量图像。用数学方法来描述图像。

数字图像的最大特点是其所占存储量极为巨大，例如，一幅能在标准 VGA 显示屏(分辨率为 640×480)上作全屏显示的真彩色图像(即以 24 位表示)，其所占存储量为

$$640\times480\times24\div8=921\,600(\text{B})\cong900\text{KB}$$

而一张 3 英寸×5 英寸的彩色相片扫描为数字图像，若扫描分辨率达 1200dpi(点/英寸)，则数字图像文件的大小为

$$5\times1200\times3\times1200\times24\div8=64\,800\,000(\text{B})\cong62\text{MB}$$

可见其数据量之庞大，因此要对数字图像进行压缩，使它能以较小的存储量进行存储和传送，就成为关键的问题。科技界研究了许多压缩算法，对于静态图像，在失真不大的情况

下，压缩比可达到10倍、30倍甚至100倍。

图像输入计算机的方法，主要采用扫描仪扫描输入，或用数码相机拍摄后直接输入计算机。图像输入时分辨率的选择要视图像的用途而定。如果主要用于屏幕显示，则可以选用较低的分辨率（如160dpi），以保证只需较小的存储量；如果用于打印输出，则要求具有尽可能高的输入分辨率（如600dpi，1200dpi甚至更高进行输入），而输出时用1440dpi甚至更高的分辨率打印输出。

2. 常用图像文件格式及其特点

1) BMP格式

BMP（bitmap）格式的文件名后缀是.bmp，其色彩深度有1位、4位、8位及24位几种格式。BMP格式是应用比较广泛的一种格式，由于采用非压缩格式，所以图像质量较高，但缺点是这种格式的文件占空间比较大，通常只能应用于单机上，不适于网络传输，一般情况下不推荐使用。

2) TIFF格式

TIFF（Tagged Image File Format）简称TIF格式，适用于不同的应用程序及平台，用于存储和图形媒体之间的交换效率很高，并且与硬件无关，是应用最广泛的点阵图格式，是最佳的无损压缩选择之一。TIF格式具有图形格式复杂、存储信息多的特点，它最大的色彩深度为48b，这种格式适合从Photoshop中导出图像到其他排版制作软件中。

3) PSD格式

PSD是Photoshop的默认格式，在Photoshop中这种格式的存取速度比其他格式都要快，功能也较强大。其扩展后缀名为.psd，支持Photoshop的所有图像模式，可以存放图层、通道和遮罩等数据，便于使用者反复修改，但是此格式不适用于输出（打印或与其他软件的交换）。

4) JPEG格式

JPEG（Joint Photographic Experts Group）简称JPG格式，是比较流行的文件格式，适用于压缩照片类的位图图像，可支持不同的文件压缩比，由于压缩技术先进，对图像质量影响不大，因此可用最少的磁盘空间得到最好的图像质量，是目前最好的摄影图像的压缩格式。由于JPG格式一直在不断地发展演化，并且其标准中有可选项，所以会存在格式不兼容的现象。色彩信息比较丰富的图像适于JPG压缩格式。

5) PCD格式

PCD格式是Photo CD专用储存格式，它是Kodak公司的一项专门技术。这种文件格式支持从专业摄影到普通显示用的多种图像分辨率，因采用高质量设备，效果是一流的。

6) GIF 格式

GIF 格式是一种流行的彩色图形格式，常见应用于网络。GIF 是一种 8 位彩色文件格式，它支持的颜色数只有 256 种，但是它同时支持透明和动画，而且文件量较小，所以广泛用于网络动画。

7) PNG 格式

PNG(Portable Network Graphic Format)格式是一种新的网络图像格式，它结合了 GIF 和 JPG 的优点，具有存储形式丰富的特点，PNG 最大的色深为 48b，采用无损压缩方式存储，是 Windows 10 中的"画图"程序和 Fireworks 的默认格式。

9.2.6 视频

视频(video)图像是一种活动影像，它与电影和电视原理一样，都是利用人眼的视觉暂留现象，将足够多的画面(frame，帧)连续播放，只要能够达到每秒 20 帧以上，人的眼睛就觉察不出画面之间的不连续性。电影是以每秒 24 帧的速度播放的，而电视则依据视频标准的不同，有每秒 25 帧(PAL 制，中国用)和每秒 30 帧(NTSC 制，北美用)之分。活动影像如果帧率在 15 帧/秒之下，则将产生明显的闪烁感甚至停顿感；相反，若提高到 50 帧/秒甚至 100 帧/秒，则感觉到图像极为稳定。

视频的每一帧实际上就是一幅静态图像，所以图像存储量大的问题在视频中就显得更加严重。因为播放一秒钟视频就需要 20～30 幅静态图像。幸而，每幅图像之间往往变化不大，因此，在对每幅图像进行 JPEG 压缩之后，还可以采用移动补偿算法去掉时间方向上的冗余信息，这就是 MPEG 动态图像压缩技术。其中，MPEG-1 压缩标准具有中等分辨率，其分辨率与普通电视接近，为 VCD 机采用，位速率为 1.15Mb/s～1.5Mb/s；MPEG-2 压缩标准的分辨率达到高清晰度水平，为 DVD 机所采用，位速率为 4Mb/s～10Mb/s 之间。

在 PC 中常见的视频影像文件格式主要有：

(1) AVI(Audio Video Interleaved) 格式，即音频视频交错格式，是 Windows 所使用的动态图像格式。它不需要特殊的设备就可以将视频和音频交织在一起进行同步播放。这种视频格式的优点是图像质量好，可以跨多个平台使用，其缺点是数据量较大。

(2) MPEG 或 DAT 格式，MPEG 的全名为 Moving Pictures Experts Group，中文译名为运动图像专家组。该专家组建于 1988 年，专门负责为 CD 建立视频和音频标准，而成员都是为视频、音频及系统领域的技术专家。MPEG 标准主要有 5 个，分别是 MPEG-1、MPEG-2、MPEG-4、MPEG-7 及 MPEG-21 等。目前泛指的 MPEG-X 版本，就是由 ISO(International Organization for Standardization，国际标准化组织)所制订而发布的视频、音频和数据的压缩标准，这是运动图像压缩算法的国际标准。这种格式数据量较小，家用的 VCD、SVCD 和 DVD 等就是采用这种格式。

(3) RA/RM 或 RMVB 格式。是 Real Networks 公司开发的一种新型流式视频文件格式，它包含在 Real Networks 公司所制订的音频视频压缩规范 RealMedia 中，主要用来在低速率的广域网上实时传输活动视频影像，可以根据网络数据传输速率的不同而采用不同的压缩比率，从而实现影像数据的实时传送和实时播放。

(4) MOV 格式。是苹果公司开发的一种音频、视频文件格式，用于保存音频和视频信息，具有先进的音视频功能。

(5) ASF(Advanced Stream Format)格式。是微软采用的流式媒体播放的文件格式，比较适合在网络上进行连续的视频播放。

其他视频文件格式还包括 DivX 和 WMV 等。

视频图像输入计算机是通过将摄像机、录像机或电视机等视频设备的 AV 输出信号送至 PC 内的视频图像捕捉卡进行数字化而实现的。数字化后的图像通常以 AVI 格式存储，如果图像卡具有 MPEG 压缩功能，或用软件对 AVI 进行压缩，则以 MPG 格式存储。新型的数字化摄像机不再需要通过视频捕捉卡，能直接从 PC 的并行口、SCSI 口或 USB 口等数字接口输入计算机，从而得到数字化图像。

9.2.7 动画

动画(animation)也是一种活动影像，最典型的是“卡通”片，它与视频影像不同的是，视频影像一般是指生活中发生的事件的记录，而动画通常指人工创造出来的连续图形所组合成的动态影像。

动画也需要每秒 20 个以上的画面。每个画面的产生可以是逐幅绘制出来的(例如卡通片)，也可以是实时“计算”出来的(例如立体球的旋转)。前者绘制工作量大，后者计算量大。二维动画相对简单，而三维动画就复杂得多，它要经过建模(指产生飞机、人体等三维对象的过程)、渲染(指给以框架表示的动画贴上材料、涂上颜色等)、场景设定(定义模型的方向和高度，设定光源的位置和强度等)、动画产生等过程，常需要高速的计算机或图形加速卡及时地计算出下一个画面，才能产生较好的立体动画效果。

FCI/FLC 是 AutoCAD 的设计厂商 Autodesk 公司设计的动画文件格式，Autodesk 产品 Animator、3D Studio MAX 和 Animator Pro 等都支持这种格式。MPG 和 AVI 也可以用于动画文件格式。

9.3 多媒体计算机系统组成

9.3.1 多媒体计算机系统的层次结构

多媒体计算机系统是指能综合处理多媒体信息，使多种信息建立联系，并具有交互性的计算机系统。多媒体计算机系统结构包括计算机硬件、软件及其外部设备，甚至其他一些通过计算机控制的视听设备也包括在内，其结构大致可分为 8 个层次，由下而上依次为：多媒体外围设备、多媒体计算机硬件、多媒体输入/输出控制卡及接口、多媒体驱动软件、多媒体操作系统、多媒体数据处理软件、多媒体创作软件和多媒体应用软件，如图 9-3 所示。

第一层是多媒体外围设备：负责视听媒体信息的输入输出，如扫描仪、摄像机、显示器、麦克风、音箱和光驱等。

第二层是多媒体计算机硬件：包括计算机的主要硬件，如内存、主板、CPU 和硬盘等。

第三层是多媒体输入/输出控制卡及接口：包括各种外部设备的接口卡，如声卡、视卡和 SCSI 接口卡等。

第四层是多媒体驱动软件：包括各种外部设备的驱动程序，如声卡驱动程序、视频卡驱动程序和扫描仪驱动程序等。

第五层是多媒体操作系统：是指多媒体系统开发运行的基础，包括操作系统的输入输出控制界面(如解压卡系统运行的控制面板)程序。

第六层是多媒体数据处理软件：包括对象的构造、产生、处理及窗口环境建立的系统，如 Windows Software Development Kit(SDK)，供用户二次开发使用。

第七层是多媒体创作软件：如 WaveEdit、Photoshop、Director 和 3D Studio MAX 等各种媒体制作编辑系统。

第八层是多媒体应用软件：包括多媒体编辑系统和多媒体播放系统。多媒体编辑系统是指多媒体开发工具，它是多媒体系统软件的编制环境。设计者可以利用编辑系统制作各种文教、娱乐、商业和旅游等多媒体系统节目。常用的多媒体编辑系统有 Authorware、Toolbook 和 Action 等。多媒体播出系统可以是直接在计算机上的播出系统，即计算机硬盘上的多媒体系统产品，也可以是单独播出的体系，如 CD 光盘。

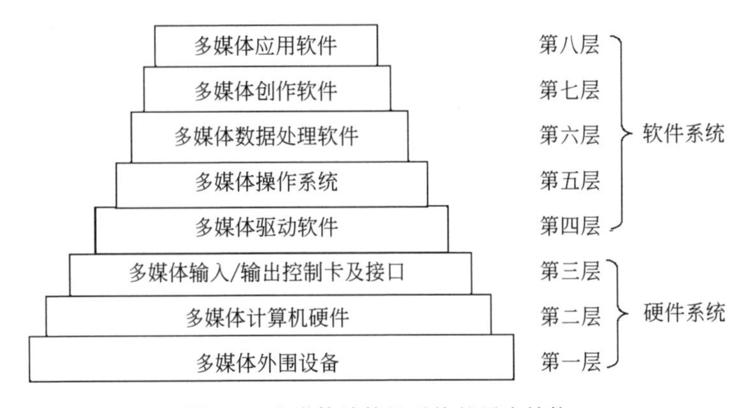

图 9-3　多媒体计算机系统的层次结构

以上第一到三层构成多媒体系统的硬件系统，第四到八层构成多媒体系统的软件系统。

9.3.2　多媒体计算机标准

多媒体计算机具有多媒体处理功能，要有较大的主存空间和较高的处理速度，故

MPC 主机既要有功能强、运算速度高的中央处理器，又要有分辨率高的显示接口，因此，1990 年 11 月，在 Microsoft 公司的主持下，由 Microsoft、IBM、Philips 和 NEC 等 14 家较大的多媒体计算机公司组成的“多媒体个人计算机市场协会”制定了 MPC 平台标准，第一个 MPC-Ⅰ标准出台于 1991 年。在这个标准中，规定了多媒体计算机系统应具备的最低标准。此后根据其发展，先后在 1993 年和 1995 年又公布了 MPC-Ⅱ和 MPC-Ⅲ两个级别的 MPC 标准。三个级别所规定的主要设备性能指标见表 9-3。

MPC 是目前市场上最流行的多媒体计算机系统，通常可通过两种方式构成 MPC：一是厂家直接生产一体化的 MPC；二是在原有的 PC 上增加多媒体套件升级为 MPC。升级套件主要有声卡、CD-ROM 驱动器及解压卡等，再安装驱动程序和软件支撑环境即可构成。

表 9-3 给出的配置标准目前已经显得远远落后了，在此给出它们，只是为了让读者了解多媒体个人计算机的发展过程，并从中感悟多媒体计算机与普通计算机在部件配置上的差异。

表 9-3　MPC-Ⅰ、MPC-Ⅱ和 MPC-Ⅲ标准配置

基本部件	MPC-Ⅰ	MPC-Ⅱ	MPC-Ⅲ
CPU	16MHz 的 80386SX	25MHz 的 80486SX	75MHz 的 Pentium
内存(MB)	2	4	8
硬盘(MB)	30	160	540
CD-ROM	数据传输率 150KB/s，符合 CD-DA 规范	数据传输率 300KB/s，平均存取时间 400ms，符合 CD-XA 规范	数据传输率 600KB/s，平均存取时间 250ms，符合 CD-XA 规范
音频卡	量化位数 8 位，8 个音符合成器	量化位数 16 位，8 个音符合成器	量化位数 16 位，波形合成技术
显示适配器	VGA，640×480，16 色或 320×200，256 色	SuperVGA，640×480，65 535 色	SuperVGA，640×480，65 535 色
I/O	串行接口、并行接口、MIDI 接口、游戏杆串口	串行接口、并行接口、MIDI 接口，游戏杆串口	串行接口、并行接口、MIDI 接口，游戏杆串口

9.3.3　多媒体计算机硬件设备

构成多媒体计算机硬件系统除了需要较高配置的计算机主机外，通常还需要音频和视频处理设备、光盘驱动器以及各种媒体输入/输出设备等。由于多媒体计算机系统需要计算机交互式地综合处理声、文、图信息，不仅处理量大，处理速度要求也很高，因此对多媒体计算机系统的要求比通用计算机系统更高。

通常对多媒体计算机基本硬件结构的要求是：有功能强、速度高的主机，有足够大的存储空间(主存和辅存)，有高分辨率的显示接口和设备。图 9-4 所示为多媒体计算机硬件系统的基本组成。

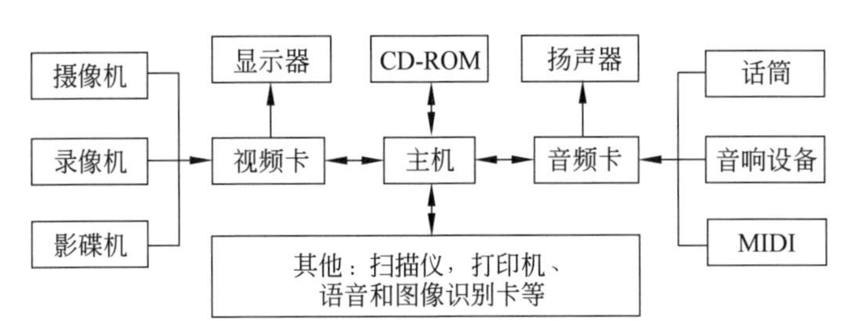

图 9-4　多媒体计算机硬件系统基本组成

1. 主机

多媒体计算机主机可以是大、中型机，也可以是个人机、工作站和超级微机等，目前普遍使用的是 MPC。当前流行的 CPU 芯片均增加了多媒体数据处理指令和数据类型，例如 Intel 公司的第五代多媒体指令集——Streaming SIMD Extension 4（SSE4）除扩展 Intel 64 位指令外，还新增对于影像编辑、视讯编码、三维渲染以及游戏应用等方面的指令，使得处理器的效能受益性更为广泛。

2. 多媒体设备接口

在制作和播放多媒体应用程序工作环境中，多媒体设备接口是必不可少的硬件设施，它们是根据多媒体系统获取、编辑音频或视频的需要而插接在计算机上的，以解决各种媒体数据的输入输出问题。通用的多媒体设备接口包括并行接口、USB 接口、SCSI 接口、IEEE1394 接口和 VGA 接口等。

(1) 并行接口(简称并口)：是采用并行通信协议的扩展接口。它的数据传输率是串行接口的 8 倍，标准并口的数据传输率为 1Mb/s，一般用来连接打印机、扫描仪和外置存储设备等。

(2) USB 接口：即通用串行总线接口，它具有支持即插即用的优点，因此已经成为一种十分常用的接口方式，可用于连接打印机、扫描仪、外置存储设备和游戏杆等。USB 经过多年的发展，已经发展到 3.1 版本。

(3) SCSI 接口：是一种广泛应用于小型机上的高速数据传输技术。它具有与多种外设通信的能力，其特点是应用范围广、多任务、带宽大、CPU 占用率低以及支持热插拔等，可用于连接外置存储设备和打印机等。

(4) IEEE1394 接口：也称“火线”接口，是苹果公司开发的串行标准。IEEE 1394 接口也支持外设热插拔，并可为外设提供电源，省去了外设自带的电源。IEEE1394 接口能连接多个不同设备，并支持同步数据传输。它主要用于连接数码相机和 DVD 驱动器等。

(5) VGA 接口：即视频图形阵列接口，用于在显示卡上输出模拟信号，一般用来连接显示器。

3. 多媒体设备

多媒体设备十分丰富，工作方式一般为输入和输出。按其功能又可分如下几类。

（1）音频设备：是音频输入输出设备的总称，包括很多种类型的产品，一般可以分为功放机、音箱、多媒体控制台、数字调音台、音频采样卡、合成器、中高频音箱、话筒，PC 中的声卡和耳机等。

（2）视频设备：主要包括视频采集卡、DV 卡、电视卡、视频监控卡和视频压缩卡等。视频信息的采集和显示播放是通过视频卡、播放软件和显示设备来实现的。

（3）光存储系统：由光盘驱动器和光盘盘片组成。常用的光存储系统有只读型、一次写型和可重写型三大类。目前应用广泛的光存储系统主要有 CD-ROM、CD-R、CD-RW、DVD 和光盘库系统等。

（4）其他常用的多媒体设备还包括笔输入设备、触摸屏、扫描仪、数码相机和数码摄像机等。

需要指出的是，开发多媒体应用程序比运行多媒体应用程序需要的硬件环境更高。基本原则是多媒体开发者使用的硬件设备要比用户的速度更快、功能更强、外部设备更多。

9.3.4 多媒体计算机软件系统

1. 多媒体软件系统的层次结构

多媒体计算机软件系统按功能可分为系统软件和应用软件。

系统软件是多媒体系统的核心，它不仅具有综合使用各种媒体、灵活调度多媒体数据进行媒体传输和处理的能力，而且要能控制各种硬件设备和谐地工作，即将种类繁多的硬件有机地组织到一起，使用户能灵活控制多媒体硬件设备和组织、操作多媒体数据。

多媒体软件按层次可以分为 5 个层次，如图 9-5 所示。这种层次划分没有绝对的标准，它是在发展过程中逐渐形成的，其中低层软件建立在硬件基础上，而高层软件则建立在低层软件的基础上。

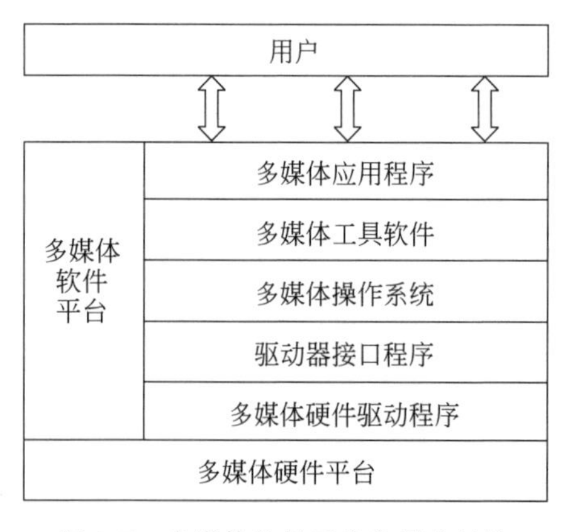

图 9-5　多媒体软件系统的层次结构

1）多媒体硬件驱动软件

多媒体硬件驱动软件也称为驱动模块，是最底层硬件的软件支撑环境，直接与计算机硬件打交道，完成设备初始化、各种设备操作、基于硬件的压缩/解压缩、图像快速变换及功能调用等。通常驱动软件有视频子系统、音频子系统，以及视频/音频信号获取子系统等。一种多媒体硬件需要一个相应的驱动程序，驱动程序一般随硬件产品提供，它常驻内存。

2）驱动器接口程序

驱动器接口程序是高层软件与驱动程序之间的接口，为高层软件建立虚拟设备。

3）多媒体操作系统

多媒体操作系统的任务是控制多媒体设备的使用，协调应用软件环境的各项操作。它应该具有多任务的实时处理能力，支持多媒体数据格式，支持对音频、视频的实时处理和同步控制等。比如，Microsoft 公司的 Windows 和 Apple 公司的 QuickTime 就是这样的系统。

4）多媒体工具软件

多媒体工具软件包括基本素材制作软件，如声音录制、图像扫描、全动态视频采集和动画生成等软件，还包括多媒体项目制作专业软件，如 Authorware 等。

5）多媒体应用程序

多媒体应用程序包括系统提供的一些应用程序，如 Windows 系统中的录音机、媒体播放器和为用户开发的多媒体应用程序等，用于多媒体项目的播放。多媒体应用程序是多媒体项目和用户连接的纽带。

2. 常用的多媒体设计工具

多媒体设计工具软件基本上可分为两大类：一类由完成支撑平台功能的软件构成，称为平台软件；另一类由各种各样专门用于制作素材的软件构成。

平台软件通常是一些可编程的系统，其主要作用是把各种素材有机地组合起来，并利用可编程环境创建人-机交互功能。这类设计软件还提供操作界面的生成、添加交互控制和数据管理等功能。常用的多媒体平台软件有 Authorware、Visual Basic 和 Macromedia Director 等。

多媒体的素材编辑软件有很多，适用于不同元素的处理。按照处理对象的不同，可以分为文字编辑软件、图像处理软件、动画制作软件、音频采集与处理软件、视频处理软件等。

1）文字编辑软件

常用的文字编辑软件有 Word 2016 和 WPS 2018 等。很多字处理软件还同时允许嵌入文本、图像和视频等多媒体元素。

2）图像处理软件

图像处理软件是用来对已有的位图图像进行改进和润色的专门软件，这类软件还提供了很多位图和矢量图绘制的功能和工具。常用的图像处理软件有 Photoshop、CorelDraw、PhotoStyler、FreeHand、PainShop Pro 和 ACD See 等。

3）音频处理软件

音频处理软件可以进行声音的数字化处理和制作 MIDI 声音，可以非常精确地对声音进行剪切、复制、粘贴和其他编辑处理。常用的音频处理软件有：GIF Construction Set 和 Real Jukebox，这两个软件主要用于将声音进行数字化处理；Goldwave、Cool Edit Pro 和 Acid WAV，这 3 个软件用于对数字化后的声音进行剪辑、编辑和合成；L3Enc、Xingmp3 Encoder 和 WinDAC32，这 3 个软件用于将音频文件压缩成 MP3 格式。

4）动画处理软件

动画由一系列快速播放的位图或矢量图构成。常用的动画编辑软件有 Animator Pro、Flash、3ds Max、Maya、Cool 3D 和 Poser 等，这些软件是动画的绘制和编辑软件，它们拥有丰富的图形绘制和着色功能，并具备了动画的生成功能，是原始动画的重要创建工具；Animator Studio 和 GIF Construction Set，这两个软件是动画处理软件，用于对动画素材进行后期合成加工。

5）视频处理软件

常用的视频处理软件有 Adobe Premiere 和 After Effects，它们都是功能强大和性能优良的视频编辑软件，且操作简单，界面友好。

9.4 多媒体基本应用工具的使用

9.4.1 Windows 图像编辑器

画图程序是 Windows 为用户提供的绘画作图工具，利用其中的各种工具，用户可以很方便地绘制点、线、圆等基本图形，还可以建立、编辑和打印各种复杂的图形。“画图”程序是一个功能十分强大的应用程序，通过它可以将图形搬到其他应用程序窗口中，或将其他应用程序中的图形复制到“画图”窗口中，也可以将画出来的图片用作桌面背景。

1. 启动“画图”程序

在 Windows 桌面上选择“开始”→“Windows 附件”→“画图”命令，弹出如图 9-6 所示的画图窗口。还可以在 Office 2016 应用程序(如 Word 2016)中选择“插入”→“对象”命令，在弹出的对话框列表框中选择 Bitmap Image 程序，然后单击“确定”按钮，即可进入画图窗口。该窗口中除了标题栏和选项卡外，主要由工具箱、线宽框、调色板、绘图区、状态栏和滚动条 6 部分组成。

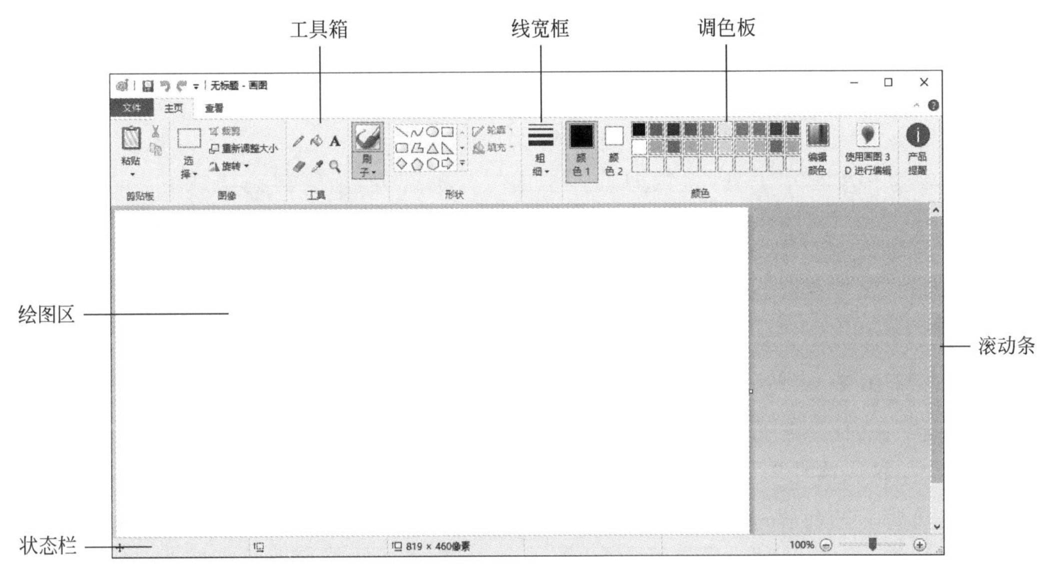

图 9-6　画图窗口

画图程序建立的文件在保存时自动以 png 作为扩展名。利用画图程序进行绘图，最主要的操作有 3 种：一是从“工具箱”中选取一种工具和形状；二是从“线宽框”中选择画线的宽度；三是从“调色板”中选取颜色，可单击选取。其中，“颜色 1”为前景色，“颜色 2”为背景色。下面主要介绍“主页”选项卡上各功能区中包含的操作命令。

2. 绘图工具箱的使用

画图的绘图工具箱中共有 14 种工具，分别用 14 种图标表示，如图 9-7 所示。在需要选择某一种绘图工具时，首先将鼠标指针移到对应的图标上，然后单击即可。下面分别介绍各个绘图工具的功能与操作。

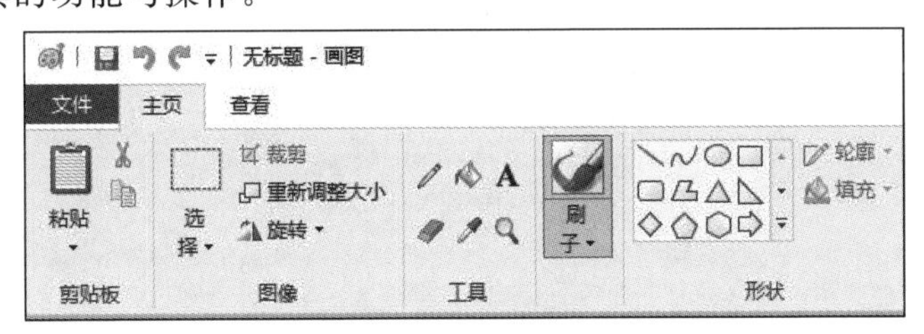

图 9-7　绘图工具栏

1）“选择”工具

功能：在当前编辑的图形中选取某一块区域中的图形。

操作：单击“选择”下拉箭头，下拉列表中出现“选择形状”和“选择选项”两部分命令菜单。“选择形状”中包括“矩形选择”和“自由图形选择”；“选择选项”中包括“全选”“反向选择”“删除”和“透明选择”等操作。以“矩形选择”为例，选中本工具，将光标移到矩形区域的左上角，按住鼠标左键，拖动鼠标到矩形区域的右下角后释放。此时，虚线框内的区域就被选中。

2）“裁剪”工具

功能：裁剪当前编辑的图形。

操作：直接单击本工具，将裁剪选择框虚线外的部分，最终得到虚线框以内的部分图形。

3）“重新调整大小”工具

功能：改变已选区域图形的大小。

操作：选中本工具后，弹出如图 9-8 所示的“调整大小和扭曲”对话框。在此对话框中，可依据“百分比”或“像素”对当前编辑图形的水平方向和垂直方向的大小进行调整。默认选中“保持纵横比”，即水平和垂直方向上的大小保持同步改变。若不需要，可取消其前面的复选框。同时可对已选区域的水平、垂直方向的角度进行设置。如在“水平”右侧的输入框里输入 30，即对图形进行 30°水平倾斜。（注意：倾斜角度只能输入 −89°～89°之间的数字）

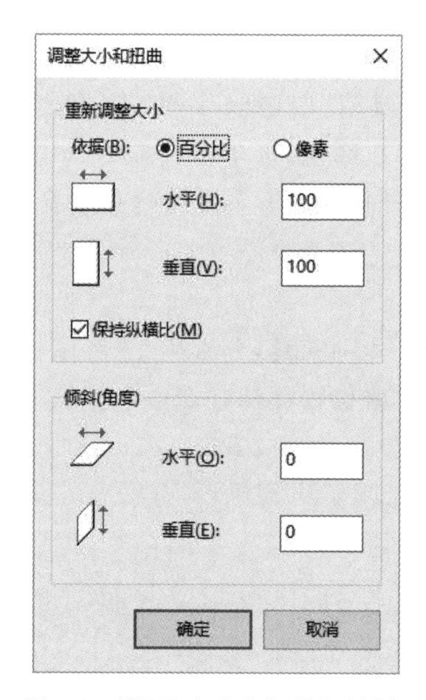

图 9-8 “调整大小和扭曲”对话框

4)“旋转”工具

功能：对已选区域进行顺时针旋转或逆时针旋转、水平翻转或垂直翻转。

操作：直接在“旋转”下拉菜单中选择所需的操作即可。

5)“铅笔”工具

功能：用选中的线宽画一个任意形状的线条。

操作：选中本工具后，就可以通过拖动鼠标，用选中的前景色在绘图区自由画线。

6)“用颜色填充”工具

功能：用前景色填入画布上的某个封闭区域内。

操作：选中本工具后，将鼠标指针置于某封闭区域(如空心方框、空心圆等)中再单击，则该区域被前景色填满。如果区域不封闭，则在全窗口内用前景色填满。或者右击鼠标，则该区域被背景色填满。

7)“文本”工具

功能：在图形中加入文字标注。

操作：选中本工具后，单击绘图区中需要加注文字说明的位置，此时可以在文本光标处输入文字。同时出现“文本工具”选项卡，这样就可以用“字体”功能区中的命令按钮对文本进行字体、字号等设置。

8)“橡皮擦”工具

功能：擦除图片的一部分并用背景色替换该部分。

操作：选中本工具后，将光标移到需要擦除的位置，按住鼠标左键，沿着擦除的部分拖动鼠标。放开鼠标左键即结束擦除。

9)“颜色选取器”工具

功能：从图片中选取颜色并将其用于绘图。

操作：选中本工具后，单击包含要选取的颜色的区域，此时发现调色板中的“颜色 1”变为选取的颜色，此后可用于绘图。

10)“放大镜”工具

功能：更改图片某个部分的放大倍数。

操作：选中本工具后，在绘图区中单击一次，即将图形放大一次；右击鼠标一次，图形就缩小一次。可连续放大缩小多次。

11)“刷子”工具

功能：用不同种类的刷子绘画，包括书法笔刷、喷枪、水彩笔刷等共 9 种刷子，如

图 9-9 所示。

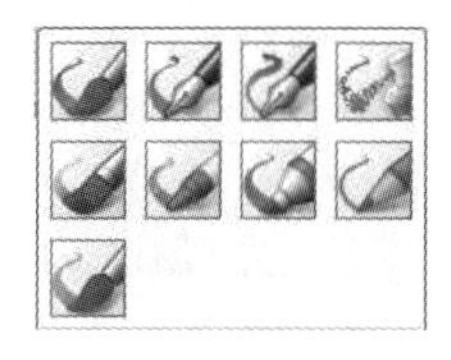

图 9-9　9 种不同类的刷子

操作：单击“刷子”下拉箭头，弹出如图 9-9 所示的 9 种刷子。用户从其中选取一种刷子后，将光标移动到绘图区的起始点，按住鼠标左键拖动鼠标，即可画出与光标移动轨迹相同的线条，放开鼠标左键即停止绘制。

12）“图形选择”工具

功能：在“形状”组中，共有直线、曲线、椭圆和矩形等 23 种不同的图形可供选择。

操作：从“形状”组中选择所需绘制的图形，在绘图区单击并拖放，即可完成图形的绘制。

13）“轮廓”工具

功能：为形状轮廓选择媒体。

操作：选中图形，单击“轮廓”下拉按钮，从下拉列表中选择所需的轮廓媒体（如水彩）。

14）“填充”工具

功能：为形状填充选择媒体。

操作：选中图形，单击“填充”下拉按钮，从下拉列表中选择所需的填充媒体（如油画颜料）。

3. 编辑图形

（1）要编辑一个已经存在的图形或图像文件，可单击“画图”程序窗口“文件”选项卡，在弹出的下拉菜单中选择“打开”命令，然后在“打开”对话框中指定要打开文件所在的路径、文件类型及文件名。

（2）要绘制一幅新的图画，可单击“画图”程序窗口“文件”选项卡，在弹出的下拉菜单中选择“新建”命令，然后在空白的绘图区绘制图形。

（3）要设置图画的尺寸和颜色，可单击“画图”程序窗口“文件”选项卡，在弹出的下拉菜单中选择“属性”命令，然后在打开的“映像属性”对话框中设置画布的宽度、高度和颜色。

（4）要设置当前的前景色，先单击“颜色 1”，然后在颜料盒中某个颜色块上单击。如果要设置当前的背景色，先单击“颜色 2”，然后在颜料盒中某个颜色块上单击。

（5）要输入文本，可以执行以下步骤。

① 单击工具箱中的“文字”工具 A 。

② 在绘图区拖放鼠标指针，出现一个文本框和一个文本工具栏。

③ 选中文本的前景色和背景色。

④ 在文本框中输入文字。

⑤ 完成文本输入后，在文本框外单击。

(6) 绘制图形一般步骤如下：

① 在“主页”选项卡上的“形状”组中，单击选中相应的图形。

② 选择前景色和背景色。

③ 将鼠标移动到绘图区指定位置，单击并拖放鼠标即可画出相应形状。

(7) 要放大或缩小图画的显示比例，可在“查看”选项卡上的“缩放”组中，选择“放大”或“缩小”命令。如果选择“全屏”命令，则可以以全屏方式查看当前图画，但在这种状态下无法对图画进行编辑。

4. 保存图形

可以将整幅图形保存到一个文件，也可将选中区域单独保存。

1) 保存整幅图形

当绘图工作告一段落时，可单击“画图”程序窗口“文件”选项卡，在弹出的下拉菜单中选择“保存”命令，或者选择“另存为”下的“PNG 图片”或“JPEG 图片”命令，就可以把画图区中的内容保存起来。如果是第一次保存，将弹出“保存为”对话框，输入文件名，并选择保存类型：默认保存类型为.png 文件，也可保存为 JPG、GIF 或 TIF 等格式的文件，然后单击“保存”按钮。

2) 保存选中区域图

有时用户想将图片的部分内容保存到另一个位图文件。操作步骤如下。

(1) 选中图片的某一部分。

(2) 在“主页”选项卡上的“剪贴板”组中，选择“复制”命令。

(3) 单击“画图”程序窗口“文件”选项卡，在弹出的下拉菜单中选择“新建”命令，这样新建了一个画布，然后在“主页”选项卡上的“剪贴板”组中选择“粘贴”命令，将图片粘贴到其中，再单击“画图”程序窗口“文件”选项卡，选择“保存”或“另存为”命令，从而以新的画布保存原图形选中的区域。

9.4.2 Windows 音频、视频工具的使用

1. 录音机

录音机是 Windows 自带的用于数字录音的多媒体附件，利用它可以录制和播放声音，也可以将声音链接或插入到另一个文档中。如果要使用该附件，计算机上必须安装声卡和扬声器。如果用户想要现场录音，那么还必须配上一个话筒。录下的声音被保存为扩展名为.m4a 的音频文件，默认存放在用户文档目录下的录音子目录下。

1) 录音

选择“开始”→“录音机”命令，即启动“录音机”程序，出现如图 9-10(a)所示的窗口。

单击“录制”按钮则打开如图 9-10(b)所示的窗口开始录音;录制的过程中可以“暂停”或“继续”录音,录制完毕则单击“停止录音”按钮,录音将以默认命名自动保存于用户文档目录的录音子目录下。在左侧窗口中可以看到保存录音的名称,并可以通过单击“播放”按钮播放录音。双击要播放的音频文件即可开始播放。

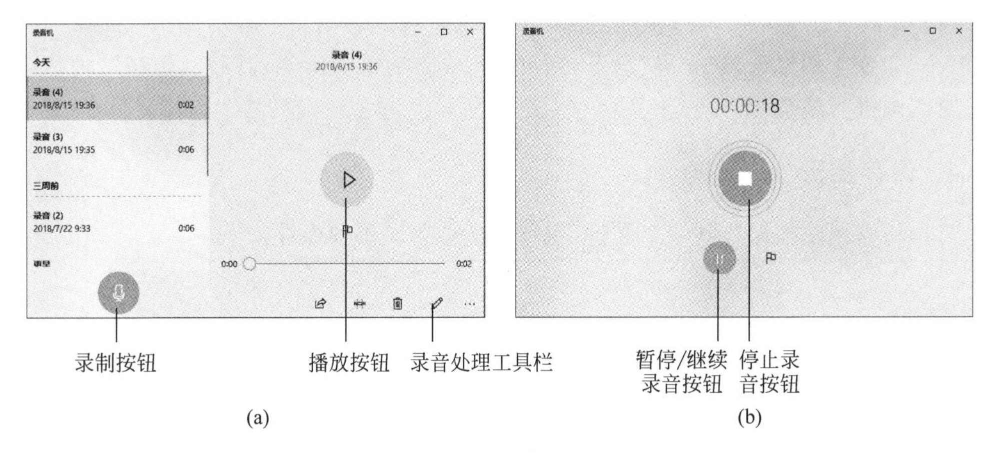

图 9-10 “录音机”程序

2) 录音处理工具栏

在录音处理工具栏中,从左到右分别是“共享”“剪裁”“删除”“重命名”和“查看更多”按钮,通过单击“共享”按钮,可以将录音文件通过 QQ、邮件等方式共享出去;单击“剪裁”按钮可以实现对录音文件的剪裁;单击“删除”按钮可以在录音目录下删除选中的录音文件;单击“重命名”按钮可以重命名录音文件;单击“查看更多”按钮可以查看关于录音机软件的介绍、发送反馈意见、设置麦克风和打开录音文件位置。

2. 媒体播放器

Windows 自带的媒体播放机(Windows Media Player)是一种通用的多媒体播放机,允许用户播放不同类型的多媒体文件,包括视频文件、音频文件和动画文件,支持常见的 mpg、avi、mov、wav、mp3、m4a、midi、3gp、mp4 等文件格式。此外,还可以使用此播放机收听全世界的电台广播、播放和复制 CD、创建自己的 CD、播放 DVD 以及将音乐或视频复制到便携设备中。

选择“开始”→Windows Media Player 命令,即启动 Windows Media Player 程序,出现如图 9-11 所示的窗口。

Windows 媒体播放器的窗口有两种显示模式:“库”模式和“外观”模式,默认打开的是“库”模式。可以通过以下操作进行显示模式的切换。

在“库”模式下,在媒体播放器窗口工具栏空白处右击鼠标,在弹出的快捷菜单中选择“视图”→“外观”命令,则屏幕切换到“外观”模式显示方法,如图 9-12 所示。若要切换回“库”模式,则可在媒体播放器窗口菜单下方最右侧单击“切换到媒体库”按钮,或者在“外观”模式下,选择菜单栏“查看”→“库”命令,如图 9-13 所示。

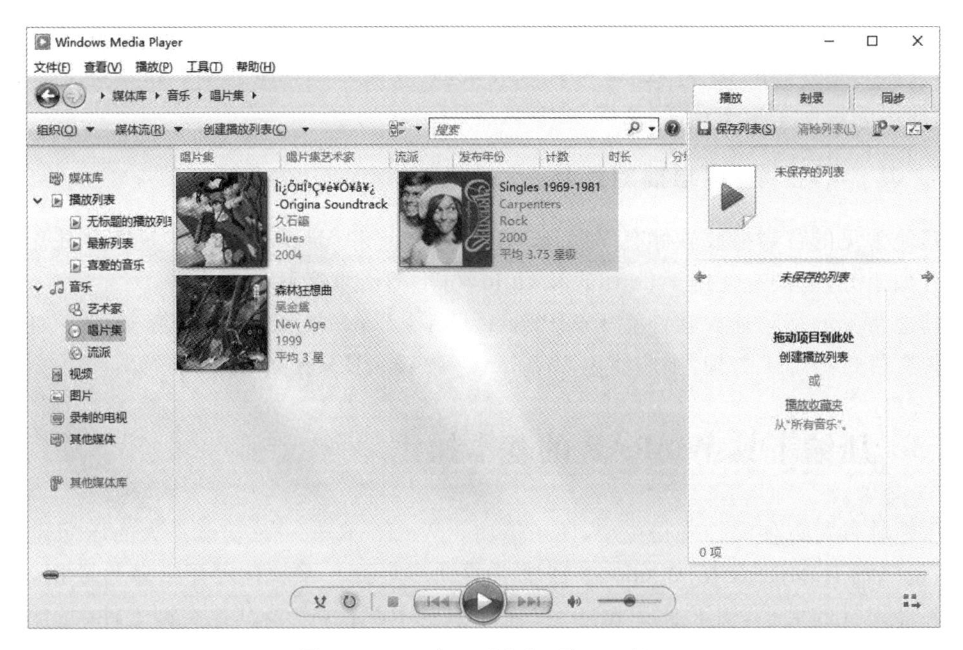

图 9-11　Windows Media Player 窗口

图 9-12　外观模式窗口

图 9-13　菜单切换到库模式

在"库"模式下，默认不显示菜单栏。若要显示菜单栏，请在媒体播放器窗口下端的工具栏空白处右击鼠标，在弹出的快捷菜单中选择"显示菜单栏"命令即可。

要播放媒体文件，应先选择图 9-11 左侧导航窗格中的"音乐"或"视频"，再选择要播放的媒体文件，然后用下面 3 种方法之一播放该文件：①单击位于窗口底部播放控制区的"播放"按钮(如图 9-14 所示)；②鼠标停留在该媒体文件上，双击；③鼠标停留在该媒体文件上，右击鼠标，在弹出的快捷菜单中选择"播放"命令。

图 9-14　播放控制区

用户可以单击播放控制区中的控制按钮来开始或停止播放，还可以设定播放屏幕的大小，方法是把光标放在“外观”模式窗口边缘，通过拖拉来调整大小。在屏幕上右击鼠标，在弹出的快捷菜单中选择“全屏”命令观看。

3. 其他的音频、视频播放工具

其他常见的音频播放软件有 Winamp、RealPlayer 和 Cakewalk 等。如果要对音频文件进行加工处理，则应使用 Audition 和 GoldWave 等专业音频处理软件。

其他常见的视频播放软件有 RealPlayer、QuickTime Player 和超级解霸等。如果要对视频文件进行加工处理，则应使用 Premiere 和 AfterEffect 等专业视频处理软件。

9.4.3 压缩工具 WinRAR 的基本操作

压缩软件可以使文件变得更小，便于传输。WinRAR 是一款功能强大的压缩包管理器，它是档案工具 RAR 在 Windows 环境下的图形界面。该软件可用于备份数据，缩减电子邮件附件的大小，解压缩从 Internet 上下载的 RAR、ZIP 及其他类型文件，并且可以新建 RAR 及 ZIP 格式等的压缩类文件。同时，使用该软件也可以创建自解压可执行文件。

1. 利用 WinRAR 压缩文件

当用户在文件名或文件夹名上右击鼠标时，将弹出如图 9-15 所示的快捷菜单。当选择“添加到压缩文件”菜单命令后，就会出现图 9-16 所示的“压缩文件名和参数”窗口。本窗口中要做的主要设置都在“常规”选项卡内。

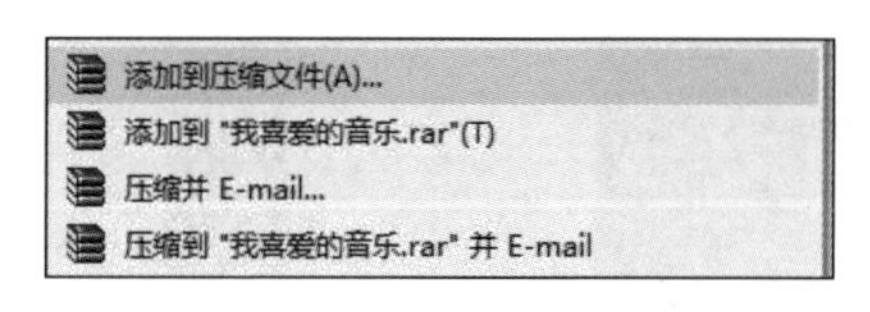

图 9-15 文件压缩的快捷菜单

1) 压缩文件名

通过单击图 9-16 中的“浏览”按钮，可以选择要压缩的文件保存在磁盘上的具体位置和名称。

2) 配置

这里的配置是指根据不同的压缩要求选择不同的压缩模式。不同的模式会提供不同的配置方式(自动配置图 9-16 中的各个压缩选项)。单击图 9-16 中的“配置”按钮，则在配置按钮的下方出现一个扩展菜单，如图 9-17 所示，菜单项分成两部分，上面两个菜单项用作配置的管理，下面 5 个菜单选项分别是不同的配置。比较常用的是“默认配置”和“创建 5MB 压缩卷”。图 9-16 就是“默认配置”的画面。

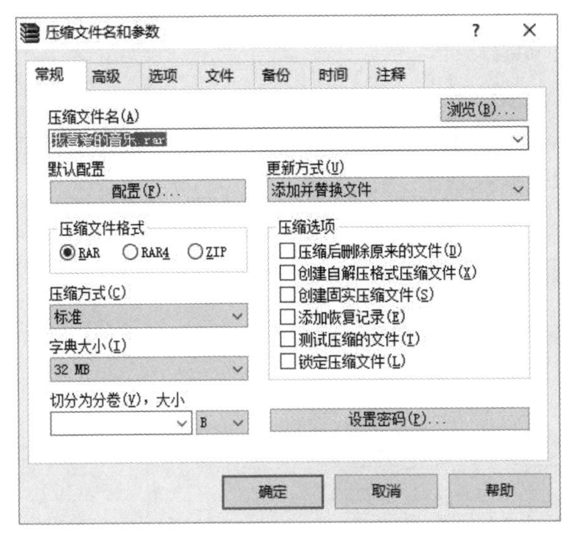

图 9-16 “压缩文件名和参数”窗口

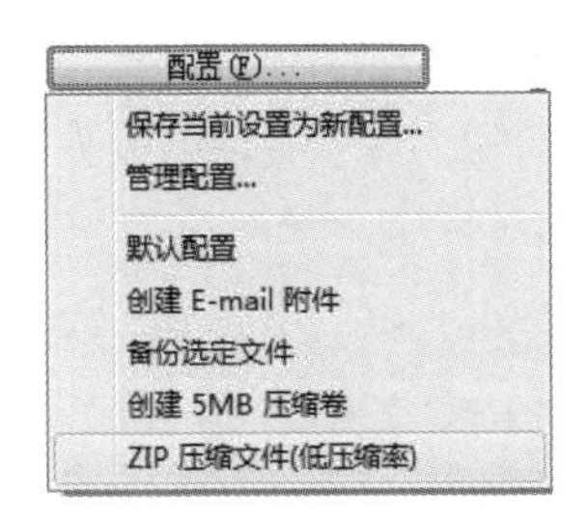

图 9-17 “配置”按钮的扩展菜单

3）压缩文件格式

选择生成的压缩文件是 RAR 格式（经 WinRAR 压缩形成的文件）或 ZIP 格式（经 WinZip 压缩形成的文件）。

4）更新方式

该项一般用于以前曾压缩过的文件，现在由于更新等原因需要重新压缩时的选项。

5）压缩选项

压缩选项组中最常用的是“压缩后删除原文件”和“创建自解压格式压缩文件”。前者是在建立压缩文件后删除原来的文件；后者是创建一个 EXE 可执行文件，以后解压缩时，可以脱离 WinRAR 软件自行解压缩。

6）压缩方式

该项是对压缩比例和压缩速度的选择，由上到下的选项的压缩比例越来越大，但速度越来越慢。

7）压缩为分卷，大小

当压缩后的大文件需要用多个卷存放时，就要选择压缩包分卷的大小，有 5MB、100MB、700MB 等多种选择，也可以直接输入单个卷的大小。

8）压缩文件的密码设置

用户有时对压缩后的文件有保密要求，只要在图 9-16 中的“常规”选项卡单击“设置密码”按钮，弹出如图 9-18 所示的窗口，设置完成后单击“确定”按钮退出。进行密码设置后的压缩文件需要给出正确的密码才能解压缩。

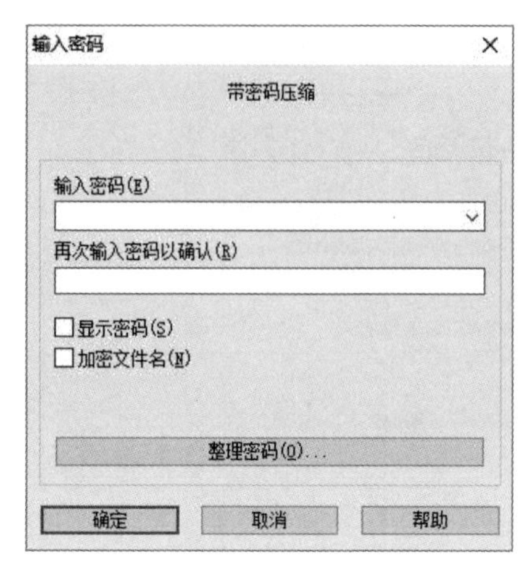

图 9-18　设置密码对话框

2. 解压缩文件的方法

方法 1：在压缩文件名上右击鼠标，在弹出的快捷菜单中选择“解压文件”后，屏幕弹出如图 9-19 所示的窗口。其中，“目标路径”是指解压缩后的文件存放在磁盘上的位置；“更新方式”和“覆盖方式”是在解压缩文件与目标路径中文件有同名时的一些处理选择。

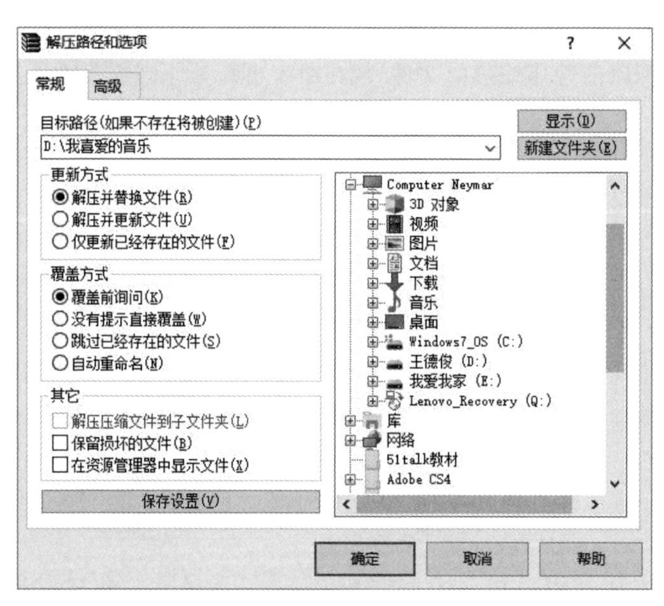

图 9-19　“解压路径和选项”窗口

方法 2：双击压缩文件，打开如图 9-20 所示的 WinRAR 主界面。在图中，下部窗格内显示的是压缩文件中所包含的原始文件，上部窗口显示的是 WinRAR 软件界面中的一

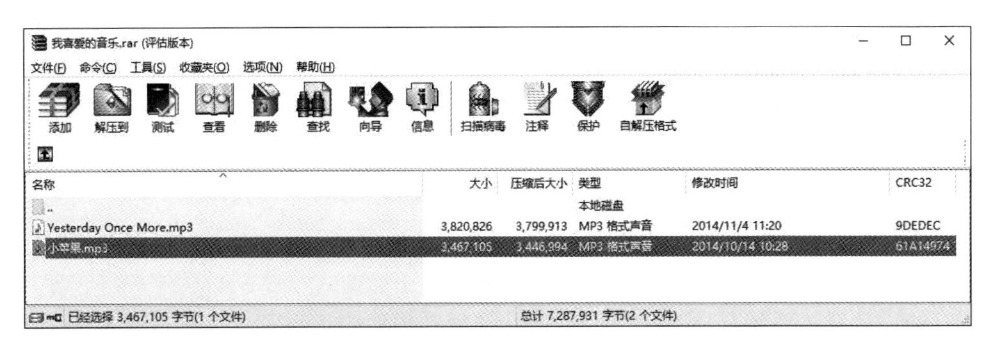

图 9-20　WinRar 应用程序窗口主界面

组工具按钮。单击“解压到”按钮后,接下来的操作步骤与方法 1 相同。

在图 9-20 中,单击“添加”按钮,就可以向压缩包增加需压缩的文件;单击“自解压格式”按钮,生成脱离 WinRAR 可自行解压的 EXE 可执行文件。

习　　题

一、选择题

1. 在计算机领域中,媒体是指(　　)。

A. 表示和传播信息的载体　　B. 各种信息的编码

C. 计算机的输入输出信息　　D. 计算机屏幕显示的信息

2. 多媒体信息不包括(　　)。

A. 音频、视频　　B. 文字、动画

C. 声卡、解压卡　　D. 声音、图形

3. 根据国际电信联盟下属的 CCITT 组织对计算机多媒体的定义,键盘、话筒、显示器和音箱属于(　　)。

A. 输入设备　　B. 传输媒体　　C. 表现媒体　　D. 表示媒体

4. 下面各组设备中,(　　)均属于存储媒体。

A. 软盘、打印机、扫描仪　　B. 光盘、软盘、磁带

C. 磁盘、磁带、音箱　　D. 显示器、键盘、硬盘

5. 用来将信息从一台计算机传送到另一台计算机的通信线路属于(　　)。

A. 存储媒体　　B. 表示媒体　　C. 传输媒体　　D. 感觉媒体

6. 以下关于超媒体的描述中不正确的是(　　)。

A. 超媒体可用于建立一个功能强大的应用程序的“帮助”系统

B. 超媒体可以包含文字、图形、声音、动态视频等

C. 超媒体的信息只能存放在某一台计算机中

D. 超媒体采用一种非线性的网状结构来组织信息

7. 以下不是多媒体技术的基本特征的是(　　)。

A. 数字化　　B. 实时性　　C. 娱乐性　　D. 综合性

8. 多媒体计算机系统由(　　)组成。

A. 计算机系统和各种媒体

B. 多媒体计算机硬件系统和多媒体计算机软件系统

C. 计算机系统和多媒体输入输出设备

D. 计算机和多媒体操作系统

9. 下面关于多媒体系统的描述中,(　　)是不正确的。

A. 多媒体系统是对文字、图形、声音和活动图像等信息及资源进行管理的系统

B. 多媒体系统的最关键技术是数据的压缩和解压缩

C. 多媒体系统只能在微型计算机上运行

D. 多媒体系统也是一种多任务系统

10. 具有多媒体功能的微型计算机系统,通常都配有 CD-ROM,这是一种(　　)。

A. 只读存储器　　B. 只读大容量软盘

C. 只读硬盘存储器　　D. 只读光盘存储器

11. 在普通 PC 上添加(　　),再配置支持多媒体的操作系统即可升级为一台多媒体计算机。

A. 绘图仪和调制解调器　　B. 声卡和光驱(CD-ROM)

C. 音箱和打印机　　D. 激光打印机和扫描仪

12. 使用装有 Windows 系统的 PC 欣赏音乐,则必须有的硬件是(　　)。

A. 多媒体声卡　　B. CD 播放器　　C. 媒体播放器　　D. 录音机

13. 使用 16 位二进制表示声音要比使用 8 位二进制表示声音的效果(　　)。

A. 噪音小,保真度高,音质好　　B. 噪音大,保真度低,音质差

C. 噪音大,保真度高,音质好　　D. 噪音小,保真度低,音质差

14. 声音信号的数字化过程有采样、量化和编码 3 个步骤,其中第二步是进行(　　)的转换。

A. A/A　　B. A/D　　C. D/A　　D. D/D

15. 使用数字波形法表示声音信息时,采样频率越高,则数据量(　　)。

A. 越小　　B. 恒定　　C. 越大　　D. 不能确定

16. 使用 CD-ROM 向光盘上存入数据时,计算机常提示错误。其原因为(　　)。

A. 光盘写保护口未打开

B. 光盘已写满

C. 只能读取数据

D. 计算机软件系统不稳定而出现的异常错误

17. WinRAR 不能制作(　　)格式的压缩文件。

A. CAB　　B. EXE　　C. RAR　　D. ZIP

18. 多媒体的超文本类型称为(　　)。

A. 超媒体　　B. 超链接　　C. 动画　　D. 超文本标记语言

19. 在多媒体计算机系统中,CD-ROM 属于(　　)。

A. 感觉媒体　　B. 表示媒体　　C. 表现媒体　　D. 存储媒体

20. 在计算机内存储和交换文本使用(　　)方式。

A. 矢量　　B. 位图　　C. 编码　　D. 像素

21. 计算机中声音和图形文件比较大,对其进行保存时一般要经过(　　)。

A. 拆分　　B. 部分删除　　C. 压缩　　D. 打包

22. 计算机硬件中声卡的作用是(　　)。

A. 压缩　　B. 显示　　C. 图形转换　　D. 数模、模数转换

23. 用 Windows 附件中的画图软件绘图时,要确定画布的大小,可选择"文件"选项卡中的(　　)命令进行设置。

A. "缩放"　　B. "页面设置"　　C. "属性"　　D. "清除图像"

24. 压缩为自解压文件的扩展名为(　　)。

A. .txt　　B. .doc　　C. .dat　　D. .exe

25. 用户常常在计算机上使用 Photoshop 软件来进行(　　)。

A. 动画制作　　B. 文字处理　　C. 图形图像处理　　D. 声音制作

26. Windows 所使用的视频格式文件为(　　),可以直接将声音和影像同步播出,但所占存储空间较大。

A. AVI　　B. MPG　　C. ASF　　D. WAV

27. 媒体播放机程序(　　)。

A. 只能播放 WAV 文件

B. 只能播放 WAV 文件和 MIDI 文件

C. 只能播放 WAV 文件、MIDI 文件和 CD 唱盘

D. 能播放 WAV 文件、MIDI 文件和 AVI 文件

28. 声音的数字化过程,就是周期性地对声音波形进行(　　),并以数字数据的形式存储起来。

A. 模拟　　B. 采样　　C. 调节　　D. 压缩

29. 对于主要由直线和弧线等线条组成的图形,由于直线和弧线比较容易用数学方法表示,因此图形多用(　　)图像表示。

A. 位图　　B. 矢量　　C. 代码　　D. 模拟

30. 下列文件格式中,能够用 Windows 录音机进行处理的是(　　)。

A. MP3 文件　　B. RA 文件　　C. CDA 文件　　D. M4A 文件

31. 如果一个像素用 8 位来表示,则该像素点可表示(　　)种颜色。

A. 16　　B. 64　　C. 256　　D. 125

32. 下列视频播放软件中,Windows 系统自带的是(　　)。

A. Realplayer　　B. Windows Media Player

C. Premiere　　D. 超级解霸

33. 使用录音机录音的过程就是(　　)的过程。

A. 模拟信号转变为数字信号　　B. 把数字信号转变为模拟信号

C. 把声波转变为电波　　D. 声音复制

34. MIDI 是一种数字音乐的国际标准，MIDI 文件存储的是(　　)。

A. 乐谱　　B. 波形　　C. 指令序列　　D. 以上都不是

35. MIDI 文件的重要特色是(　　)。

A. 占用存储空间少　　B. 乐曲的失真度少

C. 读写速度快　　D. 修改方便

36. MPEG 是一种(　　)。

A. 静止图像的存储标准　　B. 音频、视频的压缩标准

C. 动态图像的传输标准　　D. 图形的国家传输标准

37. 若对声音以 22.05kHz 的采样频率、8 位采样深度进行采样，则 10 分钟双声道立体声的存储量为(　　)字节。

A. 26 460 000　　B. 441 000　　C. 216 000 000　　D. 108 000 000

38. (　　)标准是静态数字图像数据压缩标准。

A. PEG　　B. MPEG　　C. JPEG　　D. PNG

39. 以下(　　)不是计算机中使用的声音文件格式。

A. WAV　　B. MP3　　C. TIF　　D. MID

40. 以下不能作为计算机中的视频设备的是(　　)。

A. 显示器　　B. 摄像头　　C. 数码相机　　D. CD-ROM

二、操作题

1. 使用录音机录制一首古诗："床前明月光，疑是地上霜，举头望明月，低头思故乡。"并播放，将录制的内容命名为 TEST1. M4A 的文件保存在"多媒体素材"目录中。

2. 请查看用户所用的计算机上是否安装有声卡；若有，请将声卡的型号写入一个文本文件 Type. TXT 中，并存放在"多媒体素材"目录中。

3. 用"画图"程序绘制一幅图画，画面主题和内容自己拟定。将图画命名为 TEST2. JPG 的文件保存在"多媒体素材"文件夹中。

4. 用 Windows Media Player 播放视频文件：打开"多媒体素材"目录中的"行胜于言. AVI"文件进行播放。

5. 使用 WinRAR 软件对"多媒体素材"目录中的所有文件进行压缩，要求设置密码，并要求压缩为自解压格式，然后在桌面上进行解压缩。

6. 在"多媒体素材"目录中，有一个 Test. rar 压缩文件，其中包括 Test1. pptx、Test2. xlsx 和 Test3. docx 3 个文件。请将该压缩文件中的 Test2. xlsx 解压到"多媒体素材"文件夹下的 Test 文件夹中。

图书资源支持

感谢您一直以来对清华版图书的支持和爱护。为了配合本书的使用，本书提供配套的资源，有需求的读者请扫描下方的“书圈”微信公众号二维码，在图书专区下载，也可以拨打电话或发送电子邮件咨询。

如果您在使用本书的过程中遇到了什么问题，或者有相关图书出版计划，也请您发邮件告诉我们，以便我们更好地为您服务。

我们的联系方式：

地　　址：北京市海淀区双清路学研大厦 A 座 714

邮　　编：100084

电　　话：010-83470236　010-83470237

客服邮箱：2301891038@qq.com

QQ：2301891038（请写明您的单位和姓名）

资源下载：关注公众号“书圈”下载配套资源。

资源下载、样书申请

书圈

获取最新书目

观看课程直播